常用金属材料手册

张占立　主编

河南科学技术出版社

·郑州·

内容提要

本手册是根据现行相关国家标准和行业标准中常用及实用的内容精心整理编写的，科学系统地介绍了常用金属材料的牌号、状态、种类、化学成分、物理性能及力学性能、用途、尺寸规格、理论质量、使用范围和热处理工艺规范。其主要内容包括基础资料，生铁、铸铁及铁合金，常用钢种，钢管，钢板和钢带，盘条及钢筋，钢棒、钢丝及型钢，铜及铜合金，铝及铝合金，镁及镁合金，其他常用非铁金属材料，金属复合材料，共12章。本手册数据齐全、精确可靠、查阅快捷，并统一采用国家法定计量单位，实用性强。

本手册可供机械、冶金、化工、电力、航空航天及军工等行业的工程技术人员、营销人员使用，也可供高等院校相关专业的师生参考。

图书在版编目（CIP）数据

常用金属材料手册/张占立主编．—郑州：河南科学技术出版社，2012.10
ISBN 978-7-5349-5928-8

Ⅰ.①常…　Ⅱ.①张…　Ⅲ.①金属材料-技术手册　Ⅳ.①TG14-62

中国版本图书馆CIP数据核字（2012）第179318号

出版发行：河南科学技术出版社
地址：郑州市经五路66号　邮编：450002
电话：（0371）65737028　65788613
网址：www.hnstp.cn
策划编辑：张　建
责任编辑：张　建
责任校对：张　恒
封面设计：张　伟
责任印制：朱　飞
印　　刷：河南省瑞光印务股份有限公司
经　　销：全国新华书店
幅面尺寸：140mm×202mm　印张：26.5　字数：830千字
版　　次：2012年10月第1版　2012年10月第1次印刷
定　　价：78.00元

《常用金属材料手册》编审委员会

主　编　张占立

副主编　李立碑　贾　琛　曹　艳

参　编　汤绿汀　李　飞　陈小可　郭占冰

杨向超　孔　勇　付志斌　李　鹏

王　跃　王金荣　庞秋香　严咏志

王志刚　张金凤　张　锐　吴振远

高　玉　王朝中　李　菁　冬　鹏

张　铮　耿　琳　鞠文彬　岳小龙

主　审　汪大经

前　言

金属材料广泛应用于机械、冶金、化工、轻工、纺织、电子、军工等领域。国家质量监督检验检疫总局、国家标准化管理委员会等相关部门相继发布了许多新的国家标准和行业标准，并对大量金属材料相关标准文本进行了修订。一般读者不具备就近查阅全部标准文件的条件，为了给广大工程技术人员、营销人员、管理人员在生产中选材、购材提供科学依据，我们在总结多年工作经验的基础上，全面收集核实了有关金属材料的最新资料和标准，选择常用的金属材料，进行科学系统的归纳总结，编写了这本手册。

本手册采用最新标准，内容系统全面，数据齐全可靠，查阅快捷方便。在内容上力求“全、新、精、准”，在版面上力求“简明扼要、图表结合”，在取材上强调“基本、常用、关键、实用”。主要内容包括基础资料，生铁、铸铁及铁合金，常用钢种，钢管，钢板和钢带，盘条及钢筋，钢棒、钢丝及型钢，铜及铜合金，铝及铝合金，镁及镁合金，其他常用非铁金属材料，金属复合材料，共12章。

本手册由张占立任主编，李立碑、贾琛、曹艳任副主编，参加编写的有汤绿汀、李飞、陈小可、郭占冰、杨向超、孔勇、付志斌、李鹏、王跃、王金荣、庞秋香、严咏志、王志刚、张金凤、张锐、吴振远、高玉、王朝中、李菁、冬鹏、张铮、耿琳、鞠文彬、岳小龙。汪大经教授对全书进行了详细审阅。

在本手册编写过程中，参考了国内外同行的大量文献资料，谨向有关人员表示衷心的感谢！

由于编者水平有限，对书中的不当之处，敬请广大读者批评指正。

编　者

2011年10月

目　录

第1章　基础资料

1.1　法定计量单位

1.1.1　国际单位制的基本单位

国际单位制（SI）的基本单位见表1-1。

表1-1　国际单位制的基本单位

量的名称	单位名称	单位符号
长度	米	m
质量	千克（公斤）	kg
时间	秒	s
电流	安［培］	A
热力学温度	开［尔文］	K
物质的量	摩［尔］	mol
发光强度	坎［德拉］	cd

注：1. 圆括号中的名词，是它前面名词的同义词，下同。

2. 方括号中的字，在不引起混淆、误会的情况下，可省略。

1.1.2　国际单位制中的导出单位

国际单位制中具有专门名称的导出单位见表1-2。

表1-2　国际单位制中具有专门名称的导出单位

量的名称	单位名称	单位符号	其他表示方式
频率	赫［兹］	Hz	s^{-1}
力	牛［顿］	N	$kg \cdot m/s^2$
压力，压强，应力	帕［斯卡］	Pa	N/m^2
能［量］，功，热量	焦［耳］	J	$N \cdot m$
功率，辐［射能］通量	瓦［特］	W	J/s

续表

量的名称	单位名称	单位符号	其他表示方式
电荷［量］	库［仑］	C	A·s
电位，电压，电动势	伏［特］	V	W/A
电容	法［拉］	F	C/V
电阻	欧［姆］	Ω	V/A
电导	西［门子］	S	A/V
磁通［量］	韦［伯］	Wb	V·s
磁通［量］密度，磁感应强度	特［斯拉］	T	Wb/m^2
电感	亨［利］	H	Wb/A
摄氏温度	摄氏度	℃	
光通量	流［明］	lm	cd·sr
［光］照度	勒［克斯］	lx	lm/m^2
［放射性］活度	贝可［勒尔］	Bq	s^{-1}
吸收剂量	戈［瑞］	Gy	J/kg
剂量当量	希［沃特］	Sv	J/kg

1.1.3 我国法定的非国际单位制单位

我国法定的非国际单位制单位见表1-3。

表1-3 我国法定的非国际单位制单位

量的名称	单位名称	单位符号	换算关系和说明
时间	分	min	1min=60s
	［小］时	h	1h=60min=3600s
	日，（天）	d	1d=24h=86400s
［平面］角	［角］秒	(″)	1″=（π/648000）rad（π为圆周率）
	［角］分	(′)	1′=60″=（π/10800）rad
	度	(°)	1°=60′=（π/180）rad
旋转速度	转每分	r/min	1r/min=（1/60）s^{-1}
长度	海里	n mile	1n mile=1852m（只用于航行）
速度	节	kn	1kn=1n mile/h=（1852/3600）m/s（只用于航行）
质量	吨	t	$1t=10^3kg$
	原子质量单位	u	$1u \approx 1.660540 \times 10^{-27}kg$

续表

量的名称	单位名称	单位符号	换算关系和说明
面积	公顷	hm^2	$1hm^2=10^4m^2$
体积	升	L，(l)	$1L=1dm^3=10^{-3}m^3$
能	电子伏	eV	$1eV\approx1.602177\times10^{-19}J$
级差	分贝	dB	
线密度	特［克斯］	tex	$1tex=10^{-6}kg/m$

注：1. 周、月、年（年的符号为 a）为一般常用时间单位。
2. 平面角单位度、分、秒的符号不处于数字后时加圆括号表示。
3. 升的符号中，小写字母 l 为备用符号。
4. r 为“转”的符号。
5. 公顷的国际通用符号为 ha；公亩不是我国法定单位，1 公亩 = 100 米^2，1 公顷 = 100 公亩。

1.1.4 用于构成十进倍数和分数单位的词头

用于构成十进倍数和分数单位的词头见表 1－4。

表 1－4 用于构成十进倍数和分数单位的词头

所表示的因数	词头名称	词头符号
10^{18}	艾［可萨］	E
10^{15}	拍［它］	P
10^{12}	太［拉］	T
10^{9}	吉［咖］	G
10^{6}	兆	M
10^{3}	千	k
10^{2}	百	h
10^{1}	十	da
10^{-1}	分	d
10^{-2}	厘	c
10^{-3}	毫	m
10^{-6}	微	μ
10^{-9}	纳［诺］	n
10^{-12}	皮［可］	p
10^{-15}	飞［母托］	f
10^{-18}	阿［托］	a

注：10^4 称为万，10^8 称为亿，10^{12} 称为万亿，这类数词的使用不受词头名称的影响，但不应与词头混淆。

1.2 常用换算关系

1.2.1 长度单位换算

1. 法定长度单位（表1-5）

表1-5 法定长度单位

单位名称	旧名称	符号	对基本单位的比
微米	公忽	μm	0.000001米
毫米	公厘	mm	0.001米
厘米	公分	cm	0.01米
分米	公寸	dm	0.1米
米	公尺	m	基本单位
十米	公丈	dam	10米
百米	公引	hm	100米
千米（公里）	公里	km	1000米

2. 英制长度单位（表1-6）

表1-6 英制长度单位

单位名称	符号	对基本单位的比	与法定基本单位的换算
英里	mile	1760×3×12in	1609.34m
码	yd	3×12in	0.9144m
英尺	ft	12in	0.3048m
英寸	in	基本单位	0.0254m
英分①		1/8in	0.003175m
密耳（英毫）	mil	1/1000in	0.0000254m

注：1. 在书写中，英尺和英寸两单位也可以用符号表示，如3英尺4英寸，也可写成3′4″。

2. 除英制单位外，有时还用到海里，以及日制单位和俄制单位：

1海里=1852m，1日尺=0.3030m，1俄尺=0.3048m。

①英分（1/8英寸）是我国的习惯称呼，英制中无此长度计量单位。

3. 长度单位换算（表1-7）

表1-7 长度单位换算

米（m）	厘米（cm）	毫米（mm）	［市］尺	英尺（ft）	英寸（in）
1	100	1000	3	3. 28084	39. 3701
0. 01	1	10	0. 03	0. 032808	0. 393701
0. 001	0. 1	1	0. 003	0. 003281	0. 03937
0. 333333	33. 3333	333. 333	1	1. 09361	13. 1234
0. 3048	30. 48	304. 8	0. 9144	1	12
0. 0254	2. 54	25. 4	0. 0762	0. 083333	1

1. 2. 2 线规号与公称直径换算

线规号与公称直径的换算见表1-8。

表1-8 线规号与公称直径换算

线规号	SWG 英国线规		BWG 伯明翰线规		AWG 美国线规	
	in	mm	in	mm	in	mm
3	0. 252	6. 401	0. 259	6. 58	0. 2294	5. 83
4	0. 232	5. 893	0. 238	6. 05	0. 2043	5. 19
5	0. 212	5. 385	0. 220	5. 59	0. 1819	4. 62
6	0. 192	4. 877	0. 203	5. 16	0. 1620	4. 11
7	0. 176	4. 470	0. 180	4. 57	0. 1443	3. 67
8	0. 160	4. 064	0. 165	4. 19	0. 1285	3. 26
9	0. 144	3. 658	0. 148	3. 76	0. 1144	2. 91
10	0. 128	3. 251	0. 134	3. 40	0. 1019	2. 59
11	0. 116	2. 946	0. 120	3. 05	0. 09074	2. 30
12	0. 104	2. 642	0. 109	2. 77	0. 08081	2. 05
13	0. 092	2. 337	0. 095	2. 41	0. 07196	1. 83
14	0. 080	2. 032	0. 083	2. 11	0. 06408	1. 63
15	0. 072	1. 829	0. 072	1. 83	0. 05707	1. 45
16	0. 064	1. 626	0. 065	1. 65	0. 05082	1. 29
17	0. 056	1. 422	0. 058	1. 47	0. 04526	1. 15
18	0. 048	1. 219	0. 049	1. 24	0. 04030	1. 02
19	0. 040	1. 016	0. 042	1. 07	0. 03589	0. 91
20	0. 036	0. 914	0. 035	0. 89	0. 03196	0. 812
21	0. 032	0. 813	0. 032	0. 81	0. 02846	0. 723
22	0. 028	0. 711	0. 028	0. 71	0. 02535	0. 644
23	0. 024	0. 610	0. 025	0. 64	0. 02257	0. 573
24	0. 022	0. 559	0. 022	0. 56	0. 02010	0. 511
25	0. 020	0. 508	0. 020	0. 51	0. 01790	0. 455

续表

线规号	SWG 英国线规		BWG 伯明翰线规		AWG 美国线规	
	in	mm	in	mm	in	mm
26	0.018	0.457	0.018	0.46	0.01594	0.405
27	0.0164	0.4166	0.016	0.41	0.01420	0.361
28	0.0148	0.3759	0.014	0.36	0.01264	0.321
29	0.0136	0.3454	0.013	0.33	0.01126	0.286
30	0.0124	0.3150	0.012	0.30	0.01003	0.255
31	0.0116	0.2946	0.010	0.25	0.008928	0.227
32	0.0108	0.2743	0.009	0.23	0.007950	0.202
33	0.0100	0.2540	0.008	0.20	0.007080	0.180
34	0.0092	0.2337	0.007	0.18	0.006304	0.160
35	0.0084	0.2134	0.005	0.13	0.005615	0.143
36	0.0076	0.1930	0.004	0.10	0.005000	0.127

1.2.3 标准筛网号与目数换算

标准筛网号与目数换算见表1-9。

表1-9 标准筛网号与目数换算

网号/号	目数/目	孔数/(个/cm²)	网号/号	目数/目	孔数/(个/cm²)	网号/号	目数/目	孔数/(个/cm²)	网号/号	目数/目	孔数/(个/cm²)
5	4	2.56	0.63	28	125.44	0.301	60	576	0.088	160	—
4	5	4	0.6	30	144	0.28	65	676	0.077	180	5184
3.22	6	5.76	0.55	32	163.84	0.261	70	784	—	190	5776
2.5	8	10.24	0.525	34	185	0.25	75	900	0.076	200	6400
2	10	16	0.5	36	207	0.2	80	1024	0.065	230	3464
—	12	23.04	0.425	38	231	0.18	85	—	—	240	9216
1.43	14	31.36	0.4	40	256	0.17	90	1296	0.06	250	10000
1.24	16	40.96	0.375	42	282	0.15	100	1600	0.052	275	12100
1	18	51.84	—	44	310	0.14	110	1936	—	280	12544
0.95	20	64	0.345	46	339	0.125	120	2304	0.045	300	14400
—	22	77.44	—	48	369	0.12	130	2704	0.044	320	16384
0.7	24	92.16	0.325	50	400	—	140	3136	0.042	350	19600
0.71	26	108.16	—	55	484	0.1	150	3600	0.034	400	25600

注：1. 网号指筛网的公称尺寸，单位：mm。例如：1号网，即指正方形网孔每边长1mm。
2. 目数指1in（25.4mm）长度上的孔眼数目，单位：目。例如：1in长度上有20个孔眼，就是20目。
3. 一般英美各国用目数表示，苏联用网号表示。
4. 表中符号“—”表示暂无值，下同。

1.2.4 粒度代号与尺寸范围换算

粒度代号与尺寸范围换算见表1－10。

表1－10 粒度代号与尺寸范围换算

粒度代号	公称筛孔尺寸范围/μm	99.9%通过的网孔尺寸（上限筛）/μm	上检查筛		下检查筛			不多于2%通过的网孔尺寸（下限筛）/μm
			网孔尺寸/μm	筛上物不多于/%	网孔尺寸/μm	筛上物不少于/%	筛下物不多于/%	
窄范围								
16/18	1180/1000	1700	1180	8	1000	90	8	710
18/20	1000/850	1400	1000	8	850	90	8	600
20/25	850/710	1180	850	8	710	90	8	500
25/30	710/600	1000	710	8	600	90	8	425
30/35	600/500	850	600	8	500	90	8	355
35/40	500/425	710	500	8	425	90	8	300
40/45	425/355	600	455	8	360	90	8	255
45/50	355/300	500	384	8	302	90	8	213
50/60	300/250	455	322	8	255	90	8	181
60/70	250/212	384	271	8	213	90	8	151
70/80	212/180	322	227	8	181	90	8	127
80/100	180/150	271	197	10	151	87	10	107
100/120	150/125	227	165	10	127	87	10	90
120/140	125/106	197	139	10	107	87	10	75
140/170	106/90	165	116	11	90	85	11	65
170/200	90/75	139	97	11	75	85	11	57

续表

粒度代号	公称筛孔尺寸范围/μm	99.9%通过的网孔尺寸(上限筛)/μm	上检查筛		下检查筛			不多于2%通过的网孔尺寸(下限筛)/μm
			网孔尺寸/μm	筛上物不多于/%	网孔尺寸/μm	筛上物不少于/%	筛下物不多于/%	
窄范围								
200/230	75/63	116	85	11	65	85	11	49
230/270	63/68	97	75	11	57	85	11	41
270/325	53/45	85	65	15	49	80	15	—
325/400	45/38	75	57	15	41	80	15	—
宽范围								
16/20	1180/850	1700	1180	8	850	90	8	600
20/30	850/600	1180	850	8	600	90	8	425
30/40	600/425	850	600	8	425	90	8	300
40/50	425/300	600	455	8	302	90	8	213
60/80	250/180	384	271	8	181	90	8	127

注:隔离粗线以上者用金属编织筛,其余用电成形筛筛分。

1.2.5 面积单位换算

1. 法定面积单位（表1-11）

表1-11 法定面积单位

单位名称	旧名称	符号	对基本单位的比
平方米	平方公尺	m^2	基本单位
平方厘米	平方公分	cm^2	0.0001 米^2
平方毫米	平方公厘	mm^2	0.000001 米^2
平方公里	平方公里	km^2	1000000 米^2
公顷	公顷	hm^2	10000 米^2

2. 英制面积单位（表1-12）

表1-12 英制面积单位

单位名称	符号	对基本单位的比
英亩	acre	6272640in^2
平方码	yd^2	1296in^2
平方英尺	ft^2	144in^2
平方英寸	in^2	基本单位

3. 面积单位换算（表1-13）

表1-13 面积单位换算

平方米(m^2)	平方厘米(cm^2)	平方毫米(mm^2)	平方[市]尺	平方英尺(ft^2)	平方英寸(in^2)
1	10000	1000000	9	10.7639	1550
0.0001	1	100	0.0009	0.001076	0.155
0.000001	0.01	1	0.000009	0.000011	0.00155
0.111111	1111.11	111111	1	1.19599	172.223
0.092903	929.03	92903	0.836127	1	144
0.000645	6.4516	645.16	0.005806	0.006944	1

公顷(hm^2)	公亩(a)	[市]亩	英亩(acre)
1	100	15	2.47105
0.01	1	0.15	0.024711
0.066667	6.66667	1	0.164737
0.404686	40.4686	6.07029	1

注:1 市亩 =666.6 米^2。

1.2.6 体积单位换算

1. 法定体积单位（表1-14）

表1-14 法定体积单位

单位名称	旧名称	符号	对基本单位的比
毫升	公撮	mL	0.001升
厘升	公勺	cL	0.01升
分升	公合	dL	0.1升
升	公升	L（或l）	基本单位
十升	公斗	daL	10升
百升	公石	hL	100升
千升	公秉	kL	1000升

注：1. 1升=1分米^3（dm^3）=1000厘米^3。

2. 1毫升=1厘米^3（cm^3，旧时也写成cc）。

2. 英制和美制体积单位（表1-15）

表1-15 英制和美制体积单位

类别	单位名称	符号	进位	折合升或［市］升	
				英制	美制
干量	品脱	pt	—	0.568261	0.550610
	夸脱	qt	1夸脱=2品脱	1.13652	1.10122
	加仑	gal	1加仑=4夸脱	4.54609	4.40488
	配克	pk	1配克=2加仑	9.09218	8.80976
	蒲式耳	bu	1蒲式耳=4配克	36.3687	35.2391
液量	及耳	gi	—	0.142065	0.118294
	品脱	pt	1品脱=4及耳	0.568261	0.473176
	夸脱	qt	1夸脱=2品脱	1.13652	0.946353
	加仑	gal	1加仑=4夸脱	4.54609	3.78541

注：1. 1美制（石油）桶（符号bbl）=42美液量加仑=158.987升（［市］升）。

2. 有时，美制干量符号前面，加上“dry”符号；美制液量符号前面，加上“liq”符号；英制液量符号前面，加上“fl”符号。有时，各种美制符号前面，加上“US”符号；各种英制符号前面，加上“UK”符号。

3. 体积单位换算（表1-16）

表1-16 体积单位换算

立方米（m^3）	升（L）	立方英寸（in^3）	英加仑（UKgal）	美加仑（液量）（USgal）
1	1000	61023.7	219.969	264.172
0.001	1	61.0237	0.219969	0.264172
0.000016	0.016387	1	0.003605	0.004329
0.004546	4.54609	277.420	1	1.20095
0.003785	3.78541	231	0.832674	1

1.2.7 质量单位换算

1. 法定质量单位（表1-17）

表1-17 法定质量单位

单位名称	旧名称	符号	对基本单位的比
毫克	公丝	mg	0.000001 千克
厘克	公毫	cg	0.00001 千克
分克	公厘	dg	0.0001 千克
克	公分	g	0.001 千克
十克	公钱	dag	0.01 千克
百克	公两	hg	0.1 千克
千克（公斤）	公斤，千克	kg	基本单位
吨	公吨	t	1000 千克

注：1. 旧单位公担（q，1公担=100千克）因不符合法定单位规定，现已废除不用。

2. 人民生活和贸易中，质量习惯被称为重量。

2. 英制和美制质量单位（表1-18）

表1-18 英制和美制质量单位

单位名称	符号	对基本单位的比
英吨	ton	2240lb
美吨	sh ton	2000lb
磅	lb	基本单位
盎司	oz	1/16lb
格令	gr	1/7000lb

3. 质量单位换算（表 1－19）

表 1－19 质量单位换算

吨（t）	千克（kg）	［市］担	［市］斤	英吨（ton）	美吨（sh ton）	磅（lb）
1	1000	20	2000	0.984207	1.10231	2204.62
0.001	1	0.02	2	0.000984	0.001102	2.20462
0.05	50	1	100	0.049210	0.055116	110.231
0.0005	0.5	0.01	1	0.000492	0.000551	1.10231
1.01605	1016.05	20.3209	2032.09	1	1.12	2240
0.907185	907.185	18.1437	1814.37	0.892857	1	2000
0.000454	0.453592	0.009072	0.907185	0.000446	0.0005	1

1.2.8 密度单位换算

密度单位换算见表 1－20。

表 1－20 密度单位换算

千克/立方米（kg/m^3）	吨/立方米（t/m^3）克/立方厘米（g/cm^3）	磅/立方英寸/（lb/in^3）	磅/立方英尺（lb/ft^3）	磅/英加仑（lb/imp. gal）
1	0.001	3.6×10^{-5}	0.062	0.01
1000	1	0.036	62.43	10.017
27683	27.68	1	1728	277.27
16.019	0.016	5.78×10^{-4}	1	0.1605
99.83	0.1	0.0036	6.2305	1

1.2.9 表面粗糙度与表面光洁度换算

表面粗糙度与表面光洁度的换算见表 1－21。

表 1－21 表面粗糙度与表面光洁度换算（单位：μm）

表面光洁度		∇1	∇2	∇3	∇4	∇5	∇6	∇7	∇8	∇9	∇10	∇11	∇12	∇13	∇14
表面粗糙度	*Ra*	50	25	12.5	6.3	3.2	1.60	0.80	0.40	0.20	0.100	0.050	0.025	0.12	—
	Rz	200	100	50	25	12.5	6.3	6.3	3.2	1.60	0.80	0.40	0.20	0.100	0.050

1.2.10 各种硬度间的换算

各种硬度间的换算见表1-22。

表1-22 各种硬度间的换算

洛氏硬度 HRC	肖氏硬度 HS	维氏硬度 HV	布氏硬度 HBW	洛氏硬度 HRC	肖氏硬度 HS	维氏硬度 HV	布氏硬度 HBW	洛氏硬度 HRC	肖氏硬度 HS	维氏硬度 HV	布氏硬度 HBW
70	—	1037	—	52	69.1	543	—	34	46.6	320	314
69	—	997	—	51	67.7	525	501	33	45.6	312	306
68	96.6	959	—	50	66.3	509	488	32	44.5	304	298
67	94.6	923	—	49	65	493	474	31	43.5	296	291
66	92.6	889	—	48	63.7	478	461	30	42.5	289	283
65	90.5	856	—	47	62.3	463	449	29	41.6	281	276
64	88.4	825	—	46	61	449	436	28	40.6	274	269
63	86.5	795	—	45	59.7	436	424	27	39.7	268	263
62	84.8	766	—	44	58.4	423	413	26	38.8	261	257
61	83.1	739	—	43	57.1	411	401	25	37.9	255	251
60	81.4	713	—	42	55.9	399	391	24	37	249	245
59	79.7	688	—	41	54.7	388	380	23	36.3	243	240
58	78.1	664	—	401	53.5	377	370	22	35.5	237	234
57	76.5	642	—	39	52.3	367	360	21	34.7	231	229
56	74.9	620	—	38	51.1	357	350	20	34	226	225
55	73.5	599	—	37	50	347	341	19	33.2	221	220
54	71.9	579	—	36	48.8	338	332	18	32.6	216	216
53	70.5	561	—	35	47.8	329	323	17	31.9	211	211

1.2.11 钢铁材料硬度与强度换算

为了能用硬度试验代替某些力学性能试验，生产上需要一个比较准确的硬度和强度的换算关系。布氏硬度与抗拉强度的换算关系为

(1) 低碳钢：$R_m \approx 3.53$HBW。

(2) 高碳钢：$R_m \approx 3.33$HBW。

(3) 合金钢：$R_m \approx 3.19$HBW。

(4) 灰铸铁：$R_m \approx 0.98$HBW。

钢铁材料硬度与强度换算见表1-23。

表1-23 钢铁材料硬度与强度换算

硬度								抗拉强度 R_m/（N/mm^2）								
洛氏		表面洛氏			维氏	布氏（$0.012F/D^2=30$）		碳钢	铬钢	铬钒钢	铬镍钢	铬钼钢	铬镍钼钢	铬锰硅钢	超高强度钢	不锈钢
HRC	HRA	HR15N	HR30N	HR45N	HV	HBS①	HBW②									
20.0	60.2	68.8	40.7	19.2	226	225	—	774	742	736	782	747	—	781	—	740
20.5	60.4	69.0	41.2	19.8	228	227	—	784	751	744	787	753	—	788	—	749
21.0	60.7	69.3	41.7	20.4	230	229	—	793	760	753	792	760	—	794	—	758
21.5	61.0	69.5	42.2	21.0	233	232	—	803	769	761	797	767	—	801	—	767
22.0	61.2	69.8	42.6	21.5	235	234	—	813	779	770	803	774	—	809	—	777
22.5	61.5	70.0	43.1	22.1	238	237	—	823	788	779	809	781	—	816	—	786
23.0	61.7	70.3	43.6	22.7	241	240	—	833	798	788	815	789	—	824	—	796
23.5	62.0	70.6	44.0	23.3	244	242	—	843	808	797	822	797	—	832	—	806
24.0	62.2	70.8	44.5	23.9	247	245	—	854	818	807	829	805	—	840	—	816
24.5	62.5	71.1	45.0	24.5	250	248	—	864	828	816	836	813	—	848	—	826
25.0	62.8	71.4	45.5	25.1	253	251	—	875	838	826	843	822	—	856	—	837
25.5	63.0	71.6	45.9	25.7	256	254	—	886	848	837	851	831	850	865	—	847
26.0	63.3	71.9	46.4	26.3	259	257	—	897	859	847	859	840	859	874	—	858
26.5	63.5	72.2	46.9	26.9	262	260	—	908	870	858	867	850	869	883	—	868
27.0	63.8	72.4	47.3	27.5	266	263	—	919	880	869	876	860	879	893	—	879
27.5	64.0	72.7	47.8	28.1	269	266	—	930	891	880	885	870	890	902	—	890
28.0	64.3	73.0	48.3	28.7	273	269	—	942	902	892	894	880	901	912	—	901
28.5	64.6	73.3	48.7	29.3	276	273	—	954	914	903	904	891	912	922	—	913
29.0	64.8	73.5	49.2	29.9	280	276	—	965	925	915	914	902	923	933	—	924
29.5	65.1	73.8	49.7	30.5	284	280	—	977	937	928	924	913	935	943	—	936
30.0	65.3	74.1	50.2	31.1	288	283	—	989	948	940	935	924	947	954	—	947
30.5	65.6	74.4	50.6	31.7	292	287	—	1002	960	953	946	936	959	965	—	959
31.0	65.8	74.7	51.1	32.3	296	291	—	1014	972	966	957	948	972	977	—	971
31.5	66.1	74.9	51.6	32.9	300	294	—	1027	984	980	969	961	985	989	—	983
32.0	66.4	75.2	52.0	33.5	304	298	—	1039	996	993	981	974	999	1001	—	996
32.5	66.6	75.5	52.5	34.1	308	302	—	1052	1009	1007	994	987	1012	1013	—	1008
33.0	66.9	75.8	53.0	34.7	313	306	—	1065	1022	1022	1007	1001	1027	1026	—	1021
33.5	67.1	76.1	53.4	35.3	317	310	—	1078	1034	1036	1020	1015	1041	1039	—	1034
34.0	67.4	76.4	53.9	35.9	321	314	—	1092	1048	1051	1034	1029	1056	1052	—	1047

续表

硬度								抗拉强度 R_m/(N/mm²)								
洛氏		表面洛氏			维氏	布氏(0.012F/D^2=30)		碳钢	铬钢	铬钒钢	铬镍钢	铬钼钢	铬镍钼钢	铬锰硅钢	超高强度钢	不锈钢
HRC	HRA	HR15N	HR30N	HR45N	HV	HBS①	HBW②									
34.5	67.7	76.7	54.4	36.5	326	318	—	1105	1061	1067	1048	1043	1071	1066	—	1060
35.0	67.9	77.0	54.8	37.0	331	323	—	1119	1074	1082	1063	1058	1087	1079	—	1074
35.5	68.2	77.2	55.3	37.6	335	327	—	1133	1088	1098	1078	1074	1103	1094	—	1087
36.0	68.4	77.5	55.8	38.2	340	332	—	1147	1102	1114	1093	1090	1119	1108	—	1101
36.5	68.7	77.8	56.2	38.8	345	336	—	1162	1116	1131	1109	1106	1136	1123	—	1116
37.0	69.0	78.1	56.7	39.4	350	341	—	1177	1131	1148	1125	1122	1153	1139	—	1130
37.5	69.2	78.4	57.2	40.0	355	345	—	1192	1146	1165	1142	1139	1171	1155	—	1145
38.0	69.5	78.7	57.6	40.6	360	350	—	1207	1161	1183	1159	1157	1189	1171	—	1161
38.5	69.7	79.0	58.1	41.2	365	355	—	1222	1176	1201	1177	1174	1207	1187	1170	1176
39.0	70.0	79.3	58.6	41.8	371	360	—	1238	1192	1219	1195	1192	1226	1204	1195	1193
39.5	70.3	79.6	59.0	42.4	376	365	—	1254	1208	1238	1214	1211	1245	1222	1219	1209
40.0	70.5	79.9	59.5	43.0	381	370	370	1271	1225	1257	1233	1230	1265	1240	1243	1226
40.5	70.8	80.2	60.0	43.6	387	375	375	1288	1242	1276	1252	1249	1285	1258	1267	1244
41.0	71.1	80.5	60.4	44.2	393	380	381	1305	1260	1296	1273	1269	1306	1277	1290	1262
41.5	71.3	80.8	60.9	44.8	398	385	386	1322	1278	1317	1293	1289	1327	1296	1313	1280
42.0	71.6	81.1	61.3	45.4	404	391	392	1340	1296	1337	1314	1310	1348	1316	1336	1299
42.5	71.8	81.4	61.8	45.9	410	396	397	1359	1315	1358	1336	1331	1370	1336	1359	1319
43.0	72.1	81.7	62.3	46.5	416	401	403	1378	1335	1380	1358	1353	1392	1357	1381	1339
43.5	72.4	82.0	62.7	47.1	422	407	409	1397	1355	1401	1380	1375	1415	1378	1404	1361
44.0	72.6	82.3	63.2	47.7	428	413	415	1417	1376	1424	1404	1397	1439	1400	1427	1383
44.5	72.9	82.6	63.6	48.3	435	418	422	1438	1398	1446	1427	1420	1462	1422	1450	1405
45.0	73.2	82.9	64.1	48.9	441	424	428	1459	1420	1469	1451	1444	1487	1445	1473	1429
45.5	73.4	83.2	64.6	49.5	448	430	435	1481	1444	1493	1476	1468	1512	1469	1496	1453
46.0	73.7	83.5	65.0	50.1	454	436	441	1503	1468	1517	1502	1492	1537	1493	1520	1479
46.5	73.9	83.7	65.5	50.7	461	442	448	1526	1493	1541	1527	1517	1563	1517	1544	1505
47.0	74.2	84.0	65.9	51.2	468	449	455	1550	1519	1566	1554	1542	1589	1543	1569	1533
47.5	74.5	84.3	66.4	51.8	475	—	463	1575	1546	1591	1581	1568	1616	1569	1594	1562
48.0	74.7	84.6	66.8	52.4	482	—	470	1600	1574	1617	1608	1595	1643	1595	1620	1592
48.5	75.0	84.9	67.3	53.0	489	—	478	1626	1603	1643	1636	1622	1671	1623	1646	1623

续表

硬度								抗拉强度 R_m/(N/mm²)								
洛氏	表面洛氏				维氏	布氏（0.012F/D² =30）		碳钢	铬钢	铬钒钢	铬镍钢	铬钼钢	铬镍钼钢	铬锰硅钢	超高强度钢	不锈钢
HRC	HRA	HR15N	HR30N	HR45N	HV	HBS[①]	HBW[②]									
49.0	75.3	85.2	67.7	53.6	497	—	486	1653	1633	1670	1665	1649	1699	1651	1674	1655
49.5	75.5	85.5	68.2	54.2	504	—	494	1681	1665	1697	1695	1677	1728	1679	1702	1689
50.0	75.8	85.7	68.6	54.7	512	—	502	1710	1698	1724	1724	1706	1758	1709	1731	1725
50.5	76.1	86.0	69.1	55.3	520	—	510	—	1732	1752	1755	1735	1788	1739	1761	—
51.0	76.3	86.3	69.5	55.9	527	—	518	—	1768	1780	1786	1764	1819	1770	1792	—
51.5	76.6	86.6	70.0	56.5	535	—	527	—	1806	1809	1818	1794	1850	1801	1824	—
52.0	76.9	86.8	70.4	57.1	544	—	535	—	1845	1839	1850	1825	1881	1834	1857	—
52.5	77.1	87.1	70.9	57.6	552	—	544	—	—	1869	1883	1856	1914	1867	1892	—
53.0	77.4	87.4	71.3	58.2	561	—	552	—	—	1899	1917	1888	1947	1901	1929	—
53.5	77.7	87.6	71.8	58.8	569	—	561	—	—	1930	1951	—	—	1936	1966	—
54.0	77.9	87.9	72.2	59.4	578	—	569	—	—	1961	1986	—	—	1971	2006	—
54.5	78.2	88.1	72.6	59.9	587	—	577	—	—	1993	2022	—	—	2008	2047	—
55.0	78.5	88.4	73.1	60.5	596	—	585	—	—	2026	2058	—	—	2045	2090	—
55.5	78.7	88.6	73.5	61.1	606	—	593	—	—	—	—	—	—	—	2135	—
56.0	79.0	88.9	73.9	61.7	615	—	601	—	—	—	—	—	—	—	2181	—
56.5	79.3	89.1	74.4	62.2	625	—	608	—	—	—	—	—	—	—	2230	—
57.0	79.5	89.4	74.8	62.8	635	—	616	—	—	—	—	—	—	—	2281	—
57.5	79.8	89.6	75.2	63.4	645	—	622	—	—	—	—	—	—	—	2334	—
58.0	80.1	89.8	75.6	63.9	655	—	628	—	—	—	—	—	—	—	2390	—
58.5	80.3	90.0	76.1	64.5	666	—	634	—	—	—	—	—	—	—	2448	—
59.0	80.6	90.2	76.5	65.1	676	—	639	—	—	—	—	—	—	—	2509	—
59.5	80.9	90.4	76.9	65.6	687	—	643	—	—	—	—	—	—	—	2572	—
60.0	81.2	90.6	77.3	66.2	698	—	647	—	—	—	—	—	—	—	2639	—
60.5	81.4	90.8	77.7	66.8	710	—	650	—	—	—	—	—	—	—	—	—
61.0	81.7	91.0	78.1	67.3	721	—	—	—	—	—	—	—	—	—	—	—
61.5	82.0	91.2	78.6	67.9	733	—	—	—	—	—	—	—	—	—	—	—
62.0	82.2	91.4	79.0	68.4	745	—	—	—	—	—	—	—	—	—	—	—
62.5	82.5	91.5	79.4	69.0	757	—	—	—	—	—	—	—	—	—	—	—
63.0	82.8	91.7	79.8	69.5	770	—	—	—	—	—	—	—	—	—	—	—

续表

硬度								抗拉强度 R_m/(N/mm²)								
洛氏		表面洛氏			维氏	布氏 (0.012F/D^2=30)		碳钢	铬钢	铬钒钢	铬镍钢	铬钼钢	铬镍钼钢	铬锰硅钢	超高强度钢	不锈钢
HRC	HRA	HR15N	HR30N	HR45N	HV	HBS①	HBW②									
63.5	83.1	91.8	80.2	70.1	782	—	—	—	—	—	—	—	—	—	—	—
64.0	83.3	91.9	80.6	70.6	795	—	—	—	—	—	—	—	—	—	—	—
64.5	83.6	92.1	81.0	71.2	809	—	—	—	—	—	—	—	—	—	—	—
65.0	83.9	92.2	81.3	71.7	822	—	—	—	—	—	—	—	—	—	—	—
65.5	84.1	—	—	—	836	—	—	—	—	—	—	—	—	—	—	—
66.0	84.4	—	—	—	850	—	—	—	—	—	—	—	—	—	—	—
66.5	84.7	—	—	—	865	—	—	—	—	—	—	—	—	—	—	—
67.0	85.0	—	—	—	879	—	—	—	—	—	—	—	—	—	—	—
67.5	85.2	—	—	—	894	—	—	—	—	—	—	—	—	—	—	—
68.0	85.5	—	—	—	909	—	—	—	—	—	—	—	—	—	—	—

①HBS 为采用钢球压头测得的布氏硬度值，在 GB/T 231.1—2009 中已取消了钢球压头。

②HBW 为采用硬质合金球压头测得的布氏硬度值。

1.2.12 非铁金属材料硬度与强度换算

非铁金属材料硬度（HBW）与抗拉强度 R_m（N/mm²）可按关系式 $R_m = K\mathrm{HBW}$ 计算，其中的强度－硬度系数 K 按表 1－24 取值。

表 1－24 非铁金属材料强度－硬度系数 K 值

材料	K 值	材料	K 值
铝	2.7	铝黄铜	4.8
铅	2.9	铸铝 ZL103	2.12
锡	2.9	铸铝 ZL101	2.66
铜	5.5	硬铝	3.6
单相黄铜	3.5	锌合金铸件	0.9
H62	4.3～4.6		

1.3 常用公式

1.3.1 常用截面面积计算公式

常用截面面积计算公式见表 1－25 所示。

表 1－25 常用截面面积计算公式

名称	截面图形	计算公式
正方形	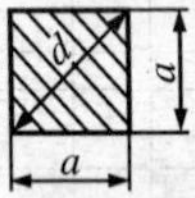	$A=a^2$；　$a=0.7071d=\sqrt{A}$ $d=1.4142a=1.4142\sqrt{A}$
长方形	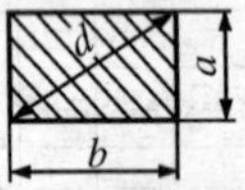	$A=ab=a\sqrt{d^2-a^2}=b\sqrt{d^2-b^2}$ $d=\sqrt{a^2+b^2}$；　$a=\sqrt{d^2-b^2}=\frac{A}{b}$； $b=\sqrt{d^2-a^2}=\frac{A}{a}$
三角形	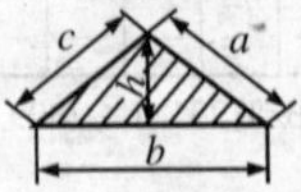	$A=\frac{bh}{2}=\frac{b}{2}\sqrt{a^2-\left(\frac{a^2+b^2-c^2}{2b}\right)^2}$ $P=\frac{1}{2}(a+b+c)$ $A=\sqrt{P(P-a)(P-b)(P-c)}$
平行四边形	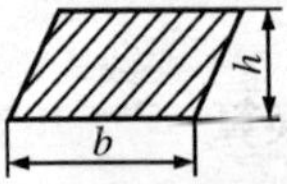	$A=bh$；　$h=\frac{A}{b}$；　$b=\frac{A}{h}$
梯形	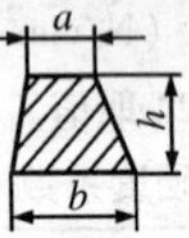	$A=\frac{(a+b)h}{2}$；　$h=\frac{2A}{a+b}$ $a=\frac{2A}{h}-b$；$b=\frac{2A}{h}-a$
正六边形	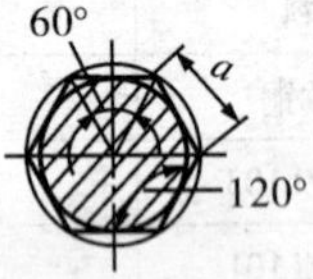	$A=2.5981a^2=2.5981R^2=3.4641r^2$ $R=a=1.1547r$ $r=0.86603a=0.86603R$
圆	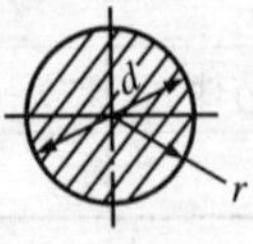	$A=\pi r^2=3.1416r^2=0.7854d^2$ $L=2\pi r=6.2832r=3.1416d$ $r=\frac{L}{2\pi}=0.15915L=0.56419\sqrt{A}$ $d=\frac{L}{\pi}=0.31831L=1.1284\sqrt{A}$

续表

名称	横截面图形	计算公式
椭圆	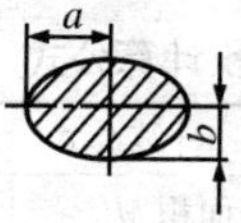	$A=\pi ab=3.1416ab$ 周长的近似值：$2P=\pi\sqrt{2(a^2+b^2)}$ 比较精确的值：$2P=\pi[1.5(a+b)-\sqrt{ab}]$
扇形	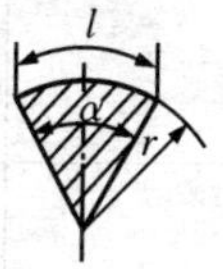	$A=\frac{1}{2}rl=0.0087266\alpha r^2$ $l=2A/r=0.017453\alpha r$ $r=2A/l=57.296l/\alpha$ $\alpha=\frac{180l}{\pi r}=\frac{57.296l}{r}$
弓形	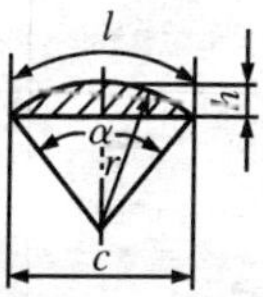	$A=\frac{1}{2}[rl-c(r-h)]$；　$r=\frac{c^2+4h^2}{8h}$ $l=0.017453\alpha r$；　$c=2\sqrt{h(2r-h)}$ $h=r-\frac{4r^2-c^2}{2}$；　$\alpha=\frac{57.296l}{r}$
圆环	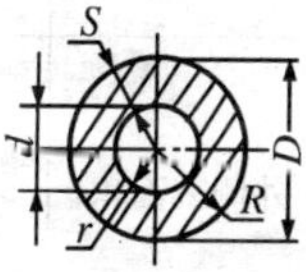	$A=\pi(R^2-r^2)=3.1416(R^2-r^2)$ $=0.7854(D^2-d^2)$ $=3.1416(D-S)S$ $=3.1416(d+S)S$ $S=R-r=(D-d)/2$
部分圆环（环式扇形）	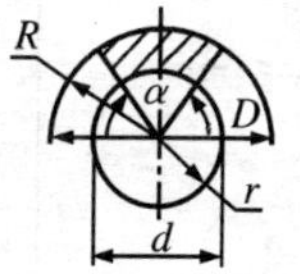	$A=\frac{\alpha\pi}{360}(R^2-r^2)$ $=0.008727\alpha(R^2-r^2)$ $=\frac{\alpha\pi}{4\times 360}(D^2-d^2)$ $=0.002182\alpha(D^2-d^2)$

注：图中A——面积；P——半周长；L——圆周长度；R——外接圆半径；r——内切圆半径；l——弧长。

1.3.2 常用表面积及体积计算公式

常用表面积及体积计算公式见表 1-26。

表 1-26 常用表面积及体积计算公式

名称	图形	计算公式	
		表面积 S 及侧表面积 M	体积 V
正方体	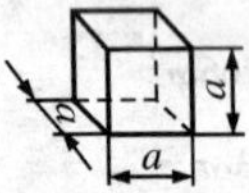	$S=6a^2$	$V=a^3$
长方体	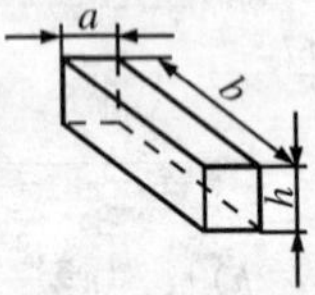	$S=2(ah+bh+ab)$	$V=abh$
圆柱	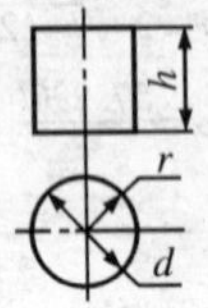	$M=2\pi rh=\pi dh$	$V=\pi r^2h=\frac{\pi d^2h}{4}$
空心圆柱（管）	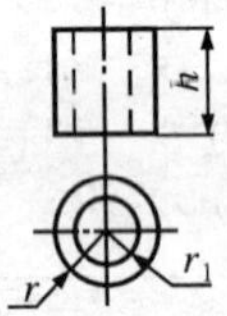	M = 内侧表面积 + 外侧表面积 $=2\pi h(r+r_1)$	$V=\pi h(r^2-r_1^2)$
斜底截圆柱	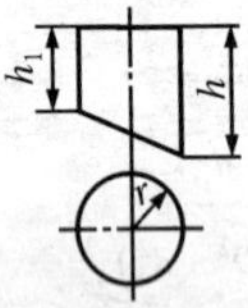	$M=\pi r(h+h_1)$	$V=\frac{\pi r^2(h+h_1)}{2}$
正六棱柱	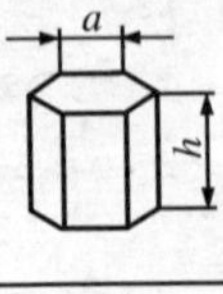	$S=5.1962a^2+6ah$	$V=2.5981a^2h$

续表

名称	图形	计算公式	
		表面积 S 及侧表面积 M	体积 V
正四棱台	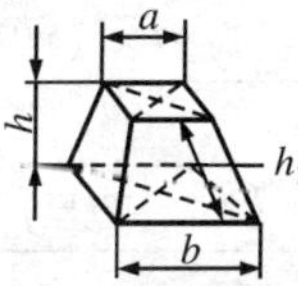	$S=a^2+b^2+2(a+b)h_1$	$V=\frac{(a^2+b^2+ab)h}{3}$
球		$S=4\pi r^2=\pi d^2$	$V=\frac{4\pi r^3}{3}=\frac{\pi d^3}{6}$
圆锥	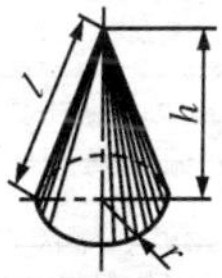	$M=\pi rl$ $=\pi r\sqrt{r^2+h^2}$	$V=\frac{\pi r^2 h}{3}$
圆台	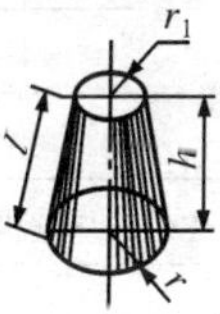	$M=\pi l(r+r_1)$	$V=\frac{\pi h(r^2+r_1{}^2+r_1 r)}{3}$

1.3.3　常用金属材料的理论质量计算公式

常用金属材料的理论质量计算公式见表1－27。

表1－27　常用金属材料的理论质量计算公式

序号	类别	理论质量 m/（kg/m）
1	圆钢、钢线材、钢丝	$m=0.00617\times$直径^2
2	方钢	$m=0.00785\times$边长^2
3	六角钢	$m=0.0068\times$对边距离^2
4	八角钢	$m=0.0065\times$对边距离^2
5	等边角钢	$m=0.00785\times$边厚$\times$（$2\times$边宽－边厚）
6	不等边角钢	$m=0.00785\times$边厚$\times$（长边宽＋短边宽－边厚）

续表

序号	类别	理论质量 m/（kg/m）
7	工字钢	m = 0.00785 × 腰厚 × ［高 + f ×（腿宽 - 腰厚）］
8	槽钢	m = 0.00785 × 腰厚 × ［高 + e ×（腿宽 - 腰厚）］
9	扁钢、钢板、钢带①	m = 0.00785 × 宽 × 厚
10	钢管	m = 0.02466 × 壁厚 ×（外径 - 壁厚）
11	纯铜棒	m = 0.00698 × 直径^2
12	六角纯铜棒	m = 0.0077 × 对边距离^2
13	纯铜板①	m = 8.89 × 厚度
14	纯铜管	m = 0.02794 × 壁厚 ×（外径 - 壁厚）
15	黄铜棒	m = 0.00668 × 直径^2
16	六角黄铜棒	m = 0.00736 × 对边距离^2
17	黄铜板①	m = 8.5 × 厚度
18	黄铜管	m = 0.0267 × 壁厚 ×（外径 - 壁厚）
19	铝棒	m = 0.0022 × 直径^2
20	铝板①	m = 2.71 × 厚度
21	铝管	m = 0.008478 × 壁厚 ×（外径 - 壁厚）
22	铅板①	m = 11.37 × 厚度
23	铅管	m = 0.355 × 壁厚 ×（外径 - 壁厚）

注：1. 腰高相同的工字钢，如有几种不同的腿宽和腰厚，需在型号右边加 a、b、c 予以区别，如 32a、32b、32c 等。腰高相同的槽钢，如有几种不同的腿宽和腰厚，也需在型号右边加 a、b、c 予以区别。

2. f 值：一般型号及带 a 的为 3.34，带 b 的为 2.65，带 c 的为 2.26。

3. e 值：一般型号及带 a 的为 3.26，带 b 的为 2.44，带 c 的为 2.24。

4. 各长度单位均为 mm。

①理论质量 m 的单位为 kg/m^2。

1.4 金属材料的分类及用途

1.4.1 钢铁材料的分类及用途

1. 生铁的分类及用途（表1-28）

表1-28 生铁的分类及用途

分类方法	分类名称		说明
按用途分类	炼钢生铁		指用于平炉、转炉炼钢用的生铁，一般含硅量较低（硅的质量分数不大于1.75%），含硫量较高（硫的质量分数不大于0.07%）。它是炼钢用的主要原料，在生铁产量中占80%~90%。炼钢生铁质硬而脆，断口呈白色，所以也叫白口铁
	铸造生铁		指用于铸造各种铸件的生铁，俗称翻砂铁。一般含硅量较高（硅的质量分数达3.75%），含硫量稍低（硫的质量分数小于0.06%）。它在生铁产量中约占10%，是钢铁厂中的主要商品铁，其断口为灰色，所以也叫灰口铁
按化学成分分类	普通生铁		指不含其他合金元素的生铁，如炼钢生铁、铸造生铁都属于这一类生铁
	特种生铁	天然合金生铁	指用含有共生金属（如铜、钒、镍等）的铁矿石或精矿，或用还原剂还原而炼成的一种特种生铁，它含有一定量的合金元素（一种或多种，由矿石的成分来决定），可用来炼钢，也可用于铸造
		铁合金	铁合金和天然合金生铁不同之处，是在炼铁时特意加入其他成分，炼成含有多种合金元素的特种生铁。铁合金是炼钢的原料之一，也可用于铸造。在炼钢时作钢的脱氧剂和合金元素添加剂，用以改善钢的性能。铁合金的品种很多，如按所含的元素来分，可分为硅铁、锰铁、铬铁、钨铁、钼铁、钛铁、钒铁、磷铁、硼铁、镍铁、铌铁、硅锰合金及稀土合金等，其中用量最大的是锰铁、硅铁和铬铁；按照生产方法的不同，可分为高炉铁合金、电炉铁合金、炉外法铁合金、真空碳还原铁合金等

2. 铸铁的分类及用途（表1－29）

表1－29 铸铁的分类及用途

分类方法	分类名称	说明
按断口颜色分类	灰铸铁	1）这种铸铁中的碳大部分或全部以自由状态的片状石墨形式存在，其断口呈暗灰色，故称为灰铸铁 2）有一定的力学性能和良好的切削加工性，是工业上应用最普遍的一种铸铁
	白口铸铁	1）白口铸铁是组织中完全没有或几乎没有石墨的一种铁碳合金，其中碳全部以渗碳体形式存在，断口呈白亮色 2）硬而且脆，不能进行切削加工，工业上很少直接应用其来制造机械零件。在机械制造中，有时仅利用它来制造需要承受冲击载荷的机件 3）可以用激冷的办法制造内部为灰铸铁组织、表层为白口铸铁组织的耐磨零件，如火车轮圈、轧辊、犁铧等。这种铸铁具有很高的表面硬度和耐磨性，通常又称为激冷铸铁或冷硬铸铁
	麻口铸铁	这是介于白口铸铁和灰铸铁之间的一种铸铁，其组织为珠光体＋渗碳体＋石墨，断口呈灰白相间的麻点状，故称为麻口铸铁。这种铸铁性能不好，极少应用
按化学成分分类	普通铸铁	普通铸铁是指不含任何合金元素的铸铁，一般常用的灰铸铁、可锻铸铁和球墨铸铁等都属于这一类铸铁
	合金铸铁	在普通铸铁内有意识地加入一些合金元素，以提高铸铁某些特殊性能而配制成的一种高级铸铁，如各种有耐蚀、耐热、耐磨等特殊性能的铸铁，都属于这一类铸铁
按生产方法和组织性能分类	普通灰铸铁	普通灰铸铁具有一定的强度、硬度，良好的减振性和耐磨性，具有高的导热性，好的抗热疲劳能力，同时还具有良好的铸造工艺性能，以及切削加工性能。生产简便，成本低，在工业和民用生活中得到了广泛的应用
	孕育铸铁	1）孕育铸铁又称为变质铸铁，是在灰铸铁的基础上，采用“变质处理”，即在铁液中加入少量的变质剂（硅铁或硅钙合金），造成人工晶核，使能获得细晶粒的珠光体和细片状石墨组织的一种高级铸铁 2）这种铸铁的强度、塑性和韧性均比一般灰铸铁要好得多，组织也较均匀一致，主要用来制造力学性能要求较高而截面尺寸变化较大的大型铸铁件

续表

分类方法	分类名称	说明
按生产方法和组织性能分类	可锻铸铁	1）由一定成分的白口铸铁经石墨化退火后而成，其中碳大部或全部以团絮状石墨的形式存在。由于其对基体的破坏作用较之片状石墨大大减轻，因而比灰铸铁具有较高的韧性，故又称为韧性铸铁 2）可锻铸铁实际上并不可以锻造，只不过具有一定的塑性而已，通常多用来制造承受冲击载荷的铸件
	球墨铸铁	1）球墨铸铁，是通过在浇铸前往铁液中加入一定量的球化剂（如纯镁或其合金）和墨化剂（硅铁或硅钙合金），以促进碳呈球状石墨结晶而获得的 2）由于石墨呈球形，应力大为减小，其主要减小金属基体的有效截面积，因而这种铸铁的力学性能比普通灰铸铁高得多，也比可锻铸铁好 3）具有比灰铸铁好的焊接性和热处理工艺性 4）和钢相比，除塑性、韧性稍低外，其他性能均接近，是一种同时兼有钢和铸铁优点的优良材料，因此在机械工程上获得了广泛的应用
	特殊性能铸铁	这是一种具有某些特殊性能的铸铁，根据用途的不同，可分为耐磨铸铁、耐热铸铁、耐蚀铸铁等。这类铸铁大部分都属于合金铸铁，在机械制造上应用也较为广泛

3. 钢的分类及用途（表1－30）

表1－30　钢的分类及用途

分类方法		分类名称	说明
按冶炼方法分类	按冶炼设备分类	平炉钢	1）指用平炉炼钢法炼制出来的钢 2）按炉衬材料不同，分酸性和碱性两种，一般平炉都是碱性的，只有特殊情况下才在酸性平炉内炼制 3）平炉炼钢法具有原料来源广、设备容量大、品种多、质量好等优点。平炉钢以往曾在世界总产量中占绝对优势，现在世界各国有停建平炉的趋势 4）平炉钢的主要品种是普碳钢、低合金钢和优质碳素钢
		转炉钢	1）指用转炉炼钢法炼制出来的钢 2）除分为酸性和碱性转炉钢外，还可分为底吹、侧吹、顶吹和空气吹炼、纯氧吹炼等转炉钢，常可混合使用 3）我国现在大量生产的为侧吹碱性转炉钢和氧气顶吹转炉钢。氧气顶吹转炉钢生产方法有生产速度快、质量高、成本低、投资少、基建快等优点，是当代炼钢的主要方法 4）转炉钢的主要品种是普碳钢，氧气顶吹转炉亦生产优质碳素钢和合金钢

续表

分类方法		分类名称	说明
按冶炼方法分类	按冶炼设备分类	电炉钢	1）指用电炉炼钢法炼制出的钢 2）可分为电弧炉钢、感应电炉钢、真空感应电炉钢、电渣炉钢、真空自耗炉钢、电子束炉钢等 3）工业上大量生产的主要是碱性电弧炉钢，其中的品种有优质钢和合金钢
	按脱氧程度和浇注制度分类	沸腾钢	1）脱氧不完全的钢，浇注时在钢模里产生沸腾，所以称为沸腾钢 2）其特点是收缩率高，成本低，表面质量及深冲性能好 3）成分偏析大，质量不均匀，耐蚀性和机械强度较差 4）大量用于轧制普通碳素钢的型钢和钢板
		镇静钢	1）脱氧完全的钢，浇注时钢液镇静，没有沸腾现象，所以称为镇静钢 2）成分偏析少，质量均匀，但金属的收缩率低（缩孔多），成本较高 3）通常情况下合金钢和优质碳素钢都是镇静钢
		半镇静钢	1）脱氧程度介于沸腾钢和镇静钢之间的钢，浇注时沸腾现象较沸腾钢弱 2）钢的质量、成本和收缩率也介于沸腾钢和镇静钢之间。生产较难控制，故目前在钢产量中占比例不大
按化学成分分类		碳素钢	1）指碳的质量分数≤2%，并含有少量锰、硅、硫、磷和氧等杂质元素的铁碳合金 2）按其含碳量的不同可分为 a. 工业纯铁：碳的质量分数≤0.04%的铁碳合金 b. 低碳钢：碳的质量分数>0.04%、≤0.25%的钢 c. 中碳钢：碳的质量分数为0.25%~0.60%的钢 d. 高碳钢：碳的质量分数>0.60%的钢 3）按钢的质量和用途的不同，又分为普通碳素结构钢、优质碳素结构钢和工具碳素钢3大类
		合金钢	1）在碳素钢基础上，为改善钢的性能，在冶炼时加入一些合金元素（如铬、镍、硅、锰、钼、钨、钒、钛、硼等）而炼成的钢 2）按其合金元素的总含量，可分为 a. 低合金钢：这类钢的合金元素总质量分数≤5% b. 中合金钢：这类钢的合金元素总质量分数为5%~10% c. 高合金钢：这类钢的合金元素总质量分数>10% 3）按钢中主要合金元素的种类，又可分为 a. 三元合金钢：指除铁、碳以外，还含有另一种合金元素的钢，如锰钢、铬钢、硼钢、钼钢、硅钢、镍钢等 b. 四元合金钢：指除铁、碳以外，还含有另外两种合金元素的钢，如硅锰钢、锰硼钢、铬锰钢、铬镍钢等 c. 多元合金钢：指除铁、碳以外，还含有另外3种或3种以上合金元素的钢，如铬锰钛钢、硅锰钼钒钢等

续表

分类方法	分类名称		说明
按用途分类	结构钢	建筑及工程用结构钢	1）用于建筑、桥梁、船舶、锅炉或其他工程上制造金属结构件的钢，多为低碳钢。由于大多要经过焊接施工，故其含碳量不宜过高，一般都是在热轧供应状态或正火状态下使用 2）主要类型有： a. 普通碳素结构钢：按用途又分为一般用途的普碳钢和专用普碳钢 b. 低合金钢：按用途又分为低合金结构钢、耐腐蚀用钢、低温用钢、钢筋钢、钢轨钢、耐磨钢和特殊用途专用钢
		机械制造用结构钢	1）用于制造机械设备上的结构零件 2）这类钢基本上都是优质钢或高级优质钢，需要经过热处理、冷塑成形和机械切削加工后才能使用 3）主要类型有优质碳素结构钢、合金结构钢、易切削结构钢、弹簧钢、滚动轴承钢
	工具钢		指用于制造各种工具的钢。这类钢按其化学成分分为碳素工具钢、合金工具钢、高速钢；按照用途又可分为刃具钢（或称为刀具钢）、模具钢（包括冷作模具钢和热作模具钢）、量具钢
	特殊钢		1）指用特殊方法生产的，具有特殊物理、化学性能和力学性能的钢 2）主要包括不锈耐酸钢、耐热不起皮钢、高电阻合金钢、低温用钢、耐磨钢、磁钢（包括硬磁钢和软磁钢）、抗磁钢和超高强度钢（指 $R_m \geqslant 1400N/mm^2$ 的钢）
	专业用钢		指各工业部门专业用途的钢，例如，农机用钢、机床用钢、重型机械用钢、汽车用钢、航空用钢、宇航用钢、石油机械用钢、化工机械用钢、锅炉用钢、电工用钢、焊条用钢等
按金相组织分类	按退火后的金相组织分类	亚共析钢	碳的质量分数 <0.80%，组织为游离铁素体 + 珠光体
		共析钢	碳的质量分数为0.80%，组织全部为珠光体
		过共析钢	碳的质量分数 >0.80%，组织为游离碳化物 + 珠光体
		莱氏体钢	实际上也是过共析钢，但其组织为碳化物和奥氏体的共晶体

续表

<table>
<tr><th colspan="2">分类方法</th><th>分类名称</th><th>说明</th></tr>
<tr><td rowspan="8">按金相组织分类</td><td rowspan="4">按正火后的金相组织分类</td><td>珠光体钢、贝氏体钢</td><td>当合金元素含量较少，在空气中冷却如得到珠光体或索氏体、托氏体的，就属于珠光体钢；如得到贝氏体的，就属于贝氏体钢</td></tr>
<tr><td>马氏体钢</td><td>当合金元素含量较高，在空气中冷却，如得到马氏体的，称为马氏体钢</td></tr>
<tr><td>奥氏体钢</td><td>当合金元素含量较高，在空气中冷却，奥氏体直到室温仍不转变的，称为奥氏体钢</td></tr>
<tr><td>碳化物钢</td><td>当含碳量较高并含有大量碳化物组成元素时，在空气中冷却，如得到由碳化物及其基体组织（珠光体或马氏体、奥氏体）所构成的混合物组织的，称为碳化物钢。最典型的碳化物钢是高速钢</td></tr>
<tr><td rowspan="4">按加热、冷却时有无相变和室温时的金相组织分类</td><td>铁素体钢</td><td>含碳量很低并含有大量形成或稳定铁素体的元素，如铬、硅等，故在加热或冷却时，始终保持铁素体组织</td></tr>
<tr><td>半铁素体钢</td><td>含碳量较低并含有较多的形成或稳定铁素体的元素，如铬、硅等，在加热或冷却时，只有部分发生 $\alpha \rightleftharpoons \gamma$ 相变，其他部分始终保持 α 相的铁素体组织</td></tr>
<tr><td>半奥氏体钢</td><td>含有一定的形成或稳定奥氏体的元素，如镍、锰等，故在加热或冷却时，只有部分发生 $\alpha \rightleftharpoons \gamma$ 相变，其他部分始终保持 γ 相的奥氏体组织</td></tr>
<tr><td>奥氏体钢</td><td>含有大量的形成或稳定奥氏体的元素，如锰、镍等，故在加热或冷却时，始终保持奥氏体组织</td></tr>
<tr><td colspan="2" rowspan="3">按品质分类</td><td>普通钢</td><td>1）含杂质元素较多，其中磷、硫的质量分数均应≤0.07%
2）主要用于建筑结构和要求不太高的机械零件
3）主要类型有普通碳素钢、低合金结构钢等</td></tr>
<tr><td>优质钢</td><td>1）含杂质元素较少，质量较好，其中硫、磷的质量分数均应≤0.04%，主要用于机械结构零件和工具
2）主要类型有优质碳素结构钢、合金结构钢、碳素工具钢和合金工具钢、弹簧钢、轴承钢等</td></tr>
<tr><td>高级优质钢</td><td>1）含杂质元素极少，其中硫、磷的质量分数均应≤0.03%，主要用于重要机械结构零件和工具
2）属于这一类的钢大多是合金结构钢和工具钢，为了区别于一般优质钢，这类钢的钢号后面，通常加符号“A”或汉字“高”以便识别</td></tr>
</table>

续表

分类方法	分类名称	说明
按制造加工形式分类	铸钢	1）指采用铸造方法而生产出来的一种钢铸件，其碳的质量分数一般为0.15%～0.60% 2）铸造性能差，往往需要用热处理和合金化等方法来改善其组织和性能，主要用于制造一些形状复杂、难于进行锻造或切削加工成形，而又要求较高的强度和塑性的零件 3）按化学成分分为铸造碳钢和铸造合金钢，按用途分为铸造结构钢、铸造特殊钢和铸造工具钢
	锻钢	1）采用锻造方法生产出来的各种锻材和锻件，其质量比铸钢件高，能承受大冲击力 2）塑性、韧性和其他方面的力学性能也都比铸钢件高，用于制造一些重要的机器零件 3）冶金工厂中对某些截面较大的型钢也采用锻造方法来生产和供应一定规格的锻材，如锻制圆钢、方钢和扁钢等
	热轧钢	1）指用热轧方法生产出的各种热轧钢材。大部分钢材都是采用热轧轧成的 2）热轧常用于生产型钢、钢管、钢板等大型钢材，也用于轧制线材
	冷轧钢	1）指用冷轧方法生产出的各种钢材 2）与热轧钢相比，冷轧钢的特点是：表面光洁，尺寸精确，力学性能好 3）冷轧常用来轧制薄板、钢带和钢管
	冷拔钢	1）指用冷拔方法生产出的各种钢材 2）特点是：精度高，表面质量好 3）冷拔主要用于生产钢丝，也用于生产直径在50mm以上的圆钢和六角钢，以及直径在76mm以下的钢管

4. 钢产品的分类及用途（表1－31）

表1－31 钢产品的分类及用途（GB/T 15574—1995）

分类	钢产品	
初产品	液态钢	通过冶炼获得的待浇注的液体状态钢和直接熔化原料而获得的液体状态钢，以及为用于铸锭、连续浇注或铸造铸钢件的液体状态钢水

续表

<table>
<tr><th colspan="2">分类</th><th colspan="2">钢产品</th></tr>
<tr><td colspan="2">初产品</td><td>钢锭</td><td>将液态钢浇注到具有一定形状的锭模中得到的产品。钢锭模的形状（钢锭的形状）应与经热轧或锻造加工*成材的形状近似，按横截面，可把钢锭分为用于轧制型材的钢锭和轧制板材的扁锭
为进一步加工的需要，不改变钢锭原来的分类，还可以做如下处理：用研磨工具或喷枪等全部清理表面缺陷；剪切头尾或剪切成便于进一步加工的长度；表面清理后剪切
用于轧制型材的钢锭的横截面可以是方形、矩形（宽度小于厚度的2倍）、多边形、圆形、椭圆形以及各种异型；
用于轧制板材的扁钢锭的横截面是宽度不小于厚度2倍的矩形
*用真空电弧或电渣法重熔成钢锭时，在近似产品形状的铸模中熔化钢电极所获得的产品，钢电极是预先铸造、锻造或轧制成的</td></tr>
<tr><td rowspan="6">半成品</td><td colspan="3">由轧制或锻造钢锭获得的，或者由连铸获得的半成品，半成品通常是供进一步轧制或锻造加工成成品用
这些半成品的横截面可以有各种形状（方形横截面半成品、矩形横截面半成品、扁平半成品、异型半成品）；横截面的尺寸沿长度方向是不变的；其公差相对于成品更大一些，棱角更圆钝一些。半成品的侧面允许有轻微的凹入或凸出以及轧制（或锻制）的痕迹。并且可以用研磨工具、喷枪或修磨方法进行局部或全部的清理。半成品是按形状、横截面尺寸以及用途进行分类的*
*各种半成品取自轧机的类型以及轧制产品的横截面。目前，在开坯机上可生产初轧坯，在板坯机上也可开坯</td></tr>
<tr><td>方形横截面半成品</td><td colspan="2">按边长，这些半成品通常分为
1）大方坯：边长大于120mm
2）方坯：边长40～120mm</td></tr>
<tr><td>矩形横截面半成品（不包括扁平半成品、异型半成品、供无缝钢管用半成品）</td><td colspan="2">按横截面尺寸，矩形横截面半成品通常分为以下几类：
1）大矩形坯：大矩形坯的横截面积大于14400mm²，其宽厚比大于1且小于2
2）矩形坯：矩形坯的横截面积为1600～14400mm²，其宽厚比大于1且小于2</td></tr>
<tr><td>扁平半成品</td><td colspan="2">1）板坯：板坯的厚度不小于50mm，宽厚比不小于2。宽厚比大于4称为扁平板坯
2）薄板坯：薄板坯的宽度不小于150mm，厚度大于6mm且小于50mm</td></tr>
<tr><td>异型半成品（异型坯）</td><td colspan="2">异型半成品横截面积通常大于2500mm²，用于生产型钢以及经预加工成形的半成品</td></tr>
<tr><td>供无缝钢管用半成品（简称管坯）</td><td colspan="2">管坯的横截面可以是圆形、方形、矩形或多边形</td></tr>
</table>

续表

分类	钢产品
轧制成品和最终产品一般规定	轧制成品和最终产品通常是用轧制方法生产的产品，并且在钢厂内一般不再进行热加工。横截面沿长度方向是不变的或有周期性的变化。产品的公称尺寸范围、外形、尺寸允许偏差通常是由标准规定的。光面通常是光滑的，但可以有规则的凸凹花纹（如钢筋或扁豆形花纹板）
	按外形和尺寸，分为条钢、盘条、扁平产品、钢管
	按生产阶段分类如下： 1）热轧成品和最终产品：大多由半成品热轧而成，也有一些是由初产品热轧得到的 2）冷轧（拔）成品和最终产品：通常是热轧成品经冷轧（拔）而成的
	按表面状态分类如下： 1）未经表面处理的产品：为了在装运或贮存过程中防腐蚀或机械损伤，可以涂一层（由下列任一方法获得的）简单的防护层： a. 钝化（用铬酸或磷酸）：采用电化学或化学方法在产品上镀上一层铬酸盐或磷酸盐，这与铬酸盐或磷酸盐表面处理不同，镀层是很薄的，用肉眼几乎辨别不清（单面 7～10mg/m^2） b. 有机镀层：本身不具备防腐蚀作用，只是为了进一步涂层打底，并构成抗腐蚀系统的一部分 c. 保护膜：如黏涂层、黏涂纸、清漆 d. 油脂涂层、油、焦油、沥青、石灰或任一可溶物质 2）经表面处理的产品

1.4.2 非铁金属材料的分类及用途

常用非铁金属材料的分类及用途见表1-32。

表1-32 常用非铁金属材料的分类及用途

合金类型	合金品种	合金系列
铜合金	普通黄铜	Cu-Zn合金，可变形加工或铸造
	特殊黄铜	在Cu-Zn基础上还含有Al、Si、Mn、Pb、Sn、Fe、Ni等合金元素，可变形加工或铸造
	锡青铜	在Cu-Sn基础上加入P、Zn、Pb等合金元素，可变形加工或铸造
	特殊青铜	不以Zn、Sn或Ni为主要合金元素的铜合金，有铝青铜、硅青铜、锰青铜、铍青铜、锆青铜、铬青铜、镉青铜、镁青铜等，可变形加工或铸造
	普通白铜	Cu-Ni合金，可变形加工
	特殊白铜	在Cu-Ni基础上加入其他合金元素，有锰白铜、铁白铜、锌白铜、铝白铜等，可变形加工

续表

合金类型	合金品种	合金系列
铝合金	变形铝合金	以变形加工方法生产管、棒、线、型、板、带、条、锻件等。合金系列有工业纯铝（质量分数 >99%）、Al-Cu 或 Al-Cu-Li、Al-Mn、Al-Si、Al-Mg、Al-Mg-Si、Al-Zn-Mg、Al-Li-Sn、Zr、B、Fe 或 Cu 等
	铸造铝合金	浇注异型铸件用的铝合金，合金系列有工业纯铝、Al-Cu、Al-Si-Cu 或 Al-Mg-Si、Al-Si、Al-Mg、Al-Zn-Mg、Al-Li-Sn（Zr、B 或 Cu）
镁合金	变形镁合金	以变形加工方法生产板、棒、型、管、线、锻件等，合金系列有 Mg-Al-Zn-Mn、Mg-Al-Zn-Cs、Mg-Al-Zn-Zr、Mg-Th-Zr、Mg-Th-Mn 等，其中含 Zr、Th 的镁合金可时效硬化
	铸造镁合金	合金系与变形合金类似，砂型铸造的镁合金中还可含有质量分数为 1.2% ~3.2% 的稀土元素或 2.5% 的 Be
钛合金	α 钛合金	具有 α（密排六方 hcp）固溶体的晶体结构，含有稳定 α 相和固溶强化的合金元素铝（提高 α/β 转变温度）以及固溶强化的合金元素铜与锡，铜还有沉淀强化作用。合金系是 Ti-Al、Cu-Sn
	近 α 钛合金	通过化学成分调整和不同的热处理制度可形成 α 或"α+β"的相结构，以满足某些性能要求
	α+β 钛合金	同时含有稳定 α 相的合金元素铝和稳定 β 相（降低 α/β 转变温度）的合金元素钒或钽、钼、铌，在室温下具有"α+β"的相结构。合金系为 Ti-Al-V（Ta、Mo、Nb）
	β 钛合金	含有稳定 β 相的合金元素钒或钼，快冷后在室温下为亚稳 β 结构。合金系为 Ti-V（Mo、Ta、Nb）
		钛合金与铝合金、镁合金、铍合金同属轻有色合金。钛合金具有中等的密度，很高的比强度与比刚度，良好的耐热性能和很好的耐蚀性，主要用于航空航天和化工设备
高温合金	镍基高温合金	高温合金是指在 1000℃ 左右高温下仍具有足够的持久强度、蠕变强度、热疲劳强度、高温韧性及足够的化学稳定性的热强性材料，用于在高温下工作的热动力部件。合金系为 Ni-Cr-Al、Ni-Cr-Al-Ti 等，常含有其他合金元素
	钴基高温合金	合金系为 Co-Cr、Ni-W、Mo-Mn-Si-C 等
锌合金	变形加工锌合金	合金系为 Zn-Cu 等
	铸造锌合金	合金系为 Zn-Al 等

续表

合金类型	合金品种	合金系列
轴承合金	铅基轴承合金	合金系为 Pb – Sn、Pb – Sb、Pb – Sb – Sn 等
	锡基轴承合金	合金系为 Sn – Sb 等
	其他轴承合金	合金系为铜合金、铝合金等
硬质合金	碳化钨	以钴作为黏结剂的合金，用于切削铸铁或制成矿山用钻头
	碳化钨、碳化钛	以钴黏结，用于钢材的切削
	碳化钨、碳化钛、碳化铌	以钴黏结，具有较高的高温性能和耐磨性，用于加工合金结构钢和镍铬不锈钢

1.5 金属材料的交货状态及标记

1.5.1 钢铁材料的交货状态及标记

1. 钢铁材料的交货状态（表1–33）

表1–33 钢铁材料的交货状态

名称	说明
热轧（锻）状态	钢材在热轧或锻造后不再对其进行专门热处理，冷却后直接交货，称为热轧或热锻状态。热轧（锻）的终止温度一般为 800 ~ 900℃，之后一般在空气中自然冷却，因而热轧（锻）状态相当于正火处理。所不同的是因为热轧（锻）终止温度有高有低，不像正火加热温度控制严格，因而钢材组织与性能的波动比正火大。目前不少钢铁企业采用控制轧制，由于热轧终止温度控制很严格，并在终轧后采取强制冷却措施，因而钢的晶粒细化，交货钢材有较高的综合力学性能。无扭控冷热轧盘条比普通热轧盘条性能优越就是这个道理 热轧（锻）状态交货的钢材，由于表面覆盖有一层氧化铁皮，因而具有一定的耐蚀性，储运保管的要求不像冷拉（轧）状态交货的钢材那样严格，大中型型钢、中厚钢板可以在露天货场或经苫盖后存放
冷拉（轧）状态	经冷拉、冷轧等冷加工成形的钢材，不经任何热处理而直接交货的状态，称为冷拉或冷轧状态。与热轧（锻）状态相比，冷拉（轧）状态的钢材尺寸精度高、表面质量好、表面粗糙度值低，并有较高的力学性能 由于冷拉（轧）状态交货的钢材表面没有氧化皮覆盖，并且存在很大的内应力，极易遭受腐蚀或生锈，因而冷拉（轧）状态的钢材，其包装、储运均有较严格的要求，一般均需在库房内保管，并应注意库房内的温度、湿度控制

续表

名称	说明
正火状态	钢材出厂前经正火热处理，这种交货状态称为正火状态。由于正火加热温度［亚共析钢为 Ac_3 +(30～50)℃，过共析钢为 Ac_{cm} + (30～50)℃］比热轧终止温度控制严格，因而钢材的组织、性能均匀。与退火状态的钢材相比，由于冷却速度较快，钢的组织中珠光体数量增多，珠光体层片及钢的晶粒细化，因而有较高的综合力学性能，并有利于改善低碳钢的魏氏组织和过共析钢的渗碳体网状，可为成品的进一步热处理做好组织准备。碳素结构钢、合金结构钢钢材常采用正火状态交货。某些低合金高强度钢如 14MnMoVBRE、14CrMnMoVB 钢，为了获得贝氏体组织，也要求正火状态交货
退火状态	钢材出厂前经退火热处理，这种交货状态称为退火状态。退火的目的主要是为了消除和改善前道工序遗留的组织缺陷和内应力，并为后道工序做好组织和性能上的准备 合金结构钢、保证淬透性结构钢、冷镦钢、轴承钢、工具钢、汽轮机叶片用钢、铁素体型不锈耐热钢的钢材常以退火状态交货
高温回火状态	钢材出厂前经高温回火热处理，这种交货状态称为高温回火状态。高温回火的回火温度高，有利于彻底消除内应力，提高塑性和韧性。碳素结构钢、合金结构钢、保证淬透性结构钢钢材均可采用高温回火状态交货。某些马氏体型高强度不锈钢、高速工具钢和高强度合金钢，由于有很高的淬透性及合金元素的强化作用，常在淬火（或正火）后进行一次高温回火，使钢中碳化物适当聚集，得到碳化物颗粒较粗大的回火索氏体组织（与球化退火组织相似），因而，这种交货状态的钢材有很好的切削加工性能
固溶处理状态	钢材出厂前经固溶处理，这种交货状态称为固溶处理状态。这种状态主要适用于奥氏体型不锈钢材出厂前的处理。通过固溶处理，得到单相奥氏体组织，以提高钢的韧性和塑性，为进一步冷加工（冷轧或冷拉）创造条件，也可为进一步沉淀硬化做好组织准备

2. 钢铁材料的标记代号（表1－34）

表1－34　钢铁材料的标记代号（GB/T 15575－2008）

代号	中文名称	英文名称
W	加工状态（方法）	working condition
WH	热加工	hot working
WHR（或 AR）	热轧	hot rolling

续表

代号	中文名称	英文名称
WHE	热扩	hot expansion
WHEX	热挤	hot extrusion
WHF	热锻	hot forging
WC	冷加工	cold working
WCR	冷轧	cold rolling
WCE	冷挤压	cold extrusion
WCD	冷拉（拔）	cold draw
WW	焊接	weld
P	尺寸精度	precision of dimensions
E	边缘状态	edge condition
EC	切边	cut edge
EM	不切边	mill edge
ER	磨边	rub edge
F	表面质量	workmanship finish and appearance
FA	普通级	A class
FB	较高级	B class
FC	高级	C class
S	表面种类	surface kind
SPP	压力加工表面	pressure process
SA	酸洗	acid
SS	喷丸（砂）	shot blast
SF	剥皮	flake
SP	磨光	polish
SB	抛光	buff
SBL	发蓝	blue
S_	镀层	metallic coating
SC_	涂层	organic coating
ST	表面处理	treatment surface
STC	钝化（铬酸）	passivation
STP	磷化	phosphatization
STO	涂油	oiled
STS	耐指纹处理	sealed
S	软化程度	soft grade

续表

代号	中文名称	英文名称
S 1/4	1/4 软	soft quarter
S 1/2	半软	soft half
S	软	soft
S2	特软	soft special
H	硬化程度	hard grade
H 1/4	低冷硬	hard low
H 1/2	半冷硬	hard half
H	冷硬	hard
H2	特硬	hard special
	热处理类型	
A	退火	annealing
SA	软化退火	soft annealing
G	球化退火	globurizing
L	光亮退火	light annealing
N	正火	normalizing
T	回火	tempering
QT	淬火 + 回火（即调质）	quenching and tempering
NT	正火 + 回火	normalizing and tempering
S	固溶	solution treatment
AG	时效	aging
	冲压性能	
CQ	普通级	commercial quality
DQ	冲压级	drawing quality
DDQ	深冲级	deep drawing quality
EDDQ	特深冲级	extra deep drawing quality
SDDQ	超深冲级	super deep drawing quality
ESDDQ	特超深冲级	extra super deep drawing quality
U	使用加工方法	use
UP	压力加工用	use for pressure process
UHP	热加工用	use for hot process
UCP	冷加工用	use for cold process
UF	顶锻用	use for forge process
UHF	热顶锻用	use for hot forge process
UCF	冷顶锻用	use for cold forge process
UC	切削加工用	use for cutting process

3. 钢铁材料的涂色标记（表1－35）

表1－35　钢铁材料的涂色标记

类别	牌号或组别	涂色标记
优质碳素结构钢	05～15	白色
	20～25	棕色＋绿色
	30～40	白色＋蓝色
	45～85	白色＋棕色
	15Mn～40Mn	白色2条
	45Mn～70Mn	绿色3条
合金结构钢	锰钢	黄色＋蓝色
	硅锰钢	红色＋黑色
	锰钒钢	蓝色＋绿色
	铬钢	绿色＋黄色
	铬硅钢	蓝色＋红色
	铬锰钢	蓝色＋黑色
	铬锰硅钢	红色＋紫色
	铬钒钢	绿色＋黑色
	铬锰钛钢	黄色＋黑色
	铬钨钒钢	棕色＋黑色
	钼钢	紫色
	铬钼钢	绿色＋紫色
	铬锰钼钢	绿色＋白色
	铬钼钒钢	紫色＋棕色
	铬硅钼钒钢	紫色＋棕色
	铬铝钢	铝白色
	铬钼铝钢	黄色＋紫色
	铬钨钒铝钢	黄色＋红色
	硼钢	紫色＋蓝色
	铬钼钨钒钢	紫色＋黑色
高速工具钢	W12Cr4V4Mo	棕色1条＋黄色1条
	W18Cr4V	棕色1条＋蓝色1条
	W9Cr4V2	棕色2条
	W9Cr4V	棕色1条

类别	牌号或组别	涂色标记
铬轴承钢	GCr6	绿色1条+白色1条
	GCr9	白色1条+黄色1条
	GCr9SiMn	绿色2条
	GCr15	蓝色1条
	GCr15SiMn	绿色1条+蓝色1条
不锈耐酸钢	铬钢	铝色+黑色
	铬钛钢	铝色+黄色
	铬锰钢	铝色+绿色
	铬钼钢	铝色+白色
	铬镍钢	铝色+红色
	铬锰镍钢	铝色+棕色
	铬锰钛钢	铝色+蓝色
	铬镍铌钢	铝色+蓝色
	铬钼钛钢	铝色+白色+黄色
	铬钼钒钢	铝色+红色+黄色
	铬镍钼钛钢	铝色+紫色
	铬钼钒钴钢	铝色+紫色
	铬镍铜钛钢	铝色+蓝色+白色
	铬镍钼铜钛钢	铝色+黄色+绿色
	铬镍钼铜铌钢	铝色+黄色+绿色（铝色为宽色条，其余为窄色条）

1.5.2 非铁金属材料的交货状态及标记

1. 非铁金属材料压延材的交货状态（表1-36）

表1-36 非铁金属材料压延材的交货状态

代号	状态	代号	状态
m	消除应力状态	CT	超弹硬状态
M（C）	软状态[①]	R	热轧状态
M_2	轻软状态	CYS[②]	淬火+冷加工+人工时效状态
TM	特软状态	ST	固溶状态
Y（CY）	硬状态	TH01	1/4硬时效状态
Y_2（CY_2）	1/2硬状态	TH02	1/2硬时效状态
Y_3（CY_3）	1/3硬状态	TH03	3/4硬时效状态

续表

代号	状态	代号	状态
Y_4（CY_4）	1/4 硬状态	TH04	硬时效状态
Y_8（CY_8）	1/8 硬状态	TF00	软时效状态
T	特硬状态	Sh	烧结状态
TY	弹硬状态	X	交叉辗压状态

注：工业生产中，在表示有色金属材料的状态时，有时用括号内的代号。

①也称为退火状态。

②根据硬度大小分为 CYS、CY_2S、CY_3S、CY_4S、CY_8S。

2. 非铁金属材料的涂色标记（表1-37）

表1-37 非铁金属材料的涂色标记

名称	牌号或组别	涂色标记	名称	牌号或组别	涂色标记
锌锭	Zn-01	红色2条	铅锭	Pb-1	红色2条
	Zn-1	红色1条		Pb-2	红色1条
	Zn-2	黑色2条		Pb-3	黑色2条
	Zn-3	黑色1条		Pb-4	黑色1条
	Zn-4	绿色2条		Ph-5	绿色2条
	Zn-5	绿色1条		Ph-6	绿色1条
铝锭	Al-00（特一号）	白色1条	镍板	Ni-01（特号）	红色
	Al-0（特二号）	白色2条		Ni-1（一号）	蓝色
				Ni-2（二号）	黄色
	Al-1（一号）	红色1条	铸造碳化钨	（二号）	绿色
	Al-2（二号）	红色2条		（三号）	黄色
				（四号）	白色
	Al-3（三号）	红色3条		（六号）	浅蓝色

1.6 钢铁材料牌号表示方法

1.6.1 生铁及铁合金牌号表示方法

1. 生铁牌号表示方法（表1-38）

表1-38 生铁牌号表示方法（GB/T 221—2008）

产品名称	第一部分			第二部分	牌号示例
	采用汉字	汉语拼音	采用字母		
炼钢用生铁	炼	LIAN	L	硅的质量分数为0.85%～1.25%的炼钢用生铁，阿拉伯数字为10	L10
铸造用生铁	铸	ZHU	Z	硅的质量分数为2.80%～3.20%的铸造用生铁，阿拉伯数字为30	Z30
球墨铸铁用生铁	球	QIU	Q	硅的质量分数为1.00%～1.40%的球墨铸铁用生铁，阿拉伯数字为12	Q12
耐磨生铁	耐磨	NAI MO	NM	硅的质量分数为1.60%～2.00%的耐磨生铁，阿拉伯数字为18	NM18
脱碳低磷粒铁	脱粒	TUO LI	TL	碳的质量分数为1.20%～1.60%的炼钢用脱碳低磷粒铁，阿拉伯数字为14	TL14
含钒生铁	钒	FAN	F	钒的质量分数不小于0.40%的含钒生铁，阿拉伯数字为04	F04

2. 铁合金产品牌号表示方法（表1-39）

表1-39 铁合金产品牌号表示方法（GB/T 7738—2008）

产品名称	第一部分	第二部分	第三部分	第四部分	牌号表示示例
硅铁		Fe	Si75	Al1.5—A	FeSi75Al1.5—A
金属锰	J		Mn97	A	JMn97—A
	JC		Mn98		JCMn98
金属铬	J		Cr99	A	JCr99—A

续表

产品名称	第一部分	第二部分	第三部分	第四部分	牌号表示示例
钛铁		Fe	Ti30	A	FeTi30—A
钨铁		Fe	W78	A	FeW78—A
钼铁		Fe	Mo60		FeMo60—A
锰铁		Fe	Mn68	C7.0	FeMn68C7.0
钒铁		Fe	V40	A	FeV40—A
硼铁		Fe	B23	C0.1	FeB23C0.1
铬铁		Fe	Cr65	C1.0	FeCr65C1.0
	ZK	Fe	Cr65	C0.010	ZKFeCr65C0.010
铌铁		Fe	Nb60	B	FeNb60—B
锰硅合金		Fe	Mn64Si27		FeMn64Si27
硅铬合金		Fe	Cr30Si40	A	FeCr30Si40—A
稀土硅铁合金		Fe	SiRE23		FeSiRE23
稀土镁硅铁合金		Fe	SiMg8RE5		FeSiMg8RE5
硅钡合金		Fe	Ba30Si35		FeBa30Si35
硅铝合金		Fe	Al52Si5		FeAl52Si5
硅钡铝合金		Fe	Al34Ba6Si20		FeAl34Ba6Si20
硅钙钡铝合金		Fe	Al16Ba9Ca12Si30		FeAl16Ba9Ca12Si30
硅钙合金			Ca31Si60		Ca31Si60
磷铁		Fe	P24		FeP24
五氧化二钒			$V_2O_5$98		$V_2O_5$98
钒氮合金			VN12		VN12
电解金属锰	DJ		Mn	A	DJMn—A
钒渣	FZ			1	FZ1
氧化钼块	Y		Mo55.0	A	YMo55.0—A
氮化金属锰	J		MnN	A	JMnN—A
氮化锰铁		Fe	MnN	A	FeMnN—A
氮化铬铁		Fe	NCr3	A	FeNCr3—A

1.6.2　铸铁及铸钢牌号表示方法

1. 铸铁牌号表示方法

铸铁牌号一般用力学性能或化学成分或以上两种共用表示，无论哪一种方法，在牌号的开头均用代表该类铸铁的字母表示，见表1－40。

表1－40 各种铸铁名称及代号

铸铁名称	代 号
灰铸铁	HT
奥氏体灰铸铁	HTA
冷硬灰铸铁	HTL
耐磨灰铸铁	HTM
耐热灰铸铁	HTR
耐蚀灰铸铁	HTS
球墨铸铁	QT
奥氏体球墨铸铁	QTA
冷硬球墨铸铁	QTL
抗磨球墨铸铁	QTM
耐热球墨铸铁	QTR
耐蚀球墨铸铁	QTS
蠕墨铸铁	RuT
可锻铸铁	KT
白心可锻铸铁	KTB
黑心可锻铸铁	KTH
珠光体可锻铸铁	KTZ
白口铸铁	BT
抗磨白口铸铁	BTM
耐热白口铸铁	BTR
耐蚀白口铸铁	BTS

（1）以力学性能表示：

QT 400—18

- 18 — 断后伸长率（%）
- 400 — 抗拉强度（N/mm^2）
- QT — 球墨铸铁代号

（2）以化学成分表示：

HTS Si 15 Cr 4 RE

- RE — 稀土元素符号
- 4 — 铬的名义含量
- Cr — 铬的元素符号
- 15 — 硅的名义含量
- Si — 硅的元素符号
- HTS — 耐蚀灰铸铁代号

（3）以力学性能和化学成分表示：

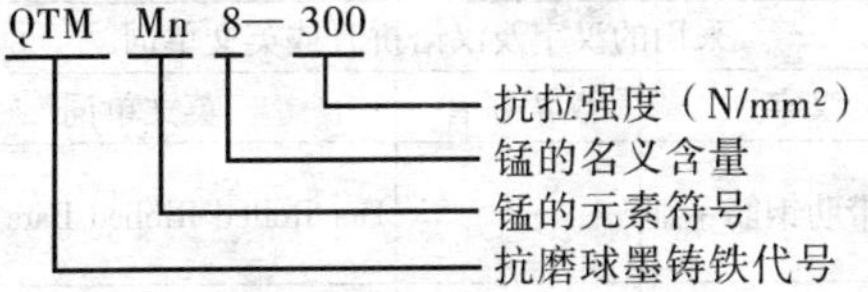

对于灰铸铁，1988 年以前，是用力学性能来表示牌号的，如下所示：

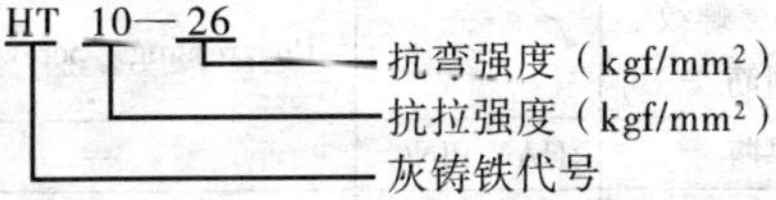

2. 铸钢牌号表示方法

铸钢牌号一般用力学性能或化学成分表示，无论哪一种方法，在牌号的开头均用代表该类铸钢的字母“ZG”表示。

（1）以力学性能表示：

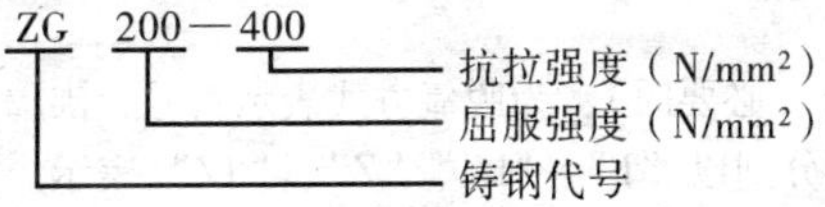

（2）以化学成分表示：

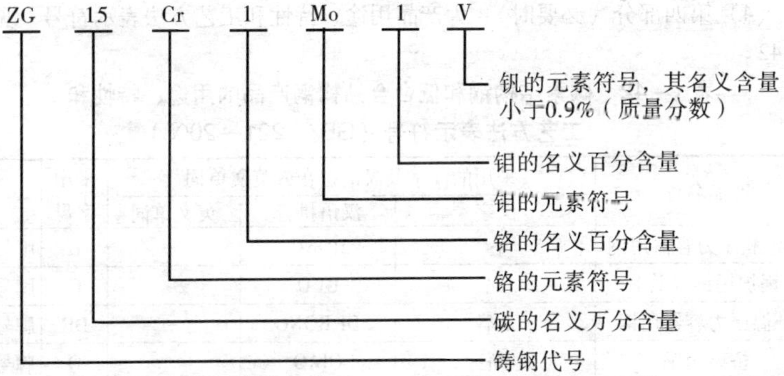

1.6.3 钢牌号表示方法

1. 碳素结构钢和低合金结构钢牌号表示方法

碳素结构钢和低合金结构钢的牌号通常由四部分组成。

（1）第一部分：前缀符号 + 强度值（以 N/mm^2 为单位），其中通用结构钢的前缀符号为代表屈服强度的拼音字母“Q”，专用结构钢的前缀符号见表 1－41。

表 1-41 专用结构钢的前缀符号（GB/T 221—2008）

产品名称	采用的汉字及汉语拼音或英文单词			采用字母	位置
	汉字	汉语拼音	英文单词		
细晶粒热轧带肋钢筋	热轧带肋钢筋+细	—	Hot Rolled Ribbed Bars + Fine	HRBF	牌号头
冷轧带肋钢筋	冷轧带肋钢筋	—	Cold Rolled Ribbed Bars	CRB	牌号头
预应力混凝土用螺纹钢筋	预应力、螺纹、钢筋	—	Prestressing、Screw、Bars	PSB	牌号头
焊接气瓶用钢	焊瓶	HAN PING	—	HP	牌号头
管线用钢	管线	—	Line	L	牌号头
船用锚链钢	船锚	CHUAN MAO	—	CM	牌号头
煤机用钢	煤	MEI	—	M	牌号头

（2）第二部分（必要时）：钢的质量等级，用英文字母 A、B、C、D、E、F……表示。

（3）第三部分（必要时）：为脱氧方式表示符号，沸腾钢、半镇静钢、镇静钢、特殊镇静钢分别以“F”、“b”、“Z”、“TZ”表示。镇静钢、特殊镇静钢的表示符号通常可以省略。

（4）第四部分（必要时）：为产品用途、特性和工艺方法表示符号，见表 1-42。

表 1-42 碳素结构钢和低合金结构钢产品的用途、特性和工艺方法表示符号（GB/T 221—2008）

产品名称	采用的汉字及汉语拼音或英文单词			采用字母	位置
	汉字	汉语拼音	英文单词		
锅炉和压力容器用钢	容	RONG	—	R	牌号尾
锅炉用钢（管）	锅	GUO	—	G	牌号尾
低温压力容器用钢	低容	DI RONG	—	DR	牌号尾
桥梁用钢	桥	QIAO	—	Q	牌号尾
耐候钢	耐候	NAI HOU	—	NH	牌号尾
高耐候钢	高耐候	GAO NAI HOU	—	GNH	牌号尾
汽车大梁用钢	梁	LIANG	—	L	牌号尾
高性能建筑结构用钢	高建	GAO JIAN	—	GJ	牌号尾
低焊接裂纹敏感性钢	低焊接裂纹敏感性	—	Crack Free	CF	牌号尾
保证淬透性钢	淬透性	—	Hardenability	H	牌号尾
矿用钢	矿	KUANG	—	K	牌号尾
船用钢	采用国际符号				

根据需要，低合金高强度结构钢的牌号也可以采用两位阿拉伯数字（表示平均含碳量，以万分之几计）加元素符号（必要时加代表产品用途、特性和工艺方法的表示符号）按顺序表示。例如，碳含量为0.15%~0.26%、锰含量为1.20%~1.60%的矿用钢牌号为20MnK。

碳素结构钢和低合金结构钢的牌号示例见表1-43。

表1-43 碳素结构钢和低合金结构钢的牌号示例（GB/T 221—2008）

序号	产品名称	第一部分	第二部分	第三部分	第四部分	牌号示例
1	碳素结构钢	最小屈服强度235N/mm²	A级	沸腾钢	—	Q235AF
2	低合金高强度结构钢	最小屈服强度345N/mm²	D级	特殊镇静钢	—	Q345D
3	热轧光圆钢筋	屈服强度特征值235N/mm²	—	—	—	HPB235
4	热轧带肋钢筋	屈服强度特征值335N/mm²	—	—	—	HRB335
5	细晶粒热轧带肋钢筋	屈服强度特征值335N/mm²	—	—	—	HRBF335
6	冷轧带肋钢筋	最小抗拉强度550N/mm²	—	—	—	CRB550
7	预应力混凝土用螺纹钢筋	最小屈服强度830N/mm²	—	—	—	PSB830
8	焊接气瓶用钢	最小屈服强度345N/mm²	—	—	—	HP345
9	管线用钢	最小规定总延伸强度415N/mm²	—	—	—	L415
10	船用锚链钢	最小抗拉强度370N/mm²	—	—	—	CM370
11	煤机用钢	最小抗拉强度510N/mm²	—	—	—	M510
12	锅炉和压力容器用钢	最小屈服强度345N/mm²	—	特殊镇静钢	压力容器“容”的汉语拼音首位字母“R”	Q345R

2. 优质碳素结构钢和优质碳素弹簧钢牌号表示方法

优质碳素结构钢牌号通常由五部分组成。

（1）第一部分：以两位阿拉伯数字表示平均碳含量（以万分之几计）。

（2）第二部分（必要时）：对于含锰量较高的优质碳素结构钢，加锰元素符号Mn。

（3）第三部分（必要时）：表示钢材冶金质量，高级优质钢、特级优质钢分别以“A”、“E”表示，优质钢不用字母表示。

（4）第四部分（必要时）：为脱氧方式表示符号，沸腾钢、半镇静钢、镇静钢分别以“F”、“b”、“Z”表示，但镇静钢表示符号通常可以省略。

（5）第五部分（必要时）：为产品用途、特性或工艺方法表示符号。

优质碳素弹簧钢牌号表示方法与优质碳素结构钢相同。优质碳素结构钢和弹簧钢牌号表示方法示例见表1-44。

表1-44 优质碳素结构钢和弹簧钢牌号表示方法示例（GB/T 221—2008）

产品名称	第一部分	第二部分	第三部分	第四部分	第五部分	牌号示例
优质碳素结构钢	碳的质量分数：0.05%~0.11%	锰的质量分数：0.25%~0.50%	优质钢	沸腾钢	—	08F
优质碳素结构钢	碳的质量分数：0.47%~0.55%	锰的质量分数：0.50%~0.80%	高级优质钢	镇静钢	—	50A
优质碳素结构钢	碳的质量分数：0.48%~0.56%	锰的质量分数：0.70%~1.00%	特级优质钢	镇静钢	—	50MnE
保证淬透性用钢	碳的质量分数：0.42%~0.50%	锰的质量分数：0.50%~0.85%	高级优质钢	镇静钢	保证淬透性钢表示符号“H”	45AH
优质碳素弹簧钢	碳的质量分数：0.62%~0.70%	锰的质量分数：0.90%~1.20%	优质钢	镇静钢	—	65Mn

3. 易切削钢牌号表示方法

易切削钢牌号通常由三部分组成。

（1）第一部分：为易切削钢表示符号“Y”。

（2）第二部分：以两位阿拉伯数字表示平均碳含量（以万分之几计）。

（3）第三部分：为易切削元素符号，含钙、铅、锡等易切削元素的易切削钢分别以Ca、Pb、Sn表示。加硫和加硫磷易切削钢，通常不加易切削元素符号S、P。锰含量较高的加硫或加硫磷易切削钢，本部分为锰元素符号Mn。为区分牌号，对硫含量较高的易切削钢，在牌号尾部加硫元素符号S。

例如：①碳含量为0.42%~0.50%、钙含量为0.002%~0.006%的易切削钢，其牌号表示为Y45Ca；②碳含量为0.40%~0.48%、锰含量为1.35%~1.65%、硫含量为0.16%~0.24%的易切削钢，其牌号表示为Y45Mn；③碳含量为0.40%~0.48%、锰含量为1.35%~1.65%、硫含量为0.24%~0.32%的易切削钢，其牌号表示为Y45MnS。

4. 车辆车轴及机车车辆用钢牌号表示方法

车辆车轴及机车车辆用钢牌号通常由两部分组成。

（1）第一部分：车辆车轴用钢表示符号“LZ”或机车车辆用钢表示符号“JZ”。

（2）第二部分：以两位阿拉伯数字表示平均碳含量（以万分之几计）。

5. 合金结构钢及合金弹簧钢牌号表示方法

合金结构钢牌号通常由四部分组成。

（1）第一部分：以两位阿拉伯数字表示平均碳含量（以万分之几计）。

（2）第二部分：为合金元素含量，以化学元素符号及阿拉伯数字表示。具体表示方法为：①平均含量小于1.50%时，牌号中仅标明元素，一般不标明含量；②平均含量分别为1.50%～2.49%、2.50%～3.49%、3.50%～4.49%、4.50%～5.49%……时，在合金元素后相应写成2、3、4、5……③化学元素符号的排列顺序推荐按含量值递减排列，如果两个或多个元素的含量相等时，相应符号位置按英文字母的顺序排列。

（3）第三部分：表示钢材冶金质量，高级优质钢、特级优质钢分别以"A"，"E"表示，优质钢不用字母表示。

（4）第四部分（必要时）：为产品用途、特性或工艺方法表示符号。

合金弹簧钢的表示方法与合金结构钢的相同。

合金结构钢和合金弹簧钢牌号示例见表1-45。

表1-45 合金结构钢和合金弹簧钢牌号示例（GB/T 221—2008）

产品名称	第一部分	第二部分	第三部分	第四部分	牌号示例
合金结构钢	碳的质量分数：0.22%～0.29%	铬的质量分数：1.50%～1.80%、钼的质量分数：0.25%～0.35%、钒的质量分数：0.15%～0.30%	高级优质钢	—	25Cr2MoVA
锅炉和压力容器用钢	碳的质量分数：≤0.22%	锰的质量分数：1.20%～1.60%、钼的质量分数：0.45%～0.65%、铌的质量分数：0.025%～0.050%	特级优质钢	锅炉和压力容器用钢	18MnMoNbER
优质弹簧钢	碳的质量分数：0.56%～0.64%	硅的质量分数：1.60%～2.00%锰的质量分数：0.70%～1.00%	优质钢	—	60Si2Mn

6. 非调质机械结构钢牌号表示方法

非调质机械结构钢牌号通常由四部分组成。

(1) 第一部分：为非调质机械结构钢表示符号“F”。

(2) 第二部分：以两位阿拉伯数字表示平均碳含量（以万分之几计）。

(3) 第三部分：为合金元素含量，以化学元素符号及阿拉伯数字表示，表示方法同合金结构钢第二部分。

(4) 第四部分（必要时）：改善切削性能的非调质机械结构钢加硫元素符号 S。

7. 工具钢牌号表示方法

工具钢通常分为碳素工具钢、合金工具钢和高速工具钢三类。

(1) 碳素工具钢：碳素工具钢牌号通常由四部分组成。

第一部分：为碳素工具钢表示符号“T”。

第二部分：用阿拉伯数字表示平均碳含量（以千分之几计）。

第三部分（必要时）：含锰量较高的碳素工具钢，加锰元素符号 Mn。

第四部分（必要时）：表示钢材冶金质量，高级优质碳素工具钢以 A 表示，优质碳素工具钢不用字母表示。

(2) 合金工具钢：合金工具钢牌号通常由两部分组成。

第一部分：平均碳含量小于 1.00% 时，采用一位数字表示碳含量（以千分之几计）。平均碳含量不小于 1.00% 时，不标明含碳量数字。

第二部分：为合金元素含量，以化学元素符号及阿拉伯数字表示，表示方法同合金结构钢牌号的第二部分。低铬（平均铬含量小于 1%）合金工具钢，在铬含量（以千分之几计）前加数字“0”。

(3) 高速工具钢：高速工具钢牌号表示方法与合金结构钢的相同，但在牌号头部一般不标明表示碳含量的阿拉伯数字。为了区别牌号，在牌号头部可以加“C”，表示高碳高速工具钢。

8. 钢轨钢及冷镦钢牌号表示方法

钢轨钢、冷镦钢牌号通常由三部分组成。

(1) 第一部分：为钢轨钢表示符号“U”和冷镦钢（铆螺钢）表示符号“ML”。

(2) 第二部分：以两位阿拉伯数字表示平均碳含量（以万分之几计）。

(3) 第三部分：为合金元素含量，以化学元素符号及阿拉伯数字表示，表示方法同合金结构钢牌号的第二部分。

9. 不锈钢及耐热钢牌号表示方法

不锈钢和耐热钢的牌号采用化学元素符号和表示各元素含量的阿拉伯数字表示，各元素含量的阿拉伯数字表示应符合下列规定：

（1）碳含量：用两位或三位阿拉伯数字表示碳含量最佳控制值（以万分之几或十万分之几计）。

1）只规定碳含量上限者，当碳含量上限不大于0.10%时，以其上限的3/4表示碳含量；当碳含量上限大于0.10%时，以其上限的4/5表示碳含量。例如：①碳含量上限为0.08%，碳含量以06表示；②碳含量上限为0.20%，碳含量以16表示；③碳含量上限为0.15%，碳含量以12表示。

对超低碳不锈钢（即碳含量不大于0.030%），用三位阿拉伯数字表示碳含量最佳控制值（以十万分之几计）。例如：①碳含量上限为0.03%时，其牌号中的碳含量以022表示；②碳含量上限为0.02%时，其牌号中的碳含量以015表示。

2）规定上、下限者，以平均碳含量值乘以100表示。例如，碳含量为0.16%~0.25%时，其牌号中的碳含量以20表示。

（2）合金元素含量：合金元素含量以化学元素符号及阿拉伯数字表示，表示方法同合金结构钢牌号的第二部分。钢中有意加入的铌、钛、锆、氮等合金元素，虽然含量很低，也应在牌号中标出。例如：①碳含量不大于0.08%、铬含量为18.00%~20.00%、镍含量为8.00%~11.00%的不锈钢，牌号为06Cr19Ni10；②碳含量不大于0.030%、铬含量为16.00%~19.00%、钛含量为0.10%~1.00%的不锈钢，牌号为022Cr18Ti；③碳含量为0.15%~0.25%、铬含量为14.00%~16.00%、锰含量为14.00%~16.00%、镍含量为1.50%~3.00%、氮含量为0.15%~0.30%的不锈钢，牌号为20Cr15Mn15Ni2N；④碳含量为不大于0.25%、铬含量为24.00%~26.00%、镍含量为19.00%~22.00%的耐热钢，牌号为20Cr25Ni20。

10. 轴承钢牌号表示方法

轴承钢分为高碳铬轴承钢、渗碳轴承钢、高碳铬不锈轴承钢和高温轴承钢等四大类。

（1）高碳铬轴承钢：高碳铬轴承钢牌号通常由两部分组成。

第一部分：为（滚珠）轴承钢表示符号“G”，但不标明碳含量。

第二部分：为合金元素“Cr”符号及其含量（以千分之几计）。其他合金元素含量，以化学元素符号及阿拉伯数字表示，表示方法同合金结构钢牌号的第二部分。

（2）渗碳轴承钢：在牌号头部加符号“G”，采用合金结构钢的牌号表示方法。高级优质渗碳轴承钢，在牌号尾部加“A”。例如，碳含量为0.17%~0.23%、铬含量为0.35%~0.65%、镍含量为0.40%~0.70%、钼含量为0.15%~0.30%的高级优质渗碳轴承钢，其牌号表示为G20CrNiMoA。

（3）高碳铬不锈轴承钢和高温轴承钢：在牌号头部加符号“G”，其他采用不锈钢和耐热钢的牌号表示方法。例如：①碳含量为0.90%～1.00%、铬含量为17.0%～19.0%的高碳铬不锈轴承钢，其牌号表示为G95Cr18；②碳含量为0.75%～0.85%、铬含量为3.75%～4.25%、钼含量为4.00%～4.50%的高温轴承钢，其牌号表示为G80Cr4Mo4V。

11. 焊接用钢牌号表示方法

焊接用钢包括焊接用碳素钢、焊接用合金钢和焊接用不锈钢等。焊接用钢牌号通常由两部分组成。

（1）第一部分：为焊接用钢表示符号“H”。

（2）第二部分：为各类焊接用钢牌号表示方法。其中优质碳素结构钢、合金结构钢和不锈钢牌号表示方法应分别符合相关规定。

1.6.4 钢铁产品的牌号表示方法

钢铁产品的牌号表示方法示例见表1-46。

表1-46 钢铁产品的牌号表示方法示例（GB/T 221-2008）

产品名称	第一部分			第二部分	第三部分	第四部分	牌号示例
	汉字	汉语拼音	采用字母				
车辆车轴用钢	辆轴	LIANG ZHOU	LZ	碳的质量分数：0.40%～0.48%	—	—	LZ45
机车车辆用钢	机轴	JI ZHOU	JZ	碳的质量分数：0.40%～0.48%	—	—	JZ45
非调质机械结构钢	非	FEI	F	碳的质量分数：0.32%～0.39%	钒的质量分数：0.06%～0.13%	硫的质量分数：0.035%～0.075%	F35VS
碳素工具钢	碳	TAN	T	碳的质量分数：0.80%～0.90%	锰的质量分数：0.40%～0.60%	高级优质钢	T8MnA
合金工具钢	碳的质量分数：0.85%～0.95%			硅的质量分数：1.20%～1.60% 铬的质量分数：0.95%～1.25%	—	—	9SiCr
高速工具钢	碳的质量分数：0.80%～0.90%			钨的质量分数：5.50%～6.75% 钼的质量分数：4.50%～5.50% 铬的质量分数：3.80%～4.40% 钒的质量分数：1.75%～2.20%	—	—	W6Mo5Cr4V2

续表

产品名称	第一部分			第二部分	第三部分	第四部分	牌号示例
	汉字	汉语拼音	采用字母				
高速工具钢	碳的质量分数：0.86%~0.94%			钨的质量分数：5.90%~6.70% 钼的质量分数：4.70%~5.20% 铬的质量分数：3.80%~4.50% 钒的质量分数：1.75%~2.10%	—	—	CW6Mo5Cr4V2
高碳铬轴承钢	滚	GUN	G	铬的质量分数：1.40%~1.65%	硅的质量分数：0.45%~0.75% 锰的质量分数：0.95%~1.25%	—	GCr15SiMn
钢轨钢	轨	GUI	U	碳的质量分数：0.66%~0.74%	硅的质量分数：0.85%~1.15% 锰的质量分数：0.85%~1.15%	—	U70MnSi
冷镦钢	铆螺	MAO LUO	ML	碳的质量分数：0.26%~0.34%	铬的质量分数：0.80%~1.10% 钼的质量分数：0.15%~0.25%	—	ML30CrMo
焊接用钢	焊	HAN	H	碳的质量分数：≤0.10% 高级优质碳素结构钢	—	—	H08A
焊接用钢	焊	HAN	H	碳的质量分数：≤0.10% 铬的质量分数：0.80%~1.10% 钼的质量分数：0.40%~0.60% 高级优质合金结构钢	—	—	H08CrMoA

1.7 非铁金属材料牌号表示方法

1.7.1 铝及铝合金牌号表示方法

1. 铸造铝及铝合金牌号表示方法

铸造铝及铝合金牌号表示方法如下：

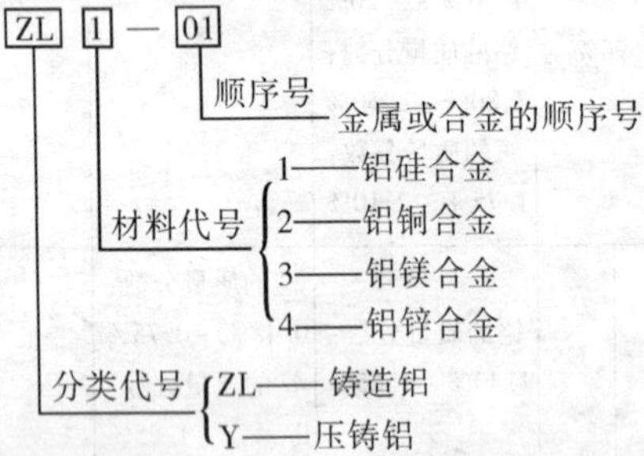

2. 变形铝及铝合金牌号表示方法（表1-47）

表1-47 铝及铝合金的组别

组　别	牌号系列
纯铝（铝的质量分数不小于99.00%）	1×××
以铜为主要合金元素的铝合金	2×××
以锰为主要合金元素的铝合金	3×××
以硅为主要合金元素的铝合金	4×××
以镁为主要合金元素的铝合金	5×××
以镁和硅为主要合金元素并以Mg_2Si相为强化相的铝合金	6×××
以锌为主要合金元素的铝合金	7×××
以其他合金元素为主要合金元素的铝合金	8×××
备用合金组	9×××

3. 变形铝及铝合金基础状态代号及名称（表1-48）

表1-48 变形铝及铝合金基础状态代号及名称

序　号	代　号	名　称
1	F	自由加工状态
2	O	退火状态
3	H	加工硬化状态

续表

序号	代号	名称
4	W	固溶处理状态
5	T	热处理状态
	T0	固溶处理后，经自然时效再通过加工的状态
	T1	由高温成形过程冷却，然后自然时效至基本稳定状态
	T2	由高温成形过程冷却，经冷加工后自然时效至基本稳定状态
	T3	固溶热处理后进行冷加工，再经自然时效至基本稳定状态
	T4	固溶热处理后自然时效至基本稳定状态
	T5	由高温成形过程冷却，然后进行人工时效的状态
	T6	固溶热处理后进行人工时效的状态
	T7	固溶热处理后进行过时效的状态
	T8	固溶热处理后经冷加工，然后进行人工时效的状态
	T9	固溶热处理后经人工时效，然后进行冷加工的状态
	T10	由高温成形过程冷却，进行冷加工，然后人工时效的状态

注：1. 代号W是一种不稳定状态，仅适用于经固溶状态处理后，室温下自然时效的合金，表示产品处于自然时效阶段。

2. 代号T不同于F、O、H状态，适用于处理后，经过（或不经过）加工硬化达到稳定状态的产品。T代号后必须跟有一位或多位阿拉伯数字。

3. 某些6×××系列合金，无论是炉内固溶体处理，还是从高温成形过程急冷以保留可溶性组分在固溶体中，均能达到相同的热处理效果，这些合金的T3、T4、T6、T7、T8和T9状态可采用上述两种处理方法的任一种。

4. 在T×状态代号后再添加一位阿拉伯数字（称为T××状态），或添加两位阿拉伯数字（称为T×××状态），表示经过了明显改变产品特性的特定工艺处理的状态。

1.7.2　铜及铜合金牌号表示方法

1. 铸造铜合金牌号表示方法

铸造铜合金牌号按GB/T 8063—1994《铸造非铁金属及其合金牌号表示方法》的规定。

标记示例：

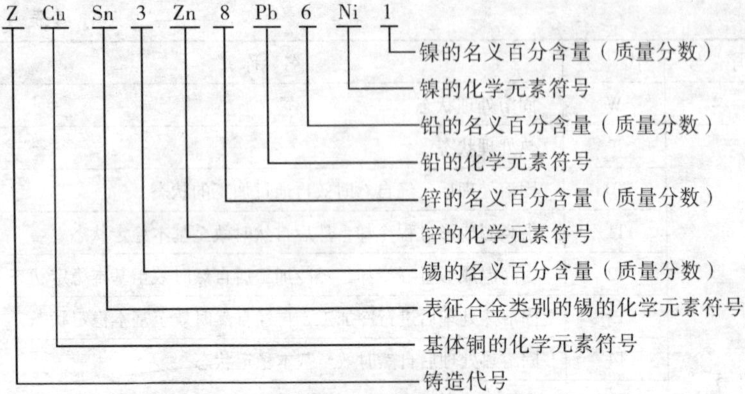

2. 加工铜及铜合金的分类及牌号表示方法

常用加工铜及铜合金的分类见表 1 - 49。

表 1 - 49 常用加工铜及铜合金的分类（GB/T 5231—2001）

类别	组别	类别	组别	类别	组别
加工铜	纯铜 无氧铜 脱氧铜 银铜	加工黄铜	锰黄铜 锡黄铜 加砷黄铜 硅黄铜	加工青铜	铬青铜 镉青铜 镁青铜 铁青铜 碲青铜
加工黄铜	普通黄铜 镍黄铜 铁黄铜 铅黄铜 铝黄铜	加工青铜	锡青铜 铝青铜 铍青铜 硅青铜 锰青铜 锆青铜	加工白铜	普通白铜 铁白铜 锰白铜 锌白铜 铝白铜

加工铜及铜合金的牌号是用分类代号、主添加元素含量（质量分数）、其他添加元素含量（质量分数）及状态符号表示。

标记示例：

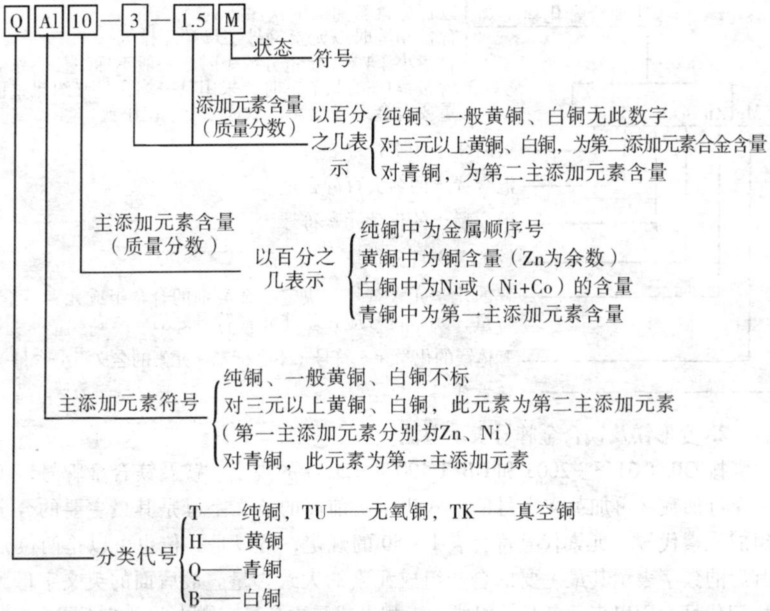

1.7.3 镁及镁合金牌号表示方法

1. 铸造镁及镁合金牌号表示方法

（1）按 GB/T 8063—1994 的规定，铸造镁及镁合金牌号由“Z”和基体金属的化学元素符号、主要合金化学元素符号以及表明合金化学元素名义百分含量的数字组成。

（2）当合金组成元素多于两个时，合金牌号中应列出足以表明合金主要特性的元素符号及其名义百分含量的数字。

标记示例：

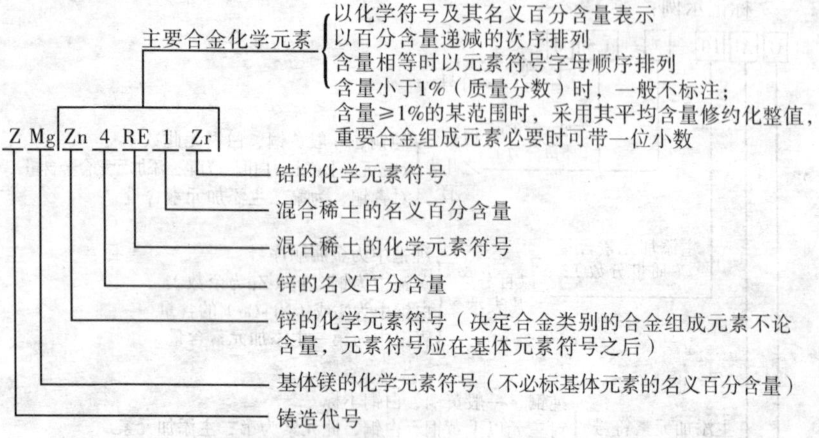

2. 变形镁及镁合金牌号表示方法

按 GB/T 5153—2003 和 GB/T 19078—2003 的规定，镁及镁合金牌号以英文字母加数字再加英文字母的形式表示。前面的英文字母是其最主要的合金组成元素代号（元素代号符合表 1-50 的规定，可以是一位也可以是两位），其后的数字表示其最主要的合金组成元素的大致含量。最后面的英文字母为标记代号，用以表示各具体组成元素相异或元素含量有微小差别的不同合金。

表 1-50　镁及镁合金中的元素代号（GB/T 5153—2003、GB/T 19078—2003）

元素代号	元素名称	元素代号	元素名称
A	铝	M	锰
B	铋	N	镍
C	铜	P	铅
D	镉	Q	银
E	稀土	R	铬
F	铁	S	硅
G	钙	T	锡
H	钍	W	镱
K	锆	Y	锑
L	锂	Z	锌

标记示例1：

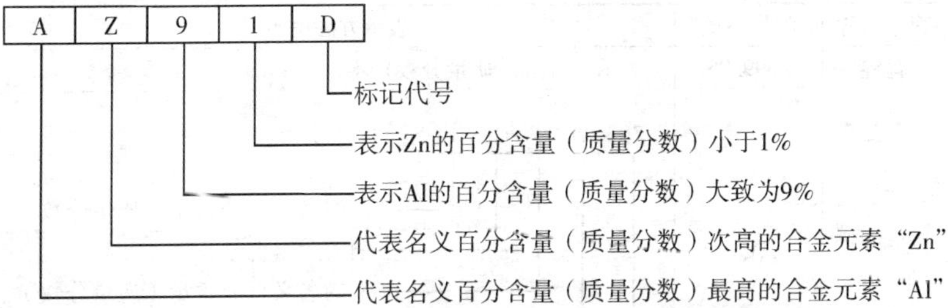

标记示例2：

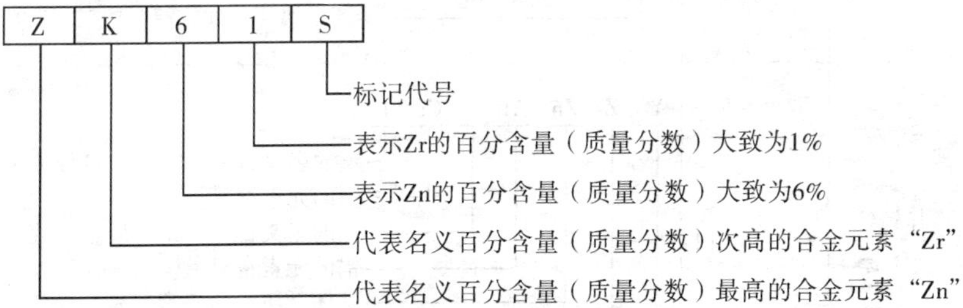

标记示例3：

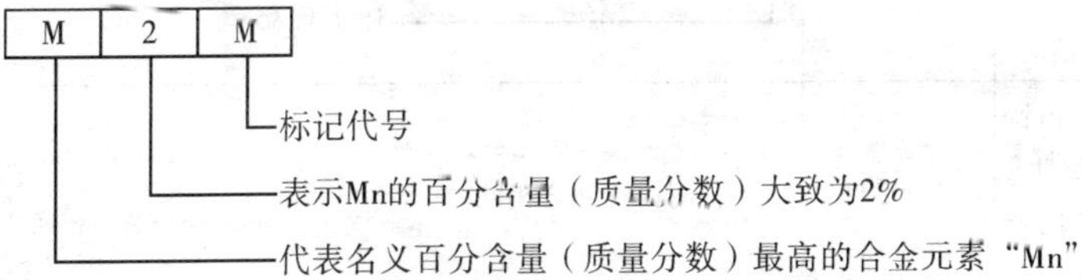

1.7.4　锌及锌合金牌号表示方法

锌及锌合金牌号表示方法见表1-51。

表1-51　锌及锌合金牌号表示方法（GB/T 8063—1994）

牌号名称	牌号举例	表示方法说明
铸造锌合金	ZZnAl4Cu1Mg	Z Zn Al 4 Cu 1 Mg 加有少量镁 铜的名义百分含量（质量分数） 铜的元素符号 铝的名义百分含量（质量分数） 铝的元素符号 基体金属锌的元素符号 铸造代号

续表

牌号名称		牌号举例	表示方法说明
锌锭		Zn99.95	表示锌含量（质量分数）不低于99.95%
铸造用锌合金锭		ZnAl4Cu1	Zn Al 4 Cu 1 1——铜的名义百分含量（质量分数） Cu——铜的元素符号 4——铝的名义百分含量（质量分数） Al——铝的元素符号 Zn——基体金属锌的元素符号
压铸锌合金		YZZnAl4Cu1	Y Z Zn Al 4 Cu 1 1——铜的名义百分含量（质量分数） Cu——铜的元素符号 4——铝的名义百分含量（质量分数） Al——铝的元素符号 Zn——基体金属锌的元素符号 Z——铸造代号 Y——压力代号
加工锌	由锌锭加工成的锌制品	Zn99.95	与所用锌锭牌号相同
	其他锌加工制品	XD1	X D 1 1——序号 D——电池用锌板（B表示锌饼，J表示胶印锌板） X——锌的汉语拼音第一个字母

1.7.5 钛及钛合金牌号表示方法

钛及钛合金牌号表示方法见表1-52。

表1-52 钛及钛合金牌号表示方法

类别	牌号举例		牌号表示方法说明
	名称	代号	
加工钛及钛合金	α钛及钛合金	TA1—M TA4	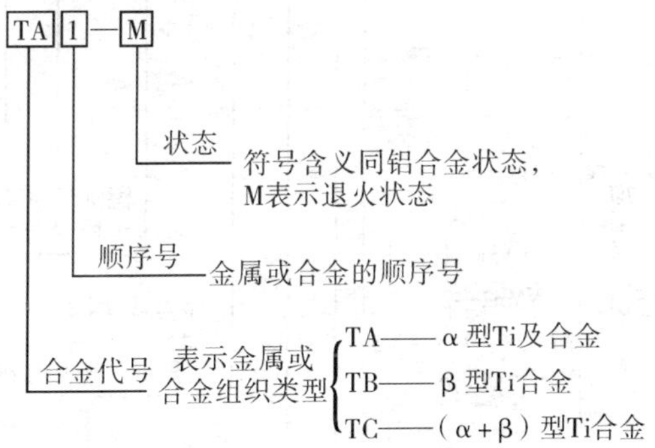
	β钛合金	TB2	
	α+β钛合金	TC1、TC4、TC9	
铸造钛及钛合金	α钛及钛合金	ZAl—M、ZTA4	ZT表示铸造钛及钛合金，后面的顺序号与同类型的加工钛及钛合金表示方法相同
	β钛合金	ZTB2	
	α+β钛合金	ZTC1、ZYC4、ZTC9	
海绵钛	MHT—200		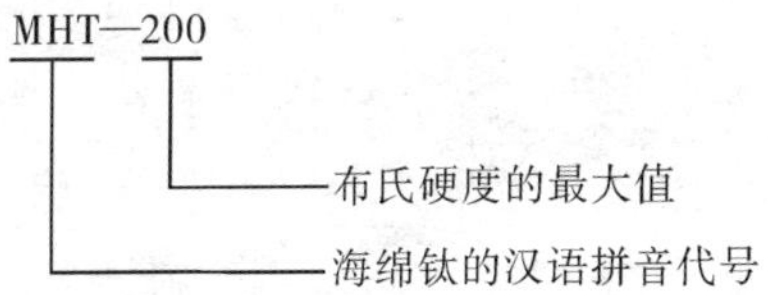

1.7.6 镍及镍合金牌号表示方法

镍及镍合金牌号表示方法见表1-53。

表1-53 镍及镍合金牌号表示方法

类别	牌号示例	说明
加工镍及镍合金	N4 NY1 NSi0.19 NMn2—2—1 NCu28—2.5—1.5 NCr10	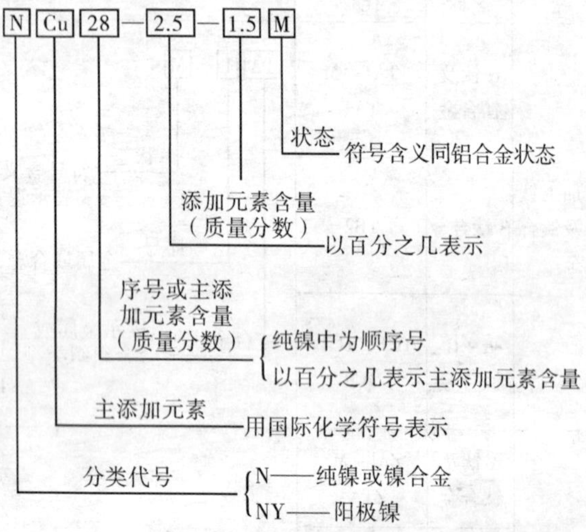
电解镍	Ni9990	表示镍含量（质量分数）不低于99.90%

第2章 生铁、铸铁及铁合金

2.1 生铁

2.1.1 生铁的定义

生铁是指碳的质量分数超过2%，并且其他元素的含量不超过表2-1中所规定的极限值的铁碳合金。生铁在熔融条件下可进一步处理成钢或者铸铁。生铁既可以液态铁水的形式交货，也可以铸锭及类似的固体块或颗粒等固态铸铁的形式交货。

表2-1 生铁中其他元素的极限值（GB/T 20932—2007）

元素	极限值（质量分数,%）≤	元素	极限值（质量分数,%）≤
Mn	30.0	Cr	10.0
Si	8.0	其他合金元素总量	10.0
P	3.0		

2.1.2 炼钢用生铁

炼钢用生铁的牌号及化学成分见表2-2。

表2-2 炼钢用生铁的牌号及化学成分（YB/T 5296—2006）

牌号			L04	L08	L10
化学成分（质量分数,%）	C		≥3.50		
	Si		≤0.45	>0.45～0.85	>0.85～1.25
	Mn	一组	≤0.40		
		二组	>0.40～1.00		
		三组	1.00～2.00		

续表

牌号			L04	L08	L10
化学成分（质量分数,%）	P	特级	≤0.100		
		一级	>0.100～0.150		
		二级	>0.150～0.250		
		三级	>0.250～0.400		
	S	特类	≤0.020		
		一类	>0.020～0.030		
		二类	>0.030～0.050		
		三类	>0.050～0.070		

2.1.3 铸造用生铁

铸造用生铁的牌号和化学成分见表2－3。

表2－3 铸造用生铁的牌号和化学成分（GB/T 718—2005）

牌号			Z14	Z18	Z22	Z26	Z30	Z34
化学成分（质量分数,%）	C		≥3.30					
	Si		1.25～1.60	>1.60～2.00	>2.00～2.40	>2.40～2.80	>2.80～3.20	>3.20～3.60
	Mn	1组	≤0.50					
		2组	>0.50～0.90					
		3组	>0.90～1.30					
	P	1级	≤0.060					
		2级	>0.060～0.100					
		3级	>0.100～0.200					
		4级	>0.200～0.400					
		5级	>0.400～0.900					
	S	1类	≤0.030					
		2类	≤0.040					
		3类	≤0.050					

2.1.4　球墨铸铁用生铁

球墨铸铁用生铁的牌号和化学成分见表2-4。

表2-4　球墨铸铁用生铁的牌号和化学成分（GB/T 1412—2005）

牌号			Q10	Q12
化学成分（质量分数,%）	C		≥3.40	
	Si		0.50～1.00	>1.00～1.40
	Ti	1档	≤0.050	
		2档	>0.050～0.080	
	Mn	1组	≤0.20	
		2组	>0.20～0.50	
		3组	>0.50～0.80	
	P	1级	≤0.050	
		2级	>0.050～0.060	
		3级	>0.060～0.080	
	S	1类	≤0.020	
		2类	>0.020～0.030	
		3类	>0.030～0.040	
		4类	≤0.045	

2.1.5　铸造用磷铜钛低合金耐磨生铁

铸造用磷铜钛低合金耐磨生铁牌号见表2-5。

表2-5　铸造用磷铜钛低合金耐磨生铁的牌号及化学成分（YB/T 5210—1993）

牌号			NMZ34	NMZ30	NMZ26	NMZ22	NMZ18	NMZ14
化学成分（质量分数,%）	C		≥3.30					
	Si		>3.20～3.60	>2.80～3.20	>2.40～2.80	>2.00～2.40	>1.60～2.00	>1.25～1.60
	Mn	1组	≤0.50					
		2组	0.50～0.90					
		3组	>0.90					
	S	1类	≤0.03					≤0.04
		2类	≤0.04					≤0.05
		3类	≤0.05					

续表

牌号			NMZ34	NMZ30	NMZ26	NMZ22	NMZ18	NMZ14
化学成分（质量分数,%）	P	A级	0.35~0.60					
		B级	0.60~0.90					
		C级	>0.90					
	Cu	A级	0.30~0.70					
		B级	>0.70					
	Ti		≥0.06					

注：1. 牌号中的“NMZ”符号为汉字“耐”、“磨”、“铸”的汉语拼音的第一个字母组合；牌号中的数字代表平均硅质量分数的千分之几。

2. 各号生铁均应铸成2~7kg小块，而大于7kg与小于2kg的铁块重量之和，应不超过每批总重量的10%。

2.2 铸铁

2.2.1 灰铸铁

灰铸铁件的力学性能见表2-6。

表2-6 灰铸铁件的力学性能（GB 9439—2010）

牌号	铸件壁厚/mm		最小抗拉强度 R_m（强制性值）/（N/mm²）		铸件本体预期抗拉强度 R_m/（N/mm²）≥
	>	≤	单铸试棒≥	附铸试棒或试块≥	
HT100	5	40	100	—	—
HT150	5	10	150	—	155
	10	20		—	130
	20	40		120	110
	40	80		110	95
	80	150		100	80
	150	300		90①	—
HT200	5	10	200	—	205
	10	20		—	180
	20	40		170	155
	40	80		150	130
	80	150		140	115
	150	300		130①	—

续表

牌号	铸件壁厚/mm		最小抗拉强度 R_m（强制性值）/（N/mm²）		铸件本体预期抗拉强度 R_m/（N/mm²）≥
	>	≤	单铸试棒≥	附铸试棒或试块≥	
HT225	5	10	225	—	230
	10	20		—	200
	20	40		190	170
	40	80		170	150
	80	150		155	135
	150	300		145①	—
HT250	5	10	250	—	250
	10	20		—	225
	20	40		210	195
	40	80		190	170
	80	150		170	155
	150	300		160①	—
HT275	10	20	275	—	250
	20	40		230	220
	40	80		205	190
	80	150		190	175
	150	300		175①	—
HT300	10	20	300	—	270
	20	40		250	240
	40	80		220	210
	80	150		210	195
	150	300		190①	—
HT350	10	20	350	—	315
	20	40		290	280
	40	80		260	250
	80	150		230	225
	150	300		210①	—

注：1. 当铸件壁厚超过300mm时，其力学性能由供需双方商定。

2. 当某牌号的铁液浇注壁厚均匀、形状简单的铸件时，壁厚变化引起抗拉强度的变化，可从本表查出参考数据；当铸件壁厚不均匀，或有型芯时，此表只能给出不同壁厚处大致的抗拉强度值，铸件的设计应根据关键部位的实测值进行。

①表示指导值，其余抗拉强度值均为强制性值；铸件基体预期抗拉强度值不作为强制性值。

2.2.2 蠕墨铸铁

蠕墨铸铁的牌号及力学性能见表2-7。

表2-7 蠕墨铸铁的牌号和力学性能（JB/T 4403—1999）

牌号	抗拉强度 R_m /(N/mm²)	规定非比例延伸强度 $R_{p0.2}$/(N/mm²)	伸长率 A/%	硬度值范围 HBW	蠕化率/% ≥	主要基体组织
RuT420	420	335	0.75	200~280		珠光体
RuT380	380	300	0.75	193~274		珠光体
RuT340	340	270	1.0	170~249	50	珠光体+铁素体
RuT300	300	240	1.5	140~217		铁素体+珠光体
RuT260	260	195	3	121~197		铁素体

2.2.3 球墨铸铁

1. 球墨铸铁件单铸试样的力学性能（表2-8）

表2-8 球墨铸铁件单铸试样的力学性能（GB/T 1348—2009）

材料牌号	抗拉强度 R_m/（N/mm²）	规定非比例延伸强度 $R_{p0.2}$/（N/mm²）	伸长率 A/%	布氏硬度 HBW	主要基体组织
QT350—22L	350	220	22	≤160	铁素体
QT350—22R	350	220	22	≤160	铁素体
QT350—22	350	220	22	≤160	铁素体
QT400—18L	400	240	18	120~175	铁素体
QT400—18R	400	250	18	120~175	铁素体
QT400—18	400	250	18	120~175	铁素体
QT400—15	400	250	15	120~180	铁素体
QT450—10	450	310	10	160~210	铁素体
QT500—7	500	320	7	170~230	铁素体+珠光体
QT550—5	550	350	5	180~250	铁素体+珠光体
QT600—3	600	370	3	190~270	珠光体+铁素体
QT700—2	700	420	2	225-305	珠光体
QT800—2	800	480	2	245~335	珠光体或索氏体
QT900—2	900	600	2	280~360	回火马氏体或托氏体+索氏体

2. 球墨铸铁件附铸试样的力学性能（表2-9）

表2-9　球墨铸铁件附铸试样的力学性能（GB/T 1348—2009）

材料牌号	铸件壁厚/mm	抗拉强度 R_m/(N/mm²)	规定非比例延伸强度 $R_{p0.2}$/(N/mm²)	伸长率 A/%	布氏硬度 HBW	主要基体组织
QT350—22AL	≤30	350	220	22	≤160	铁素体
	>30~60	330	210	18		
	>60~200	320	200	15		
QT350—22AR	≤30	350	220	22	≤160	铁素体
	>30~60	330	220	18		
	>60~200	320	210	15		
QT350—22A	≤30	350	220	22	≤160	铁素体
	>30~60	330	210	18		
	>60~200	320	200	15		
QT400—18AL	≤30	380	240	18	120~175	铁素体
	>30~60	370	230	15		
	>60~200	360	220	12		
QT400—18AR	≤30	400	250	18	120~175	铁素体
	>30~60	390	250	15		
	>60~200	370	240	12		
QT400—18A	≤30	400	250	18	120~175	铁素体
	>30~60	390	250	15		
	>60~200	370	240	12		
QT400—15A	≤30	400	250	15	120~180	铁素体
	>30~60	390	250	14		
	>60~200	370	240	11		
QT450—10A	≤30	450	310	10	160~210	铁素体
	>30~60	420	280	9		
	>60~200	390	260	8		
QT500—7A	≤30	500	320	7	170~230	铁素体+珠光体
	>30~60	450	300	7		
	>60~200	420	290	5		
QT550—5A	≤30	550	350	5	180~250	铁素体+珠光体
	>30~60	520	330	4		
	>60~200	500	320	3		
QT600—3A	≤30	600	370	3	190~270	珠光体+铁素体
	>30~60	600	360	2		
	>60~200	550	340	1		

续表

材料牌号	铸件壁厚/mm	抗拉强度 R_m/(N/mm²)	规定非比例延伸强度 $R_{p0.2}$/(N/mm²)	伸长率 A/%	布氏硬度 HBW	主要基体组织
QT700—2A	≤30	700	420	2	225～305	珠光体
	>30～60	700	400	2		
	>60～200	650	380	1		
QT800—2A	≤30	800	480	2	245～335	珠光体或索氏体
	>30～60	由供需双方商定				
	>60～200					
QT900—2A	≤30	900	600	2	280～360	回火马氏体或索氏体或托氏体
	>30～60	由供需双方商定				
	>60～200					

3. 球墨铸铁件V形缺口单铸试样的冲击吸收功（表2－10）

表2－10 球墨铸铁件V形缺口单铸试样的冲击吸收功（GB/T 1348—2009）

牌号	铸件壁厚/mm	最小冲击吸收功/J					
		室温（23±5）℃		低温（－20±2）℃		低温（－40±2）℃	
		三个试样平均值	个别值	三个试样平均值	个别值	三个试样平均值	个别值
QT350—22AR	≤60	17	14	—	—	—	—
	>60～200	15	12	—	—	—	—
QT350—22AL	≤60	—	—	—	—	12	9
	>60～200	—	—	—	—	10	7
QT400—18AR	≤60	14	11	—	—	—	—
	>60～200	12	9	—	—	—	—
QT400—18AL	≤60	—	—	12	9	—	—
	>60～200	—	—	10	7	—	—

注：从附铸试样测得的力学性能并不能准确地反映铸件基体的力学性能，但与单铸试棒上测得的值相比更接近于铸件的实际性能值。

4. 球墨铸铁件本体的规定非比例延伸强度（表2－11）

表2－11 球墨铸铁件本体的规定非比例延伸强度（GB/T 1348—2009）

材料牌号	不同壁厚δ下的0.2%时的规定非比例延伸强度 $R_{P0.2}$/（N/mm²）			
	δ≤50mm	50mm<δ≤80mm	80mm<δ≤120mm	120mm<δ≤200mm
QT400—15	250	240	230	230
QT500—7	290	280	270	260
QT550—5	320	310	300	290
QT600—3	360	340	330	320
QT700—2	400	380	370	360

5. 球墨铸铁的力学性能及物理性能（表2-12）

表2-12　球墨铸铁的力学性能及物理性能（GB/T 1348—2009）

特性值	材料牌号									
	QT350—22	QT400—18	QT450—10	QT500—7	QT550—5	QT600—3	QT700—2	QT800—2	QT900—2	QT500—10
抗剪强度/（N/mm^2）	315	360	405	450	500	540	630	720	810	—
抗扭强度/（N/mm^2）	315	360	405	450	500	540	630	720	810	—
弹性模量 E（拉伸和压缩）/GPa	169	169	169	169	172	174	176	176	176	170
泊松比 ν	0.275	0.275	0.275	0.275	0.275	0.275	0.275	0.275	0.275	0.28～0.29
无缺口疲劳极限①（旋转弯曲）（ϕ10.6mm）/（N/mm^2）	180	195	210	224	236	248	280	304	304	225
有缺口疲劳极限②（旋转弯曲）（ϕ10.6mm）/（N/mm^2）	114	122	128	134	142	149	168	182	182	140
抗压强度/（N/mm^2）	—	700	700	800	840	870	1000	1150	—	—
断裂韧性 K_{IC}/[（N/mm^2）·$m^{\frac{1}{2}}$]	31	30	28	25	22	20	15	14	14	28
300℃时的热导率/[W/（K·m）]	36.2	36.2	36.2	35.2	34	32.5	31.1	31.1	31.1	—
20～500℃时的比热容/[J/（kg·K）]	515	515	515	515	515	515	515	515	515	—

续表

特性值	材料牌号									
	QT350—22	QT400—18	QT450—10	QT500—7	QT550—5	QT600—3	QT700—2	QT800—2	QT900—2	QT500—10
20～400℃时的线胀系数/[μm/(m·K)]	12.5	12.5	12.5	12.5	12.5	12.5	12.5	12.5	12.5	—
密度/(g/cm^3)	7.1	7.1	7.1	7.1	7.1	7.2	7.2	7.2	7.2	7.1
最大渗透性/(μH/m)	2136	2136	2136	1596	1200	866	501	501	501	—
磁滞损耗(B=1T)/(J/m^3)	600	600	600	1345	1800	2248	2700	2700	2700	—
电阻率(μΩ·m)	0.50	0.50	0.50	0.51	0.52	0.53	0.54	0.54	0.54	—
主要基体组织	铁素体	铁素体	铁素体	铁素体－珠光体	铁素体－珠光体	珠光体－铁素体	珠光体	珠光体或索氏体	回火马氏体或索氏体＋托氏体③	铁素体

注：除非另有说明，本表中所列数值都是常温下的测定值。

①对抗拉强度是370N/mm^2 的球墨铸铁件无缺口试样，退火铁素体球墨铸铁件的疲劳极限强度大约是抗拉强度的0.5倍。在珠光体球墨铸铁和经淬火＋回火处理的球墨铸铁中，这个比率随着抗拉强度的增加而减少，疲劳极限强度大约是抗拉强度的0.4倍。当抗拉强度超过740N/mm^2 时，这个比率将进一步减少。

②对直径ϕ10.6mm 的45°倒角、R0.25mm 的V形缺口试样，退火球墨铸铁件的疲劳极限强度降低到无缺口球墨铸铁件（抗拉强度是370N/mm^2）疲劳极限的0.63倍。这个比率随着铁素体球墨铸铁件抗拉强度的增加而减少。对中等强度的球墨铸铁件、珠光体球墨铸铁件和经淬火＋回火处理的球墨铸铁件，有缺口试样的疲劳极限大约是无缺口试样疲劳极限强度的0.6倍。

③对大型铸件，可能是珠光体，也可能是回火马氏体或托氏体＋索氏体。

6. 球墨铸铁的性能变化趋向（表2－13）

表2－13　球墨铸铁性能变化趋向（GB/T 1348—2009）

牌号	QT400—18	QT400—18L	QT400—15	QT450—10	QT500—7	QT600—3	QT700—2	QT800—2	QT900—2
性能	抗拉强度 →								
	← 伸长率								
	弹性模量 →								
	硬度 →								
	← 冲击值								
	小能量多冲抗力 →								
	疲劳极限 →								
	耐磨性 →								
	← 减振性								
	← 耐温度急变性								
	← 可加工性								

注：箭头所指方向表示性能趋好。

2.2.4　耐热铸铁

1. 耐热铸铁的牌号和化学成分（表2－14）

表2－14　耐热铸铁的牌号和化学成分（GB/T 9437—2009）

钢铁牌号	化学成分（质量分数,%）						
	C	Si	Mn	P	S	Cr	Al
			≤	≤	≤		
HTRCr	3.0~3.8	1.5~2.5	1.0	0.10	0.08	0.50~1.00	—
HTRCr2	3.0~3.8	2.0~3.0	1.0	0.10	0.08	1.00~2.00	—
HTRCr16	1.6~2.4	1.5~2.2	1.0	0.10	0.05	15.00-18.00	—
HTRSi5	2.4~3.2	4.5~5.5	0.8	0.10	0.08	0.5~1.00	—
QTRSi4	2.4~3.2	3.5~4.5	0.7	0.07	0.015	—	—
QTRSi4Mo	2.7~3.5	3.5~4.5	0.5	0.07	0.015	Mo0.5~0.9	—
QTRSi4Mo1	2.7~3.5	4.0~4.5	0.3	0.05	0.015	Mo1.0~1.5	Mg0.01~0.05
QTRSi5	2.4~3.2	4.5~5.5	0.7	0.07	0.015	—	—
QTRAl4Si4	2.5~3.0	3.5~4.5	0.5	0.07	0.015	—	4.0~5.0
QTRAl5Si5	2.3~2.8	4.5~5.2	0.5	0.07	0.015	—	5.0~5.8
QTRAl22	1.6~2.2	1.0~2.0	0.7	0.07	0.015	—	20.0~24.0

注：本表适用于工作温度在1100℃以下的耐热铸铁件。

2. 耐热铸铁的室温力学性能（表 2－15）

表 2－15 耐热铸铁的室温力学性能（GB/T 9437—2009）

铸铁牌号	最小抗拉强度 R_m/（N/mm^2）	硬度 HBW
HTRCr	200	189～288
HTRCr2	150	207～288
HTRCr16	340	400～450
HTRSi5	140	160～270
QTRSi4	420	143～187
QTRSi4Mo	520	188～241
QTRSi4Mo1	550	200～240
QTRSi5	370	228～302
QTRAl4Si4	250	285～341
QTRAl5Si5	200	302～363
QTRAl22	300	241～364

注：允许用热处理方法达到上述性能。

3. 耐热铸铁的高温短时抗拉强度（表 2－16）

表 2－16 耐热铸铁的高温短时抗拉强度（GB/T 9437—2009）

铸铁牌号	在下列温度时的最小抗拉强度 R_m/（N/mm^2）				
	500℃	600℃	700℃	800℃	900℃
HTRCr	225	144	—	—	—
HTRCr2	243	166	—	—	—
HTRCr16	—	—	—	144	88
HTRSi5	—	—	41	27	—
QTRSi4	—	—	75	35	—
QTRSi4Mo	—	—	101	46	—
QTRSi4Mo1	—	—	101	46	—
QTRSi5	—	—	67	30	—
QTRAl4Si4	—	—	—	82	32
QTRAl5Si5	—	—	—	167	75
QTRAl22	—	—	—	130	77

2.2.5 高硅耐蚀铸铁

1. 高硅耐蚀铸铁的牌号和化学成分（表2-17）

表2-17 高硅耐蚀铸铁的牌号和化学成分（GB/T 8491—2009）

牌号	化学成分（质量分数,%）								
	C	Si	Mn≤	P≤	S≤	Cr	Mo	Cu	RE 残留量≤
HTSSi11Cu2CrR	≤1.20	10.00～12.00	0.50	0.10	0.10	0.60～0.80	—	1.80～2.20	0.10
HTSSi15R	0.65～1.10	14.20～14.75	1.50	0.10	0.10	≤0.50	≤0.50	≤0.50	0.10
HTSSi15Cr4MoR	0.75～1.15	14.20～14.75	1.50	0.10	0.10	3.25～5.00	0.40～0.60	≤0.50	0.10
HTSSi15Cr4R	0.70～1.10	14.20～14.75	1.50	0.10	0.10	3.25～5.00	≤0.20	≤0.50	0.10

2. 高硅耐蚀铸铁的力学性能（表2-18）

表2-18 高硅耐蚀铸铁的力学性能（GB/T 8491—1987）

牌号	最小抗弯强度/（N/mm^2）	最小挠度/mm
HTSSi11Cu2CrR	190	0.80
HTSSi15R	118	0.66
HTSSi15Cr4MoR	118	0.66
HTSSi15Cr4R	118	0.66

2.3 铁合金

2.3.1 铁合金产品必测元素和标记

1. 铁合金产品必测元素（表2-19）

表2-19 铁合金产品必测元素（GB/T 3650—2008）

产品名称	必须测定的元素	产品名称	必须测定的元素
硅铁	Si、Al	钛铁	Ti、Si、P、S
锰铁（包括高、中、低碳锰铁、微碳锰铁）	Mn、Si、C、P、S	铌铁	Nb、Ta、Al、Si、C、P、S、W、Mn、Pb、As、Sb、Bi、Ti

续表

产品名称	必须测定的元素	产品名称	必须测定的元素
锰铁高炉锰铁	Mn、Si、P	氧化钼铁	Mo、Co、S
锰硅合金	Mn、Si、C、P、S	硅钙合金	Ca、Si
铬铁（包括高、中、低微碳铬铁、真空微碳铬铁）	Cr、Si、C、P、S	硼铁	B、C、Al
		磷铁	P、Si、C、S
		金属锰	Mn、C、Si、P、S、Fe
氮化铬铁	Cr、Si、C、P、S、N	金属铬	Fe、Si、Al、C、S、Pb
硅铬合金	Si、Cr、C、S、P	电解金属锰	C、S、P、Se、Si、Fe
钨铁	W、Si、C、P、S、Mn	稀土硅铁合金	RE、Si
钼铁	Mo、Si、C、P、S、Mn	稀土镁硅铁合金	RE、Mg、Si、Ca
钒铁	V、Si、C、P、S		

2. 铁合金产品标记和标签内容（表2-20）

表2-20 铁合金产品标记和标签内容（GB/T 3650—2008）

表面标记内容	标签内容
生产厂名称（产品产地）	生产厂名称（产品产地）
产品名称	交货批
交货批	产品名称、牌号、级别及化学成分
净重	生产日期

2.3.2 氮化铬铁

氮化铬铁的牌号和化学成分见表2-21。

表2-21 氮化铬铁的牌号和化学成分（YB/T 5140—1993）

牌号	化学成分（质量分数,%）					
	Cr	N	C	Si	P	S
	≥		≤			
FeNCr3—A	—	3.0	0.03	1.5	—	—
FeNCr3—B	—	5.0	0.03	2.5	—	—
FeNCr6—A	60.0	3.0	0.06	1.5	0.03	0.04
FeNCr6—B	—	5.0	0.06	2.5	—	—
FeNCr10—A	—	3.0	0.10	1.5	—	—
FeNCr10—B	—	5.0	0.10	2.5	—	—

注：A类适用于渗氮后的重熔产品，其含氮量不包括吸附氮量。B类适用于固态渗氮合金。

2.3.3　钒铁

钒铁的牌号和化学成分见表2-22。

表2-22　钒铁的牌号和化学成分（GB/T 4139—2004）

牌号	化学成分（质量分数,%）						
	V	C	Si	P	S	Al	Mn
		≤					
FeV40—A	38.0~45.0	0.60	2.0	0.08	0.06	1.5	—
FeV40—B	38.0~45.0	0.80	3.0	0.15	0.10	2.0	—
FeV50—A	48.0~55.0	0.40	2.0	0.06	0.04	1.5	—
FeV50—B	48.0~55.0	0.60	2.5	0.10	0.05	2.0	—
FeV60—A	58.0~65.0	0.40	2.0	0.06	0.04	1.5	—
FeV60—B	58.0~65.0	0.60	2.5	0.10	0.05	2.0	—
FeV80—A	78.0~82.0	0.15	1.5	0.05	0.04	1.5	0.50
FeV80—B	78.0~82.0	0.20	1.5	0.06	0.05	2.0	0.50

2.3.4　铬铁

铬铁的牌号和化学成分见表2-23。

表2-23　铬铁的牌号和化学成分（GB/T 5683—2008）

类别	牌号	化学成分（质量分数,%）									
		Cr			C	Si		P		S	
		范围	Ⅰ	Ⅱ		Ⅰ	Ⅱ	Ⅰ	Ⅱ	Ⅰ	Ⅱ
			≥		≤						
微碳	FeCr65C0.03	60.0~70.0			0.03	1.0		0.03		0.025	
	FeCr55C0.03		60.0	52.0	0.03	1.5	2.0	0.03	0.04	0.03	
	FeCr65C0.06	60.0~70.0			0.06	1.0		0.03		0.025	
	FeCr55C0.06		60.0	52.0	0.06	1.5	2.0	0.04	0.06	0.03	
	FeCr65C0.10	60.0~70.0			0.10	1.0		0.03		0.025	
	FeCr55C0.10		60.0	52.0	0.10	1.5	2.0	0.04	0.06	0.03	
	FeCr65C0.15	60.0~70.0			0.15	1.0		0.03		0.025	
	FeCr55C0.15		60.0	52.0	0.15	1.5	2.0	0.04	0.06	0.03	
低碳	FeCr65C0.25	60.0~70.0			0.25	1.5		0.03		0.025	
	FeCr55C0.25		60.0	52.0	0.25	2.0	3.0	0.04	0.06	0.03	0.05
	FeCr65C0.50	60.0~70.0			0.50	1.5		0.03		0.025	
	FeCr55C0.50		60.0	52.0	0.50	2.0	3.0	0.04	0.06	0.03	0.05

续表

类别	牌号	化学成分（质量分数,%）									
		Cr			C	Si		P		S	
		范围	Ⅰ	Ⅱ		Ⅰ	Ⅱ	Ⅰ	Ⅱ	Ⅰ	Ⅱ
			≥			≥					
中碳	FeCr65C1.0	60.0~70.0			1.0	1.5		0.03		0.025	
	FeCr55C1.0		60.0	52.0	1.0	2.5	3.0	0.04	0.06	0.03	0.05
	FeCr65C2.0	60.0~70.0			2.0	1.5		0.03		0.025	
	FeCr55C2.0		60.0	52.0	2.0	2.5	3.0	0.04	0.06	0.03	0.05
	FeCr65C4.0	60.0~70.0			4.0	1.5		0.03		0.025	
	FeCr55C4.0		60.0	52.0	4.0	2.5	3.0	0.04	0.06	0.03	0.05
高碳	FeCr67C6.0	60.0~72.0			6.0	3.0		0.03		0.04	0.06
	FeCr55C6.0		60.0	52.0	6.0	3.0	5.0	0.04	0.06	0.04	0.06
	FeCr67C9.5	60.0~72.0			9.5	3.0		0.03		0.04	0.06
	FeCr55C10.0		60.0	52.0	10.0	3.0	5.0	0.04	0.06	0.04	0.06
真空法微碳铬铁	ZKFeCr65C0.010		65.0		0.010	1.0	2.0	0.025	0.030	0.03	
	ZKFeCr65C0.020		65.0		0.020	1.0	2.0	0.025	0.030	0.03	
	ZKFeCr65C0.010		65.0		0.010	1.0	2.0	0.025	0.035	0.04	
	ZKFeCr65C0.030		65.0		0.030	1.0	2.0	0.025	0.035	0.04	
	ZKFeCr65C0.050		65.0		0.050	1.0	2.0	0.025	0.035	0.04	
	ZKFeCr65C0.100		65.0		0.100	1.0	2.0	0.025	0.035	0.04	

2.3.5 硅铁

1. 硅铁的牌号和化学成分（表2-24）

表2-24 硅铁的牌号和化学成分（GB/T 2272—2009）

牌号	化学成分（质量分数,%）												
	Si	Al	Ca	Mn	Cr	P	S	C	Ti	Mg	Cu	V	Ni
		≤											
FeSi90Al1.5	87.0~95.0	1.5	1.5	0.4	0.2	0.040	0.02	0.2	—	—	—	—	—
FeSi90Al3.0	87.0~95.0	3.0	1.5	0.4	0.2	0.040	0.02	0.2	—	—	—	—	—
FeSi75Al0.5—A	74.0~80.0	0.5	1.0	0.4	0.3	0.035	0.02	0.1	—	—	—	—	—

续表

牌号	化学成分（质量分数,%）												
	Si	Al	Ca	Mn	Cr	P	S	C	Ti	Mg	Cu	V	Ni
		≤											
FeSi75Al0.5—B	72.0 ~ 80.0	0.5	1.0	0.5	0.5	0.040	0.02	0.2	—	—	—	—	—
FeSi75Al1.0—A	74.0 ~ 80.0	1.0	1.0	0.4	0.3	0.035	0.02	0.1	—	—	—	—	—
FeSi75Al1.0—B	72.0 ~ 80.0	1.0	1.0	0.5	0.5	0.040	0.02	0.2	—	—	—	—	—
FeSi75Al1.5—A	74.0 ~ 80.0	1.5	1.0	0.4	0.3	0.035	0.02	0.1	—	—	—	—	—
FeSi75Al1.5—B	72.0 ~ 80.0	1.5	1.0	0.5	0.5	0.040	0.02	0.2	—	—	—	—	—
FeSi75Al2.0—A	74.0 ~ 80.0	2.0	1.0	0.4	0.3	0.035	0.02	0.1	—	—	—	—	—
FeSi75Al2.0—B	72.0 ~ 80.0	2.0	—	0.5	0.5	0.040	0.02	0.2	—	—	—	—	—
FeSi75—A	74.0 ~ 80.0	—		0.4	0.3	0.040	0.02	0.1	—	—	—	—	—
FeSi75—B	72.0 ~ 80.0	—	—	0.5	0.5	0.035	0.02	0.2	—	—	—	—	—
FeSi65	65.0 ~ 72.0	—	—	0.6	0.5	0.040	0.02	—	—	—	—	—	—
FeSi45	40.0 ~ 47.0	—	—	0.7	0.5	0.040	0.02	—	—	—	—	—	—
TFeSi75—A	74.0 ~ 80.0	0.03	0.03	0.10	0.10	0.020	0.004	0.02	0.015	—	—	—	—
TFeSi75—B	74.0 ~ 80.0	0.10	0.05	0.10	0.05	0.030	0.004	0.02	0.04	—	—	—	—
TFeSi75—C	74.0 ~ 80.0	0.10	0.10	0.10	0.10	0.040	0.005	0.03	0.05	0.10	0.10	0.05	0.40
TFeSi75—D	74.0 ~ 80.0	0.20	0.05	0.20	0.10	0.040	0.010	0.02	0.04	0.02	0.10	0.01	0.04

续表

牌号	化学成分（质量分数,%）												
	Si	Al	Ca	Mn	Cr	P	S	C	Ti	Mg	Cu	V	Ni
		≤											
TFeSi75—E	74.0～80.0	0.50	0.50	0.40	0.10	0.040	0.020	0.05	0.06	—	—	—	—
TFeSi75—F	74.0～80.0	0.50	0.50	0.40	0.10	0.030	0.005	0.010	0.02	—	0.10	—	0.10
TFeSi75—G	74.0～80.0	1.00	0.05	0.15	0.10	0.040	0.003	0.015	0.04	—	—	—	—

注：“TFeSi××—×”表示特种硅铁。

2. 硅铁的供货粒度（表2-25）

表2-25 硅铁的供货粒度（GB/T 2272—2009）

级别	规格尺寸/mm	筛上物和筛下物之和/%
一般块状	未经人工破碎的自然块状	小于20mm×20mm的数量≤8
大粒度	50～350	≤10
中粒度	20～200	
小粒度	10～100	
最小粒度	10～50	

注：1. 硅铁浇注厚度：FeSi75系列各牌号硅铁锭不得超过100mm；FeSi65系列各牌号硅铁锭不得超过80mm。硅的偏析不大于4%。

2. FeSi45硅铁粒度小于20mm×20mm的数量不得超过总质量的15%。

2.3.6 锰铁

1. 电炉锰铁的牌号和化学成分（表2-26）

表2-26 电炉锰铁的牌号和化学成分（GB/T 3795—2006）

类别	牌号	化学成分（质量分数,%）						
		Mn	C	Si		P		S
				Ⅰ	Ⅱ	Ⅰ	Ⅱ	
			≤					
低碳锰铁	FeMn88C0.2	85.0～92.0	0.2	1.0	2.0	0.10	0.30	0.02
	FeMn84C0.4	80.0～87.0	0.4	1.0	2.0	0.15	0.30	0.02
	FeMn84C0.7	80.0～87.0	0.7	1.0	2.0	0.20	0.30	0.02

续表

类别	牌号	化学成分（质量分数,%）						
		Mn	C	Si		P		S
				Ⅰ	Ⅱ	Ⅰ	Ⅱ	
			≤					
中碳锰铁	FeMn82C1.0	78.0~85.0	1.0	1.5	2.0	0.20	0.35	0.03
	FeMn82C1.5	78.0~85.0	1.5	1.5	2.0	0.20	0.35	0.03
	FeMn78C2.0	75.0~82.0	2.0	1.5	2.5	0.20	0.40	0.03
高碳锰铁	FeMn78C8.0	75.0~82.0	8.0	1.5	2.5	0.20	0.33	0.03
	FeMn74C7.5	70.0~77.0	7.5	2.0	3.0	0.25	0.38	0.03
	FeMn68C7.0	65.0~72.0	7.0	2.5	4.5	0.25	0.40	0.03

2. 高炉锰铁的牌号和化学成分（表2-27）

表2-27 高炉锰铁的牌号和化学成分（GB/T 3795—2006）

类别	牌号	化学成分（质量分数,%）						
		Mn	C	Si		P		S
				Ⅰ	Ⅱ	Ⅰ	Ⅱ	
			≤					
高碳锰铁	FeMn78	75.0~82.0	7.5	1.0	2.0	0.25	0.35	0.03
	FeMn73	70.0~75.0	7.5	1.0	2.0	0.25	0.35	0.03
	FeMn68	65.0~70.0	7.0	1.0	2.0	0.30	0.40	0.03
	FeMn63	60.0~65.0	7.0	1.0	2.0	0.30	0.40	0.03

3. 锰铁的粒度范围（表2-28）

表2-28 锰铁的粒度范围（GB/T 3795—2006）

粒度级别	粒度/mm	粒度偏差/%		
		筛上物	筛下物	
		≤		
1	20~250	—	中低碳类	10
			高碳类	8
2	50~150	5	5	
3	10~50	5	5	
4	0.097~0.45	5	30	

2.3.7 钼铁

1. 钼铁的牌号和化学成分（表2-29）

表2-29 钼铁的牌号和化学成分（GB/T 3649—2008）

牌号	化学成分（质量分数,%）							
	Mo	Si	S	P	C	Cu	Sb	Sn
		≤						
FeMo70	65.0~75.0	2.0	0.08	0.05	0.10	0.5	—	—
FeMo60—A	60.0~65.0	1.0	0.08	0.04	0.10	0.5	0.04	0.04
FeMo60—B	60.0~65.0	1.5	0.10	0.05	0.10	0.5	0.05	0.06
FeMo60—C	60.0~65.0	2.0	0.15	0.05	0.15	1.0	0.08	0.08
FeMo55—A	55.0~60.0	1.0	0.10	0.08	0.15	0.5	0.05	0.06
FeMo55—B	55.0~60.0	1.5	0.15	0.10	0.20	0.5	0.08	0.08

2. 钼铁的粒度要求（表2-30）

表2-30 钼铁的粒度要求（GB/T 3649—2008）

粒度级别	粒度/mm	粒度偏差/%	
		筛上物	筛下物
1	10~150	≤5	≤5
2	10~100		
3	10~50		
4	3~10		

2.3.8 铌铁

铌铁的牌号和化学成分见表2-31。

表2-31 铌铁的牌号和化学成分（GB/T 7737—2007）

牌号	化学成分（质量分数,%）													
	Nb + Na	Ta	Al	Si	C	S	P	W	Mn	Sn	Pb	As	Sb	Bi	Ti
		≤													
FeNb70	70~80	0.3	3.8	1.0	0.03	0.03	0.04	0.3	0.8	0.20	0.20	0.01	0.01	0.01	0.30
FeNb60—A	60~70	0.3	2.5	2.0	0.04	0.03	0.04	0.2	1.0	0.02	0.02	—	—	—	—
FeNb60—B	60~70	2.5	3.0	3.0	0.30	0.10	0.30	1.0	—	—	—	—	—	—	—
FeNb50—A	50~60	0.2	2.0	1.0	0.03	0.03	0.04	0.1	—	—	—	—	—	—	—
FeNb50—B	50~60	0.3	2.0	2.5	0.04	0.03	0.04	0.2	—	—	—	—	—	—	—

2.3.9　硼铁

硼铁的牌号和化学成分见表3－32。

表2－32　硼铁的牌号和化学成分（GB/T 5682—1995）

类别	牌号		化学成分（质量分数,%）						
			B	C	Si	Al	S	P	Cu
				≤					
低碳	FeB23C0.05		20.0～25.0	0.05	2.0	3.0	0.01	0.015	0.05
	FeB22C0.1		19.0～25.0	0.1	4.0	3.0	0.01	0.03	—
	FeB17C0.1		14.0～19.0	0.1	4.0	6.0	0.01	0.1	—
	FeB12C0.1		9.0～14.0	0.1	4.0	6.0	0.01	0.1	—
中碳	FeB20C0.5	A	19.0～21.0	0.5	4.0	0.05	0.01	0.1	—
		B		0.5	4.0	0.5	0.01	0.2	—
	FeB18C0.5	A	17.0～19.0	0.5	4.0	0.05	0.01	0.1	—
		B		0.5	4.0	0.5	0.01	0.2	—
	FeB16C1.0		15.0～17.0	1.0	4.0	0.5	0.01	0.2	—
	FeB14C1.0		13.0～15.0	1.0	4.0	0.5	0.01	0.2	—
	FeB12C1.0		9.0～13.0	1.0	4.0	0.5	0.01	0.2	—

注：1. B、Al、C为必测元素，其他为保证元素。

2. 硼铁应为块状交货，其块度为5～100mm，大于100mm、小于5mm的数量之和不得超过该批总质量的10%。

2.3.10　钛铁

1. 钛铁的牌号和化学成分（表2－33）

表2－33　钛铁的牌号和化学成分（GB/T 3282—2006）

牌号	化学成分（质量分数,%）						
	Ti	C	Si	P	S	Al	Mn	Cu
		≤						
FeTi30—A	25.0～35.0	0.10	4.5	0.05	0.03	8.0	2.5	0.20
FeTi30—B	25.0～35.0	0.15	5.0	0.06	0.04	8.5	2.5	0.20
FeTi40—A	35.0～45.0	0.10	3.5	0.05	0.03	9.0	2.5	0.20
FeTi40—B	35.0～45.0	0.15	4.0	0.07	0.04	9.5	2.5	0.20
FeTi70—A	65.0～75.0	0.10	0.50	0.04	0.03	3.0	1.0	0.20
FeTi70—B	65.0～75.0	0.20	4.0	0.06	0.03	5.0	1.0	0.20
FeTi70—C	65.0～75.0	0.30	5.0	0.08	0.04	7.0	1.0	0.20

2. 钛铁的粒度要求（表 2－34）

表 2－34 钛铁的粒度要求（GB/T 3282—2006）

<table>
<tr><th rowspan="2">粒度级别</th><th rowspan="2">粒度/mm</th><th>小于下限粒度/%</th><th>大于上限粒度/%</th></tr>
<tr><th colspan="2">≤</th></tr>
<tr><td>1</td><td>5～100</td><td>3</td><td>7</td></tr>
<tr><td>2</td><td>5～70</td><td>3</td><td>7</td></tr>
<tr><td>3</td><td>5～40</td><td>3</td><td>7</td></tr>
<tr><td>4</td><td><20</td><td>—</td><td>2</td></tr>
<tr><td>5</td><td><2</td><td>—</td><td>2</td></tr>
</table>

2.3.11 钨铁

钨铁的牌号和化学成分见表 2－35。

表 2－35 钨铁的牌号和化学成分（GB/T 3648—1996）

<table>
<tr><th rowspan="3">牌号</th><th colspan="12">化学成分（质量分数,%）</th></tr>
<tr><th rowspan="2">W</th><th>C</th><th>P</th><th>S</th><th>Si</th><th>Mn</th><th>Cu</th><th>As</th><th>Bi</th><th>Pb</th><th>Sb</th><th>Sn</th></tr>
<tr><th colspan="11">≤</th></tr>
<tr><td>FW80—A</td><td rowspan="3">75.0～85.0</td><td>0.10</td><td>0.03</td><td>0.06</td><td>0.5</td><td>0.25</td><td>0.10</td><td>0.06</td><td>0.05</td><td>0.05</td><td rowspan="4">0.05</td><td>0.05</td></tr>
<tr><td>FW80—B</td><td>0.30</td><td>0.04</td><td>0.07</td><td rowspan="2">0.7</td><td>0.35</td><td>0.12</td><td>0.08</td><td rowspan="3">—</td><td rowspan="3">—</td><td rowspan="2">0.08</td></tr>
<tr><td>FW80—C</td><td>0.40</td><td>0.05</td><td>0.08</td><td>0.50</td><td>0.15</td><td rowspan="2">0.10</td></tr>
<tr><td>FW70</td><td>≥70</td><td>0.80</td><td>0.06</td><td>0.10</td><td>1.0</td><td>0.60</td><td>0.18</td><td>0.10</td></tr>
</table>

第3章　常用钢种

3.1　铸钢

3.1.1　一般工程用铸钢

1. 一般工程用铸钢的牌号和化学成分（表3-1）

表3-1　一般工程用铸钢的牌号和化学成分（GB/T 11352—2009）

牌号	化学成分（质量分数,%）　≤										
	C	Si	Mn	S	P	残余元素					
						Ni	Cr	Cu	Mo	V	残余元素总量
ZG200—400	0.20	0.60	0.80	0.035	0.035	0.40	0.35	0.40	0.20	0.05	1.00
ZG230—450	0.30		0.90								
ZG270—500	0.40										
ZG310—570	0.50										
ZG340—640	0.60										

注：1. 对质量分数上限减少0.01%的碳，允许增加质量分数可至0.04%的锰。对于ZG200—400，锰的最高质量分数可至1.00%，其余四个牌号锰的质量分数可至1.20%。

2. 除另有规定外，残余元素不作为验收依据。

2. 一般工程用铸钢件的力学性能（表3-2）

表3-2　一般工程用铸钢件的力学性能（GB/T 11352—2009）

牌号	规定非比例延伸强度 $R_{p0.2}$ /（N/mm^2）	抗拉强度 R_m /（N/mm）^{2}	断后伸长率 A/%	根据合同选择		
				断面收缩率 Z/%	冲击性能	
					A_K/J	α_K/（J/cm^2）
ZG200—400	200	400	25	40	30	6.0
ZG230—450	230	450	22	32	25	4.5

续表

牌号	规定非比例延伸强度 $R_{p0.2}$ / (N/mm²)	抗拉强度 R_m / (N/mm)²	断后伸长率 A/%	根据合同选择		
				断面收缩率 Z/%	冲击性能	
					A_K/J	α_K/ (J/cm²)
ZG270—500	270	500	18	25	22	3.5
ZG310—570	310	570	15	21	15	3
ZG340—640	340	640	10	18	10	2

3.1.2 一般工程用与结构用低合金铸钢

1. 一般工程用与结构用低合金铸钢的牌号及磷硫含量（表3-3）

表3-3 一般工程用与结构用低合金铸钢的牌号及磷硫含量（GB/T 14408—1993）

牌号	P（质量分数,%）	S（质量分数,%）
	≤	
ZGD270—480	0.040	0.040
ZGD290—510		
ZGD345—570		
ZGD410—620		
ZGD535—720		
ZGD650—830		
ZGD730—910	0.035	0.035
ZGD840—1030		

2. 一般工程用与结构用低合金铸钢件的力学性能（表3-4）

表3-4 一般工程用与结构用低合金铸钢件的力学性能（GB/T 14408—1993）

牌号	规定非比例延伸强度 $R_{p0.2}$/ (N/mm²)	抗拉强度 R_m / (N/mm²)	断后伸长率 A/%	断面收缩率 Z/%
	≥			
ZGD270—480	270	480	18	35
ZGD290—510	290	510	16	35
ZGD345—570	345	570	14	35
ZGD410—620	410	620	13	35
ZGD535—720	535	720	12	30
ZGD650—830	650	830	10	25
ZGD730—910	730	910	8	22
ZGD840—1030	840	1030	6	20

3.1.3 大型低合金铸钢

3.1.3 大型低合金铸钢的化学成分（表3-5）

表3-5 大型低合金铸钢的化学成分（JB/T 6402—2006）

牌号	化学成分（质量分数,%）								
	C	Si	Mn	P	S	Cr	Ni	Mo	Cu
ZG20Mn	0.16～0.22	0.60～0.80	1.00～1.30	≤0.030	≤0.030	—	≤0.40	—	—
ZG30Mn	0.27～0.34	0.30～0.50	1.20～1.50	≤0.030	≤0.030	—	—	—	—
ZG35Mn	0.30～0.40	0.60～0.80	1.10～1.40	≤0.030	≤0.030	—	—	—	—
ZG40Mn	0.35～0.45	0.30～0.45	1.20～1.50	≤0.030	≤0.030	—	—	—	—
ZG40Mn2	0.35～0.45	0.20～0.40	1.60～1.80	≤0.030	≤0.030	—	—	—	—
ZG45Mn2	0.42～0.49	0.20～0.40	1.60～1.80	≤0.030	≤0.030	—	—	—	—
ZG50Mn2	0.45～0.55	0.20～0.40	1.50～1.80	≤0.030	≤0.030	—	—	—	—
ZG35SiMnMo	0.32～0.40	1.10～1.40	1.10～1.40	≤0.030	≤0.030	—	—	0.20～0.30	≤0.30
ZG35CrMnSi	0.30～0.40	0.50～0.75	0.90～1.20	≤0.030	≤0.030	0.50～0.80	—	—	—
ZG20MnMo	0.17～0.23	0.20～0.40	1.10～1.40	≤0.030	≤0.030	—	—	0.20～0.35	≤0.30
ZG30Cr1MnMo	0.25～0.35	0.17～0.45	0.90～1.20	≤0.030	≤0.030	0.90～1.20	—	0.20～0.30	—
ZG55CrMnMo	0.50～0.60	0.25～0.60	1.20～1.60	≤0.030	≤0.030	0.60～0.90	—	0.20～0.30	≤0.30
ZG40Cr1	0.35～0.45	0.20～0.40	0.50～0.80	≤0.030	≤0.030	0.80～1.10	—	—	—
ZG34Cr2Ni2Mo	0.30～0.37	0.30～0.60	0.60～1.00	≤0.030	≤0.030	1.40～1.70	1.40～1.70	0.15～0.35	—
ZG15Cr1Mo	0.12～0.20	≤0.60	0.50～0.80	≤0.030	≤0.030	1.00～1.50	—	0.45～0.65	—
ZG20CrMo	0.17～0.25	0.20～0.45	0.50～0.80	≤0.030	≤0.030	0.50～0.80	—	0.45～0.65	—
ZG35Cr1Mo	0.30～0.37	0.30～0.50	0.50～0.80	≤0.030	≤0.030	0.80～1.20	—	0.20～0.30	—

续表

牌号	化学成分（质量分数,%）								
	C	Si	Mn	P	S	Cr	Ni	Mo	Cu
ZG42Cr1Mo	0.38～0.45	0.30～0.60	0.60～1.00	≤0.030	≤0.030	0.80～1.20	—	0.20～0.30	—
ZG50Cr1Mo	0.46～0.54	0.25～0.50	0.50～0.80	≤0.030	≤0.030	0.90～1.20	—	0.15～0.25	—
ZG65Mn	0.60～0.70	0.17～0.37	0.90～1.20	≤0.030	≤0.030	—	—	—	—
ZG28NiCrMo	0.25～0.30	0.30～0.80	0.60～0.90	≤0.030	≤0.030	0.35～0.85	0.40～0.80	0.35～0.55	—
ZG30NiCrMo	0.25～0.35	0.30～0.60	0.70～1.00	≤0.030	≤0.030	0.60～0.90	0.60～1.00	0.35～0.50	—
ZG35NiCrMo	0.30～0.37	0.60～0.90	0.70～1.00	≤0.030	≤0.030	0.40～0.90	0.60～0.90	0.40～0.50	—

2. 大型低合金铸钢件的力学性能（表3－6）

表3－6 大型低合金铸钢件的力学性能（JB/T 6402—2006）

牌号	热处理状态	上屈服强度 R_{cH}/(N/mm²)≥	抗拉强度 R_m/(N/mm²)≥	断后伸长率 A/%≥	断面收缩率 Z/%≥	冲击吸收功 A_{KU}/J≥	冲击吸收功 A_{KV}/J≥	冲击吸收功 A_{KDVM}/J≥	硬度 HBW≥	备注
ZG20Mn	正火＋回火	285	495	18	30	39	—	—	145	焊接及流动性良好，用于水压机缸、叶片、喷嘴体、阀、弯头等
	调质	300	500～650	24	—	—	45	—	150～190	
ZG30Mn	正火＋回火	300	558	18	30	—	—	—	163	
ZG35Mn	正火＋回火	345	570	12	20	24	—	—	—	用于承受摩擦的零件
	调质	415	640	12	25	27	—	27	200～240	
ZG40Mn	正火＋回火	295	640	12	30	—	—	—	163	用于承受摩擦和冲击的零件，如齿轮等

续表

牌号	热处理状态	上屈服强度 R_{eH}/(N/mm²)≥	抗拉强度 R_m/(N/mm²)≥	断后伸长率 A/%≥	断面收缩率 Z/%≥	冲击吸收功 A_{KU}/J≥	A_{KV}/J≥	A_{KDVM}/J≥	硬度 HBW≥	备注
ZG40Mn2	正火+回火	395	590	20	40	30	—	—	179	用于承受摩擦的零件，如齿轮等
	调质	685	835	13	45	35	—	35	269～302	
ZG45Mn2	正火+回火	392	637	15	30	—	—	—	179	用于模块、齿轮等
ZG50Mn2	正火+回火	445	785	18	37	—	—	—	—	用于高强度零件，如齿轮、齿轮缘等
ZG35SiMnMo	正火+回火	395	640	12	20	24	—	—	—	用于承受负荷较大的零件
	调质	490	690	12	25	27	—	27	—	
ZG35CrMnSi	正火+回火	345	690	14	30	—	—	—	217	用于承受冲击、摩擦的零件，如齿轮、滚轮等
ZG20MnMo	正火+回火	295	490	16		39	—	—	156	用于受压容器，如泵壳等
ZG30Cr1MnMo	正火+回火	392	686	15	30	—	—	—	—	用于拉坯和立柱
ZG55CrMnMo	正火+回火	不规定	不规定	—	—	—	—	—	—	有一定的热硬性，用于锻模等
ZG40Cr1	正火+回火	345	630	18	26	—	—	—	212	用于高强度齿轮
ZG34Cr2Ni2Mo	调质	700	950～1000	12	—	—	32	—	240～290	用于特别要求的零件，如锥齿轮、小齿轮、桥式起重机行走轮、轴等
ZG15Cr1Mo	正火+回火	275	490	20	35	24	—	—	140～220	用于汽轮机

续表

牌号	热处理状态	上屈服强度 R_{cH}/(N/mm²)≥	抗拉强度 R_m/(N/mm²)≥	断后伸长率 A/%≥	断面收缩率 Z/%≥	冲击吸收功 A_{KU}/J≥	冲击吸收功 A_{KV}/J≥	冲击吸收功 A_{KDVM}/J≥	硬度 HBW≥	备注
ZG20CrMo	正火+回火	245	460	18	30	30	—	—	135~180	用于齿轮、锥齿轮及高压缸零件等
	调质	245	460	18	30	24	—	—	—	
ZG35Cr1Mo	正火+回火	392	588	12	20	23.5	—	—		用于齿轮、电炉支撑轮轴套、齿圈等
	调质	510	686	12	25	31	—	27	201	
ZG42Cr1Mo	正火+回火	343	569	12	20	—	30	—	—	用于承受高负荷零件、齿轮、锥齿轮等
	调质	490	690~830	11	—	—	—	21	200~250	
ZG50Cr1Mo	调质	520	740~880	11	—	—	—	34	200~260	用于减速器零件、齿轮等
ZG65Mn	正火+回火	不规定	不规定	—	—	—	—	—	—	用于球磨机衬板等
ZG28NiCrNo	—	420	630	20	40	—	—	—	—	适用于直径大于300mm的齿轮铸件
ZG30NiCrNo	—	590	730	17	35	—	—	—	—	适用于直径大于300mm的齿轮铸件
ZG35NiCrMo	—	660	830	14	30	—	—	—	—	适用于直径大于300mm的齿轮铸件

注：1. 需方无特殊要求时，A_{KU}、A_{KV}、A_{KDVM}由供方任选一种。

2. 需方无特殊要求时，硬度不作验收依据，仅供设计参考。

3.1.4 铸造高锰钢

1. 铸造高锰钢的牌号及化学成分（表3-7）

表3-7 铸造高锰钢的牌号及化学成分（JB/T 6404—1992）

牌号	化学成分（质量分数，%）						
	C	Mn	Si	Cr	Mo	S≤	P≤
ZGMn13—1	1.00~1.45	11.00~14.00	0.30~1.00	—	—	0.040	0.090
ZGMn13—2	0.90~1.35	11.00~14.00	0.30~1.00	—	—	0.040	0.070
ZGMn13—3	0.95~1.35	11.00~14.00	0.30~0.80	—	—	0.035	0.070
ZGMn13—4	0.90~1.30	11.00~14.00	0.30~0.80	1.50~2.50		0.040	0.070
ZGMn13—5	0.75~1.30	11.00~14.00	0.30~1.00	—	0.90~1.20	0.040	0.070

2. 铸造高锰钢经韧化处理后的力学性能（表3-8）

表3-8 铸造高锰钢经韧化处理后的力学性能（JB/T 6404—1992）

牌号	规定非比例延伸强度 $R_{p0.2}$/（N/mm²）≥	抗拉强度 R_m/（N/mm²）≥	断后伸长率 A/%≥	冲击性能 α_K/（J/cm²）≥	硬度 HBW≤
ZGMn13—1	—	635	20	—	—
ZGMn13—2	—	685	25	147	300
ZGMn13—3	—	735	30	147	300
ZGMn13—4	390	735	20	—	300
ZGMn13—5	—	—	—	—	—

3.1.5 大型耐热钢铸件

1. 大型耐热钢铸件的化学成分（表3-9）

表3-9 大型耐热钢铸件的化学成分（JB/T 6403—1992）

牌号（原牌号）	化学成分（质量分数，%）									
	C	S	Mn	P≤	S≤	Cr	Ni	Mo	N	Ti
ZG40Cr9Si2（ZG4Cr9Si2）	0.35~0.50	2.00~3.00	≤0.70	0.035	0.030	8.00~10.00	—	—	—	—
ZG30Cr18Mn12Si2N（ZG3Cr18Mn12Si2N）	0.26~0.36	1.60~2.40	11.0~13.0	0.060	0.040	17.0~20.0	—	—	0.22~0.28	—
ZG35Cr24Ni7SiN	0.30~0.40	1.30~2.00	0.80~1.50	0.040	0.030	23.0~25.5	7.00~8.50	—	0.20~0.28	—

续表

牌号（原牌号）	化学成分（质量分数,%）									
	C	S	Mn	P≤	S≤	Cr	Ni	Mo	N	Ti
ZG20Cr26Ni5（ZG3Cr25Ni5）	≤0.20	≤2.00	≤1.00	0.040	0.040	24.0～28.0	4.00～6.00	≤0.50	—	—
ZG30Cr20Ni10（ZG3Cr20Ni10）	0.20～0.40	≤2.00	≤2.00	0.040	0.040	18.0～23.0	8.0～12.0	≤0.50	—	—
ZG35Cr26Ni12	0.20～0.50	≤2.00	≤2.00	0.040	0.040	24.0～28.0	11.0～14.0	—	—	—
ZG35Cr28Ni16	0.20～0.50	≤2.00	≤2.00	0.040	0.040	26.0～30.0	14.0～18.0	≤0.50	—	—
ZG40Cr25Ni20（ZG4Cr25Ni20）	0.35～0.45	≤1.75	≤1.50	0.040	0.040	23.0～27.0	19.0～22.0	≤0.50	—	—
ZG40Cr30Ni20（ZG4Cr30Ni20）	0.20～0.60	≤2.00	2.00	0.040	0.040	28.0～32.0	18.0～22.0	≤0.50	—	—
ZG35Ni24Cr18Si2	0.30～0.40	1.50～2.50	≤1.50	0.035	0.030	17.0～20.0	23.0～26.0	—	—	—
ZG30Ni35Cr15（ZG3Ni35Cr15）	0.20～0.35	≤2.50	≤2.00	0.040	0.040	13.0～17.0	33.0～37.0	—	—	—
ZG45Ni35Cr26	0.35～0.55	≤2.00	≤2.00	0.040	0.040	24.0～28.0	33.0～37.0	≤0.50	—	—
ZG40Cr22Ni4N（ZG4Cr22Ni4N）	0.35～0.45	1.20～2.00	≤1.00	0.030	0.030	21.0～24.0	3.50～5.00	—	0.23～0.30	—
ZG30Cr25Ni20（ZG3Cr25Ni20）	0.20～0.35	≤2.00	≤2.00	0.040	0.040	24.0～28.0	18.0～22.0	≤0.50	—	—
ZG20Cr20Mn9Ni2SiN（ZG2Cr20Mn9Ni2Si2N）	0.18～0.28	1.80～2.70	8.50～11.0	0.030	0.030	17.0～21.0	2.0～3.0	—	0.20～0.28	—
ZG08Cr18Ni12Mo2Ti（ZG0Cr18Ni12Mo2Ti）	≤0.08	≤1.50	0.80～2.00	0.045	0.030	16.0～19.0	11.0～13.0	2.00～3.00	—	0.30～0.70

2. 大型耐热钢铸件的力学性能（表3-10）

表3-10　大型耐热钢铸件的力学性能（JB/T 6403—1992）

牌号（原牌号）	下屈服强度 R_{eL}/(N/mm^2)	抗拉强度 R_m/(N/mm^2)	断后伸长率 A/%	热处理状态
ZG40Cr9Si2（ZG4Cr9Si2）	—	550	—	950℃退火
ZG30Cr18Mn12Si2N（ZG3Cr18Mn12Si2N）	—	490	8	1100～1150℃油冷、水冷或空冷
ZG35Cr24Ni7SiN	(340)	540	12	—
ZG20Cr26Ni5（ZG3Cr25Ni5）	—	590	—	—
ZG30Cr20Ni10（ZG3Cr20Ni10）	(235)	490	23	—
ZG35Cr26Ni12	(235)	490	8	—
ZG35Cr28Ni16	(235)	490	8	—
ZG40Cr25Ni20（ZG4Cr25Ni20）	(235)	440	8	—
ZG40Cr30Ni20（ZG4Cr30Ni20）	(245)	450	8	
ZG35Ni24Cr18Si2	(195)	390	5	—
ZG30Ni35Cr15（ZG3Ni35Cr15）	(195)	440	13	—
ZG45Ni35Cr26	(235)	440	5	—
ZG40Cr22Ni4N（ZG4Cr22Ni4N）	450	730	10	调质
ZG30Cr25Ni20（ZG3Cr25Ni20）	240	510	48	调质
ZG20Cr20Mn9Ni2SiN（ZG2Cr20Mn9Ni2Si2N）	420	790	40	调质
ZG08Cr18Ni12Mo2Ti（ZG0Cr18Ni12Mo2Ti）	210	490	30	1150℃水淬

3.1.6 大型不锈钢铸件

1. 大型不锈钢铸件的化学成分（表3-11）

表3-11 大型不锈钢铸件的化学成分（JB/T 6405—2006）

牌号	化学成分（质量分数,%）												
	C	Si≤	Mn	P≤	S≤	Cr	Ni	Mo	Ti	Cu	N	W	V
ZG15Cr13	≤0.15	1.50	≤1.00	0.040	0.040	11.5~14.0	≤1.00	0.50	—	—	—	—	—
ZG20Cr13	0.16~0.24	1.00	≤0.60	0.030	0.035	11.5~14.0	—	—	—	—	—	—	—
ZG30Cr13	0.20~0.40	1.50	≤1.00	0.040	0.040	11.5~14.0	≤1.00	0.50	—	—	—	—	—
ZG12Cr18Ni9Ti	≤0.12	1.50	0.80~2.00	0.030	0.040	17.0~20.0	8.00~11.00	—	5(C:0.03)~0.80	—	—	—	—
ZG06Cr13Ni4Mo	≤0.06	1.00	≤1.00	0.030	0.030	11.5~14.0	3.50~4.50	0.40~1.00	—	≤0.50	—	≤0.10	≤0.03
ZG06Cr13Ni5Mo	≤0.06	1.00	≤1.00	0.030	0.030	11.5~14.0	4.50~5.50	0.40~1.00	—	≤0.50	—	≤0.10	≤0.03
ZG06Cr13Ni6Mo	≤0.06	1.00	≤1.00	0.030	0.030	12.0~14.0	5.50~6.50	0.40~1.00	—	≤0.50	—	≤0.10	≤0.03
ZG06Cr16Ni5Mo	≤0.06	1.00	≤1.00	0.030	0.030	15.5~17.5	4.50~6.00	0.40~1.00	—	—	—	≤0.10	≤0.03
ZG08Cr19Ni9	≤0.08	2.00	≤1.50	0.040	0.040	17.0~21.0	8.00~11.00	—	—	—	—	—	—
ZG08Cr19Ni11Mo3	≤0.08	1.50	≤1.50	0.040	0.040	18.0~21.0	9.00~13.00	3.00~4.00	—	—	—	—	—
ZG12Cr22Ni12	≤0.12	2.00	≤1.50	0.040	0.040	20.0~23.0	10.00~13.00	—	—	—	—	—	—
ZG20Cr25Ni20	≤0.20	2.00	≤1.50	0.040	0.040	23.0~27.0	19.00~22.00	—	—	—	—	—	—
ZG12Cr17Mn9-Ni4Mo3Cu2N	≤0.12	1.50	8.00~10.00	0.060	0.035	16.0~19.0	3.00~5.00	2.90~3.50	—	2.00~2.50	0.16~0.26	—	—
ZG12Cr18Mn-13Mo2CuN	≤0.12	1.50	12.00~14.00	0.060	0.035	17.0~20.0	—	1.50~2.00	—	1.00~1.50	0.19~0.26	—	—

2. 大型不锈钢铸件的力学性能（表3-12）

表3-12　大型不锈钢铸件的力学性能（JB/T 6405—2006）

牌号	R_m/(N/mm²) ≥	$R_{p0.2}$/(N/mm²) ≥	A/% ≥	Z/% ≥	A_{KV}/J ≥	硬度 HBW
ZG15Cr13	620	450	18	30	—	≤241
ZG20Cr13	588	392	16	35	—	170~235
ZG30Cr13	690	485	15	25	—	≤269
ZG12Cr18Ni9Ti	440	195	25	32	—	—
ZG06Cr13Ni4Mo	750	550	15	35	50	≥220
ZG06Cr13Ni5Mo	750	550	15	35	50	≥220
ZG06Cr13Ni6Mo	750	550	15	35	50	≥220
ZG06Cr16Ni5Mo	785	588	15	35	40	≥220
ZG08Cr19Ni9	485	205	35	—	—	—
ZG08Cr19Ni11Mo3	520	240	25	—	—	—
ZG12Cr22Ni12	485	195	35	—	—	—
ZG20Cr25Ni20	450	195	30	—	—	—
ZG12Cr17Mn9Ni4Mo3Cu2N	588	294	25	35	—	—
ZG12Cr18Mn13Mo2CuN	588	394	30	40	—	—

3.1.7　承压钢铸件

1. 铸钢熔炼化学成分（表3-13）

表3-13　铸钢熔炼化学成分（GB/T 16253—1996）

牌号①	化学成分（质量分数,%）②								
	C	Si	Mn	P	S	Cr	Mo	Ni	其他
碳素钢									
ZG240—450A	0.25	0.60	1.20	0.035	0.035	—	—	—	—
ZG240—450AG	0.25	0.60	1.20	0.035	0.035	—	—	—	—
ZG240—450B	0.20	0.60	1.00~1.60	0.035	0.035	—	—	—	—
ZG240—450BG	0.20	0.60	1.00~1.60	0.035	0.035	—	—	—	—
ZG240—450BD	0.20	0.60	1.00~1.60	0.030	0.030	—	—	—	—

续表

牌号①	化学成分（质量分数,%）②								
	C	Si	Mn	P	S	Cr	Mo	Ni	其他
ZG280—520③④	0.25	0.60	1.20	0.035	0.035	—	—	—	—
ZG280—520G③④	0.25	0.60	1.20	0.035	0.035	—	—	—	—
ZG280—520D③	0.25	0.60	1.20	0.030	0.030	—	—	—	—
铁素体和马氏体合金钢									
ZG19MoG	0.15 ~ 0.23	0.30 ~ 0.60	0.50 ~ 1.00	0.035	0.035	0.030	0.40 ~ 0.60	—	—
ZG29Cr1MoD	0.29	0.30 ~ 0.60	0.50 ~ 0.80	0.030	0.030	0.90 ~ 1.20	0.15 ~ 0.30	—	—
ZG15Cr1MoG	0.10 ~ 0.20	0.30 ~ 0.60	0.50 ~ 0.80	0.035	0.035	1.00 ~ 1.50	0.45 ~ 0.65	—	—
ZG14MoVG	0.10 ~ 0.17	0.30 ~ 0.60	0.40 ~ 0.70	0.035	0.035	0.30 ~ 0.60	0.40 ~ 0.60	0.40	V: 0.22 ~0.32
ZG12Cr2Mo1G	0.08 ~ 0.15	0.30 ~ 0.60	0.50 ~ 0.80	0.035	0.035	2.00 ~ 2.50	0.90 ~ 1.20	—	—
ZG16Cr2Mo1G	0.13 ~ 0.20	0.30 ~ 0.60	0.50 ~ 0.80	0.035	0.035	2.00 ~ 2.50	0.90 ~ 1.20	—	—
ZG20Cr2Mo1D	0.20	0.30 ~ 0.60	0.50 ~ 0.80	0.030	0.030	2.00 ~ 2.50	0.90 ~ 1.20	—	—
ZG17Cr1Mo1VG	0.13 ~ 0.20	0.30 ~ 0.60	0.50 ~ 0.80	0.035	0.035	1.20 ~ 1.60	0.90 ~ 1.20	⑤	V: 0.15 ~0.35
ZG16Cr5MoG	0.12 ~ 0.19	0.80	0.50 ~ 0.80	0.035	0.035	4.00 ~ 6.00	0.45 ~ 0.65	—	—
ZG14Cr9Mo1G	0.10 ~ 0.17	0.80	0.50 ~ 0.80	0.035	0.035	8.00 ~ 10.0	1.00 ~ 1.30	—	—
ZG14Cr12Ni1MoG	0.10 ~ 0.17	0.80	1.00	0.035	0.035	11.5 ~ 13.5	0.50	1.00	—
ZG08Cr12Ni1MoG	0.05 ~ 0.10	0.80	0.40 ~ 0.80	0.035	0.035	11.5 ~ 13.0	0.20 ~ 0.50	0.80 ~ 1.80	—
ZG08Cr12Ni4Mo1G	0.08	1.00	1.50	0.035	0.035	11.5 ~ 13.5	1.00	3.50 ~ 5.00	—
ZG08Cr12Ni4Mo1D	0.08	1.00	1.50	0.030	0.030	11.5 ~ 13.5	1.00	3.50 ~ 5.00	—
ZG23Cr12Mo1NiVG	0.20 ~ 0.26	0.20 ~ 0.40	0.50 ~ 0.70	0.035	0.035	11.3 ~ 12.3	1.00 ~ 1.20	0.70 ~ 1.00	V: 0.25 ~0.35

续表

牌号①	化学成分（质量分数,%）②								
	C	Si	Mn	P	S	Cr	Mo	Ni	其他
铁素体和马氏体合金钢									
ZG14Ni4D	0.14	0.30～0.60	0.50～0.80	0.030	0.030	—	—	3.00～4.00	—
ZG24Ni2MoD	0.24	0.30～0.60	0.80～1.20	0.030	0.030	—	0.15～0.30	1.50～2.00	—
ZG22Ni3Cr2MoAD	0.22	0.60	0.40～0.80	0.030	0.030	1.35～2.00	0.35～0.60	2.50～3.50	—
ZG22Ni3Cr2MoBD	0.22	0.60	0.40～0.80	0.030	0.030	1.50～2.00	0.35～0.60	2.75～3.90	—
奥氏体不锈钢									
ZG03Cr18Ni10	0.03	2.00	2.00	0.045	0.035	17.0～19.0	—	9.0～12.0	—
ZG07Cr20Ni10	0.07	2.00	2.00	0.045	0.035	18.0～21.0	—	8.0～11.0	—
ZG07Cr20Ni10G	0.04～0.10	2.00	2.00	0.045	0.035	18.0～21.0	—	8.0～12.0	—
ZG07Cr18Ni10D	0.07	2.00	2.00	0.045	0.035	17.0～20.0	—	9.0～12.0	—
ZG08Cr20Ni10Nb	0.08	2.00	2.00	0.045	0.035	18.0～21.0	—	9.0～12.0	Nb:8×C≤1.0
ZG03Cr19Ni11Mo2	0.03	2.00	2.00	0.045	0.035	17.0～21.0	2.0～2.5	9.0～13.0	—
ZG07Cr19Ni11Mo2	0.07	2.00	2.00	0.045	0.035	17.0～21.0	2.0～2.5	9.0～13.0	—
ZG07Cr19Ni11Mo2G	0.04～0.10	2.00	2.00	0.045	0.035	17.0～21.0	2.0～2.5	9.0～13.0	—
ZG08Cr19Ni11Mo2Nb	0.08	2.00	2.00	0.045	0.035	17.0～21.0	2.0～2.5	9.0～13.0	Nb:8×C≤1.0
ZG03Cr19Ni11Mo3	0.03	2.00	2.00	0.045	0.035	17.0～21.0	2.5～3.0	9.0～13.0	—
ZG07Cr19Ni11Mo3	0.07	2.00	2.00	0.045	0.035	17.0～21.0	2.5～3.0	9.0～13.0	—

①牌号尾部的符号“A”、“B”表示不同级别，“G”表示用于高温，“D”表示用于低温。

②除规定范围外，均为最大值。

③碳低于最大值时，质量分数每降低0.01%，允许锰的质量分数比上限提高0.04%，直到最大锰的质量分数达1.40%为止。

④对薄壁面铸件，铬的最小质量分数允许为1.00%。

⑤根据壁厚，镍的质量分数可以小于1.00%。

2. 承压钢铸件的热处理制度及力学性能（表3-14）

表3-14　承压钢铸件的热处理制度及力学性能（GB/T 16253—1996）

牌号	力学性能 $R_{p0.2}$	R_m	A	Z	冲击吸收力 t/℃	A_K/J	热处理 类型	奥氏体化温度/℃	冷却	回火温度/℃	冷却	主要截面的最大厚度/mm
	N/mm²		%									
碳素钢												
ZG240—450A	240	450~600	22	35	室温	27	A	890~980	f	—	—	40
							N(+T)		a	600~700		
							(Q+T)		l			
ZG240—450AG	240	450~600	22	35	室温	27	N(+T)	890~980	a	600~700	a、f	40
							Q+T		l			
ZG240—450B						45	A		f	—	—	
							N(+T)		a	600~700	a、f	
							(Q+T)		l			
ZG240—450BG							N(+T)		a			
							Q+T		l			
ZG240—450BD				—	-40	27	N(+T)		a			
							Q+T		l			
ZG280—520	280	520~670	18	30	室温	35	A	890~980	f	—	—	40
							N(+T)		a	600~700	a、f	
							(Q+T)		l			
ZG280—520G							N(+T)		a			
							Q+T		l			
ZG280—520D				—	-35	27	(N+T)		a			
							Q+T		l			

续表

牌号	力学性能						热处理					主要截面的最大厚度/mm
	$R_{p0.2}$	R_m	A	Z	冲击吸收力		类型	奥氏体化温度/℃	冷却	回火温度/℃	冷却	
	N/mm^2		%		t/℃	A_K/J						
铁素体和马氏体合金钢												
ZG19MoG	250	450~600	21	35	室温	25	N+T Q+T	900~960	a l	630~710	a、f	100
ZG29Cr1MoD	370	550~700	16	30	-45	27	(N+T) Q+T	850~910	a l	640~690	a、f	75
ZG15Cr1MoG	290	490~640	18	35	室温	27	N+T Q+T	900~960	a l	650~720	a、f	150
ZG14MoVG	320	500~650	17	30		13	N+T	950~1000	a	680~750		
ZG12Cr2Mo1G	280	510~660	18	35		25		930~970				
ZG16Cr2Mo1G	390	600~750				40	(N+T) Nac+T Q+T		 ac l			
ZG20Cr2Mo1D				—	-50	27	(N+T) (Nac+T) Q+T		a ac l		a、f	100
ZG17Cr1Mo1VG	420	590~740	15	35	室温	24	Nac+T Q+T	940~980	ac l		a、f	150

续表

牌号	力学性能						热处理					主要截面的最大厚度/mm
	$R_{p0.2}$	R_m	A	Z	冲击吸收力		类型	奥氏体化温度/℃	冷却	回火温度/℃	冷却	
	N/mm²		%		t/℃	A_K/J						
铁素体和马氏体合金钢												
ZG16Cr5MoG	420	630~780	16	35	室温	25	N+T	930~990	a	620~750	a、f	150
ZG14Cr9Mo1G						20						
ZG14Cr12NiMoG	450	620~770	14	30				950~1050			a	300
ZG08Cr12Ni1MoG	360	540~690	18	35		35		1000~1050		650~720		
ZG08Cr12Ni4Mo1G	550	750~900	15			45		950~1050		570~620	a、f	
ZG08Cr12Ni4Mo1D				—	-80	27	Nac+T		ac			
							(N+T)		a			
ZG23Cr12Mo1NiVG	540	740~880		20	室温	21	N+T	1020~1070		680~750	a	40
ZG14Ni4D	300	460~610	20	—	-70	27	Q+T	820~870	l	590~660		
ZG24Ni2MoD	380	520~670			-35			900~950		660~670		100
ZG22Ni3Cr2MoAD	450	620~880	16	—	-80	27	(N+T)	900~950	a	580~650	a	100
							Nac+T		ac			
							Q+T		l			
ZG22Ni3Cr2MoBD	655	800~950	13		-60		(N+T)		a			
							Nac+T		ac			
							Q+T		l			

续表

牌号	力学性能						热处理					主要截面的最大厚度/mm
	$R_{p0.2}$	R_m	A	Z	冲击吸收力		类型	奥氏体化温度/℃	冷却	回火温度/℃	冷却	
	N/mm²		%		t/℃	A_K/J						
奥氏体不锈钢												
ZG03Cr18Ni10	210	440～640	30	—	—	—	S	1040～1100	l	—	—	150
ZG07Cr20Ni10												
ZG07Cr20Ni10G	230	470～670										
ZG07Cr18Ni10D	210	440～640			−195	45						
ZG08Cr20Ni10Nb			25		—	—						
ZG03Cr19Ni11Mo2		440～620	30					≥1050				
ZG07Cr19Ni11Mo2		440～640										
ZG07Cr19Ni11Mo2G	230	470～670	30	—	—	—	S	≥1050	l	—	—	150
ZG08Cr19Ni11Mo2Nb	210	440～640	25	—	—	—	S	≥1050	l	—	—	150
ZG03Cr19Ni11Mo3			30									
ZG07Cr19Ni11Mo3												

注：1. 热处理类型符号含义：A 表示退火；N 表示正火；Q 表示淬火；T 表示回火；Nac 表示加热到 A_{c3} 以上快速冷却；S 表示固溶处理。

2. 冷却方式符号含义：a 表示空冷；f 表示炉冷；l 表示液体淬火或液冷；ac 表示快速空冷。

3. 括号内的类型表示只适用于特定情况。

3. 承压钢铸件高温下的力学性能（表3-15）

表3-15 承压钢铸件高温下的力学性能（GB/T 16253—1996）

牌号	热处理	下列各温度（℃）下的 R_m/（N/mm^2）≥											
		20	50	100	150	200	250	300	350	400	450	500	550
ZG240—450AG	N(+T),Q+T	240	235	215	195	175	160	145	140	135	130	—	—
ZG240—450BG	N(+T),Q+T	240	235	215	195	175	160	145	140	135	130	—	—
ZG280—520G	N(+T),Q+T	280	265	250	230	215	200	190	180	170	155	—	—
ZG19MoG	N+T,Q+T	250	240	230	215	205	185	170	160	155	150	140	—
ZG15Cr1MoG	N+T,Q+T	290	285	275	260	250	240	230	220	205	195	180	160
ZG12Cr2Mo1G	N+T,(Q+T)	280	275	270	260	255	245	240	235	230	220	205	180
ZG16Cr2Mo1G	N+T, Q+T(Nac+T)	390	380	375	365	355	345	340	330	315	300	280	240
ZG17Cr1Mo1VG	Nac+T,Q+T	420	410	400	395	385	375	365	350	335	320	300	260
ZG14Cr9Mo1G	N+T	420	410	395	385	375	365	355	335	320	295	265	—
ZG08Cr12Ni1MoG	N+T	360	335	305	285	275	270	265	260	255	—	—	—
ZG08Cr12Ni4Mo1G	N+T	550	535	315	500	485	470	455	440	—	—	—	—
ZG23Cr12Mo1NiVG	N+T	540	510	480	460	450	440	430	410	390	370	340	290
ZG07Cr20Ni10G	Q	230	195	170	—	—	—	130	125	120	116	113	100
ZG07Cr19Ni11Mo2G	Q	230	195	—	155	145	135	—	125	120	116	113	100

3.1.8 工程结构用中高强度不锈钢铸件

1. 工程结构用中高强度不锈钢铸件的化学成分（表3-16）

表3-16 工程结构用中高强度不锈钢铸件的化学成分（GB/T 6967—2009）

铸钢牌号	化学成分（质量分数,%）											
	C	Si≤	Mn≤	P≤	S≤	Cr	Ni	Mo	残余元素≤			
									Cu	V	W	总量
ZG20Cr13	0.16～0.24	0.80	0.80	0.035	0.025	11.5～13.5	—	—	0.50	0.05	0.10	0.50
ZG15Cr13	≤0.15	0.80	0.80	0.035	0.025	11.5～13.5	—	—	0.50	0.05	0.10	0.50
ZG15Cr13Ni1	≤0.15	0.80	0.80	0.035	0.025	11.5～13.5	≤1.00	≤0.50	0.50	0.05	0.10	0.50
ZG10Cr13Ni1Mo	≤0.10	0.80	0.80	0.035	0.025	11.5～13.5	0.8～1.80	0.20～0.50	0.50	0.05	0.10	0.50

续表

铸钢牌号	化学成分（质量分数,%）								残余元素≤			
	C	Si≤	Mn≤	P≤	S≤	Cr	Ni	Mo	Cu	V	W	总量
ZG06Cr13Ni4Mo	≤0.06	0.80	1.00	0.035	0.025	11.5~13.5	3.5~5.0	0.40~1.00	0.50	0.05	0.10	0.50
ZG06Cr13Ni5Mo	≤0.06	0.80	1.00	0.035	0.025	11.5~13.5	4.5~6.0	0.40~1.00	0.50	0.05	0.10	0.50
ZG06Cr16Ni5Mo	≤0.06	0.80	1.00	0.035	0.025	15.5~17.0	4.5~6.0	0.40~1.00	0.50	0.05	0.10	0.50
ZG04Cr13Ni4Mo	≤0.04	0.80	1.50	0.030	0.010	11.5~13.5	3.5~5.0	0.40~1.00	0.50	0.05	0.10	0.50
ZG04Cr13Ni5Mo	≤0.04	0.80	1.50	0.030	0.010	11.5~13.5	4.5~6.0	0.40~1.00	0.50	0.05	0.10	0.50

2. 工程结构用中高强度不锈钢铸件的力学性能（表3-17）

表3-17 工程结构用中高强度不锈钢铸件的力学性能（GB/T 6967—2009）

铸钢牌号		规定非比例延伸强度 $R_{p0.2}$/（N/mm²）≥	抗拉强度 R_m/（N/mm²）≥	断后伸长率 A/%≥	断面收缩率 Z/%≥	冲击吸收功 A_{KV}/J≥	硬度 HBW
ZG15Cr13		345	540	18	40	—	163~229
ZG20Cr13		390	590	16	35	—	170~235
ZG15Cr13Ni1		450	590	16	35	20	170~241
ZG10Cr13Ni1Mo		450	620	16	35	27	170~241
ZG06Cr13Ni4Mo		550	750	15	35	50	221~294
ZG06Cr13Ni5Mo		550	750	15	35	50	221~294
ZG06Cr16Ni5Mo		550	750	15	35	50	221~294
ZG04Cr13Ni4Mo	HT1①	580	780	18	50	80	221~294
	HT2②	830	900	12	35	35	294~350
ZG04Cr13Ni5Mo	HT1①	580	780	18	50	80	221~294
	HT2①	830	900	12	35	35	294~350

①回火温度应为600~650℃。

②回火温度应为500~550℃。

3.2 工具钢

3.2.1 碳素工具钢

1. 碳素工具钢的牌号及化学成分（表3-18）

表3-18 碳素工具钢的牌号及化学成分（GB/T 1298—2008）

牌号	化学成分（质量分数,%）		
	C	Mn	Si
T7	0.65~0.74	≤0.40	≤0.35
T8	0.75~0.84		
T8Mn	0.80~0.90	0.40~0.60	
T9	0.85~0.94	≤0.40	
T10	0.95~1.04		
T11	1.05~1.14		
T12	1.15~1.24		
T13	1.25~1.35		

注：高级优质钢在牌号后加“A”。

2. 碳素工具钢的硬度值（表3-19）

表3-19 碳素工具钢的硬度值（GB/T 1298—2008）

牌号	交货状态		试样淬火	
	退火	退火后冷拉	淬火温度和淬火介质	硬度 HRC≥
	硬度 HBW≤			
T7	187	241	800~820℃，水	62
T8			780~800℃，水	
T8Mn				
T9	192		760~780℃，水	
T10	197			
T11	207			
T12				
T13	217			

3.2.2 合金工具钢

1. 合金工具钢的牌号及化学成分(表3-20)

表3-20 合金工具钢的牌号和化学成分(GB/T 1299—2000)

钢组	统一数字代号	牌号	化学成分(质量分数,%) C	Si	Mn	P ≤	S ≤	Cr	W	Mo	V	其他
量具刃具用钢	T30100	9SiCr	0.85~0.95	1.20~1.60	0.30~0.60	0.030	0.030	0.95~1.25	—	—	—	
	T30000	8MnSi	0.75~0.85	0.30~0.60	0.80~1.10	0.030	0.030	—	—	—	—	
	T30060	Cr06	1.30~1.45	≤0.40	≤0.40	0.030	0.030	0.50~0.70	—	—	—	
	T30201	Cr2	0.95~1.10	≤0.40	≤0.40	0.030	0.030	1.30~1.65	—	—	—	
	T30200	9Cr2	0.80~0.95	≤0.40	≤0.40	0.030	0.030	1.30~1.70	—	—	—	
	T30001	W	1.05~1.25	≤0.40	≤0.40	0.030	0.030	0.10~0.30	0.80~1.20	—	—	
耐冲击工具用钢	T40124	4CrW2Si	0.35~0.45	0.80~1.10	≤0.40	0.030	0.030	1.00~1.30	2.00~2.50	—	—	
	T40125	5CrW2Si	0.45~0.55	0.50~0.80	≤0.40	0.030	0.030	1.00~1.30	2.00~2.50	—	—	
	T40126	6CrW2Si	0.55~0.65	0.50~0.80	≤0.40	0.030	0.030	1.10~1.30	2.00~2.70	—	—	Co:≤1.00
	T40100	6CrMnSi2Mo1V	0.50~0.65	1.75~2.25	0.60~1.00	0.030	0.030	0.10~0.50	—	0.20~1.35	0.15~0.35	
	T40300	5Cr3Mn1SiMo1V	0.45~0.55	0.20~1.00	0.20~0.90	0.030	0.030	3.00~3.50	—	1.30~1.80	≤0.35	
冷作模具钢	T21200	Cr12	2.00~2.30	≤0.40	≤0.40	0.030	0.030	11.50~13.00	—	—	—	
	T21202	Cr12Mo1V1	1.40~1.60	≤0.60	≤0.60	0.030	0.030	11.00~13.00	—	0.70~1.20	0.50~1.10	
	T21201	Cr12MoV	1.45~1.70	≤0.40	≤0.40	0.030	0.030	11.00~12.50	—	0.40~0.60	0.15~0.30	
	T20503	Cr5Mo1V	0.95~1.05	≤0.50	≤1.00	0.030	0.030	4.75~5.50	—	0.90~1.40	0.15~0.50	
	T20000	9Mn2V	0.85~0.95	≤0.40	1.70~2.00	0.030	0.030	—	—	—	0.10~0.25	

续表

钢组	统一数字代号	牌号	化学成分(质量分数,%)									
			C	Si	Mn	P ≤	S ≤	Cr	W	Mo	V	其他
冷作模具钢	T20111	CrWMn	0.90~1.05	≤0.40	0.80~1.10	0.030	0.030	0.90~1.20	1.20~1.60	—	—	
	T20110	9CrWMn	0.85~0.95	≤0.40	0.90~1.20	0.030	0.030	0.50~0.80	0.50~0.80	—	—	
	T20421	Cr4W2MoV	1.12~1.25	0.40~0.70	≤0.40	0.030	0.030	3.50~4.00	1.90~2.60	0.80~1.20	0.80~1.10	
	T20432	6Cr4W3Mo2VNb	0.60~0.70	≤0.40	≤0.40	0.030	0.030	3.80~4.40	2.50~3.50	1.80~2.50	0.80~1.20	Nb:0.20~0.35
	T20465	6W6Mo5Cr4V	0.55~0.65	≤0.40	≤0.60	0.030	0.030	3.70~4.30	6.00~7.00	4.50~5.50	0.70~1.10	
	T20104	7CrSiMnMoV	0.65~0.75	0.85~1.15	0.65~1.05	0.030	0.030	0.90~1.20	—	0.20~0.50	0.15~0.30	
热作模具钢	T20102	5CrMnMo	0.50~0.60	0.35~0.60	1.20~1.60	0.030	0.030	0.60~0.90	—	0.15~0.30	—	
	T20103	5CrNiMo	0.50~0.60	≤0.40	0.50~0.80	0.030	0.030	0.50~0.80	—	0.15~0.30	—	Ni:1.40~1.80
	T20280	3Cr2W8V	0.30~0.40	≤0.40	≤0.40	0.030	0.030	2.20~2.70	7.50~9.00	—	0.20~0.50	
	T20403	5Cr4Mo3SiMnVAl	0.47~0.57	0.80~1.10	0.80~1.10	0.030	0.030	3.80~4.30	—	2.80~3.40	0.80~1.20	Ni:1.40~1.80 Al:0.30~0.70
	T20323	3Gr3Mo3W2V	0.32~0.42	0.60~0.90	≤0.65	0.030	0.030	2.80~3.30	1.20~1.80	2.50~3.00	0.80~1.20	
	T20452	5Cr4W5Mo2V	0.40~0.50	≤0.40	≤0.40	0.030	0.030	3.40~4.40	4.50~5.30	1.50~2.10	0.70~1.10	Ni:1.40~1.80
	T20300	8Cr3	0.75~0.85	≤0.40	≤0.40	0.030	0.030	3.20~3.80	—	—	—	
	T20101	4CrMnSiMoV	0.35~0.45	0.80~1.10	0.80~1.10	0.030	0.030	1.30~1.50	—	0.40~0.60	0.20~0.40	

续表

钢组	统一数字代号	牌号	化学成分(质量分数,%)									
			C	Si	Mn	P	S	Cr	W	Mo	V	其他
						≤						
热作模具钢	T20303	4Cr3Mo3SiV	0.35 ~ 0.45	0.80 ~ 1.20	0.25 ~ 0.70	0.030	0.030	3.00 ~ 3.75	—	2.00 ~ 3.00	0.25 ~ 0.75	Ni:1.40 ~1.80
	T20501	4Cr5MoSiV	0.33 ~ 0.43	0.80 ~ 1.20	0.20 ~ 0.50	0.030	0.030	4.75 ~ 5.50	—	1.10 ~ 1.60	0.30 ~ 0.60	
	T20502	4Cr5MoSiV1	0.32 ~ 0.45	0.80 ~ 1.20	0.20 ~ 0.50	0.030	0.030	4.75 ~ 5.50	—	1.10 ~ 1.75	0.80 ~ 1.20	
	T20520	4Cr5W2VSi	0.32 ~ 0.42	0.80 ~ 1.20	≤0.40	0.030	0.030	4.50 ~ 5.50	1.60 ~ 2.40	—	0.60 ~ 1.00	
无磁模具钢	T23152	7Mn15Cr2Al3V2WMo	0.65 ~ 0.75	≤0.80	14.50 ~ 16.50	0.030	0.030	2.00 ~ 2.50	0.50 ~ 0.80	0.50 ~ 0.80	1.50 ~ 2.00	Al:2.30 ~ 3.30
塑料模具钢	T22020	3Cr2Mo	0.28 ~ 0.40	0.20 ~ 0.80	0.60 ~ 1.00	0.030	0.030	1.40 ~ 2.00	—	0.30 ~ 0.55	—	Ni:0.85 ~ 1.15
	T22024	3Cr2MnNiMo	0.32 ~ 0.40	0.20 ~ 0.40	1.10 ~ 1.50	0.030	0.030	1.70 ~ 2.00	—	0.25 ~ 0.40	—	

2. 合金工具钢的硬度值（表3－21）

表3－21 合金工具钢的硬度值（GB/T 1299—2000）

钢组	牌号	交货状态	试样淬火		
		硬度 HBW	淬火温度/℃	淬火介质	硬度 HRC≥
量具刃具用钢	9SiCr	241～197	820～860	油	62
	8MnSi	≤229	800～820	油	60
	Cr06	241～187	780～810	水	64
	Cr2	229～179	830～860	油	62
	9Cr2	217～179	820～850	油	62
	W	229～187	800～830	水	62
耐冲击工具用钢	4CrW2Si	217～179	860～900	油	53
	5CrW2Si	255～207	860～900	油	55
	6CrW2Si	285～229	860～900	油	57
	6CrMnSi2Mo1V	≤229	677℃±15℃预热，885℃（盐浴）或900℃（炉控气氛）±6℃加热，保温5～15min油冷，180～220℃回火		58
	5Cr3Mn1SiMo1V	≤229	677℃±15℃预热，941℃（盐浴）或955℃（炉控气氛）±6℃加热，保温5～15min空冷，180～200℃回火		56
冷作模具钢	Cr12	269～217	950～1000	油	60
	Cr12Mo1V1	≤255	820℃±15℃预热，1000℃（盐浴）或1010℃（炉控气氛）±6℃加热，保温10～20min空冷，200℃±6℃回火		59
	Cr12MoV	255～207	950～1000	油	58
	Cr5Mo1V	≤255	790℃±15℃预热，940℃（盐浴）或950℃（炉控气氛）±6℃加热，保温5～15min空冷，200℃±6℃回火		60
	9Mn2V	≤229	780～810	油	62
	CrWMn	255～207	800～830	油	62
	9CrWMn	241～197	800～830	油	62

续表

钢组	牌号	交货状态	试样淬火		
		硬度 HBW	淬火温度/℃	淬火介质	硬度 HRC≥
冷作模具钢	Cr4W2MoV	≤269	960~980、1020~1040	油	60
	6Cr4W3Mo2VNb	≤255	1100~1160	油	60
	6W6Mo5Cr4V	≤269	1180~1200	油	60
	7CrSiMnMoV	≤235	淬火：870~900	油或空气	60
			回火：150±10	空气	
热作模具钢	5CrMnMo	241~197	820~850	油	60
	5CrNiMo	241~197	830~860	油	60
	3Cr2W8V	≤255	1075~1125	油	60
	5Cr4Mo3SiMnVAl	≤255	1090~1120	油	60
	3Cr3Mo3W2V	≤255	1060~1130	油	60
	5Cr4W5Mo2V	≤269	1100~1150	油	60
	8Cr3	255~207	850~880	油	60
	4CrMnSiMoV	241~197	870~930	油	60
	4Cr3Mo3SiV	≤229	790℃±15℃预热，1010℃（盐浴）或1020℃（炉控气氛）±6℃加热，保温5~15min空冷，550℃±6℃回火		60
	4Cr5MoSiV	≤235	790℃±15℃预热，1000℃（盐浴）或1010℃（炉控气氛）±6℃加热，保温5~15min空冷，550℃±6℃回火		60
	4Cr5MoSiV1	≤235	790℃±15℃预热，1000℃（盐浴）或1010℃（炉控气氛）±6℃加热，保温5~15min空冷，550℃±6℃回火		60
	4Cr5W2VSi	≤229	1030~1050	油或空气	60
无磁模具钢	7Mn15Cr2Al3V2WMo	—	1170~1190 固溶	水	45
			650~700 时效	空气	
塑料模具钢	3Cr2Mo	—	—	—	—
	3Cr2MnNiMo	—	—	—	—

3.2.3 高速工具钢

1. 高速工具钢的牌号及化学成分（表3-22）

表3-22 高速工具钢的牌号及化学成分（GB/T 9943—2008）

序号	统一数字代号	牌号	化学成分（质量分数,%）									
			C	Mn	Si	S	P	Cr	V	W	Mo	Co
1	T63342	W3Mo3Cr4V2	0.95~1.03	≤0.40	≤0.45	≤0.030	≤0.030	3.80~4.50	2.20~2.50	2.70~3.00	2.50~2.90	—
2	T64340	W4Mo3Cr4VSi	0.83~0.93	0.20~0.40	0.70~1.00	≤0.030	≤0.030	3.80~4.40	1.20~1.80	3.50~4.50	2.50~3.50	—
3	T51841	W18Cr4V	0.73~0.83	0.10~0.40	0.20~0.40	≤0.030	≤0.030	3.80~4.50	1.00~1.20	17.20~18.70	—	—
4	T62841	W2Mo8Cr4V	0.77~0.87	≤0.40	≤0.70	≤0.030	≤0.030	3.50~4.50	1.00~1.40	1.40~2.00	8.00~9.00	—
5	T62942	W2Mo9Cr4V2	0.95~1.05	0.15~0.40	≤0.70	≤0.030	≤0.030	3.50~4.50	1.75~2.20	1.50~2.10	8.20~9.20	—
6	T66541	W6Mo5Cr4V2	0.80~0.90	0.15~0.40	0.20~0.45	≤0.030	≤0.030	3.80~4.40	1.75~2.20	5.50~6.75	4.50~5.50	—
7	T66542	CW6Mo5Cr4V2	0.86~0.94	0.15~0.40	0.20~0.45	≤0.030	≤0.030	3.80~4.50	1.75~2.10	5.90~6.70	4.70~5.20	—
8	T66642	W6Mo6Cr4V2	1.00~1.10	≤0.40	≤0.45	≤0.030	≤0.030	3.80~4.50	2.30~2.60	5.90~6.70	5.50~6.50	—
9	T69341	W9Mo3Cr4V	0.77~0.87	0.20~0.40	0.20~0.40	≤0.030	≤0.030	3.80~4.40	1.30~1.70	8.50~9.50	2.70~3.30	
10	T66543	W6Mo5Cr4V3	1.15~1.25	0.15~0.40	0.20~0.45	≤0.030	≤0.030	3.80~4.50	2.70~3.20	5.90~6.70	4.70~5.20	—
11	T66545	CW6Mo5Cr4V3	1.25~1.32	0.15~0.40	≤0.70	≤0.030	≤0.030	3.75~4.50	2.70~3.20	5.90~6.70	4.70~5.20	—
12	T66544	W6Mo5Cr4V4	1.25~1.40	≤0.40	≤0.45	≤0.030	≤0.030	3.80~4.50	3.70~4.20	5.20~6.00	4.20~5.00	—

续表

序号	统一数据代号	牌号	化学成分（质量分数,%）									
			C	Mn	Si	S	P	Cr	V	W	Mo	Co
13	T66546	W6Mo5Cr4V2Al	1. 05 ~ 1. 15	0. 15 ~ 0. 40	0. 20 ~ 0. 60	≤0. 030	≤0. 030	3. 80 ~ 4. 40	1. 75 ~ 2. 20	5. 50 ~ 6. 75	4. 50 ~ 5. 50	Al：0. 80 ~1. 20
14	T71245	W12Cr4V5Co5	1. 50 ~ 1. 60	0. 15 ~ 0. 40	0. 15 ~ 0. 40	≤0. 030	≤0. 030	3. 75 ~ 5. 00	4. 50 ~ 5. 25	11. 75 ~ 13. 00	—	4. 75 ~ 5. 25
15	T76545	W6Mo5Cr4V2Co5	0. 87 ~ 0. 95	0. 15 ~ 0. 40	0. 20 ~ 0. 45	≤0. 030	≤0. 030	3. 80 ~ 4. 50	1. 70 ~ 2. 10	5. 90 ~ 6. 70	4. 70 ~ 5. 20	4. 50 ~ 5. 00
16	T76438	W6Mo5Cr4V3Co8	1. 23 ~ 1. 33	≤0. 40	≤0. 70	≤0. 030	≤0. 030	3. 80 ~ 4. 50	2. 70 ~ 3. 20	5. 90 ~ 6. 70	4. 70 ~ 5. 30	8. 00 ~ 8. 80
17	T77445	W7Mo4Cr4V2Co5	1. 05 ~ 1. 15	0. 20 ~ 0. 60	0. 15 ~ 0. 50	≤0. 030	≤0. 030	3. 75 ~ 4. 50	1. 75 ~ 2. 25	6. 25 ~ 7. 00	3. 25 ~ 4. 25	4. 75 ~ 5. 75
18	T72948	W2Mo9Cr4VCo8	1. 05 ~ 1. 15	0. 15 ~ 0. 40	0. 15 ~ 0. 65	≤0. 030	≤0. 030	3. 50 ~ 4. 25	0. 95 ~ 1. 35	1. 15 ~ 1. 85	9. 00 ~ 10. 00	7. 75 ~ 8. 75
19	T71010	W10Mo4Cr4V3Co10	1. 20 ~ 1. 35	≤0. 40	≤0. 45	≤0. 030	≤0. 030	3. 80 ~ 4. 50	3. 00 ~ 3. 50	9. 00 ~ 10. 00	3. 20 ~ 3. 90	9. 50 ~ 10. 50

2. 高速工具钢棒的硬度值（表3-23）

表3-23 高速工具钢棒的硬度值（GB/T 9943—2008）

序号	牌号	交货硬度（退火态）HBW≤	试样热处理制度及淬火、回火硬度					
			预热温度/℃	淬火温度/℃		淬火介质	回火温度/℃	硬度HRC≤
				盐浴炉	箱式炉			
1	W3Mo3Cr4V2	255	800~900	1180~1220	1180~1220	油或盐浴	540~560	63
2	W4Mo3Cr4VSi	255		1170~1190	1170~1190		540~560	63
3	W18Cr4V	255		1250~1270	1260~1280		550~570	63
4	W2Mo8Cr4V	255		1180~1120	1180~1120		550~570	63
5	W2Mo9Cr4V2	255		1190~1210	1200~1220		540~560	64
6	W6Mo5Cr4V2	255		1200~1220	1210~1230		540~560	64
7	CW6Mo5Cr4V2	255		1190~1210	1200~1220		540~560	64
8	W6Mo6Cr4V2	262		1190~1210	1190~1210		550~570	64
9	W9Mo3Cr4V	255		1200~1220	1220~1240		540~560	64
10	W6Mo5Cr4V3	262		1190~1210	1200~1220		540~560	64
11	CW6Mo5Cr4V3	262		1180~1200	1190~1210		540~560	64
12	W6Mo5Cr4V4	269		1200~1220	1200~1220		550~570	64
13	W6Mo5Cr4V2Al	269		1200~1220	1230~1240		550~570	65
14	W12Cr4V5Co5	277		1220~1240	1230~1250		540~560	65
15	W6Mo5Cr4V2Co5	269		1190~1210	1200~1220		540~560	64
16	W6Mo5Cr4V3Co8	285		1170~1190	1170~1190		550~570	65
17	W7Mo4Cr4V2Co5	269		1180~1200	1190~1210		540~560	66
18	W2Mo9Cr4VCo8	269		1170~1190	1180~1200		540~560	66
19	W10Mo4Cr4V3Co10	285		1220~1240	1220~1240		550~570	66

3.3 结构钢

3.3.1 碳素结构钢

1. 碳素结构钢的牌号和化学成分（表3-24）

表3-24 碳素结构钢的牌号和化学成分（GB/T 700—2006）

<table>
<tr><th rowspan="2">牌号</th><th rowspan="2">统一数字代号</th><th rowspan="2">等级</th><th rowspan="2">厚度（或直径）/mm</th><th rowspan="2">脱氧方法</th><th colspan="5">化学成分（质量分数,%） ≤</th></tr>
<tr><th>C</th><th>Si</th><th>Mn</th><th>P</th><th>S</th></tr>
<tr><td>Q195</td><td>U11952</td><td>—</td><td>—</td><td>F、Z</td><td>0.12</td><td>0.30</td><td>0.50</td><td>0.035</td><td>0.040</td></tr>
<tr><td rowspan="2">Q215</td><td>U12152</td><td>A</td><td rowspan="2">—</td><td rowspan="2">F、Z</td><td rowspan="2">0.15</td><td rowspan="2">0.35</td><td rowspan="2">1.20</td><td rowspan="2">0.45</td><td>0.050</td></tr>
<tr><td>U12155</td><td>B</td><td>0.045</td></tr>
<tr><td rowspan="4">Q235</td><td>U12352</td><td>A</td><td rowspan="4">—</td><td rowspan="2">F、Z</td><td>0.22</td><td rowspan="4">0.35</td><td rowspan="4">1.40</td><td rowspan="2">0.045</td><td>0.050</td></tr>
<tr><td>U12355</td><td>B</td><td>0.20</td><td>0.045</td></tr>
<tr><td>U12358</td><td>C</td><td>Z</td><td rowspan="2">0.17</td><td>0.040</td><td>0.040</td></tr>
<tr><td>U12359</td><td>D</td><td>TZ</td><td>0.035</td><td>0.035</td></tr>
<tr><td rowspan="5">Q275</td><td>U12752</td><td>A</td><td>—</td><td>F、Z</td><td>0.24</td><td rowspan="5">0.35</td><td rowspan="5">1.50</td><td>0.045</td><td>0.050</td></tr>
<tr><td rowspan="2">U12755</td><td rowspan="2">B</td><td>≤40</td><td rowspan="2">Z</td><td>0.21</td><td rowspan="2">0.045</td><td rowspan="2">0.045</td></tr>
<tr><td>>40</td><td>0.22</td></tr>
<tr><td>U12758</td><td>C</td><td rowspan="2">—</td><td>Z</td><td rowspan="2">0.20</td><td>0.040</td><td>0.040</td></tr>
<tr><td>U12759</td><td>D</td><td>TZ</td><td>0.035</td><td>0.035</td></tr>
</table>

2. 碳素结构钢的力学性能（表 3－25）

表 3－25　碳素结构钢的力学性能（GB/T 700—2006）

牌号	等级	上屈服强度 R_{eH}①/（N/mm^2）≥ 厚度（或直径）/mm						抗拉强度②R_m/（N/mm^2）	断后伸长率 A/% ≥ 厚度（或直径）/mm					冲击试验（V 形缺口）	
		≤16	>16～40	>40～60	>60～100	>100～150	>150～200		≤40	>40～60	>60～100	>100～150	>150～200	温度/℃	冲击吸收功 A_{KV}/J ≥
Q195	—	195	185	—	—	—	—	315～430	33	—	—	—	—	—	—
Q215	A	215	205	195	185	175	165	335～450	31	30	29	27	26	—	—
	B													+20	27
Q235	A	235	225	215	215	195	185	370～500	26	25	24	22	21	—	—
	B													+20	27③
	C													0	
	D													-20	
Q275	A	275	265	255	245	225	215	410～540	22	21	20	18	17	—	—
	B													+20	27
	C													0	
	D													-20	

①Q195 的屈服强度值仅供参考，不作交货条件。

②厚度大于 100mm 的钢材，抗拉强度下限允许降低 $20N/mm^2$。宽带钢（包括剪切钢板）抗拉强度上限不作交货条件。

③厚度小于 25mm 的 Q235B 级钢材，如供方能保证冲击吸收功值合格，经需方同意，可不作检验。

3.3.2 优质碳素结构钢

1. 优质碳素结构钢的牌号和化学成分（表3-26）

表3-26 优质碳素结构钢的牌号和化学成分（GB/T 699—1999）

序号	统一数字代号	牌号	化学成分（质量分数,%）					
			C	Si	Mn	Cr	Ni	Cu
						≤		
1	U20080	08F	0.05~0.11	≤0.03	0.25~0.50	0.10	0.30	0.25
2	U20100	10F	0.07~0.13	≤0.07	0.25~0.50	0.15	0.30	0.25
3	U20150	15F	0.12~0.18	≤0.07	0.25~0.50	0.25	0.30	0.25
4	U20082	08	0.05~0.11	0.17~0.37	0.35~0.65	0.10	0.30	0.25
5	U20102	10	0.07~0.13	0.17~0.37	0.35~0.65	0.15	0.30	0.25
6	U20152	15	0.12~0.18	0.17~0.37	0.35~0.65	0.25	0.30	0.25
7	U20202	20	0.17~0.23	0.17~0.37	0.35~0.65	0.25	0.30	0.25
8	U20252	25	0.22~0.29	0.17~0.37	0.50~0.80	0.25	0.30	0.25
9	U20302	30	0.27~0.34	0.17~0.37	0.50~0.80	0.25	0.30	0.25
10	U20352	35	0.32~0.39	0.17~0.37	0.50~0.80	0.25	0.30	0.25
11	U20402	40	0.37~0.44	0.17~0.37	0.50~0.80	0.25	0.30	0.25
12	U20452	45	0.42~0.50	0.17~0.37	0.50~0.80	0.25	0.30	0.25
13	U20502	50	0.47~0.55	0.17~0.37	0.50~0.80	0.25	0.30	0.25
14	U20552	55	0.52~0.60	0.17~0.37	0.50~0.80	0.25	0.30	0.25
15	U20602	60	0.57~0.65	0.17~0.37	0.50~0.80	0.25	0.30	0.25
16	U20652	65	0.62~0.70	0.17~0.37	0.50~0.80	0.25	0.30	0.25
17	U20702	70	0.67~0.75	0.17~0.37	0.50~0.80	0.25	0.30	0.25
18	U20752	75	0.72~0.80	0.17~0.37	0.50~0.80	0.25	0.30	0.25
19	U20802	80	0.77~0.85	0.17~0.37	0.50~0.80	0.25	0.30	0.25
20	U20852	85	0.82~0.90	0.17~0.37	0.50~0.80	0.25	0.30	0.25
21	U21152	15Mn	0.12~0.18	0.17~0.37	0.70~1.00	0.25	0.30	0.25
22	U21202	20Mn	0.17~0.23	0.17~0.37	0.70~1.00	0.25	0.30	0.25
23	U21252	25Mn	0.22~0.29	0.17~0.37	0.70~1.00	0.25	0.30	0.25
24	U21302	30Mn	0.27~0.34	0.17~0.37	0.70~1.00	0.25	0.30	0.25
25	U21352	35Mn	0.32~0.39	0.17~0.37	0.70~1.00	0.25	0.30	0.25
26	U21402	40Mn	0.37~0.44	0.17~0.37	0.70~1.00	0.25	0.30	0.25
27	U21452	45Mn	0.42~0.50	0.17~0.37	0.70~1.00	0.25	0.30	0.25
28	U21502	50Mn	0.48~0.56	0.17~0.37	0.70~1.00	0.25	0.30	0.25
29	U21602	60Mn	0.57~0.65	0.17~0.37	0.70~1.00	0.25	0.30	0.25

续表

序号	统一数字代号	牌号	化学成分（质量分数,%）					
			C	Si	Mn	Cr	Ni	Cu
						≤		
30	U21652	65Mn	0.62～0.70	0.17～0.37	0.90～1.20	0.25	0.30	0.25
31	U21702	70Mn	0.67～0.75	0.17～0.37	0.90～1.20	0.25	0.30	0.25

注：表中所列牌号为优质钢，如果是高级优质钢，在牌号后面加“A”（统一数字代号最后一位数字改为“3”）；如果是特级优质钢，在牌号后面加“E”（统一数字代号最后一位数字改为“6”）；对于沸腾钢，牌号后面为“F”（统一数字代号最后一位数字改为“0”）；对于半镇静钢，牌号后面为“b”（统一数字代号最后一位数字改为“1”）。

2. 优质碳素结构钢的化学成分允许偏差（表3－27）

表3－27 优质碳素结构钢的化学成分允许偏差（GB/T 699—1999）

组别	P	S
	质量分数/% ≤	
优质钢	0.035	0.035
高级优质钢	0.030	0.030
特级优质钢	0.025	0.020

3. 优质碳素结构钢的力学性能（表3－28）

表3－28 优质碳素结构钢的力学性能（GB/T 699—1999）

序号	牌号	试样毛坯尺寸[①] /mm	推荐热处理/℃			力学性能					钢材交货状态硬度 HBW	
			正火	淬火	回火	R_m /(N/mm²)	$R_{p0.2}$ /(N/mm²)	A /%	Z /%	A_K /J	未热处理钢	退火钢
						≥					≤	
1	08F	25	930	—	—	295	175	35	60	—	131	—
2	10F	25	930	—	—	315	185	33	55	—	137	—
3	15F	25	920	—	—	355	205	29	55	—	143	—
4	08	25	930	—	—	325	195	33	60	—	131	—
5	10	25	930	—	—	335	205	31	55	—	137	—
6	15	25	920	—	—	375	225	27	55	—	143	—
7	20	25	910	—	—	410	245	25	55	—	156	—
8	25	25	900	870	600	450	275	23	50	71	170	—
9	30	25	880	860	600	490	295	21	50	63	179	—
10	35	25	870	850	600	530	315	20	45	55	197	—
11	40	25	860	840	600	570	335	19	45	47	217	187

续表

序号	牌号	试样毛坯尺寸①/mm	推荐热处理/℃			力学性能					钢材交货状态硬度HBW	
			正火	淬火	回火	R_m/(N/mm²)	$R_{p0.2}$/(N/mm²)	A/%	Z/%	A_K/J	未热处理钢	退火钢
						≥					≤	
12	45	25	850	840	600	600	355	16	40	39	229	197
13	50	25	830	830	600	630	375	14	40	31	241	207
14	55	25	820	820	600	645	380	13	35	—	255	217
15	60	25	810	—	—	675	400	12	35	—	255	229
16	65	25	810	—	—	695	410	10	30	—	255	229
17	70	25	790	—	—	715	420	9	30	—	269	229
18	75	试样	—	820	480	1080	880	7	30	—	285	241
19	80	试样	—	820	480	1080	930	6	30	—	285	241
20	85	试样	—	820	480	1130	980	6	30	—	302	255
21	15Mn	25	920	—	—	410	245	26	55	—	163	—
22	20Mn	25	910	—	—	450	275	24	50	—	197	—
23	25Mn	25	900	870	600	490	295	22	50	71	207	—
24	30Mn	25	880	860	600	540	315	20	45	63	217	187
25	35Mn	25	870	850	600	560	335	18	45	55	229	197
26	40Mn	25	860	840	600	590	355	17	45	47	229	207
27	45Mn	25	850	840	600	620	375	15	40	39	241	217
28	50Mn	25	830	830	600	645	390	13	40	31	255	217
29	60Mn	25	810	—	—	695	410	11	35	—	269	229
30	65Mn	25	830	—	—	735	430	9	30	—	285	229
31	70Mn	25	790	—	—	785	450	8	30	—	285	229

①尺寸指圆钢的直径或方（扁）钢的厚度。

3.3.3 合金结构钢

1. 合金结构钢的分类与代号（表3-29）

表3-29 合金结构钢的分类与代号（GB/T 3077—1999）

分类方法	分类	代号
按冶金质量分类	1）优质钢 2）高级优质钢 3）特级优质钢	牌号 牌号后加“A” 牌号后加“E”
按使用加工用途分类	1）压力加工用钢： a. 热压力加工 b. 顶锻用钢 c. 冷拔坯料 2）切削加工用钢	UP UHP UF UCD UC

2. 合金结构钢的牌号和化学成分（表3-30）

表3-30 合金结构钢的牌号和化学成分（GB/T 3077—1999）

钢组	序号	统一数字代号	牌号	化学成分（质量分数,%）										
				C	Si	Mn	Cr	Mo	Ni	W	B	Al	Ti	V
Mn	1	A00202	20Mn2	0.17~0.24	0.17~0.37	1.40~1.80	—	—	—	—	—	—	—	—
	2	A00302	30Mn2	0.27~0.34	0.17~0.37	1.40~1.80	—	—	—	—	—	—	—	—
	3	A00352	35Mn2	0.32~0.39	0.17~0.37	1.40~1.80	—	—	—	—	—	—	—	—
	4	A00402	40Mn2	0.37~0.44	0.17~0.37	1.40~1.80	—	—	—	—	—	—	—	—
	5	A00452	45Mn2	0.42~0.49	0.17~0.37	1.40~1.80	—	—	—	—	—	—	—	—
	6	A00502	50Mn2	0.47~0.55	0.17~0.37	1.40~1.80	—	—	—	—	—	—	—	—
MnV	7	A01202	20MnV	0.17~0.24	0.17~0.37	1.30~1.60	—	—	—	—	—	—	—	0.07~0.12
SiMn	8	A10272	27SiMn	0.24~0.32	1.10~1.40	1.10~1.40	—	—	—	—	—	—	—	—
	9	A10352	35SiMn	0.32~0.40	1.10~1.40	1.10~1.40	—	—	—	—	—	—	—	—
	10	A10422	42SiMn	0.39~0.45	1.10~1.40	1.10~1.40	—	—	—	—	—	—	—	—

续表

钢组	序号	统一数字代号	牌号	化学成分（质量分数,%）										
				C	Si	Mn	Cr	Mo	Ni	W	B	Al	Ti	V
SiMnMoV	11	A14202	20SiMn2MoV	0.17～0.23	0.90～1.20	2.20～2.60	—	0.30～0.40	—	—	—	—	—	0.05～0.12
	12	A14262	25SiMnMoV	0.22～0.28	0.90～1.20	2.20～2.60	—	0.30～0.40	—	—	—	—	—	0.05～0.12
	13	A14372	37SiMn2MoV	0.33～0.39	0.60～0.90	1.60～1.90	—	0.40～0.50	—	—	—	—	—	0.05～0.12
B	14	A70402	40B	0.37～0.44	0.17～0.37	0.60～0.90	—	—	—	—	0.0005～0.0035	—	—	—
	15	A70452	45B	0.42～0.49	0.17～0.37	0.60～0.90	—	—	—	—	0.0005～0.0035	—	—	—
	16	A70502	50B	0.47～0.55	0.17～0.37	0.60～0.90	—	—	—	—	0.0005～0.0035	—	—	—
MnB	17	A71402	40MnB	0.37～0.44	0.17～0.37	1.10～1.40	—	—	—	—	0.0005～0.0035	—	—	—
	18	A71452	45MnB	0.42～0.49	0.17～0.37	1.10～1.40	—	—	—	—	0.0005～0.0035	—	—	—
MnMoB	19	A72202	20MnMoB	0.16～0.22	0.17～0.37	0.90～1.20	—	0.20～0.30	—	—	0.0005～0.0035	—	—	—
MnVB	20	A73152	15MnVB	0.12～0.18	0.17～0.37	1.20～1.60	—	—	—	—	0.0005～0.0035	—	—	0.07～0.12

续表

钢组	序号	统一数字代号	牌号	化学成分（质量分数,%）										
				C	Si	Mn	Cr	Mo	Ni	W	B	Al	Ti	V
MnVB	21	A73202	20MnVB	0.17～0.23	0.17～0.37	1.20～1.60	—	—	—	—	0.0005～0.0035	—	—	0.07～0.12
MnVB	22	A73402	40MnVB	0.37～0.44	0.17～0.37	1.10～1.40	—	—	—	—	0.0005～0.0035	—	—	0.05～0.10
MnTiB	23	A74202	20MnTiB	0.17～0.24	0.17～0.37	1.30～1.60	—	—	—	—	0.0005～0.0035	—	0.04～0.10	—
MnTiB	24	A74252	25MnTiBRE	0.22～0.28	0.20～0.45	1.30～1.60	—	—	—	—	0.0005～0.0035	—	0.04～0.10	—
Cr	25	A20152	15Cr	0.12～0.18	0.17～0.37	0.40～0.70	0.70～1.00	—	—	—	—	—	—	—
Cr	26	A20153	15CrA	0.12～0.17	0.17～0.37	0.40～0.70	0.70～1.00	—	—	—	—	—	—	—
Cr	27	A20202	20Cr	0.18～0.24	0.17～0.37	0.50～0.80	0.70～1.00	—	—	—	—	—	—	—
Cr	28	A20302	30Cr	0.27～0.34	0.17～0.37	0.50～0.80	0.80～1.10	—	—	—	—	—	—	—
Cr	29	A20352	35Cr	0.32～0.39	0.17～0.37	0.50～0.80	0.80～1.10	—	—	—	—	—	—	—
Cr	30	A20402	40Cr	0.37～0.44	0.17～0.37	0.50～0.80	0.80～1.10	—	—	—	—	—	—	—

续表

钢组	序号	统一数字代号	牌号	化学成分（质量分数,%）										
				C	Si	Mn	Cr	Mo	Ni	W	B	Al	Ti	V
Cr	31	A20452	45Cr	0.42 ~ 0.49	0.17 ~ 0.37	0.50 ~ 0.80	0.80 ~ 1.10	—	—	—	—	—	—	—
	32	A20502	50Cr	0.47 ~ 0.54	0.17 ~ 0.37	0.50 ~ 0.80	0.80 ~ 1.10	—	—	—	—	—	—	—
CrSi	33	A21382	38CrSi	0.35 ~ 0.43	1.00 ~ 1.30	0.30 ~ 0.60	1.30 ~ 1.60	—	—	—	—	—	—	—
CrMo	34	A30122	12CrMo	0.08 ~ 0.15	0.17 ~ 0.37	0.40 ~ 0.70	0.40 ~ 0.70	0.40 ~ 0.55	—	—	—	—	—	—
	35	A30152	15CrMo	0.12 ~ 0.18	0.17 ~ 0.37	0.40 ~ 0.70	0.80 ~ 1.10	0.40 ~ 0.55	—	—	—	—	—	—
	36	A30202	20CrMo	0.17 ~ 0.24	0.17 ~ 0.37	0.40 ~ 0.70	0.80 ~ 0.10	0.15 ~ 0.25	—	—	—	—	—	—
	37	A30302	30CrMo	0.26 ~ 0.34	0.17 ~ 0.37	0.40 ~ 0.70	0.80 ~ 1.10	0.15 ~ 0.25	—	—	—	—	—	—
	38	A30303	30CrMoA	0.26 ~ 0.33	0.17 ~ 0.37	0.40 ~ 0.70	0.80 ~ 1.10	0.15 ~ 0.25	—	—	—	—	—	—
	39	A30352	35CrMo	0.32 ~ 0.40	0.17 ~ 0.37	0.40 ~ 0.70	0.80 ~ 1.10	0.15 ~ 0.25	—	—	—	—	—	—
	40	A30422	42CrMo	0.38 ~ 0.45	0.17 ~ 0.37	0.50 ~ 0.80	0.90 ~ 1.20	0.15 ~ 0.25	—	—	—	—	—	—

续表

钢组	序号	统一数字代号	牌号	化学成分（质量分数,%）										
				C	Si	Mn	Cr	Mo	Ni	W	B	Al	Ti	V
CrMoV	41	A31122	12CrMoV	0.08 ~ 0.15	0.17 ~ 0.37	0.40 ~ 0.70	0.30 ~ 0.60	0.25 ~ 0.35	—	—	—	—	—	0.15 ~ 0.30
	42	A31352	35CrMoV	0.30 ~ 0.38	0.17 ~ 0.37	0.40 ~ 0.70	1.00 ~ 1.30	0.20 ~ 0.30	—	—	—	—	—	0.10 ~ 0.20
	43	A31132	12Cr1MoV	0.08 ~ 0.15	0.17 ~ 0.37	0.40 ~ 0.70	0.90 ~ 1.20	0.25 ~ 0.35	—	—	—	—	—	0.15 ~ 0.30
	44	A31253	25Cr2MoVA	0.22 ~ 0.29	0.17 ~ 0.37	0.40 ~ 0.70	1.50 ~ 1.80	0.25 ~ 0.35	—	—	—	—	—	0.15 ~ 0.30
	45	A31263	25Cr2Mo1VA	0.22 ~ 0.29	0.17 ~ 0.37	0.50 ~ 0.80	2.10 ~ 2.50	0.90 ~ 1.10	—	—	—	—	—	0.30 ~ 0.50
CrMoAl	46	A33382	38CrMoAl	0.35 ~ 0.42	0.20 ~ 0.45	0.30 ~ 0.60	1.35 ~ 1.65	0.15 ~ 0.25	—	—	—	0.70 ~ 1.10	—	—
CrV	47	A23402	40CrV	0.37 ~ 0.44	0.17 ~ 0.37	0.50 ~ 0.80	0.80 ~ 1.10	—	—	—	—	—	—	0.10 ~ 0.20
	48	A23503	50CrVA	0.47 ~ 0.54	0.17 ~ 0.37	0.50 ~ 0.80	0.80 ~ 1.10	—	—	—	—	—	—	0.10 ~ 0.20
CrMn	49	A22152	15CrMn	0.12 ~ 0.18	0.17 ~ 0.37	1.10 ~ 1.40	0.40 ~ 0.70	—	—	—	—	—	—	—
	50	A22202	20CrMn	0.17 ~ 0.23	0.17 ~ 0.37	0.90 ~ 1.20	0.90 ~ 1.20	—	—	—	—	—	—	—

续表

钢组	序号	统一数字代号	牌号	化学成分（质量分数,%）										
				C	Si	Mn	Cr	Mo	Ni	W	B	Al	Ti	V
CrMn	51	A22402	40CrMn	0.37 ~ 0.45	0.17 ~ 0.37	0.90 ~ 1.20	0.90 ~ 1.20	—	—	—	—	—	—	—
CrMnSi	52	A24202	20CrMnSi	0.17 ~ 0.23	0.90 ~ 1.20	0.80 ~ 1.10	0.80 ~ 1.10	—	—	—	—	—	—	—
	53	A24252	25CrMnSi	0.22 ~ 0.28	0.90 ~ 1.20	0.80 ~ 1.10	0.80 ~ 1.10	—	—	—	—	—	—	—
	54	A24302	30CrMnSi	0.27 ~ 0.34	0.90 ~ 1.20	0.80 ~ 1.10	0.80 ~ 1.10	—	—	—	—	—	—	—
	55	A24303	30CrMnSiA	0.28 ~ 0.34	0.90 ~ 1.20	0.80 ~ 1.10	0.80 ~ 1.10	—	—	—	—	—	—	—
	56	A24353	35CrMnSiA	0.32 ~ 0.39	1.10 ~ 1.40	0.80 ~ 1.10	1.10 ~ 1.40	—	—	—	—	—	—	—
CrMnMo	57	A34202	20CrMnMo	0.17 ~ 0.23	0.17 ~ 0.37	0.90 ~ 1.20	1.10 ~ 1.40	0.20 ~ 0.30	—	—	—	—	—	—
	58	A34402	40CrMnMo	0.37 ~ 0.45	0.17 ~ 0.37	0.90 ~ 1.20	0.90 ~ 1.20	0.20 ~ 0.30	—	—	—	—	—	—
CrMnTi	59	A26202	20CrMnTi	0.17 ~ 0.23	0.17 ~ 0.37	0.80 ~ 1.10	1.00 ~ 1.30	—	—	—	—	—	0.04 ~ 0.10	—
	60	A26302	30CrMnTi	0.24 ~ 0.32	0.17 ~ 0.37	0.80 ~ 1.10	1.00 ~ 1.30	—	—	—	—	—	0.04 ~ 0.10	—

续表

钢组	序号	统一数字代号	牌号	化学成分（质量分数,%）										
				C	Si	Mn	Cr	Mo	Ni	W	B	Al	Ti	V
CrNi	61	A40202	20CrNi	0.17~0.23	0.17~0.37	0.40~0.70	0.45~0.75	—	1.00~1.40	—	—	—	—	—
	62	A40402	40CrNi	0.37~0.44	0.17~0.37	0.50~0.80	0.45~0.75	—	1.00~1.40	—	—	—	—	—
	63	A40452	45CrNi	0.42~0.49	0.17~0.37	0.50~0.80	0.45~0.75	—	1.00~1.40	—	—	—	—	—
	64	A40502	50CrNi	0.47~0.54	0.17~0.37	0.50~0.80	0.45~0.75	—	1.00~1.40	—	—	—	—	—
	65	A41122	12CrNi2	0.10~0.17	0.17~0.37	0.30~0.60	0.60~0.90	—	1.50~1.90	—	—	—	—	—
	66	A42122	12CrNi3	0.10~0.17	0.17~0.37	0.30~0.60	0.60~0.90	—	2.75~3.15	—	—	—	—	—
	67	A42202	20CrNi3	0.17~0.24	0.17~0.37	0.30~0.60	0.60~0.90	—	2.75~3.15	—	—	—	—	—
	68	A42302	30CrNi3	0.27~0.33	0.17~0.37	0.30~0.60	0.60~0.90	—	2.75~3.15	—	—	—	—	—
	69	A42372	37CrNi3	0.34~0.41	0.17~0.37	0.30~0.60	1.20~1.60	—	3.00~3.50	—	—	—	—	—
	70	A43122	12Cr2Ni4	0.10~0.16	0.17~0.37	0.30~0.60	1.25~1.65	—	3.25~3.65	—	—	—	—	—

续表

钢组	序号	统一数字代号	牌号	化学成分（质量分数,%）										
				C	Si	Mn	Cr	Mo	Ni	W	B	Al	Ti	V
CrNi	71	A43202	20Cr2Ni4	0. 17 ~ 0. 23	0. 17 ~ 0. 37	0. 30 ~ 0. 60	1. 25 ~ 1. 65	—	3. 25 ~ 3. 65	—	—	—	—	—
CrNiMo	72	A50202	20CrNiMo	0. 17 ~ 0. 23	0. 17 ~ 0. 37	0. 60 ~ 0. 95	0. 40 ~ 0. 70	0. 20 ~ 0. 30	0. 35 ~ 0. 75	—	—	—	—	—
CrNiMo	73	A50403	40CrNiMoA	0. 37 ~ 0. 44	0. 17 ~ 0. 37	0. 50 ~ 0. 80	0. 60 ~ 0. 90	0. 15 ~ 0. 25	1. 25 ~ 1. 65	—	—	—	—	—
CrMoNiMo	74	A50183	18CrNiMnMoA	0. 15 ~ 0. 21	0. 17 ~ 0. 37	1. 10 ~ 1. 40	1. 00 ~ 1. 30	0. 20 ~ 0. 30	1. 00 ~ 1. 30	—	—	—	—	
CrNiMoV	75	A51453	45CrNiMoVA	0. 42 ~ 0. 49	0. 17 ~ 0. 37	0. 50 ~ 0. 80	0. 80 ~ 1. 10	0. 20 ~ 0. 30	1. 30 ~ 1. 80	—	—	—	—	0. 10 ~ 0. 20
CrNiW	76	A52183	18Cr2Ni4WA	0. 13 ~ 0. 19	0. 17 ~ 0. 37	0. 30 ~ 0. 60	1. 35 ~ 1. 65	—	4. 00 ~ 4. 50	0. 80 ~ 1. 20	—	—	—	—
CrNiW	77	A52253	25Cr2Ni4WA	0. 21 ~ 0. 28	0. 17 ~ 0. 37	0. 30 ~ 0. 60	1. 35 ~ 1. 65	—	4. 00 ~ 4. 50	0. 80 ~ 1. 20	—	—	—	—

注：1. 表中带“A”字标志的牌号仅能作为高级优质钢订货，其他牌号按优质钢订货。

2. 统一数字代号系根据 GB/T 17616—1998 规定列入，优质钢尾部数字为“2”，高级优质钢（带“A”钢）尾部数字为“3”，特级优质钢（带“E”钢）尾部数字为“6”。

3. 稀土成分按 0. 05%（质量分数）计算加入，成品分析结果供参考。

4. 表中所列化学成分也适用于钢锭、钢坯和其他制品。

3. 合金结构钢热处理纵向力学性能（表 3－31）

表 3－31　合金结构钢热处理纵向力学性能（GB/T 3077—1999）

钢组	序号	牌号	试样毛坯尺寸/mm	热处理					力学性能					钢材退火或高温回火供应状态布氏硬度 HBW ≤
				淬火			回火							
				回热温度/℃		冷却剂	加热温度/℃	冷却剂	抗拉强度 R_m/(N/mm^2)	规定非比例延伸强度 $R_{p0.2}$/(N/mm^2)	断后伸长率 A/%	断面收缩率 Z/%	冲击吸收功 A_K/J	
				第一次淬火	第二次淬火				≥					
Mn	1	20Mn2	15	850	—	水、油	200	水、空	785	590	10	40	47	187
				880	—	水、油	440	水、空						
	2	30Mn2	25	840	—	水	500	水	785	635	12	45	63	207
	3	35Mn2	25	840	—	水	500	水	835	685	12	45	55	207
	4	40Mn2	25	840	—	水、油	540	水	885	735	12	45	55	217
	5	45Mn2	25	840	—	油	550	水、油	885	735	10	45	47	217
	6	50Mn2	25	820	—	油	550	水、油	930	785	9	40	39	229
MnV	7	20MnV	15	880	—	水、油	200	水、空	785	590	10	40	55	187
SiMn	8	27SiMn	25	920	—	水	450	水、油	980	835	12	40	39	217
	9	35SiMn	25	900	—	水	570	水、油	885	735	15	45	47	229
	10	42SiMn	25	880	—	水	590	水	885	735	15	40	47	229
SiMnMoV	11	20SiMn2MoV	试样	900	—	油	200	水、空	1380	—	10	45	55	269
	12	25SiMn2MoV	试样	900	—	油	200	水、空	1470	—	10	40	47	269
	13	37SiMn2MoV	25	870	—	水、油	650	水、空	980	835	12	50	63	269

续表

钢组	序号	牌号	试样毛坯尺寸/mm	热处理					力学性能					钢材退火或高温回火供应状态布氏硬度 HBW ≤
				淬火			回火		抗拉强度 R_m/(N/mm²)	规定非比例延伸强度 $R_{p0.2}$/(N/mm²)	断后伸长率 A/%	断面收缩率 Z/%	冲击吸收功 A_K/J	
				回热温度/℃		冷却剂	加热温度/℃	冷却剂	≥					
				第一次淬火	第二次淬火									
B	14	40B	25	840	—	水	550	水	785	635	12	45	55	207
	15	45B	25	840	—	水	550	水	835	685	12	45	47	217
	16	50B	20	840	—	油	600	空	785	540	10	45	39	207
MnB	17	40MnB	25	850	—	油	500	水、油	980	785	10	45	47	207
	18	45MnB	25	840	—	油	500	水、油	1030	835	9	40	39	217
MnMoB	19	20MnMoB	15	880	—	油	2000	油、空	1080	885	10	50	55	207
MnVB	20	15MnVB	15	860	—	油	200	水、空	885	635	10	45	55	207
	21	20MnVB	15	860	—	油	200	水、空	1080	885	10	45	55	207
	22	40MnVB	25	850	—	油	520	水、油	980	785	10	45	47	207
MnTiB	23	20MnTiB	15	860	—	油	200	水、空	1130	930	10	45	55	187
	24	25MnTiBRE	试样	860	—	油	200	水、空	1380	—	10	40	47	229
Cr	25	15Cr	15	880	780~820	水、油	200	水、空	735	490	11	45	55	179
	26	15CrA	15	880	770~820	水、油	180	油、空	685	490	12	45	55	179

续表

钢组	序号	牌号	试样毛坯尺寸/mm	热处理					力学性能					钢材退火或高温回火供应状态布氏硬度 HBW ≤
				淬火			回火		抗拉强度 R_m /(N/mm²)	规定非比例延伸强度 $R_{p0.2}$ /(N/mm²)	断后伸长率 A/%	断面收缩率 Z/%	冲击吸收功 A_K/J	
				回热温度/℃ 第一次淬火	回热温度/℃ 第二次淬火	冷却剂	加热温度/℃	冷却剂	≥					
Cr	27	20Cr	15	880	780 ~ 820	水、油	200	水、空	835	540	10	40	47	179
	28	30Cr	25	860	—	油	500	水、油	885	685	11	45	47	187
	29	35Cr	25	860	—	油	500	水、油	930	735	11	45	47	207
	30	40Cr	25	850	—	油	520	水、油	980	785	9	45	47	207
	31	45Cr	25	840	—	油	520	水、油	1030	835	9	40	39	217
	32	50Cr	25	830	—	油	520	水、油	1080	930	9	40	39	229
CrSi	33	38CrSi	25	900	—	油	600	水、油	980	835	12	50	55	255
CrMo	34	12CrMo	30	900	—	空	650	空	410	265	24	60	110	179
	35	15CrMo	30	900	—	空	650	空	440	295	22	60	94	179
	36	20CrMo	15	880	—	水、油	500	水、油	885	685	12	50	78	197
	37	30CrMo	25	880	—	水、油	540	水、油	930	785	12	50	63	229
	38	30CrMoA	15	880	—	油	540	水、油	930	735	12	50	71	229
	39	35CrMo	25	850	—	油	550	水、油	980	835	12	45	63	229
	40	42CrMo	25	850	—	油	560	水、油	1080	930	12	45	63	217
CrMoV	41	12CrMoV	30	970	—	空	750	空	440	225	22	50	78	241

续表

钢组	序号	牌号	试样毛坯尺寸/mm	热处理 淬火 回热温度/℃ 第一次淬火	第二次淬火	淬火 冷却剂	回火 加热温度/℃	回火 冷却剂	力学性能（≥） 抗拉强度 R_m/(N/mm²)	规定非比例延伸强度 $R_{p0.2}$/(N/mm²)	断后伸长率 A/%	断面收缩率 Z/%	冲击吸收功 A_K/J	钢材退火或高温回火供应状态布氏硬度 HBW ≤
CrMoV	42	35CrMoV	25	900	—	油	630	水、油	1080	930	10	50	71	241
	43	12Cr1MoV	30	970	—	空	750	空	490	245	22	50	71	179
	44	25Cr2MoVA	25	900	—	油	640	空	930	785	14	55	63	241
	45	25Cr2Mo1VA	25	1040	—	空	700	空	735	590	16	50	47	241
CrMoAl	46	38CrMoAl	30	940	—	水、油	640	水、油	980	835	14	50	71	229
CrV	47	40CrV	25	880	—	油	650	水、油	885	735	10	50	71	241
	48	50CrVA	25	860	—	油	500	水、油	1280	1130	10	40	—	255
CrMn	49	15CrMn	15	880	—	油	200	水、空	785	590	12	50	47	179
	50	20CrMn	15	850	—	油	200	水、空	930	735	10	45	47	187
	51	40CrMn	25	840	—	油	550	水、油	980	835	9	45	47	229
CrMnSi	52	20CrMnSi	25	880	—	油	480	水、油	785	635	12	45	55	207
	53	25CrMnSi	25	880	—	油	480	水、油	1080	885	10	40	39	217
	54	30CrMnSi	25	880	—	油	520	水、油	1080	885	10	45	39	229
	55	30CrMnSiA	25	880	—	油	540	水、油	1080	835	10	45	39	229
	56	35CrMnSiA	试样	加热到880℃，于280~310℃等温淬火					1620	1280	9	40	31	241
			试样	950	890	油	230	空、油						

续表

钢组	序号	牌号	试样毛坯尺寸/mm	热处理					力学性能					钢材退火或高温回火供应状态布氏硬度 HBW ≤
				淬火			回火		抗拉强度 R_m /(N/mm²)	规定非比例延伸强度 $R_{p0.2}$ /(N/mm²)	断后伸长率 A/%	断面收缩率 Z/%	冲击吸收功 A_K/J	
				回热温度/℃ 第一次淬火	回热温度/℃ 第二次淬火	冷却剂	加热温度/℃	冷却剂	≥					
CrMnMo	57	20CrMnMo	15	850	—	油	200	水、空	1180	885	10	45	55	217
	58	40CrMnMo	25	850	—	油	600	水、油	980	785	10	45	63	217
CrMnTi	59	20CrMnTi	15	880	870	油	200	水、空	1080	850	10	45	55	217
	60	30CrMnTi	试样	880	850	油	200	水、空	1470	—	9	40	47	229
CrNi	61	20CrNi	25	850	—	水、油	460	水、油	785	590	10	50	63	197
	62	40CrNi	25	820	—	油	500	水、油	980	785	10	45	55	241
	63	45CrNi	25	820	—	油	530	水、油	980	785	10	45	55	255
	64	50CrNi	25	820	—	油	500	水、油	1080	835	8	40	39	255
	65	12CrNi2	15	860	780	水、油	200	水、空	785	590	12	50	63	207
	66	12CrNi3	15	860	780	油	200	水、空	930	685	11	50	71	217
	67	20CrNi3	25	830	—	水、油	480	水、油	930	735	11	55	78	241
	68	30CrNi3	25	820	—	油	500	水、油	980	785	9	45	63	241
	69	37CrNi3	25	820	—	油	500	水、油	1130	980	10	50	47	269
	70	12Cr2Ni4	15	860	780	油	200	水、空	1080	835	10	50	71	269
	71	20Cr2Ni4	15	880	780	油	200	水、空	1180	1080	10	45	63	269

续表

钢组	序号	牌号	试样毛坯尺寸/mm	热处理					力学性能					钢材退火或高温回火供应状态布氏硬度 HBW ≤
				淬火			回火		抗拉强度 R_m /(N/mm²)	规定非比例延伸强度 $R_{p0.2}$ /(N/mm²)	断后伸长率 A/%	断面收缩率 Z/%	冲击吸收功 A_K/J	
				回热温度/℃		冷却剂	加热温度/℃	冷却剂	≥					
				第一次淬火	第二次淬火									
CrNiMo	72	20CrNiMo	15	850	—	油	200	空	980	785	9	40	47	197
	73	40CrNiMoA	25	850	—	油	600	水、油	980	835	12	55	78	269
CrMnNiMo	74	18CrMnNiMoA	15	830	—	油	200	空	1180	885	10	45	71	269
CrNiMoV	75	45CrNiMoVA	试样	860	—	油	460	油	1470	1330	7	35	31	269
CrNiW	76	18Cr2Ni4WA	15	950	850	空	200	水、空	1180	835	10	45	78	269
	77	25Cr2Ni4WA	25	850	—	油	550	水、油	1080	930	11	45	71	269

注:1. 表中所列热处理温度允许调整范围:淬火 ±15℃,低温回火 ±20℃,高温回火 ±50℃。

2. 硼钢在淬火前可先经正火,正火温度应不高于其淬火温度,铬锰钛钢第一次淬火可用正火代替。

3. 拉伸试验时试样钢上不能发现屈服,无法测定屈服点的情况下,可以测定规定残余延伸强度 $R_{r0.2}$。

3.3.4 低合金高强度结构钢

1. 低合金高强度结构钢的牌号及化学成分（表3－32）

表3－32 低合金高强度结构钢的牌号及化学成分（GB/T 1591—2008）

牌号	质量等级	化学成分（质量分数,%）														
		C	Si	Mn	P	S	Nb	V	Ti	Cr	Ni	Cu	N	Mo	B	Als①
					≤											≥
Q345	A	≤0.20	≤0.50	≤1.70	0.035	0.035	0.07	0.15	0.20	0.30	0.50	0.30	0.012	0.10	—	—
	B				0.035	0.035										
	C				0.030	0.030										0.015
	D	≤0.18			0.030	0.025										
	E				0.025	0.020										
Q390	A	≤0.20	≤0.50	≤1.70	0.035	0.035	0.07	0.20	0.20	0.30	0.50	0.30	0.015	0.10	—	—
	B				0.035	0.035										
	C				0.030	0.030										0.015
	D				0.030	0.025										
	E				0.025	0.020										
Q420	A	≤0.20	≤0.50	≤1.70	0.035	0.035	0.07	0.20	0.20	0.30	0.80	0.30	0.015	0.20	—	—
	B				0.035	0.035										
	C				0.030	0.030										0.015
	D				0.030	0.025										
	E				0.025	0.020										

续表

牌号	质量等级	化学成分（质量分数,%）														
		C	Si	Mn	P	S	Nb	V	Ti	Cr	Ni	Cu	N	Mo	B	Als①
					≤											≥
Q460	C	≤0.20	≤0.60	≤1.80	0.030	0.030	0.11	0.20	0.20	0.30	0.80	0.55	0.015	0.20	0.004	0.015
	D				0.030	0.025										
	E				0.025	0.020										
Q500	C	≤0.18	≤0.60	≤1.80	0.030	0.030	0.11	0.12	0.20	0.60	0.80	0.55	0.015	0.20	0.004	0.015
	D				0.030	0.025										
	E				0.025	0.020										
Q550	C	≤0.18	≤0.60	≤2.00	0.030	0.030	0.11	0.12	0.20	0.80	0.80	0.80	0.015	0.30	0.004	0.015
	D				0.030	0.025										
	E				0.025	0.020										
Q620	C	≤0.18	≤0.60	≤2.00	0.030	0.030	0.11	0.12	0.20	1.00	0.80	0.80	0.015	0.30	0.004	0.015
	D				0.030	0.025										
	E				0.025	0.020										
Q690	C	≤0.18	≤0.60	≤2.00	0.030	0.030	0.11	0.12	0.20	1.00	0.80	0.80	0.015	0.30	0.004	0.015
	D				0.030	0.025										
	E				0.025	0.020										

注：1. 型材及棒材 P、S 的质量分数可提高 0.005%，其中 A 级钢上限可为 0.045%。

2. 当细化晶粒元素组合加入时，w（Nb + V + Ti）≤0.22%（质量分数），w（Mo + Cr）≤0.30%（质量分数）。

①Als 指钢中的酸溶铝含量。

2. 低合金高强度结构钢热轧及控轧状态的碳当量（表 3－33）

表 3－33　低合金高强度结构钢轧及控轧状态的碳当量（GB/T 1591—2008）

牌号	碳当量 Ceq/% ≤		
	公称厚度或直径≤63mm	公称厚度或直径＞63～250mm	公称厚度＞250mm
Q345	0.44	0.47	0.47
Q390	0.45	0.48	0.48
Q420	0.45	0.48	0.48
Q460	0.46	0.49	—

注：碳当量 Cep＝w（C）＋w（Mn）/6＋［w（Cr）＋w（Mo）＋w（V）］/5＋［w（Ni）＋w（Cu）］/15。

3. 低合金高强度结构钢的拉伸性能（表 3－34）

表 3－34　低合金高强度结构钢的拉伸性能（GB/T 1591—2008）

<table>
<tr><th rowspan="3">牌号</th><th rowspan="3">质量等级</th><th colspan="22">拉伸试验</th></tr>
<tr><th colspan="9">以下公称厚度（直径或边长，mm）的下屈服强度 R_{eL}/（N/mm²）</th><th colspan="7">以下公称厚度（直径或边长，mm）的抗拉强度 R_m/（N/mm²）</th><th colspan="6">以下公称厚度（直径或边长，mm）的断后伸长率 A/%</th></tr>
<tr><th>≤16</th><th>＞16～40</th><th>＞40～63</th><th>＞63～80</th><th>＞80～100</th><th>＞100～150</th><th>＞150～200</th><th>＞200～250</th><th>＞250～400</th><th>≤40</th><th>＞40～63</th><th>＞63～80</th><th>＞80～100</th><th>＞100～150</th><th>＞150～250</th><th>＞250～400</th><th>≤40</th><th>＞40～63</th><th>＞63～100</th><th>＞100～150</th><th>＞150～250</th><th>＞250～400</th></tr>
<tr><td rowspan="5">Q345</td><td>A</td><td rowspan="5">≥345</td><td rowspan="5">≥335</td><td rowspan="5">≥325</td><td rowspan="5">≥315</td><td rowspan="5">≥305</td><td rowspan="5">≥285</td><td rowspan="5">≥275</td><td rowspan="5">≥265</td><td rowspan="3">—</td><td rowspan="5">470～630</td><td rowspan="5">470～630</td><td rowspan="5">470～630</td><td rowspan="5">470～630</td><td rowspan="5">450～600</td><td rowspan="5">450～600</td><td rowspan="3">—</td><td rowspan="2">≥20</td><td rowspan="2">≥19</td><td rowspan="2">≥19</td><td rowspan="2">≥18</td><td rowspan="2">≥17</td><td rowspan="3">—</td></tr>
<tr><td>B</td></tr>
<tr><td>C</td><td rowspan="3">≥21</td><td rowspan="3">≥20</td><td rowspan="3">≥20</td><td rowspan="3">≥19</td><td rowspan="3">≥18</td></tr>
<tr><td>D</td><td rowspan="2">≥265</td><td rowspan="2">450～600</td><td rowspan="2">≥17</td></tr>
<tr><td>E</td></tr>
</table>

续表

牌号	质量等级	拉伸试验																					
		以下公称厚度（直径或边长，mm）的下屈服强度 R_{eL}/（N/mm²）									以下公称厚度（直径或边长，mm）的抗拉强度 R_m/（N/mm²）							以下公称厚度（直径或边长，mm）的断后伸长率 A/%					
		≤16	>16 ~ 40	>40 ~ 63	>63 ~ 80	>80 ~ 100	>100 ~ 150	>150 ~ 200	>200 ~ 250	>250 ~ 400	≤40	>40 ~ 63	>63 ~ 80	>80 ~ 100	>100 ~ 150	>150 ~ 250	>250 ~ 400	≤40	>40 ~ 63	>63 ~ 100	>100 ~ 150	>150 ~ 250	>250 400
	A																						
	B																						
Q390	C	≥390	≥370	≥350	≥330	≥330	≥310	—	—	—	490 ~ 650	490 ~ 650	490 ~ 650	490 ~ 650	470 ~ 620	—	—	≥20	≥19	≥19	≥18	—	—
	D																						
	E																						
	A																						
	B																						
Q420	C	≥420	≥400	≥380	≥360	≥360	≥340	—	—	—	520 ~ 680	520 ~ 680	520 ~ 680	520 ~ 680	500 ~ 650	—	—	≥19	≥18	≥18	≥18	—	—
	D																						
	E																						
	C																						
Q460	D	≥460	≥440	≥420	≥400	≥400	≥380	—	—	—	550 ~ 720	550 ~ 720	550 ~ 720	550 ~ 720	530 ~ 700	—	—	≥17	≥16	≥16	≥16	—	—
	E																						

续表

牌号	质量等级	拉伸试验：以下公称厚度(直径或边长,mm)的下屈服强度 R_{eL}/(N/mm²)									以下公称厚度(直径或边长,mm)的抗拉强度 R_m/(N/mm²)							以下公称厚度(直径或边长,mm)的断后伸长率 A/%					
		≤16	>16~40	>40~63	>63~80	>80~100	>100~150	>150~200	>200~250	>250~400	≤40	>40~63	>63~80	>80~100	>100~150	>150~250	>250~400	≤40	>40~63	>63~100	>100~150	>150~250	>250~400
Q500	C																						
	D	≥500	≥480	≥470	≥450	≥440	—	—	—	—	610~770	600~760	590~750	540~730	—	—	—	≥17	≥17	≥17	—	—	—
	E																						
Q550	C																						
	D	≥550	≥530	≥520	≥500	≥490	—	—	—	—	670~830	620~810	600~790	590~780	—	—	—	≥16	≥16	≥16	—	—	—
	E																						
Q620	C																						
	D	≥620	≥600	≥590	≥570	—	—	—	—	—	710~880	690~880	670~860	—	—	—	—	≥15	≥15	≥15	—	—	—
	E																						
Q690	C																						
	D	≥690	≥670	≥660	≥640	—	—	—	—	—	770~940	750~920	730~900	—	—	—	—	≥14	≥14	≥14	—	—	—
	E																						

注：1. 当屈服不明显时，可测量 $R_{p0.2}$ 代替下屈服强度。

2. 宽度不小于 600mm 的扁平材，拉伸试验取横向试样；宽度小于 600mm 的扁平材、型材及棒材取纵向试样，断后伸长率最小值相应提高 1%（绝对值）。

3. 厚度 >250 ~400mm 的数值适用于扁平材。

4. 低合金高强度结构钢的冲击吸收能量（表3-35）

表3-35 低合金高强度结构钢的冲击吸收能量（GB/T 1591—2008）

牌号	质量等级	试验温度/℃	冲击吸收功 A_K①/J		
			公称厚度（直径、边长）/mm		
			12~150	>150~250	>250~400
Q345	B	20	≥34	≥27	—
	C	0			
	D	-20			27
	E	-40			
Q390	B	20	≥34	—	—
	C	0			
	D	-20			
	E	-40			
Q420	B	20	≥34	—	—
	C	0			
	D	-20			
	E	-40			
Q460	C	0	≥34	—	—
	D	-20		—	—
	E	-40		—	—
Q500、Q550、Q620、Q690	C	0	≥55	—	—
	D	-20	≥47	—	—
	E	-40	≥31	—	—

①冲击试验取纵向试样。

3.3.5 保证淬透性结构钢

1. 保证淬透性结构钢的牌号和化学成分（表3-36）

表3-36 保证淬透性结构钢的牌号和化学成分（GB/T 5216—2004）

序号	统一数字代号	牌号	化学成分（质量分数,%）								
			C	Si	Mn	Cr	Ni	Mo	B	Ti	V
1	U59455	45H	0.42~0.50	0.17~0.37	0.50~0.85	—	—	—	—	—	—
2	A20155	15CrH	0.12~0.18	0.17~0.37	0.55~0.90	0.85~1.25	—	—	—	—	—
3	A20205	20CrH	0.17~0.23	0.17~0.37	0.50~0.85	0.70~1.10	—	—	—	—	—
4	A20215	20Cr1H	0.17~0.23	0.17~0.37	0.55~0.90	0.85~1.25	—	—	—	—	—
5	A20405	40CrH	0.37~0.44	0.17~0.37	0.50~0.85	0.70~1.10	—	—	—	—	—
6	A20455	45CrH	0.42~0.49	0.17~0.37	0.50~0.85	0.70~1.10	—	—	—	—	—
7	A22165	16CrMnH	0.14~0.19	≤0.37	1.00~1.30	0.80~1.10	—	—	—	—	—
8	A22205	20CrMnH	0.17~0.22	≤0.37	1.10~1.40	1.00~1.30	—	—	—	—	—
9	A25155	15CrMnBH	0.13~0.18	0.17~0.37	1.00~1.30	0.80~1.10	—	—	0.0005~0.0030	—	
10	A25175	17CrMnBH	0.15~0.20	0.17~0.37	1.00~1.30	1.00~1.30	—	—	0.0005~0.0030	—	
11	A71405	40MnBH	0.37~0.44	0.17~0.37	1.00~1.40	—	—	—	0.0005~0.0035	—	—
12	A71455	45MnBH	0.42~0.49	0.17~0.37	1.00~1.40	—	—	—	0.0005~0.0035	—	—
13	A73205	20MnVBH	0.17~0.23	0.17~0.37	1.05~1.45	—	—	—	0.0005~0.0035	—	0.07~0.12

续表

序号	统一数字代号	牌号	化学成分（质量分数,%）								
			C	Si	Mn	Cr	Ni	Mo	B	Ti	V
14	A74205	20Mn9TiBH	0. 17 ~0. 23	0. 17 ~0. 37	1. 20 ~1. 55	—	—	—	0. 0005 ~ 0. 0035	0. 04 ~0. 10	—
15	A30155	15CrMoH	0. 17 ~0. 23	0. 17 ~0. 37	0. 55 ~0. 90	0. 85 ~1. 25	—	0. 15 ~0. 25	—	—	—
16	A30205	20CrMoH	0. 17 ~0. 23	0. 17 ~0. 37	0. 55 ~0. 90	0. 85 ~1. 25	—	0. 15 ~0. 25	—	—	—
17	A30225	22CrMoH	0. 19 ~0. 25	0. 17 ~0. 37	0. 55 ~0. 90	0. 85 ~1. 25	—	0. 35 ~0. 45	—	—	—
18	A30425	42CrMoH	0. 37 ~0. 44	0. 17 ~0. 37	0. 55 ~0. 90	0. 85 ~1. 25	—	0. 15 ~0. 25	—	—	—
19	A34205	20CrMnMoH	0. 17 ~0. 23	0. 17 ~0. 37	0. 85 ~1. 20	1. 05 ~1. 40	—	0. 20 ~0. 30	—	—	—
20	A26205	20CrMnTiH	0. 17 ~0. 23	0. 17 ~0. 37	0. 80 ~1. 15	1. 00 ~1. 35	—	—	—	0. 04 ~0. 10	—
21	A42205	20CrNi3H	0. 17 ~0. 23	0. 17 ~0. 37	0. 30 ~0. 65	0. 60 ~0. 95	2. 70 ~3. 25	—	—	—	—
22	A43125	12Cr2Ni4H	0. 10 ~0. 17	0. 17 ~0. 37	0. 30 ~0. 65	1. 20 ~1. 75	3. 20 ~3. 75	—	—	—	—
23	A50205	20CrNiMoH	0. 17 ~0. 23	0. 17 ~0. 37	0. 60 ~0. 95	0. 35 ~0. 65	0. 35 ~0. 75	0. 15 ~0. 25	—	—	—
24	A50215	20CrNi2MoH	0. 17 ~0. 23	0. 17 ~0. 37	0. 40 ~0. 70	0. 35 ~0. 65	1. 55 ~2. 00	0. 20 ~0. 30	—	—	—

注：1. 如是高级优质钢，在牌号中加“A”，如40CrAH。

2. 高级优质钢统一数字代号的末位数字是“7”，其余大写的拉丁字母和前四位阿拉伯数字同优质钢的一样，如40CrAH的统一数字代号是“A20407”。

2. 保证淬透性结构钢化学成分的允许偏差（表3-37）

表3-37 保证淬透性结构钢化学成分的允许偏差（GB/T 5216—2004）

钢类	化学成分允许偏差（质量分数,%） ≤				
	P	S	Cu	Cr	Ni
优质碳素结构钢	0.035	0.035	0.25	0.25	0.30
高级优质碳素结构钢	0.030	0.030	0.25	0.25	0.30
优质合金结构钢	0.035	0.035	0.30	0.30	0.30
高级优质合金结构钢	0.025	0.025	0.25	0.30	0.30

3. 保证淬透性结构钢退火或高温回火状态的硬度（表3-38）

表3-38 保证淬透性结构钢退火或高温回火状态的硬度（GB/T 5216—2004）

序号	牌号	退火或高温回火后的硬度 HBW ≤
1	45H	197
2	20CrH	179
3	40CrH	207
4	45CrH	217
5	40MnBH	207
6	45MnBH	217
7	20MnVBH	207
8	20MnTiBH	187
9	20CrMnMoH	217
10	20CrMnTiH	217
11	20CrNi3H	241
12	12Cr2Ni4H	269
13	20CrNiMoH	197

3.3.6　非调质机械结构钢

1. 非调质机械结构钢的牌号和化学成分（表3－39）

表3－39　非调质机械结构钢的牌号和化学成分（GB/T 15712—2008）

序号	统一数字代号	牌号	化学成分（质量分数,%）									
			C	Si	Mn	S	P	V	Cr	Ni	Cu②	其他
1	122358	F35VS	0.32～0.39	0.20～0.40	0.60～1.00	0.035～0.075	≤0.035	0.06～0.13	≤0.30	≤0.30	≤0.30	
2	L22408	F40VS	0.37～0.44	0.20～0.40	0.60～1.00	0.035～0.075	≤0.035	0.06～0.13	≤0.30	≤0.30	≤0.30	
3	L22468	F45VS①	0.42～0.49	0.20～0.40	0.60～1.00	0.035～0.075	≤0.035	0.06～0.13	≤0.30	≤0.30	≤0.30	
4	L22308	F30MnVS	0.26～0.33	≤0.80	1.20～1.60	0.035～0.075	≤0.035	0.08～0.15	≤0.30	≤0.30	≤0.30	
5	L22378	F35MnVS①	0.32～0.39	0.30～0.60	1.00～1.50	0.035～0.075	≤0.035	0.06～0.13	≤0.30	≤0.30	≤0.30	
6	L22388	F38MnVS	0.34～0.41	≤0.80	1.20～1.60	0.035～0.075	≤0.035	0.08～0.15	≤0.30	≤0.30	≤0.30	
7	L22428	F40MnVS①	0.37～0.44	0.30～0.60	1.00～1.50	0.035～0.075	≤0.035	0.06～0.13	≤0.30	≤0.30	≤0.30	
8	L22478	F45MnVS	0.42～0.49	0.30～0.60	1.00～1.50	0.035～0.075	≤0.035	0.06～0.13	≤0.30	≤0.30	≤0.30	

续表

序号	统一数字代号	牌号	化学成分（质量分数,%）									
			C	Si	Mn	S	P	V	Cr	Ni	Cu②	其他
9	L22498	F49MnVS	0.44～0.52	0.15～0.60	0.70～1.00	0.035～0.075	≤0.035	0.08～0.15	≤0.30	≤0.30	≤0.30	
10	L27128	F12Mn2VBS	0.09～0.16	0.30～0.60	2.20～2.65	0.035～0.075	≤0.035	0.06～0.12	≤0.30	≤0.30	≤0.30	B:0.001～0.004

①当硫含量只有上限要求时，牌号尾部不加“S”。

②热压力加工用钢的铜质量分数不大于0.20%。

2. 非调质机械结构钢的化学成分允许偏差（表3-40）

表3-40 非调质机械结构钢的化学成分允许偏差（GB/T 15712—2008）

化学成分	C	Si	Mn	S	P	V	Cr	Ni	Cu	B	Nb	Ti	N
允许偏差（质量分数,%）	±0.01	≤0.37：±0.03；>0.37：±0.04	≤1.00：±0.03；>1.00～2.00：±0.04；>2.00：±0.05	规定上下限时：±0.005；仅有上限时：+0.005	+0.005	≤0.10：±0.01；>0.10：±0.02	+0.03	+0.03	+0.03	±0.0005	±0.005	+0.02 -0.01	±0.0020

2. 直接切削加工用非调质机械结构钢的力学性能（表3-41）

表3-41 直接切削加工用非调质机械结构钢的力学性能（GB/T 15712—2008）

牌号	钢材直径或边长/mm	抗拉强度 R_m /（N/mm²）	下屈服强度 R_{eL}/（N/mm²）	断后伸长率 A/%	断面收缩率 Z/%	冲击吸收功 A_K/J
F35VS	≤40	≥590	≥390	≥18	≥40	≥47
F40VS	≤40	≥640	≥420	≥16	≥35	≥37
F45VS	≤40	≥685	≥440	≥15	≥30	≥35
F30MnVS	≤60	≥700	≥450	≥14	≥30	实测
F35MnVS	≤40	≥735	≥460	≥17	≥35	≥37
	40～60	≥710	≥440	≥15	≥33	≥35
F38MnVS	≤60	≥800	≥520	≥12	≥25	实测
F40MnVS	≤40	≥785	≥490	≥15	≥33	≥32
	40～60	≥760	≥470	≥13	≥30	≥28
F45MnVS	≤40	≥835	≥510	≥13	≥28	≥28
	40～60	≥810	≥490	≥12	≥28	≥25
F49MnVS	≤60	≥780	≥450	≥8	≥20	实测

3.3.7 易切削结构钢

1. 硫系易切削结构钢的牌号和化学成分（表3-42）

表3-42 硫系易切削结构钢的牌号和化学成分（GB/T 8731—2008）

牌号	化学成分（质量分数,%）				
	C	Si	Mn	P	S
Y08	≤0.09	≤0.15	0.75～1.05	0.04～0.09	0.26～0.35
Y12	0.08～0.16	0.15～0.35	0.70～1.00	0.08～0.15	0.10～0.20
Y15	0.10～0.18	≤0.15	0.80～1.20	0.06～0.10	0.23～0.33
Y20	0.17～0.25	0.15～0.35	0.70～1.00	≤0.06	0.08～0.15
Y30	0.27～0.35	0.15～0.35	0.70～1.00	≤0.06	0.08～0.15
Y35	0.32～0.40	0.15～0.35	0.70～1.00	≤0.06	0.08～0.15
Y45	0.42～0.50	≤0.40	0.70～1.10	≤0.06	0.15～0.25
Y08MnS	≤0.09	≤0.07	1.00～1.50	0.04～0.09	0.32～0.48
Y15Mn	0.14～0.20	≤0.15	1.00～1.50	0.04～0.09	0.08～0.13
Y35Mn	0.32～0.40	≤0.10	0.90～1.35	≤0.04	0.18～0.30
Y40Mn	0.37～0.45	0.15～0.35	1.20～1.55	≤0.05	0.20～0.30
Y45Mn	0.40～0.48	≤0.40	1.35～1.65	≤0.04	0.16～0.24
Y45MnS	0.40～0.48	≤0.40	1.35～1.65	≤0.04	0.24～0.33

2. 铅系易切削结构钢的牌号和化学成分（表3-43）

表3-43 铅系易切削结构钢的牌号和化学成分（GB/T 8731—2008）

牌号	化学成分（质量分数,%）					
	C	Si	Mn	P	S	Pb
Y08Pb	≤0.09	≤0.15	0.72~1.05	0.04~0.09	0.26~0.35	0.15~0.35
Y12Pb	≤0.15	≤0.15	0.85~1.15	0.04~0.09	0.26~0.35	0.15~0.35
Y15Pb	0.10~0.18	≤0.15	0.80~1.20	0.05~0.10	0.23~0.33	0.15~0.35
Y45MnSPb	0.40~0.48	≤0.40	1.35~1.65	≤0.04	0.24~0.33	0.15~0.35

3. 锡系易切削结构钢的牌号和化学成分（表3-44）

表3-44 锡系易切削结构钢的牌号和化学成分（GB/T 8731—2008）

牌号	化学成分（质量分数,%）					
	C	Si	Mn	P	S	Sn
Y08Sn	≤0.09	≤0.15	0.75~1.20	0.04~0.09	0.26~0.40	0.09~0.25
Y15Sn	0.13~0.18	≤0.15	0.40~0.70	0.03~0.07	≤0.05	0.09~0.25
Y45Sn	0.40~0.48	≤0.40	0.60~1.00	0.03~0.07	≤0.05	0.09~0.25
Y45MnSn	0.40~0.48	≤0.40	1.20~1.70	≤0.06	0.20~0.35	0.09~0.25

4. 钙系易切削结构钢的牌号和化学成分（表3-45）

表3-45 钙系易切削结构钢的牌号和化学成分（GB/T 8731—2008）

牌号	化学成分（质量分数,%）					
	C	Si	Mn	P	S	Ca
Y45Ca	0.42~0.50	0.20~0.40	0.60~0.90	≤0.04	0.04~0.08	0.002~0.006

5. 易切削结构钢的硫、锡元素的化学成分允许偏差（表3-46）

表3-46 易切削结构钢的硫、锡元素的化学成分允许偏差（GB/T 8731—2008）

元素	规定化学成分范围（质量分数,%）	允许偏差（质量分数,%）	
		上偏差	下偏差
S	≤0.33	0.03	0.03
	>0.33	0.04	0.04
Sn	≤0.30	0.03	0.03

6. 热轧状态易切削钢条钢和盘条的硬度（表3-47）

表3-47 热轧状态易切削钢条钢和盘条的硬度（GB/T 8731—2008）

分类	牌号	硬度 HBW ≤
硫系易切削钢	Y08	163
	Y12	170
	Y15	170
	Y20	175
	Y30	187
	Y35	187
	Y45	229
	Y08MnS	165
	Y15Mn	170
	Y35Mn	229
	Y40Mn	229
	Y45Mn	241
	Y45MnS	241
铅系易切削钢	Y08Pb	165
	Y12Pb	170
	Y15Pb	170
	Y45MnSPb	241
锡系易切削钢	Y08Sn	165
	Y15Sn	165
	Y45Sn	241
	Y45MnSn	241
钙系易切削钢	Y45Ca	241

7. 热轧状态硫系易切削钢条钢和盘条的力学性能（表3-48）

表3-48 热轧状态硫系易切削钢条钢和盘条的力学性能（GB/T 8731—2008）

牌号	力学性能		
	抗拉强度 R_m/(N/mm^2)	断后伸长率 A/% ≥	断面收缩率 Z/% ≥
Y08	360~570	25	40
Y12	390~540	22	36
Y15	390~540	22	36
Y20	450~600	20	30
Y30	510~655	15	25

续表

牌号	力学性能		
	抗拉强度 R_m/(N/mm²)	断后伸长率 A/% ≥	断面收缩率 Z/% ≥
Y35	510~655	14	22
Y45	560~800	12	20
Y08MnS	350~500	25	40
Y15Mn	390~540	22	36
Y35Mn	530~790	16	22
Y40Mn	590~850	14	20
Y45Mn	610~900	12	20
Y45MnS	610~900	12	20

8. 热轧状态铅系易切削钢条钢和盘条的力学性能（表3-49）

表3-49 热轧状态铅系易切削钢条钢和盘条的力学性能（GB/T 8731—2008）

牌号	力学性能		
	抗拉强度 R_m/(N/mm²)	断后伸长率 A/% ≥	断面收缩率 Z/% ≥
Y08Pb	360~570	25	40
Y12Pb	360~570	22	36
Y15Pb	390~540	22	36
Y45MnSPb	610~900	12	20

9. 热轧状态锡系易切削钢条钢和盘条的力学性能（表3-50）

表3-50 热轧状态锡系易切削钢条钢和盘条的力学性能（GB/T 8731—2008）

牌号	力学性能		
	抗拉强度 R_m/(N/mm²)	断后伸长率 A/% ≥	断面收缩率 Z/% ≥
Y08Sn	350~500	25	40
Y15Sn	390~540	22	36
Y45Sn	600~745	12	26
Y45MnSn	610~850	12	26

10. 热轧状态钙系易切削钢条钢和盘条的力学性能（表3-51）

表3-51 热轧状态钙系易切削钢条钢和盘条的力学性能（GB/T 8731—2008）

牌号	力学性能		
	抗拉强度 R_m/(N/mm²)	断后伸长率 A/% ≥	断面收缩率 Z/% ≥
Y45Ca	600～745	12	26

11. 经热处理毛坯制成的Y45Ca试样钢的力学性能（表3-52）

表3-52 经热处理毛坯制成的Y45Ca试样钢的力学性能（GB/T 8731—2008）

牌号	力学性能				
	下屈服强度 R_{eL}/（N/mm²）	抗拉强度 R_m/（N/mm²）	断后伸长率 A/%	断面收缩率 Z/%	冲击吸收功 A_K/J
	≥				
Y45Ca	355	600	16	40	39

12. 冷拉状态硫系易切削钢条钢和盘条的力学性能（表3-53）

表3-53 冷拉状态硫系易切削钢条钢和盘条的力学性能（GB/T 8731—2008）

牌号	力学性能				硬度HBW
	抗拉强度 R_m/(N/mm²)			断后伸长率 A/% ≥	
	钢材公称尺寸/mm				
	8～20	>20～30	>30		
Y08	480～810	460～710	360～710	7.0	140～217
Y12	530～755	510～735	490～685	7.0	152～217
Y15	530～755	510～735	490～685	7.0	152～217
Y20	570～785	530～745	510～705	7.0	167～217
Y30	600～825	560～765	540～735	6.0	174～223
Y35	625～845	590～785	570～765	6.0	176～229
Y45	695～980	655～880	580～880	6.0	196～255
Y08MnS	480～810	460～710	360～710	7.0	140～217
Y15Mn	530～755	510～735	490～685	7.0	152～217
Y45Mn	695～980	655～880	580～880	6.0	196～255
Y45MnS	695～980	655～880	580～880	6.0	196～255

13. 冷拉状态铅系易切削钢条钢和盘条的力学性能（表3-54）

表3-54 冷拉状态铅系易切削钢条钢和盘条的力学性能（GB/T 8731—2008）

牌号	力学性能				
	抗拉强度 R_m/(N/mm²) 钢材公称尺寸/mm			断后伸长率 A/% ≥	硬度 HBW
	8~20	>20~30	>30		
Y08Pb	480~810	460~710	360~710	7.0	140~217
Y12Pb	480~810	460~710	360~710	7.0	140~217
Y15Pb	530~755	510~735	490~685	7.0	152~217
Y45MnSPb	695~980	655~880	580~880	6.0	196~255

14. 冷拉状态锡系易切削钢条钢和盘条的力学性能（表3-55）

表3-55 冷拉状态锡系易切削钢条钢和盘条的力学性能（GB/T 8731—2008）

牌号	力学性能				
	抗拉强度 R_m/(N/mm²) 钢材公称尺寸/mm			断后伸长率 A/% ≥	硬度 HBW
	8~20	>20~30	>30		
Y08Sn	480~705	460~685	440~635	7.5	140~200
Y15Sn	530~755	510~735	490~685	7.0	152~217
Y45Sn	695~920	655~855	635~835	6.0	196~255
Y45MnSn	695~920	655~855	635~835	6.0	196~255

15. 冷拉状态钙系易切削钢条钢和盘条的力学性能（表3-56）

表3-56 冷拉状态钙系易切削钢条钢和盘条的力学性能（GB/T 8731—2008）

牌号	力学性能				
	抗拉强度 R_m/(N/mm²) 钢材公称尺寸/mm			断后伸长率 A/% ≥	硬度 HBW
	8~20	>20~30	>30		
Y45Ca	695~920	655~855	635~835	6.0	196~255

3.3.8　锻件用结构钢

1. 锻件用碳素结构钢的化学成分及力学性能（表3－57）

表3－57　锻件用碳素结构钢的化学成分及力学性能（GB/T 17107—1997）

序号	牌号	化学成分（质量分数,%）										热处理状态	截面尺寸（直径或厚度）/mm	试样方向	力学性能					硬度 HBW
		C	Si	Mn	Cr	Ni	Mo	V	S	P	Cu				R_m/(N/mm²) ≥	R_{eL}/(N/mm²) ≥	A/% ≥	Z/% ≥	A_{KU}/J ≥	
1	Q235	0.14～0.22	≤0.30	0.30～0.65	≤0.30	≤0.30	—	—	≤0.050	≤0.045	0.30	—	≤100	纵向	330	210	23	—	—	—
													100～300	纵向	320	195	22	43	—	—
													300～500	纵向	310	185	21	38	—	—
													500～700	纵向	300	175	20	38	—	—
2	15	0.12～0.19	0.17～0.37	0.35～0.65	≤0.25	≤0.25	—	—	≤0.035	≤0.035	≤0.25	正火+回火	≤100	纵向	320	195	27	55	47	97～143
													100～300	纵向	310	165	25	50	47	97～143
													300～500	纵向	300	145	24	45	43	97～143
3	20	0.17～0.24	0.17～0.37	0.35～0.65	≤0.25	≤0.25	—	—	≤0.035	≤0.035	≤0.25	正火或正火+回火	≤100	纵向	340	215	24	50	43	103～156
													100～250	纵向	330	195	23	45	39	103～156
													250～500	纵向	320	185	22	40	39	103～156
													500～1000	纵向	300	175	20	35	35	103～156
4	25	0.22～0.30	0.17～0.37	0.50～0.80	≤0.25	≤0.25	—	—	≤0.035	≤0.035	≤0.25	正火或正火+回火	≤100	纵向	420	235	22	50	39	112～170
													100～250	纵向	390	215	20	48	31	112～170
													250～500	纵向	380	205	18	40	31	112～170
5	30	0.27～0.35	0.17～0.37	0.50～0.80	≤0.25	≤0.25	—	—	≤0.035	≤0.035	≤0.25	正火或正火+回火	≤100	纵向	470	245	19	48	31	126～179
													100～300	纵向	460	235	19	46	27	126～179
													300～500	纵向	450	225	18	40	27	126～179
													500～800	纵向	440	215	17	35	28	126～179

续表

序号	牌号	化学成分（质量分数,%）										热处理状态	截面尺寸（直径或厚度）/mm	试样方向	力学性能					
		C	Si	Mn	Cr	Ni	Mo	V	S	P	Cu				R_m /(N/mm²) ≥	R_{eL} /(N/mm²) ≥	A/% ≥	Z/% ≥	A_{KU}/J ≥	硬度 HBW
6	35	0.32～0.40	0.17～0.37	0.50～0.80	≤0.25	≤0.25	—	—	≤0.035	≤0.035	≤0.25	正火或正火+回火	≤100	纵向	510	265	18	43	28	149～187
													100～300	纵向	490	255	18	40	24	149～187
													300～500	纵向	470	235	17	37	24	143～187
													500～750	纵向	450	225	16	32	20	137～187
													750～1000	纵向	430	215	15	28	20	137～187
												调质	≤100	纵向	550	295	19	48	47	156～207
													100～300	纵向	530	275	18	40	39	156～207
												正火+回火	100～300	切向	470	245	13	30	20	—
													300～500	切向	450	225	12	28	20	—
													500～750	切向	430	215	11	24	16	—
													750～1000	切向	410	205	10	22	16	—
7	40	0.37～0.45	0.17～0.37	0.50～0.80	≤0.25	≤0.25	—	—	≤0.035	0.035	≤0.25	正火+回火	≤100	纵向	550	275	17	40	24	143～207
													100～250	纵向	530	265	17	36	24	143～207
													250～500	纵向	510	255	16	32	20	143～207
													500～1000	纵向	490	245	15	30	20	143～207
												调质	≤100	纵向	615	340	18	40	39	196～241
													100～250	纵向	590	295	17	35	31	189～229
													250～500	纵向	560	275	17	—	—	163～219

续表

序号	牌号	化学成分（质量分数,%） C	Si	Mn	Cr	Ni	Mo	V	S	P	Cu	热处理状态	截面尺寸（直径或厚度）/mm	试样方向	力学性能 R_m/(N/mm²) ≥	R_{eL}/(N/mm²) ≥	A/% ≥	Z/% ≥	A_{KU}/J ≥	硬度HBW
8	45	0.42～0.50	0.17～0.37	0.50～0.80	≤0.25	≤0.25	—	—	≤0.035	≤0.035	≤0.25	正火或正火+回火	≤100	纵向	590	295	15	38	23	170～217
													100～300	纵向	570	285	15	35	19	163～217
													300～500	纵向	550	275	14	32	19	163～217
													500～1000	纵向	530	255	13	30	15	156～217
												调质	≤100	纵向	630	370	17	40	31	207～302
													100～250	纵向	590	345	18	35	31	197～286
													250～500	纵向	590	345	17	—	—	187～255
												正火+回火	100～300	切向	540	275	10	25	16	—
													300～500	切向	520	265	10	23	16	—
													500～750	切向	500	255	9	21	12	—
													750～1000	切向	480	245	8	20	12	—
9	50	0.47～0.55	0.17～0.37	0.50～0.80	≤0.25	≤0.25	—	—	≤0.035	≤0.035	≤0.25	正火+回火	≤100	纵向	610	310	13	35	23	—
													100～300	纵向	590	295	12	33	19	—
													300～500	纵向	570	285	12	30	19	—
													500～750	纵向	550	265	12	28	15	—
												调质	≤16	纵向	700	500	14	30	31	—
													16～40	纵向	650	430	16	35	31	—
													40～100	纵向	630	370	17	40	31	—
													100～250	纵向	590	345	17	35	31	—
													250～500	纵向	590	345	17	—	—	—
10	55	0.52～0.60	0.17～0.37	0.50～0.80	≤0.25	≤0.25	—	—	≤0.035	≤0.035	≤0.25	正火+回火	≤100	纵向	645	320	12	35	23	187～229
													100～300	纵向	625	310	11	28	19	187～229
													300～500	纵向	610	305	10	22	19	187～229

注：除 Q235 之外的牌号，使用废钢冶炼时 Cu 的质量分数不大于 0.30%。

2. 锻件用合金结构钢的化学成分和力学性能（表3-58）

表3-58 锻件用合金结构钢的化学成分及力学性能（GB/T 17107—1997）

序号	牌号	化学成分（质量分数,%） C	Si	Mn	Cr	Ni	Mo	V	其他	热处理状态	截面尺寸（直径或厚度）/mm	试样方向	力学性能 R_m/(N/mm²) ≥	R_{eL}/(N/mm²) ≥	A/% ≥	Z/% ≥	A_{KU}/J ≥	硬度 HBW
1	30Mn2	0.27~0.34	0.17~0.37	1.40~1.80	—	—	—	—	—	调质	≤100	纵向	685	440	15	50	—	—
											100~300	纵向	635	410	16	45	—	—
2	35Mn2	0.32~0.39	0.17~0.37	1.40~1.80	—	—	—	—	—	正火+回火	≤100	纵向	620	315	18	45	—	207~241
											100~300	纵向	580	295	18	43	23	207~241
										调质	≤100	纵向	745	590	16	50	47	229~269
											100~300	纵向	690	490	16	45	47	229~269
3	45Mn2	0.42~0.49	0.17~0.37	1.40~1.80	—	—	—	—	—	正火+回火	≤100	纵向	690	355	16	38	—	187~241
											100~300	纵向	670	335	16	35	—	187~241
4	20SiMn	0.16~0.22	0.60~0.80	1.00~1.30	—	—	—	—	—	正火+回火	≤600	纵向	470	265	15	30	39	—
											600~900	纵向	450	255	14	30	39	—
											900~1200	纵向	440	245	14	30	39	—
											≤300	切向	490	275	14	30	27	—
											300~500	切向	470	265	13	28	23	—
											500~750	切向	440	245	11	24	19	—
											750~1000	切向	410	225	10	22	19	—
5	35SiMn	0.32~0.40	1.10~1.40	1.10~1.40	—	—	—	—	—	调质	≤100	纵向	785	510	15	45	47	229~286
											100~300	纵向	735	440	14	35	39	271~265
											300~400	纵向	685	390	13	30	35	215~255
											400~500	纵向	635	375	11	28	31	196~255

续表

序号	牌号	化学成分（质量分数，%）								热处理状态	截面尺寸（直径或厚度）/mm	试样方向	力学性能					硬度 HBW
		C	Si	Mn	Cr	Ni	Mo	V	其他				R_m /(N/mm²) ≥	R_{eL} /(N/mm²) ≥	A/% ≥	Z/% ≥	A_{KU}/J ≥	
6	42SiMn	0. 39 ~ 0. 45	1. 10 ~ 1. 40	1. 10 ~ 1. 40	—	—	—	—	—	调质	≤100	纵向	785	510	15	45	31	229 ~ 286
											100 ~ 200	纵向	735	460	14	35	23	217 ~ 269
											200 ~ 300	纵向	685	440	13	30	23	217 ~ 255
											300 ~ 500	纵向	635	375	10	28	20	196 ~ 255
7	50SiMn	0. 46 ~ 0. 54	0. 80 ~ 1. 10	0. 80 ~ 1. 10	—	—	—	—	—	调质	≤100	纵向	835	540	15	40	39	229 ~ 286
											100 ~ 200	纵秘	735	490	15	35	39	217 ~ 269
											200 ~ 300	纵向	685	440	14	30	31	207 ~ 255
8	20MnMo	0. 17 ~ 0. 23	0. 17 ~ 0. 37	0. 90 ~ 1. 30	—	—	0. 15 ~ 0. 25	—	—	调质	≤300	纵向	500	305	14	40	39	—
											300 ~ 500	纵向	470	275	14	40	39	—
											≤300	切向	500	305	14	32	31	—
											300 ~ 500	切向	470	275	13	30	31	—
9	20MnMoNb	0. 16 ~ 0. 23	0. 17 ~ 0. 37	1. 20 ~ 1. 50	—	—	0. 45 ~ 0. 60	—	Nb: 0. 020 ~ 0. 045	调质	100 ~ 300	纵向	635	490	15	45	47	187 ~ 229
											300 ~ 500	纵向	590	440	15	45	47	187 ~ 229
											500 ~ 800	纵向	490	345	15	45	39	—
											100 ~ 300	切向	610	430	12	32	31	—
											300 ~ 500	切向	570	400	12	30	24	—
10	42MnMoV	0. 38 ~ 0. 45	0. 17 ~ 0. 37	1. 20 ~ 1. 50	—	—	0. 20 ~ 0. 30	0. 10 ~ 0. 20	—	调质	100 ~ 300	纵向	765	590	12	40	31	241 ~ 286
											300 ~ 500	纵向	705	540	12	35	23	229 ~ 269
											500 ~ 800	纵向	635	490	12	35	23	217 ~ 241
11	50SiMnMoV	0. 45 ~ 0. 55	0. 50 ~ 0. 70	1. 50 ~ 1. 80	—	—	0. 30 ~ 0. 50	0. 20 ~ 0. 30	—	调质	100 ~ 300	纵向	885	735	12	40	31	269 ~ 302
											300 ~ 500	纵向	885	635	12	38	31	255 ~ 286
											500 ~ 800	纵向	835	610	12	35	23	241 ~ 286

续表

序号	牌号	化学成分（质量分数,%）								热处理状态	截面尺寸（直径或厚度）/mm	试样方向	力学性能					硬度 HBW
		C	Si	Mn	Cr	Ni	Mo	V	其他				R_m /(N/mm²) ≥	R_{eL} /(N/mm²) ≥	A/% ≥	Z/% ≥	A_{KU}/J ≥	
12	37SiMn2MoV	0.33 ~ 0.39	0.60 ~ 0.90	1.60 ~ 1.90	—	—	0.40 ~ 0.50	0.05 ~ 0.12	—	调质	100 ~ 200	纵向	865	685	14	40	31	269 ~ 302
											200 ~ 400	纵向	815	635	14	40	31	241 ~ 286
											400 ~ 600	纵向	765	590	14	40	31	229 ~ 269
13	15Cr	0.12 ~ 0.18	0.17 ~ 0.37	0.40 ~ 0.70	0.70 ~ 1.00	—	—	—	—	正火 + 回火	≤100	纵向	390	195	26	50	39	111 ~ 156
											100 ~ 300	纵向	390	195	23	45	35	111 ~ 156
14	20Cr	0.18 ~ 0.24	0.17 ~ 0.37	0.50 ~ 0.80	0.70 ~ 1.00	—	—	—	—	正火 + 回火	≤100	纵向	430	215	19	40	31	123 ~ 179
											100 ~ 300	纵向	430	215	18	35	31	123 ~ 167
										调质	≤100	纵向	470	275	20	40	35	137 ~ 179
											100 ~ 300	纵向	470	245	19	40	31	137 ~ 197
15	30Cr	0.27 ~ 0.34	0.17 ~ 0.37	0.50 ~ 0.80	0.80 ~ 1.10	—	—	—	—	调质	≤100	纵向	615	395	17	40	43	187 ~ 229
16	35Cr	0.32 ~ 0.39	0.17 ~ 0.37	0.50 ~ 0.80	0.80 ~ 1.10	—	—	—	—	调质	100 ~ 300	纵向	615	395	15	35	39	187 ~ 229
17	40Cr	0.37 ~ 0.44	0.17 ~ 0.37	0.50 ~ 0.80	0.80 ~ 1.10	—	—	—	—	调质	≤100	纵向	735	540	15	45	39	241 ~ 286
											100 ~ 300	纵向	685	490	14	45	31	241 ~ 286
											300 ~ 500	纵向	685	440	10	35	23	229 ~ 269
											500 ~ 800	纵向	590	345	8	30	16	217 ~ 255
18	50Cr	0.47 ~ 0.54	0.17 ~ 0.37	0.50 ~ 0.80	0.80 ~ 1.10	—	—	—	—	调质	≤100	纵向	835	540	10	40	—	241 ~ 286
											100 ~ 300	纵向	785	490	10	40	—	241 ~ 286
19	12CrMo	0.08 ~ 0.15	0.17 ~ 0.37	0.40 ~ 0.70	0.40 ~ 0.70	—	0.40 ~ 0.55	—	—	正火 + 回火	≤100	纵向	440	275	20	50	55	≤159
											100 ~ 300	纵向	440	275	20	45	55	≤159

续表

序号	牌号	化学成分（质量分数,%）								热处理状态	截面尺寸（直径或厚度）/mm	试样方向	力学性能					硬度 HBW
		C	Si	Mn	Cr	Ni	Mo	V	其他				R_m /(N/mm²) ≥	R_{eL} /(N/mm²) ≥	A/% ≥	Z/% ≥	A_{KU}/J ≥	
20	15CrMo	0.12~0.18	0.17~0.37	0.40~0.70	0.80~1.10	—	0.40~0.55	—	—	淬火+回火	≤100	切向	440	275	20	—	55	116~179
											100~300	切向	440	275	20	—	55	116~179
											300~500	切向	430	255	19	—	47	116~179
21	25CrMo	0.22~0.29	0.17~0.37	0.50~0.80	0.90~1.20	—	0.15~0.30	—	—	调质	17~40	纵向	780	600	14	55	—	—
											40~100	纵向	690	450	15	60	—	—
											100~160	纵向	640	400	16	60	—	—
22	30CrMo	0.26~0.34	0.17~0.37	0.40~0.70	0.80~1.10	—	0.15~0.25	—	—	调质	≤100	纵向	620	410	16	40	49	196~240
											100~300	纵向	590	390	15	40	44	196~240
23	35CrMo	0.32~0.40	0.17~0.37	0.40~0.70	0.80~1.10	—	0.15~0.25	—	—	调质	≤100	纵向	735	540	15	45	47	207~269
											100~300	纵向	685	490	15	40	39	207~269
											300~500	纵向	635	440	15	35	31	207~269
											500~800	纵向	590	390	12	30	23	—
											100~300	切向	635	440	11	30	27	—
											300~500	切向	590	390	10	24	24	—
											500~800	切向	540	345	9	20	20	—
24	42CrMo	0.38~0.45	0.17~0.37	0.50~0.80	0.90~1.20	—	0.15~0.25	—	—	调质	≤100	纵向	900	650	12	50	—	—
											100~160	纵向	800	550	13	50	—	—
											160~250	纵向	750	500	14	55	—	—
											250~500	纵向	690	460	15	—	—	—
											500~750	纵向	590	390	16	—	—	—

续表

序号	牌号	化学成分（质量分数,%）								热处理状态	截面尺寸（直径或厚度）/mm	试样方向	力学性能					硬度 HBW
		C	Si	Mn	Cr	Ni	Mo	V	其他				R_m /(N/mm²) ≥	R_{eL} /(N/mm²) ≥	A/% ≥	Z/% ≥	A_{KU}/J ≥	
25	50CrMo	0.46 ~ 0.54	0.17 ~ 0.37	0.50 ~ 0.80	0.90 ~ 1.20	—	0.15 ~ 0.30	—	—	调质	≤100	纵向	900	700	12	50	—	—
											100 ~ 160	纵向	850	650	13	50	—	—
											160 ~ 250	纵向	800	550	14	50	—	—
											250 ~ 500	纵向	740	540	14	—	—	—
											500 ~ 750	纵向	690	490	15	—	—	—
26	34CrMo1	0.30 ~ 0.38	0.17 ~ 0.37	0.40 ~ 0.70	0.70 ~ 1.20	—	0.40 ~ 0.55	—	—	调质	100 ~ 300	纵向	765	590	15	40	47	—
											300 ~ 500	纵向	705	540	15	40	39	—
											500 ~ 750	纵向	665	490	14	35	31	—
											750 ~ 1000	纵向	635	440	13	35	31	—
27	16CrMn	0.14 ~ 0.19	0.17 ~ 0.37	1.00 ~ 1.30	0.80 ~ 1.10	—	—	—	—	渗碳+淬火+回火	≤30	纵向	780	590	10	40	—	—
											30 ~ 63	纵向	640	440	11	40	—	—
28	20CrMn	0.17 ~ 0.22	0.17 ~ 0.37	1.10 ~ 1.40	1.00 ~ 1.30	—	—	—	—	渗碳+淬火+回火	≤30	纵向	980	680	8	35	—	—
											30 ~ 63	纵向	790	540	10	35	—	—
29	20CrMnTi	0.17 ~ 0.23	0.17 ~ 0.37	0.80 ~ 1.10	1.00 ~ 1.30	—	—	—	Ti：0.04 ~ 0.10	调质	≤100	纵向	615	395	17	45	47	—
30	20CrMnMo	0.17 ~ 0.23	0.17 ~ 0.37	0.90 ~ 1.20	1.10 ~ 1.40	—	0.20 ~ 0.30	—	—	渗碳+淬火+回火	≤30	纵向	1080	785	7	40	—	—
											30 ~ 100	纵向	835	490	15	40	31	—
31	35CrMnMo	0.30 ~ 0.40	0.17 ~ 0.37	1.10 ~ 1.40	1.10 ~ 1.40	—	0.25 ~ 0.35	—	—	调质	>100 ~ 300	纵向	785	590	14	45	43	207 ~ 269
											300 ~ 500	纵向	735	540	13	40	39	207 ~ 269
											500 ~ 800	纵向	685	490	12	35	31	207 ~ 269

续表

序号	牌号	化学成分（质量分数,%） C	Si	Mn	Cr	Ni	Mo	V	其他	热处理状态	截面尺寸（直径或厚度）/mm	试样方向	力学性能 R_m/(N/mm²) ≥	R_{eL}/(N/mm²) ≥	A/% ≥	Z/% ≥	A_{KU}/J ≥	硬度 HBW
32	40CrMnMo	0.37～0.45	0.17～0.37	0.90～1.20	0.90～1.20	—	0.20～0.30	—	—	调质	≤100	纵向	885	735	12	40	39	—
											100～250	纵向	835	640	12	30	39	—
											250～400	纵向	785	530	12	40	31	—
											400～500	纵向	735	480	12	35	23	—
33	20CrMnMoB	0.17～0.23	0.17～0.37	1.20～1.50	1.50～1.80	—	0.45～0.55	—	加入量B：0.001～0.0035	调质	≤100	纵向	900	785	13	40	39	277～331
											100～300	纵向	880	735	13	40	39	225～302
											300～500	纵向	835	685	13	40	39	241～286
											500～800	纵向	785	635	13	40	39	241～286
											100～300	切向	845	735	12	35	39	269～302
											300～600	切向	805	685	12	35	39	255～286
34	30CrMn2MoB	0.27～0.35	0.17～0.37	1.40～1.80	0.90～1.20	—	0.45～0.55	—	加入量B：0.001～0.0035	调质	100～300	纵向	880	715	12	40	31	255～302
											300～500	纵向	835	665	12	40	31	255～302
											500～800	纵向	785	615	12	40	31	241～286
35	32Cr2MnMo	0.28～0.36	0.17～0.37	1.10～1.40	1.70～2.10	—	0.40～0.50	—	—	调质	100～300	纵向	830	685	14	45	59	255～302
											300～500	纵向	785	635	12	40	49	255～302
											500～750	纵向	735	590	12	35	30	241～286
36	30CrMnSi	0.27～0.34	0.90～1.20	0.80～1.10	0.80～1.10	—	—	—	—	调质	≤100	纵向	735	590	12	35	35	235～293
											100～300	纵向	685	460	13	35	35	228～269
37	35CrMnSi	0.32～0.39	1.10～1.40	0.80～1.10	1.10～1.40	—	—	—	—	调质	≤100	纵向	785	640	12	35	31	241～293
											100～300	纵向	685	540	12	35	31	223～269
38	12CrMoV	0.08～0.15	0.17～0.37	0.40～0.70	0.30～0.60	—	0.25～0.35	0.15～0.30	—	正火+回火	≤100	纵向	470	245	22	48	39	143～179
											100～300	纵向	430	215	20	40	39	123～167

续表

序号	牌号	化学成分（质量分数,%） C	Si	Mn	Cr	Ni	Mo	V	其他	热处理状态	截面尺寸（直径或厚度）/mm	试样方向	力学性能 R_m /(N/mm²) ≥	R_{eL} /(N/mm²) ≥	A/% ≥	Z/% ≥	A_{KU}/J ≥	硬度 HBW
39	12Cr1MoV	0.08 ~ 0.15	0.17 ~ 0.37	0.40 ~ 0.70	0.90 ~ 1.20	—	0.25 ~ 0.35	0.15 ~ 0.30	—	正火 + 回火	≤100	纵向	440	245	19	50	39	123 ~ 167
											100 ~ 300	纵向	430	215	19	48	39	123 ~ 167
											300 ~ 500	纵向	430	215	18	40	35	123 ~ 167
											500 ~ 800	纵向	430	215	16	35	31	123 ~ 167
40	24CrMoV	0.20 ~ 0.28	0.17 ~ 0.37	0.30 ~ 0.60	1.20 ~ 1.50	—	0.50 ~ 0.60	0.15 ~ 0.30	—	调质	100 ~ 300	纵向	735	590	16	—	47	—
											300 ~ 500	纵向	685	540	16	—	47	—
41	35CrMoV	0.30 ~ 0.38	0.17 ~ 0.37	0.40 ~ 0.70	1.00 ~ 1.30	—	0.20 ~ 0.30	0.10 ~ 0.20	—	调质	100 ~ 200	切向	880	745	12	40	47	—
											200 ~ 240	切向	860	705	12	35	47	—
42	30Cr2MoV	0.26 ~ 0.34	0.17 ~ 0.37	0.40 ~ 0.70	2.30 ~ 2.70	—	0.15 ~ 0.25	0.10 ~ 0.20	—	调质	≤150	纵向	830	735	15	50	47	219 ~ 277
											150 ~ 250	纵向	735	590	16	50	47	219 ~ 277
											250 ~ 500	纵向	635	440	16	50	47	219 ~ 277
43	28Cr2Mo1V	0.22 ~ 0.32	0.30 ~ 0.50	0.50 ~ 0.80	1.50 ~ 1.80	—	0.60 ~ 0.80	0.20 ~ 0.30	—	调质	≤100	纵向	835	735	15	50	47	269 ~ 302
											100 ~ 300	纵向	735	635	15	40	47	269 ~ 302
											300 ~ 500	纵向	685	565	14	35	47	269 ~ 302
44	40CrNi	0.37 ~ 0.44	0.17 ~ 0.37	0.50 ~ 0.80	0.45 ~ 0.75	1.00 ~ 1.40	—	—	—	调质	≤100	纵向	735	590	14	45	47	223 ~ 277
											100 ~ 300	纵向	685	540	13	40	39	207 ~ 262
											300 ~ 500	纵向	635	440	13	35	39	197 ~ 235
											500 ~ 800	纵向	615	395	11	30	31	187 ~ 229
45	40CrNiMo	0.37 ~ 0.44	0.17 ~ 0.37	0.50 ~ 0.80	0.60 ~ 0.90	1.25 ~ 1.65	0.15 ~ 0.25	—	—	淬火 + 回火	≤80	纵向	980	835	12	55	78	—
											80 ~ 100	纵向	980	835	11	50	74	—
											100 ~ 150	纵向	980	835	10	45	70	—
											150 ~ 250	纵向	980	835	9	40	66	—
										调质	100 ~ 300	纵向	785	640	12	38	39	241 ~ 293
											300 ~ 500	纵向	685	540	12	33	35	207 ~ 262

续表

序号	牌号	化学成分（质量分数,%）C	Si	Mn	Cr	Ni	Mo	V	其他	热处理状态	截面尺寸（直径或厚度）/mm	试样方向	力学性能 R_m /(N/mm²) ≥	R_{eL} /(N/mm²) ≥	A/% ≥	Z/% ≥	A_{KU}/J ≥	硬度 HBW
46	34CrNi1Mo	0.30～0.40	0.17～0.37	0.50～0.80	1.30～1.70	1.30～1.70	0.20～0.30	—	—	调质	≤100	纵向	850	735	15	45	55	277～321
											100～300	纵向	765	635	14	40	47	262～311
											300～500	纵向	685	540	14	35	39	235～277
											500～800	纵向	635	490	14	32	31	212～248
47	34CrNi3Mo	0.30～0.40	0.17～0.37	0.50～0.80	0.70～1.10	2.75～3.25	0.25～0.40	—	—	调质	≤100	纵向	900	785	14	40	55	269～341
											100～300	纵向	850	735	14	38	47	262～321
											300～500	纵向	805	685	13	35	39	241～302
											500～800	纵向	755	590	12	32	32	241～302
48	15Cr2Ni2	0.12～0.17	0.17～0.37	0.30～0.60	1.40～1.70	1.40～1.70	—	—	—	渗碳+淬火+回火	≤30	纵向	880	640	9	40	—	—
											30～63	纵向	780	540	10	40	—	—
49	20Cr2Ni4	0.17～0.23	0.17～0.37	0.30～0.60	1.25～1.65	3.25～3.65	—	—	—	调质	试样毛坯尺寸 ϕ15	纵向	1175	1080	10	45	62	—
50	17Cr2Ni2Mo	0.14～0.19	0.17～0.37	0.30～0.60	1.50～1.80	1.40～1.70	0.25～0.35	—	—	渗碳+淬火+回火	≤30	纵向	1080	790	8	35	—	—
											30～63	纵向	980	690	8	35	—	—
51	30Cr2Ni2Mo	0.26～0.34	0.17～0.37	0.30～0.60	1.80～2.20	1.80～2.20	0.30～0.50	—	—	调质	≤100	纵向	1100	900	10	45	—	—
											100～160	纵向	1000	800	11	50	—	—
											160～250	纵向	900	700	12	50	—	—
											250～500	纵向	830	635	12	—	—	—
											500～1000	纵向	780	590	12	—	—	—
52	34Cr2Ni2Mo	0.30～0.38	0.17～0.37	0.40～0.70	1.40～1.70	1.40～1.70	0.15～0.30	—	—	调质	≤100	纵向	1000	800	11	50	—	—
											100～160	纵向	900	700	12	55	—	—
											160～250	纵向	800	600	13	55	—	—
											250～500	纵向	740	540	14	—	—	—
											500～1000	纵向	690	490	15	—	—	—

续表

序号	牌号	化学成分（质量分数,%） C	Si	Mn	Cr	Ni	Mo	V	其他	热处理状态	截面尺寸（直径或厚度）/mm	试样方向	力学性能 R_m/(N/mm²) ≥	R_{eL}/(N/mm²) ≥	A/% ≥	Z/% ≥	A_{KU}/J ≥	硬度 HBW
53	15CrNiMoV	0.12～0.19	0.17～0.37	0.40～0.70	0.50～1.00	0.80～1.20	0.20～0.35	0.10～0.20	—	调质	100～300	纵向	685	585	15	60	110	190～240
											300～500	纵向	635	535	14	55	100	190～240
54	34CrNi3MoV	0.30～0.40	0.17～0.37	0.50～0.80	1.20～1.50	3.00～3.50	0.25～0.40	0.10～0.20	—	调质	≤100	纵向	900	785	14	40	47	269～321
											100～300	纵向	855	735	14	38	39	248～311
											300～500	纵向	805	685	13	33	31	235～293
											500～800	纵向	735	590	12	30	31	212～262
55	37CrNi3MoV	0.32～0.42	0.17～0.37*	0.25～0.50	1.20～1.50	3.00～3.50	0.35～0.45	0.10～0.25	—	调质	≤100	纵向	900	785	13	40	47	269～321
											100～300	纵向	855	735	12	38	39	248～311
											300～500	纵向	805	685	11	33	31	235～293
											500～800	纵向	735	590	10	30	31	212～262
56	24Cr2Ni4MoV	0.22～0.28	0.17～0.37	0.30～0.60	1.50～1.80	3.30～3.80	0.40～0.55	0.05～0.15	—	调质	100～300	纵向	1000	870	12	45	70	—
											300～500	纵向	950	850	13	50	70	—
											500～750	纵向	900	800	15	50	65	—
											750～1000	纵向	850	750	15	50	65	—
57	18Cr2Ni4W	0.13～0.19	0.17～0.37	0.30～0.60	1.35～1.65	4.00～4.50	—	—	W：0.80～1.20	淬火+回火	≤80	纵向	1180	835	10	45	78	—
											80～100	纵向	1180	835	9	40	74	—
											100～150	纵向	1180	835	8	35	70	—
											150～250	纵向	1180	835	7	30	66	—

3. 锻件用结构钢力学性能允许降低值（表3-59）

表3-59 锻件用结构钢力学性能允许降低值（GB/T 17107—1997）

力学性能指标	试样方向	酸性平炉及电炉钢		碱性平炉钢					
				1~25t 钢锭锻件			>25t 钢锭锻件		
		锻造比		锻造比					
		≤5	>5	2~3	>3~5	>5	2~3	>3~5	>5
力学性能允许降低的百分数/%									
R_{eL}	切向	5	5	5	5	5	5	5	5
	横向	5	5	10	10	10	10	10	10
R_m	切向	5	5	5	5	5	5	5	5
	横向	5	5	10	10	10	10	10	10
A	切向	25	40	25	30	35	35	40	45
	横向	25	40	25	35	40	40	50	50
Z	切向	20	40	25	30	40	40	40	45
	横向	20	40	30	35	45	45	50	60
A_K	切向	25	40	30	30	30	30	40	50
	横向	25	40	35	40	40	40	50	60

3.3.9 桥梁用结构钢

1. 桥梁用结构钢的牌号和化学成分（表3-60）

表3-60 桥梁用结构钢的牌号和化学成分（GB 714—2008）

牌号	质量等级	化学成分（质量分数,%）														
		C	Si	Mn	P	S	Nb	V	Ti	Cr	Ni	Cu	Mo	B	N	Als
					≤											≥
Q235q	C	≤0.17	≤0.35	≤1.40	0.030	0.030	—	—	—	0.30	0.30	0.30	—	—	0.012	0.015
	D				0.025	0.025										
	E				0.020	0.010										
Q345q	C	≤0.20	≤0.55	0.90~1.70	0.030	0.025	0.06	0.08	0.03	0.80	0.50	0.55	0.20	—	0.012	0.015
	D	≤0.18			0.025	0.020										
	E				0.020	0.010										
Q370q	C	≤0.18	≤0.55	1.00~1.70	0.030	0.025	0.06	0.08	0.03	0.80	0.50	0.55	0.20	0.004	0.012	0.015
	D				0.025	0.020										
	E				0.020	0.010										
Q420q	C	≤0.18	≤0.55	1.00~1.70	0.030	0.025	0.06	0.08	0.03	0.80	0.70	0.55	0.35	0.004	0.012	0.015
	D				0.025	0.020										
	E				0.020	0.010										
Q460q	C	≤0.18	≤0.55	1.00~1.80	0.030	0.020	0.06	0.08	0.03	0.80	0.70	0.55	0.35	0.004	0.012	0.015
	D				0.025	0.015										
	E				0.020	0.010										

2. 桥梁推荐用结构钢的牌号和化学成分（表3-61）

表3-61　桥梁推荐用结构钢的牌号和化学成分（GB/T 714—2008）

牌号	质量等级	化学成分（质量分数,%）														
		C	Si	Mn①	P	S	Nb	V	Ti	Cr	Ni	Cu	Mo	B	N	Als
					≤											
Q500q	D	≤0.18	≤0.55	1.00~1.70	0.025	0.015	0.06	0.08	0.03	0.80	1.00	0.55	0.40	0.004	0.012	0.015
	E				0.020	0.010										
Q550q	D	≤0.18	≤0.55	1.00~1.70	0.025	0.015	0.06	0.08	0.03	0.80	1.00	0.55	0.40	0.004	0.012	0.015
	E				0.020	0.010										
Q620q	D	≤0.18	≤0.55	1.00~1.70	0.025	0.015	0.06	0.08	0.03	0.80	1.10	0.55	0.60	0.004	0.012	0.015
	E				0.020	0.010										
Q690q	D	≤0.18	≤0.55	1.00~1.70	0.025	0.015	0.09	0.08	0.03	0.80	1.10	0.55	0.60	0.004	0.012	0.015
	E				0.020	0.010										

①当碳含量不大于0.12%时，Mn的含量上限可达到2.00%。

3. 桥梁用结构钢的力学性能（表3-62）

表3-62 桥梁用结构钢的力学性能（GB 714—2008）

牌号	质量等级	拉伸试验①				V形冲击试验②	
		下屈服强度 R_{eL}/（N/mm²）厚度/mm		抗拉强度 R_m/（N/mm²）	断后伸长率A/%	试验温度/℃	冲击吸收能量 KV_2/J
		≤50	50~100				
		≥					≥
Q235q	C	235	225	400	26	0	34
	D					-20	
	E					-40	
Q345q	C	345	335	490	20	0	47
	D					-20	
	E					-40	
Q370q	C	370	360	510	20	0	47
	D					-20	
	E					-40	
Q420q	C	420	410	540	19	0	47
	D					-20	
	E					-40	
Q460q	C	460	450	570	17	0	47
	D					-20	
	E					-40	

①当屈服不明显时，可测量 $R_{p0.2}$ 代替下屈服强度。拉伸试验取横向试样。

②冲击试验取纵向试样。

4. 桥梁推荐用结构钢的力学性能（表3-63）

表3-63　桥梁推荐用结构钢的力学性能（GB 714—2008）

牌号	质量等级	拉伸试验①				V形冲击试验②	
		下屈服强度 R_{eL}/（N/mm²）		抗拉强度 R_m /(N/mm²)	断后伸长率 A/%	试验温度/℃	冲击吸收能量 KV_2/J
		厚度/mm					
		≤50	50~100				
		≥					≥
Q500q	D	500	480	600	16	-20	47
	E					-40	
Q550q	D	550	530	660	16	-20	47
	E					-40	
Q620q	D	620	580	720	15	-20	47
	E					-40	
Q690q	D	690	650	770	14	-20	47
	E					-40	

①当屈服不明显时，可测量 $R_{p0.2}$ 代替下屈服强度。拉伸试验取横向试样。

②冲击试验取纵向试样。

3.3.10　渗碳轴承钢

1. 渗碳轴承钢的牌号和化学成分（表3-64）

表3-64　渗碳轴承钢的牌号和化学成分（GB/T 3203—1982）

序号	牌号	化学成分（质量分数,%）								
		C	Si	Mn	Cr	Ni	Mo	Cu	P	S
								≤		
1	G20CrMo	0.17~0.23	0.20~0.35	0.65~0.95	0.35~0.65	—	0.08~0.15	0.25	0.030	0.030
2	G20CrNiMo	0.17~0.23	0.15~0.40	0.60~0.90	0.35~0.65	0.40~0.70	0.15~0.30	0.25	0.030	0.030
3	G20CrNi2Mo	0.17~0.23	0.15~0.40	0.40~0.70	0.35~0.65	1.60~2.00	0.20~0.30	0.25	0.030	0.030
4	G20Cr2Ni4	0.17~0.23	0.15~0.40	0.30~0.60	1.25~1.75	3.25~3.75	—	0.25	0.030	0.030
5	G10CrNi3Mo	0.08~0.13	0.15~0.40	0.40~0.70	1.00~1.40	3.00~3.50	0.08~0.15	0.25	0.030	0.030
6	G20Cr2Mn2Mo	0.17~0.23	0.15~0.40	1.30~1.60	1.70~2.00	<0.30	0.20~0.30	0.25	0.030	0.030

注：当按高级优质钢供货时，其S、P含量应不大于0.020%，并在牌号后面标以字母“A”。

2. 渗碳轴承钢成品钢材化学成分允许偏差（表3-65）

表3-65 渗碳轴承钢成品钢材化学成分允许偏差（GB/T 3203—1982）

化学元素	C	Si	Mn	Cr	Ni	Mo	Cu	P	S
允许偏差（质量分数,%）	±0.02	±0.03	±0.04	±0.05	±0.05	±0.02	±0.05	±0.005	±0.005

3. 渗碳轴承钢材的纵向力学性能（表3-66）

表3-66 渗碳轴承钢材的纵向力学性能（GB/T 3203—1982）

序号	牌号	试样毛坯直径/mm	淬火			回火		机械性能			
			温度/℃		冷却剂	温度/℃	冷却剂	抗拉强度 R_m/(N/mm²)	伸长率 A/%	收缩率 Z/%	冲击吸收功 α_K/(J/cm²)
			第一次淬火	第二次淬火				≥			
1	G20CrNiMo	15	880±20℃	790±20℃	油	150~200	空	1200	9	45	80
2	G20CrNi2Mo	25	880±20℃	800±20℃	油	150~200	空	1000	13	45	80
3	G20Cr2Ni4	15	870±20℃	790±20℃	油	150~200	空	1200	10	45	80
4	G10CrNi3Mo	15	880±20℃	790±20℃	油	180~200	空	1100	9	45	80
5	G20Cr2Mn2Mo	15	880±20℃	810±20℃	油	180~200	空	1300	9	40	70

4. 渗碳轴承钢热轧圆钢的直径及允许偏差（表3-67）

表3-67 渗碳轴承钢热轧圆钢的直径及允许偏差（GB/T 3203—1982）

（单位：mm）

直径	允许偏差	直径	允许偏差	直径	允许偏差	直径	允许偏差
8	+0.6	23	+0.7	38	+0.9	75	+1.2
10		24		40		80	
11		25		42		85	+1.8
12		26		43		90	
13		27		44		95	
14		28		45		100	
15		29		46		105	
16		30		48		110	
17		32	+0.9	50		115	
18		33		52	+1.2	120	+2.5
19		34		55		125	
20		35		60		130	
21	+0.7	36		65		140	
22		37		70		150	

注：热轧圆钢的椭圆度应不超过该尺寸公差的70%。

3.3.11　高碳铬轴承钢

1. 高碳铬轴承钢的化学成分（表3-68）

表3-68　高碳铬轴承钢的化学成分（GB/T 18254—2002）

统一数字代号	牌号	化学成分（质量分数,%）											
		C	Si	Mn	Cr	Mo	P	S	Ni	Cu	Ni + Cu	O	
												模注钢	连铸钢
							≤						
B0040	GCr4	0.95 ~ 1.05	0.15 ~ 0.30	0.15 ~ 0.30	0.35 ~ 0.50	≤0.08	0.025	0.020	0.25	0.20	—	15×10^{-6}	12×10^{-6}
B00150	GCr15	0.95 ~ 1.05	0.15 ~ 0.35	0.25 ~ 0.45	1.40 ~ 1.65	≤0.10	0.025	0.025	0.30	0.25	0.50	15×10^{-6}	12×10^{-6}
B01150	GCr15SiMn	0.95 ~ 1.05	0.45 ~ 0.75	0.95 ~ 1.25	1.40 ~ 1.65	≤0.10	0.025	0.025	0.30	0.25	0.50	15×10^{-6}	12×10^{-6}
B03150	GCr15SiMo	0.95 ~ 1.05	0.65 ~ 0.85	0.20 ~ 0.40	1.40 ~ 1.70	0.30 ~ 0.40	0.027	0.020	0.30	0.25	—	15×10^{-6}	12×12^{-6}
B02180	GCr18Mo	0.95 ~ 1.05	0.20 ~ 0.40	0.25 ~ 0.40	1.65 ~ 1.95	0.15 ~ 0.25	0.025	0.020	0.25	0.25	—	15×10^{-6}	12×10^{-6}

2. 高碳铬轴承钢成品化学成分允许偏差（表3-69）

表3-69 高碳铬轴承钢成品化学成分允许偏差（GB/T 18254—2002）

化学元素	C	Si	Mn	Cr	P	S	Ni	Cu	Mo
允许偏差（质量分数,%）	±0.03	±0.02	±0.03	±0.05	+0.005	+0.005	+0.03	+0.02	≤0.10%时，+0.01 >0.10%时，±0.02

3. 高碳铬轴承钢退火状态的硬度（表3-70）

表3-70 高碳铬轴承钢退火状态的硬度（GB/T 18254—2002）

牌号	硬度 HBW	牌号	硬度 HBW
GCr4	179~207	GCr15SiMo	179~217
GCr15	179~207	GCr18Mo	179~207
GCr15SiMn	179~217		

4. 高碳铬轴承钢热轧圆钢表面每边总脱碳层深度（表3-71）

表3-71 高碳铬轴承钢热轧圆钢表面每边总脱碳层深度（GB/T 18254—2002）

（单位：mm）

热轧（锻）圆钢直径 D	每边总脱碳层深度 ≤
5.0~9.5	0.15
10~15	0.20
16~30	0.40
31~50	0.60
51~75	0.80
76~100	1.10
101~150	1.20

5. 高碳铬轴承钢管的尺寸及偏差（表3－72）

表3－72 高碳铬轴承钢管的尺寸及偏差（GB/T 18254—2002）

钢管种类及生产方法		钢管尺寸		尺寸范围/mm	允许偏差/mm
热轧钢管	阿塞尔法轧制＋剥皮	外径		55～148	±0.15
				＞148～170	±0.20
		壁厚		4～8	$^{+20\%}_{0}\delta$
				＞8～34	$^{+15\%}_{0}\delta$
	阿塞尔法热轧管	外径		60～75	±0.35
				＞75～100	±0.50
				＞100～170	±0.50％*D*
		壁厚/mm	外径＜80	＜8	$^{+12\%}_{0}\delta$
			外径≥80	≥8	$^{+10\%}_{0}\delta$
冷拉（轧）钢管		外径		≤65	+0.20 −0.10
				＞65	±0.20
		壁厚		3～4	$^{+12\%}_{0}\delta$
				＞4～12	$^{+10\%}_{0}\delta$

注：*D*——外径，*δ*——壁厚。

3.3.12 冷镦和冷挤压用钢

1. 非热处理型冷镦和冷挤压用钢的牌号及化学成分（表3－73）

表3－73 非热处理型冷镦和冷挤压用钢的牌号及化学成分（GB/T 6478—2001）

序号	统一数字代号	牌号	化学成分（质量分数,％）					
			C	Si	Mn	P	S	Alt①
1	U40048	ML04Al	≤0.06	≤0.10	0.20～0.40	≤0.035	≤0.035	≥0.020
2	U40088	ML08Al	0.05～0.10	≤0.10	0.30～0.60	≤0.035	≤0.035	≥0.020
3	U40108	ML10Al	0.08～0.13	≤0.10	0.30～0.60	≤0.035	≤0.035	≥0.020
4	U40158	ML15Al	0.13～0.18	≤0.10	0.30～0.60	≤0.035	≤0.035	≥0.020

续表

序号	统一数字代号	牌号	化学成分（质量分数,%）					
			C	Si	Mn	P	S	Alt①
5	U40152	ML15	0.13～0.18	0.15～0.35	0.30～0.60	≤0.035	≤0.035	—
6	U40208	ML20Al	0.18～0.23	≤0.10	0.30～0.60	≤0.035	≤0.035	≥0.020
7	U40202	ML20	0.18～0.23	0.15～0.35	0.30～0.60	≤0.035	≤0.035	—

①Alt 指全铝含量。

2. 表面硬化型冷镦和冷挤压用钢的牌号及化学成分（表 3－74）

表 3－74 表面硬化型冷镦和冷挤压用钢的牌号及化学成分（GB/T 6478—2001）

序号	统一数字代号	牌号	化学成分（质量分数,%）						
			C	Si	Mn	P	S	Cr	Alt
1	U41188	ML18Mn	0.15～0.20	≤0.10	0.60～0.90	≤0.030	≤0.035	—	≥0.020
2	U41228	ML22Mn	0.18～0.23	≤0.10	0.70～1.00	≤0.030	≤0.035	—	≥0.020
3	A20204	ML20Cr	0.17～0.23	≤0.30	0.60～0.90	≤0.035	≤0.035	0.90～1.20	≥0.020

3. 调质型冷镦和冷挤压用钢的牌号及化学成分（表 3－75）

表 3－75 调质型冷镦和冷挤压用钢的牌号及化学成分（GB/T 6478—2001）

序号	统一数字代号	牌号	化学成分（质量分数,%）						
			C	Si	Mn	P	S	Cr	Mo
1	U40252	ML25	0.22～0.29	≤0.20	0.30～0.60	≤0.035	≤0.035	—	—
2	U40302	ML30	0.27～0.34	≤0.20	0.30～0.60	≤0.035	≤0.035	—	—
3	U40352	ML35	0.32～0.39	≤0.20	0.30～0.60	≤0.035	≤0.035	—	—
4	U40402	ML40	0.37～0.44	≤0.20	0.30～0.60	≤0.035	≤0.035	—	—
5	U40452	ML45	0.42～0.50	≤0.20	0.30～0.60	≤0.035	≤0.035	—	—
6	L20158	ML15Mn	0.14～0.20	0.20～0.40	1.20～1.60	≤0.035	≤0.035	—	—
7	U41252	ML25Mn	0.22～0.29	≤0.25	0.60～0.90	≤0.035	≤0.035	—	—
8	U41302	ML50Mn	0.27～0.34	≤0.25	0.60～0.90	≤0.035	≤0.035	—	—

续表

序号	统一数字代号	牌号	化学成分（质量分数,%）						
			C	Si	Mn	P	S	Cr	Mo
9	U41352	ML35Mn	0.32 ~ 0.39	≤0.25	0.60 ~ 0.90	≤0.035	≤0.035	—	—
10	A20374	ML37Cr	0.34 ~ 0.41	≤0.30	0.60 ~ 0.90	≤0.035	≤0.035	0.90 ~ 1.20	—
11	A20404	ML40Cr	0.38 ~ 0.45	≤0.30	0.60 ~ 0.90	≤0.035	≤0.035	0.90 ~ 1.20	—
12	A30304	ML30CrMo	0.26 ~ 0.34	≤0.30	0.60 ~ 0.90	≤0.035	≤0.035	0.80 ~ 1.10	0.15 ~ 0.25
13	A30354	ML35CrMo	0.32 ~ 0.40	≤0.30	0.60 ~ 0.90	≤0.035	≤0.035	0.80 ~ 1.10	0.15 ~ 0.25
14	A30424	ML42CrMo	0.38 ~ 0.45	≤0.30	0.60 ~ 0.90	≤0.035	≤0.035	0.90 ~ 1.20	0.15 ~ 0.25

4. 非热处理型冷镦和冷挤压用钢的力学性能（表3-76）

表3-76　非热处理型冷镦和冷挤压用钢的力学性能（GB/T 6478—2001）

牌号	抗拉强度 R_m/(N/mm²) ≤	断面收缩率 Z/% ≥	牌号	抗拉强度 R_m/(N/mm²) ≤	断面收缩率 Z/% ≥
ML04Al	440	60	ML15	530	50
ML08Al	470	60	ML20Al	580	45
ML10Al	490	55	ML20	580	45
ML15Al	530	50			

5. 退火状态冷镦和冷挤压用钢的力学性能（表3-77）

表3-77　退火状态冷镦和冷挤压用钢的力学性能（GB/T 6478—2001）

牌号	抗拉强度 R_m/(N/mm²) ≤	断面收缩率 Z/% ≥	牌号	抗拉强度 R_m/(N/mm²) ≤	断面收缩率 Z/% ≥
ML10Al	450	65	ML37Cr	600	60
ML15Al	470	64	ML40Cr	620	58
ML15	470	64	ML20B	500	64
ML20Al	490	63	ML28B	530	62
ML20	490	63	ML35B	570	62

续表

牌号	抗拉强度 R_m/(N/mm²) ≤	断面收缩率 Z/% ≥	牌号	抗拉强度 R_m/(N/mm²) ≤	断面收缩率 Z/% ≥
ML20Cr	560	60	ML20MnB	520	62
ML25Mn	540	60	ML35MnB	600	60
ML30Mn	550	59	ML37CrB	600	60
ML35Mn	560	58			

注：钢材直径不大于12mm时，断面收缩率可降低2%。

6. 表面硬化型及调质型冷镦和冷挤压用钢的硬度（表3-78）

表3-78　表面硬化型及调质型冷镦和冷挤压用钢的硬度（GB/T 6478—2001）

牌号	淬火温度/℃	硬度 HRC	牌号	淬火温度/℃	硬度 HRC
ML20Cr	900±5	23~38	ML15MnB	880±5	≥28
ML37Cr	850±5	25~43	ML20MnB	880±5	20~41
ML40Cr	850±5	41~58	ML35MnB	850±5	36~55
ML35Mn	870±5	≤28	ML15MnVB	880±5	≥30
ML20B	880±5	≤37	ML20MnVB	880±5	≥32
ML28B	850±5	22~44	ML37CrB	850±5	30~54
ML35B	850±5	24~52			

3.3.13　优质结构钢冷拉钢材

1. 优质结构钢冷拉钢材的交货状态硬度（表3-79）

表3-79　优质结构钢冷拉钢材的交货状态硬度（GB/T 3078—2008）

序号	牌号	交货状态硬度/HBW ≤		序号	牌号	交货状态硬度/HBW ≤	
		冷拉、冷拉磨光	退火、光亮退火、高温回火或正火后回火			冷拉、冷拉磨光	退火、光亮退火、高温回火或正火后回火
1	10	229	179	7	40	241	207
2	15	229	179	8	45	255	229
3	20	229	179	9	50	255	229
4	25	229	179	10	55	269	241
5	30	229	179	11	60	269	241
6	35	241	187	12	65	—	255

续表

序号	牌号	交货状态硬度 /HBW ≤		序号	牌号	交货状态硬度 /HBW ≤	
		冷拉、冷拉磨光	退火、光亮退火、高温回火或正火后回火			冷拉、冷拉磨光	退火、光亮退火、高温回火或正火后回火
13	15Mn	207	163	42	38CrSi	269	255
14	20Mn	229	187	43	20CrMnSiA	255	217
15	25Mn	241	197	44	25CrMnSiA	269	229
16	30Mn	241	197	45	30CrMnSiA	269	229
17	35Mn	255	207	46	35CrMnSiA	285	241
18	40Mn	269	217	47	20CrMnTi	255	207
19	45Mn	269	229	48	15CrMo	229	187
20	50Mn	269	229	49	20CrMo	241	197
21	60Mn	—	255	50	30CrMo	269	229
22	65Mn	—	269	51	35CrMo	269	241
23	20Mn2	241	197	52	42CrMo	285	255
24	35Mn2	255	207	53	20CrMnMo	269	229
25	40Mn2	269	217	54	40CrMnMo	269	241
26	45Mn2	269	229	55	35CrMoVA	285	255
27	50Mn2	285	229	56	38CrMoAlA	269	229
28	27SiMn	255	217	57	15CrA	229	179
29	35SiMn	269	229	58	20Cr	229	179
30	42SiMn	—	241	59	30Cr	241	187
31	20MnV	229	187	60	35Cr	269	217
32	40B	241	207	61	40Cr	269	217
33	45B	255	229	62	45Cr	269	229
34	50B	255	229	63	20CrNi	255	207
35	40MnB	269	217	64	40CrNi	—	255
36	45MnB	269	229	65	45CrNi	—	269
37	40MnVB	269	217	66	12CrNi2A	269	217
38	20SiMnVB	269	217	67	12CrNi3A	269	229
39	20CrV	255	217	68	20CrNi3A	269	241
40	40CrVA	269	229	69	30CrNi3(A)	—	255
41	45CrVA	302	255	70	37CrNi3A	—	269

续表

序号	牌号	交货状态硬度/HBW ≤		序号	牌号	交货状态硬度/HBW ≤	
		冷拉、冷拉磨光	退火、光亮退火、高温回火或正火后回火			冷拉、冷拉磨光	退火、光亮退火、高温回火或正火后回火
71	12Cr2Ni4A	—	255	74	45CrNiMoVA	—	269
72	20Cr2Ni4A	—	269	75	18Cr2Ni4WA	—	269
73	40CrNiMoA	—	269	76	25Cr2Ni4WA	—	269

2. 优质结构钢冷拉钢材的力学性能(表3-80)

表3-80 优质结构钢冷拉钢材的力学性能(GB/T 3078—2008)

序号	牌号	冷拉			退火		
		抗拉强度 R_m /(N/mm²)	断后伸长率 A/%	断面收缩率 Z/%	抗拉强度 R_m /(N/mm²)	断后伸长率 A/%	断面收缩率 Z/%
		≥			≥		
1	10	440	8	50	295	26	55
2	15	470	8	45	345	28	55
3	20	510	7.5	40	390	21	50
4	25	540	7	40	410	19	50
5	30	560	7	35	440	17	45
6	35	590	6.5	35	470	15	45
7	40	610	6	35	510	14	40
8	45	635	6	30	540	13	40
9	50	655	6	30	560	12	40
10	15Mn	490	7.5	40	390	21	50
11	50Mn	685	5.5	30	590	10	35
12	50Mn2	735	5	25	635	9	30

3.3.14　工业链条用冷拉钢

1. 工业链条销轴用冷拉钢

(1)工业链条销轴用冷拉钢的化学成分见表3－81。

表3－81　工业链条销轴用冷拉钢的化学成分(YB/T 5348—2006)

牌号	化学成分(质量分数,%)									
	C	Si	Mn	Cr	Mo	Ti	Ni	Cu	S	P
							≤			
20CrMo	0.17～0.24	0.17～0.37	0.40～0.70	0.80～1.10	0.15～0.25	—	≤0.30	≤0.30	≤0.035	≤0.035
20CrMnMo	0.17～0.23	0.17～0.37	0.90～1.20	1.10～1.40	0.20～0.30	—				
20CrMnTi	0.17～0.23	0.17～0.37	0.80～1.10	1.0～1.30	—	0.04～0.10				

(2)工业链条销轴用冷拉钢的力学性能见表3－82。

表3－82　工业链条销轴用冷拉钢的力学性能(YB/T 5348—2006)

牌号	抗拉强度 R_m/(N/mm^2)			
	钢丝		圆钢	
	冷拉	退火	冷拉	退火
20CrMo	550～800	450～700	620～870	490～740
20CrMnMo	550～800	500～750	720～970	575～825
20CrMnTi	650～900	500～750	720～970	575～825

2. 工业链条滚子用冷拉钢

(1) 工业链条滚子用冷拉钢的化学成分见表3－83。

表3－83　工业链条滚子用冷拉钢的化学成分 (YB/T 5348—2006)

牌号	化学成分 (质量分数,%)							
	C	Si	Mn	Cr	Ni	Cu	S	P
				≤				
08	0.05～0.12	0.17～0.37	0.35～0.65	0.10	0.25	0.25	0.035	0.035
10	0.07～0.14	0.17～0.37	0.35～0.65	0.15				
15	0.12～0.19	0.17～0.37	0.35～0.65	0.25				

(2) 工业链条滚子用冷拉钢的力学性能见表 3-84。

表 3-84 工业链条滚子用冷拉钢的力学性能（YB/T 5348—2006）

牌号	抗拉强度 R_m/(N/mm²) ≥			
	钢丝		圆钢	
	冷拉	退火	冷拉	退火
08	540	440	440	295
10	540	440	440	295
15	590	490	470	340

3.3.15 弹簧钢

1. 弹簧钢的牌号和化学成分（表 3-85）

表 3-85 弹簧钢的牌号和化学成分（GB/T 1222—2007）

序号	统一数字代号	牌号	化学成分（质量分数,%）										
			C	Si	Mn	Cr	V	W	B	Ni ≤	Cu ≤	P ≤	S ≤
1	U20652	65	0.62~0.70	0.17~0.37	0.50~0.80	≤0.25	—	—	—	0.25	0.25	0.035	0.035
2	U20702	70	0.62~0.75	0.17~0.37	0.50~0.80	≤0.25	—	—	—	0.25	0.25	0.035	0.035
3	U20852	85	0.82~0.90	0.17~0.37	0.50~0.80	≤0.25	—	—	—	0.25	0.25	0.035	0.035
4	U21653	65Mn	0.62~0.70	0.17~0.37	0.90~1.20	≤0.25	—	—	—	0.25	0.25	0.035	0.035
5	A77552	55SiMnVB	0.52~0.60	0.70~1.00	1.00~1.30	≤0.35	0.08~0.16	—	0.0005~0.0035	0.35	0.25	0.035	0.035
6	A11602	60Si2Mn	0.56~0.64	1.50~2.00	0.70~1.00	≤0.35	—	—	—	0.35	0.25	0.035	0.035
7	A11603	60Si2MnA	0.56~0.64	1.60~2.00	0.70~1.00	≤0.35	—	—	—	0.35	0.25	0.025	0.025
8	A21603	60Si2CrA	0.56~0.64	1.40~1.80	0.40~0.70	0.70~1.00	—	—	—	0.35	0.25	0.025	0.025

续表

序号	统一数字代号	牌号	化学成分（质量分数,%）										
			C	Si	Mn	Cr	V	W	B	Ni	Cu	P	S
										≤			
9	A28603	60Si2CrVA	0.56 ~ 0.64	1.40 ~ 1.80	0.40 ~ 0.70	0.90 ~ 1.20	0.10 ~ 0.20	—	—	0.35	0.25	0.025	0.025
10	A21553	55SiCrA	0.51 ~ 0.59	1.20 ~ 1.60	0.50 ~ 0.80	0.50 ~ 0.80	—	—	—	0.35	0.25	0.025	0.025
11	A22553	55CrMnA	0.52 ~ 0.60	0.17 ~ 0.37	0.65 ~ 0.95	0.65 ~ 0.95	—	—	—	0.35	0.25	0.025	0.025
12	A22603	60CrMnA	0.56 ~ 0.64	0.17 ~ 0.37	0.70 ~ 1.00	0.70 ~ 1.00	—	—	—	0.35	0.25	0.025	0.025
13	A23503	50CrVA	0.46 ~ 0.54	0.17 ~ 0.37	0.50 ~ 0.80	0.80 ~ 1.10	0.10 ~ 0.20	—	—	0.35	0.25	0.025	0.025
14	A22613	60CrMnBA	0.56 ~ 0.64	0.17 ~ 0.37	0.70 ~ 1.00	0.70 ~ 1.00	—	—	0.0005 ~ 0.0040	0.35	0.25	0.025	0.025
15	A27303	30W4Cr2VA	0.26 ~ 0.34	0.17 ~ 0.37	≤0.40	2.00 ~ 2.50	0.50 ~ 0.80	4.00 ~ 4.50	—	0.35	0.25	0.025	0.025

2. 弹簧钢的热处理制度和力学性能（表3-86）

表3-86 弹簧钢的热处理制度和力学性能（GB/T 1222—2007）

序号	牌号	热处理制度			力学性能 ≥				
		淬火温度/℃	淬火介质	回火温度/℃	抗拉强度 R_m/(N/mm²)	下屈服强度 R_{eL}/(N/mm²)	断后伸长率 A/%	断后伸长率 $A_{11.3}$/%	断面收缩率 Z/%
1	65	840	油	500	980	785		9	35
2	70	830	油	480	1030	835		8	30
3	85	820	油	480	1130	980		6	30
4	65Mn	830	油	540	980	785		8	30
5	55SiMnVB	860	油	460	1375	1225		5	30
6	60Si2Mn	870	油	480	1275	1180		5	25
7	60Si2MnA	870	油	440	1570	1375		5	20
8	60Si2CrA	870	油	420	1765	1570	6		20
9	60Si2CrVA	850	油	410	1860	1665	6		20
10	55SiCrA	860	油	450	1450 ~ 1750	1300($R_{p0.2}$)	6		25
11	55CrMnA	830 ~ 860	油	460 ~ 510	1225	1080($R_{p0.2}$)	9		20
12	60CrMnA	830 ~ 860	油	460 ~ 520	1225	1080($R_{p0.2}$)	9		20

续表

序号	牌号	热处理制度			力学性能 ≥				
		淬火温度/℃	淬火介质	回火温度/℃	抗拉强度 R_m/(N/mm²)	下屈服强度 R_{eL}/(N/mm²)	断后伸长率 A/%	断后伸长率 $A_{11.3}$/%	断面收缩率 Z/%
13	50CrVA	850	油	500	1275	1130	10		40
14	60CrMnBA	830～860	油	460～520	1225	1080($R_{p0.2}$)	9		20
15	30W4Cr2VA	1050～1100	油	600	1470	1325	7		40

注：热处理温度允许偏差：淬火温度±20℃，回火温度±50℃。

3. 弹簧钢交货状态硬度（表3-87）

表3-87 弹簧钢交货状态硬度（GB/T 1222—2007）

组号	牌号	交货状态	硬度 HBW≤
1	65、70	热轧	285
2	85、65Mn	热轧	302
3	60Si2Mn、60Si2MnA、50CrVA、55SiMnVB、55CrMnA、60CrMnA	热轧	321
4	60Si2CrA、60Si2CrVA、60CrMnBA、55SiCrA、30W4Cr2VA	热轧	供需双方协商
4	60Si2CrA、60Si2CrVA、60CrMnBA、55SiCrA、30W4Cr2VA	热轧+热处理	321
5	所有牌号	冷拉+热处理	321
6	所有牌号	冷拉	供需双方协商

3.3.16 重型机械用弹簧钢

1. 重型机械用弹簧钢的化学成分，热处理制度和力学性能

重型机械用弹簧钢牌号主要有65、70、65Mn、60Si2Mn、60Si2MnA、50CrVA、60Si2CrA、60Si2CrVA等。它们的化学成分可见表3-85，热处理制度和力学性能见表3-86。

2. 重型机械用弹簧钢的交货状态硬度（表3-88）

表3-88 重型机械用弹簧钢的交货状态硬度（JB/T 6399—1992）

牌号	交货状态	硬度 HWB ≤
65、70	不热处理	285
65Mn	不热处理	302
60Si2Mn、60Si2MnA	不热处理	302
50CrVA	热处理	321
60Si2CrA	热处理	321
60Si2CrVA	热处理	321

3.3.17 优质合金模具钢

1. 优质合金模具钢的化学成分（表3－89）

表3－89 优质合金模具钢的化学成分（GB/T 24594—2009）

钢组	序号	统一数字代号	新牌号	旧牌号	化学成分（质量分数,%）									
					C	Si	Mn	Cr	Mo	Ni	Cu	W	V	Al
热作模具钢	1－1	T20280	3Cr2W8V	—	0.30～0.40	≤0.40	≤0.40	2.20～2.70	—	≤0.25	≤0.25	7.50～9.00	0.20～0.50	—
	1－2	T20502	4Cr5MoSiV1	—	0.32～0.45	0.80～1.20	0.20～0.50	4.75～5.50	1.10～1.75	≤0.25	≤0.25	—	0.80～1.20	—
	1－3	T20503	4Cr5MoSiV1A	—	0.37～0.42	0.80～1.20	0.20～0.50	5.00～5.50	1.20～1.75	≤0.25	≤0.25	—	0.80～1.20	—
	1－4	T20103	5Cr06NiMo	5CrNiMo	0.50～0.60	≤0.40	0.50～0.80	0.50～0.80	0.15～0.30	1.40～1.80	≤0.25	—	—	—
	1－5	T20102	5Cr08MnMo	5CrMnMo	0.50～0.60	0.25～0.60	1.20～1.50	0.60～0.90	0.15～0.30	≤0.25	≤0.25	—	—	—
冷作模具钢	2－1	T20110	9Cr06WMn	9CrWMn	0.85～0.95	≤0.40	0.90～1.20	0.50～0.80	—	≤0.25	≤0.25	0.50～0.80	—	—
	2－2	T20111	CrWMn	—	0.90～1.05	≤0.40	0.80～1.10	0.90～1.20	—	≤0.25	≤0.25	1.20～1.60	—	—
	2－3	T21202	Cr12Mo1V1	—	1.40～1.60	≤0.60	≤0.60	11.00～13.00	0.70～1.20	≤0.25	≤0.25	—	0.50～1.10	—

续表

钢组	序号	统一数字代号	新牌号	旧牌号	化学成分（质量分数,%）									
					C	Si	Mn	Cr	Mo	Ni	Cu	W	V	Al
冷作模具钢	2-4	T20201	Cr12MoV	—	1.45~1.70	≤0.40	≤0.40	11.00~12.50	0.40~0.60	≤0.25	≤0.25	—	0.15~0.30	—
	2-5	T21200	Cr12	—	2.00~2.30	≤0.40	≤0.40	11.50~13.00	—	≤0.25	≤0.25	—	—	—
塑料模具钢	3-1	T22032	1Ni3Mn2CuAl	—	0.10~0.15	≤0.35	1.40~2.00	—	0.25~0.50	2.90~3.40	0.80~1.20	—	—	0.70~1.10
	3-2	S42020	20Cr13	2Cr13	0.16~0.25	≤1.00	≤1.00	12.00~14.00	—	≤0.60	—	—	—	—
	3-3	S45930	30Cr17Mo	3Cr17Mo	0.28~0.35	≤0.80	≤1.00	16.00~18.00	0.75~1.25	≤0.60	—	—	—	—
	3-4	S42040	40Cr13	4Cr13	0.35~0.45	≤0.60	≤0.80	12.00~14.00	—	≤0.60	—	—	—	—
	3-5	T22020	3Cr2MnMo	3Cr2Mo	0.28~0.40	0.20~0.80	0.60~1.00	1.40~2.00	0.30~0.55	≤0.25	≤0.25	—	—	—
	3-6	T22024	3Cr2MnNiMo	—	0.32~0.40	0.20~0.40	1.10~1.50	1.70~2.00	0.25~0.40	0.85~1.25	≤0.25	—	—	—

2. 优质合金模具钢的S、P含量（表3-90）

表3-90 优质合金模具钢的S、P含量（GB/T 24594—2009）

组别	冶炼方法	P（质量分数,%）	S（质量分数,%）	
1	真空脱气	≤0.025	热作模具钢	≤0.020
			冷作模具钢、塑料模具钢	≤0.025
2	电渣重熔①	≤0.025	≤0.010	

①4Cr5MoSiV1A钢：P的质量分数≤0.015%，S的质量分数≤0.005%。

3. 优质合金模具钢的交货硬度（表3-91）

表3-91 优质合金模具钢的交货硬度（GB/T 24594—2009）

钢组	序号	统一数字代号	新牌号	旧牌号	交货状态的钢材硬度		试样淬火硬度		
					退火硬度HBW	预硬化硬度HRC	淬火温度	冷却剂	洛氏硬度HRC
热作模具钢	1-1	T20280	3Cr2W8V	—	≤255	—	—	—	—
	1-2	T20502	4Cr5MoSiV1	—	≤235	—	—	—	—
	1-3	T20503	4Cr5MoSiV1A	—	≤235	—	—	—	—
	1-4	T20103	5Cr06NiMo	5CrNiMo	197~241	—	—	—	—
	1-5	T20102	5Cr08MnMo	5CrMnMo	197~241	—	—	—	—
冷作模具钢	2-1	T20110	9Cr06WMn	9CrWMn	197~241	—	800~830℃	油	≥62
	2-2	T20111	CrWMn	—	207~255	—	800~830℃	油	≥62
	2-3	T21202	Cr12Mo1V1	—	≤255	—	820℃±15℃预热,1000℃(盐浴)或1010℃(炉控气氛)±6℃加热,保温10~20min空冷,200℃±6℃回火		≥59
	2-4	T20201	Cr12MoV	—	207~255	—	950~1000℃	油	≥58
	2-5	T21200	Cr12	—	217~269	—	950~1000℃	油	≥60

续表

<table>
<tr><th rowspan="2">钢组</th><th rowspan="2">序号</th><th rowspan="2">统一数字代号</th><th rowspan="2">新牌号</th><th rowspan="2">旧牌号</th><th colspan="2">交货状态的钢材硬度</th><th colspan="3">试样淬火硬度</th></tr>
<tr><th>退火硬度 HBW</th><th>预硬化硬度 HRC</th><th>淬火温度</th><th>冷却剂</th><th>洛氏硬度 HRC</th></tr>
<tr><td rowspan="6">塑料模具钢</td><td>3－1</td><td>T22032</td><td>1Ni3Mn2CuAl</td><td>—</td><td>≤235</td><td>36～43</td><td>—</td><td>—</td><td>—</td></tr>
<tr><td>3－2</td><td>S42020</td><td>20Cr13</td><td>2Cr13</td><td>≤235</td><td>30～36</td><td>—</td><td>—</td><td>—</td></tr>
<tr><td>3－3</td><td>S45930</td><td>30Cr17Mo</td><td>3Cr17Mo</td><td>≤235</td><td>30～36</td><td>—</td><td>—</td><td>—</td></tr>
<tr><td>3－4</td><td>S42040</td><td>40Cr13</td><td>4Cr13</td><td>≤235</td><td>30～36</td><td>—</td><td>—</td><td>—</td></tr>
<tr><td>3－5</td><td>T22020</td><td>3Cr2MnMo</td><td>3Cr2Mo</td><td>≤235</td><td>28～36</td><td>—</td><td>—</td><td>—</td></tr>
<tr><td>3－6</td><td>T22024</td><td>3Cr2MnNiMo</td><td>—</td><td>≤235</td><td>30～36</td><td>—</td><td>—</td><td>—</td></tr>
</table>

4. 优质合金模具钢的尺寸及其允许偏差（表3－92）

表3－92　优质合金模具钢的尺寸及其允许偏差（GB/T 24594—2009）

（单位：mm）

<table>
<tr><th rowspan="4">公称厚度</th><th colspan="8">尺寸允许偏差</th></tr>
<tr><th colspan="4">1组</th><th colspan="2">2组</th><th colspan="2">3组</th></tr>
<tr><th colspan="2">公称宽度
＞300～455</th><th colspan="2">公称宽度
＞455～610</th><th colspan="2">公称宽度
＞300～610</th><th colspan="2">公称宽度
＞510～610</th></tr>
<tr><th>厚度允许偏差</th><th>宽度允许偏差</th><th>厚度允许偏差</th><th>宽度允许偏差</th><th>厚度允许偏差</th><th>宽度允许偏差</th><th>厚度允许偏差</th><th>宽度允许偏差</th></tr>
<tr><td>6～12</td><td>+1.2
0</td><td>+5
0</td><td>+1.5
0</td><td>+7
0</td><td>+1.5
0</td><td rowspan="6">+15
0</td><td rowspan="4">—</td><td rowspan="4">—</td></tr>
<tr><td>＞12～20</td><td>+1.2
0</td><td>+6
−2</td><td>+1.5
0</td><td>+7
−3</td><td>+1.6
0</td></tr>
<tr><td>＞20～70</td><td rowspan="2">+1.4
0</td><td rowspan="2">+6
−2</td><td rowspan="2">+1.7
0</td><td rowspan="2">+7
−3</td><td>+1.8
0</td></tr>
<tr><td>＞70～90</td><td rowspan="3">+3.0
0</td></tr>
<tr><td>＞90～100</td><td rowspan="2">+2.0
0</td><td rowspan="2">+7
−3</td><td rowspan="2">+2.0
0</td><td rowspan="2">+10
−3</td><td rowspan="2">+6
0</td><td rowspan="2">+15
0</td></tr>
<tr><td>＞100～130</td></tr>
</table>

第 4 章　钢　管

4.1　无缝钢管

4.1.1　结构用无缝钢管

1. 优质碳素结构钢、低合金高强度结构钢钢管的力学性能（表 4－1）

表 4－1　优质碳素结构钢、低合金高强度结构钢钢管的力学性能（GB/T 8162—2008）

牌号	质量等级	抗拉强度 R_m/MPa	下屈服强度 R_{eL}①/（N/mm^2） 壁厚/mm			断后伸长率 A/%	冲击试验	
			≤16	>16～30	>30		温度/℃	吸收能量 KV_2/J
			≥					≥
10	—	≥335	205	195	185	24	—	—
15	—	≥375	225	215	205	22	—	—
20	—	≥410	245	235	225	20	—	—
25	—	≥450	275	265	255	18	—	—
35	—	≥510	305	295	285	17	—	—
45	—	≥590	335	325	315	14	—	—
20Mn	—	≥450	275	265	255	20	—	—
25Mn	—	≥490	295	285	275	18	—	—
Q235	A	375～500	235	225	215	25	—	—
	B						+20	27
	C						0	
	D						－20	

续表

牌号	质量等级	抗拉强度 R_m/MPa	下屈服强度 R_{eL}①/（N/mm^2） 壁厚/mm ≤16	>16～30	>30	断后伸长率 A/%	冲击试验 温度/℃	吸收能量 KV_2/J
			≥					≥
Q275	A	415～540	275	265	255	22	—	—
	B						+20	27
	C						0	
	D						-20	
Q295	A	390～570	295	275	255	22	—	—
	B						+20	34
Q345	A	470～630	345	325	295	20	—	—
	B						+20	34
	C					21	0	
	D						-20	
	E						-40	27
Q390	A	490～650	390	370	350	18	—	—
	B						+20	34
	C					19	0	
	D						-20	
	E						-40	27
Q420	A	520～680	420	400	380	18	—	—
	B						+20	34
	C					19	0	
	D						-20	
	E						-40	27
Q460	C	550～720	460	440	420	17	0	34
	D						-20	
	E						-40	27

①拉伸试验时，如不能测定屈服强度，可测定规定非比例延伸强度 $R_{p0.2}$ 代替 R_{eL}。

2. 合金钢钢管的热处理制度及力学性能（表4-2）

表4-2 合金钢钢管的热处理制度及力学性能（GB/T 8162—2008）

序号	牌号	推荐的热处理制度①：淬火（正火）温度/℃ 第一次	淬火（正火）温度/℃ 第二次	淬火（正火）冷却介质	回火温度/℃	回火冷却介质	拉伸性能：抗拉强度 R_m/(N/mm²) ≥	下屈服强度② R_{eL}/(N/mm²) ≥	断后伸长率 A/% ≥	钢管退火或高温回火交货状态布氏硬度 HBW ≤
1	40Mn2	840	—	水、油	540	水、油	885	735	12	217
2	45Mn2	840	—	水、油	550	水、油	885	735	10	217
3	27SiMn	920	—	水	450	水、油	980	835	12	217
4	40MnB③	850	—	油	500	水、油	980	785	10	207
5	45MnB③	840	—	油	500	水、油	1030	835	9	217
6	20Mn2B③④	880	—	油	200	水、空	980	785	10	187
7	20Cr④⑤	880	800	水、油	200	水、空	835	540	10	179
							785	490	10	179
8	30Cr	860	—	油	500	水、油	885	685	11	187
9	35Cr	860	—	油	500	水、油	930	735	11	207
10	40Cr	850	—	油	520	水、油	980	785	9	207
11	45Cr	840	—	油	520	水、油	1030	835	9	217
12	50Cr	830	—	油	520	水、油	1080	930	9	229
13	38CrSi	900	—	油	600	水、油	980	835	12	255
14	12CrMo	900	—	空	650	空	410	265	24	179
15	15CrMo	900	—	空	650	空	440	295	22	179
16	20CrMo④⑤	880	—	水、油	500	水、油	885	685	11	197
							845	635	12	197
17	35CrMo	850	—	油	550	水、油	980	835	12	229
18	42CrMo	850	—	油	560	水、油	1080	930	12	217
19	12CrMoV	970	—	空	750	空	440	225	22	241
20	12Cr1MoV	970	—	空	750	空	490	245	22	179
21	38CrMoAl⑤	940	—	水、油	640	水、油	980	835	12	229
							930	785	14	229
22	50CrVA	860	—	油	500	水、油	1275	1130	10	255
23	20CrMn	850	—	油	200	水、空	930	735	10	187
24	20CrMnSi④	880	—	油	480	水、油	785	635	12	207

续表

序号	牌号	推荐的热处理制度①					拉伸性能			钢管退火或高温回火交货状态布氏硬度HBW
		淬火(正火)			回火		抗拉强度 R_m /(N/mm²)	下屈服强度② R_{eL} /(N/mm²)	断后伸长率 A/%	
		温度/℃		冷却介质	温度/℃	冷却介质				
		第一次	第二次							
							≥			≤
25	30CrMnSi④⑤	880	—	油	520	水、油	1080	885	8	229
							980	835	10	229
26	35CrMnSiA③	880	—	油	230	水、空	1620	—	9	229
27	20CrMnTi④⑥	880	870	油	200	水、空	1080	835	10	217
28	30CrMnTi④⑥	880	850	油	200	水、空	1470	—	9	229
29	12CrNi2	860	780	水、油	200	水、空	785	590	12	207
30	12CrNi3	860	780	油	200	水、空	930	685	11	217
31	12Cr2Ni4	860	780	油	200	水、空	1080	835	10	269
32	40CrNiMoA	850	—	油	600	水、油	980	835	12	269
33	45CrNiMoVA	860	—	油	460	油	1470	1325	7	269

①表中所列热处理温度允许调整范围：淬火温度 ±20℃，低温回火温度 ±30℃，高温回火温度 ±50℃。

②拉伸试验时，如不能测定屈服强度，可测定规定非比例延伸强度 $R_{p0.2}$ 代替 R_{eL}。

③含硼钢在淬火前可先正火，正火温度应不高于其淬火温度。

④于 280 ~ 320℃ 等温淬火。

⑤按需方指定的一组数据交货，当需方未指定时，可按其中任一组数据交货。

⑥含铬锰钛钢第一次淬火可用正火代替。

4.1.2 冷拔或冷轧精密无缝钢管

1. 冷拔或冷轧精密无缝钢管的交货状态（表 4－3）

表 4－3 冷拔或冷轧精密无缝钢管的交货状态（GB/T 3094—2009）

交货状态	代号	说明
冷加工/硬	+C	最后冷加工之后钢管不进行热处理
冷加工/软	+LC	最后热处理之后进行适当的冷加工
冷加工后去应力退火	+SR	最后冷加工后，钢管在控制气氛中进行去应力退火
退火	+A	最后冷加工之后，钢管在控制气氛中进行完全退火
正火	+N	最后冷加工之后，钢管在控制气氛中进行正火

2. 冷拔或冷轧精密无缝钢管的力学性能（表4-4）

表4-4 冷拔或冷轧精密无缝钢管的力学性能（GB/T 3639—2009）

牌号	交货状态											
	+C①		+LC①		+SR			+A②		+N		
	R_m/(N/mm²)	A/%	R_m/(N/mm²)	A/%	R_m/(N/mm²)	R_{eH}/(N/mm²)	A/%	R_m/(N/mm²)	A/%	R_m/(N/mm²)	R_{eH}③/(N/mm²)	A/%
	≥											
10	430	8	380	10	400	300	16	335	24	320~450	215	27
20	550	5	520	8	520	375	12	390	21	440~570	255	21
35	590	5	550	7	—	—	—	510	17	≥460	280	21
45	645	4	630	6	—	—	—	590	14	≥540	340	18
Q345B	640	4	580	7	580	450	10	450	22	490~630	355	22

①受冷加工变形程度的影响，屈服强度非常接近抗拉强度，因此推荐计算关系式为：+C状态：$R_{eH} \geqslant 0.8R_m$；+LC状态：$R_{eH} \geqslant 0.7R_m$。

②推荐下列关系式计算：$R_{eH} \geqslant 0.5R_m$。

③外径不大于30mm且壁厚不大于3mm的钢管，其最小上屈服强度可降低10N/mm²。

4.1.3 低中压锅炉用无缝钢管

1. 低中压锅炉用无缝钢管的力学性能（表4-5）

表4-5 低中压锅炉用无缝钢管的力学性能（GB 3087—2008）

牌号	抗拉强度 R_m/（N/mm²）	下屈服强度 R_{eL}（N/mm²） 壁厚/mm ≤16	下屈服强度 R_{eL}（N/mm²） 壁厚/mm >16	断后伸长率 A/%
		≥		≥
10	335～475	205	195	24
20	410～550	245	235	20

2. 低中压锅炉用无缝钢管在高温下的规定非比例延伸强度（表4-6）

表4-6 低中压锅炉用无缝钢管在高温下的规定非比例延伸强度（GB 3087—2008）

试样状态	规定非比例延伸强度最小值 $R_{p0.2}$/（N/mm²）					
	试验温度/℃					
	200	250	300	350	400	450
供货状态	165	145	122	111	109	107
	188	170	149	137	134	132

4.1.4　高压锅炉用无缝钢管

1. 高压锅炉用无缝钢管用钢的牌号和化学成分（表4－7）

表4－7　高压锅炉用无缝钢管用钢的牌号和化学成分（GB 5310—2008）

钢类	序号	牌号①	化学成分(质量分数,%)②															
			C	Si	Mn	Cr	Mo	V	Ti	B	Ni	Alt	Cu	Nb	N	W	P ≤	S ≤
优质碳素结构钢	1	20G	0.17～0.23	0.17～0.37	0.35～0.65	—	—	—	—	—	—	③	—	—	—	—	0.025	0.015
	2	20MnG	0.17～0.23	0.17～0.37	0.70～1.00	—	—	—	—	—	—	—	—	—	—	—	0.025	0.015
	3	25MnG	0.22～0.27	0.17～0.37	0.70～1.00	—	—	—	—	—	—	—	—	—	—	—	0.025	0.015
合金结构钢	4	15MoG	0.12～0.20	0.17～0.37	0.40～0.80	—	0.25～0.35	—	—	—	—	—	—	—	—	—	0.025	0.015
	5	20MoG	0.15～0.25	0.17～0.37	0.40～0.80	—	0.44～0.65	—	—	—	—	—	—	—	—	—	0.025	0.015
	6	12CrMoG	0.08～0.15	0.17～0.37	0.40～0.70	0.40～0.70	0.40～0.55	—	—	—	—	—	—	—	—	—	0.025	0.015
	7	15CrMoG	0.12～0.18	0.17～0.37	0.40～0.70	0.80～1.10	0.40～0.55	—	—	—	—	—	—	—	—	—	0.025	0.015
	8	12Cr2MoG	0.08～0.15	≤0.50	0.40～0.60	2.00～2.50	0.90～1.13	—	—	—	—	—	—	—	—	—	0.025	0.015

续表

钢类	序号	牌号①	化学成分(质量分数,%)② C	Si	Mn	Cr	Mo	V	Ti	B	Ni	Alt	Cu	Nb	N	W	P ≤	S ≤
合金结构钢	9	12Cr1MoVG	0.08 ~ 0.15	0.17 ~ 0.37	0.40 ~ 0.70	0.90 ~ 1.20	0.25 ~ 0.35	0.15 ~ 0.30	—	—	—	—	—	—	—	—	0.025	0.010
	10	12Cr2MoWVTiB	0.08 ~ 0.15	0.45 ~ 0.75	0.45 ~ 0.65	1.60 ~ 2.10	0.50 ~ 0.65	0.28 ~ 0.42	0.08 ~ 0.18	0.0020 ~ 0.0080	—	—	—	—	—	0.30 ~ 0.55	0.025	0.015
	11	07Cr2MoW2VNbB	0.04 ~ 0.10	≤0.50	0.10 ~ 0.60	1.90 ~ 2.60	0.05 ~ 0.30	0.20 ~ 0.30	—	0.0005 ~ 0.0060	—	≤0.030	—	0.02 ~ 0.08	≤0.030	1.45 ~ 1.75	0.025	0.010
	12	12Cr3MoVSiTiB	0.09 ~ 0.15	0.60 ~ 0.90	0.50 ~ 0.80	2.50 ~ 3.00	1.00 ~ 1.20	0.25 ~ 0.35	0.22 ~ 0.38	0.0050 ~ 0.0110	—	—	—	—	—	—	0.025	0.015
	13	15Ni1MnMoNbCu	0.10 ~ 0.17	0.25 ~ 0.50	0.80 ~ 1.20	—	0.25 ~ 0.50	—	—	—	1.00 ~ 1.30	≤0.050	0.50 ~ 0.80	0.015 ~ 0.045	≤0.020	—	0.025	0.015
	14	10Cr9Mo1VNbN	0.08 ~ 0.12	0.20 ~ 0.50	0.30 ~ 0.60	8.00 ~ 9.50	0.85 ~ 1.05	0.18 ~ 0.25	—	—	≤0.40	≤0.020	—	0.06 ~ 0.10	0.030 ~ 0.070	—	0.020	0.010
	15	10Cr9MoW2VNbBN	0.07 ~ 0.13	≤0.50	0.30 ~ 0.60	8.50 ~ 9.50	0.30 ~ 0.60	0.15 ~ 0.25	—	0.0010 ~ 0.0050	≤0.40	≤0.020	—	0.04 ~ 0.09	0.030 ~ 0.070	1.50 ~ 2.00	0.020	0.010
	16	10Cr11MoW2VNbCu1BN	0.07 ~ 0.14	≤0.50	≤0.70	10.00 ~ 11.50	0.25 ~ 0.60	0.15 ~ 0.30	—	0.0005 ~ 0.0050	≤0.50	≤0.020	0.30 ~ 1.70	0.04 ~ 0.10	0.040 ~ 0.100	1.50 ~ 2.50	0.020	0.010
	17	11Cr9Mo1W1VNbBN	0.09 ~ 0.13	0.10 ~ 0.50	0.30 ~ 0.60	8.50 ~ 9.50	0.90 ~ 1.10	0.18 ~ 0.25	—	0.0003 ~ 0.0060	≤0.40	≤0.020	—	0.06 ~ 0.10	0.040 ~ 0.090	0.90 ~ 1.10	0.020	0.010

续表

钢类	序号	牌号①	化学成分（质量分数,%）②															
			C	Si	Mn	Cr	Mo	V	Ti	B	Ni	Alt	Cu	Nb	N	W	P ≤	S ≤
不锈（耐热）钢	18	07Cr19Ni10	0.04～0.10	≤0.75	≤2.00	18.00～20.00	—	—	—	—	8.00～11.00	—	—	—	—	—	0.030	0.015
	19	10Cr18Ni9NbCu3BN	0.07～0.13	≤0.30	≤1.00	17.00～19.00	—	—	—	0.0010～0.0100	7.50～10.50	0.003～0.030	2.50～3.50	0.30～0.60	0.050～0.120	—	0.030	0.010
	20	07Cr25Ni21NbN	0.04～0.10	≤0.75	≤2.00	24.00～26.00	—	—	—	—	19.00～22.00	—	—	0.20～0.60	0.150～0.350	—	0.030	0.015
	21	07Cr19Ni11Ti	0.04～0.10	≤0.75	≤2.00	17.00～20.00	—	—	4C～0.60		9.00～13.00	—	—	—	—	—	0.030	0.015
	22	07Cr18Ni11Nb	0.04～0.10	≤0.75	≤2.00	17.00～19.00	—	—	—	—	9.00～13.00	—	—	8C～1.10	—	—	0.030	0.015
	23	08Cr18Ni11NbFG①	0.06～0.10	≤0.75	≤2.00	17.00～19.00	—	—	—	—	9.00～12.00	—	—	8C～1.10	—	—	0.030	0.015

①牌号 08Cr18Ni11NbFG 中的“FG”表示细晶粒。

②除非冶炼需要，未经需方同意，不允许在钢中有意添加本表中未提及的元素，制造厂应采取措施，以防止废铜和生产过程中所使用的其他材料把会削弱钢材力学性能及适用性的元素带入钢中。

③20G 钢中 Alt 不大于 0.015%，不作交货要求，但应填入质量证明书中。

2. 高压锅炉用无缝钢管用钢成品化学成分允许偏差（表4-8）

表4-8 高压锅炉用无缝钢管用钢成品化学成分允许偏差（GB 5310—2008）

元素	规定的熔炼化学成分上限值（质量分数,%）	允许偏差（质量分数,%）	
		上偏差	下偏差
C	≤0.27	0.01	0.01
Si	≤0.37	0.02	0.02
	>0.37~1.00	0.04	0.04
Mn	≤1.00	0.03	0.03
	>1.00~2.00	0.04	0.04
P	≤0.025	0.005	—
S	≤0.015	0.005	—
Cr	≤1.00	0.05	0.05
	>1.00~10.00	0.10	0.10
	>10.00~15.00	0.15	0.15
	>15.00~26.00	0.20	0.20
Mo	≤0.35	0.03	0.03
	>0.35~1.20	0.04	0.04
V	≤0.10	0.01	—
	>0.10~0.42	0.03	0.03
Ti	≤0.01	0	—
	>0.01~0.38	0.01	0.01
Ni	≤1.00	0.03	0.03
	>1.00~1.30	0.05	0.05
	>1.30~10.00	0.10	0.10
	>10.00~22.00	0.15	0.15
Nb	≤0.10	0.005	0.005
	>0.10~1.10	0.05	0.05
W	≤1.00	0.04	0.04
	>1.00~2.50	0.08	0.08
Cu	≤1.00	0.05	0.05
	>1.00~3.50	0.10	0.10
Al	≤0.050	0.005	0.005
B	≤0.0050	0.0005	0.0001
	>0.0050~0.0110	0.0010	0.0003
N	≤0.100	0.005	0.005
	>0.100~0.350	0.010	0.010
Zr	≤0.01	0	—

3. 高压锅炉用无缝钢管的热处理制度（表4-9）

表4-9 高压锅炉用无缝钢管的热处理制度（GB 5310—2008）

序号	牌号	热处理制度
1	20G①	正火：正火温度880～940℃
2	20MnG①	正火：正火温度880～940℃
3	25MnG①	正火：正火温度880～940℃
4	15MoG②	正火：正火温度890～950℃
5	20MoG②	正火：正火温度890～950℃
6	12CrMoG②	正火+回火：正火温度900～960℃，回火温度670～730℃
7	15CrMoG②	正火+回火：正火温度900～960℃，回火温度680～730℃
8	12Cr2MoG②	$\delta \leq 30$mm的钢管正火+回火：正火温度900～960℃；回火温度700～750℃ $\delta > 30$mm的钢管淬火+回火或正火+回火：淬火温度不低于900℃，回火温度700～750℃；正火温度900～960℃，回火温度700～750℃，但正火后应进行快速冷却
9	12Cr1MoVG②	$\delta \leq 30$mm的钢管正火+回火：正火温度980～1020℃，回火温度720～760℃ $\delta > 30$mm的钢管淬火+回火或正火+回火：淬火温度950～990℃，回火温度720～760℃；正火温度980～1020℃，回火温度720～760℃，但正火后应进行快速冷却
10	12Cr2MoWVTiB	正火+回火：正火温度1020～1060℃；回火温度760～790℃
11	07Cr2MoW2VNbB	正火+回火：正火温度1040～1080℃；回火温度750～780℃
12	12Cr3MoVSiTiB	正火+回火：正火温度1040～1090℃；回火温度720～770℃
13	15Ni1MnMoNbCu	$\delta \leq 30$mm的钢管正火+回火：正火温度880～980℃，回火温度610～680℃ $\delta > 30$mm的钢管淬火+回火或正火+回火：淬火温度不低于900℃，回火温度610～680℃；正火温度880～980℃，回火温度610～680℃，但正火后应进行快速冷却
14	10Cr9Mo1VNbN	正火+回火：正火温度1040～1080℃；回火温度750～780℃。$\delta > 70$mm的钢管可淬火+回火，淬火温度不低于1040℃，回火温度750～780℃

续表

序号	牌号	热处理制度
15	10Cr9MoW2VNbBN	正火+回火：正火温度1040～1080℃；回火温度760～790℃。δ>70mm的钢管可淬火+回火，淬火温度不低于1040℃，回火温度760～790℃
16	10Cr11MoW2VNbCu1BN	正火+回火：正火温度1040～1080℃；回火温度760～790℃。δ>70mm的钢管可淬火+回火，淬火温度不低于1040℃，回火温度760～790℃
17	11Cr9Mo1W1VNbBN	正火+回火：正火温度1040～1080℃；回火温度750～780℃。δ>70mm的钢管可淬火+回火，淬火温度不低于1040℃，回火温度750～780℃
18	07Cr19Ni10	固溶处理：固溶温度≥1040℃，急冷
19	10Cr18Ni9NbCu3BN	固溶处理：固溶温度≥1100℃，急冷
20	07Cr25Ni21NbN③	固溶处理：固溶温度≥1100℃，急冷
21	07Cr19Ni11Ti③	固溶处理：热轧（挤压、扩）钢管固溶温度≥1050℃，冷拔（轧）钢管固溶温度≥1100℃，急冷
22	07Cr18Ni11Nb③	固溶处理：热轧（挤压、扩）钢管固溶温度≥1050℃，冷拔（轧）钢管固溶温度≥1100℃，急冷
23	08Cr18Ni11NbFG	冷加工之前软化热处理：软化热处理温度应至少比固溶处理温度高50℃；最终冷加工之后固溶处理：固溶温度≥1180℃，急冷

注：δ指钢管公称壁厚。

①热轧（挤压、扩）钢管终轧温度在相变临界温度Ar_3至表中规定温度上限的范围内，且钢管是经过空冷时，则应认为钢管是经过正火的。

②D≥457mm的热扩钢管，当钢管终轧温度在相变临界温度Ar_3至表中规定温度上限的范围内，且钢管是经过空冷时，则应认为钢管是经过正火的；其余钢管在需方同意的情况下，并在合同中注明，可采用符合前述规定的在线正火。

③根据需方要求，牌号为07Cr25Ni21NbN、07Cr19Ni11Ti和07Cr18Ni11Nb的钢管在固溶处理后可接着进行低于初始固溶处理温度的稳定化热处理，稳定化热处理的温度由供需双方协商。

4. 高压锅炉用无缝钢管的力学性能（表4-10）

表4-10 高压锅炉用无缝钢管的力学性能（GB 5310—2008）

序号	牌号	拉伸性能				冲击吸收功 A_K/J		硬度		
		抗拉强度 R_m /(N/mm²)	下屈服强度或规定非比例延伸强度 R_{eL} 或 $R_{p0.2}$ /(N/mm²)	断后伸长率 A/%		纵向	横向	HBW	HV	HRB
				纵向	横向					
			≥					≤		
1	20G	410~550	245	24	22	40	27	—	—	—
2	20MnG	415~560	240	22	20	40	27	—	—	—
3	25MnG	485~640	275	20	18	40	27	—	—	—
4	15MoG	450~600	270	22	20	40	27	—	—	—
5	20MoG	415~665	220	22	20	40	27	—	—	—
6	12CrMoG	410~560	205	21	19	40	27	—	—	—
7	15CrMoG	440~640	295	21	19	40	27	—	—	—
8	12Cr2MoG	450~600	280	22	20	40	27	—	—	—
9	12Cr1MoVG	470~640	255	21	19	40	27	—	—	—
10	12Cr2MoWVTiB	540~735	345	18	—	40	—	—	—	—
11	07Cr2MoW2VNbB	≥510	400	22	18	40	27	220	230	97
12	12Cr3MoVSiTiB	610~805	440	16	—	40	—	—	—	—
13	15Ni1MnMoNbCu	620~780	440	19	17	40	27	—	—	—
14	10Cr9Mo1VNbN	≥585	415	20	16	40	27	250	265	25HRC
15	10Cr9MoW2VNbBN	≥620	440	20	16	40	27	250	265	25HRC
16	10Cr11MoW2VNbCu1BN	≥620	400	20	16	40	27	250	265	25HRC
17	11Cr9Mo1W1VNbBN	≥620	440	20	16	40	27	238	250	23HRC
18	07Cr19Ni10	≥515	205	35	—	—	—	192	200	90
19	10Cr18Ni9NbCu3BN	≥590	235	35	—	—	—	219	230	95
20	07Cr25Ni21NbN	≥655	295	30	—	—	—	256	—	100
21	07Cr19Ni11Ti	≥515	205	35	—	—	—	192	200	90
22	07Cr18Ni11Nb	≥520	205	35	—	—	—	192	200	90
23	08Cr18Ni11NbFG	≥550	205	35	—	—	—	192	200	90

4.1.5 高压锅炉用内螺纹无缝钢管

1. 高压锅炉用内螺纹无缝钢管用钢的化学成分（表 4-11）

表 4-11 高压锅炉用内螺纹无缝钢管用钢的化学成分（GB/T 20409—2006）

序号	牌号	化学成分（质量分数,%）						
		C	Mn	Si	Cr	Mo	S	P
1	20G	0.17～0.23	0.35～0.65	0.17～0.37	—	—	≤0.020	≤0.025
2	20MnG	0.17～0.23	0.70～1.00	0.17～0.37	—	—	≤0.020	≤0.025
3	25MnG	0.22～0.29	0.70～1.00	0.17～0.37	—	—	≤0.020	≤0.025
4	12CrMoG	0.08～0.15	0.40～0.70	0.17～0.37	0.40～0.70	0.40～0.55	≤0.020	≤0.025
5	15CrMoG	0.12～0.18	0.40～0.70	0.17～0.37	0.80～1.10	0.40～0.55	≤0.020	≤0.025

注：1. 20G、20MnG、25MnG 的残余元素含量应符合：Cu≤0.20%、Cr≤0.25%、Ni≤0.25%、V≤0.08%、Mo≤0.15%；其余牌号的残余元素含量应符合：Cu≤0.20%、Ni≤0.30%。

2. 20G 钢中酸溶铝应不大于 0.010%。

3. 用氧气转炉加炉外精炼制造的钢，氮含量应不大于 0.008%。

2. 高压锅炉用内螺纹无缝钢管的热处理制度（表 4-12）

表 4-12 高压锅炉用内螺纹无缝钢管的热处理制度（GB/T 20409—2006）

序号	牌号	热处理制度
1	20G	900～930℃正火，保温时间按壁厚 1min/mm，但不应小于 12min
2	20MnG	900～930℃正火，保温时间按壁厚 1min/mm，但不应小于 12min
3	25MnG	900～930℃正火，保温时间按壁厚 1min/mm，但不应小于 12min
4	12CrMoG	900～930℃正火，670～720℃回火，保温时间：周期式炉大于 2h，连续炉大于 1h
5	15CrMoG	930～960℃正火，680～720℃回火，保温时间：周期式炉大于 2h，连续炉大于 1h

注：其他推荐牌号的热处理制度由供需双方协商。

3. 高压锅炉用内螺纹无缝钢管的室温纵向力学性能（表4－13）

表4－13 高压锅炉用内螺纹无缝钢管的室温纵向力学性能(GB/T 20409—2006)

序号	牌号	抗拉强度 R_m/（N/mm²）	下屈服强度 R_{eL}/（N/mm²）	断后伸长率 A/%	冲击吸收功 A_{KV}/J
			≥		
1	20G	410～550	245	24	35
2	20MnG	≥415	240	22	35
3	25MnG	≥485	275	20	35
4	12CrMoG	410～560	205	21	35
5	15CrMoG	440～640	235	21	35

4. 高压锅炉用内螺纹无缝钢管的尺寸及理论质量（表4－14）

表4－14 高压锅炉用内螺纹无缝钢管的尺寸及理论质量(GB/T 20409—2006)

序号	齿型	外径/mm	公称壁厚/mm	最小壁厚/mm	参考理论质量/（kg/m）
1	"A"型	28.6	6.38	5.8	3.66
2		44.5	5.66	5.1	5.66
3		45	6	5.4	6.01
4		50.8	6.44	5.8	7.37
5		51	6.33	5.7	7.30
6		60	7	6.3	9.47
7		60	8	7.2	10.58
8		60.3	8.33	7.5	11.00
9		60.3	9	8.1	11.71
10		60.3	14.43	13	16.64
11		63.5	7.33	6.6	10.48
12		63.5	7.50	6.7	10.68
13		63.5	7.89	7.1	11.14
14		63.5	7.99	7.2	11.26
15		63.5	12.13	10.9	15.69
16		63.5	12.21	11	15.76
17		63.5	14.10	12.7	17.50
18		63.5	14.43	13	17.78
19		69.8	16.04	14.4	21.58
20		70	10	9	15.12
21		70	9	8.1	13.86
22		76.2	18.33	16.5	26.47

续表

序号	齿型	外径/mm	公称壁厚/mm	最小壁厚/mm	参考理论质量/（kg/m）
23	“B”型	35	7.20	6.5	5.10
24		38	7.20	6.5	5.64
25		38.1	7.44	6.7	5.79
26		60	7.20	6.5	9.72
27		60	7.75	7	10.33
28		60	8.30	7.5	10.93
29		66.7	8	7.2	10.80
30		66.7	8.55	7.7	11.40

4.1.6 高压给水加热器用无缝钢管

1. 高压给水加热器用无缝钢管用钢的化学成分（表4-15）

表4-15 高压给水加热器用无缝钢管用钢的化学成分（GB/T 24591—2009）

牌号	化学成分（质量分数,%）									
	C	Si	Mn	Cr	Mo	V	Ni	Cu	P	S
									≤	
20GJ	0.17～0.23	0.17～0.37	0.35～0.65	≤0.25	≤0.15	≤0.08	≤0.25	≤0.20	0.025	0.020
20MnCJ	0.17～0.25	0.17～0.37	0.70～1.06	≤0.25	≤0.15	≤0.08	≤0.25	≤0.20	0.025	0.020
15MoGJ	0.12～0.20	0.17～0.37	0.40～0.80	≤0.30	0.25～0.35	—	≤0.30	≤0.20	0.025	0.020

2. 高压给水加热器用无缝钢管的力学性能（表4-16）

表4-16 高压给水加热器用无缝钢管的力学性能（GB/T 24591—2009）

牌号	拉伸性能			硬度	
	抗拉强度 R_m/（N/mm²）	下屈服强度 R_{eL}/（N/mm²）	断后伸长率 A_{50mm}/%	HRB	HV
	≥			≤	
20GJ	410	245	30	85	163
20MnGJ	480	280	30	89	178
15MoGJ	450	270	30	89	178

4.1.7 高压化肥设备用无缝钢管

1. 高压化肥设备用无缝钢管的外径及壁厚的允许偏差（表4－17）

表4－17 高压化肥设备用无缝钢管的外径及壁厚的允许偏差（GB 6479—2000）

钢管种类	钢管尺寸/mm		允许偏差	
			普通级	高级
热轧（挤压）钢管	外径 D	≤159	±1.0% （最小值为±0.5mm）	±0.75% （最小值为±0.3mm）
		>159	±1.0%	±0.90%
	壁厚 δ	≤20	+15% −10%	±10%
		>20	+12.5% −10.0%	±10%

2. 高压化肥设备用无缝钢管用钢的牌号及化学成分（表4－18）

表4－18 高压化肥设备用无缝钢管用钢的牌号及化学成分（GB 6479—2000）

牌号	化学成分（质量分数，%）										
	C	Si	Mn	Cr	Mo	V	W	Nb	Ni	P	S
										≤	
10	0.07～0.14	0.17～0.37	0.35～0.65	—	—	—	—	—	—	0.030	0.030
20	0.17～0.24	0.17～0.37	0.35～0.65	—	—	—			—	0.030	0.030
16Mn	0.12～0.20	0.20～0.60	1.20～1.60	—	—	—	—	—	—	0.030	0.030
15MnV	0.12～0.18	0.20～0.60	1.20～1.60	—	—	0.04～0.12	—	—	—	0.030	0.030
10MoWVNb	0.07～0.13	0.50～0.80	0.50～0.80	—	0.60～0.90	0.30～0.50	0.50～0.90	0.06～0.12		0.030	0.030
12CrMo	0.08～0.15	0.17～0.37	0.40～0.70	0.40～0.70	0.40～0.55	—	—	—	—	0.030	0.030
15CrMo	0.12～0.18	0.17～0.37	0.40～0.70	0.80～1.10	0.40～0.55	—	—	—	—	0.030	0.030
1Cr5Mo	≤0.15	≤0.50	≤0.60	4.00～6.00	0.45～0.60	—	—	—	≤0.60	0.030	0.030

续表

牌号	化学成分（质量分数,%）									
	C	Si	Mn	Cr	Mo	V	W	Nb	Ni	P ≤	S ≤
12Cr2Mo	0.80 ~ 0.15	≤0.50	0.40 ~ 0.70	2.0 ~ 2.50	0.90 ~ 1.20	—	—	—	—	0.030	0.030
12SiMoVNb	0.08 ~ 0.14	0.50 ~ 0.80	0.60 ~ 0.90		0.90 ~ 1.10	0.30 ~ 0.50	—	0.04 ~ 0.08	—	0.030	0.030

3. 高压化肥设备用无缝钢管用钢中残余元素含量（表4-19）

表4-19　高压化肥设备用无缝钢管用钢中残余元素含量（GB 6479—2000）

牌号	残余元素（质量分数,%）　≤				
	Ni	Ci	Cu	Mo	V
10	0.25	0.15	0.20	—	—
20	0.25	0.25	0.20	0.15	0.08
其他	0.30	0.30	0.20	—	—

4. 高压化肥设备用无缝钢管的热处理制度（表4-20）

表4-20　高压化肥设备用无缝钢管的热处理制度（GB 6479—2000）

序号	牌号	热处理制度
1	10	正火
2	20	正火
3	16Mn	正火
4	15MnV	正火
5	12CrMo	900~930℃正火，670~720℃回火，保温时间：周期式炉大于2h，连续炉大于1h
6	15CrMo	930~960℃正火，680~720℃回火，保温时间：周期式炉大于2h，连续炉大于1h
7	12Cr2Mo	900~960℃正火，700-750℃回火。也可先加热至900~960℃，炉冷至700℃，保温1h以上，空冷
8	10MoWVNb	970~990℃正火，730~750℃回火，或800~820℃高温退火
9	1Cr5Mo	退火
10	12SiMoVNb	980~1020℃正火，710~750℃回火

注：热轧管终轧温度符合正火温度时，可以代替正火。

5. 高压化肥设备用无缝钢管的力学性能（表4-21）

表4-21　高压化肥设备用无缝钢管的力学性能（GB 6479—2000）

序号	牌号	力学性能				
		抗拉强度 R_m / （N/mm²）	规定非比例延伸强度 $R_{p0.2}$/（N/mm²）	断后伸长率 A/%	断面收缩率 Z/%	冲击吸收功 A_{KU2}/J
			≥			
1	10	335～490	205	24	—	—
2	20	410～550	245	24	—	39
3	16Mn	490～670	320	21	—	47
4	15MnV	510～690	350	19	—	47
5	12CrMo	410～560	205	21	—	55
6	15CrMo	440～640	235	21	—	47
7	12Cr2Mo	450～600	280	20	—	38
8	10MoWVNb	470～670	295	19	—	62
9	1Cr5Mo	390～590	195	22	—	94
10	12SiMoVNb	≥470	315	19	50	47

注：用12Cr2Mo钢制造的钢管，当外径不大于30mm且壁厚不大于3mm时，其$R_{p0.2}$允许降低10N/mm²。其他牌号当壁厚为>16～40mm时，$R_{p0.2}$允许降低10N/mm²。

6. 高压化肥设备用无缝钢管的低温冲击性能（表4-22）

表4-22　高压化肥设备用无缝钢管的低温冲击性能（GB 6479—2000）

牌号	试验温度/℃	试样方向	冲击吸收功 A_{KV}/J	
			试样尺寸/mm	
			10×10×55	5×10×55
10	-20	纵向	≥18	≥12
20				
16Mn	-40		≥21	≥14

注：外径不小于57mm且壁厚不小于14mm时，应做标准尺寸试样的冲击试验，外径不小于49mm且壁厚不小于8mm时，应做宽度为5mm的小尺寸试样的冲击试验。

4.1.8 柴油机用高压无缝钢管

1. 柴油机用高压无缝钢管的尺寸（表4-23）

表4-23 柴油机用高压无缝钢管的尺寸（GB/T 3093—2002）

内径 d/mm	外径 D/mm			
	6.0	7.0	8.0	10.0
1.5	×			
1.6	×			
1.8	×			
2.0	×	×	×	
2.2	×	×	×	
2.5		×	×	
2.8		×	×	×
3.0			×	×
3.3				×
4.0				×
建议最小弯曲半径	18	21	25	30

注："×"表示钢管有此规格。

2. 柴油机用高压无缝钢管的外径及内径尺寸偏差（表4-24）

表4-24 柴油机用高压无缝钢管的外径及内径尺寸偏差（GB/T 3093—2002）

（单位：mm）

精度等级	外径 D	外径允许偏差	内径 d	内径允许偏差
A	所有外径	±0.10	≤3.0	+1.10 -0.20
			>3.0	+1.10 -0.30

3. 柴油机用高压无缝钢管用钢的牌号及化学成分（表4-25）

表4-25 柴油机用高压无缝钢管用钢的牌号及化学成分(GB/T 3093 — 2002)

统一数字代号	牌号	化学成分（质量分数,%）							
		C	Si	Mn	P	S	Cr	Ni	Cu
					≤				
U20103	10A	0.07~0.13	0.17~0.37	0.35~0.65	0.030	0.030	0.15	0.30	0.20
U20203	20A	0.17~0.23	0.17~0.37	0.35~0.65	0.030	0.030	0.15	0.30	0.20
U03451	Q345A	≤0.20	≤0.55	1.00~1.60	0.030	0.030	0.15	0.30	0.20

4. 柴油机用高压无缝钢管的力学性能（表4-26）

表4-26 柴油机用高压无缝钢管的力学性能（GB/T 3093—2002）

牌号	抗拉强度 R_m/（N/mm²）	规定非比例延伸强度 $R_{p0.2}$/（N/mm²）	断后伸长率 A/%
		≥	
10A	335~470	205	30
20A	390~540	245	25
Q345A	470~630	345	22

4.1.9 低温管道用无缝钢管

1. 低温管道用无缝钢管用钢的化学成分（表4-27）

表4-27 低温管道用无缝钢管用钢的化学成分（GB/T 18984—2003）

牌号	化学成分（质量分数,%）							
	C	Si	Mn	P	S	Ni	Mo	V
16MnDG	0.12~0.20	0.20~0.55	1.20~1.60	≤0.025	≤0.025	—	—	—
10MnDG	≤0.13	0.17~0.37	≤1.35	≤0.025	≤0.025	—	—	≤0.07
09DG	≤0.12	0.17~0.37	≤0.95	≤0.025	0.025	—	—	≤0.07
09Mn2VDG	≤0.12	0.17~0.37	≤1.85	≤0.025	≤0.025	—	—	≤0.12
06Ni3MoDG	≤0.08	0.17~0.37	≤0.85	≤0.025	≤0.025	2.5~3.7	0.15~0.30	≤0.05

注：10MnDG和06Ni3MoDG的酸溶铝的质量分数分别不小于0.015%和0.020%，但不作为交货条件；为改善钢的性能，16MnDG、09DC和10MnDG可加入质量分数为0.01%~0.05%的Ti，09Mn2VDG可加入质量分数为0.01%~0.10%的Ti或0.015%~0.060%的Nb。

2. 低温管道用无缝钢管的纵向力学性能（表4-28）

表4-28 低温管道用无缝钢管的纵向力学性能（GB/T 18984—2003）

牌号	抗拉强度 R_m /（N/mm^2）	下屈服强度 R_{eL}/（N/mm^2）		断后伸长率① A/%		
		壁厚≤16mm	壁厚>16mm	1号试样	2号试样②	3号试样
16MnDG	490~665	≥325	≥315	≥30		
10MnDG	≥400	≥240		≥35		
09DG	≥385	≥210		≥35		
09Mn2VDG	≥450	≥300		≥30		
06Ni3MoDG	≥455	≥250		≥30		

①外径小于20mm的钢管，本表规定的断后伸长率值不适用，其断后伸长率值由供需双方商定。

②壁厚小于8mm的钢管，用2号试样进行拉伸试验时，壁厚每减少1mm其断后伸长率的最小值应从本表规定的最小断后伸长率中减去1.5%，并按数字修约规则修约为整数。

3. 低温管道用无缝钢管的纵向低温冲击性能（表4-29）

表4-29 低温管道用无缝钢管的纵向低温冲击性能（GB/T 18984—2003）

试样尺寸/mm	冲击吸收功 A_{KV}/J		
	一组（3个）的平均值	2个的各自值	1个的最低值
10×10×55	≥21	≥21	≥15
7.5×10×55	≥18	≥18	≥13
5×10×55	≥14	≥14	≥10
2.5×10×55	≥7	≥7	≥5

注：对不能采用2.5mm×10mm×55mm冲击试验尺寸的钢管，冲击吸收功由供需双方协商。

4.1.10 钻探用无缝钢管

1. 钻探用无缝钢管的外径、壁厚及单位长度理论质量（表4-30）

表4-30 钻探用无缝钢管的外径、壁厚及单位长度理论质量（GB/T 9808—2008）

产品名称	公称外径/mm	公称壁厚/mm	单位长度理论质量/（kg/m）
普通钻杆料	33	6.0	3.99
	42	5.0	4.56
	42	7.0	6.04

续表

产品名称	公称外径/mm	公称壁厚/mm	单位长度理论质量/（kg/m）
普通钻杆料	50	5.6	6.13
	50	6.5	6.97
	60.3	7.1	9.31
	60.3	7.5	9.77
	73	9.0	14.20
	73	9.19	14.46
	89	9.35	18.36
	89	10.0	19.48
	114	9.19	23.75
	114	10.0	25.65
	127	9.19	26.70
	127	10.0	28.85
普通钻杆接头料、钢粒钻头料	75	9.0	14.65
	76	8.0	13.42
	91	8.0	16.37
	91	10.0	19.97
	110	8.0	20.12
	110	10.0	24.66
	130	8.0	24.07
	130	10.0	29.59
	150	8.0	28.01
	150	10.0	34.52
	171	12.0	47.05
	174	12.0	47.94
绳索取心钻杆料	43.5	4.75	4.54
	55.5	4.75	5.94
	70	5.0	8.01
	71	5.0	8.14
	89	5.5	11.33
	114.3	6.4	17.03
绳索取心钻杆接头料	45	6.25	5.97
	57	6.0	7.55
	70	10.0	14.80

续表

产品名称	公称外径/mm	公称壁厚/mm	单位长度理论质量/（kg/m）
绳索取心钻杆接头料	73	6.5	10.66
	76	8.0	13.42
	95	10.0	20.96
	120	10.0	27.13
套管料、岩心管料	35	2.0	1.63
	44	3.0	3.03
	45	3.5	3.58
	47.5	2.0	2.24
	54	3.0	3.77
	58	3.5	4.70
	60（60.32）	4.2	5.78
	60（60.32）	4.8	6.53
	60（60.32）	6.5	8.58
	62	2.75	4.02
	73（73.02）	3.0	5.18
	73（73.02）	4.5	7.60
	73（73.02）	5.5	9.16
	73（73.02）	7.0	11.39
	75	5.0	8.63
	76	5.5	9.56
	89（89.90）	4.5	9.38
	89（88.90）	5.5	11.33
	89（88.90）	6.5	13.22
	95	5.0	11.10
	102（101.6）	5.7	13.54
	102（101.6）	6.7	15.75
	108	4.5	11.49
	114（114.3）	5.21	13.98
	114（114.3）	5.69	15.20
	114（114.3）	6.35	16.86
	114（114.3）	6.9	18.22
	114（114.3）	8.6	22.35
	127	4.5	13.59

续表

产品名称	公称外径/mm	公称壁厚/mm	单位长度理论质量/（kg/m）
套管料、岩心管料	127	5.6	16.77
	127	6.4	19.03
	140（139.7）	6.2	20.46
	140（139.7）	7.0	22.96
	140（139.7）	7.7	25.12
	140（139.7）	9.2	29.68
	146	5.0	17.39
	168（168.28）	6.5	25.89
	168（168.28）	7.3	17.10
	168（168.28）	8.0	31.56
	168（168.28）	8.9	34.92
	177.8	5.9	25.01
	177.8	6.9	29.08
	177.8	8.1	33.9
	177.8	9.2	38.25
	194（193.68）	7.0	32.28
	194（193.68）	7.6	34.94
	194（193.68）	8.3	38.01
	194（193.68）	9.5	43.23
	194（193.68）	11.0	49.64
	219（219.08）	6.7	35.08
	219（219.08）	7.7	40.12
	219（219.08）	8.9	46.11
	219（219.08）	10	51.54
	245（244.48）	7.9	46.19
	245（244.48）	8.9	51.82
	245（244.48）	10.0	57.95
	245（244.48）	11.0	63.48
	245（244.48）	12.0	68.95
	273（273.05）	7.1	46.56
	273（273.05）	8.9	57.97
	273（273.05）	10.0	64.86
	273（273.05）	11.0	71.07

续表

产品名称	公称外径/mm	公称壁厚/mm	单位长度理论质量/（kg/m）
套管料、岩心管料	299（298.45）	8.5	60.89
	299（298.45）	9.5	67.82
	299（298.45）	11.0	78.13
	340（339.72）	8.4	68.69
	340（339.72）	9.7	81.57
	340（339.72）	11.0	89.25
	340（339.72）	12.0	97.07
	340（339.72）	13.0	104.84
套管接箍料	73	5.5	9.16
	73	6.5	10.66
	89	6.5	13.22
	89	8.0	15.98
	108	6.5	16.27
	108	8.0	19.73
	127	6.5	19.31
	146	6.5	22.36
	168	8.0	31.56
钻铤、锁接头料	68	20.0	23.67
	68	16.0	20.52
	76	19.0	26.71
	76	20.0	27.62
	83	25.0	35.76
	86	21.0	33.66
	89	25.0	39.46
	105	25.0	49.32
	105	25.5	49.99
	121	26.5	61.75
	121	28.0	64.21

注：括号内尺寸表示由相应的英制规格换算成的规格。

2. 钻探用无缝钢管的力学性能（表4-31）

表4-31 钻探用无缝钢管的力学性能（GB/T 9808—2008）

序号	钢级	抗拉强度 R_m/（N/mm²）	规定非比例延伸强度 $R_{p0.2}$/（N/mm²）	断后伸长率 A/%
		≥		
1	ZT380	640	380	14
2	ZT490	690	490	12
3	ZT520	780	520	15
4	ZT540	740	540	12
5	ZT590	770	590	12
6	ZT640	790	640	12
7	ZT740	840	740	10

注：1. 钢级 ZT520 测量 $R_{r0.2}$。

2. 钢级 ZT520 拉伸试样采用 GB/T 228 中的 S4、S5 或 S6。

4.1.11 输送流体用无缝钢管

输送流体用无缝钢管的力学性能见表4-32。

表4-32 输送流体用无缝钢管的力学性能（GB/T 8163—2008）

牌号	质量等级	拉伸性能：抗拉强度 R_m/（N/mm²）	拉伸性能：下屈服强度 R_{eL}①/（N/mm²），壁厚/mm：≤16	>16~30	>30	拉伸性能：断后伸长率 A/%	冲击试验：温度/℃	冲击试验：冲击吸收功 A_K/J
			≥					≤
10	—	335~475	205	195	185	24	—	—
20	—	410~530	245	235	225	20	—	—
Q295	A	390~570	295	275	255	22	—	—
	B						+20	34
Q345	A	470~630	345	325	295	20	—	—
	B						+20	34
	C					21	0	
	D						-20	
	E						-40	27

续表

牌号	质量等级	拉伸性能					冲击试验	
		抗拉强度 R_m/(N/mm²)	下屈服强度 R_{eL} ①/(N/mm²)			断后伸长率 A/%	温度/℃	冲击吸收功 A_K/J
			壁厚/mm					
			≤16	>16~30	>30			
			≥					≤
Q390	A	490~650	390	370	350	18	—	—
	B						+20	34
	C					19	0	
	D						−20	
	E						−40	27
Q420	A	520~680	420	400	380	18	—	—
	B						+20	34
	C					19	0	
	D						−20	
	E						−40	27
Q460	C	550~720	460	440	420	17	0	34
	D						−20	
	E						−40	27

①拉伸试验时，如不能测定屈服强度，可测定规定非比例延伸强度 $R_{p0.2}$ 代替 R_{eL}。

4.1.12 气瓶用无缝钢管

1. 气瓶用无缝钢管用钢的化学成分（表4-33）

表4-33 气瓶用无缝钢管用钢的化学成分（GB 18248—2008）

序号	牌号	化学成分（质量分数,%）										
		C	Si	Mn	P	S②	P+S②	Cr	Mo	V	Ni	Cu
1	37Mn①	0.34~0.40	0.10~0.30	1.35~1.75	≤0.020	≤0.020	≤0.030	≤0.30	—	—	≤0.30	≤0.20
2	34Mn2V	0.30~0.37	0.17~0.37	1.40~1.75	≤0.020	≤0.020	≤0.030	≤0.30	—	0.07~0.12	≤0.30	≤0.20
3	30CrMo①	0.26~0.34	0.17~0.37	0.40~0.70	≤0.020	≤0.020	≤0.030	0.80~1.10	0.15~0.25	—	≤0.30	≤0.20

续表

序号	牌号	化学成分（质量分数,%）										
		C	Si	Mn	P	S②	P+S②	Cr	Mo	V	Ni	Cu
4	35CrMo①	0.32 ~ 0.40	0.17 ~ 0.37	0.40 ~ 0.70	≤ 0.020	≤ 0.020	≤ 0.030	0.80 ~ 1.10	0.15 ~ 0.25	—	≤ 0.30	≤ 0.20
5	34CrMo4①③	0.30 ~ 0.37	≤ 0.40	0.60 ~ 0.90	≤ 0.020	≤ 0.020	≤ 0.030	0.90 ~ 1.20	0.15 ~ 0.30	—	≤ 0.30	≤ 0.20
6	30CrMnSiA	0.28 ~ 0.34	0.90 ~ 1.20	0.80 ~ 1.10	≤ 0.020	≤ 0.020	≤ 0.030	0.80 ~ 1.10	≤ 0.10	—	≤ 0.30	≤ 0.20

①应满足 *w*（V + Nb + Ti + B + Zr）≤0.15%。

②根据需方要求，经供需双方协商，并在合同中注明，可满足 *w*（S）≤0.010%，*w*（P + S）≤0.025%。

③此牌号是根据 EN 10297 - 1：2003 中 34CrMo4 的化学成分，调整了 P、S、Ni、Cu 的成分。

2. 气瓶用无缝钢管的热处理制度及纵向力学性能（表4-34）

表4-34 气瓶用无缝钢管的热处理制度及纵向力学性能（GB 18248—2008）

序号	牌号	推荐的热处理制度				纵向力学性能①				
		淬火（正火）		回火		抗拉强度 R_m /(N/mm²)	屈服强度 R_{eL}② /(N/mm²)	断后伸长率 A/%	冲击吸收功	
		温度/℃	冷却剂	温度/℃	冷却剂	≥			试验温度/℃	A_{KV}/J ≥
1	37Mn	820 ~ 860	水	550 ~ 650	空	750	630	16	-50	27
2	34Mn2V	850 ~ 890	空	—	—	745	530	16	-20	27
3	30CrMo	860 ~ 900	水、油	490 ~ 590、	水、油	930	785	12	-50	27
4	35CrMo	830 ~ 870	油	500 ~ 600	水、油	980	835	12	-50	27
5	34CrM04	830 ~ 870	油	530 ~ 630	水、油	980	835	12	-50	27
6	30CrMnSiA	860 ~ 900	油	470 ~ 570	水、油	1080	885	10	室温	27

①除冲击吸收功外，试验温度均为室温。

②当屈服现象不明显时，取 $R_{p0.2}$。

4.1.13 高碳铬轴承钢无缝钢管

高碳铬轴承钢无缝钢管用钢的牌号及化学成分见表4－35。

表4－35 高碳铬轴承钢无缝钢管用钢的牌号及化学成分（YB/T 4146—2006）

牌号	化学成分（质量分数,%）										
	C	Si	Mn	Cr	Mo	P	S	Ni	Cu	Ni＋Cu	O 模铸钢	O 连铸钢
						≤						
GCr15	0.95～1.05	0.15～0.35	0.25～0.45	1.40～1.65	≤0.10	0.025	0.025	0.30	0.20	0.45	15×10^{-4}	12×10^{-4}
GCr15SiMn	0.95～1.05	0.45～0.75	0.95～1.25	1.40～1.65	≤0.10	0.025	0.025	0.30	0.20	0.45	15×10^{-4}	12×10^{-4}
GCr18Mo	0.95～1.05	0.20～0.40	0.25～0.40	1.65～1.95	0.15～0.25	0.025	0.020	0.25	0.20	0.45	15×10^{-4}	12×10^{-4}

4.1.14 双相不锈钢无缝钢管

1. 奥氏体－铁素体型双相不锈钢无缝钢管外径和壁厚的允许偏差（表4－36）

表4－36 奥氏体－铁素体型双相不锈钢无缝钢管外径和壁厚的允许偏差（GB/T 21833—2008）

制造方法	钢管的尺寸/mm			允许偏差 普通级	允许偏差 高级
热轧（热挤压）钢管	公称外径 D	≤51		±0.40mm	±0.30mm
		>51～219	$\delta\leqslant35$	$\pm0.75\%D$	$\pm0.5\%D$
			$\delta>35$	$\pm1\%D$	$\pm0.57\%D$
		>219		$\pm1\%D$	$\pm0.57\%D$
	公称厚度 δ	≤4.0		±0.45mm	±0.35mm
		>4.0～20		$+12\%\delta$ $-10\%\delta$	$\pm10\%\delta$
		>20	$D<219$	$\pm10\%\delta$	$\pm7.5\%\delta$
			$D\geqslant219$	$+12\%\delta$ $-10\%\delta$	$\pm10\%\delta$

续表

制造方法	钢管的尺寸/mm		允许偏差	
			普通级	高级
冷拔（轧）钢管	公称外径 D	12 ~ 30	±0.20mm	±0.15mm
		>30 ~ 50	±0.30mm	±0.25mm
		>50 ~ 89	±0.50mm	±0.40mm
		>89 ~ 140	±0.8% D	±0.7% D
		>140	±1% D	±0.9% D
	公称厚度 δ	≤3	±14% δ	+12% δ -10% δ
		>3	+12% δ -10% δ	±10% δ

2. 奥氏体-铁素体型双相不锈钢无缝钢管的热处理制度及力学性能（表4-37）

表4-37 奥氏体-铁素体型双相不锈钢无缝钢管的热处理制度及力学性能（GB/T 21833—2008）

序号	牌号	热处理制度	拉伸性能			硬度	
			抗拉强度 R_m/(N/mm²)	规定非比例延伸强度 $R_{p0.2}$/(N/mm²)	断后伸长率 A/%	HBW	HRC
			≥			≤	
1	022Cr19Ni5Mo3Si2	980 ~ 1040 ℃，急冷	630	440	30	290	30
2	022Cr22Ni5Mo3N	1020 ~ 1000 ℃，急冷	620	450	25	290	30
3	022Cr23Ni4MoCuN	925 ~ 1050 ℃，急冷（D≤25mm）	690	450	25	—	—
		925 ~ 1050 ℃，急冷（D>25mm）	600	420	25	290	30
4	022Cr23Ni5Mo3N	1020 ~ 1100 ℃，急冷	655	485	25	290	30
5	022Cr24Ni7Mo4CuN	1080 ~ 1120 ℃，急冷	770	550	25	310	—
6	022Cr25Ni6Mo2N	1050 ~ 1100 ℃，急冷	690	450	25	280	—
7	022Cr25Ni7Mo3WCuN	1020 - 1100 ℃，急冷	690	450	25	290	30
8	022Cr25Ni7Mo4N	1025 ~ 1125 ℃，急冷	800	550	15	300	32

续表

序号	牌号	热处理制度	拉伸性能			硬度	
			抗拉强度 R_m /(N/mm²)	规定非比例延伸强度 $R_{p0.2}$ /(N/mm²)	断后伸长率 A/%	HBW	HRC
9	03Cr25Ni6Mo3Cu2N	≥1040 ℃,急冷	760	550	15	297	31
10	022Cr25Ni7Mo4WCuN	1100~1140 ℃,急冷	750	550	25	300	—
11	06Cr26Ni4Mo2	925~955 ℃,急冷	620	485	20	271	28
12	12Cr21Ni5Ti	950~1100 ℃,急冷	590	345	20	—	—

4.1.15 不锈钢极薄壁无缝钢管

1. 不锈钢极薄壁无缝钢管的外径允许偏差（表4-38）

表4-38 不锈钢极薄壁无缝钢管的外径允许偏差（GB/T 3089—2008）

（单位：mm）

公称外径 D	尺寸允许偏差	
	普通级	高级
≤32.4	±0.15	±0.10
>32.4~60.0	±0.35	±0.25
>60.0	±1%D	±0.75%D

2. 不锈钢极薄壁无缝钢管的壁厚允许偏差（表4-39）

表4-39 不锈钢极薄壁无缝钢管的壁厚允许偏差（GB/T 3089—2008）

（单位：mm）

钢管尺寸		公称壁厚允许偏差	
公称外径	公称壁厚	普通极	高级
≤60.0	≤0.20	±0.03	+0.03 -0.01
	0.25	+0.04 -0.03	+0.03 -0.02
	0.30	±0.04	±0.03

续表

钢管尺寸		公称壁厚允许偏差	
公称外径	公称壁厚	普通极	高级
≤60.0	0.35	+0.05 -0.04	+0.04 -0.03
	0.40	±0.05	±0.04
	0.50	±0.06	+0.05 -0.04
	0.60	±0.08	±0.05
>60.0	≤0.25	±0.04	±0.03
	0.30	±0.04	+0.04 -0.03
	0.35	±0.05	±0.04
	0.40	±0.05	+0.05 -0.04
	0.45	±0.06	±0.05
	0.50	±0.06	±0.05
	0.60	±0.08	±0.05

3. 不锈钢极薄壁无缝钢管的力学性能（表4-40）

表4-40 不锈钢极薄壁无缝钢管的力学性能（GB/T 3089—2008）

统一数字牌号	新牌号	旧牌号	抗拉强度 R_m/（N/mm²）	断后伸长率 A/%
			≥	
S30408	06Cr19Ni10	0Cr18Ni9	520	35
S30403	022Cr19Ni10	00Cr19Ni10	440	40
S31603	022Cr17Ni12Mo2	00Cr17Ni14Mo2	480	40
S31668	06Cr17Ni12Mo2Ti	0Cr18Ni12Mo3Ti	540	35
S32168	06Cr18Ni11Ti	0Cr18Ni10Ti	520	40

4.1.16 不锈钢小直径无缝钢管

1. 不锈钢小直径无缝钢管的外径和壁厚（表 4－41）

表 4－41 不锈钢小直径无缝钢管的外径和壁厚（GB/T 3090—2000）

（单位：mm）

外径	壁厚														
	0.10	0.15	0.20	0.25	0.30	0.35	0.40	0.45	0.50	0.55	0.60	0.70	0.80	0.90	1.00
0.30	×														
0.35	×														
0.40	×	×													
0.45	×	×													
0.50	×	×													
0.55	×	×													
0.60	×	×	×												
0.70	×	×	×	×											
0.80	×	×	×	×											
0.90	×	×	×	×	×										
1.00	×	×	×	×	×	×									
1.20	×	×	×	×	×	×	×	×							
1.60	×	×	×	×	×	×	×	×	×	×					
2.00	×	×	×	×	×	×	×	×	×	×	×	×			
2.20	×	×	×	×	×	×	×	×	×	×	×	×	×		
2.50	×	×	×	×	×	×	×	×	×	×	×	×	×	×	×
2.80	×	×	×	×	×	×	×	×	×	×	×	×	×	×	×
3.20	×	×	×	×	×	×	×	×	×	×	×	×	×	×	×
3.40	×	×	×	×	×	×	×	×	×	×	×	×	×	×	×
3.60	×	×	×	×	×	×	×	×	×	×	×	×	×	×	×
3.80	×	×	×	×	×	×	×	×	×	×	×	×	×	×	×
4.00	×	×	×	×	×	×	×	×	×	×	×	×	×	×	×
4.20	×	×	×	×	×	×	×	×	×	×	×	×	×	×	×
4.50	×	×	×	×	×	×	×	×	×	×	×	×	×	×	×
4.80	×	×	×	×	×	×	×	×	×	×	×	×	×	×	×
5.00		×	×	×	×	×	×	×	×	×	×	×	×	×	×
5.50		×	×	×	×	×	×	×	×	×	×	×	×	×	×
6.00		×	×	×	×	×	×	×							

注：“×”表示有此规格。

2. 不锈钢小直径无缝钢管的外径和壁厚允许偏差（表4-42）

表4-42 不锈钢小直径无缝钢管的外径和壁厚允许偏差（GB/T 3090—2000）

（单位：mm）

尺寸		允许偏差	
		普通级	高级
外径 D	≤1.0	±0.03	±0.02
	>1.0~2.0	±0.04	±0.02
	>2.0	±0.05	±0.03
壁厚 δ	<0.2	+0.03 -0.02	+0.02 -0.01
	0.2~0.5	±0.04	±0.03
	>0.5	±10%δ	±7.5%δ

3. 不锈钢小直径无缝钢管的热处理制度及力学性能（表4-43）

表4-43 不锈钢小直径无缝钢管的热处理制度及力学性能（GB/T 3090—2000）

牌号	推荐热处理制度	抗拉强度 R_m /（N/mm²）	断后伸长率 A/%	密度 ρ /（kg/dm³）
		≥	≥	
0Cr18Ni9	1010~1150℃，急冷	520	35	7.93
00Cr19Ni10	1010~1150℃，急冷	480	35	7.93
0Cr18Ni10Ti	920~1150℃，急冷	520	35	7.95
0Cr17Ni12Mo2	1010~1150℃，急冷	520	35	7.90
00Cr17Ni14Mo2	1010~1150℃，急冷	480	35	7.98
1Cr18Ni9Ti	1000~1100℃，急冷	520	35	7.90

注：对于外径小于3.2mm或壁厚小于0.30mm的较小直径和较薄壁厚的钢管，断后伸长率不得小于25%。

4.1.17　锅炉及热交换器用不锈钢无缝钢管

锅炉及热交换器用不锈钢无缝钢管的热处理制度及力学性能见表4-44。

表4-44　锅炉及热交换器用不锈钢无缝钢管的热处理制度及力学性能（GB 13296—2007）

组织类型	序号	牌号	推荐热处理制度		抗拉强度 R_m /(N/mm²)	规定非比例延伸强度 $R_{p0.2}$ /(N/mm²)	断后伸长率 A/%	密度ρ /(kg/dm³)
					≥	≥	≥	
奥氏体型	1	0Cr18Ni9	1010～1150℃	急冷	520	205	35	7.93
	2	1Cr18Ni9	1010～1150℃		520	205	35	7.90
	3	1Cr19Ni9	1010～1150℃		520	205	35	7.93
	4	00Cr19Ni10	1010～1150℃		480	175	35	7.93
	5	0Cr18Ni10Ti	920～1150℃		520	205	35	7.95
	6	1Cr18Ni11Ti	冷轧≥1095℃ 热轧≥1050℃		520	205	35	7.93
	7	0Cr18Ni11Nb	980～1150℃		520	205	35	7.98
	8	1Cr19Ni11Nb	冷轧≥1095℃ 热轧≥1050℃		520	205	35	8.00
	9	0Cr17Ni12Mo2	1010～1150℃		520	205	35	7.98
	10	1Cr17Ni12Mo2	≥1040℃		520	205	35	7.98
	11	00Cr17Ni14Mo2	1010～1150℃		480	175	40	7.98
	12	0Cr18Ni12Mo2Ti	1000～1100℃		530	205	35	8.00
	13	1Cr18Ni12Mo2Ti	1000～1100℃		540	215	35	8.00
	14	0Cr18Ni12Mo3Ti	1000～1100℃		530	205	35	8.10
	15	1Cr18Ni12Mo3Ti	1000～1100℃		540	215	35	8.10
	16	1Cr18Ni9Ti	920～1150℃		520	205	40	7.90
	17	0Cr19Ni13Mo3	1010～1150℃		520	205	35	7.98
	18	00Cr19Ni13Mo3	1010～1150℃		480	175	35	7.98
	19	00Cr18Ni10N	1010～1150℃		515	205	35	7.90
	20	0Cr19Ni9N	1010～1150℃		550	240	35	7.90
	21	0Cr23Ni13	1030～1150℃		520	205	35	7.98
	22	2Cr23Ni13	1030～1150℃		520	205	35	7.98

续表

组织类型	序号	牌号	推荐热处理制度		力学性能 抗拉强度 R_m /(N/mm²)	规定非比例延伸强度 $R_{p0.2}$ /(N/mm²)	断后伸长率 A/%	密度 ρ /(kg/dm³)
					≥			
奥氏体型	23	0Cr25Ni20	1030～1150℃	急冷	520	205	35	7.98
	24	2Cr25Ni20	1030～1150℃		520	205	35	7.98
	25	0Cr18Ni13Si4	1010～1150℃		520	205	35	7.98
	26	00Cr17Ni13Mo2N	1010～1150℃		515	205	35	8.00
	27	0Cr17Ni2Mo2N	1010～1150℃		550	240	35	7.80
	28	0Cr18Ni13Mo2Cu2	1010～1150℃		520	205	35	7.98
	29	00Cr18Ni11Mo2Cu2	1010～1150℃		480	180	35	7.98
铁素体型	30	1Cr17	780～850℃	空冷	410	245	20	7.70
	31	00Cr27Mo	900～1050℃	急冷	410	245	20	7.70

4.1.18 结构用不锈钢无缝钢管

1. 结构用不锈钢无缝钢管的外径、壁厚及允许偏差(表4-45)

表4-45 结构用不锈钢无缝钢管的外径、壁厚及允许偏差 (GB/T 14975—2002) (单位:mm)

热轧(挤、扩)钢管 尺寸		允许偏差 普通级	允许偏差 高级	冷拔(轧)钢管 尺寸		允许偏差 普通级	允许偏差 高级
公称外径 D	68～159	±1.25%D	±1.0%D	公称外径 D	10～30	±0.30	±0.20
	>159～426	±1.5%D			>30～50	±0.40	±0.30
					>50	±0.9%D	±0.8%D
公称壁厚 δ	<15	+15%δ −12.5%δ	±12.5%δ	公称壁厚 δ	≤3	+14%δ	+12.5%δ −10%δ
	≥15	+20%δ −15%δ			>3	+12.5%δ −10%δ	+10%δ

2. 结构用不锈钢无缝钢管的全长允许偏差(表 4-46)

表 4-46 结构用不锈钢无缝钢管的全长允许偏差(GB/T 14975—2002)

全长允许偏差等级	全长允许偏差/mm
L1	0~20
L2	0~10
L3	0~5

注:如合同未注明全长允许偏差等级,钢管全长允许偏差按 L1 执行。

3. 结构用不锈钢无缝钢管的热处理制度及力学性能(表 4-47)

表 4-47 结构用不锈钢无缝钢管的热处理制度及力学性能(GB/T 14975—2002)

组织类型	序号	牌号	推荐热处理制度	力学性能			密度 ρ /(kg/dm³)
				R_m /(N/mm²)	$R_{p0.2}$ /(N/mm²)	A/%	
				≥			
奥氏体型	1	0Cr18Ni9	1010~1150℃,急冷	520	205	35	7.93
	2	1Cr18Ni9	1010~1150℃,急冷	520	205	35	7.90
	3	00Cr19Ni10	1010~1150℃,急冷	480	175	35	7.93
	4	0Cr18Ni10Ti	920~1150℃,急冷	520	205	35	7.95
	5	0Cr18Ni11Nb	980~1150℃,急冷	520	205	35	7.98
	6	0Cr17Ni12Mo2	1010~1150℃,急冷	520	205	35	7.98
	7	00Cr17Ni14Mo2	1010~1150℃,急冷	480	175	35	7.98
	8	0Cr18Ni12Mo2Ti	1000~1100℃,急冷	530	205	35	8.00
	9	1Cr18Ni12Mo2Ti	1000~1100℃,急冷	530	205	35	8.00
	10	0Cr18Ni12Mo3Ti	1000~1100℃,急冷	530	205	35	8.10
	11	1Cr18Ni12Mo3Ti	1000~1100℃,急冷	530	205	35	8.10
	12	1Cr18Ni9Ti	1000~1100℃,急冷	520	205	35	7.90
	13	0Cr19Ni13Mo3	1010~1150℃,急冷	520	205	35	7.98
	14	00Cr19Ni13Mo3	1010~1150℃,急冷	480	175	35	7.98
	15	00Cr18Ni10N	1010~1150℃,急冷	550	245	40	7.90
	16	0Cr19Ni9N	1010~1150℃,急冷	550	275	35	7.90
	17	00Cr17Ni13Mo2N	1010~1150℃,急冷	550	245	40	8.00
	18	0Cr17Ni12Mo2N	1010~1150℃,急冷	550	275	35	7.80
铁素体型	19	1Cr17	780~850℃,空冷或缓冷	410	245	20	7.70

续表

组织类型	序号	牌号	推荐热处理制度	力学性能			密度ρ/(kg/dm³)
				R_m/(N/mm²)	$R_{p0.2}$/(N/mm²)	A/%	
				≥			
马氏体型	20	0Cr13	800～900℃,缓冷或750℃快冷	370	118	22	7.70
	21	1Cr13	800～900℃,缓冷	410	205	20	7.70
	22	2Cr13	800～900℃,缓冷	470	215	19	7.70
奥氏体－铁素体型双相	23	00Cr18Ni5Mo3Si2	920～1150℃,急冷	590	390	20	7.98

注:热挤压管的抗拉强度允许降低20N/mm²。

4.1.19 流体输送用不锈钢无缝钢管

流体输送用不锈钢无缝钢管的热处理制度及力学性能见表4－48。

表4－48 流体输送用不锈钢无缝钢管的热处理制度及力学性能(GB/T 14976—2002)

组织类型	序号	牌号	推荐热处理制度	力学性能			密度ρ/(kg/dm³)
				R_m/(N/mm²)	$R_{p0.2}$/(N/mm²)	A/%	
				≥			
奥氏体型	1	0Cr18Ni9	1010～1150℃,急冷	520	205	35	7.93
	2	1Cr18Ni9	1010～1150℃,急冷	520	205	35	7.90
	3	00Cr19Ni10	1010～1150℃,急冷	480	175	35	7.93
	4	0Cr18Ni10Ti	920～1150℃,急冷	520	205	35	7.95
	5	0Cr18Ni11Nb	980～1150℃,急冷	520	205	35	7.98
	6	0Cr17Ni12Mo2	1010～1150℃,急冷	520	205	35	7.98
	7	00Cr17Ni14Mo2	1010～1150℃,急冷	480	175	35	7.98
	8	0Cr18Ni12Mo2Ti	1000～1100℃,急冷	530	205	35	8.00
	9	1Cr18Ni12Mo2Ti	1000～1100℃,急冷	530	205	35	8.00
	10	0Cr18Ni12Mo3Ti	1000～1100℃,急冷	530	205	35	8.10
	11	1Cr18Ni12Mo3Ti	1000～1100℃,急冷	530	205	35	8.10
	12	1Cr18Ni9Ti	1000～1100℃,急冷	520	205	35	7.90
	13	0Cr19Ni13Mo3	1010～1150℃,急冷	520	205	35	7.98
	14	00Cr19Ni13Mo3	1010～1150℃,急冷	480	175	35	7.98

续表

组织类型	序号	牌号	推荐热处理制度	力学性能			密度 ρ /(kg/dm³)
				R_m /(N/mm²)	$R_{p0.2}$ /(N/mm²)	A/%	
				≥			
奥氏体型	15	00Cr18Ni10N	1010～1150℃,急冷	550	245	40	7.90
	16	0Cr19Ni9N	1010～1150℃,急冷	550	275	35	7.90
	17	0Cr19Ni10NbN	1010～1150℃,急冷	685	345	35	7.98
	18	0Cr23Ni13	1030～1150℃,急冷	520	205	40	7.98
	19	0Cr25Ni20	1030～1180℃,急冷	520	205	40	7.98
	20	00Cr17Ni13Mo2N	1010～1150℃,急冷	550	245	40	8.00
	21	0Cr17Ni12Mo2N	1010～1150℃,急冷	550	275	35	7.80
	22	0Cr18Ni12Mo2Cu2	1010～1150℃,急冷	520	205	35	7.98
	23	00Cr18Ni14Mo2Cu2	1010～1150℃,急冷	480	180	35	7.98
铁素体型	24	1Cr17	780～850℃,空冷或缓冷	410	245	20	7.70
马氏体型	25	0Cr13	800～900℃,缓冷或750℃快冷	370	180	22	7.70
奥氏体-铁素体型双相	26	0Cr26Ni5Mo2	≥950℃,急冷	590	390	18	7.80
	27	00Cr18Ni5Mo3Si2	920～1150℃,急冷	590	390	20	7.98

注:热挤压管的抗拉强度允许降低20N/mm²。

4.2 焊接钢管

4.2.1 低压流体输送用焊接钢管

1. 低压流体输送用焊接钢管的力学性能(表4-49)

表4-49 低压流体输送用焊接钢管的力学性能(GB/T 3091—2008)

牌号	下屈服强度 R_{eL}/(N/mm²)≥		抗拉强度 R_m /(N/mm²)≥	断后伸长率 A/%≥	
	壁厚 t≤16mm	壁厚 t>16mm		D[①]≤168.3mm	D>168.3mm
Q195	195	185	315	15	20
Q215A、Q215B	215	205	335		
Q235A、Q235B	235	225	370		

续表

牌号	下屈服强度 R_{eL}/(N/mm²)≥		抗拉强度 R_m /(N/mm²)≥	断后伸长率 A/%≥	
	壁厚 t≤16mm	壁厚 t>16mm		$D^{①}$≤168.3mm	D>168.3mm
Q295A、Q295B	295	275	390	13	18
Q345A、Q345B	345	325	470		

①指钢管外径。

2. 低压流体输送用焊接钢管外径和壁厚的允许偏差（表4-50）

表4-50 低压流体输送用焊接钢管外径和壁厚的允许偏差（GB/T 3091—2008） （单位：mm）

外径	外径允许偏差		壁厚允许偏差
	管体	管端（距管端100mm的范围内）	
D≤48.3	±0.5	—	±10%壁厚
48.3<D≤273.1	±1%D	—	
273.1<D≤508	±0.75%D	+2.4 -0.8	
D>508	±1%D或±10.0，两者取较小值	+3.2 -0.8	

4.2.2 低中压锅炉用电焊钢管

1. 低中压锅炉用电焊钢管用钢的牌号及化学成分（表4-51）

表4-51 低中压锅炉用电焊钢管用钢的牌号及化学成分（YB 4102—2000）

牌号	化学成分（质量分数,%）							
	C	Mn	Si	P	S	残余元素		
						Ni	Cr	Cu
10	0.07~0.14	0.35~0.65	0.17~0.37	≤0.035	≤0.035	≤0.25	≤0.15	≤0.25
20	0.17~0.24	0.35~0.65	0.17~0.37	≤0.035	≤0.035	≤0.25	≤0.25	≤0.25

2. 低中压锅炉用电焊钢管的热处理制度（表4-52）

表4-52 低中压锅炉用电焊钢管的热处理制度（YB 4102—2000）

牌号	热处理	
	电焊钢管（Ⅰ）	冷拔电焊钢管（Ⅱ）
10 20	无氧化正火	1）无氧化正火 2）在冷拔前经过正火处理的钢管可以进行退火处理

注：对冷拔电焊钢管（Ⅱ），选择其中一种方法。

3. 低中压锅炉用电焊钢管的力学性能（表 4－53）

表 4－53　低中压锅炉用电焊钢管的力学性能（YB 4102—2000）

牌号	抗拉强度 R_m/（N/mm²）	下屈服强度 R_{eL}/（N/mm²）	断后伸长率 A/%
10	335～475	≥195	≥28
20	410～550	≥245	≥24

4. 低中压锅炉用电焊钢管外径、壁厚及理论质量（表 4－54）

表 4－54　低中压锅炉用电焊钢管外径、壁厚及理论质量（YB 4102—2000）

公称外径/mm	公称壁厚/mm								
	1.5	2.0	2.5	3.0	3.5	4.0	4.5	5.0	6.0
	理论质量/（kg/m）								
10	0.314	0.395	0.462	—	—	—	—	—	
12	0.388	0.493	0.586	—	—	—	—	—	
14	—	0.592	0.709	0.814	—	—	—	—	—
16	—	0.691	0.832	0.962	—	—	—	—	—
17	—	0.740	0.894	1.04	—	—	—	—	—
18	—	0.789	0.956	1.11	—	—	—	—	—
19	—	0.838	1.02	1.18	—	—	—	—	—
20	—	0.888	1.08	1.26	—	—	—	—	—
22	—	0.986	1.20	1.41	1.60	1.78	—	—	—
25	—	1.13	1.39	1.63	1.86	2.07	—	—	—
30	—	1.38	1.70	2.00	2.29	2.56	—	—	—
32	—	—	1.82	2.15	2.46	2.76	—	—	—
35	—	—	2.00	2.37	2.72	3.06	—	—	—
38	—	—	2.19	2.59	2.98	3.35	—	—	—
40	—	—	2.31	2.74	3.15	3.55	—	—	—
42	—	—	2.44	2.89	3.32	3.75	4.16	4.56	—
45	—	—	2.62	3.11	3.58	4.04	4.49	4.93	—
48	—	—	2.81	3.33	3.84	4.34	4.83	5.30	—
51	—	—	2.99	3.55	4.10	4.64	5.16	5.67	—
57	—	—	—	4.00	4.62	5.23	5.83	6.41	—
60	—	—	—	4.22	4.88	5.52	6.16	6.78	—
63.5	—	—		4.44	5.14	5.82	6.49	7.15	—
70	—	—	—	4.96	5.74	6.51	7.27	8.01	9.47
76	—	—	—	—	6.26	7.10	7.93	8.75	10.36

续表

公称外径/mm	公称壁厚/mm								
	1.5	2.0	2.5	3.0	3.5	4.0	4.5	5.0	6.0
	理论质量/（kg/m）								
83	—	—	—	—	6.86	7.79	8.71	9.62	11.39
89	—	—	—	—	—	8.38	9.38	10.36	12.38
102	—	—	—	—	—	9.67	10.82	11.96	14.21
108	—	—	—	—	—	10.26	11.49	12.70	15.09
114	—	—	—	—	—	10.85	12.12	13.44	15.98

4.2.3 换热器用焊接钢管

1. 换热器用焊接钢管的外径、壁厚及理论质量（表4-55）

表4-55 换热器用焊接钢管的外径、壁厚及理论质量（YB 4103—2000）

公称外径/mm	公称壁厚/mm				
	2	2.5	3	3.5	4
	理论质量/（kg/m）				
19	0.838	1.02	—	—	—
25	1.13	1.39	1.63	—	—
32	—	1.82	2.15	2.46	—
38	—	—	2.59	2.98	3.35
45	—	—	3.11	3.58	4.04
57	—	—	—	4.62	5.23

2. 换热器用焊接钢管用钢的牌号及化学成分（表4-56）

表4-56 换热器用焊接钢管用钢的牌号及化学成分（YB 4103—2000）

牌号	化学成分（质量分数,%）							
	C	Si	Mn	P	S	残余元素		
						Ni	Cr	Cu
10	0.07~0.14	0.17~0.37	0.35~0.65	≤0.035	≤0.035	≤0.25	≤0.15	≤0.25

3. 换热器用焊接钢管的热处理（表4-57）

表4-57　换热器用焊接钢管的热处理（YB 4103—2000）

电焊钢管（Ⅰ）热处理	冷拔电焊钢管（Ⅱ）热处理
无氧化正火	1）无氧化正火 2）在冷拔前经过正火处理的钢管可进行退火处理

注：对冷拔电焊钢管Ⅱ，选择其中一种方法。

4. 换热器用焊接钢管的纵向力学性能（表4-58）

表4-58　换热器用焊接钢管的纵向力学性能（YB 4103—2000）

牌号	力学性能		
	抗拉强度 R_m/（N/mm^2）	下屈服强度 R_{eL}/（N/mm^2）	断后伸长率 A/%
10	335～475	≥195	≥28

4.2.4　深井水泵用电焊钢管

1. 深井水泵用电焊钢管的外径、壁厚及理论质量（表4-59）

表4-59　深井水泵用电焊钢管的外径、壁厚及理论质量（YB/T 4028—2005）

公称外径 D/mm	公称壁厚 δ/mm															
	2.5	3.0	3.5	4.0	4.5	5.0	5.5	6.0	6.5	7.0	8.0	9.0	10.0	11.0	12.5	14.0
	理论质量/（kg/m）															
48.3	2.82	3.35	3.87	4.37	—	—	—	—	—	—	—	—	—	—	—	—
51	2.99	3.55	4.1	4.64	5.16	—	—	—	—	—	—	—	—	—	—	—
54	3.18	3.77	4.36	4.93	5.49	—	—	—	—	—	—	—	—	—	—	—
57	3.36	4.00	4.62	5.23	5.83	—	—	—	—	—	—	—	—	—	—	—
60.3	3.56	4.24	4.9	5.55	6.19	—	—	—	—	—	—	—	—	—	—	—
63.5	3.76	4.48	5.18	5.87	6.55	—	—	—	—	—	—	—	—	—	—	—
70	4.16	4.96	5.74	6.51	7.27	—	—	—	—	—	—	—	—	—	—	—
73	4.35	5.18	6.00	6.81	7.60	—	—	—	—	—	—	—	—	—	—	—
76.1	4.54	5.41	6.27	7.11	7.95	—	—	—	—	—	—	—	—	—	—	—
82.5	—	5.88	6.82	7.74	8.66	9.56	—	—	—	—	—	—	—	—	—	—
88.9	—	6.36	7.37	8.38	9.37	10.35	—	—	—	—	—	—	—	—	—	—
101.6	—	7.29	8.47	9.63	10.78	11.91	13.03	14.15	15.24	—	—	—	—	—	—	—
108	—	7.77	9.02	10.26	11.49	12.70	13.90	15.09	16.27	—	—	—	—	—	—	—
114.3	—	—	9.56	10.88	12.19	13.48	14.76	16.03	17.28	—	—	—	—	—	—	—
127	—	—	10.66	12.13	13.59	15.04	16.48	17.9	19.32	—	—	—	—	—	—	—

续表

公称外径 D/mm	公称壁厚δ/mm														
	2.5	3.0	3.5	4.0	4.5	5.0	5.5	6.0	6.5	7.0	8.0	9.0	10.0	11.0	12.5	14.0
	理论重量/（kg/m）															
133	—	—	11.18	12.73	14.26	15.78	17.29	18.79	20.28	—	—	—	—	—	—	—
139.7	—	—	—	13.39	15.00	16.61	18.20	19.78	21.35	22.91	—	—	—	—	—	—
141.3	—	—	—	13.54	15.18	16.81	18.42	20.02	21.61	23.18	—	—	—	—	—	—
152.4	—	—	—	14.64	16.41	18.18	19.93	21.66	23.39	25.1	—	—	—	—	—	—
159	—	—	—	15.29	17.15	18.99	20.82	22.64	24.45	26.24	29.79	33.29	—	—	—	—
168.3	—	—	—	—	18.18	20.14	22.08	24.02	25.94	27.85	31.63	35.36	—	—	—	—
177.8	—	—	—	—	19.23	21.31	23.37	25.42	27.46	29.49	33.5	37.47	—	—	—	—
193.7	—	—	—	—	—	23.27	25.53	27.77	30.01	32.23	36.64	40.99	—	—	—	—
219.1	—	—	—	—	—	26.40	28.97	31.53	34.08	36.61	41.65	46.63	—	—	—	—
244.5	—	—	—	—	—	29.53	32.42	35.29	38.15	41.00	46.66	52.27	57.83	—	—	—
273	—	—	—	—	—	33.05	36.28	39.51	42.72	45.92	52.28	58.60	64.86	—	—	—
323.9	—	—	—	—	—	—	—	47.04	50.88	54.71	62.32	69.89	77.41	84.88	—	—
339.7	—	—	—	—	—	—	—	49.38	53.41	57.43	65.44	73.40	81.31	89.17	—	—
355.6	—	—	—	—	—	—	—	51.73	55.96	60.18	68.58	76.93	85.23	93.48	—	—
377	—	—	—	—	—	—	—	54.9	59.39	63.87	72.80	81.68	90.51	99.29	112.36	—
406.4	—	—	—	—	—	—	—	59.25	64.10	68.95	78.60	88.20	97.76	107.26	121.43	—
426	—	—	—	—	—	—	—	62.15	67.25	72.33	82.47	92.55	102.59	112.58	127.47	—
457	—	—	—	—	—	—		66.73	72.22	77.68	88.58	99.44	110.24	120.99	137.03	—
508	—	—	—	—	—	—	—	74.28	80.39	86.49	98.65	110.75	122.81	134.82	152.75	—
559	—	—	—	—	—	—	—	81.83	88.57	95.29	108.71	122.07	135.39	148.66	168.47	188.17
610	—	—	—	—	—	—	—	89.37	96.74	104.1	118.77	133.39	147.97	162.49	184.19	205.78
660	—	—	—	—	—	—	—	96.77	104.76	112.73	128.63	144.49	160.30	176.06	199.60	223.04

2. 深井水泵用电焊钢管的力学性能（表4-60）

表4-60 深井水泵用电焊钢管的力学性能（YB/T 4028—2005）

牌号	抗拉强度 R_m /（N/mm^2） ≥	下屈服强度 R_{eL} /（N/mm^2） ≥	断后伸长率 A/% ≥
Q195	315	195	20
Q215A、Q215B	335	215	20
Q235A、Q235B	375	235	20

注：拉伸试验仲裁时以纵向试样为准。

4.2.5 结构用高强度耐候焊接钢管

1. 结构用高强度耐候焊接钢管用钢的牌号及化学成分（表4-61）

表4-61 结构用高强度耐候焊接钢管用钢的牌号及化学成分（YB/T 4112—2002）

统一数字代号	牌号	化学成分（质量分数,%）					
		C	Si	Mn	P	S	Cu
L53001	Q300GNH	≤0.12	0.20~0.40	0.20~0.60	0.06~0.12	≤0.035	0.20~0.50
L53251	Q325GNH	≤0.15	0.20~0.60	0.50~1.00	0.06~0.12	≤0.035	0.20~0.50
L53551	Q355GNH	≤0.18	0.30~0.60	≤1.40	0.06~0.12	≤0.035	0.20~0.50

2. 结构用高强度耐候焊接钢管的力学性能（表4-62）

表4-62 结构用高强度耐候焊接钢管的力学性能（YB/T 4112—2002）

牌号	抗拉强度 R_m/（N/mm²）	下屈服强度 R_{eL}/（N/mm²）	断后伸长率 A/%
	≥		
Q300GNH	400	300	16
Q325GNH	450	325	16
Q355GNH	500	355	15

注：表中断后伸长率不适用于外径≤40mm的焊管，如用户需要时，可按供需双方协商。

3. 结构用高强度耐候焊接钢管的外径、壁厚及理论质量（表4-63）

表4-63 结构用高强度耐候焊接钢管的外径、壁厚及理论质量（YB/T 4112—2002）

外径/mm	壁厚/mm													
	2.0	2.2 (2.3)	2.5 (2.6)	2.8	3.0 (2.9)	3.2	3.5 (3.6)	4.0	4.5	5.0	5.5 (5.4)	6.0	6.5 (6.3)	7.0 (7.1)
	钢管的理论质量/（kg/m）													
21	0.94	1.02	1.14	1.26	1.33	1.41	—	—	—	—	—	—	—	—
27	1.23	1.34	1.51	1.67	1.78	1.88	—	—	—	—	—	—	—	—
34	1.58	1.72	1.94	2.15	2.29	2.43	2.63	2.96	—	—	—	—	—	—
42	1.97	2.16	2.44	2.71	2.89	3.06	3.32	3.75	—	—	—	—	—	—
48	2.27	2.48	2.81	3.12	3.33	3.54	3.84	4.34	4.83	5.30	—	—	—	—
60	2.86	3.14	3.55	3.95	4.22	4.48	4.88	5.52	6.16	6.78	—	—	—	—
76	3.65	4.00	4.53	5.05	5.40	5.75	6.26	7.10	7.93	8.75	9.56	10.36	—	—

续表

外径/mm	壁厚/mm													
	2.0	2.2 (2.3)	2.5 (2.6)	2.8	3.0 (2.9)	3.2	3.5 (3.6)	4.0	4.5	5.0	5.5 (5.4)	6.0	6.5 (6.3)	7.0 (7.1)
	钢管的理论质量/（kg/m）													
89	4.29	4.71	5.33	5.95	6.36	6.77	7.38	8.38	9.38	10.36	11.33	12.28	—	—
114	5.52	6.07	6.87	7.68	8.21	8.74	9.54	10.85	12.15	13.44	14.72	15.98	17.23	18.47
140	—	—	—	—	10.14	10.80	11.78	13.42	15.04	16.65	18.24	19.83	21.40	22.96
168	—	—	—	—	—	—	14.20	16.18	18.14	20.10	22.04	23.97	25.89	27.79

注：括号内尺寸不推荐使用。

4.2.6 双层铜焊钢管

1. 双层铜焊钢管的截面形状（图4-1）

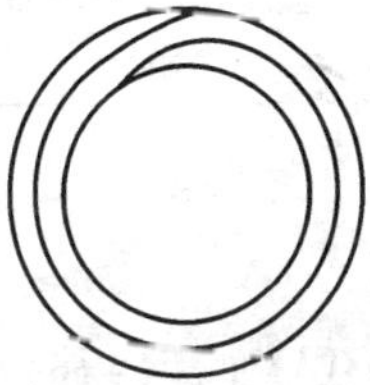

图4-1 双层铜焊钢管的截面形状

2. 双层铜焊钢管的尺寸及理论质量（表4-64）

表4-64 双层铜焊钢管的尺寸及理论质量（YB/T 4164—2007）

公称外径/mm	壁厚/mm			
	0.50	0.70	1.00	1.30
	理论质量（未增添其他镀层）/（kg/m）			
3.17	0.033	0.042	—	—
4.00	0.043	0.057	—	—
4.76	0.052	0.070	—	—
5.00	0.055	0.074	—	—
6.00	0.068	0.091	—	—
6.35	0.072	0.097	—	—
8.00	—	0.125	0.172	—
9.52	—	0.152	0.209	—
10.00	—	0.160	0.221	—

续表

公称外径/mm	壁厚/mm			
	0.50	0.70	1.00	1.30
	理论质量（未增添其他镀层）/（kg/m）			
12.00	—	0.194	0.270	0.342
14.00	—	0.229	0.319	0.405
15.00	—	0.246	0.344	0.437
16.00	—	0.263	0.368	0.469
17.00	—	—	0.393	0.501
18.00	—	—	0.417	0.533

3. 双层铜焊钢管的力学性能（表4-65）

表4-65 双层铜焊钢管的力学性能（YB/T 4164—2007）

抗拉强度 R_m/（N/mm²）	下屈服强度 R_{eL}/（N/mm²）	断后伸长率 A/%
≥290	≥290	≥25

4.2.7 钢板制对焊管

1. 钢板制对焊管的种类及代号（表4-66）

表4-66 钢板制对焊管的种类及代号（GB/T 13401—2005）

品种	类别	代号
45°弯头	长半径	45E（L）
90°弯头	长半径	90E（L）
	短半径	90E（S）
	长半径异径	90E（L）R
异径接头（大小头）	同心	R（C）
	偏心	R（E）
三通	等径	T（S）
	异径	T（R）
四通	等径	CR（S）
	异径	CR（R）
管帽	—	C

2. 钢板制对焊管的常用钢板材料（表4－67）

表4－67 钢板制对焊管的常用钢板材料（GB/T 13401—2005）

材料牌号	钢板标准	材料牌号	钢板标准	材料牌号	钢板标准
10、20	GB/T 710 GB/T 711	20g 16Mng 15CrMog 12Cr1MoVg	GB 713	0Cr18Ni9 0Cr17Ni12Mo2 0Cr18Ni10Ti 0Cr18Ni11Nb	GB/T 3280 GB/T 4237 GB/T 4238
Q235 Q345	GB/T 912 GB/T 3274				
20R 16MnR 15CrMoR	GB 6654	16MnDR 09Mn2VDR	GB 3531	00Cr19Ni10 00Cr17Ni14Mo2	GB/T 3280 GB/T 4237

3. 钢板制对焊管的热处理制度（表4－68）

表4－68 钢板制对焊管的热处理制度（GB/T 13401—2005）

<table>
<tr><th rowspan="2">材料牌号</th><th colspan="2">热处理要求</th><th rowspan="2">材料牌号</th><th colspan="2">热处理要求</th></tr>
<tr><th>冷成形</th><th>热成形</th><th>冷成形</th><th>热成形</th></tr>
<tr><td rowspan="2">Q235
10
20
20R
20g</td><td rowspan="2">正火或消除应力</td><td rowspan="2">正火或退火</td><td>16MnR
16MnDR
09Mn2VDR</td><td colspan="2">正火＋回火</td></tr>
<tr><td rowspan="2">0Cr18Ni9
00Cr19Ni10
0Cr17Ni12Mo2
00Cr17Ni14Mo2</td><td colspan="2" rowspan="2">固溶处理</td></tr>
<tr><td rowspan="2">15CrMoR
15CrMog
12Cr1MoVg
Q345
16Mng</td><td colspan="2" rowspan="2">正火＋回火</td></tr>
<tr><td>1Cr19Ni11Nb
0Cr18Ni10Ti
0Cr18Ni11Nb</td><td colspan="2">固溶处理或固溶处理＋稳定化处理</td></tr>
</table>

4. 钢板制对焊管的硬度（表4－69）

表4－69 钢板制对焊管的硬度（GB/T 13401—2005）

材料	硬度 HBW	材料	硬度 HBW
Q235 10、20 20R、20g	≤156	15CrMoR 15CrMog 12Cr1MoVg	≤180
Q345、16MnR 16Mng、16MnDR 09Mn2VDR	≤170	奥氏体不锈钢	≤190

4.2.8 直缝电焊钢管

1. 直缝电焊钢管的力学性能（表4-70）

表4-70 直缝电焊钢管的力学性能（GB/T 13793—2008）

牌号	下屈服强度 R_{eL}/（N/mm²）	抗拉强度 R_m/（N/mm²）	断后伸长率 A/%
	≥		
08、10	195	315	22
15	215	355	20
20	235	390	19
Q195	195	315	22
Q215A、Q215B	215	335	22
Q235A、Q235B、Q235C	235	375	20
Q295A、Q295B	295	390	18
Q345A、Q345B、Q345C	345	470	18

2. 特殊要求的直缝电焊钢管的力学性能（表4-71）

表4-71 特殊要求的直缝电焊钢管的力学性能（GB/T 13793—2008）

牌号	下屈服强度 R_{eL}/（N/mm²）	抗拉强度 R_m/（N/mm²）	断后伸长率 A/%
	≥		
08、10	205	375	13
15	225	400	11
20	245	440	9
Q195	205	335	14
Q215A、Q215B	225	355	13
Q235A、Q235B、Q235C	245	390	9
Q295A、Q295B	—	—	—
Q345A、Q345B、Q345C	—	—	—

3. 直缝电焊钢管的外径允许偏差（表4-72）

表4-72 直缝电焊钢管的外径允许偏差（GB/T 13793—2008）

（单位：mm）

外径 D	普通精度（PD. A）①	较高精度（PD. B）	高精度（PD. C）
5 ~ 20	±0.30	±0.20	±0.10
>20 ~ 50	±0.50	±0.30	±0.15
>50 ~ 80	±1.0%D	±0.50	±0.30
>80 ~ 114.3	±1.0%D	±0.60	±0.40
>114.3 ~ 219.1	±1.0%D	±0.80	±0.60
>219.1	±1.0%D	±0.75%D	±0.5%D

注：PD. A 指外径普通精度的钢管，PD. B 指外径较高精度的钢管，PD. C 指外径高精度的钢管。

①不适用于带式输送机托辊用钢管。

4. 直缝电焊钢管的壁厚允许偏差（表4-73）

表4-73 直缝电焊钢管的壁厚允许偏差（GB/T 13793—2008）

（单位：mm）

壁厚 δ	允许偏差			同截面壁厚公差②
	普通精度（PT. A）①	较高精度（PT. B）	高精度（PT. C）	
0.50 ~ 0.60	±0.10	±0.06	+0.03 −0.05	≤7.5%δ
>0.60 ~ 0.80		±0.07	+0.04 −0.07	
>0.80 ~ 1.0		±0.08	+0.04 −0.07	
>1.0 ~ 1.2	±10%δ	±0.09	+0.05 −0.09	
>1.2 ~ 1.4		±0.11		
>1.4 ~ 1.5		±0.12	+0.06 −0.11	
>1.5 ~ 1.6		±0.13		
>1.6 ~ 2.0		±0.14	+0.07 −0.13	
>2.0 ~ 2.2		±0.15		
>2.2 ~ 2.5		±0.16		
>2.5 ~ 2.8		±0.17	+0.08 −0.16	
>2.8 ~ 3.2		±0.18		

续表

壁厚 δ	允许偏差			同截面壁厚公差[②]
	普通精度（PT. A）[①]	较高精度（PT. B）	高精度（PT. C）	
>3.2~3.8	±10%δ	±0.20	+0.10 −0.20	≤7.5%δ
>3.8~4.0		±0.22		
>4.5~5.5		±7.5%δ	±5%δ	
>5.5	±12.5%δ	±10%δ	±7.5%δ	

①不适用于带式输送机托辊用钢管。

②不适合普通精度的钢管。同截面壁厚公差指同一横截面上实测壁厚的最大值与最小值之差。

4.2.9　双焊缝冷弯方形及矩形钢管

1. 双焊缝冷弯方形及矩形钢管的分类及代号

双焊缝冷弯方形及矩形钢管的外形分别见图 4-2a、图 4-2b。方形钢管代号为 SHF，矩形钢管代号为 SHJ。

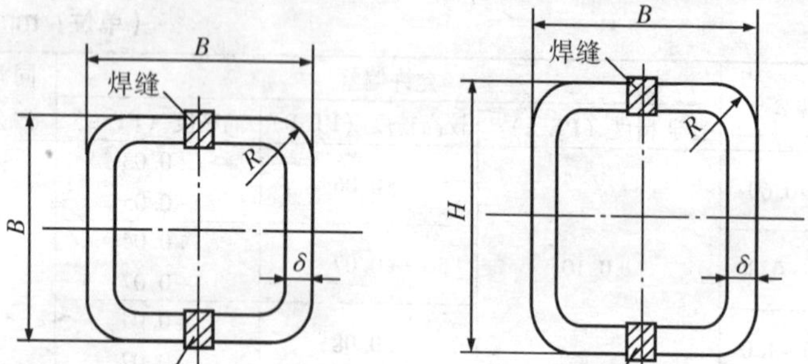

a.方形钢管　　b.矩形钢管

图 4-2　双焊缝冷弯方形及矩形钢管

2. 方形钢管的边长及壁厚（表 4-74）

表 4-74　方形钢管的边长及壁厚（YB/T 4181—2008）

（单位：mm）

公称边长 B	公称壁厚 δ
300，320	8，10，12，14，16
350，380	8，10，12，14，16，19
400	8，10，12，14，16，19，22

续表

公称边长 *B*	公称壁厚 *δ*
450，500	8，10，12，14，16，19，22，25
550，600	9，10，12，14，16，19，22，25，32
650	12，16，19，25，32，36
700，750，800，850，900	16，19，25，32，36
950，1000	19，25，32，36，40

3. 矩形钢管的边长及壁厚（表4-75）

表4-75 矩形钢管的边长及壁厚（YB/T 4181—2008）

（单位：mm）

公称边长		公称壁厚 *δ*	公称边长		公称壁厚 *δ*
H	*B*		*H*	*B*	
350	250	8，10，12，14，16	550	500	10，12，14，16，20
350	300		600	400	9，10，12，14，16
400	200		600	450	
400	250		600	500	9，10，12，14，16，19，22
400	300		600	550	9，10，12，14，16，19，22，25
450	250		700	600	16，19，22，25，32，36
450	300		800	600	19，25，32，36，40
450	350		800	700	
450	400	9，10，12，14，16	900	700	
500	300	10，12，14，16	900	800	19，25，32，36，40
500	400	9，10，12，14，16	1000	850	
500	450		1000	900	
550	400				

4.2.10 奥氏体－铁素体型双相不锈钢焊接钢管

1. 奥氏体－铁素体型双相不锈钢焊接钢管外径及壁厚的允许偏差（表4－76）

表4－76 奥氏体－铁素体型双相不锈钢焊接钢管外径及壁厚的允许偏差（GB/T 21832—2008）

序号	公称外径 D/mm	外径允许偏差/mm		厚度δ允许偏差
		普通级	高级	
1	≤38	±0.13	±0.40	±12.5%δ
2	>38～89	±0.25	±0.50	±10%δ或±0.2mm两者取较大值
3	>89～159	±0.35	±0.80	
4	>159～219.1	±0.75	±1.00	
5	>219.1	—	±0.75%δ	

2. 奥氏体－铁素体型双相不锈钢焊接钢管的热处理制度及力学性能（表4－77）

表4－77 奥氏体－铁素体型双相不锈钢焊接钢管的热处理制度及力学性能（GB/T 21832—2008）

序号	牌号	推荐热处理制度	拉伸性能			硬度	
			抗拉强度 R_m /(N/mm²)	规定非比例延伸强度 $R_{p0.2}$ /(N/mm²)	断后伸长率 A/%	HBW	HRC
			≥			≤	
1	022Cr19Ni5Mo3Si2N	980～1040℃，急冷	630	440	30	290	30
2	022Cr22Ni5Mo3N	1020～1100℃，急冷	620	450	25	290	30
3	022Cr23Ni5Mo3N	1020～1100℃，急冷	655	485	25	290	30
4	022Cr23Ni4MoCuN	925～1050℃，急冷（D≤25mm）	690	450	25	—	—
		925～1050℃，急冷（D>25mm）	600	400	25	290	30
5	022Cr25Ni6Mo2N	1050～1100℃，急冷	690	450	25	280	—
6	022Cr25Ni7Mo3WCuN	1020～1100℃，急冷	690	450	25	290	30
7	03Cr25Ni6Mo3Cu2N	≥1040℃，急冷	760	550	15	297	31
8	022Cr25Ni7Mo4N	1025～1125℃，急冷	800	550	15	300	32
9	022Cr25Ni7Mo4WCuN	1100～1140℃，急冷	750	550	25	300	—

4.2.11 装饰用焊接不锈钢管

1. 装饰用焊接不锈钢圆管的规格(表4-78)

表4-78 装饰用焊接不锈钢圆管的规格(YB/T 5363—2006)

外径/mm	总壁厚/mm																		
	0.4	0.5	0.6	0.7	0.8	0.9	1.0	1.2	1.4	1.5	1.6	1.8	2.0	2.2	2.5	2.8	3.0	3.2	3.5
6	×	×	×																
8	×	×	×																
9	×	×	×	×	×														
10	×	×	×	×	×	×	×	×											
12		×	×	×	×	×	×	×	×	×	×								
(12.7)			×	×	×	×	×	×	×	×	×								
15			×	×	×	×	×	×	×	×	×								
16			×	×	×	×	×	×	×	×	×								
18			×	×	×	×	×	×	×	×	×								
19			×	×	×	×	×	×	×	×	×								
20			×	×	×	×	×	×	×	×	×	×	○						
22					×	×	×	×	×	×	×	×	○	○					
25					×	×	×	×	×	×	×	×	○	○	○				
28					×	×	×	×	×	×	×	×	○	○	○	○			
30					×	×	×	×	×	×	×	×	○	○	○	○	○		
(31.8)					×	×	×	×	×	×	×	×	○	○	○	○	○		
32					×	×	×	×	×	×	×	×	○	○	○	○	○		
38					×	×	×	×	×	×	×	×	○	○	○	○	○	○	○
40					×	×	×	×	×	×	×	×	○	○	○	○	○	○	○
45					×	×	×	×	×	×	×	×	○	○	○	○	○	○	○
48						×	×	×	×	×	×	×	○	○	○	○	○	○	○
51						×	×	×	×	×	×	×	○	○	○	○	○	○	○
56						×	×	×	×	×	×	×	○	○	○	○	○	○	○
57						×	×	×	×	×	×	×	○	○	○	○	○	○	○
(63.5)						×	×	×	×	×	×	×	○	○	○	○	○	○	○
65						×	×	×	×	×	×	×	○	○	○	○	○	○	○
70						×	×	×	×	×	×	×	○	○	○	○	○	○	○
76.2						×	×	×	×	×	×	×	○	○	○	○	○	○	○

续表

外径/mm	总壁厚/mm																		
	0.4	0.5	0.6	0.7	0.8	0.9	1.0	1.2	1.4	1.5	1.6	1.8	2.0	2.2	2.5	2.8	3.0	3.2	3.5
80						×	×	×	×	×	×	×	○	○	○	○	○	○	○
83							×	×	×	×	×	×	○	○	○	○	○	○	○
89							×	×	×	×	×	×	○	○	○	○	○	○	○
95							×	×	×	×	×	×	○	○	○	○	○	○	○
(101.6)							×	×	×	×	×	×	○	○	○	○	○	○	○
102								×	×	×	×	×	○	○	○	○	○	○	○
108									×	×	×	×	○	○	○	○	○	○	○
114										×	×	×	○	○	○	○	○	○	○
127										×	×	×	○	○	○	○	○	○	○
133													○	○	○	○	○	○	○
140														○	○	○	○	○	○
159															○	○	○	○	○
168.3																○	○	○	○
180																		○	○
193.7																			○
219																			○

注:括号内尺寸不推荐使用。“×”表示采用冷轧板(带)制造;“○”表示采用冷轧板(带)或热轧板(带)制造。

2. 装饰用焊接不锈钢方形管和矩形管的规格(表4-79)

表4-79 装饰用焊接不锈钢方形管和矩形管的规格(YB/T 5363—2006)

外形尺寸/mm		总壁厚/mm																		
		0.4	0.5	0.6	0.7	0.8	0.9	1.0	1.2	1.4	1.5	1.6	1.8	2.0	2.2	2.5	2.8	3.0	3.2	3.5
方形管(边长×边长)	15×15	×	×	×	×	×	×	×	×											
	20×20		×	×	×	×	×	×	×	×	×	×	×	○						
	25×25			×	×	×	×	×	×	×	×	×	×	○	○	○				
	30×30					×	×	×	×	×	×	×	×	○	○	○				
	40×40						×	×	×	×	×	×	×	○	○	○				
	50×50							×	×	×	×	×	×	○	○	○				
	60×60								×	×	×	×	×	○	○	○				
	70×70									×	×	×	×	○	○	○				

续表

外形尺寸/mm		总壁厚/mm																	
		0.4	0.5	0.6	0.7	0.8	0.9	1.0	1.2	1.4	1.5	1.6	1.8	2.0	2.2	2.5	2.8	3.0	3.2	3.5
方形管(边长×边长)	80×80										×	×	×	○	○	○	○			
	85×85										×	×	×	○	○	○	○			
	90×90											×	×	○	○	○	○	○		
	100×100											×	×	○	○	○	○	○		
	110×110												×	○	○	○	○	○		
	125×125												×	○	○	○	○	○		
	130×130													○	○	○	○	○		
	140×140													○	○	○	○	○		
	170×170														○	○	○	○		
矩形管(长×宽)	20×10		×	×	×	×	×	×	×	×	×									
	25×15			×	×	×	×	×	×	×	×	×								
	40×20					×	×	×	×	×	×	×	×							
	50×30						×	×	×	×	×	×	×							
	70×30							×	×	×	×	×	×	○						
	80×40							×	×	×	×	×	×	○						
	90×30							×	×	×	×	×	×	○	○					
	100×40								×	×	×	×	×	○	○					
	110×50									×	×	×	×	○	○					
	120×40									×	×	×	×	○	○					
	120×60										×	×	×	○	○	○				
	130×50										×	×	×	○	○	○				
	130×70											×	×	○	○	○				
	140×60											×	×	○	○	○				
	140×80												×	○	○	○				
	150×50												×	○	○	○	○			
	150×70												×	○	○	○	○			
	160×40												×	○	○	○	○			
	160×60													○	○	○	○			
	160×90													○	○	○	○			
	170×50													○	○	○	○			
	170×80													○	○	○	○			
	180×70													○	○	○	○			

续表

外形尺寸/mm		总壁厚/mm																		
		0.4	0.5	0.6	0.7	0.8	0.9	1.0	1.2	1.4	1.5	1.6	1.8	2.0	2.2	2.5	2.8	3.0	3.2	3.5
矩形管（长×宽）	180×80													○	○	○	○	○		
	180×100													○	○	○	○	○		
	190×60													○	○	○	○	○		
	190×70														○	○	○	○		
	190×90														○	○	○	○		
	200×60														○	○	○	○		
	200×80														○	○	○	○		
	200×140															○	○	○		

注：“×”表示采用冷轧板（带）制造；“○”表示采用冷轧板（带）或热轧板（带）制造。

3. 装饰用焊接不锈钢管的力学性能（表4－80）

表4－80 装饰用焊接不锈钢管的力学性能（YB/T 5363—2006）

牌号	推荐热处理制度	下屈服强度 R_{eL} /(N/mm²) ≥	抗拉强度 R_m /(N/mm²) ≥	断后伸长率 A/% ≥	硬度 HBW≤
0Cr18Ni9	1010～1150℃，急冷	205	520	35	187
1Cr18Ni9	1010～1150℃，急冷	205	520	35	187

4.2.12 建筑装饰用不锈钢焊接管材

1. 建筑装饰用不锈钢焊接管材的分类及供货状态代号（表4－81）

表4－81 建筑装饰用不锈钢焊接管材的分类及供货状态代号（JG/T 3030—1995）

类别	状态	代号
1	焊接状态	H
2	磨（抛）光状态	M
3	热处理状态	R

2. 建筑装饰用不锈钢焊接管材的截面形状代号（表4－82）

表4－82 建筑装饰用不锈钢焊接管材的截面形状代号（JG/T 3030—1995）

截面形状	圆管	方形管	矩形管	其他管
代号	D	F	J	T

3. 建筑装饰用不锈钢焊接圆管的外径和壁厚（表4－83）

表4－83 建筑装饰用不锈钢焊接圆管的外径和壁厚（JG/T 3030—1995）

外径/mm	壁厚/mm															
	0.4	0.5	0.6	0.7	0.8	0.9	1.0	1.2	1.4	1.5	1.8	2.0	2.2	2.5	2.8	3.0
6	○	○	○													
7	○	○	○	○	○											
8	○	○	○	○	○											
9	○	○	○	○	○											
(9.53)	○	○	○	○	○	○	○									
10	○	○	○	○	○	○	○									
11	○	○	○	○	○	○	○	○								
12	○	○	○	○	○	○	○	○								
(12.7)	○	○	○	○	○	○	○	○								
13	○	○	○	○	○	○	○	○								
14	○	○	○	○	○	○	○	○								
15	○	○	○	○	○	○	○	○	○	○						
(15.9)		○	○	○	○	○	○	○	○	○						
16		○	○	○	○	○	○	○	○	○						
17		○	○	○	○	○	○	○	○	○						
18		○	○	○	○	○	○	○	○	○	○					
19		○	○	○	○	○	○	○	○	○	○					
20		○	○	○	○	○	○	○	○	○	○					
21			○	○	○	○	○	○	○	○	○	○				
22			○	○	○	○	○	○	○	○	○	○				
24			○	○	○	○	○	○	○	○	○	○				
25			○	○	○	○	○	○	○	○	○	○	○			
(25.4)			○	○	○	○	○	○	○	○	○	○	○			
26				○	○	○	○	○	○	○	○	○	○			
28				○	○	○	○	○	○	○	○	○	○			
30					○	○	○	○	○	○	○	○	○			
(31.8)					○	○	○	○	○	○	○	○	○	○		
32					○	○	○	○	○	○	○	○	○	○		
36					○	○	○	○	○	○	○	○	○	○	○	○
(38.1)					○	○	○	○	○	○	○	○	○	○	○	○
40					○	○	○	○	○	○	○	○	○	○	○	○

续表

外径/mm	壁厚/mm															
	0.4	0.5	0.6	0.7	0.8	0.9	1.0	1.2	1.4	1.5	1.8	2.0	2.2	2.5	2.8	3.0
45						○	○	○	○	○	○	○	○	○	○	○
50						○	○	○	○	○	○	○	○	○	○	○
(50.8)						○	○	○	○	○	○	○	○	○	○	○
56						○	○	○	○	○	○	○	○	○	○	○
(57.1)						○	○	○	○	○	○	○	○	○	○	○
(60.3)						○	○	○	○	○	○	○	○	○	○	○
63							○	○	○	○	○	○	○	○	○	○
(63.5)							○	○	○	○	○	○	○	○	○	○
71								○	○	○	○	○	○	○	○	○
(76.2)								○	○	○	○	○	○	○	○	○
80								○	○	○	○	○	○	○	○	○
90									○	○	○	○	○	○	○	○
100									○	○	○	○	○	○	○	○
(101.6)									○	○	○	○	○	○	○	○
(108)										○	○	○	○	○	○	○
110										○	○	○	○	○	○	○
(114.3)										○	○	○	○	○	○	○
125											○	○	○	○	○	○
(140)											○	○	○	○	○	○
160											○	○	○	○	○	○

注：括号内尺寸不推荐使用。"○"表示有此规格。

4. 建筑装饰用不锈钢焊接方形管和矩形管的外形尺寸和壁厚（表 4-84）

表 4-84 建筑装饰用不锈钢焊接方形管和矩形管的外形尺寸和壁厚（JG/T 3030—1995）

外形尺寸/mm		壁厚/mm															
		0.4	0.5	0.6	0.7	0.8	0.9	1.0	1.2	1.4	1.5	1.8	2.0	2.2	2.5	2.8	3.0
方形管（边长）	10	○	○	○	○	○	○	○	○								
	(12.7)		○	○	○	○	○	○	○	○	○						
	(15.9)		○	○	○	○	○	○	○	○	○	○	○				
	16		○	○	○	○	○	○	○	○	○	○	○				
	20			○	○	○	○	○	○	○	○	○	○	○			

续表

外形尺寸/mm		壁厚/mm															
		0.4	0.5	0.6	0.7	0.8	0.9	1.0	1.2	1.4	1.5	1.8	2.0	2.2	2.5	2.8	3.0
方形管（边长）	25					○	○	○	○	○	○	○	○	○	○		
	(25.4)					○	○	○	○	○	○	○	○	○	○	○	
	30					○	○	○	○	○	○	○	○	○	○	○	○
	(31.8)					○	○	○	○	○	○	○	○	○	○	○	○
	(38.1)						○	○	○	○	○	○	○	○	○	○	○
	40						○	○	○	○	○	○	○	○	○	○	○
	50							○	○	○	○	○	○	○	○	○	○
	60								○	○	○	○	○	○	○	○	○
	70								○	○	○	○	○	○	○	○	○
	80									○	○	○	○	○	○	○	○
	90										○	○	○	○	○	○	○
	100											○	○	○	○	○	○
矩形管（长×宽）	20×10		○	○	○	○	○	○	○	○	○	○					
	25×13			○	○	○	○	○	○	○	○	○	○	○			
	(31.8×15.0)					○	○	○	○	○	○	○	○	○	○		
	(38.1×25.4)					○	○	○	○	○	○	○	○	○	○	○	○
	40×20						○	○	○	○	○	○	○	○	○	○	○
	50×25						○	○	○	○	○	○	○	○	○	○	○
	60×30							○	○	○	○	○	○	○	○	○	○
	70×30							○	○	○	○	○	○	○	○	○	○
	75×45								○	○	○	○	○	○	○	○	○
	80×45								○	○	○	○	○	○	○	○	○
	90×25								○	○	○	○	○	○	○	○	○
	90×45								○	○	○	○	○	○	○	○	○
	100×25								○	○	○	○	○	○	○	○	○
	100×45									○	○	○	○	○	○	○	○

注：括号内尺寸不推荐使用。“○”表示有此规格。

5. 建筑装饰用不锈钢焊接管材的力学性能（表4-85）

表4-85 建筑装饰用不锈钢焊接管材的力学性能（JG/T 3030—1995）

<table>
<tr><th colspan="2" rowspan="3">牌号</th><th colspan="6">力学性能</th></tr>
<tr><th colspan="3">焊后经热处理</th><th colspan="3">焊接态</th></tr>
<tr><th>抗拉强度 R_m /(N/mm²) ≥</th><th>规定非比例延伸强度 $R_{p0.2}$ /(N/mm²) ≥</th><th>断后伸长率 A/% ≥</th><th>抗拉强度 R_m /(N/mm²) ≥</th><th>规定非比例延伸强度 $R_{p0.2}$ /(N/mm²) ≥</th><th>断后伸长率 A/% ≥</th></tr>
<tr><td rowspan="6">奥氏体型</td><td>00Cr19Ni10</td><td rowspan="2">480</td><td rowspan="2">180</td><td rowspan="6">35</td><td rowspan="2">480</td><td rowspan="2">180</td><td rowspan="6">25</td></tr>
<tr><td>00Cr17Ni14Mo2</td></tr>
<tr><td>0Cr18Ni9</td><td rowspan="4">520</td><td rowspan="4">210</td><td rowspan="4">520</td><td rowspan="4">210</td></tr>
<tr><td>1Cr18Ni9</td></tr>
<tr><td>1Cr18Ni9Ti</td></tr>
<tr><td>0Cr17Ni12Mo2</td></tr>
<tr><td>铁素体型</td><td>1Cr17</td><td>410</td><td>210</td><td>20</td><td colspan="3">按双方协议</td></tr>
</table>

6. 建筑装饰用不锈钢焊接管材的理论质量计算公式（表4-86）

表4-86 建筑装饰用不锈钢焊接管材的理论质量计算公式（JG/T 3030—1995）

<table>
<tr><th>牌号</th><th>基本质量/kg</th><th>管材外形</th><th>理论质量计算公式/（kg/m）</th></tr>
<tr><td rowspan="2">0Cr17Ni12Mo2
00Cr17Ni14Mo2</td><td rowspan="2">7.98</td><td>圆管</td><td>$G=0.02507\delta\ (D-\delta)$</td></tr>
<tr><td>方形、矩形管</td><td>$G=0.01596\ [\delta\ (A+B-2\delta)\ -0.11]$</td></tr>
<tr><td rowspan="2">0Cr18Ni9、00Cr19Ni10
1Cr18Ni9、1Cr18Ni9Ti</td><td rowspan="2">7.93</td><td>圆管</td><td>$G=0.02491\delta\ (D-\delta)$</td></tr>
<tr><td>方形、矩形管</td><td>$G=0.01586\ [\delta\ (A+B-2\delta)\ -0.11]$</td></tr>
<tr><td rowspan="2">1Cr17</td><td rowspan="2">7.7</td><td>圆管</td><td>$G=0.02419\delta\ (D-\delta)$</td></tr>
<tr><td>方形、矩形管</td><td>$G=0.01540\ [\delta\ (A+B-2\delta)\ -0.11]$</td></tr>
</table>

注：计算公式中：G 是理论质量（kg/m）；δ 是实测壁厚（mm）；D 是公称外径（mm）；A、B 是方形管或矩形管的公称尺寸（长、宽）（mm）。

4.2.13 机械结构用不锈钢焊接钢管

1. 机械结构用不锈钢焊接钢管的外径和壁厚（表4-87）

表4-87 机械结构用不锈钢焊接钢管的外径和壁厚（GB/T 12770—2002）

外径/mm		壁厚/mm															
		0.3	0.4	0.5	0.6	0.8	1.0	1.2	1.4	1.5	1.8	2.0	2.2	2.5	2.8	3.0	3.2
8		×	×	×	×	×	×										
	(9.5)	×	×	×	×	×	×										
12		×	×	×	×	×	×	×	×	×							
	(12.7)	×	×	×	×	×	×	×	×	×							
14					×	×	×	×	×	×	×						
15					×	×	×	×	×	×	×						
16					×	×	×	×	×	×	×	⊙					
18					×	×	×	×	×	×	×	⊙					
19					×	×	×	×	×	×	×	⊙					
	(19.5)				×	×	×	×	×	×	×	⊙					
20					×	×	×	×	×	×	×	⊙	⊙				
22					×	×	×	×	×	×	×	⊙	⊙				
25					×	×	×	×	×	×	×	⊙	⊙	⊙			
	(25.4)				×	×	×	×	×	×	×	⊙	⊙	⊙			
28							×	×	×	×	×	⊙	⊙	⊙	⊙		
30							×	×	×	×	×	⊙	⊙	⊙	⊙		
	(31.8)						×	×	×	×	×	⊙	⊙	⊙	⊙	⊙	
32							×	×	×	×	×	⊙	⊙	⊙	⊙	⊙	
	(33.4)						×	×	×	×	×	⊙	⊙	⊙	⊙	⊙	
36							×	×	×	×	×	⊙	⊙	⊙	⊙	⊙	
38							×	×	×	×	×	⊙	⊙	⊙	⊙	⊙	
	(38.1)						×	×	×	×	×	⊙	⊙	⊙	⊙	⊙	
40							×	×	×	×	×	⊙	⊙	⊙	⊙	⊙	
	(42.3)						×	×	×	×	×	⊙	⊙	⊙	⊙	⊙	
45							×	×	×	×	×	⊙	⊙	⊙	⊙	⊙	
50							×	×	×	×	×	⊙	⊙	⊙	⊙	⊙	
	(50.8)						×	×	×	×	×	⊙	⊙	⊙	⊙	⊙	
57							×	×	×	×	×	⊙	⊙	⊙	⊙	⊙	⊙
	(57.1)						×	×	×	×	×	⊙	⊙	⊙	⊙	⊙	⊙

续表

外径/mm		壁厚/mm															
		0.3	0.4	0.5	0.6	0.8	1.0	1.2	1.4	1.5	1.8	2.0	2.2	2.5	2.8	3.0	3.2
	(60.3)						×	×	×	×	×	⊙	⊙	⊙	⊙	⊙	⊙
63								×	×	×	×	⊙	⊙	⊙	⊙	⊙	⊙
	(63.5)							×	×	×	×	⊙	⊙	⊙	⊙	⊙	⊙
76									×	×	×	⊙	⊙	⊙	⊙	⊙	⊙

外径/mm		壁厚/mm																		
		1.2	1.5	1.8	2.0	2.2	2.5	2.8	3.0	3.5	4.0	4.5	5.0	5.5	6.0	8.0	10	12	14	16
	(88.9)	×	×	×	⊙	⊙	⊙	⊙	⊙	⊙	⊙	⊙								
89		×	×	×	⊙	⊙	⊙	⊙	⊙	⊙	⊙	⊙								
	(101.6)	×	×	×	⊙	⊙	⊙	⊙	⊙	⊙	⊙	⊙								
102		×	×	×	⊙	⊙	⊙	⊙	⊙	⊙	⊙	⊙								
108		×	×	×	⊙	⊙	⊙	⊙	⊙	⊙	⊙	⊙								
114			×	×	×	⊙	⊙	⊙	⊙	⊙	⊙	○	○							
	(114.3)		×	×	×	⊙	⊙	⊙	⊙	⊙	⊙	○	○							
133					×	⊙	⊙	⊙	⊙	⊙	⊙	○	○	○	○					
	(139.7)				×	⊙	⊙	⊙	⊙	⊙	⊙	○	○	○	○					
159							⊙	⊙	⊙	⊙	⊙	○	○	○	○	○				
	(168.3)						⊙	⊙	⊙	⊙	⊙	○	○	○	○	○				
219							⊙	⊙	⊙	⊙	⊙	○	○	○	○	○	○	○		
	(219.1)						⊙	⊙	⊙	⊙	⊙	○	○	○	○	○	○	○		
250								⊙	⊙	⊙	⊙	○	○	○	○	○	○	○		
273									⊙	⊙	⊙	○	○	○	○	○	○	○		
	(323.9)								⊙	⊙	⊙	○	○	○	○	○	○	○	○	
325										⊙	⊙	○	○	○	○	○	○	○	○	
	(355.6)												○	○	○	○	○	○	○	
377													○	○	○	○	○	○	○	
400													○	○	○	○	○	○	○	
	(406.4)												○	○	○	○	○	○	○	
426															○	○	○	○	○	
450															○	○	○	○	○	
	(457.2)														○	○	○	○	○	
500															○	○	○	○	○	
	(508)														○	○	○	○	○	

续表

外径/mm		壁厚/mm																		
		1.2	1.5	1.8	2.0	2.2	2.5	2.8	3.0	3.5	4.0	4.5	5.0	5.5	6.0	8.0	10	12	14	16
530															○	○	○	○	○	
550															○	○	○	○	○	
	(558.8)														○	○	○	○	○	
600															○	○	○	○	○	○
	(609.6)														○	○	○	○	○	○
630															○	○	○	○	○	○

注：1. “×”表示采用冷轧板（带）制造；“⊙”表示采用冷轧板（带）或热轧板（带）制造；“○”表示采用热轧板（带）制造。

2. 括号内为英制单位换算的公制单位尺寸。

2. 机械结构用不锈钢焊接钢管的外径允许偏差（表4－88）

表4－88 机械结构用不锈钢焊接钢管的外径允许偏差（GB/T 12770—2002）

（单位：mm）

类别	外径	允许偏差		
		高级（PC）	较高级（PB）	普通级（PA）
焊接状态 W	<20	±0.13	±0.20	±0.30
	20 ~ <50	±0.25	±0.40	±0.50
	≥50	±0.6%*D*	±0.8%*D*	±1.0%*D*
热处理状态 T	<13	±0.10	±0.20	±0.25
	13 ~ <25	±0.13	±0.20	±0.40
	25 ~ <40	±0.25	±0.30	±0.60
	40 ~ <63	±0.30	±0.50	±0.80
	63 ~ <90	±0.51	±0.60	±1.0
	90 ~ <159	±0.64	±0.80	±1.0
	159 ~ <300	±0.7%*D*	±0.8%*D*	±1.0%*D*
	300 ~ <500	±0.8%*D*	±1.0%*D*	±1.25%*D*
	≥500	按协议	按协议	按协议
冷拔（轧）状态 WC 磨（抛）光状态 SP	<25	±0.10	±0.12	±0.15
	25 ~ <40	±0.13	±0.15	±0.18
	40 ~ <50	±0.15	±0.18	±0.20
	50 ~ <60	±0.18	±0.20	±0.23
	60 ~ <70	±0.25	±0.28	±0.30

续表

类别	外径	允许偏差		
		高级（PC）	较高级（PB）	普通级（PA）
冷拔（轧）状态 WC 磨（抛）光状态 SP	70 ~ <80	±0.25	±0.28	±0.30
	80 ~ <90	±0.25	±0.28	±0.30
	90 ~ <100	±0.30	±0.35	±0.40
	100 ~ <200	按协议	±0.4%D	±0.5%D
	≥200	按协议	按协议	按协议

3. 机械结构用不锈钢焊接钢管的力学性能（表4-89）

表4-89 机械结构用不锈钢焊接钢管的力学性能（GB/T 12770—2002）

序号	牌号	规定非比例延伸强度 $R_{p0.2}$/（N/mm²）	抗拉强度 R_m/（N/mm²）	断后伸长率 A/%	
				热处理状态	非热处理状态
		≥			
1	1Cr18Ni9	210	520	35	25
2	0Cr18N9	210	520		
3	00Cr19Ni10	180	480		
4	0Cr25Ni20	210	520		
5	0Cr17Ni12Mo2	210	520		
6	00Cr17Ni14Mo2	180	480		
7	0Cr18Ni10Ti	210	520		
8	1Cr18Ni9Ti	210	520		
9	0Cr18Ni11Nb	210	520		

4.2.14 流体输送用不锈钢焊接钢管

1. 流体输送用不锈钢焊接钢管的外径及其允许偏差（表4-90）

表4-90 流体输送用不锈钢焊接钢管的外径及其允许偏差（GB/T 12771—2008）（单位：mm）

类别	外径 D	外径允许偏差	
		较高级（A）	普通极（B）
焊接状态	全部尺寸	±0.5%D 或 ±0.20，两者取较大值	±0.75%D 或 ±0.30，两者取较大值

续表

类别	外径 D	外径允许偏差	
		较高级（A）	普通极（B）
热处理状态	<40	±0.20	±0.30
	40 ~ <65	±0.30	±0.40
	65 ~ <90	±0.40	±0.50
	90 ~ <168.3	±0.80	±1.00
	168.3 ~ <325	±0.75%D	±1.0%D
	325 ~ <610	±0.6%D	±1.0%D
	≥610	±0.6%D	±0.7%D 或 ±10，两者取较小值
冷拔（轧）状态、磨（抛）光状态	<40	±0.15	±0.20
	40 ~ <60	±0.20	±0.30
	60 ~ <100	±0.30	±0.40
	100 ~ <200	±0.4%D	±0.5%D
	≥200	±0.5%D	±0.75%D

2. 流体输送用不锈钢焊接钢管的壁厚及其允许偏差（表4-91）

表4-91 流体输送用不锈钢焊接钢管的壁厚及其允许偏差（GB/T 12771—2008） （单位：mm）

壁厚 δ	壁厚允许偏差	壁厚 δ	壁厚允许偏差
≤0.5	±0.10	>2.0 ~4.0	±0.30
>0.5 ~1.0	±0.15	>4.0	±10%δ
>1.0 ~2.0	±0.20	—	—

3. 流体输送用不锈钢焊接钢管的力学性能（表4-92）

表4-92 流体输送用不锈钢焊接钢管力学性能（GB/T 12771—2008）

序号	新牌号	旧牌号	规定非比例延伸强度 $R_{p0.2}$ /(N/mm²)	抗拉强度 R_m /(N/mm²)	断后伸长率 A/%	
					热处理状态	非热处理状态
			≥			
1	12Cr18Ni9	1Cr18Ni9	210	520	35	25
2	06Cr19Ni10	0Cr18Ni9	210	520		

续表

序号	新牌号	旧牌号	规定非比例延伸强度 $R_{p0.2}$ /(N/mm²)	抗拉强度 R_m /(N/mm²)	断后伸长率 A/%	
					热处理状态	非热处理状态
			≥			
3	022Cr19Ni10	00Cr19Ni10	180	480	35	25
4	06Cr25Ni20	0Cr25Ni20	210	520		
5	06Cr17Ni12Mo2	0Cr17Ni12Mo2	210	520		
6	022Cr17Ni12Mo2	00Cr17Ni14Mo2	180	480		
7	06Cr18Ni11Ti	0Cr18Ni10Ti	210	520		
8	06Cr18Ni11Nb	0Cr18Ni11Nb	210	520		
9	022Cr18Ti	00Cr17	180	360	20	—
10	019Cr19Mo2NbTi	00Cr18Mo2	240	410		
11	06Cr13Al	0Cr13Al	177	410		
12	022Cr11Ti	—	275	400	18	—
13	022Cr12Ni	—	275	400	18	—
14	06Cr13	0Cr13	210	410	20	—

第5章　钢板和钢带

5.1　冷轧钢板和钢带

5.1.1　低碳钢冷轧钢带

低碳钢冷轧钢带的力学性能见表5-1。

表5-1　低碳钢冷轧钢带的力学性能（YB/T 5059—2005）

钢带软硬级别	抗拉强度 R_m/（N/mm^2）	断后伸长率 A_{xmm}/%　≥
特软 S2	275～390	30
软 S	325～440	20
半软 S1/2	370～490	10
低硬 H1/4	410～540	4
冷硬 H	490～785	不测定

注：A_{xmm}中x表示试样标距长度值。

5.1.2　冷轧低碳钢板和钢带

1. 冷轧低碳钢板和钢带按用途的分类（表5-2）

表5-2　冷轧低碳钢板及钢带按用途的分类（GB/T 5213—2008）

牌号	用途	牌号	用途
DC01	一般用	DC05	特深冲用
DC03	冲压用	DC06	超深冲用
DC04	深冲用	DC07	特超深冲用

2. 冷轧低碳钢板和钢带按表面质量的分类（表5-3）

表5-3 冷轧低碳钢板和钢带按表面质量的分类（GB/T 5213—2008）

级别	代号
较高级表面	FB
高级表面	FC
超高级表面	FD

3. 冷轧低碳钢板和钢带按表面结构的分类（表5-4）

表5-4 冷轧低碳钢板和钢带按表面结构的分类（GB/T 5213—2008）

表面结构	代号
光亮表面	B
麻面	D

4. 冷轧低碳钢板和钢带的力学性能（表5-5）

表5-5 冷轧低碳钢板和钢带的力学性能（GB/T 5213—2008）

牌号	屈服强度① R_{eL}或$R_{p0.2}$/（N/mm²） ≤	抗拉强度 R_m/（N/mm²）	断后伸长率 A_{80mm}/%	r_{90}② ≥	n_{90}③ ≥
DC01	280	270~410	28	—	—
DC03	240	270~370	34	1.3	—
DC04	210	270~350	38	1.6	0.18
DC05	180	270~330	40	1.9	0.20
DC06	170	270~330	41	2.1	0.22
DC07	150	250~310	44	2.5	0.23

①无明显屈服时采用$R_{p0.2}$，否则采用R_{eL}。当厚度大于0.50mm且不大于0.70mm时，屈服强度上限值可以增加20N/mm²；当厚度不大于0.50mm时，屈服强度上限值可以增加40N/mm²。

②相对于轧制方向90°的塑性应变比。

③相对于轧制方向90°的拉伸应变硬化指数。

5.1.3 冷轧钢板和钢带

1. 冷轧钢板和钢带的分类及代号（表5-6）

表5-6 冷轧钢板和钢带的分类及代号（GB/T 708—2006）

产品形态	边缘状态	分类及代号							
		厚度精度		宽度精度		长度精度		不平度精度	
		普通	较高	普通	较高	普通	较高	普通	较高
钢带	不切边EM	PT. A	PT. B	PW. A	—	—	—	—	—
	切边EC	PT. A	PT. B	PW. A	PW. B	—	—	—	—
钢板	不切边EM	PT. A	PT. B	PW. A	—	PL. A	PL. B	PF. A	PF. B
	切边EC	PT. A	PT. B	PW. A	PW. B	PL. A	PL. B	PF. A	PF. B
纵切钢带	切边EC	PT. A	PT. B	PW. A	—	—	—	—	—

2. 冷轧钢板和钢带的厚度及其允许偏差（表5-7）

表5-7 冷轧钢板和钢带的厚度及其允许偏差（GB/T 708—2006）

（单位：mm）

公称厚度	厚度允许偏差①					
	普通精度 PT. A			较高精度 PT. B		
	公称宽度			公称宽度		
	≤1200	>1200～1500	>1500	≤1200	>1200～1500	>1500
≤0.40	±0.04	±0.05	±0.06	±0.025	±0.035	±0.045
>0.40～0.60	±0.05	±0.06	±0.07	±0.035	±0.045	±0.050
>0.60～0.80	±0.06	±0.07	±0.08	±0.040	±0.050	±0.050
>0.80～1.00	±0.07	±0.08	±0.09	±0.045	±0.060	±0.060
>1.00～1.20	±0.08	±0.09	±0.10	±0.055	±0.070	±0.070
>1.20～1.60	±0.10	±0.11	±0.11	±0.070	±0.080	±0.080
>1.60～2.00	±0.12	±0.13	±0.13	±0.080	±0.090	±0.090
>2.00～2.50	±0.14	±0.15	±0.15	±0.100	±0.110	±0.110
>2.50～3.00	±0.16	±0.17	±0.17	±0.110	±0.120	±0.120
>3.00～4.00	±0.17	±0.19	±0.19	±0.140	±0.150	±0.150

①距钢带焊缝处15m内的厚度允许偏差比表中规定值增加60%；距钢带两端各15m内的厚度允许偏差比表中规定值增加60%。

3. 冷轧钢板和钢带的宽度及其允许偏差（表5-8）

表5-8　冷轧钢板和钢带的宽度及其允许偏差（GB/T 708—2006）

（单位：mm）

公称宽度	宽度允许偏差	
	普通精度　PW. A	较高精度　PW. B
≤1200	+4 0	+2 0
>1200~1500	+5 0	+2 0
>1500	+6 0	+3 0

4. 冷轧钢板和钢带的长度及其允许偏差（表5-9）

表5-9　冷轧钢板和钢带的长度及其允许偏差（GB/T 708—2006）

（单位：mm）

公称长度	长度允许偏差	
	普通精度 PL. A	高级精度 PL. B
≤2000	+6 0	+3 0
>2000	+0.3%×公称长度 0	+0.15%×公称长度 0

5.1.4　碳素结构钢冷轧钢带

1. 碳素结构钢冷轧钢带的力学性能（表5-10）

表5-10　碳素结构钢冷轧钢带的力学性能（GB 716—1991）

类别	抗拉强度 R_m/（N/mm^2）	断后伸长率 A/%　≥	维氏硬度 HV
软钢带	275~440	23	≤130
半软钢带	370~490	10	105~145
硬钢带	490~785	—	140~230

2. 碳素结构钢冷轧钢带的厚度及宽度（表5-11）

表5-11　碳素结构钢冷轧钢带的厚度及宽度（GB 716—1991）

（单位：mm）

厚度	宽度
0.10~3.00	10~250

5.1.5 优质碳素结构钢冷轧钢带

1. 优质碳素结构钢冷轧钢带的力学性能（表5-12）

表5-12 优质碳素结构钢冷轧钢带的力学性能（GB/T 3522—1983）

钢号	冷硬钢带（Y）	退火钢带（T）	
	抗拉强度 R_m/（N/mm²）	抗拉强度 R_m/（N/mm²）	断后伸长率 A/% ≥
15	450~800	320~500	22
20	500~850	320~550	20
25	550~900	350~600	18
30	650~950	400~600	16
35	650~950	400~650	16
40	650~1000	450~700	15
45	700~1050	450~700	15
50	750~1100	450~750	13
55	750~1100	450~750	12
60	750~1150	450~750	12
65	750~1150	450~750	10
70	750~1150	450~750	10

2. 优质碳素结构钢冷轧钢带的尺寸及其允许偏差（表5-13）

表5-13 优质碳素结构钢冷轧钢带的尺寸及其允许偏差（GB/T 3522—1983）

（单位：mm）

<table>
<tr><th colspan="4">厚度</th><th colspan="5">宽度</th></tr>
<tr><th rowspan="3">尺寸</th><th colspan="3">允许偏差</th><th colspan="3">切边钢带</th><th colspan="2">不切边钢带</th></tr>
<tr><th rowspan="2">普通精度（P）</th><th rowspan="2">较高精度（H）</th><th rowspan="2">高精度（J）</th><th rowspan="2">尺寸</th><th colspan="2">允许偏差</th><th rowspan="2">尺寸</th><th rowspan="2">允许偏差</th></tr>
<tr><th>普通精度（P）</th><th>较高精度（K）</th></tr>
<tr><td>0.10~0.15</td><td>-0.020</td><td>-0.015</td><td>-0.010</td><td rowspan="2">4~120</td><td rowspan="4">-0.3</td><td rowspan="4">-0.2</td><td rowspan="6"><50</td><td rowspan="6">+2
-1</td></tr>
<tr><td>>0.15~0.25</td><td>-0.030</td><td>-0.020</td><td>-0.015</td></tr>
<tr><td>>0.25~0.40</td><td>-0.040</td><td>-0.030</td><td>-0.020</td><td rowspan="2">6~200</td></tr>
<tr><td>>0.40~0.50</td><td>-0.050</td><td>-0.040</td><td>-0.025</td></tr>
<tr><td>>0.50~0.70</td><td>-0.050</td><td>-0.040</td><td>-0.025</td><td rowspan="3">10~200</td><td rowspan="3">-0.4</td><td rowspan="3">-0.3</td></tr>
<tr><td>>0.70~0.95</td><td>-0.070</td><td>-0.050</td><td>-0.030</td></tr>
<tr><td>>0.95~1.00</td><td>-0.090</td><td>-0.060</td><td>-0.040</td><td>>50</td><td>+3
-2</td></tr>
</table>

续表

厚度				宽度				
尺寸	允许偏差			切边钢带			不切边钢带	
	普通精度（P）	较高精度（H）	高精度（J）	尺寸	允许偏差		尺寸	允许偏差
					普通精度（P）	较高精度（K）		
>1.00～1.35	-0.090	-0.060	-0.040	18～200	-0.6	-0.4	>50	+3 -2
>1.35～1.75	-0.110	-0.080	-0.050					
>1.75～2.30	-0.130	-0.100	-0.060					
>2.30～3.00	-0.160	-0.120	-0.080					
>3.00～4.00	-0.200	-0.160	-0.100					

5.1.6 碳素结构钢冷轧薄钢板和钢带

1. 碳素结构钢冷轧薄钢板和钢带的牌号及化学成分（表5-14）

表5-14 碳素结构钢冷轧薄钢板和钢带的牌号及化学成分（GB/T 11253—2007）

牌号	化学成分（质量分数，%） ≤				
	C	Si	Mn	P	S
Q195	0.12	0.30	0.50	0.035	0.035
Q215	0.15	0.35	1.20	0.035	0.035
Q235	0.22	0.35	1.40	0.035	0.035
Q275	0.24	0.35	1.50	0.035	0.035

2. 碳素结构钢冷轧薄钢板和钢带的力学性能（表5-15）

表5-15 碳素结构钢冷轧薄钢板和钢带的力学性能（GB/T 11253—2007）

牌号	下屈服强度 R_{eL}/（N/mm²） ≥	抗拉强度 R_m/（N/mm²）	断后伸长率/%	
			A_{50mm} ≥	A_{80mm} ≥
Q195	195	315～430	26	24
Q215	215	335～450	24	22
Q235	235	370～500	22	20
Q275	275	410～540	20	18

3. 碳素结构钢冷轧薄钢板和钢带的表面质量级别（表5-16）

表5-16 碳素结构钢冷轧薄钢板和钢带的表面质量级别
(GB/T 11253—2007)

级别	名称	特征
FB	较高级表面	表面允许有少量不影响成形性的缺陷，如小气泡、小划痕、小辊印、轻微划伤及氧化色等
FC	高级表面	产品两面中较好的一面应对缺陷进一步限制，无目视可见的明显缺陷，另一面应达到FB表面的要求

5.1.7 优质碳素结构钢冷轧薄钢板和钢带

优质碳素结构钢冷轧薄钢板和钢带的力学性能见表5-17。

表5-17 优质碳素结构钢冷轧薄钢板和钢带的力学性能
(GB/T 13237—1991)

牌号	拉延级别				
	Z	S和P	Z	S	P
	抗拉强度 R_m/(N/mm^2)		断后伸长率 $A_{11.3}$/% ≥		
08F	275~365	275~380	34	32	30
08、08Al、10F	275~390	275~410	32	30	28
10	295~410	295~430	30	29	28
15F	315~430	315~450	29	28	27
15	335~450	335~470	27	26	25
20	355~490	355~500	26	25	24
25	—	390~540	—	24	23
30	—	440~590	—	22	21
35	—	490~635	—	20	19
40	—	510~650	—	—	18
45	—	530~685	—	—	16
50	—	540~715	—	—	14

注：厚度小于2mm的钢板和钢带的断后伸长率允许比表中的规定降低1%（绝对值）。

5.1.8 冷轧电镀锡钢板和钢带

1. 冷轧电镀锡钢板和钢带的分类及代号（表5-18）

表5-18 冷轧电镀锡钢板和钢带的分类及代号（GB/T 2520—2008）

分类方式	类别	代号
原板钢种	—	MR，L，D
调质度	一次冷轧钢板及钢带	T—1，T—1.5，T—2，T—2.5，T—3，T—3.5，T—4，T—5
	二次冷轧钢板及钢带	DR—7M，DR—8，DR—8M，DR—9，DR—9M，DR—10
退火方式	连续退火	CA
	罩式退火	BA
差厚镀锡标记	薄面标记方法	D
	厚面标记方法	A
表面状态	光亮表面	B
	粗糙表面	R
	银色表面	S
	无光表面	M
钝化方式	化学钝化	CP
	电化学钝化	CE
	低铬钝化	LCr
边部形状	直边	SL
	花边	WL

2. 一次冷轧电镀锡钢板和钢带的表面硬度（表5-19）

表5-19 一次冷轧电镀锡钢板和钢带的表面硬度（GB/T 2520—2008）

调质度代号	表面硬度 HR30T①	调质度代号	表面硬度 HR30T①
T—1	49±4	T—3	57±4
T—1.5	51±4	T—3.5	59±4
T—2	53±4	T—4	61±4
T—2.5	55±4	T—5	65±4

①硬度为两个试样的平均值，允许其中一个试验值超出规定允许范围1个单位。

3. 二次冷轧电镀锡钢板和钢带的表面硬度（表5-20）

表5-20　二次冷轧电镀锡钢板和钢带的表面硬度（GB/T 2520—2008）

调质度代号	表面硬度 HR30T①	调质度代号	表面硬度 HR30T①
DR—7M	71±5	DR—9M	77±5
DR—8/DR—8M	73±5	DR—10	80±5
DR—9	76±5		

①硬度为两个试样的平均值，允许其中一个试验值超出规定允许范围1个单位。

4. 冷轧电镀锡钢板和钢带的原板钢种类型（表5-21）

表5-21　冷轧电镀锡钢板和钢带的原板钢种类型（GB/T 2520—2008）

原板钢种类型	特性
MR	绝大多数食品包装和其他用途镀锡板钢基，非金属夹杂物含量与L类钢相近，残余元素含量的限制没有L类钢严格
L	高耐蚀性用镀锡板钢基，非金属夹杂物及残余元素含量低，能改善某些食品罐内壁的耐蚀性
D	铝镇静钢，超深冲耐时效用镀锡板钢基，能使垂直于弯曲方向的折痕和拉伸变形现象减至最低程度

5.1.9　冷轧电镀铬钢板和钢带

1. 冷轧电镀铬钢板和钢带的分类及代号（表5-22）

表5-22　冷轧电镀铬钢板和钢带的分类及代号（GB/T 24180—2009）

分类方式	类别		代号
原板钢种	—		MR，L，D
调质度	一次冷轧基板		T—1，T—1.5，T—2，T—2.5，T—3，T—3.5，T—4，T—5
	二次冷轧基板		DR—7M，DR—8，DR—8M，DR—9，DR—9M，DR—10
退火方式	连续退火		CA
	罩式退火		BA
表面状态	一次冷轧基板	光亮表面	B
		粗糙表面	R
		无光表面	M
	二次冷轧基板	粗糙表面	R

2. 一次冷轧电镀铬钢板和钢带的硬度（表5-23）

表5-23 一次冷轧电镀铬钢板和钢带的硬度（GB/T 24180—2009）

调质度代号	表面硬度（HR30Tm）①
T—1	49±4
T—1.5	51±4
T—2	53±4
T—2.5	55±4
T—3	57±4
T—3.5	59±4
T—4	61±4
T—5	65±4

①硬度为两个试样的平均值，允许其中一个试验值超出规定允许范围1个单位。

3. 二次冷轧电镀铬钢板和钢带的硬度（表5-24）

表5-24 二次冷轧电镀铬钢板和钢带的硬度（GB/T 24180—2009）

调质度代号	表面硬度（HR30Tm）①
DR—7M	71±5
DR—8/DR—8M	73±5
DR—9	76±5
DR—9M	77±5
DR—10	80±5

①硬度为两个试样的平均值，允许其中一个试验值超出规定允许范围1个单位。

4. 冷轧电镀铬钢板和钢带的屈服强度（表5-25）

表5-25 冷轧电镀铬钢板和钢带的屈服强度（GB/T 24180—2009）

调质度代号	屈服强度目标值①②③/（N/mm^2）
DR—7M	520
DR—8	550
DR—8M	580
DR—9	620
DR—9M	660
DR—10	690

①屈服强度是根据需要而测定的参考值。

②屈服强度可采用拉伸试验或回弹试验进行测定。屈服强度为两个试样的平均值，试样方向为纵向。

③对于拉伸试验，试样的平行部分宽度为12.5mm+1mm，标距L_0=50mm。必要时，试验前试样应在200℃下人工时效20min。

5.1.10 热镀铅锡合金碳素钢冷轧薄钢板和钢带

1. 热镀铅锡合金碳素钢冷轧薄钢板和钢带的化学成分（表5-26）

表5-26 热镀铅锡合金碳素钢冷轧薄钢板和钢带的化学成分
（GB/T 5065—2004）

牌号	化学成分（质量分数,%）									
	C	Si	Mn	P	S	Als	Ti	Cr	Ni	Cu
LT01、LT02、LT03	0.05～0.11	≤0.03	0.25～0.65	≤0.035	≤0.035	0.02～0.07	—	≤0.10	≤0.30	≤0.25
LT04	≤0.08	≤0.03	≤0.40	≤0.020	≤0.025	0.02～0.07	—	≤0.08	≤0.10	≤0.15
LT05	≤0.01	≤0.03	≤0.30	≤0.020	≤0.020	—	≤0.20	≤0.08	≤0.10	≤0.15

注：根据需要，牌号LT04可适当添加Ti、Nb等合金元素，此时对Als不做要求；牌号LT05可适当添加Nb等合金元素。

2. 热镀铅锡合金碳素钢冷轧薄钢板和钢带的力学性能（表5-27）

表5-27 热镀铅锡合金碳素钢冷轧薄钢板和钢带的力学性能
（GB/T 5065—2004）

牌号	R_{eL}/(N/mm^2)	R_m/(N/mm^2)	A/%	n①	r①
			$b_0=20$mm，$L_0=80$mm		
LT01	—	275～390	≥28	—	—
LT02	—	275～410	≥30	—	—
LT03	—	275～410	≥32	—	—
LT04	≤230	275～350	≥36	—	—
LT05	≤180	270～330	≥40	n_{90}≥0.20	r_{90}≥1.9

注：1. 拉伸试验取横向试样。

2. b_0为试样宽度，L_0为试样标距。

①n代表应变硬化指数，r代表塑性应变比。

3. 热镀铅锡合金碳素钢冷轧薄钢板和钢带表面处理的种类及代号（表5-28）

表5-28 热镀铅锡合金碳素钢冷轧薄钢板和钢带表面处理的种类及代号（GB/T 5065—2004）

类别	表面处理种类	代号
表面处理	铬酸钝化	C
	铬酸钝化+涂油	CO
	磷化（含铬封闭处理）	PC
	磷化（含铬封闭处理）+涂油	PCO
	无铬钝化	C5
	无铬钝化+涂油	CO5
	磷化（含无铬封闭处理）	PC5
	磷化（含无铬封闭处理）+涂油	PCO5
	磷化（不含封闭处理）	P
	磷化（不含封闭处理）+涂油	PO
	涂油	O
	无铬耐指纹	AF5
	不处理	U

5.1.11 冷轧取向和无取向电工钢带

1. 普通级取向电工钢带的磁特性和工艺特性（表5-29）

表5-29 普通级取向电工钢带的磁特性和工艺特性（GB/T 2521—2008）

牌号	公称厚度/mm	最大比总损耗/（W/kg）				最小磁极化强度/T H=800A/m 50Hz	最小叠装系数
		1.5T,50Hz	1.5T,60Hz	1.7T,50Hz	1.7T,60Hz		
23Q110	0.23	0.73	0.96	1.10	1.45	1.78	0.950
23Q120	0.23	0.77	1.01	1.20	1.57	1.78	0.950
23Q130	0.23	0.80	1.06	1.30	1.65	1.75	0.950
27Q110	0.27	0.73	0.97	1.10	1.45	1.78	0.950
27Q120	0.27	0.80	1.07	1.20	1.58	1.78	0.950
27Q130	0.27	0.85	1.12	1.30	1.68	1.78	0.950
27Q140	0.27	0.89	1.17	1.40	1.85	1.75	0.950
30Q120	0.30	0.79	1.06	1.20	1.58	1.78	0.960
30Q130	0.30	0.85	1.15	1.30	1.71	1.78	0.960
30Q140	0.30	0.92	1.21	1.40	1.83	1.78	0.960

续表

牌号	公称厚度/mm	最大比总损耗/(W/kg)				最小磁极化强度/T H=800A/m	最小叠装系数
		1.5T,50Hz	1.5T,60Hz	1.7T,50Hz	1.7T,60Hz	50Hz	
30Q150	0.30	0.97	1.28	1.50	1.98	1.75	0.960
35Q135	0.35	1.00	1.32	1.35	1.80	1.78	0.960
35Q145	0.35	1.03	1.36	1.45	1.91	1.78	0.960
35Q155	0.35	1.07	1.41	1.55	2.04	1.78	0.960

注：多年来习惯上采用磁感应强度，实际上爱泼斯坦方圈测量的是磁极化强度。定义为：$J=B-\mu_0H$。式中：J是磁极化强度；B是磁感应强度；μ_0是真空磁导率，$\mu_0=4\pi\times10^{-7}$H/m；H是磁场强度。

2. 高磁导率级取向电工钢带的磁特性和工艺特性（表5-30）

表5-30 高磁导率级取向电工钢带的磁特性和工艺特性（GB/T 2521—2008）

牌号	公称厚度/mm	最大比总损耗/（W/kg）		最小磁极化强度/T H=800A/m	最小叠装系数
		1.7T，50Hz	1.7T，60Hz	50Hz	
23QG085①	0.23	0.85	1.12	1.85	0.950
23QG090①	0.23	0.90	1.19	1.85	0.950
23QG095	0.23	0.95	1.25	1.85	0.950
23QG100	0.23	1.00	1.32	1.85	0.950
27QG090①	0.27	0.90	1.19	1.85	0.950
27QG095①	0.27	0.95	1.25	1.85	0.950
27QG100	0.27	1.00	1.32	1.88	0.050
27QG105	0.27	1.05	1.36	1.88	0.950
27QG110	0.27	1.10	1.45	1.88	0.950
30QG105	0.30	1.05	1.38	1.88	0.960
30QG110	0.30	1.10	1.46	1.88	0.960
30QG120	0.30	1.20	1.58	1.85	0.960
35QG115	0.35	1.15	1.51	1.88	0.960
35QG125	0.35	1.25	1.64	1.88	0.960
35QG135	0.35	1.35	1.77	1.88	0.960

注：1. 在800A/m的磁场下，B和J之间的差值达到0.001T。

2. 1.7T，50Hz和1.7T，60Hz作为参考值，不作为交货依据。

①该级别的钢可以磁畴细化状态交货。

3. 无取向电工钢带的磁特性和工艺特性（表 5-31）

表 5-31 无取向电工钢带的磁特性和工艺特性（GB/T 2521—2008）

牌号	公称厚度/mm	理论密度/(kg/dm³)	最大比总损耗/(W/kg)		最小磁极化强度/T 50Hz			最小弯曲次数	最小叠装系数
			1.5T，50Hz	1.5T，60Hz	H=2500A/m	H=5000A/m	H=10000A/m		
35W230	0.35	7.60	2.30	2.90	1.49	1.60	1.70	2	0.950
35W250		7.60	2.50	3.14	1.49	1.60	1.70	2	
35W270		7.65	2.70	3.36	1.49	1.60	1.70	2	
35W300		7.65	3.00	3.74	1.49	1.60	1.70	3	
35W330		7.65	3.30	4.12	1.50	1.61	1.71	3	
35W360		7.65	3.60	4.55	1.51	1.62	1.72	5	
35W400		7.65	4.00	5.10	1.53	1.64	1.74	5	
35W440		7.70	4.40	5.60	1.53	1.64	1.74	5	
50W230	0.50	7.60	2.30	3.00	1.49	1.60	1.70	2	0.970
50W250		7.60	2.50	3.21	1.49	1.60	1.70	2	
50W270		7.60	2.70	3.47	1.49	1.60	1.70	2	
50W290		7.60	2.90	3.71	1.49	1.60	1.70	2	
50W310		7.65	3.10	3.95	1.49	1.60	1.70	3	
50W330		7.65	3.30	4.20	1.49	1.60	1.70	3	
50W350		7.65	3.50	4.45	1.50	1.60	1.70	5	
50W400		7.70	4.00	5.10	1.53	1.63	1.73	5	
50W470		7.70	4.70	5.90	1.54	1.64	1.70	10	
50W530		7.70	5.30	6.66	1.56	1.65	1.75	10	
50W600		7.75	6.00	7.55	1.57	1.66	1.76	10	
50W700		7.80	7.00	8.80	1.60	1.69	1.77	10	
50W800		7.80	8.00	10.10	1.60	1.70	1.78	10	
50W1000		7.85	10.00	12.60	1.62	1.72	1.81	10	
50W1300		7.85	13.00	16.40	1.62	1.74	1.81	10	
65W600	0.65	7.75	6.00	7.71	1.56	1.66	1.76	10	
65W700		7.75	7.00	8.98	1.57	1.67	1.76	10	
65W800		7.80	8.00	10.26	1.60	1.70	1.78	10	
65W1000		7.80	10.00	12.77	1.61	1.71	1.80	10	
65W1300		7.85	13.00	16.60	1.61	1.71	1.80	10	
65W1600		7.85	16.00	20.40	1.61	1.71	1.80	10	

注：1.5T，50Hz 条件下，以及 $H=2500$A/m、$H=10000$A/m 条件下的磁极化强度值仅作为参考值，不作为交货依据。

4. 无取向钢电工钢带的力学性能（表5-32）

表5-32 无取向钢电工钢带的力学性能（GB/T 2521—2008）

牌号	抗拉强度 R_m /(N/mm²) ≥	断后伸长率 A/%	牌号	抗拉强度 R_m /(N/mm²) ≥	断后伸长率 A/%
35W230	450	10	50W400	400	14
35W250	440		50W470	380	16
35W270	430	11	50W530	360	
35W300	420		50W600	340	21
35W330	410	14	50W700	320	22
35W360	400		50W800	300	
35W400	390	16	50W1000	290	
35W440	380		50W1300	290	
50W230	450	10	65W600	340	
50W250	450		65W700	320	
50W270	450		65W800	300	
50W290	440		65W1000	290	
50W310	430	11	65W1300	290	
50W330	425		65W1600	290	
50W350	420				

5.1.12 工业链条用冷轧钢带

1. 工业链条用冷轧钢带的尺寸（表5-33）

表5-33 工业链条用冷轧钢带的尺寸（YB/T 5347—2006）

厚度/mm	宽度/mm
0.60~4.00	20~120

2. 工业链条用冷轧钢带的力学性能（表5-34）

表5-34 工业链条用冷轧钢带的力学性能（YB/T 5347—2006）

交货状态	普通强度		较高强度	
	抗拉强度 R_m/（N/mm²）	断后伸长率 A/%	抗拉强度 R_m/（N/mm²）	断后伸长率 A/%
退火	400~700	≥15	455~695	≥15
冷硬	≥700	—	≥700	—

5.1.13 搪瓷用冷轧低碳钢板和钢带

1. 搪瓷用冷轧低碳钢板和钢带的分类

（1）搪瓷用冷轧低碳钢板和钢带按用途的分类（表5－35）

表5－35 搪瓷用冷轧低碳钢板和钢带按用途的分类（GB/T 13790—2008）

牌号	用途
DC01EK	一般用
DC03EK	冲压用
DC05EK	特深冲压用

（2）搪瓷用冷轧低碳钢板和钢带按表面质量的分类（表5－36）

表5－36 搪瓷用冷轧低碳钢板和钢带按表面质量的分类（GB/T 13790—2008）

级别	代号
较高级的精整表面	FB
高级的精整表面	FC

（3）搪瓷用冷轧低碳钢板和钢带按表面结构的分类（表5－37）

表5－37 搪瓷用冷轧低碳钢板和钢带按表面结构的分类（GB/T 13790—2008）

表面结构	代号
麻面	D
粗糙表面	R

2. 搪瓷用冷轧低碳钢板和钢带的化学成分（表5－38）

表5－38 搪瓷用冷轧低碳钢板和钢带的化学成分（GB/T 13790—2008）

牌号	化学成分（质量分数，%）					
	C	Mn	P	S	Als①	Ti
DC01EK②	≤0.08	≤0.60	≤0.045	≤0.045	≥0.015	—
DC03EK②	≤0.06	≤0.40	≤0.025	≤0.030	≥0.015	③
DC05EK	≤0.008	≤0.25	≤0.020	≤0.050	≥0.010	≤0.3④

①可以用 Alt 替代，Alt 的下限值比表中规定值增加 0.005%。

②当碳的质量分数不大于 0.008% 时，Als 的下限值可为 0.010%。

③可添加硼等元素。

④钛可被铌等所取代，但碳和氮应完全被固定。

3. 搪瓷用冷轧低碳钢板和钢带的力学性能（表5-39）

表5-39 搪瓷用冷轧低碳钢板和钢带的力学性能（GB/T 13790—2008）

牌号	下屈服强度 R_{eL} ①② /（N/mm²） ≤	抗拉强度 R_m/（N/mm²）	断后伸长率③④ A_{80mm}/% ≥	r_{90} ⑤ ≥	n_{90} ⑤ ≥
DC01EK	280	270～410	30	—	—
DC03EK	240	270～370	34	1.3	—
DC05EK	200	270～350	38	1.6	0.18

①无明显屈服时采用 $R_{p0.2}$。当厚度大于0.50mm且不大于0.70mm时，屈服强度上限值可以增加20N/mm²；当厚度不大于0.50mm时，屈服强度上限值可以增加40N/mm²。

②经供需双方协商同意，DC01EK和DC03EK屈服强度下限值可设定为140N/mm²，DC05EK可设定为120N/mm²。

③试样宽度 b 为20mm，试样方向为横向。

④当厚度大于0.50mm且不大于0.70mm时，断后伸长率最小值可以降低2%（绝对值）；当厚度不大于0.50mm时，断后伸长率最小值可以降低4%（绝对值）。

⑤r_{90} 值和 n_{90} 值的要求仅适用于厚度不小于0.50mm的产品。当厚度大于2.0mm时，r_{90} 值可以降低0.2。

4. 搪瓷用冷轧低碳钢板和钢带的拉伸应变痕（表5-40）

表5-40 搪瓷用冷轧低碳钢板和钢带的拉伸应变痕（GB/T 13790—2008）

牌号	拉伸应变痕
DC01EK	室温储存条件下，钢板及钢带自生产完成之日起3个月内使用时不应出现拉伸应变痕
DC03EK	室温储存条件下，钢板及钢带自生产完成之日起6个月内使用时不应出现拉伸应变痕
DC05EK	室温储存条件下，使用时不应出现拉伸应变痕

5.1.14 金属软管用碳素钢冷轧钢带

1. 金属软管用碳素钢冷轧钢带的厚度及宽度（表5-41）

表5-41 金属软管用碳素钢冷轧钢带的厚度及宽度（YB/T 023—1992）

钢带厚度/mm	钢带宽度/mm											
	4	6	7.1	8.6	9.5	12.7	15	16	17	21.2	25	35
0.20			×									
0.25	×			×								
0.30		×	×	×	×	×						×

续表

钢带厚度/mm	钢带宽度/mm											
	4	6	7.1	8.6	9.5	12.7	15	16	17	21.2	25	35
0.35				×	×							
0.40					×	×						
0.45							×					
0.50						×	×	×	×		×	
0.60										×		

注："×"表示有此规格。

2. 金属软管用碳素钢冷轧钢带的力学性能（表5-42）

表5-42 金属软管用碳素钢冷轧钢带的力学性能（YB/T 023—1992）

状态	抗拉强度 R_m/（N/mm²）	断后伸长率 A/%
软态	275~440	≥23
冷硬	—	

5.1.15 冷成形用加磷高强度冷轧钢板和钢带

1. 冷成形用加磷高强度冷轧钢板和钢带的尺寸（表5-43）

表5-43 冷成形用加磷高强度冷轧钢板和钢带的尺寸（YB/T 166—2000）

名称	公称尺寸/mm	名称	公称尺寸/mm
厚度	0.5~3.0	钢板长度	1000~4000
宽度	600~1500	钢带内径	450或610

2. 冷成形用加磷高强度冷轧钢板和钢带的牌号及化学成分（表5-44）

表5-44 冷成形用加磷高强度冷轧钢板和钢带的牌号及化学成分（YB/T 166—2000）

牌号	化学成分（质量分数,%）					
	C ≤	Si ≤	Mn ≤	P ≤	S ≤	Alt ≥
P175	0.06	0.05	0.40	0.09	0.025	0.020
P205	0.07		0.45	0.10		
P235	0.08		0.50	0.12		
P200	0.08	0.10	0.80	0.12		
P240	0.10		1.00	0.12		

续表

牌号	化学成分（质量分数,%）					
	C　≤	Si　≤	Mn　≤	P　≤	S　≤	Alt　≥
P210	0.06	0.06	0.35	0.08	0.025	0.20
P250	0.08		0.70	0.12		
P290	0.14		1.00	0.14		

注：表中的 Alt 为全铝含量。如化验酸溶铝时，其质量分数应不小于0.015%。

3. 冷成形用加磷高强度冷轧钢板和钢带的力学性能（表5-45）

表5-45　冷成形用加磷高强度冷轧钢板和钢带的力学性能（YB/T 166—2000）

牌号	下屈服强度 R_{eL} /（N/mm²）≥	抗拉强度 R_m /（N/mm²）	断后伸长率/%		180°冷弯试验（d 为弯心直径，a 为试样厚度）
			$A_{11.3}$　≥	A_{80mm}　≥	
P175	175	340~410	34	—	$d=0$，完好
P205	205	370~440	32	—	
P235	235	390~460	30	—	
P200	200	340~420	—	30	
P240	240	380~470	—	28	
P210	210	340~420	35	—	
P250	250	380~470	32	—	
P290	290	440~560	24	—	$d=a$，完好

注：冷弯试验试样宽度 $B=35$mm。

5.1.16　不锈钢冷轧钢板和钢带

1. 不锈钢冷轧钢板和钢带的公称尺寸范围（表5-46）

表5-46　不锈钢冷轧钢板和钢带的公称尺寸范围（GB/T 280—2007）

（单位：mm）

形态	公称厚度	公称宽度
宽钢带、卷切钢板	0.01~8.00	600~<2100
纵剪宽钢带、卷切钢带Ⅰ	0.01~8.00	<600
窄钢带、卷切钢带Ⅱ	0.01~3.00	<600

2. 经固溶处理的奥氏体型不锈钢冷轧钢板和钢带的力学性能（表5-47）

表5-47 经固溶处理的奥氏体型不锈钢冷轧钢板和钢带的力学性能（GB/T 3280—2007）

新牌号	旧牌号	规定非比例延伸强度 $R_{p0.2}$ /(N/mm²)	抗拉强度 R_m /(N/mm²)	断后伸长率 A/%	硬度值		
					HBW	HRB	HV
		≥			≤		
12Cr17Ni7	1Cr17Ni7	205	515	40	217	95	218
022Cr17Ni7	—	220	550	45	241	100	—
022Cr17Ni7N	—	240	550	45	241	100	—
12Cr18Ni9	1Cr18Ni9	205	515	40	201	92	210
12Cr18Ni9Si3	1Cr18Ni9Si3	205	515	40	217	95	220
06Cr19Ni10	0Cr18Ni9	205	515	40	201	92	210
022Cr19Ni10	00Cr19Ni10	170	485	40	201	92	210
07Cr19Ni10	—	205	515	40	201	92	210
05Cr19Ni10Si2NbN	—	290	600	40	217	95	—
06Cr19Ni10N	0Cr19Ni9N	240	550	30	201	92	220
06Cr19Ni9NbN	0Cr19Ni10NbN	345	685	35	250	100	260
022Cr19Ni10N	00Cr18Ni10N	205	515	40	201	92	220
10Cr18Ni12	1Cr18Ni12	170	485	40	183	88	200
06Cr23Ni13	0Cr23Ni13	205	515	40	217	95	220
06Cr25Ni20	0Cr25Ni20	205	515	40	217	95	220
022Cr25Ni22Mo2N	—	270	580	25	217	95	—
06Cr17Ni12Mo2	0Cr17Ni12Mo2	205	515	40	217	95	220
022Cr17Ni12Mo2	00Cr17Ni14Mo2	170	485	40	217	95	220
06Cr17Ni12Mo2Ti	0Cr18Ni12Mo3Ti	205	515	40	217	95	220
06Cr17Ni12Mo2Nb	—	205	515	30	217	95	—
06Cr17Ni12Mo2N	0Cr17Ni12Mo2N	240	550	35	217	95	220
022Cr17Ni12Mo2N	00Cr17Ni13Mo2N	205	515	40	217	95	220
06Cr18Ni12Mo2Cu2	0Cr18Ni12Mo2Cu2	205	520	40	187	90	200
015Cr21Ni26Mo5Cu2	—	220	490	35	—	90	—
06Cr19Ni13Mo3	0Cr19Ni13Mo3	205	515	35	217	95	220
022Cr19Ni13Mo3	00Cr19Ni13Mo3	205	515	40	217	95	220
022Cr19Ni16Mo5N	—	240	550	40	223	96	—
022Cr19Ni13Mo4N	—	240	550	40	217	95	—

续表

新牌号	旧牌号	规定非比例延伸强度 $R_{p0.2}$ /(N/mm²)	抗拉强度 R_m /(N/mm²)	断后伸长率 A/%	硬度值		
					HBW	HRB	HV
		≥			≤		
06Cr18Ni11Ti	0Cr18Ni10Ti	205	515	40	217	95	220
015Cr24Ni22Mo8Mn3CuN	—	430	750	40	250	—	—
022Cr24Ni17Mo5Mn6NbN	—	415	795	35	241	100	—
06Cr18Ni11Nb	0Cr18Ni11Nb	205	515	40	201	92	210

3. H1/4 状态的不锈钢冷轧钢板和钢带的力学性能（表5-48）

表5-48 H1/4状态的不锈钢冷轧钢板和钢带的力学性能 (GB/T 3280—2007)

新牌号	旧牌号	规定非比例延伸强度 $R_{p0.2}$ /(N/mm²)	抗拉强度 R_m /(N/mm²)	断后伸长率 A/%		
				厚度 <0.4mm	厚度0.4~<0.8mm	厚度≥0.8mm
		≥				
12Cr17Ni7	1Cr17Ni7	515	860	25	25	25
022Cr17Ni7	—	515	825	25	25	25
022Cr17Ni7N	—	515	825	25	25	25
12Cr18Ni9	1Cr18Ni9	515	860	10	10	12
06Cr19Ni10	0Cr18Ni9	515	860	10	10	12
022Cr19Ni10	00Cr19Ni10	515	860	8	8	10
06Cr19Ni10N	0Cr19Ni9N	515	860	12	12	12
022Cr19Ni10N	00Cr18Ni10N	515	860	10	10	12
06Cr17Ni12Mo2	0Cr17Ni12Mo2	515	860	10	10	10
022Cr17Ni12Mo2	00Cr7Ni14Mo2	515	860	8	8	8
06Cr17Ni12Mo2Ti	0Cr18Ni12Mo3Ti	515	860	12	12	12

4. H1/2 状态的不锈钢冷轧钢板和钢带的力学性能（表 5-49）

表 5-49 H1/2 状态的不锈钢冷轧钢板和钢带的力学性能（GB/T 3280—2007）

新牌号	旧牌号	规定非比例延伸强度 $R_{p0.2}$ /(N/mm²)	抗拉强度 R_m /(N/mm²)	断后伸长率 A/%		
				厚度 <0.4mm	厚度 0.4~<0.8mm	厚度 ≥0.8mm
		≥				
12Cr17Ni7	1Cr17Ni7	760	1035	15	18	18
022Cr17Ni7	—	690	930	20	20	20
022Cr17Ni7N	—	690	930	20	20	20
12Cr18Ni9	1Cr18Ni9	760	1035	9	10	10
06Cr19Ni10	0Cr18Ni9	760	1035	6	7	7
022Cr19Ni10	00Cr19Ni10	760	1035	5	6	6
06Cr19Ni10N	0Cr19Ni9N	760	1035	6	8	8
022Cr19Ni10N	00Cr18Ni10N	760	1035	6	7	7
06Cr17Ni12Mo2	0Cr17Ni12Mo2	760	1035	6	7	7
022Cr17Ni12Mo2	00Cr17Ni14Mo2	760	1035	5	6	6
06Cr17Ni12Mo2N	0Cr17Ni12Mo2N	760	1035	6	8	8

5. H 状态的不锈钢冷轧钢板和钢带的力学性能（表 5-50）

表 5-50 H 状态的不锈钢冷轧钢板和钢带的力学性能（GB/T3280—2007）

新牌号	旧牌号	规定非比例延伸强度 $R_{p0.2}$ /(N/mm²)	抗拉强度 R_m /(N/mm²)	断后伸长率 A/%		
				厚度 <0.4mm	厚度 0.4~<0.8mm	厚度 ≥0.8mm
		≥				
12Cr17Ni7	1Cr17Ni7	930	1205	10	12	12
12Cr18Ni9	1Cr18Ni9	930	1205	5	6	6

6. H2 状态的不锈钢冷轧钢板和钢带的力学性能（表 5-51）

表 5-51 H2 状态的不锈钢冷轧钢板和钢带的力学性能（GB/T 3280—2007）

新牌号	旧牌号	规定非比例延伸强度 $R_{p0.2}$ /(N/mm²)	抗拉强度 R_m /(N/mm²)	断后伸长率 A/%		
				厚度 <0.4mm	厚度 0.4~<0.8mm	厚度 ≥0.8mm
		≥				
12Cr17Ni7	1Cr17Ni7	965	1275	8	9	9
12Cr18Ni9	1Cr18Ni9	965	1275	3	4	4

7. 经固溶处理的奥氏体－铁素体型不锈钢冷轧钢板和钢带的力学性能（表5－52）

表5－52 经固溶处理的奥氏体－铁素体型不锈钢冷轧钢板和钢带的力学性能（GB/T 3280—2007）

新牌号	旧牌号	规定非比例延伸强度 $R_{p0.2}$ /(N/mm²)	抗拉强度 R_m /(N/mm²)	断后伸长率 A/%	硬度值	
					HBW	HRC
		≥			≤	
14Cr18Ni11Si4AlTi	1Cr18Ni11Si4AlTi	—	715	25	—	—
022Cr19Ni5Mo3Si2N	00Cr18Ni5Mo3Si2	440	630	25	290	31
12Cr21Ni5Ti	1Cr21Ni5Ti	—	635	20	—	—
022Cr22Ni5Mo3N	—	450	620	25	293	31
022Cr23Ni5Mo3N	—	450	620	25	293	31
022Cr23Ni4MoCuN	—	400	600	25	290	31
022Cr25Ni6Mo2N	—	450	640	25	295	31
022Cr25Ni7Mo4WCuN	—	550	750	25	270	—
03Cr25Ni6Mo3Cu2N	—	550	760	15	302	32
022Cr25Ni7Mo4N	—	550	795	15	310	32

注：奥氏体－铁素体型不锈钢不需要做冷弯试验。

8. 经退火处理的铁素体型不锈钢冷轧钢板和钢带的力学性能（表5－53）

表5－53 经退火处理的铁素体型不锈钢冷轧钢板和钢带的力学性能（GB/T 3280—2007）

新牌号	旧牌号	规定非比例延伸强度 $R_{p0.2}$ /(N/mm²)	抗拉强度 R_m /(N/mm²)	断后伸长率 A/%	冷弯180°	硬度值		
						HBW	HRB	HV
		≥				≤		
06Cr13Al	0Cr13Al	170	415	20	$d=2a$	179	88	200
022Cr11Ti	—	275	415	20	$d=2a$	197	92	200
022Cr11NbTi	—	275	415	20	$d=2a$	197	92	200
022Cr12Ni	—	280	450	18	—	180	88	—
022Cr12	00Cr12	195	360	22	$d=2a$	183	88	200
10Cr15	1Cr15	205	450	22	$d=2a$	183	89	200
10Cr17	1Cr17	205	450	22	$d=2a$	183	89	200

续表

新牌号	旧牌号	规定非比例延伸强度 $R_{p0.2}$ /(N/mm²)	抗拉强度 R_m /(N/mm²)	断后伸长率 A/%	冷弯 180°	硬度值		
						HBW	HRB	HV
		≥				≤		
022Cr18Ti	00Cr17	175	360	22	$d=2a$	183	88	200
10Cr17Mo	1Cr17Mo	240	450	22	$d=2a$	183	89	200
019Cr18MoTi	—	245	410	20	$d=2a$	217	96	230
022Cr18NbTi	—	250	430	18	—	180	88	—
019Cr19Mo2NbTi	00Cr18Mo2	275	415	20	$d=2a$	217	96	230
008Cr27Mo	00Cr27Mo	245	410	22	$d=2a$	190	90	200
008Cr30Mo2	00Cr30Mo2	295	450	22	$d=2a$	209	95	220

注：d——弯心直径；a——钢板厚度。

9. 经退火处理的马氏体型不锈钢冷轧钢板和钢带的力学性能（表 5-54）

表 5-54 经退火处理的马氏体型不锈钢冷轧钢板和钢带的力学性能（GB/T 3280—2007）

新牌号	旧牌号	规定非比例延伸强度 $R_{p0.2}$ /(N/mm²)	抗拉强度 R_m /(N/mm²)	断后伸长率 A/%	冷弯 180°	硬度值		
						HBW	HRB	HV
		≥				≤		
12Cr12	1Cr12	205	485	20	$d=2a$	217	96	210
06Cr13	0Cr13	205	415	20	$d=2a$	183	89	200
12Cr13	1Cr13	205	450	20	$d=2a$	217	96	210
04Cr13Ni5Mo	—	620	795	15	—	302	32①	—
20Cr13	2Cr13	225	520	18	—	223	97	234
30Cr13	3Cr13	225	540	18	—	235	99	247
40Cr13	4Cr13	225	590	15	—	—	—	—
17Cr16Ni2②	—	690	880~1080	12	—	262~326	—	—
		1050	1350	10	—	388	—	—
68Cr17	1Cr12	245	590	15	—	255	25①	269

注：d——弯心直径；a——钢板厚度。

①为 HRC 硬度值。

②为淬火、回火后的力学性能。

10. 经固溶处理的沉淀硬化型不锈钢冷轧钢板和钢带的力学性能（表5－55）

表5－55 经固溶处理的沉淀硬化型不锈钢冷轧钢板和钢带的力学性能（GB/T 3280—2007）

新牌号	旧牌号	钢材厚度/mm	规定非比例延伸强度 $R_{p0.2}$ /(N/mm²)	抗拉强度 R_m /(N/mm²)	断后伸长率 A/%	硬度值 HRC	硬度值 HBW
			≤	≤	≥	≤	≤
04Cr13Ni8Mo2Al	—	0.10～<8.0	—	—	—	38	363
022Cr12Ni9Cu2NbTi	—	0.30～8.0	1105	1205	3	36	331
07Cr17Ni7Al	0Cr17Ni7Al	0.10～<0.30	450	1035	—	—	—
		0.30～8.0	380	1035	20	92①	—
07Cr15Ni7Mo2Al	0Cr15Ni7Mo2Al	0.10～<8.0	450	1035	25	100①	—
09Cr17Ni5Mo3N	—	0.10～<0.30	585	1380	8	30	—
		0.30～8.0	585	1380	12	30	—
06Cr17Ni7AlTi	—	0.10～<1.50	515	825	4	32	—
		1.50～8.0	515	825	5	32	—

①为HRB硬度值。

11. 经沉淀硬化处理的沉淀硬化型不锈钢冷轧钢板和钢带的力学性能（表5－56）

表5－56 经沉淀硬化处理的沉淀硬化型不锈钢冷轧钢板和钢带的力学性能（GB/T 3280—2007）

新牌号	旧牌号	钢材厚度/mm	处理温度/℃	非比例延伸强度 $R_{p0.2}$/(N/mm²)	抗拉强度 R_m/(N/mm²)	断后伸长率 A/%	硬度值 HRC	硬度值 HBW
				≥	≥	≥	≥	≥
04Cr13Ni8Mo2Al	—	0.10～<0.50	510±6	1410	1515	6	45	—
		0.50～<5.0		1410	1515	8	45	—
		5.0～8.0		1410	1515	10	45	—
		0.10～<0.50	538±6	1310	1380	6	43	—
		0.50～<5.0		1310	1380	8	43	—
		5.0～8.0		1310	1380	10	43	—
022Cr12Ni9Cu2NbTi	—	0.10～<0.50	510±6或482±6	1410	1525	—	44	—
		0.50～<1.50		1410	1525	3	44	—
		1.50～8.0		1410	1525	4	44	—
07Cr17Ni7Al	0Cr17Ni7Al	0.10～<0.30	760±15加热后冷至15±3，再加热至566±6后空冷	1035	1240	3	38	—
		0.30～<5.0		1035	1240	5	38	—
		5.0～8.0		965	1170	7	43	352
		0.10～<0.30	954±8加热后冷至－73±6，再加热至510±6后空冷	1310	1450	1	44	—
		0.30～<5.0		1310	1450	3	44	—
		5.0～8.0		1240	1380	6	43	401
07Cr15Ni7Mo2Al	0Cr15Ni7Mo2Al	0.10～<0.30	760±15加热后冷至15±3，再加热至566±6后空冷	1170	1310	3	40	—
		0.30～<5.0		1170	1310	5	40	—
		5.0～8.0		1170	1310	4	40	375

续表

新牌号	旧牌号	钢材厚度/mm	处理温度/℃	非比例延伸强度 $R_{p0.2}$/(N/mm²)	抗拉强度 R_m/(N/mm²)	断后伸长率 A/%	硬度值 HRC	硬度值 HBW
				≥			≥	
07Cr15Ni7Mo2Al	0Cr15Ni7Mo2Al	0.10 ~ <0.30	954 ±8 加热后冷至 −73 ±6，再加热至 510 ±6 后空冷	1380	1550	2	46	—
		0.30 ~ <5.0		1380	1550	4	46	—
		5.0 ~ 8.0		1380	1550	4	45	429
		0.10 ~ 1.2	冷轧	1205	1380	1	41	—
		0.10 ~ 1.2	冷轧 +482	1580	1655	1	46	—
09Cr17Ni5Mo3N	—	0.10 ~ <0.30	455 ±8	1035	1275	6	42	—
		0.30 ~ 5.0		1035	1275	8	42	—
		0.10 ~ <0.30	540 ±8	1000	1140	6	36	—
		0.30 ~ 5.0		1000	1140	8	36	—
06Cr17Ni7AlTi	—	0.10 ~ <0.80	510 ±8	1170	1310	3	39	—
		0.80 ~ <1.50		1170	1310	4	39	—
		1.50 ~ 8.0		1170	1310	5	39	—
		0.10 ~ <0.80	538 ±8	1105	1240	3	37	—
		0.80 ~ <1.50		1105	1240	4	37	—
		1.50 ~ 8.0		1105	1240	5	37	—
		0.10 ~ <0.80	566 ±8	1035	1170	3	35	—
		0.80 ~ <1.50		1035	1170	4	35	—
		1.50 ~ 8.0		1035	1170	5	35	—

①适用于沿宽度方向的试验，垂直于轧制方向且平行于钢板表面。

5.1.17 磁头用不锈钢冷轧钢带

1. 磁头用不锈钢冷轧钢带的力学性能（表5-57）

表5-57 磁头用不锈钢冷轧钢带的力学性能（YB/T 085—2007）

交货状态	硬度HV	抗拉强度 R_m/（N/mm^2）	断后伸长率 A_{50mm}/%
冷硬	340~400	—	—
半冷硬	250~310	730~950	≥15
软	130~180	—	—

2. 磁头用不锈钢冷轧钢带的磁性能（表5-58）

表5-58 磁头用不锈钢冷轧钢带的磁性能（YB/T 085—2007）

牌号	04Cr16Ni14	06Cr19Ni10
剩余磁通密度 B_r/（$\times10^{-5}$T）	1.5	6.0

5.1.18 彩色显像管弹簧用不锈钢冷轧钢带

1. 彩色显像管弹簧用不锈钢冷轧钢带的尺寸及偏差（表5-59）

表5-59 彩色显像管弹簧用不锈钢冷轧钢带的尺寸及偏差（YB/T 110—1997）

（单位：mm）

厚度			宽度	
尺寸	允许偏差	同卷厚度允许差≤	尺寸	允许偏差
0.10~<0.15	±0.008	0.008	—	—
0.15~<0.25	±0.010	0.010	≤6	0 0.10
0.25~<0.40	±0.013	0.013	—	—
0.40~<0.60	±0.015	0.015	>6~20	0 0.15
0.60~<0.90	±0.020	0.020	>20~80	±0.10
0.90~<1.25	±0.030	0.030	—	—

2. 彩色显像管弹簧用不锈钢冷轧钢带的力学性能（表5-60）

表5-60　彩色显像管弹簧用不锈钢冷轧钢带的力学性能（YB/T 110—1997）

合金牌号	硬度HV	抗拉强度 R_m /（N/mm^2）	断后伸长度 A/%	刚性试验角度/（°）	弹回试验，角度/（°）	
					厚度 >0.65mm	厚度 ≤0.65mm
0Cr19Ni9	≥370	1130～1370	≥3	<45	>14	>17
1Cr18Ni9	≥380	1270～1470	≤4.5（A_{50mm}）	—	—	—
1Cr17Ni7	375～430	1130～1420	≥10	—	—	—

注：1. 厚度>1.0mm和<0.13mm的钢带，不做刚性、弹回试验。
　　2. 牌号1Cr18Ni9的断后伸长率采用原始标距为50mm的定标距试样。

5.1.19　手表用不锈钢冷轧钢带

1. 手表用不锈钢冷轧钢带的化学成分（表5-61）

表5-61　手表用不锈钢冷轧钢带的化学成分（YB/T 5133—2007）

牌号	化学成分（质量分数，%）							
	C	Si	Mn	P	S	Ni	Cr	Mo	其他元素
06Cr19Ni10	≤0.08	≤1.00	≤2.00	≤0.045	≤0.030	8.00～11.00	18.00～20.00	—	—
12Cr18Ni9	≤0.15	≤1.00	≤2.00	≤0.045	≤0.030	8.00～10.00	17.00～19.00	—	—
019Cr19Mo2NbTi	≤0.025	≤1.00	≤1.00	≤0.040	≤0.030	≤1.00	17.50～19.5	1.75～2.50	N≤0.035（Ti+Nb）：[0.20+4(C+N)]～0.80

2. 手表用不锈钢冷轧钢带的交货状态及硬度（表5-62）

表5-62　手表用不锈钢冷轧钢带的交货状态及硬度（YB/T 5133—2007）

交货状态	硬度HV	交货状态	硬度HV
软	150～200	冷硬	310～<370
半冷硬	250～<310	特硬	≥370

5.2 热轧钢板和钢带

5.2.1 热轧钢板和钢带的尺寸及允许偏差

1. N类单轧钢板的厚度允许偏差（表5-63）

表5-63 N类单轧钢板的厚度允许偏差（YB/T 4159—2007）

（单位：mm）

公称厚度	下列公称宽度的厚度允许偏差			
	≤1500	>1500~2500	>2500~4000	>4000~4800
3.00~5.00	±0.45	±0.55	±0.65	—
>5.00~8.00	±0.50	±0.60	±0.75	—
>8.00~15.0	±0.55	±0.65	±0.80	±0.90
>15.0~25.0	±0.65	±0.75	±0.90	±1.10
>25.0~40.0	±0.70	±0.80	±1.00	±1.20
>40.0~60.0	±0.80	±0.90	±1.10	±1.30
>60.0~100	±0.90	±1.10	±1.30	±1.50
>100~150	±1.20	±1.40	±1.60	±1.80
>150~200	±1.40	±1.60	±1.80	±1.90
>200~250	±1.60	±1.80	±2.00	±2.20
>250~300	±1.80	±2.00	±2.20	±2.40
>300~400	±2.00	±2.20	±2.40	±2.60

2. A类单轧钢板的厚度允许偏差（表5-64）

表5-64 单轧钢板的厚度允许偏差（A类）（YB/T 4159—2007）

（单位：mm）

公称厚度	下列公称宽度的厚度允许偏差			
	≤1500	>1500~2500	>2500~4000	>4000~4800
3.00~5.00	+0.55 -0.35	+0.70 -0.40	+0.85 -0.45	—
>5.00~8.00	+0.65 -0.35	+0.75 -0.45	+0.95 -0.55	—
>8.00~15.0	+0.70 -0.40	+0.85 -0.45	+1.05 -0.55	+1.20 -0.60
>15.0~25.0	+0.85 -0.45	+1.00 -0.50	+1.15 -0.65	+1.50 -0.70

续表

公称厚度	下列公称宽度的厚度允许偏差			
	≤1500	>1500~2500	>2500~4000	>4000~4800
>25.0~40.0	+0.90 -0.50	+1.05 -0.55	+1.30 -0.70	+1.60 -0.80
>40.0~60.0	+1.05 -0.55	+1.20 -0.60	+1.45 -0.75	+1.70 -0.90
>60.0~100	+1.20 -0.60	+1.50 -0.70	+1.75 -0.85	+2.00 -1.00
>100~150	+1.60 -0.80	+1.90 -0.90	+2.15 -1.05	+2.40 -1.20
>150~200	+1.90 -0.90	+2.20 -1.00	+2.45 -1.15	+2.50 -1.30
>200~250	+2.20 -1.00	+2.40 -1.20	+2.70 -1.30	+3.00 -1.40
>250~300	+2.40 -1.20	+2.70 -1.30	+2.95 -1.45	+3.20 -1.60
>300~400	+2.70 -1.30	+3.00 -1.40	+3.25 -1.55	+3.50 -1.70

3. B类单轧钢板的厚度允许偏差（表5-65）

表5-65　单轧钢板的厚度允许偏差（B类）（YB/T 4159—2007）

（单位：mm）

公称厚度	下列公称宽度的厚度允许偏差							
	≤1500		>1500~2500		>2500~4000		>4000~4800	
3.00~5.00		+0.60		+0.80		+1.00	—	
>5.00~8.00		+0.70		+0.90		+1.20	—	
>8.00~15.0		+0.80		+1.00		+1.30		+1.50
>15.0~25.0		+1.00		+1.20		+1.50		+1.90
>25.0~40.0		+1.10		+1.30		+1.70		+2.10
>40.0~60.0		+1.30		+1.50		+1.90		+2.30
>60.0~100	-0.30	+1.50	-0.30	+1.80	-0.30	+2.30		+2.70
>100~150		+2.10		+2.50		+2.90	-0.30	+3.30
>150~200		+2.50		+2.90		+3.30		+3.50
>200~250		+2.90		+3.30		+3.70		+4.10
>250~300		+3.30		+3.70		+4.10		+4.50
>300~400		+3.70		+4.10		+4.50		+4.90

4. C类单轧钢板的厚度允许偏差（表5-66）

表5-66　单轧钢板的厚度允许偏差（C类）（YB/T 4159—2007）

（单位：mm）

公称厚度	下列公称宽度的厚度允许偏差							
	≤1500		>1500~2500		>2500~4000		>4000~4800	
3.00~5.00	0	+0.90	0	+1.10	0	+1.30	0	—
>5.00~8.00		+1.00		+1.20		+1.50		—
>8.00~15.0		+1.10		+1.30		+1.60		+1.80
>15.0~25.0		+1.30		+1.50		+1.80		+2.20
>25.0~40.0		+1.40		+1.60		+2.00		+2.40
>40.0~60.0		+1.60		+1.80		+2.20		+2.60
>60.0~100		+1.80		+2.20		+2.60		+3.00
>100~150		+2.40		+2.80		+3.20		+3.60
>150~200		+2.80		+3.20		+3.60		+3.80
>200~250		+3.20		+3.60		+4.00		+4.40
>250~300		+3.60		+4.00		+4.40		+4.80
>300~400		+4.00		+4.40		+4.80		+5.20

5. 钢带的厚度允许偏差（表5-67）

表5-67　钢带的厚度允许偏差（YB/T 4159—2007）

（单位：mm）

公称厚度	钢带厚度允许偏差[①]							
	普通精度　PT. A				较高精度　PT. B			
	公称宽度				公称宽度			
	600~1200	>1200~1500	>1500~1800	>1800	600~1200	>1200~1500	>1500~1800	>1800
0.8~1.5	±0.15	±0.17	—	—	±0.10	±0.12	—	—
>1.5~2.0	±0.17	±0.19	±0.21	—	±0.13	±0.14	±0.14	—
>2.0~2.5	±0.18	±0.21	±0.23	±0.25	±0.14	±0.15	±0.17	±0.20
>2.5~3.0	±0.20	±0.22	±0.24	±0.26	±0.15	±0.17	±0.19	±0.21
>3.0~4.0	±0.22	±0.24	±0.26	±0.27	±0.17	±0.18	±0.21	±0.22
>4.0~5.0	±0.24	±0.26	±0.28	±0.29	±0.19	±0.21	±0.22	±0.23
>5.0~6.0	±0.26	±0.28	±0.29	±0.31	±0.21	±0.22	±0.23	±0.25
>6.0~8.0	±0.29	±0.30	±0.31	±0.35	±0.23	±0.24	±0.25	±0.28
>8.0~10.0	±0.32	±0.33	±0.34	±0.40	±0.26	±0.26	±0.27	±0.32

续表

公称厚度	钢带厚度允许偏差①							
	普通精度　PT. A				较高精度　PT. B			
	公称宽度				公称宽度			
	600～1200	>1200～1500	>1500～1800	>1800	600～1200	>1200～1500	>1500～1800	>1800
>10.0～12.5	±0.35	±0.36	±0.37	±0.43	±0.28	±0.29	±0.30	±0.36
>12.5～15.0	±0.37	±0.38	±0.40	±0.46	±0.30	±0.31	±0.33	±0.39
>15.0～25.4	±0.40	±0.42	±0.45	±0.50	±0.32	±0.34	±0.37	±0.42

①规定最小屈服强度≥345N/mm^2 的钢带，厚度偏差应增加10%。

6. 切边单轧钢板的宽度允许偏差（表5-68）

表5-68　切边单轧钢板的宽度允许偏差（YB/T 4159—2007）

（单位：mm）

公称厚度	公称宽度	允许偏差
3～16	≤1500	+10 0
	>1500	+15 0
>16	≤2000	+20 0
	>2000～3000	+25 0
	>3000	+30 0

7. 不切边钢带的宽度允许偏差（表5-69）

表5-69　不切边钢带的宽度允许偏差（YB/T 4159—2007）

（单位：mm）

公称宽度	允许偏差
≤1500	+20 0
>1500	+25 0

8. 切边钢带的宽度允许偏差（表5-70）

表5-70 切边钢带的宽度允许偏差（YB/T 4159—2007）

（单位：mm）

公称宽度	允许偏差
≤1200	+3 0
>1200~1500	+5 0
>1500	+6 0

9. 纵切钢带的宽度允许偏差（表5-71）

表5-71 纵切钢带的宽度允许偏差（YB/T 4159—2007）

（单位：mm）

公称宽度	公称厚度		
	≤4.0	>4.0~8.0	>8.0
120~160	+1 0	+2 0	+2.5 0
>160~250	+1 0	+2 0	+2.5 0
>250~600	+2 0	+2.5 0	+3 0
>600~900	+2 0	+2.5 0	+3 0

10. 单轧钢板的长度允许偏差（表5-72）

表5-72 单轧钢板的长度允许偏差（YB/T 4159—2007）

（单位：mm）

公称长度	允许偏差
2000~4000	+20 0
>4000~6000	+30 0
>6000~8000	+40 0

续表

公称长度	允许偏差
>8000～10000	+50 0
>10000～15000	+75 0
>15000～20000	+100 0
>20000	由供需双方协商

11. 连轧钢板的长度允许偏差（表5－73）

表5－73　连轧钢板的长度允许偏差（YB/T 4159—2007）

（单位：mm）

公称长度	允许偏差
2000～8000	+0.5%×公称长度
>8000	+40 0

5.2.2　热轧花纹钢板和钢带

1. 热轧花纹钢板和钢带的分类及代号（表5－74）

表5－74　热轧花纹钢板和钢带按花纹形状的分类及代号（YB/T 4159—2007）

花纹形状	代号	图号	花纹形状	代号	图号
菱形花纹	LX	图5－1	圆豆形花纹	YD	图5－3
扁豆形花纹	BD	图5－2	组合形花纹	ZH	图5－4

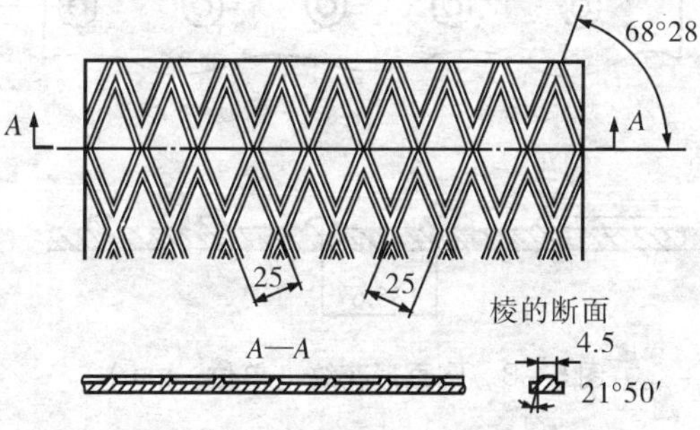

图5－1　菱形花纹（单位：mm）

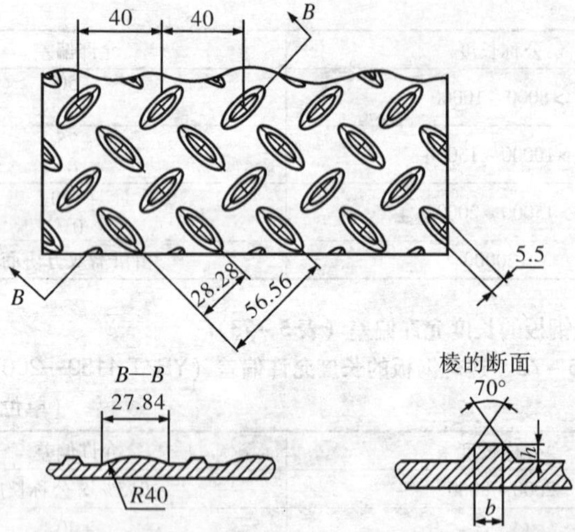

图 5-2 扁豆形花纹（单位：mm）

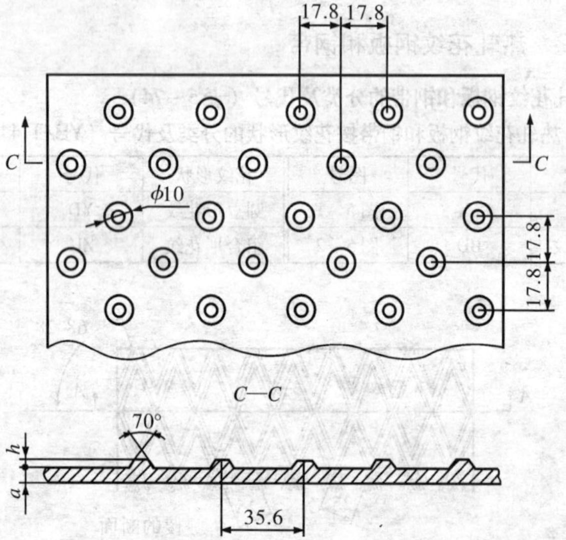

图 5-3 圆豆形花纹（单位：mm）

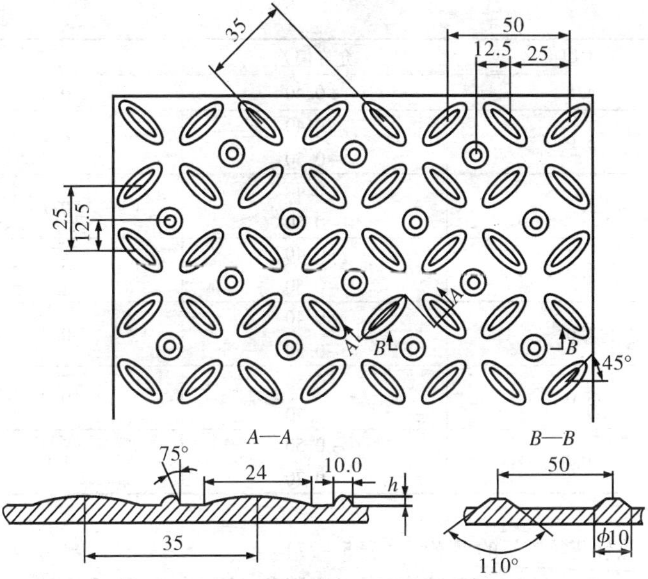

图5-4 组合形花纹（单位：mm）

2. 热轧花纹钢板和钢带的尺寸（表5-75）

表5-75 热轧花纹钢板和钢带的尺寸（YB/T 4159—2007）

（单位：mm）

基本厚度	宽度	长度	
2.0~10.0	600~1500	钢板	2000~12000
		钢带	—

3. 热轧花纹钢板和钢带的基本厚度偏差及纹高（表5-76）

表5-76 热轧花纹钢板和钢带的基本厚度偏差及纹高（YB/T 4159—2007）

（单位：mm）

基本厚度	允许偏差	纹高 ≥
2.0	±0.25	0.4
2.5	±0.25	0.4
3.0	±0.30	0.5
3.5	±0.30	0.5
4.0	±0.40	0.6

续表

基本厚度	允许偏差	纹高 ≥
4.5	±0.40	0.6
5.0	+0.40 -0.50	0.6
5.5	+0.40 -0.50	0.7
6.0	+0.40 -0.50	0.7
7.0	+0.40 -0.50	0.7
8.0	+0.50 -0.70	0.9
10.0	+0.50 -0.70	1.0

4. 热轧花纹钢板的平整度（表5-77）

表5-77 热轧花纹钢板的平整度（YB/T 4159—2007）

（单位：mm）

厚度	平面度误差 ≤	测量长度
2.0~2.5	15	1000
>2.5~4.0	12	
>4.0~10.0	10	

5.2.3 碳素结构钢和低合金结构钢热轧钢带

1. 碳素结构钢和低合金结构钢热轧钢带的厚度允许偏差（表5-78）

表5-78 碳素结构钢和低合金结构钢热轧钢带的厚度允许偏差（GB/T 3524—2005）

（单位：mm）

钢带宽度	允许偏差							
	≤1.5	>1.5~2.0	>2.0~4.0	>4.0~5.0	>5.0~6.0	>6.0~8.0	>8.0~10.0	>10.0~12.0
<50~100	0.13	0.15	0.17	0.18	0.19	0.20	0.21	—
>100~600	0.15	0.18	0.19	0.20	0.21	0.22	0.24	0.30

注：表中规定的数值不适用于卷带两端7m之内没有切头尾的钢带。

2. 碳素结构钢和低合金结构钢热轧钢带的宽度允许偏差（表5－79）

表5－79 碳素结构钢和低合金结构钢热轧钢带的宽度允许偏差
（GB/T 3524—2005） （单位：mm）

<table>
<tr><th rowspan="4">钢带宽度</th><th colspan="3">允许偏差</th></tr>
<tr><th rowspan="3">不切边</th><th colspan="2">切边</th></tr>
<tr><th colspan="2">厚度</th></tr>
<tr><th>≤3</th><th>>3</th></tr>
<tr><td>≤200</td><td>+2.00
−1.00</td><td>±0.5</td><td>±0.6</td></tr>
<tr><td>>200～300</td><td>+2.50
−1.00</td><td rowspan="3">±0.7</td><td rowspan="3">±0.8</td></tr>
<tr><td>>300～350</td><td>+3.00
−2.00</td></tr>
<tr><td>>350～450</td><td>±4.00</td></tr>
<tr><td>>450～600</td><td>±5.00</td><td>±0.9</td><td>±1.1</td></tr>
</table>

注：1. 表中规定的数值不适用于卷带两端7m以内没有切头的钢带。
2. 经协商同意，钢带可以只按正偏差订货，在这种情况下，表中正偏差数值应增加一倍。

3. 碳素结构钢和低合金结构钢热轧钢带的三点差（表5－80）

表5－80 碳素结构钢和低合金结构钢热轧钢带的三点差
（GB/T 3524—2005） （单位：mm）

钢带宽度	三点差 ≤	钢带宽度	三点差 ≤
≤100	0.10	>200～350	0.15
>100～150	0.12	>350～600	0.17
>150～200	0.14		

4. 碳素结构钢和低合金结构钢热轧钢带的力学性能及工艺性能（表5－81）

表5－81 碳素结构钢和低合金结构钢热轧钢带的力学性能及工艺性能
（GB/T 3524—2005）

<table>
<tr><th rowspan="2">牌号</th><th>下屈服强度 R_{eL}/(N/mm²)</th><th rowspan="2">抗拉强度 R_m /(N/mm²)</th><th>断后伸长率 A/%</th><th rowspan="2">180°冷弯试验（a为试样厚度，d为弯心直径）</th></tr>
<tr><th>≥</th><th>≥</th></tr>
<tr><td>Q195</td><td>(195)①</td><td>315～430</td><td>33</td><td>$d=0$</td></tr>
<tr><td>Q215</td><td>215</td><td>335～450</td><td>31</td><td>$d=0.5a$</td></tr>
<tr><td>Q235</td><td>235</td><td>375～500</td><td>26</td><td>$d=a$</td></tr>
</table>

续表

牌号	下屈服强度 R_{eL}/(N/mm^2)	抗拉强度 R_m /(N/mm^2)	断后伸长率 A/%	180°冷弯试验（a 为试样厚度，d 为弯心直径）
	≥		≥	
0255	255	410～550	24	—
Q275	275	490～630	20	—
Q295	295	390～570	23	$d=2a$
Q345	345	470～630	21	$d=2a$

①牌号 Q195 的下屈服强度仅供参考，不作为交货条件。

5.2.4 优质碳素结构钢热轧薄钢板和钢带

1. 优质碳素结构钢热轧薄钢板的平整度（表 5-82）

表 5-82 优质碳素结构钢热轧薄钢板的平整度（GB/T 710—2008）

（单位：mm）

公称厚度	公称宽度	下列牌号钢板的平面度误差 ≤		
		08、08Al、10	15、20、25、30、35	40、45、50
≤2	≤1200	21	26	32
	>1200～1500	25	31	36
	>1500	30	38	45
>2	≤1200	18	22	27
	>1200～1500	23	29	34
	>1500	28	35	42

2. 优质碳素结构钢热轧薄钢板和钢带的拉伸性能（表 5-83）

表 5-83 优质碳素结构钢热轧薄钢板和钢带的拉伸性能（GB/T 710—2008）

牌号	拉伸级别				
	Z	S 和 P	Z	S	P
	抗拉强度 R_m/（N/mm^2）		断后伸长率 A/% ≥		
08、08Al	275～410	≥300	36	35	34
10	280～410	≥335	36	34	32
15	300～430	≥370	34	32	30
20	340～480	≥410	30	28	26
25	—	≥450	—	26	24
30	—	≥490	—	24	22

续表

牌号	拉伸级别				
	Z	S和P	Z	S	P
	抗拉强度 R_m/（N/mm^2）		断后伸长率 A/%　≥		
35	—	≥530	—	22	20
40	—	≥570	—	—	19
45	—	≥600	—	—	17
50	—	≥610	—	—	16

5.2.5　优质碳素结构钢热轧钢带

1. 优质碳素结构钢热轧钢带的力学性能（表5－84）

表5－84　优质碳素结构钢热轧钢带的力学性能（GB/T 8749—2008）

牌号	抗拉强度 R_m/（N/mm^2）	断后伸长率 A/%
	≥	
08Al	290	35
08	325	33
10	335	32
15	370	30
20	410	25
25	450	24
30	490	22
35	530	20
40	570	19
45	600	17

2. 优质碳素结构钢热轧钢带的厚度允许偏差（表5－85）

表5－85　优质碳素结构钢热轧钢带的厚度允许偏差（GB/T 8749—2008）　（单位：mm）

公称厚度	钢带厚度允许偏差			
	普通厚度精度 PT. A		较高厚度精度 PT. B	
	公称宽度		公称宽度	
	≤350	>350	≤350	>350
≤1.5	±0.13	±0.15	±0.10	±0.11
>1.5～2.0	±0.15	±0.17	±0.12	±0.13

续表

公称厚度	钢带厚度允许偏差			
	普通厚度精度 PT. A		较高厚度精度 PT. B	
	公称宽度		公称宽度	
	≤350	>350	≤350	>350
>2.0~2.5	±0.18	±0.18	±0.14	±0.14
>2.5~3.0		±0.20		±0.15
>3.0~4.0	±0.19	±0.22	±0.16	±0.17
>4.0~5.0	±0.20	±0.24	±0.17	±0.19
>5.0~6.0	±0.21	±0.26	±0.18	±0.21
>6.0~8.0	±0.22	±0.29	±0.19	±0.23
>8.0~10.0	±0.24	±0.32	±0.20	±0.26
>10.0~12.0	±0.30	±0.35	±0.25	±0.28

3. 优质碳素结构钢热轧钢带的宽度允许偏差（表5-86）

表5-86 优质碳素结构钢热轧钢带的宽度允许偏差（GB/T 8749—2008）

（单位：mm）

钢带宽度	允许偏差	
	不切边	切边
≤200	+2.5 -1.0	±1.0
>200~300	+3.0 -1.0	
>300~350	+4.0 -1.0	
>350~450	0~+10.0	±1.5
>450	0~+15.0	

5.2.6　优质碳素结构钢热轧厚钢板和钢带

1. 优质碳素结构钢热轧厚钢板和钢带的牌号及化学成分（表5-87）

表5-87　优质碳素结构钢热轧厚钢板和钢带的牌号及化学成分（GB/T 711—2008）

牌号	化学成分（质量分数,%）							
	C	Si	Mn	P	S	Cr	Ni	Cu
				≤				
05F	≤0.06	≤0.03	≤0.04	0.035	0.040	0.10	0.25	0.25
08F	0.05~0.11	≤0.03	0.25~0.50	0.035	0.040	0.10	0.25	0.25
08	0.05~0.12	0.17~0.37	0.35~0.65	0.035	0.040	0.10	0.25	0.25
10F	0.07~0.14	≤0.07	0.25~0.50	0.035	0.040	0.15	0.25	0.25
10	0.07~0.14	0.17~0.37	0.35~0.65	0.035	0.040	0.15	0.25	0.25
15F	0.12~0.19	≤0.07	0.25~0.50	0.035	0.040	0.25	0.25	0.25
15	0.12~0.19	0.17~0.37	0.35~0.65	0.035	0.040	0.25	0.25	0.25
20F	0.17~0.24	≤0.07	0.25~0.50	0.035	0.040	0.25	0.25	0.25
20	0.17~0.24	0.17~0.37	0.35~0.65	0.035	0.040	0.25	0.25	0.25
25	0.22~0.30	0.17~0.37	0.50~0.80	0.035	0.040	0.25	0.25	0.25
30	0.27~0.35	0.17~0.37	0.50~0.80	0.035	0.040	0.25	0.25	0.25
35	0.32~0.40	0.17~0.37	0.50~0.80	0.035	0.040	0.25	0.25	0.25
40	0.37~0.45	0.17~0.37	0.50~0.80	0.035	0.040	0.25	0.25	0.25
45	0.42~0.50	0.17~0.37	0.50~0.80	0.035	0.040	0.25	0.25	0.25
50	0.47~0.55	0.17~0.37	0.50~0.80	0.035	0.040	0.25	0.25	0.25
55	0.52~0.60	0.17~0.37	0.50~0.80	0.035	0.040	0.25	0.25	0.25
60	0.57~0.65	0.17~0.37	0.50~0.80	0.035	0.040	0.25	0.25	0.25
65	0.62~0.70	0.17~0.37	0.50~0.80	0.035	0.040	0.25	0.25	0.25
70	0.67~0.75	0.17~0.37	0.50~0.80	0.035	0.040	0.25	0.25	0.25
20Mn	0.17~0.24	0.17~0.37	0.70~1.00	0.035	0.040	0.25	0.25	0.25
25Mn	0.22~0.30	0.17~0.37	0.70~1.00	0.035	0.040	0.25	0.25	0.25
30Mn	0.27~0.35	0.17~0.37	0.70~1.00	0.035	0.040	0.25	0.25	0.25
40Mn	0.37~0.45	0.17~0.37	0.70~1.00	0.035	0.040	0.25	0.25	0.25
50Mn	0.48~0.56	0.17~0.37	0.70~1.00	0.035	0.040	0.25	0.25	0.25
60Mn	0.57~0.65	0.17~0.37	0.70~1.00	0.035	0.040	0.25	0.25	0.25
65Mn	0.62~0.70	0.17~0.37	0.90~1.20	0.035	0.040	0.25	0.25	0.25

2. 优质碳素结构钢热轧厚钢板和钢带的力学性能（表5-88）

表5-88 优质碳素结构钢热轧厚钢板和钢带的力学性能（GB/T 711—2008）

牌号	交货状态	抗拉强度 R_m/(N/mm²)	断后伸长率 A/%	牌号	交货状态	抗拉强度 R_m/(N/mm²)	断后伸长率 A/%
		≥				≥	
08F	热轧或热处理	315	34	50	热处理	625	16
08		325	33	55		645	13
10F		325	32	60		675	12
10		335	32	65		695	10
15F		355	30	70		715	9
15		370	30	20Mn	热轧或热处理	450	24
20		410	28	25Mn		490	22
25		450	24	30Mn		540	20
30		490	22	40Mn	热处理	590	17
35	热处理	530	20	50Mn		650	13
40		570	19	60Mn		695	11
45		600	17	65Mn		735	9

3. 优质碳素结构钢热轧厚钢板和钢带的冲击吸收能量（表5-89）

表5-89 优质碳素结构钢热轧厚钢板和钢带的冲击吸收能量（GB/T 711—2008）

牌号	纵向V形冲击吸收能量 KV_2/J	
	20℃	-20℃
10	≥34	≥27
15	≥34	≥27
20	≥34	≥27

5.2.7 弹簧钢热轧钢板

弹簧钢热轧钢板的力学性能见表5－90。

表5－90 弹簧钢热轧钢板的力学性能（GB/T 3279—2009）

序号	牌号	力学性能			
		厚度小于3mm		厚度3～15mm	
		抗拉强度 R_m /(N/mm²) ≥	断后伸长率 $A_{11.3}$①/% ≥	抗拉强度 R_m /(N/mm²) ≤	断后伸长率 A/% ≥
1	85	800	10	785	10
2	65Mn	850	12	850	12
3	60Si2Mn	950	12	930	12
4	60Si2MnA	950	13	930	13
5	60Si2CrVA	1100	12	1080	12
6	50CrVA	950	12	930	12

①厚度不大于0.90mm的钢板，断后伸长率仅供参考。

5.2.8 合金结构钢热轧厚钢板

1. 合金结构钢热轧厚钢板的力学性能（表5－91）

表5－91 合金结构钢热轧厚钢板的力学性能（GB/T 11251—2009）

序号	牌号	力学性能		
		抗拉强度 R_m/（N/mm²）	断后伸长率 A/% ≥	布氏硬度 HBW ≤
1	45Mn2	600～850	13	—
2	27SiMn	550～800	18	—
3	40B	500～700	20	—
4	45B	550～750	18	—
5	50B	550～750	16	—
6	15Cr	400～600	21	—
7	20Cr	400～650	20	—
8	30Cr	500～700	19	—
9	35Cr	550～750	18	—
10	40Cr	550～800	16	—
11	20CrMnSiA	450～700	21	—
12	25CrMnSiA	500～700	20	229
13	30CrMnSiA	550～750	19	229
14	35CrMnSiA	600～800	16	—

2. 25CrMnSiA 和 30CrMnSiA 的热处理制度及力学性能（表 5－92）

表 5－92 25CrMnSiA 和 30CrMnSiA 的热处理制度及力学性能（GB/T 11251—2009）

牌号	试样热处理制度				力学性能		
	淬火		回火		抗拉强度 R_m/(N/mm²)	断后伸长率 A/%	冲击吸收能量 KU_2/J
	温度/℃	冷却剂	温度/℃	冷却剂	≥		
25CrMnSiA	850～890	油	450～550	水、油	980	10	39
30CrMnSiA	860～900	油	470～570	油	1080	10	39

5.2.9 不锈钢热轧钢板和钢带

1. 不锈钢热轧钢带（普通）的厚度允许偏差（表 5－93）

表 5－93 不锈钢热轧钢带（普通）的厚度允许偏差（YB/T 5090—1993）

（单位：mm）

厚度	厚度允许偏差		
	宽度＜1000	宽度 1000～＜1250	宽度 1250～＜1600
2.00～＜2.50	±0.25	±0.30	—
2.50～＜3.00	±0.30	±0.35	±0.40
3.00～＜4.00	±0.35	±0.40	±0.45
4.00～＜5.00	±0.40	±0.45	±0.50
5.00～＜6.00	±0.50	±0.55	±0.60
6.00～＜8.00	±0.60	±0.65	±0.70

注：根据需方要求，表中的允许偏差可以限制在正值或负值一边。但是此时的公差值与表中规定的公差值相等。

2. 不锈钢热轧钢带（高级）的厚度允许偏差（表 5－94）

表 5－94 不锈钢热轧钢带（高级）的厚度允许偏差（YB/T 5090—1993）

（单位：mm）

厚度	厚度允许偏差			
	宽度＜250	宽度 250～＜400	宽度 400～＜630	宽度 630～＜800
2.00～＜2.50	±0.16	±0.17	±0.18	±0.20
2.50～＜3.00	±0.18	±0.19	±0.20	±0.23
3.00～＜4.00	±0.20	±0.21	±0.23	±0.26

续表

厚度	厚度允许偏差			
	宽度<250	宽度250~<400	宽度400~<630	宽度630~<800
4.00~<5.00	±0.22	±0.24	±0.26	±0.29
5.00~<6.00	±0.25	±0.27	±0.29	±0.32

注：根据需方要求，表中的允许偏差值可以限制在正值或负值的一边。但是，此时的公差值应与表中规定的公差值相等。

3. 不锈钢热轧钢带（普通）的宽度允许偏差（表5-95）

表5-95　不锈钢热轧钢带（普通）的宽度允许偏差（YB/T 5090—1993）

（单位：mm）

边缘状态	厚度＼宽度	宽度允许偏差						
		<100	100~<160	160~<250	250~<400	400~<630	630~<1000	≥1000
不切边	—	±1	±2	±2	±5	+20 0	+25 0	+30 0
切边	<6.00	+5 0	+5 0	+5 0	+5 0	+10 0	+10 0	+10 0
切边	≥6.00	+10 0	+10 0	+10 0	+10 0	+10 0	+10 0	+15 0

4. 不锈钢热轧钢带（高级）的宽度允许偏差（表5-96）

表5-96　不锈钢热轧钢带（高级）的宽度允许偏差（YB/T 5090—1993）

（单位：mm）

厚度	宽度允许偏差		
	宽度<160	宽度160~<250	宽度250~<630
<3.00	±0.3	±0.4	±0.5
3.00~<6.00	±0.5	±0.5	±0.5

5. 不锈钢热轧钢板和钢带的公称尺寸范围（表5-97）

表5-97　不锈钢热轧钢板和钢带的公称尺寸范围（GB/T 4237—2007）

（单位：mm）

形态	公称厚度	公称宽度
厚钢板	>3.00~200	600~2500
宽钢带、卷切钢板、纵剪宽钢带	2.0~13.0	600~2500
窄钢带、卷切钢管	2.0~13.0	<600

6. 不锈钢热轧厚钢板的厚度允许偏差（表5-98）

表5-98 不锈钢热轧厚钢板的厚度允许偏差（GB/T 4237—2007）

（单位：mm）

公称厚度	公称宽度							
	≤1000		>1000~1500		>1500~2000		>2000~2500	
	普通精度	较高精度	普通精度	较高精度	普通精度	较高精度	普通精度	较高精度
>3.0~4.0	±0.28	±0.25	±0.31	±0.28	±0.33	±0.31	±0.36	±0.32
>4.0~5.0	±0.31	±0.28	±0.33	±0.30	±0.36	±0.34	±0.41	±0.36
>5.0~6.0	±0.34	±0.31	±0.36	±0.33	±0.40	±0.37	±0.45	±0.40
>6.0~8.0	±0.38	±0.35	±0.40	±0.36	±0.44	±0.40	±0.50	±0.45
>8.0~10.0	±0.42	±0.39	±0.44	±0.40	±0.48	±0.43	±0.55	±0.50
>10.0~13.0	±0.45	±0.42	±0.48	±0.44	±0.52	±0.47	±0.60	±0.55
>13.0~25.0	±0.50	±0.45	±0.53	±0.48	±0.57	±0.52	±0.65	±0.60
>25.0~30.0	±0.53	±0.48	±0.56	±0.51	±0.60	±0.55	±0.70	±0.65
>30.0~34.0	±0.55	±0.50	±0.60	±0.55	±0.65	±0.60	±0.75	±0.70
>34.0~40.0	±0.65	±0.60	±0.70	±0.65	±0.70	±0.65	±0.85	±0.80
>40.0~50.0	±0.75	±0.70	±0.80	±0.75	±0.85	±0.80	±1.0	±0.95
>50.0~60.0	±0.90	±0.85	±0.95	±0.90	±1.0	±0.95	±1.1	±1.05
>60.0~80.0	±0.90	±0.85	±0.95	±0.90	±1.3	±1.25	±1.4	±1.35
>80.0~100.0	±1.0	±0.95	±1.0	±0.95	±1.5	±1.45	±1.6	±1.55
>100.0~150.0	±1.1	±1.05	±1.1	±1.05	±1.7	±1.65	±1.8	±1.75
>150.0~200.0	±1.2	±1.15	±1.2	±1.15	±2.0	±1.95	±2.1	±2.05

7. 钢带、卷切钢板和卷切钢带的厚度允许偏差（表5-99）

表5-99 钢带、卷切钢板和卷切钢带的厚度允许偏差（GB/T 4237—2007）

（单位：mm）

公称厚度	公称宽度							
	≤1200		>1200~1500		>1500~1800		>1800~2500	
	普通精度	较高精度	普通精度	较高精度	普通精度	较高精度	普通精度	较高精度
>2.0~2.5	±0.22	±0.20	±0.25	±0.23	±0.29	±0.27		
>2.5~3.0	±0.25	±0.23	±0.28	±0.26	±0.31	±0.28	±0.33	0.31
>3.0~4.0	±0.28	±0.26	±0.31	±0.28	±0.33	±0.31	±0.35	±0.32
>4.0~5.0	±0.31	±0.28	±0.33	±0.30	±0.36	±0.33	±0.38	±0.35
>5.0~6.0	±0.33	±0.31	±0.36	±0.33	±0.38	±0.35	±0.40	±0.37

续表

公称厚度	公称宽度							
	≤1200		>1200~1500		>1500~1800		>1800~2500	
	普通精度	较高精度	普通精度	较高精度	普通精度	较高精度	普通精度	较高精度
>6.0~8.0	±0.38	±0.35	±0.39	±0.36	±0.40	±0.37	±0.46	±0.43
>8.0~10.0	±0.42	±0.39	±0.43	±0.40	±0.45	±0.41	±0.53	±0.49
>10.0~13.0	±0.45	±0.42	±0.48	±0.44	±0.49	±0.45	±0.57	±0.53

8. 窄钢带、卷切钢带高级精度的厚度允许偏差（表5-100）

表5-100　窄钢带、卷切钢带高级精度的厚度允许偏差（GB/T 4237—2007）

（单位：mm）

公称厚度	厚度允许偏差	公称厚度	厚度允许偏差
2~4	±0.17	>6~8	±0.21
>4~5	±0.18	>8~10	±0.23
>5~6	±0.20	>10~13	±0.25

5.3　其他常用钢板和钢带

5.3.1　包装用钢带

1. 包装用钢带的力学性能（表5-101）

表5-101　包装用钢带的力学性能（YB/T 025—2002）

组别		抗拉强度 R_m/(N/mm²)	断后伸长率 A/%	反复弯曲次数
		≥		(R=5mm)
低强	Ⅰ	590	5	4
	Ⅱ	685	5	4
中强	Ⅲ	735	5	4
	Ⅳ	785	6	6
高强	Ⅴ	880	8	8
	Ⅵ	930	8	8
	Ⅶ	980	12	10

2. 包装用钢带的长度（表5－102）

表5－102 包装用钢带的长度（YB/T 025—2002）

钢带厚度/mm	规定长度/m	钢带厚度/mm	规定长度/m
≤0.40	≥400	>1.00～1.30	≥150
>0.40～0.70	≥250	>1.30	≥100
>0.70～1.00	≥200		

3. 包装用钢带的厚度和宽度尺寸（表5－103）

表5－103 包装用钢带的厚度和宽度尺寸（YB/T 025—2002）

公称厚度	公称宽度/mm								
/mm	8.00	9.50(10)	12.70(13)	16.00	19.00	25.00	31.75(32)	40.00	51.00
0.25	×	×	×						
0.30	×	×	×						
0.36	×	×	×	×					
0.40		×	×	×	×				
0.45		×	×	×	×				
0.50		×	×	×	×				
0.56			×	×	×				
0.60				×	×	×			
0.70					×	×			
0.80					×	×	×		
0.90					×	×	×		
1.00					×	×	×	×	×
1.12					×	×	×	×	×
1.20					×	×	×	×	×
1.30							×	×	×
1.50							×	×	×
1.65								×	×

注：1. 建议优先采用不带括号的公称宽度。

2. “×”表示生产供应的钢带。

5.3.2 热处理弹簧钢带

(1) 热处理弹簧钢带应采用T7A、T8A、T9A、T10A、65Mn、60Si2MnA、70Si2CrA钢轧制。

(2) 热处理弹簧钢带的抗拉强度见表5-104。

表5-104 热处理弹簧钢带的抗拉强度(YB/T 5063—2007)

强度级别	抗拉强度 R_m/(N/mm²)
Ⅰ	1270~1560
Ⅱ	>1560~1860
Ⅲ	>1860

5.3.3 建筑结构用钢板

1. 建筑结构用钢板的牌号和化学成分(表5-105)

表5-105 建筑结构用钢板的牌号和化学成分(GB/T 19879—2005)

牌号	质量等级	厚度/mm	化学成分(质量分数,%)											
			C	Si	Mn	P	S	V	Nb	Ti	Als	Cr	Cu	Ni
Q235GJ	B	6~100	≤0.20	≤0.35	0.60~1.20	≤0.025	≤0.015	—	—	—	≥0.015	≤0.30	≤0.30	≤0.30
	C													
	D		≤0.18			≤0.020								
	E													
Q345GJ	B	6~100	≤0.20	≤0.55	≤1.60	≤0.025	≤0.015	0.020~0.150	0.015~0.060	0.010~0.030	≥0.015	≤0.30	≤0.30	≤0.30
	C													
	D		≤0.18			≤0.020								
	E													
Q390GJ	C	6~100	≤0.20	≤0.55	≤1.60	≤0.025	≤0.015	0.020~0.200	0.015~0.060	0.010~0.030	≥0.015	≤0.30	≤0.30	≤0.70
	D		≤0.18			≤0.020								
	E													
Q420GJ	C	6~100	≤0.20	≤0.55	≤1.60	≤0.025	≤0.015	0.020~0.200	0.015~0.060	0.010~0.030	≥0.015	≤0.40	≤0.30	≤0.70
	D		≤0.18			≤0.020								
	E													

续表

牌号	质量等级	厚度/mm	化学成分（质量分数,%）											
			C	Si	Mn	P	S	V	Nb	Ti	Als	Cr	Cu	Ni
Q460GJ	C	6～100	≤0.20	≤0.55	≤1.60	≤0.025	≤0.015	0.020～0.200	0.015～0.060	0.010～0.030	≥0.015	≤0.70	≤0.30	≤0.70
	D		≤0.18			≤0.020								
	E													

注：钢板的牌号由代表屈服强度的汉语拼音字母（Q）、屈服强度数值、代表高性能建筑结构用钢的汉语拼音字母（GJ）、质量等级等号（B、C、D、E）组成，如Q345GJC；对于厚度方向性能钢板，在质量等级后加上厚度方向性能级别（Z15、Z25或Z35），如Q345GJCZ25。

2. 建筑结构用钢板的碳当量和焊接裂纹敏感性（表5-106）

表5-106 建筑结构用钢板的碳当量和焊接裂纹敏感性（GB/T 19879—2005）

牌号	交货状态	规定厚度下的碳当量 Ceq/%		规定厚度下的焊接裂纹敏感性指数 Pcm/%	
		≤50mm	>50～100mm	≤50mm	>50～100mm
Q235GJ	AR、N、NR	≤0.36	≤0.36	≤0.26	≤0.26
Q345GJ	AR、N、NR、N+T	≤0.42	≤0.44	≤0.29	≤0.29
	TMCP	≤0.38	≤0.40	≤0.24	≤0.26
Q390GJ	AR、N、NR、N+T	≤0.45	≤0.47	≤0.29	≤0.30
	TMCP	≤0.40	≤0.43	≤0.26	≤0.27
Q420GJ	AR、N、NR、N+T	≤0.48	≤0.50	≤0.31	≤0.33
	TMCP	≤0.43	供需双方协商	≤0.29	供需双方协商
Q460GJ	AR、N、NR、N+T Q+T、TMCP	供需双方协商			

注：AR——热轧；N——正火；NR——正火轧制；T——回火；Q——淬火；TMCP——温度-形变控轧控冷。

3. 建筑结构用钢板的力学性能和工艺性能（表5－107）

表5－107 建筑结构用钢板的力学性能和工艺性能（GB/T 19879—2005）

牌号	质量等级	上屈服强度 R_{eH}/（N/mm²） 钢板厚度/mm 6～16	>16～35	>35～50	>50～100	抗拉强度 R_m /（N/mm²）	断后伸长率 A/%	冲击吸收功（纵向）A_{KV}/J 温度/℃	≥	180°弯曲试验（d为弯心直径，a为试样厚度） 钢板厚度/mm ≤16	>16	屈强比≤
Q235GJ	B	≥235	235～355	225～345	215～335	400～510	≥23	20	34	$d=2a$	$d=3a$	0.80
	C							0				
	D							－20				
	E							－40				
Q345GJ	B	≥345	345～465	335～455	325～445	490～610	≥22	20	34	$d=2a$	$d=3a$	0.83
	C							0				
	D							－20				
	E							－40				
Q390GJ	C	≥390	390～510	380～500	370～490	490～650	≥20	0	34	$d=2a$	$d=3a$	0.85
	D							－20				
	E							－40				
Q420GJ	C	≥420	420～550	410～540	400～530	520～680	≥19	0	34	$d=2a$	$d=3a$	0.85
	D							－20				
	E							－40				
Q460GJ	C	≥460	460～600	450～590	440～580	550～720	≥17	0	34	$d=2a$	$d=3a$	0.85
	D							－20				
	E							－40				

注：1. 拉伸试样采用系数为5.65的比例试样。
2. 伸长率按有关标准进行换算时，表中断后伸长率 $A=17\%$ 与 $A_{50mm}=20\%$ 相当。

5.3.4 建筑用压型钢板

1. 建筑用压型钢板的化学成分（表5-108）

表5-108 建筑用压型钢板的化学成分（GB/T 12755—2008）

钢种	化学成分（质量分数,%） ≤			
	C	Mn	P①	S
结构级钢	0.25	1.7	0.05	0.035

①350以下强度级别的钢板磷含量不应大于0.2%。

2. 建筑用压型钢板的力学性能（表5-109）

表5-109 建筑用压型钢板的力学性能①（GB/T 12755—2008）

结构钢强度级别	上屈服强度② R_{eH}/(N/mm²) ≥	抗拉强度 R_m/(N/mm²) ≥	断后伸长率(L_0=80mm, b=20mm)/% ≥ 公称厚度/mm	
			≤0.70	>0.70
250	250	330	17	19
280	280	360	16	18
320	320	390	15	17
350	350	420	14	16
550	550	560	—	—

①拉伸试验中试样的方向为纵向（沿轧制方向）。

②屈服现象不明显时采用 $R_{p0.2}$。

5.3.5 高层建筑结构用钢板

1. 高层建筑结构用钢板的牌号和化学成分（表5-110）

表5-110 高层建筑结构用钢板的牌号和化学成分（YB 4104—2000）

牌号	质量等级	厚度/mm	化学成分（质量分数,%）								
			C	Si	Mn	P	S	V	Nb	Ti	Als
Q235GJ	C	6~100	≤0.20	≤0.35	0.60~1.20	≤0.025	≤0.015	—	—	—	≥0.015
	D E		≤0.18								
Q345GJ	C	6~100	≤0.20	≤0.55	≤1.60	≤0.025	≤0.015	0.02~0.15	0.015~0.060	0.01~0.10	≥0.015
	D E		≤0.18								

续表

牌号	质量等级	厚度/mm	化学成分(质量分数,%)								
			C	Si	Mn	P	S	V	Nb	Ti	Als
Q235GJZ	C	>16~100	≤0.20	≤0.35	0.60~1.20	≤0.020	—	—	—	—	≥0.015
	D、E		≤0.18								
Q345GJZ	C	>16~100	≤0.20	≤0.55	≤1.60	≤0.020	—	0.02~0.15	0.015~0.060	0.01~0.10	≥0.015
	D、E		≤0.18								

2. 高层建筑结构用钢板的力学性能和工艺性能（表5-111）

表5-111　高层建筑结构用钢板的力学性能和工艺性能（YB 4104—2000）

牌号	质量等级	下屈服强度 R_{eL}/(N/mm²)				抗拉强度 R_m/(N/mm²)	断后伸长率 A/%	冲击吸收功 A_{KV} 纵向/J		180°弯曲试验		屈强比
		钢板厚度/mm								钢板厚度/mm		
		6~16	>16~35	>35~50	>50~100		≥	温度/℃	≥	≤16	>16~100	≤
Q235GJ	C	≥235	235~345	225~335	215~325	400~510	23	0	34	d=2a	d=3a	0.80
	D							-20				
	E							-40				
Q345GJ	C	≥345	345~455	335~445	325~435	490~610	22	0	34	d=2a	d=3a	0.80
	D							-20				
	E							-40				
Q235GJZ	C	—	235~345	225~335	215~325	400~510	23	0	34	d=2a	d=3a	0.80
	D							-20				
	E							-40				
Q345GJZ	C	—	345~455	335~445	325~435	490~610	22	0	34	d=2a	d=3a	0.80
	D							-20				
	E							-40				

注：Z为厚度方向性能级别Z15、Z25、Z35的缩写，具体在牌号中注明。

①d为弯心直径，a为试样厚度。

3. 高层建筑结构用钢板的碳当量及焊接裂纹敏感性指数（表5-112）

表5-112　高层建筑结构用钢板的碳当量及焊接裂纹敏感性指数（YB 4104—2000）

牌号	交货状态	碳当量 Ceq/%		焊接裂纹敏感性指数 Pcm/%	
		≤50mm	>50~100mm	≤50mm	>50~100mm
Q235GJ Q235GJZ	热轧或正火	≤0.36	≤0.36	≤0.26	
Q345GJ Q345GJZ	热轧或正火	≤0.42	≤0.44	≤0.29	
	TMCP	≤0.38	≤0.40	≤0.24	≤0.26

注：Z为厚度方向性能级别Z15、Z25、Z35的缩写，具体在牌号中标明。

5.3.6 高强度结构用调质钢板

1. 高强度结构用调质钢板的化学成分（表5-113）

表5-113 高强度结构用调质钢板的化学成分（GB/T 16270—2009）

牌号	化学成分（质量分数,%） ≤													Ceq		
	C	Si	Mn	P	S	Cu	Cr	Ni	Mo	B	V	Nb	Ti	产品厚度/mm ≤50	>50~100	>100~150
Q460C Q460D	0.20	0.80	0.70	0.025	0.015	0.50	1.50	2.00	0.70	0.0050	0.12	0.06	0.05	0.47	0.48	0.50
Q460E Q460F				0.020	0.010											
Q500C Q500D	0.20	0.80	1.70	0.025	0.015	0.50	1.50	2.00	0.70	0.0050	0.12	0.06	0.05	0.47	0.70	0.70
Q500E Q500F				0.020	0.010											
Q550C Q550D	0.20	0.80	1.70	0.025	0.015	0.50	1.50	2.00	0.70	0.0050	0.12	0.06	0.05	0.65	0.77	0.83
Q550E Q550F				0.020	0.010											
Q620C Q620D	0.20	0.80	1.70	0.025	0.015	0.50	1.50	2.00	0.70	0.0050	0.12	0.06	0.05	0.65	0.77	0.83
Q620E Q620F				0.020	0.010											

续表

牌号	化学成分（质量分数,%） ≤															
	C	Si	Mn	P	S	Cu	Cr	Ni	Mo	B	V	Nb	Ti	Ceq 产品厚度/mm ≤50	Ceq 产品厚度/mm >50~100	Ceq 产品厚度/mm >100~150
Q690C Q690D	0.20	0.80	1.80	0.025	0.015	0.50	1.50	2.00	0.70	0.0050	0.12	0.06	0.05	0.65	0.77	0.83
Q690E Q690F				0.020	0.010											
Q800C Q800D	0.20	0.80	2.00	0.025	0.015	0.50	1.50	2.00	0.70	0.0050	0.12	0.06	0.05	0.72	0.82	—
Q800E Q800F				0.020	0.010											
Q890C Q890D	0.20	0.80	2.00	0.025	0.015	0.50	1.50	2.00	0.70	0.0050	0.12	0.06	0.05	0.72	0.82	—
Q890E Q890F				0.020	0.010											
Q960C Q960D	0.20	0.80	2.00	0.025	0.015	0.50	1.50	2.00	0.70	0.0050	0.12	0.06	0.05	0.82	—	—
Q960E Q960F				0.020	0.010											

注：1. 根据需要，生产厂可添加其中一种或几种合金元素，最大值应符合表中规定，其含量应在质量证明书中报告。

2. 钢中至少应添加 Nb、Ti、V、Al 中的一种细化晶粒元素，其中至少一种元素的最小质量分数为0.015%（对于 Al 为 Als）。也可用 Alt 替代 Als，此时最小质量分数为0.01%。

2. 高强度结构用调质钢板的力学性能及工艺性能（表5－114）

表5－114　高强度结构用调质钢板的力学性能及工艺性能（GB/T 16270—2009）

牌号	拉伸试验[①]							冲击试验[①]			
	屈服强度[②] R_{eH}/(N/mm^2) ≥			抗拉强度 R_m/(N/mm^2)			断后伸长率 A/%	冲击吸收能量（纵向）KV_2/J			
	厚度/mm			厚度/mm				试验温度/℃			
	≤50	>50～100	>100～150	≤50	>50～100	>100～150		0	－20	－40	－60
Q460C	460	440	400	550～720		500～670	17	47			
Q460D									47		
Q460E										34	
Q460F											34
Q500C	500	480	440	590～770		540～720	17	47			
Q500D									47		
Q500E										34	
Q500F											34
Q550C	550	530	490	640～820		590～770	16	47			
Q550D									47		
Q550E										34	
Q550F											34
Q620C	620	580	560	700～890		650～830	15	47			
Q620D									47		
Q620E										34	
Q620F											34
Q690C	690	650	630	770～940	760～930	710～900	14	47			
Q690D									47		
Q690E										34	
Q690F											34
Q800C	800	740	—	840～1000	800～1000	—	13	34			
Q800D									34		
Q800E										27	
Q800F											27

续表

牌号	拉伸试验①							冲击试验①			
	屈服强度① R_{eH}/(N/mm²) ≥			抗拉强度 R_m/(N/mm²)			断后伸长率 A/%	冲击吸收量(纵向)KV_2/J			
	厚度/mm			厚度/mm				试验温度/℃			
	≤50	>50~100	>100~150	≤50	>50~100	>100~150		0	-20	-40	-60
Q890C	890	830	—	940~1100	880~1100	—	11	34			
Q890D									34		
Q890E										27	
Q890F											27
Q960C	960	—	—	980~1150	—	—	10	34			
Q960D									34		
Q960E										27	
Q960F											27

①拉伸试验适用于横向试样，冲击试验适用于纵向试样。

②当屈服现象不明显时，采用 $R_{p0.2}$。

5.3.7 工程机械用高强度耐磨钢板

1. 工程机械用高强度耐磨钢板的化学成分（表5-115）

表5-115 工程机械用高强度耐磨钢板的化学成分（GB/T 24186—2009）

牌号	化学成分①（质量分数,%）										
	C	Si	Mn	P	S	Cr	Ni	Mo	Ti	B	Als
	≤									范围	≥
NM300	0.23	0.70	1.60	0.025	0.015	0.70	0.50	0.40	0.050	0.0005~0.006	0.010
NM350	0.25	0.70	1.60	0.025	0.015	0.80	0.50	0.50	0.050	0.0005~0.006	0.010
NM400	0.30	0.70	1.60	0.025	0.010	1.00	0.70	0.50	0.050	0.0005~0.006	0.010
NM450	0.35	0.70	1.70	0.025	0.010	1.10	0.80	0.55	0.050	0.0005~0.006	0.010
NM500	0.38	0.70	1.70	0.020	0.010	1.20	1.00	0.65	0.050	0.0005~0.006	0.010
NM550	0.38	0.70	1.70	0.020	0.010	1.20	1.00	0.70	0.050	0.0005~0.006	0.010
NM600	0.45	0.70	1.90	0.020	0.010	1.50	1.00	0.80	0.050	0.0005~0.006	0.010

①对于NM400及以下牌号，其Si、Mn含量可分别提高至2.00%和2.20%，合金元素含量由供方确定。

2. 工程机械用高强度耐磨钢板的力学性能（表5-116）

表5-116 工程机械用高强度耐磨钢板的力学性能（GB/T 24186—2009）

牌号	厚度/mm	抗拉强度① R_m/（N/mm^2）	断后伸长率① A_{50mm}/%	-20℃冲击吸收能量（纵向）①KV_2/J	表面布氏硬度 HBW
NM300	≤80	≥1000	≥14	≥24	270~330
NM360	≤80	≥1100	≥12	≥24	330~390
NM400	≤80	≥1200	≥10	≥24	370~430
NM450	≤80	≥1250	≥7	≥24	420~480
NM500	≤70	—	—	—	≥470
NM550	≤70	—	—	—	≥530
NM600	≤60	—	—	—	≥570

①抗拉强度、断后伸长率、冲击吸收能量作为性能的特殊要求，如用户未在合同中注明，则只保证布氏硬度。

5.3.8 锅炉和压力容器用钢板

1. 锅炉和压力容器用钢板的牌号和化学成分（表5-117）

表5-117 锅炉和压力容器用钢板的牌号和化学成分（GB 713—2008）

牌号	化学成分（质量分数,%）										
	C	Si	Mn	Cr	Ni	Mo	Nb	V	P	S	Alt
Q245R	≤0.20	≤0.35	0.50~1.00	—	—	—	—	—	≤0.025	≤0.015	≥0.020
Q345R	≤0.20	≤0.55	1.20~1.60	—	—	—	—	—	≤0.025	≤0.015	≥0.020
Q370R	≤0.18	≤0.55	1.20~1.60	—	—	—	0.015~0.050	—	≤0.025	≤0.015	—
18MnMoNbR	≤0.22	0.15~0.50	1.20~1.60	—	—	0.45~0.65	0.025~0.050	—	≤0.020	≤0.015	—
13MnNiMoR	≤0.15	0.15~0.50	1.20~1.60	0.20~0.40	0.60~1.00	0.20~0.40	0.005~0.020	—	≤0.020	≤0.010	—
15CrMoR	0.12~0.18	0.15~0.40	0.40~0.70	0.80~1.20	—	0.45~0.60	—	—	≤0.025	≤0.010	—
14Cr1MoR	0.05~0.17	0.50~0.80	0.40~0.65	1.15~1.50	—	0.45~0.65	—	—	≤0.020	≤0.010	—

续表

牌号	化学成分（质量分数,%）										
	C	Si	Mn	Cr	Ni	Mo	Nb	V	P	S	Alt
12Cr2Mo1R	0.08 ~ 0.15	≤0.50	0.30 ~ 0.60	2.0 ~ 2.50	—	0.90 ~ 1.10	—	—	≤ 0.020	≤ 0.010	—
12Cr1MoVR	0.08 ~ 0.15	0.15 ~ 0.40	0.40 ~ 0.70	0.90 ~ 1.20	—	0.25 ~ 0.35	—	0.15 ~ 0.30	≤ 0.025	≤ 0.010	—

2. 锅炉和压力容器用钢板的高温力学性能（表5-118）

表5-118　锅炉和压力容器用钢板的高温力学性能（GB 713—2008）

牌号	厚度/mm	试验温度/℃						
		200	250	300	350	400	450	500
		R_{eL}或$R_{p0.2}$/（N/mm²）　≥						
Q245R	>20 ~ 36	186	167	153	139	129	121	—
	>36 ~ 60	178	161	147	133	123	116	—
	>60 ~ 100	164	147	135	123	113	106	—
	>100 ~ 150	150	135	120	110	105	95	—
Q345R	>20 ~ 36	255	235	215	200	190	180	—
	>36 ~ 60	240	220	200	185	175	165	—
	>60 ~ 100	225	205	185	175	165	155	—
	>100 ~ 150	220	200	180	170	160	150	—
	>150 ~ 200	215	195	175	165	155	145	—
Q370R	>20 ~ 36	290	275	260	245	230	—	—
	>36 ~ 60	280	270	255	240	225	—	—
18MnMoNbR	30 ~ 60	360	355	350	340	310	275	—
	>60 ~ 100	355	350	345	335	305	270	—
13MnNiMoR	30 ~ 100	355	350	345	335	305	—	—
	>100 ~ 150	345	340	335	325	300	—	—
15CrMoR	20 ~ 60	240	225	210	200	189	179	174
	>60 ~ 100	220	210	196	186	176	167	162
	>100 ~ 150	210	199	185	175	165	156	150
14Cr1MoR	20 ~ 150	255	245	230	220	210	195	176
12Cr2Mo1R	20 ~ 150	260	255	250	245	240	230	215
12Cr1MoVR	20 ~ 100	200	190	176	167	157	150	142

5.3.9 低温压力容器用低合金钢钢板

1. 低温压力容器用低合金钢钢板的化学成分（表5-119）

表5-119 低温压力容器用低合金钢钢板的化学成分（GB 3531—2008）

牌号	化学成分（质量分数,%）								
	C	Si	Mn	Ni	V	Nb	Alt	P	S
								≤	
16MnDR	≤0.20	0.15~0.50	1.20~1.60	—	—	—	≥0.020	0.025	0.012
15MnNiDR	≤0.18	0.15~0.50	1.20~1.60	0.20~0.60	≤0.06	—	≥0.020	0.025	0.012
09MnNiDR	≤0.12	0.15~0.50	1.20~1.60	0.30~0.80	—	≤0.04	≥0.020	0.020	0.012

2. 低温压力容器用低合金钢钢板的力学性能和工艺性能（表5-120）

表5-120 低温压力容器用低合金钢钢板的力学性能和工艺性能（GB 3531—2008）

牌号	钢板公称厚度/mm	拉伸试验①			冲击试验		180°弯曲试验②弯心直径 d ($b≥35$mm)
		抗拉强度 R_m/(N/mm²)	下屈服强度 R_{eL}/(N/mm²)	断后伸长率 A/%	温度/℃	冲击吸收能量 KV_2/J	
			≥	≥		≥	
16MnDR	6~16	490~620	315	21	-40	34	$d=2a$
	>16~36	470~600	295				$d=3a$
	>36~60	460~590	285				
	>60~100	450~580	275		-30	34	
	>100~120	440~570	265				
15MnNiDR	6~16	490~620	325	20	-45	34	$d=3a$
	>16~36	480~610	315				
	>36~60	470~600	305				
09MnNiDR	6~16	440~570	300	23	-70	34	$d=2a$
	>16~36	430~560	280				
	>36~60	430~560	270				
	>60~120	420~550	260				

注：a 为钢材厚度。

①当屈服现象不明显时，采用 $R_{p0.2}$。

②弯曲试验仲裁试样宽度 $b=35$mm。

5.3.10 焊接气瓶用钢板和钢带

1. 焊接气瓶用钢板和钢带的牌号及化学成分（表5-121）

表5-121 焊接气瓶用钢板和钢带的牌号及化学成分（GB 6653—2008）

牌号	化学成分①（质量分数,%）					
	C	Si	Mn	P	S	Als②
HP235	≤0.16	≤0.10③	≤0.80	≤0.025	≤0.015	≥0.015
HP265	≤0.18	≤0.10③	≤0.80	≤0.025	≤0.015	≥0.015
HP295	≤0.18	≤0.10③	≤1.00	≤0.025	≤0.015	≥0.015
HP325	≤0.20	≤0.35	≤1.50	≤0.025	≤0.015	≥0.015
HP345	≤0.20	≤0.35	≤1.50	≤0.025	≤0.015	≥0.015

①对于HP265、HP295，碳的质量分数比规定最大碳的质量分数每降低0.01%，锰的质量分数则允许比规定最大锰的质量分数提高0.05%，但对于HP265，最大锰的质量分数不允许超过1.00%；对于HP295，最大锰的质量分数不允许超过1.20%。

②酸溶铝含量可以用测定全铝含量代替，此时全铝的质量分数应不小于0.020%。

③对于厚度≥6mm的钢板或钢带，允许 w（Si）≤0.35%。

2. 焊接气瓶用钢板和钢带的力学性能及工艺性能（表5-122）

表5-122 焊接气瓶用钢板和钢带的力学性能及工艺性能（GB 6653—2008）

牌号	拉伸试验				180°弯曲试验 弯心直径 d（b≥35mm）
	下屈服强度 R_{eL}/(N/mm^2)	抗拉强度 R_m/(N/mm^2)	断后伸长率/%		
			A_{80mm}（L_0=80mm, b=20mm）	A	
			<3mm	≥3mm	
HP235	≥235	380~500	≥23	≥29	1.5a
HP265	≥265	410~520	≥21	≥27	1.5a
HP295	≥295	440~560	≥20	≥26	2.0a
HP325	≥325	490~600	≥18	≥22	2.0a
HP345	≥345	510~620	≥17	≥21	2.0a

注：1. 拉伸试验、弯曲试验均取横向试样。

2. 当屈服现象不明显时，采用 $R_{p0.2}$。

3. 弯曲试样仲裁试样宽度 b=35mm。

4. a 为钢材厚度。

5.3.11 连续热镀铝锌合金镀层钢板和钢带

1. 连续热镀铝锌合金镀层钢板和钢带的化学成分（表5-123）

表5-123 连续热镀铝锌合金镀层钢板和钢带的化学成分（GB/T 14978—2008）

牌号	化学成分（熔炼分析）（质量分数,%） ≤					
	C	Si	Mn	P	S	Ti
DX51D + AZ	0.12	0.50	0.60	0.10	0.045	0.30
DX52D + AZ						
DX53D + AZ						
DX54D + AZ						
S250GD + AZ	0.20	0.60	1.70	0.10	0.045	—
S280GD + AZ						
S300GD + AZ						
S320GD + AZ						
S350GD + AZ						
S550GD + AZ						

2. 连续热镀铝锌合金镀层钢板和钢带的牌号及特性（表5-124）

表5-124 连续热镀铝锌合金镀层钢板和钢带的牌号及特性（GB/T 14978—2008）

牌号	钢种特性	牌号	钢种特性
DX51D + AZ	低碳钢或无间隙原子钢	S280GD + AZ	结构钢
DX52D + AZ		S300GD + AZ	
DX53D + AZ		S320GD + AZ	
DX54D + AZ		S350GD + AZ	
S250GD + AZ	结构钢	S550GD + AZ①	

①适用于轧硬后不完全退火产品。

3. 连续热镀铝锌合金镀层钢板和钢带的分类（表5-125）

表5-125 连续热镀铝锌合金镀层钢板和钢带的分类（GB/T 14978—2008）

项目	分类	代号
镀层种类	铝锌合金镀层	AZ
镀层表面结构	普通锌花	N

续表

项目	分类	代号
表面处理	铬酸钝化	C
	无铬钝化	C5
	涂油	O
	铬酸钝化处理+涂油	CO
	无铬钝化+涂油	CO5
	耐指纹膜	AF
	无铬耐指纹膜	AF5
	不处理	U

4. 连续热镀铝锌合金镀层钢板和钢带的公称尺寸（表5-126）

表5-126 连续热镀铝锌合金镀层钢板和钢带的公称尺寸
(GB/T 14978—2008)

项目		公称尺寸/mm
公称厚度		0.30~3.0
公称宽度	钢板及钢带	600~2050
	纵切钢带	<600
公称长度	钢板	1000~8000
公称内径	钢带及纵切钢带	610或508

5. 连续热镀铝锌合金镀层钢板和钢带的力学性能（表5-127、表5-128）

表5-127 第一类连续热镀铝锌合金镀层钢板和钢带的力学性能
(GB/T 14978—2008)

牌号	拉伸试验①		
	屈服强度② R_{eL}或$R_{p0.2}$/(N/mm^2) ≤	抗拉强度 R_m/(N/mm^2) ≤	断后伸长率③ A_{80mm}/% ≥
DX51D+AZ	—	500	22
DX52D+AZ④	300	420	26
DX53D+AZ	260	380	30
DX54D+AZ	220	350	36

①试样为GB/T 228中的P6试样，试样方向为横向。

②当屈服现象不明显时采用$R_{p0.2}$，否则采用R_{eL}。

③当产品公称厚度大于0.5mm，但小于等于0.7mm时，断后伸长率允许下降2%；当产品公称厚度不大于0.5mm时，断后伸长率允许下降4%。

④屈服强度值仅适用于光整的FB级表面的钢板及钢带。

表 5－128 第二类连续热镀铝锌合金镀层钢板和钢带的力学性能
(GB/T 14978—2008)

牌号	拉伸试验①		
	屈服强度② R_{eH} 或 $R_{p0.2}$/(N/mm²) ≥	抗拉强度 R_m/(N/mm²) ≥	断后伸长率③ A_{80mm}/% ≥
S250GD + AZ	250	330	19
S280GD + AZ	280	360	18
S300GD + AZ	300	380	17
S320GD + AZ	320	390	17
S350GD + AZ	350	420	16
S550GD + AZ	550	560	—

①试样为 GB/T 228 中的 P6 试样，试样方向为纵向。
②当屈服现象不明显时采用 $R_{p0.2}$，否则采用 R_{eH}。
③当产品公称厚度大于 0.5mm，但小于等于 0.7mm 时，断后伸长率允许下降 2%；当产品公称厚度不大于 0.5mm 时，断后伸长率允许下降 4%。

6. 连续热镀铝锌合金镀层钢板和钢带的镀层质量（表 5－129）

表 5－129 连续热镀铝锌合金镀层钢板和钢带的镀层质量
(GB/T 14978—2008)

镀层种类	镀层形状	推荐的公称镀层质量①/(g/m²)	镀层代号
热镀铝锌合金镀层（AZ）	等厚镀层	60	60
		80	80
		100	100
		120	120
		150	150
		180	180
		200	200

①50g/m² 热镀铝锌合金镀层的厚度约为 13.3μm。

5.3.12 连续热镀锌钢板和钢带

1. 第一类连续热镀锌钢板和钢带的力学性能（表5-130）

表5-130 第一类连续热镀锌钢板和钢带的力学性能（GB/T 2518—2008）

牌号	屈服强度①R_{eL}或$R_{p0.2}$/(N/mm²)	抗拉强度R_m/(N/mm²)	断后伸长率$A_{11.3}$/% ≥	r_{90} ≥	n_{90} ≥
DX51D+Z,DX51D+ZF	—	270~500	22	—	—
DX52D+Z,DX52D+ZF	140~300	270~420	26	—	—
DX53D+Z,DX53D+ZF	140~260	270~380	30	—	—
DX54D+Z	120~220	260~350	36	1.6	0.18
DX54D+ZF			34	1.4	0.18
DX56D+Z	120~180	260~350	39	1.9	0.21
DX56D+ZF			37	1.7	0.20
DX57D+Z	120~170	260~350	41	2.1	0.22
DX57D+ZF			39	1.9	0.21

①无明显屈服时采用$R_{p0.2}$，否则采用R_{eL}。

2. 第二类连续热镀锌钢板和钢带的力学性能（表5-131）

表5-131 第二类连续热镀锌钢板和钢带的力学性能（GB/T 2518—2008）

牌号	屈服强度①R_{eL}或$R_{p0.2}$/（N/mm²）≥	抗拉强度R_m/（N/mm²）≥	断后伸长率$A_{11.3}$/% ≥
S220GD+Z，S220GD+ZF	220	300	20
S250GD+Z，S250GD+ZF	250	330	19
S280GD+Z，S280GD+ZF	280	360	18
S320GD+Z，S320GD+ZF	320	390	17
S350GD+Z，S350GD+ZF	350	420	16
S550GD+Z，S550GD+ZF	550	560	—

①无明显屈服时采用$R_{p0.2}$，否则采用R_{eL}。

3. 第三类连续热镀锌钢板和钢带的力学性能（表5-132）

表5-132 第三类连续热镀锌钢板和钢带的力学性能（GB/T 2518—2008）

牌号	屈服强度① R_{eL}或$R_{p0.2}$ /(N/mm²)	抗拉强度 R_m/(N/mm²)	断后伸长率 A_{80mm}/% ≥	r_{90} ≥	n_{90} ≥
HX180YD+Z	180~240	340~400	34	1.7	0.18
HX180YD+ZF			32	1.5	0.18
HX220YD+Z	220~280	340~410	32	1.5	0.17
HX220YD+ZF			30	1.3	0.17
HX260YD+Z	260~320	380~440	30	1.4	0.16
HX260YD+ZF			28	1.2	0.16

①无明显屈服时采用$R_{p0.2}$，否则采用R_{eL}。

4. 第四类连续热镀锌钢板和钢带的力学性能（表5-133）

表5-133 第四类连续热镀锌钢板和钢带的力学性能（GB/T 2518—2008）

牌号	屈服强度① R_{eL}或$R_{p0.2}$ /(N/mm²)	抗拉强度 R_m/(N/mm²)	断后伸长率 A_{80mm}/% ≥	r_{90} ≥	n_{90} ≥	烘烤硬化值 BH_2/(N/mm²) ≥
HX180BD+Z	180~240	300~360	34	1.5	0.16	30
HX180BD+ZF			32	1.3	0.16	30
HX220BD+Z	220~280	340~400	32	1.2	0.15	30
HX220BD+ZF			30	1.0	0.15	30
HX260BD+Z	260~320	360~440	28	—	—	30
HX260BD+ZF			26	—	—	30
HX300BD+Z	300~360	400~480	26	—	—	30
HX300BD+ZF			24	—	—	30

①无明显屈服时采用$R_{p0.2}$，否则采用R_{eL}。

5. 第五类连续热镀锌钢板和钢带的力学性能（表5－134）

表5－134　第五类连续热镀锌钢板和钢带的力学性能（GB/T 2518—2008）

牌号	屈服强度①R_{eL}或$R_{p0.2}$/(N/mm^2)	抗拉强度R_m/(N/mm^2)	断后伸长率A_{80mm}/% ≥
HX260LAD+Z	260～330	350～430	26
HX260LAD+ZF			24
HX300LAD+Z	300～380	380～480	23
HX300LAD+ZF			21
HX340LAD+Z	340～420	410～510	21
HX340LAD+ZF			19
HX380LAD+Z	380～480	440～560	19
HX380LAD+ZF			17
HX420LAD+Z	420～520	470～590	17
HX420LAD+ZF			15

①无明显屈服时采用$R_{p0.2}$，否则采用R_{eL}。

6. 第六类连续热镀锌钢板和钢带的力学性能（表5－135）

表5－135　第六类连续热镀锌钢板和钢带的力学性能（GB/T 2518—2008）

牌号	屈服强度①R_{eL}或$R_{p0.2}$/(N/mm^2)	抗拉强度R_m/(N/mm^2) ≥	断后伸长率A_{80mm}/% ≥	n_0 ≥	烘烤硬化值BH_2/(N/mm^2) ≥
HC260/450DPD+Z	260～340	450	27	0.16	30
HC260/450DPD+ZF			25		30
HC300/500DPD+Z	300～380	500	23	0.15	30
HC300/500DPD+ZF			21		30
HC340/600DPD+Z	340～420	600	20	0.14	30
HC340/600DPD+ZF			18		30
HC450/780DPD+Z	450～560	780	14		30
HC450/780DPD+ZF			12		30
HC600/980DPD+Z	600～750	980	10		30
HC600/980DPD+ZF			8		30

①无明显屈服时采用$R_{p0.2}$，否则采用R_{eL}。

7. 第七类连续热镀锌钢板和钢带的力学性能（表5-136）

表5-136 第七类连续热镀锌钢板和钢带的力学性能（GB/T 2518—2008）

牌号	屈服强度① R_{eL}或$R_{p0.2}$ /(N/mm²)	抗拉强度 R_m/ (N/mm²) ≥	断后伸长率 A_{80mm}/% ≥	n_0 ≥	烘烤硬化值 BH_2/(N/mm²) ≥
HC430/690TRD+Z	430~550	690	23	0.18	40
HC430/690TRD+ZF			21		40
HC470/780TRD+Z	470~600	780	21	0.16	40
HC470/780TRD+ZF			18		40

①无明显屈服时采用$R_{p0.2}$，否则采用R_{eL}。

8. 第八类连续热镀锌钢板和钢带的力学性能（表5-137）

表5-137 第八类连续热镀锌钢板和钢带的力学性能（GB/T 2518—2008）

牌号	屈服强度① R_{eL}或$R_{p0.2}$ /(N/mm²)	抗拉强度 R_m/(N/mm²) ≥	断后伸长率 A_{80mm}/% ≥	烘烤硬化值 BH_2/(N/mm²) ≥
HC350/600CPD+Z	350~500	600	16	30
HC350/600CPD+ZF			14	
HC500/780CPD+Z	500~700	780	10	30
HC500/780CPD+ZF			8	
HC700/980CPD+Z	700~900	980	7	30
HC700/980CPD+ZF			5	

①无明显屈服时采用$R_{p0.2}$，否则采用R_{eL}。

5.3.13 合金结构钢薄钢板

1. 合金结构钢薄钢板的化学成分（表5-138）

表5-138 合金结构钢薄钢板的化学成分（YB/T 5132—2007）

统一数字代号	牌号	化学成分（质量分数,%）						
		C	Si	Mn	S ≤	P ≤	Cr	Cu≤
A00123	12Mn2A	0.08~0.17	0.17~0.37	1.20~1.60	0.030	0.030	—	0.25
A00163	16Mn2A	0.12~0.20	0.17~0.37	2.00~2.40	0.030	0.030	—	0.25
A20383	38CrA	0.34~0.42	0.17~0.37	0.50~0.80	0.030	0.030	0.80~1.10	0.25

2. 合金结构钢薄钢板的力学性能（表5-139）

表5-139　合金结构钢薄钢板的力学性能（YB/T 5132—2007）

牌号	抗拉强度 R_m/(N/mm²)	断后伸长率 $A_{11.3}$/%　≥
12Mn2A	390~570	22
16Mn2A	490~635	18
45Mn2A	590~835	12
35B	490~635	19
40B	510~655	18
45B	540~685	16

5.3.14　花纹钢板

花纹钢板的形式如图5-2~图5-4所示。花纹钢板的厚度、尺寸偏差及理论质量如表5-140所示。

表5-140　花纹钢板的厚度、尺寸偏差及理论质量（GB/T 3277—1991）

基本厚度/mm	基本厚度允许偏差/mm	理论质量/(kg/m²)		
		菱形	扁豆形	圆豆形
2.5	±0.3	21.6	21.3	21.1
3.0	±0.3	25.6	24.4	24.3
3.5	±0.3	29.5	28.4	28.3
4.0	±0.4	33.4	32.4	32.3
4.5	±0.4	37.3	36.4	36.2
5.0	+0.4 -0.5	42.3	40.5	40.2
5.5	+0.4 -0.5	46.2	44.3	44.1
6.0	+0.5 -0.6	50.1	48.4	48.1
7.0	+0.6 -0.7	59.0	52.6	52.4
8.0	+0.6 -0.8	66.8	56.4	56.2

5.3.15 彩色涂层钢板

1. 彩色涂层钢板的牌号及用途（表5-141）

表5-141 彩色涂层钢板的牌号及用途（GB/T 12754—2006）

彩色涂层钢板的牌号					用途
热镀锌基板	热镀锌铁合金基板	热镀铝锌合金基板	热镀锌铝合金基板	电镀锌基板	
TDC51D+Z	TDC51D+ZF	TDC51D+AZ	TDC51D+ZA	TDC01+ZE	一般用
TDC52D+Z	TDC52D+ZF	TDC52D+AZ	TDC52D+ZA	TDC03+ZE	冲压用
TDC53D+Z	TDC53D+ZF	TDC53D+AZ	TDC53D+ZA	TDC04+ZE	深冲压用
TDC54D+Z	TDC54D+ZF	TDC54D+AZ	TDC54D+ZA	—	特深冲压用
TS250GD+Z	TS250GD+ZF	TS250GD+AZ	TS250GD+ZA	—	结构用
TS280GD+Z	TS280GD+ZF	TS280GD+AZ	TS280GD+ZA	—	
—	—	TS300GD+AZ	—	—	
TS320GD+Z	TS320GD+ZF	TS320GD+AZ	TS320GD+ZA	—	
TS350GD+Z	TS350GD+ZF	TS350GD+AZ	TS350GD+ZA	—	
TS550GD+Z	TS550GD+ZF	TS550GD+AZ	TS550GD+ZA	—	

2. 彩色涂层钢板的分类及代号（表5-142）

表5-142 彩色涂层钢板的分类及代号（GB/T 12754—2006）

分类	项目	代号
用途	建筑外用	JW
	建筑内用	JN
	家电	JD
	其他	QT
基板类型	热镀锌基板	Z
	热镀锌铁合金基板	ZF
	热镀铝锌合金基板	AZ
	热镀锌铝合金基板	ZA
	电镀锌基板	ZE
涂层表面状态	涂层板	TC
	压花板	YA
	印花板	YI

续表

分类	项目	代号
面漆种类	聚酯	PE
	硅改性聚酯	SMP
	高耐久性聚酯	HDP
	聚偏氟乙烯	PVDF
涂层结构	正面二层、反面一层	2/1
	正面二层、反面二层	2/2
热镀锌基板表面结构	光整小锌花	MS
	光整无锌花	FS

3. 彩色涂层钢板的尺寸范围（表5-143）

表5-143　彩色涂层钢板的尺寸范围（GB/T 12754—2006）

项目	公称尺寸/mm
公称厚度	0.20~2.0
公称宽度	600~1600
钢板公称长度	1000~6000
钢卷内径	450、508或610

4. 彩色涂层钢板的冲击吸收功（表5-144）

表5-144　彩色涂层钢板的冲击吸收功（GB/T 12754—2006）

级别（代号）	冲击吸收功 A_K/J　≥
低（A）	6
中（B）	9
高（C）	12

5. 热镀基板彩色涂层钢板的力学性能（表5－145）

表5－145　热镀基板彩色涂层钢板的力学性能（GB/T 12754—2006）

牌号	屈服强度①/(N/mm²)	抗拉强度 R_m/(N/mm²)	断后伸长率 A_{80mm}/% ≥ 公称厚度/mm ≤0.7	>0.70
TDC51D+Z、TDC51D+ZF、TDC51D+AZ、TDC51D+ZA	—	270~500	20	22
TDC52D+Z、TDC52D+ZF、TDC52D+AZ、TDC52D+ZA	140~300	270~420	24	26
TDC53D+Z、TDC53D+ZF、TDC53D+AZ、TDC53D+ZA	140~260	270~380	28	30
TDC54D+Z、TDC54D+AZ、TDC54D+ZA	140－220	270~350	34	36
TDC54D+ZF	140~220	270~350	32	34
TS250GD+Z、TS250GD+ZF、TS250GD+AZ、TS250GD+ZA	250	330	17	19
TS280GD+Z、TS280GD+ZF、TS280GD+AZ、TS280GD+ZA	280	360	16	18
TS300GD+AZ	300	380	16	18
TS320GD+Z、TS320GD+ZF、TS320GD+AZ、TS320GD+ZA	320	390	15	17
TS350GD+Z、TS350GD+ZF、TS350GD+AZ、TS350GD+ZA	350	420	14	16
TS550GD+Z、TS550GD+ZF、TS550GD+AZ、TS550GD+ZA	550	560	—	—

注：拉伸试验试样的方向为纵向（沿轧制方向）。

①当屈服现象不明显时采用 $R_{p0.2}$，否则采用 R_{eH}。

6. 电镀锌基板彩色涂层钢板的力学性能（表5-146）

表5-146　电镀锌基板彩色涂层钢板的力学性能（GB/T 12754—2006）

牌号	屈服强度①② /（N/mm^2）	抗拉强度 /（N/mm^2） ≥	断后伸长率 A_{80mm}/% ≥		
			公称厚度/mm		
			<0.50	0.50~0.7	>0.7
TDC01+ZE	140~280	270	24	26	28
TDC03+ZE	140~240	270	30	32	34
TDC04+ZE	140~220	270	33	35	37

注：拉伸试验试样的方向为横向（垂直轧制方向）。

①当屈服现象不明显时采用 $R_{p0.2}$，否则采用 R_{eL}。

②公称厚度为0.50~0.7mm时，屈服强度允许增加20N/mm^2；公称厚度<0.50mm时，屈服强度允许增加40N/mm^2。

5.3.16　耐热钢钢板和钢带

1. 经固溶处理的奥氏体型耐热钢钢板和钢带的力学性能（表5-147）

表5-147　经固溶处理的奥氏体型耐热钢钢板和钢带的力学性能（GB/T 4238—2007）

GB/T 20878 中序号	新牌号	旧牌号	拉伸试验			硬度试验		
			规定非比例延伸强度 $R_{p0.2}$ /（N/mm^2）	抗拉强度 R_m /（N/mm^2）	断后伸长率 A/%	HBW	HRB	HV
			≥			≤		
13	12Cr18Ni9	1Cr18Ni9	205	515	40	201	92	210
14	12Cr18Ni9Si3	1Cr18Ni9Si3	205	515	40	217	95	220
17	06Cr19Ni10	0Cr18Ni9	205	515	40	201	92	210
19	07Cr19Ni10	—	205	515	40	201	92	210
29	06Cr20Ni11	—	205	515	40	183	88	—
31	16Cr23Ni13	2Cr23Ni13	205	515	40	217	95	220
32	06Cr23Ni13	0Cr23Ni13	205	515	40	217	95	220
34	20Cr25Ni20	2Cr25Ni20	205	515	40	217	95	220
35	06Cr25Ni20	0Cr25Ni20	205	515	40	217	95	220
38	06Cr17Ni12Mo2	0Cr17Ni12Mo2	205	515	40	217	95	220
49	06Cr19Ni13Mo3	0Cr19Ni13Mo3	205	515	35	217	95	220

续表

GB/T 20878 中序号	新牌号	旧牌号	拉伸试验 规定非比例延伸强度 $R_{p0.2}$ /(N/mm²)	拉伸试验 抗拉强度 R_m /(N/mm²)	拉伸试验 断后伸长率 A/%	硬度试验 HBW	硬度试验 HRB	硬度试验 HV
			≥			≤		
55	06Cr18Ni11Ti	0Cr18Ni10Ti	205	515	40	217	95	220
60	12Cr16Ni35	1Cr16Ni35	205	560	—	201	95	210
62	06Cr18Ni11Nb	0Cr18Ni11Nb	205	515	40	201	92	210
66	16Cr25Ni20Si2	1Cr25Ni20Si2	205	540	35	—	—	—

2. 经退火处理的铁素体型耐热钢钢板和钢带的力学性能(表5-148)

表5-148 经退火处理的铁素体型耐热钢钢板和钢带的力学性能(GB/T 4238—2007)

GB/T 20878 中序号	新牌号	旧牌号	拉伸试验 规定非比例延伸强度 $R_{p0.2}$ /(N/mm²)	拉伸试验 抗拉强度 R_m /(N/mm²)	拉伸试验 断后伸长率 A/%	硬度试验 HBW	硬度试验 HRB	硬度试验 HV	弯曲试验 弯曲角度	弯曲试验 d为弯心直径,a为钢板厚度
			≥			≤				
78	06Cr13Al	0Cr13Al	170	415	20	179	88	200	180°	$d=2a$
80	022Cr11Ti	—	275	415	20	197	92	200	180°	$d=2a$
81	022Cr11NbTi	—	275	415	20	197	92	200	180°	$d=2a$
85	10Cr17	1Cr17	205	450	22	183	89	200	180°	$d=2a$
93	16Cr25N	2Cr25N	275	510	20	201	95	210	135°	—

3. 经退火处理的马氏体型耐热钢钢板和钢带的力学性能（表5-149）

表5-149 经退火处理的马氏体型耐热钢钢板和钢带的力学性能（GB/T 4238—2007）

GB/T 20878中序号	新牌号	旧牌号	拉伸试验			硬度试验			弯曲试验	
			规定非比例延伸强度 $R_{p0.2}$ /(N/mm²)	抗拉强度 R_m /(N/mm²)	断后伸长率 A/%	HBW	HRB	HV	弯曲角度	d 为弯心直径，a 为钢板厚度
			≥			≤				
96	12Cr12	1Cr12	205	485	25	217	88	210	180°	$d=2a$
98	12Cr13	1Cr13	—	690	15	217	96	210	—	—
124	22Cr12NiWMoV	2Cr12NiMoWV	275	510	20	200	95	210	—	$a\geqslant 3$mm, $d=a$

4. 经固溶处理的沉淀硬化型耐热钢钢板和钢带的力学性能（表5-150）

表5-150 经固溶处理的沉淀硬化型耐热钢钢板和钢带的力学性能（GB/T 4238—2007）

GB/T 20878中序号	新牌号	旧牌号	钢材厚度/mm	规定非比例延伸强度 $R_{p0.2}$ /(N/mm²)	抗拉强度 R_m /(N/mm²)	断后伸长率 A/%	硬度	
							HRC	HBW
135	022Cr12Ni9Cu2NbTi	—	0.30 ~ 100	≤1105	≤1205	≥3	≤36	≤331
137	05Cr17Ni4CuNb	0Cr17Ni4Cu4Nb	0.4 ~ <100	≤1105	≤1255	≥3	≤38	≤363
138	07Cr17Ni7Al	0Cr17Ni7Al	0.1 ~ <0.3	≤450	≤1035	—	—	—
			0.3 ~ 100	≤380	≤1035	≥20	≤90②	—

续表

GB/T 20878 中序号	新牌号	旧牌号	钢材厚度/mm	规定非比例延伸强度 $R_{p0.2}$ /(N/mm²)	抗拉强度 R_m /(N/mm²)	断后伸长率 A/%	硬度	
							HRC	HBW
139	07Cr15Ni7Mo2Al	0Cr15Ni7Mo2Al	0.10~100	≤450	≤1035	≥25	≤100②	—
142	06Cr17Ni7AlTi	—	0.10~<0.80	≤515	≤825	≥3	≤32	—
			0.80~<1.50	≤515	≤825	≥4	≤32	—
			1.50~100	≤515	≤825	≥5	≤32	—
143	06Cr15Ni25Ti2MoAlVB①	0Cr15Ni25Ti2MoAlVB	≥2	—	≥725	≥25	≤91②	≤192
			≥2	≥590	≥900	≥15	≤101②	≤248

①为时效处理后的力学性能。

②为 HRB 硬度值。

5. 经沉淀硬化处理的耐热钢钢板和钢带的力学性能（表5-151）

表5-151 经沉淀硬化处理的耐热钢钢板和钢带的力学性能（GB/T 4238—2007）

GB/T 20878 中序号	牌号	钢材厚度/mm	热处理温度/℃	规定非比例延伸强度 $R_{p0.2}$ /(N/mm²)	抗拉强度 R_m/(N/mm²)	断后伸长率 A①/%	硬度	
				≥	≥	≥	HRC	HBW
135	022Cr12Ni9Cu2NbTi	0.10~<0.75	510±10 或 480±6	1410	1525	—	≥44	—
		0.75~<1.50		1410	1525	3	≥44	—
		1.50~16		1410	1525	4	≥44	—

第 6 章　盘条及钢筋

6.1　盘条

6.1.1　热轧圆盘条

热轧圆盘条的理论质量、尺寸及其特征值见表 6－1。

表 6－1　热轧圆盘条的理论质量、尺寸及其特征值（GB/T 14981—2009）

公称直径/mm	允许偏差/mm			圆度误差/mm			横截面积/mm^2	理论质量/（kg/m）
	A 级精度	B 级精度	C 级精度	A 级精度	B 级精度	C 级精度		
5	±0.30	±0.25	±0.15	≤0.48	≤0.40	≤0.24	19.63	0.154
5.5							23.76	0.187
6							28.27	0.222
6.5							33.18	0.260
7							38.48	0.302
7.5	±0.30	±0.25	±0.15	≤0.48	≤0.40	≤0.24	44.18	0.347
8							50.26	0.395
8.5							56.74	0.445
9							63.62	0.499
9.5							70.88	0.556
10							78.54	0.617
10.5	±0.40	±0.30	±0.20	≤0.64	≤0.48	≤0.32	86.59	0.680
11							95.03	0.746
11.5							103.9	0.816
12							113.1	0.888
12.5							122.7	0.963
13							132.7	1.04
13.5							143.1	1.12

续表

公称直径/mm	允许偏差/mm A级精度	允许偏差/mm B级精度	允许偏差/mm C级精度	圆度误差/mm A级精度	圆度误差/mm B级精度	圆度误差/mm C级精度	横截面积/mm²	理论质量/（kg/m）
14	±0.40	±0.30	±0.20	≤0.64	≤0.48	≤0.32	153.9	1.21
14.5							165.1	1.30
15							176.7	1.39
15.5	±0.50	±0.35	±0.25	≤0.80	≤0.56	≤0.40	188.7	1.48
16							201.1	1.58
17							227.0	1.78
18							254.5	2.00
19							283.5	2.23
20							314.2	2.47
21							346.3	2.72
22							380.1	2.98
23							415.5	3.26
24							452.4	3.55
25							490.9	3.85
26	±0.60	±0.40	±0.30	≤0.96	≤0.64	≤0.48	530.9	4.17
27							572.6	4.49
28							615.7	4.83
29							660.5	5.18
30							706.9	5.55
31							754.8	5.92
32							804.2	6.31
33							855.3	6.71
34							907.9	7.13
35							962.1	7.55
36							1018	7.99
37							1075	8.44
38							1134	8.90
39							1195	9.38
40							1257	9.87
41	±0.80	±0.50	—	≤1.28	≤0.80	—	1320	10.36
42							1385	10.88
43							1452	11.40
44							1521	11.94
45							1590	12.48
46							1662	13.05
47							1735	13.62

续表

公称直径/mm	允许偏差/mm			圆度误差/mm			横截面积/mm²	理论质量/(kg/m)
	A级精度	B级精度	C级精度	A级精度	B级精度	C级精度		
48	±0.80	±0.50	—	≤1.28	≤0.80	—	1810	14.21
49							1886	14.80
50							1964	15.41
51	±1.00	±0.60	—	≤1.60	≤0.96	—	2042	16.03
52							2123	16.66
53							2205	17.31
54	±1.00	±0.60	—	≤1.60	≤0.96	—	2289	17.97
55							2375	18.64
56							2462	19.32
57							2550	20.02
58							2641	20.73
59							2733	21.45
60							2826	22.18

6.1.2 低碳钢热轧圆盘条

1. 低碳钢热轧圆盘条的化学成分（表6-2）

表6-2 低碳钢热轧圆盘条的化学成分（GB/T 701—2008）

牌号	化学成分（质量分数,%）				
	C	Mn	Si	S	P
			≤		
Q195	≤0.12	0.25~0.50	0.30	0.040	0.035
Q215	0.09~0.15	0.25~0.60	0.30	0.045	0.045
Q235	0.12~0.20	0.30~0.70			
Q275	0.14~0.22	0.40~1.00			

2. 低碳钢热轧圆盘条的力学性能（表6-3）

表6-3 低碳钢热轧圆盘条的力学性能（GB/T 701—2008）

牌号	力学性能		冷弯试验180°（d为弯心直径，a为试样直径）
	抗拉强度 R_m/(N/mm²) ≤	断后伸长率 $A_{11.3}$/% ≥	
Q195	410	30	$d=0$
Q215	435	28	$d=0$
Q235	500	23	$d=0.5a$
Q275	540	21	$d=1.5a$

6.1.3 焊接用钢盘条

焊接用钢盘条的化学成分见表6-4。

表6-4 焊接用钢盘条的化学成分（GB/T 3429—2002）

序号	牌号	化学成分(质量分数,%)									
		C	Mn	Si	Cr	Ni	Cu	Mo	V,Ti,Zr,Al	S ≤	P ≤
非合金钢											
1	H04E	≤0.04	0.30~0.60	≤0.10	—	—	—	—	—	0.010	0.015
2	H08A	≤0.10	0.35~0.60	≤0.03	≤0.20	≤0.30	≤0.20	—	—	0.030	0.030
3	H08E	≤0.10	0.35~0.60	≤0.03	≤0.20	≤0.30	≤0.20	—	—	0.020	0.020
4	H08C	≤0.10	0.35~0.60	≤0.03	≤0.10	≤0.10	≤0.10	—	—	0.015	0.015
5	H08MnA	≤0.10	0.80~1.10	≤0.07	≤0.20	≤0.30	≤0.20	—	—	0.030	0.030
6	H10MnSiA	0.06~0.15	0.90~1.40	0.45~0.75	—	—	≤0.20	—	—	0.030	0.025
7	H15A	0.11~0.18	0.35~0.65	≤0.03	≤0.20	≤0.30	≤0.20	—	—	0.030	0.030
8	H15Mn	0.11~0.18	0.80~1.10	≤0.03	≤0.20	≤0.30	≤0.20	—	—	0.035	0.035
低合金钢											
9①	H05MnSiTiZrAlA	≤0.07	0.90~1.40	0.40~0.70	—	—	≤0.20	—	Ti:0.05~0.15 Zr:0.02~0.12 Al:0.05~0.15	0.025	0.035
10	H08MnSi	≤0.11	1.20~1.50	0.40~0.70	≤0.20	≤0.30	≤0.20	—	—	0.035	0.035
11	H10MnSi	≤0.14	0.80~1.10	0.60~0.90	≤0.20	≤0.30	≤0.20	—	—	0.035	0.035

续表

序号	牌号	化学成分(质量分数,%)									
		C	Mn	Si	Cr	Ni	Cu	Mo	V,Ti,Zr,Al	S ≤	P ≤
12①	H11MnSi	0.07~0.15	1.00~1.50	0.65~0.85	—	—	≤0.20	—	—	0.035	0.025
13	H11MnSiA	0.07~0.15	1.00~1.50	0.65~0.95	≤0.20	≤0.30	≤0.20	—	—	0.025	0.035
	合金钢										
14①	H05SiCrMoA	≤0.05	0.40~0.70	0.40~0.70	1.20~1.50	≤0.02	≤0.20	0.40~0.65	—	0.025	0.025
15①	H05SiCr2MoA	≤0.05	0.40~0.70	0.40~0.70	2.30~2.70	≤0.02	≤0.20	0.90~1.20	—	0.025	0.025
16①	H05Mn2Ni2MoA	≤0.08	1.25~1.80	0.20~0.50	≤0.30	1.40~2.10	≤0.02	0.25~0.55	V≤0.05 Ti≤0.10 Zr≤0.10 Al≤0.10	0.010	0.010
17①	H08Mn2Ni2MoA	≤0.09	1.40~1.80	0.20~0.55	≤0.50	1.90~2.60	≤0.20	0.25~0.55	V≤0.04 Ti≤0.10 Zr≤0.10 Al≤0.10	0.010	0.010
18	H08CrMoA	≤0.10	0.40~0.70	0.15~0.35	0.80~1.10	≤0.30	≤0.20	0.40~0.60	—	0.030	0.030
19	H08MnMoA	≤0.10	1.20~1.60	≤0.25	≤0.20	≤0.30	≤0.20	0.30~0.50	Ti:0.15 (加入量)	0.030	0.030
20	H08CrMoVA	≤0.10	0.40~0.70	0.15~0.35	1.00~1.30	≤0.30	≤0.20	0.50~0.70	V:0.15~0.35	0.030	0.030
21	H08Mn2Ni3MoA	≤0.10	1.40~1.80	0.25~0.60	≤0.60	2.00~2.80	≤0.20	0.30~0.65	V≤0.03 Ti≤0.10 Zr≤0.10 Al≤0.10	0.010	0.010
22	H08CrNi2MoA	0.05~0.10	0.50~0.85	0.10~0.30	0.70~1.00	1.40~1.80	≤0.20	0.20~0.40	—	0.025	0.030
23①	H08MnSiCrMoVA	0.06~0.10	1.20~1.60	0.60~0.90	1.00~1.30	≤0.25	≤0.20	0.50~0.70	V:0.20~0.40	0.025	0.030

续表

序号	牌号	化学成分(质量分数,%)									
		C	Mn	Si	Cr	Ni	Cu	Mo	V,Ti,Zr,Al	S ≤	P ≤
24①	H08MnSiCrMoA	0.06~0.10	1.20~1.70	0.60~0.90	0.90~1.20	≤0.25	≤0.20	0.45~0.65	—	0.025	0.030
25	H08Mn2Si	≤0.11	1.70~2.10	0.65~0.95	≤0.20	≤0.30	≤0.20	—	—	0.035	0.035
26	H08Mn2SiA	≤0.11	1.80~2.10	0.65~0.95	≤0.20	≤0.30	≤0.20	—	—	0.030	0.030
27	H08Mn2MoA	0.06~0.11	1.60~1.90	≤0.25	≤0.20	≤0.30	≤0.20	0.50~0.70	Ti:0.15(加入量)	0.030	0.030
28	H08Mn2MoVA	0.06~0.11	1.60~1.90	≤0.25	0.20	≤0.30	≤0.20	0.50~0.70	V:0.06~0.12 Ti:0.15(加入量)	0.030	0.030
29	H10MoCrA	≤0.12	0.40~0.70	0.15~0.35	0.45~0.65	≤0.30	≤0.20	0.40~0.60	—	0.030	0.030
30	H10Mn2	≤0.12	1.50~1.90	≤0.07	≤0.20	≤0.30	≤0.20	—	—	0.035	0.035
31①	H10MnSiNiA	≤0.12	≤1.25	0.40~0.80	≤0.15	0.80~1.10	≤0.20	≤0.35	V≤0.05	0.025	0.025
32①	H10MnSiNi2A	≤0.12	≤1.25	0.40~0.80	—	2.00~2.75	≤0.20	—	—	0.025	0.025
33①	H10MnSiNi3A	≤0.12	≤1.25	0.40~0.80	—	3.00~3.75	≤0.20	—	—	0.025	0.025
34①	H10Mn2SiNiMoA	≤0.12	1.25~1.80	0.40~0.80	—	0.50~1.00	≤0.20	0.20~0.55	Ti≤0.20 Al≤0.10	0.020	0.020
35①	H10Mn2NiMoCuA	≤0.12	1.25~1.80	0.20~0.60	≤0.30	0.80~1.25	0.35~0.65	0.20~0.55	V≤0.05 Ti≤0.10 Zr≤0.10 Al≤0.10	0.010	0.010
36①	H10Mn2SiMoTiA	≤0.12	1.20~1.90	0.40~0.80	—	—	≤0.20	0.20~0.50	Ti≤0.20	0.025	0.025
37①	H10SiCrMoA	0.07~0.12	0.40~0.70	0.40~0.70	1.20~1.50	≤0.02	≤0.20	0.40~0.65	—	0.025	0.025

续表

序号	牌号	化学成分(质量分数,%)									
		C	Mn	Si	Cr	Ni	Cu	Mo	V,Ti,Zr,Al	S	P
										≤	
38①	H10SiCr2MoA	0.07~0.12	0.40~0.70	0.40~0.70	2.30~2.70	≤0.20	≤0.20	0.90~1.20	—	0.025	0.025
39①	H10Mn2SiMoA	0.07~0.12	1.60~2.10	0.50~0.80	—	≤0.15	≤0.20	0.40~0.60	—	0.025	0.025
40	H10MnSiMoTiA	0.08~0.12	1.00~1.30	0.40~0.70	≤0.20	≤0.30	≤0.20	0.20~0.40	Ti:0.05~0.15	0.025	0.030
41	H10Mn2MoA	0.08~0.13	1.70~2.00	≤0.40	≤0.20	≤0.30	≤0.20	0.60~0.80	Ti:0.15(加入量)	0.030	0.030
42	H10Mn2MoVA	0.08~0.13	1.70~2.00	≤0.40	≤0.20	≤0.30	≤0.20	0.60~0.80	V:0.06~0.12 Ti:0.15(加入量)	0.030	0.030
43	H10MnSiMo	≤0.14	0.90~1.20	0.70~1.10	≤0.20	≤0.30	≤0.20	0.15~0.25	—	0.035	0.035
44	H10Mn2A	≤0.17	1.80~2.20	≤0.05	≤0.20	≤0.30	—	—	—	0.030	0.030
45	H11Mn2SiA	0.06~0.15	1.40~1.85	0.80~1.15	≤0.20	≤0.30	≤0.20	—	—	0.025	0.025
46	H13CrMoA	0.11~0.16	0.40~0.70	0.15~0.35	0.80~1.10	≤0.30	≤0.20	0.40~0.60	—	0.030	0.030
47①	H15MnSiAl	0.07~0.19	0.90~1.40	0.30~0.60	—	—	≤0.20		Al:0.50~0.90	0.035	0.025
48	H18CrMoA	0.15~0.22	0.40~0.70	0.15~0.35	0.80~1.10	≤0.30	≤0.20	0.15~0.25	—	0.025	0.030
49	H30CrMnSiA	0.25~0.35	0.80~1.10	0.90~1.20	0.80~1.10	≤0.30	≤0.20	—	—	0.025	0.025

①作为残余元素的 Ni、Cr、Mo、V 的总质量分数应不大于0.50%。

6.1.4 制丝用非合金钢一般用途盘条

制丝用非合金钢一般用途盘条的化学成分见表6-5。

表6-5 制丝用非合金钢一般用途盘条的化学成分（YB/T 170.2—2000）

牌号	统一数字代号	化学成分（质量分数,%）									
		C	Si	Mn	P≤	S≤	Cr≤	Ni≤	Mo≤	Cu≤	Al≤
C4D	U53042	≤0.06	≤0.30	0.30~0.60	0.035	0.035	0.20	0.25	0.05	0.30	0.01
C7D	U53072	0.05~0.09	≤0.30	0.30~0.60	0.035	0.035	0.20	0.25	0.05	0.30	0.01
C9D	U53092	≤0.10	≤0.30	≤0.60	0.035	0.035	0.25	0.25	0.05	0.30	—
C10D	U53102	0.08~0.13	≤0.30	0.30~0.60	0.035	0.035	0.20	0.25	0.05	0.30	0.01
C12D	U53112	0.10~0.15	≤0.30	0.30~0.60	0.035	0.035	0.20	0.25	0.05	0.30	0.01
C15D	U53152	0.12~0.17	≤0.30	0.30~0.60	0.035	0.035	0.20	0.25	0.05	0.30	0.01
C18D	U53182	0.15~0.20	≤0.30	0.30~0.60	0.035	0.035	0.20	0.25	0.05	0.30	0.01
C20D	U53202	0.18~0.23	≤0.30	0.30~0.60	0.035	0.035	0.20	0.25	0.05	0.30	0.01
C26D	U53262	0.24~0.29	0.10~0.30	0.50~0.80	0.035	0.030	0.20	0.25	0.05	0.30	0.01
C32D	U53322	0.30~0.35	0.10~0.30	0.50~0.80	0.035	0.030	0.20	0.25	0.05	0.30	0.01
C38D	U53382	0.35~0.40	0.10~0.30	0.50~0.80	0.035	0.030	0.20	0.25	0.05	0.30	0.01
C42D	U53422	0.40~0.45	0.10~0.30	0.50~0.80	0.035	0.030	0.20	0.25	0.05	0.30	0.01
C48D	U53482	0.45~0.50	0.10~0.30	0.50~0.80	0.035	0.030	0.15	0.20	0.05	0.25	0.01
C50D	U53502	0.48~0.53	0.10~0.30	0.50~0.80	0.035	0.030	0.15	0.20	0.05	0.25	0.01
C52D	U53522	0.50~0.55	0.10~0.30	0.50~0.80	0.035	0.030	0.15	0.20	0.05	0.25	0.01
C56D	U53562	0.53~0.58	0.10~0.30	0.50~0.80	0.035	0.030	0.15	0.20	0.05	0.25	0.01
C58D	U53582	0.55~0.60	0.10~0.30	0.50~0.80	0.035	0.030	0.15	0.20	0.05	0.25	0.01
C60D	U53602	0.58~0.63	0.10~0.30	0.50~0.80	0.030	0.030	0.15	0.20	0.05	0.25	0.01
C62D	U53622	0.60~0.65	0.10~0.30	0.50~0.80	0.030	0.030	0.15	0.20	0.05	0.25	0.01
C66D	U53662	0.63~0.68	0.10~0.30	0.50~0.80	0.030	0.030	0.15	0.20	0.05	0.25	0.01
C68D	U53682	0.65~0.70	0.10~0.30	0.50~0.80	0.030	0.030	0.15	0.20	0.05	0.25	0.01
C70D	U53702	0.68~0.73	0.10~0.30	0.50~0.80	0.030	0.030	0.15	0.20	0.05	0.25	0.01
C72D	U53722	0.70~0.75	0.10~0.30	0.50~0.80	0.030	0.030	0.15	0.20	0.05	0.25	0.01
C76D	U53762	0.73~0.78	0.10~0.30	0.50~0.80	0.030	0.030	0.15	0.20	0.05	0.25	0.01
C78D	U53782	0.75~0.80	0.10~0.30	0.50~0.80	0.030	0.030	0.15	0.20	0.05	0.25	0.01
C80D	U53802	0.78~0.83	0.10~0.30	0.50~0.80	0.030	0.030	0.15	0.20	0.05	0.25	0.01
C82D	U53822	0.80~0.85	0.10~0.30	0.50~0.80	0.030	0.030	0.15	0.20	0.05	0.25	0.01
C86D	U53862	0.83~0.88	0.10~0.30	0.50~0.80	0.030	0.030	0.15	0.20	0.05	0.25	0.01
C88D	U53882	0.85~0.90	0.10~0.30	0.50~0.80	0.030	0.030	0.15	0.20	0.05	0.25	0.01
C92D	U53922	0.90~0.95	0.10~0.30	0.50~0.80	0.030	0.030	0.15	0.20	0.05	0.25	0.01

6.1.5 油淬火-回火弹簧钢丝用热轧盘条

油淬火-回火弹簧钢丝用热轧盘条的化学成分见表6-6。

表6-6 油淬火-回火弹簧钢丝用热轧盘条的化学成分（GB/T 5365—2006）

序号	牌号	化学成分（质量分数,%）							
		C	Si	Mn	P≤	S≤	Cr	V	Cu≤
1	65Mn	0.62～0.70	0.17～0.37	0.90～1.20	0.030	0.030	≤0.25	—	0.20
2	70Mn	0.67～0.75	0.17～0.37	0.90～1.20	0.030	0.030	≤0.25	—	0.20
3	60Si2MnA	0.56～0.64	1.50～2.00	0.60～0.90	0.025	0.025	—	—	0.20
4	60Si2CrA	0.56～0.64	1.40～1.80	0.40～0.70	0.025	0.025	0.70～1.00	—	0.20
5	60Si2CrVA	0.56～0.64	1.40～1.80	0.40～0.70	0.025	0.025	0.90～1.20	0.10～0.20	0.20
6	55SiCrA	0.50～0.60	1.20～1.60	0.50～0.90	0.025	0.025	0.50～0.80	—	0.20
7	50CrVA	0.47～0.55	0.10～0.40	0.60～1.20	0.025	0.025	0.80～1.10	0.15～0.25	0.20
8	67CrVA	0.62～0.72	0.15～0.30	0.50～0.90	0.025	0.025	0.40～0.60	0.15～0.25	0.20

6.1.6 预应力混凝土钢棒用热轧盘条

预应力混凝土钢棒用热轧盘条的化学成分见表6-7。

表6-7 预应力混凝土钢棒用热轧盘条的化学成分（YB/T 4160—2007）

牌号	化学成分（质量分数,%）							
	C	Si	Mn	P	S	Ni	Cr	Cu
30MnSi	0.28～0.33	0.70～1.10	0.90～1.30	≤0.025	≤0.025	≤0.25	≤0.25	≤0.20
30Si2Mn	0.28～0.33	1.55～1.85	0.60～0.90	≤0.025	≤0.025	≤0.25	≤0.25	≤0.20
35Si2Mn	0.34～0.38	1.55～1.85	0.60～0.90	≤0.025	≤0.025	≤0.25	≤0.25	≤0.20
35Si2Cr	0.34～0.38	1.55～1.85	0.40～0.70	≤0.025	≤0.025	≤0.25	0.30～0.60	≤0.20
40Si2Mn	0.38～0.43	1.45～1.85	0.80～1.20	≤0.025	≤0.025	≤0.25	≤0.25	≤0.20
48Si2Mn	0.46～0.51	1.45～1.85	0.80～1.20	≤0.025	≤0.025	≤0.25	≤0.25	≤0.20
45Si2Cr	0.43～0.48	1.55～1.95	0.40～0.70	≤0.025	≤0.025	≤0.25	0.30～0.60	≤0.20

6.1.7 标准件用碳素钢热轧圆钢及盘条

1. 标准件用碳素钢热轧圆钢及盘条的化学成分（表6-8）

表6-8 标准件用碳素钢热轧圆钢及盘条的化学成分（YB/T 4155—2006）

牌号	化学成分（质量分数,%）				
	C	Si≤	Mn	P≤	S≤
BL1	0.06~0.12	0.10	0.25~0.50	0.030	0.030
BL2	0.09~0.15	0.10	0.25~0.55	0.030	0.030
BL3	0.14~0.22	0.10	0.30~0.60	0.030	0.030

2. 标准件用碳素钢热轧圆钢及盘条的力学性能及工艺性能（表6-9）

表6-9 标准件用碳素钢热轧圆钢及盘条的力学性能及工艺性能（YB/T 4155—2006）

牌号	下屈服强度 R_{eL} /(N/mm²)	抗拉强度 R_m /(N/mm²)	断后伸长率/%		冷顶锻试验 $x=h_1/h$	热顶锻试验	热状态或冷状态下铆钉头锻平试验
			A	$A_{11.3}$			
BL1	≥195	315~400	≥35	≥27	$x=0.4$	达1/3高度	顶头直径为公称直径的2.5倍
BL2	≥215	335~410	≥33	≥25	$x=0.4$	达1/3高度	顶头直径为公称直径的2.5倍
BL3	≥235	370~460	≥28	≥21	$x=0.5$	达1/3高度	顶头直径为公称直径的2.5倍

注：h 为顶锻前试样高度（公称直径的2倍），h_1 为顶锻后试样高度。

3. 标准件用碳素钢热轧圆钢及盘条的直径、横截面积及理论质量（表6-10）

表6-10 标准件用碳素钢热轧圆钢及盘条的直径、横截面积及理论质量（YB/T 4155—2006）

公称直径 /mm	公称横截面积 /mm²	理论质量 /(kg/m)	公称直径 /mm	公称横截面积 /mm²	理论重量 /(kg/m)
5.5	23.76	0.186	10	78.54	0.617
6	28.27	0.222	11	95.03	0.746
6.5	33.18	0.260	12	113.10	0.888
7	38.48	0.302	13	132.70	1.040
8	50.27	0.395	14	153.90	1.210
9	63.62	0.499	15	176.70	1.390

续表

公称直径/mm	公称横截面积/mm²	理论质量/(kg/m)	公称直径/mm	公称横截面积/mm²	理论质量/(kg/m)
16	201.10	1.580	28	615.80	4.830
17	227.00	1.780	29	660.50	5.180
18	254.50	2.000	30	706.90	5.550
19	283.50	2.230	31	754.80	5.920
20	314.20	2.470	32	804.20	6.310
21	346.40	2.720	33	855.30	6.710
22	380.10	2.980	34	907.90	7.130
23	415.50	3.260	35	962.10	7.550
24	452.40	3.550	36	1018.00	7.990
25	490.90	3.850	38	1134.00	8.900
26	530.90	4.170	40	1257.00	9.860
27	572.60	4.490			

注：钢的理论质量是按密度为7.85g/cm³计算的。

6.1.8　不锈钢盘条

不锈钢盘条的退火工艺及硬度见表6－11。

表6－11　不锈钢盘条的退火工艺及硬度（GB/T 4356—2002）

类别	牌号	退火工艺	硬度　HBW　≤
铁素体	1Cr17	780～850℃，空冷或缓冷	183
	Y1Cr17	680～820℃，空冷或缓冷	183
	1Cr17Mo	780～850℃，空冷或缓冷	183
马氏体	0Cr13	800～900℃，缓冷或约750℃快冷	183
	1Cr13	800～900℃，缓冷或约750℃快冷	200
	Y1Cr13	800～900℃，缓冷或约750℃快冷	200
	1Cr13Mo	830～900℃，缓冷或约750℃快冷	200
	2Cr13	800～900℃，缓冷或约750℃快冷	223
	3Cr13	800～900℃，缓冷或约750℃快冷	235
	Y3Cr13	800～900℃，缓冷或约750℃快冷	235
	4Cr13	800～900℃，缓冷或约750℃快冷	230
	3Cr13Mo	800～900℃，缓冷或约750℃快冷	207
	1Cr17Ni2	650～700℃，空冷	285

续表

类别	牌号	退火工艺	硬度 HBW ≤
马氏体	1Cr11Ni2W2MoV	780～850℃，缓冷	269
	2Cr13Ni2	640～720℃，缓冷	285
	7Cr17	800～920℃，缓冷	255
	8Cr17	800～920℃，缓冷	255
	9Cr18	800～920℃，缓冷	255
	11Cr17	800～920℃，缓冷	269
	Y11Cr17	800～920℃，缓冷	269
	9Cr18Mo	800～900℃，缓冷	269
	9Cr18MoV	800～920℃，缓冷	269

6.2 钢筋

6.2.1 钢筋混凝土用加工成形钢筋

1. 钢筋混凝土用加工成形钢筋的横截面积及理论质量（表6－12）

表6－12 钢筋混凝土用加工成形钢筋的横截面积及理论质量（YB/T 4162—2007）

公称直径/mm	公称横截面积/mm^2	理论质量/（kg/m）	公称直径/mm	公称横截面积/mm^2	理论质量/（kg/m）
6（6.5）	28.27（33.18）	0.222（0.260）	22	380.1	2.98
8	50.27	0.395	25	490.9	3.85
10	78.54	0.617	28	615.8	4.83
12	113.1	0.888	32	804.2	6.31
14	153.9	1.21	36	1018	7.99
16	201.1	1.58	40	1257	9.87
18	254.5	2.00	50	1964	15.42
20	314.2	2.47			

注：公称直径为6.5mm的光圆钢筋为过渡性产品。

2. 钢筋混凝土用加工成形钢筋实际质量与理论质量的偏差（表6-13）

表6-13　钢筋混凝土用加工成形钢筋实际质量与理论质量的偏差（YB/T 4162—2007）

牌号	公称直径/mm	实际质量与理论质量的偏差/%
HPB235、HPB300	6~12	±7
	14~22	±5
HRB335、HRB400、HRB500	6~12	±7
	14~20	±5
	22~50	±4
CRB550	4~12	±4

3. 钢筋混凝土用箍筋尺寸允许偏差（图6-1、表6-14）

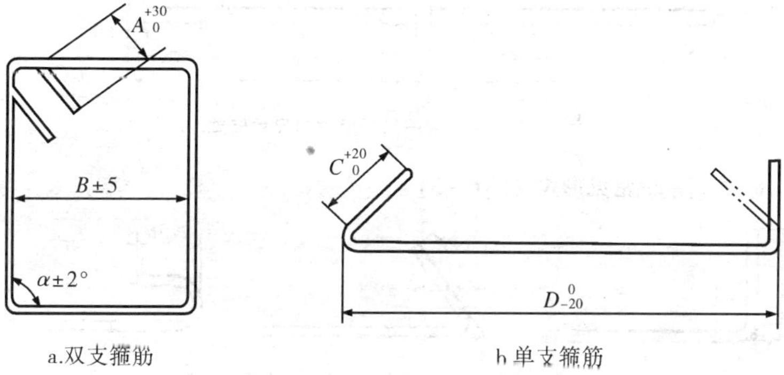

图6-1　钢筋混凝土用箍筋

表6-14　钢筋混凝土用箍筋尺寸允许偏差（YB/T 4162—2007）

箍筋尺寸		允许偏差
锚固直线段长度 A		+30mm 0
箍筋内净尺寸 B		±5mm
箍筋角度 α		±2°
单支箍	锚固直线段长度 C	+20mm 0
	纵向尺寸 D	0 -20mm

4. 受力钢筋尺寸允许偏差（表6-15）

表6-15 受力钢筋尺寸允许偏差（YB/T 4162—2007）

单件产品成形后长度 L/mm	允许偏差/mm	单件产品成形后长度 L/mm	允许偏差/mm
$L \leqslant 2000$	0 -10	$L > 4000$	±10
$2000 < L \leqslant 4000$	+5 -10	单件产品成形后组成长度 L	±10

5. 受力钢筋沿长度方向尺寸偏差（图6-2）

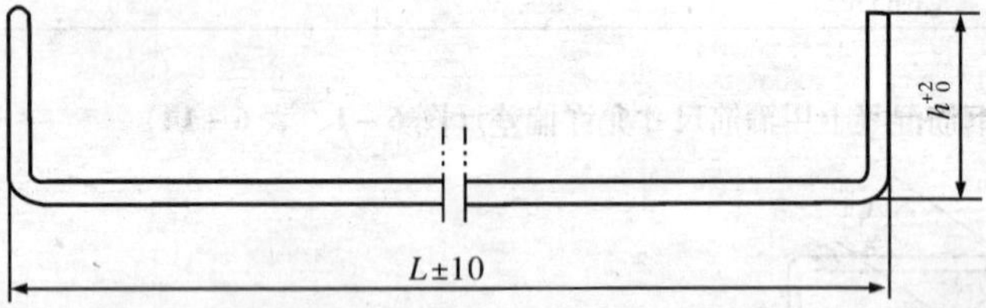

图6-2 受力钢筋沿长度方向尺寸偏差

6. 弯折钢筋常见形式（图6-3）

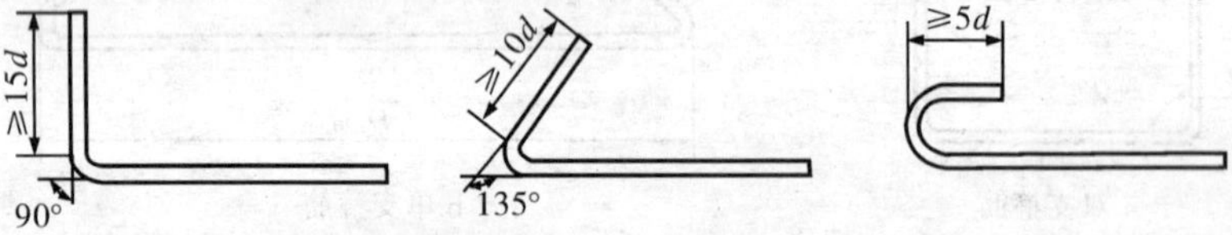

图6-3 弯折钢筋常见形式

7. 弯折钢筋尺寸偏差（表6-16）

表6-16 弯折钢筋尺寸偏差（YB/T 4162—2007）

项目		允许偏差
弯折角度	90°	+6° 0°
	其他角度 α	+8° 0°
弯钩平直段长度 L		20mm 0

8. 弯折钢筋角度偏差（图6-4）

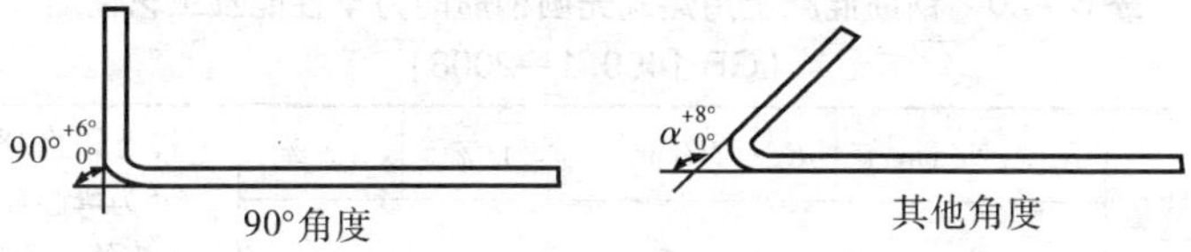

图6-4 弯折钢筋角度偏差

6.2.2 钢筋混凝土用热轧光圆钢筋

1. 钢筋混凝土用热轧光圆钢筋的牌号构成及含义（表6-17）

表6-17 钢筋混凝土用热轧光圆钢筋的牌号构成及含义（GB 1499.1—2008）

产品名称	牌号	牌号构成	英文字母含义
热轧光圆钢筋	HPB235	由HPB+屈服强度特征值构成	HPB为热轧光圆钢筋的英文（Hot Rolled Plain Bars）缩写
	HPB300		

2. 钢筋混凝土用热轧光圆钢筋的直径、横截面积及理论质量（表6-18）

表6-18 钢筋混凝土用热轧光圆钢筋的直径、横截面积及理论质量（GB 1499.1—2008）

公称直径/mm	公称横截面积/mm^2	理论质量/(kg/m)	公称直径/mm	公称横截面积/mm^2	理论质量/(kg/m)
6(6.5)	28.27(33.18)	0.222(0.260)	16	201.1	1.58
8	50.27	0.396	18	254.5	2.00
10	78.54	0.617	20	314.2	2.47
12	113.1	0.888	22	380.1	2.98
14	153.9	1.21			

注：表中理论质量按密度为7.85g/cm^3计算。公称直径为6.5mm的产品为过渡性产品。

3. 钢筋混凝土用热轧光圆钢筋的牌号及化学成分（表6-19）

表6-19 钢筋混凝土用热轧光圆钢筋的牌号及化学成分（GB 1499.1—2008）

牌号	化学成分（质量分数,%） ≤				
	C	Si	Mn	P	S
HPB235	0.22	0.30	0.65	0.045	0.050
HPB300	0.25	0.55	1.50		

4. 钢筋混凝土用热轧光圆钢筋的力学性能及工艺性能（表6-20）

表6-20 钢筋混凝土用热轧光圆钢筋的力学性能及工艺性能（GB 1499.1—2008）

牌号	R_{eL}/(N/mm²)	R_m/(N/mm²)	A/%	A_{gt}/%	冷弯试验180°（d为弯心直径，a为钢筋公称直径）
	≥				
HPB235	235	370	25.0	10.0	$d=a$
HPB300	300	420			

6.2.3 钢筋混凝土用热轧带肋钢筋

1. 钢筋混凝土用热轧带肋钢筋的牌号构成及含义（表6-21）

表6-21 钢筋混凝土用热轧带肋钢筋的牌号构成及含义（GB 1499.2—2008）

类别	牌号	牌号构成	英文字母含义
普通热轧钢筋	HRB335	由HRB+屈服强度特征值构成	HRB为热轧带肋钢筋的英文(Hot Rolled Ribbed Bars)缩写
	HRB400		
	HRB500		
细晶粒热轧钢筋	HRBF335	由HRBF+屈服强度特征值构成	HRBF为在热轧带肋钢筋的英文缩写后加"细"的英文(Fine)首位字母
	HRBF400		
	HRBF500		

2. 钢筋混凝土用热轧带肋钢筋的直径、横截面积及理论质量（表6-22）

表6-22 钢筋混凝土用热轧带肋钢筋的直径、横截面积及理论质量（GB 1499.2—2008）

公称直径/mm	公称横截面积/mm²	理论质量/(kg/m)	公称直径/mm	公称横截面积/mm²	理论质量/(kg/m)
6	28.27	0.222	22	380.1	2.98
8	50.27	0.395	25	490.9	3.85
10	78.54	0.617	28	615.8	4.83
12	113.1	0.888	32	804.2	6.31
14	153.9	1.21	36	1018	7.99
16	201.1	1.58	40	1257	9.87
18	254.5	2.00	50	1964	15.42
20	314.2	2.47			

3. 钢筋混凝土用热轧带肋钢筋的化学成分（表6-23）

表6-23 钢筋混凝土用热轧带肋钢筋的化学成分（GB 1499.2—2008）

<table>
<tr><th rowspan="2">牌号</th><th colspan="6">化学成分（质量分数,%） ≤</th></tr>
<tr><th>C</th><th>Si</th><th>Mn</th><th>P</th><th>S</th><th>Ceq</th></tr>
<tr><td>HRB335
HRBF335</td><td rowspan="3">0.25</td><td rowspan="3">0.80</td><td rowspan="3">1.60</td><td rowspan="3">0.045</td><td rowspan="3">0.045</td><td>0.52</td></tr>
<tr><td>HRB400
HRBF400</td><td>0.54</td></tr>
<tr><td>HRB500
HRBF500</td><td>0.55</td></tr>
</table>

4. 钢筋混凝土用热轧带肋钢筋的力学性能（表6-24）

表6-24 钢筋混凝土用热轧带肋钢筋的力学性能（GB 1499.2—2008）

<table>
<tr><th rowspan="2">牌号</th><th>R_{eL}/（N/mm²）</th><th>R_m/（N/mm²）</th><th>A/%</th><th>A_{gt}/%</th></tr>
<tr><th colspan="4">≥</th></tr>
<tr><td>HRB335
HRBF335</td><td>335</td><td>455</td><td>17</td><td rowspan="3">7.5</td></tr>
<tr><td>HRB400
HRBF400</td><td>400</td><td>540</td><td>16</td></tr>
<tr><td>HRB500
HRBF500</td><td>500</td><td>630</td><td>15</td></tr>
</table>

6.2.4 钢筋混凝土用余热处理钢筋

1. 钢筋混凝土用余热处理钢筋的定义

钢筋混凝土用余热处理钢筋是指热轧后立即穿水，进行表面控制冷却，然后利用心部余热自身完成回火处理所得的成品钢筋。

2. 钢筋混凝土用余热处理钢筋的直径、横截面积及质量（表6-25）

表6-25 钢筋混凝土用余热处理钢筋的直径、横截面积及质量（GB 13014—1991）

公称直径/mm	公称横截面积/mm²	理论质量/(kg/m)	公称直径/mm	公称横截面积/mm²	理论质量/(kg/m)
8	50.27	0.395	16	201.1	1.58
10	78.54	0.617	18	254.5	2.00
12	113.1	0.888	20	314.2	2.47
14	153.9	1.21	22	380.1	2.98

续表

公称直径/mm	公称横截面积/mm^2	理论质量/(kg/m)	公称直径/mm	公称横截面积/mm^2	理论质量/(kg/m)
25	490.9	3.85	36	1018	7.99
28	615.8	4.83	40	1257	9.87
32	804.2	6.31			

3. 钢筋混凝土用余热处理钢筋的质量允许偏差（表6-26）

表6-26　钢筋混凝土用余热处理钢筋的质量允许偏差（GB 13014—1991）

公称直径/mm	实际质量与理论质量的偏差/%
8~12	±7
14~20	±5
22~40	±4

4. 钢筋混凝土用余热处理钢筋的化学成分（表6-27）

表6-27　钢筋混凝土用余热处理钢筋的化学成分（GB 13014—1991）

表面形状	钢筋级别	强度等级代号	牌号	化学成分（质量分数,%）				
				C	Si	Mn	P≤	S≤
月牙肋	Ⅲ	KL400	20MnSi	0.17~0.25	0.40~0.80	1.20~1.60	0.045	0.045

5. 钢筋混凝土用余热处理钢筋的力学性能及工艺性能（表6-28）

表6-28　钢筋混凝土用余热处理钢筋的力学性能及工艺性能（GB 13014—1991）

表面形状	钢筋级别	强度等级代号	公称直径/mm	规定非比例延伸强度 $R_{p0.2}$/(N/mm^2)	抗拉强度 R_m/(N/mm^2)	断后伸长率 A/%	冷弯试验（d为弯心直径，a为钢筋公称直径）
				≥			
月牙肋	Ⅲ	KL400	8~25 28~40	440	600	14	90°，$d=3a$ 90°，$d=4a$

6.2.5　预应力混凝土用螺纹钢筋

1. 预应力混凝土用螺纹钢筋的横截面积及理论质量（表6-29）

表6-29　预应力混凝土用螺纹钢筋的横截面积及理论质量
(GB/T 20065—2006)

公称直径/mm	公称横截面积/mm^2	有效截面系数	理论横截面积/mm^2	理论质量/(kg/m)
18	254.5	0.95	267.9	2.11
25	490.9	0.94	522.2	4.10
32	804.2	0.95	846.5	6.65
40	1256.6	0.95	1322.7	10.34
50	1963.5	0.95	2066.8	16.28

2. 预应力混凝土用螺纹钢筋表面及截面形状(图6-5)

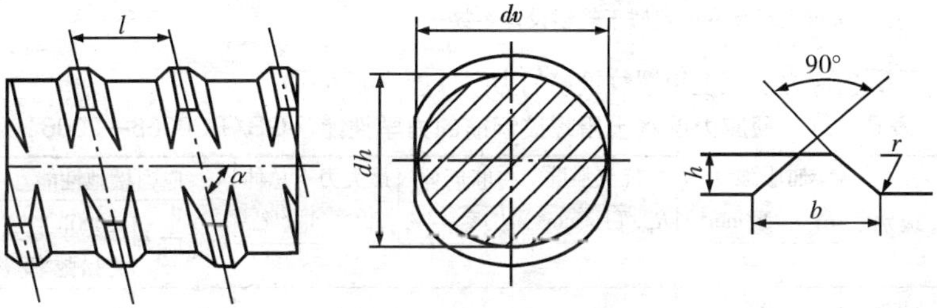

图6-5　预应力混凝土用螺纹钢筋表面及截面形状

dh—基圆直径　*dv*—基圆直径　*h*—螺纹高　*b*—螺纹底宽　*l*—螺距
r—螺纹根弧　α—导角

3. 预应力混凝土用螺纹钢筋外形尺寸及其允许偏差(表6-30)

表6-30　预应力混凝土用螺纹钢筋外形尺寸及其允许偏差
(GB/T 20065—2006)

公称直径/mm	基圆直径/mm				螺纹高/mm		螺纹底宽/mm		螺距/mm		螺纹根弧 r/mm	导角α
	dh		*dv*		*h*		*b*		*l*			
	公称尺寸	允许偏差	公称尺寸	允许偏差	公称尺寸	允许偏差	公称尺寸	允许偏差	公称尺寸	允许偏差		
18	18.0	±0.4	18.0	+0.4 -0.8	1.2	±0.3	4.0	±0.5	9.0	±0.2	1.0	80°42′

续表

公称直径/mm	基圆直径/mm dh 公称尺寸	基圆直径/mm dh 允许偏差	基圆直径/mm dv 公称尺寸	基圆直径/mm dv 允许偏差	螺纹高/mm h 公称尺寸	螺纹高/mm h 允许偏差	螺纹底宽/mm b 公称尺寸	螺纹底宽/mm b 允许偏差	螺距/mm l 公称尺寸	螺距/mm l 允许偏差	螺纹根弧 r/mm	导角 α
25	25.0	±0.4	25.0	+0.4 −0.8	1.6	±0.3	6.0	±0.5	12.0	±0.3	1.5	81°19′
32	32.0	±0.5	32.0	+0.4 −1.2	2.0	±0.4	7.0		16.0		2.0	80°40′
40	40.0	±0.6	40.0	+0.5 −1.2	2.5	±0.5	8.0		20.0	±0.4	2.5	80°29′
50	50.0		50.0	+0.5 −1.2	3.0	+0.5 −1.0	9.0		24.0		2.5	81°19′

注：螺纹底宽允许偏差属于轧辊设计参数。

4. 预应力混凝土用螺纹钢筋的力学性能（表6－31）

表6－31　预应力混凝土用螺纹钢筋的力学性能（GB/T 20065—2006）

级别	屈服强度 R_{eL}/(N/mm²) ≥	抗拉强度 R_m/(N/mm²) ≥	断后伸长率 A/% ≥	最大力下总伸长率 A_{gt}/% ≥	应力松弛性能 初始应力	应力松弛性能 1000h后应力松弛率/%
PSB785	785	980	7	3.5	$0.8R_{eL}$	≤3
PSB830	830	1030	6			
PSB930	930	1080	6			
PSB1080	1080	1230	6			

注：无明显屈服时，用规定非比例延伸强度（$R_{p0.2}$）代替。

6.2.6　混凝土结构用成形钢筋

1. 混凝土结构用成形钢筋冷拉率允许值（表6－32）

表6－32　混凝土结构用成形钢筋冷拉率允许值（JG/T 226—2008）

项目	允许冷拉率/%
HRB235 级钢筋	≤4
HRB335、HRB400 和 HRB400 级钢筋	≤1

2. 混凝土结构用成形钢筋加工的允许偏差（表6-33）

表6-33　混凝土结构用成形钢筋加工的允许偏差（JG/T 226—2008）

项目		允许偏差/mm
调直后每米弯曲度		≤4
受力成形钢筋顺长度方向全长的净尺寸		±10
成形钢筋弯折位置		±20
箍筋内净尺寸		±5
钢筋笼和钢筋骨架	主筋间距	±10
	箍筋间距	±10
	高度、宽度、直径	±10
	总长度	±10

3. 混凝土结构用成形钢筋的形状及代码（表6-34）

表6-34　混凝土结构用成形钢筋的形状及代码（JG/T 226—2008）

形状代码	形状示意图	形状代码	形状示意图
0000	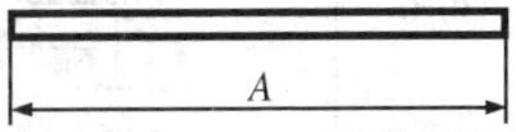	2010	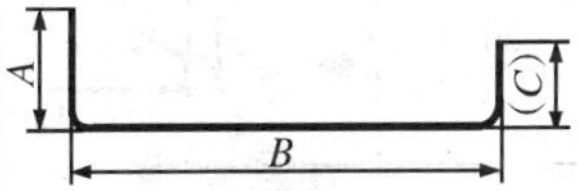
1000	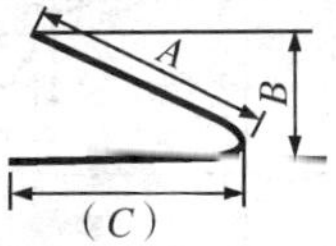	2011	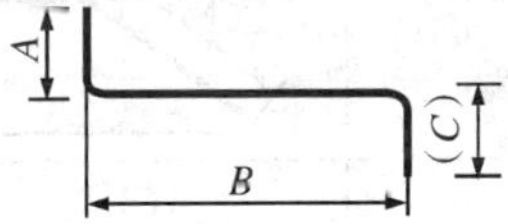
1011	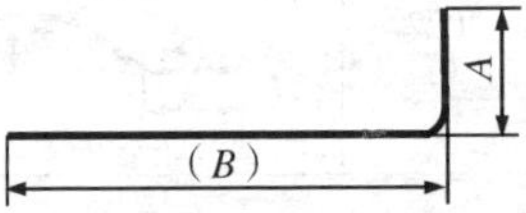	2020	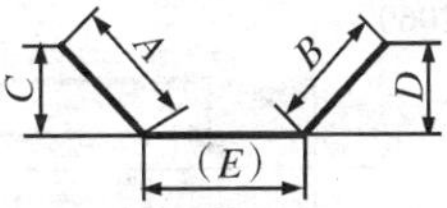
1022	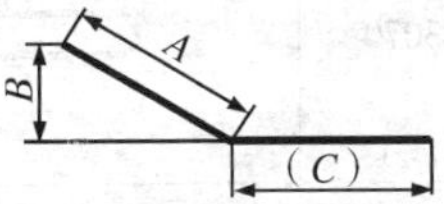	2021	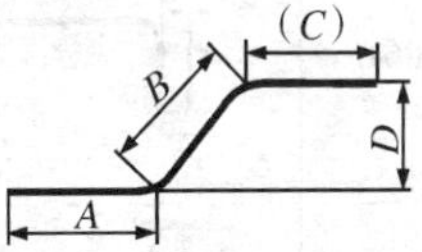
1033	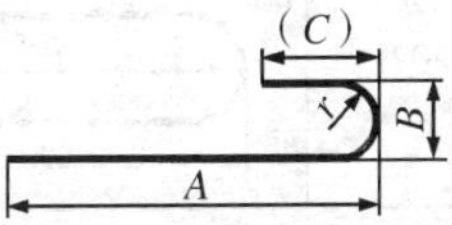	2030	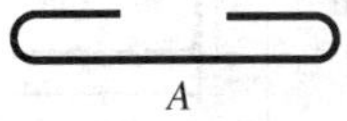

续表

形状代码	形状示意图	形状代码	形状示意图
2031	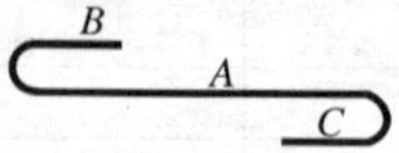	3011	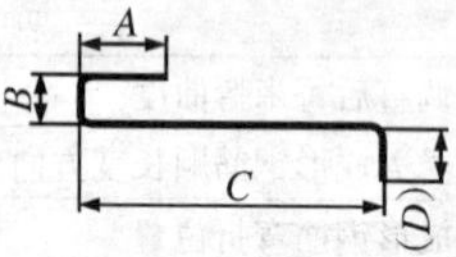
2040		3012	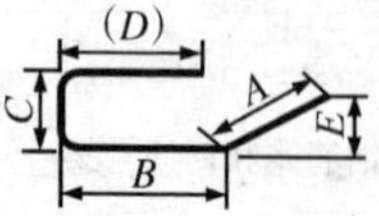
2041	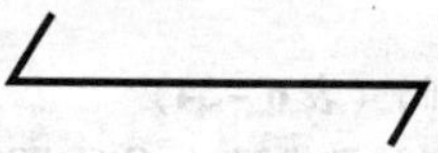	3013	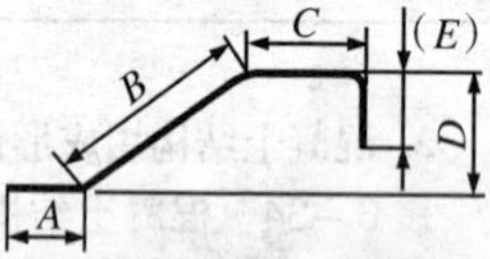
2050	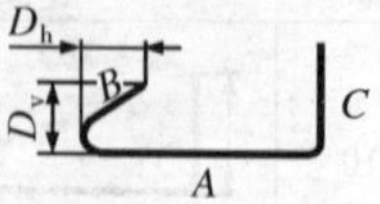	3020	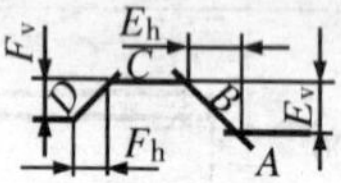
2051	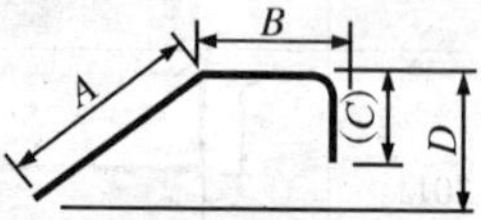	3021	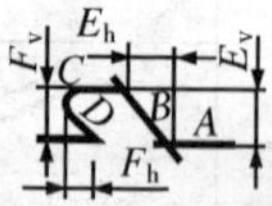
2060	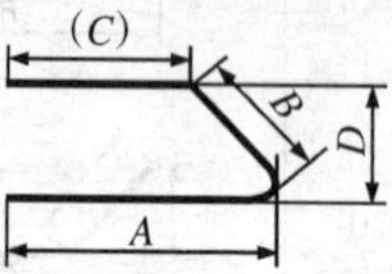	3022	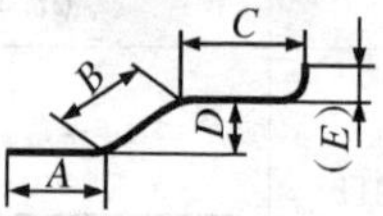
2061	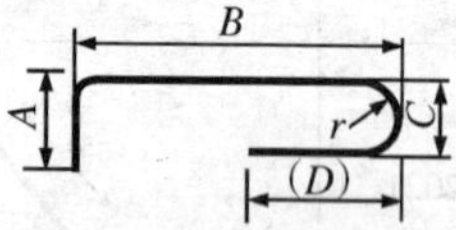	3070	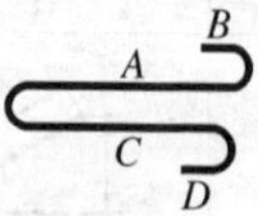
3010	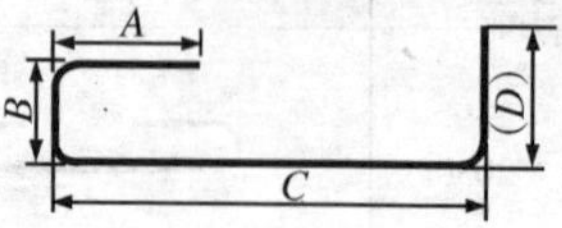	3071	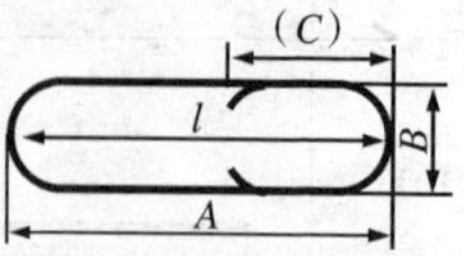

续表

形状代码	形状示意图	形状代码	形状示意图
4010	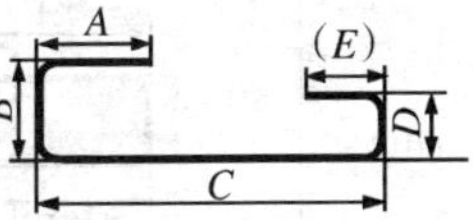	5010	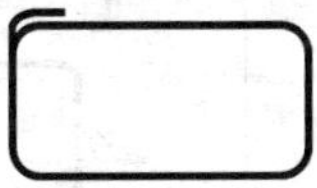
4011	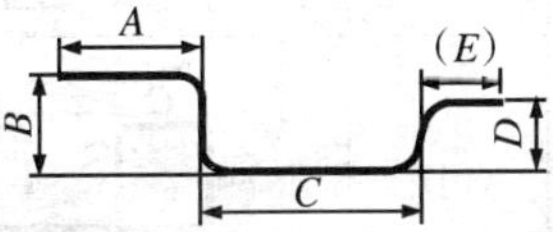	5011	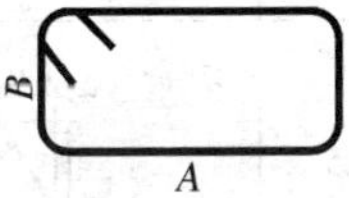
4012	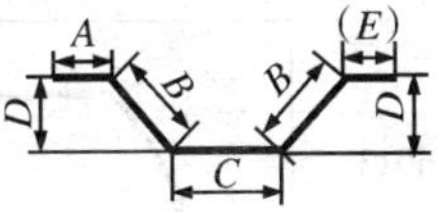	5012	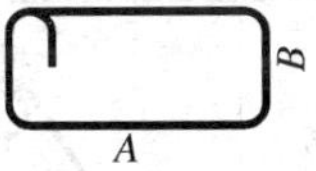
4013	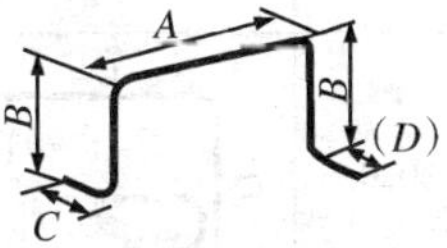	5013	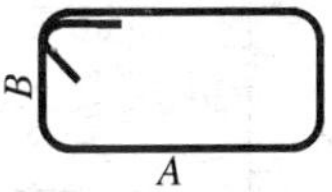
4020	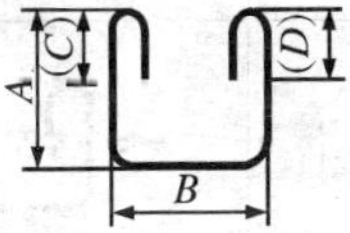	5020	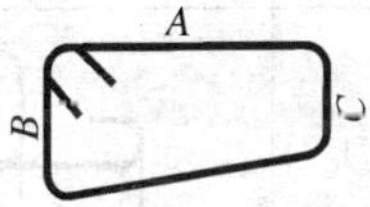
4021	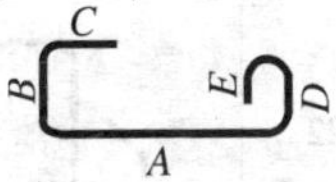	5021	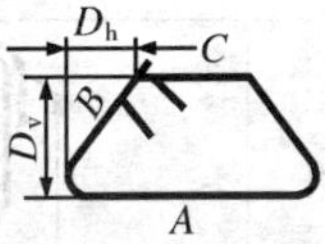
4030	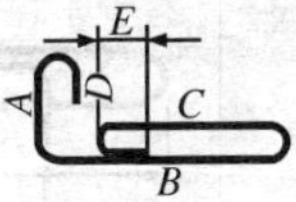	5022	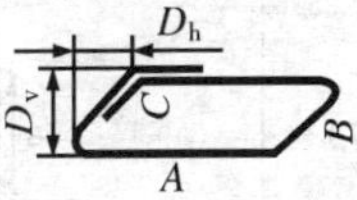
4031	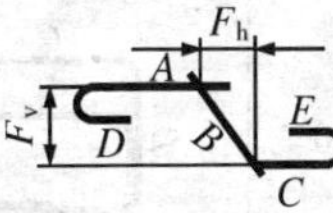	5023	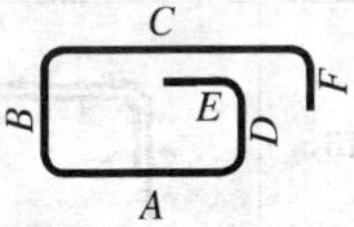

续表

形状代码	形状示意图	形状代码	形状示意图
5024	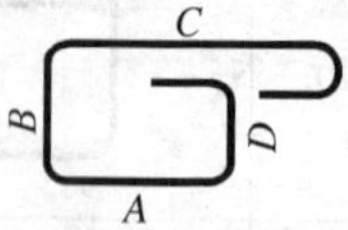	6011	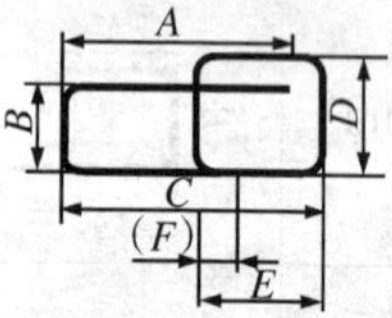
5025	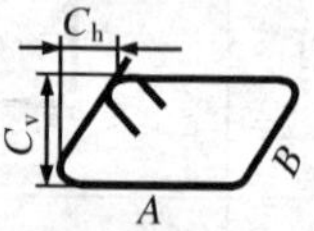	6012	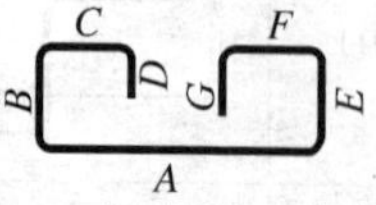
5026	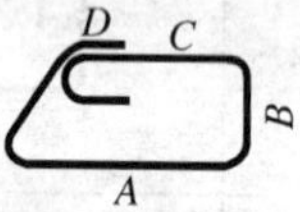	6013	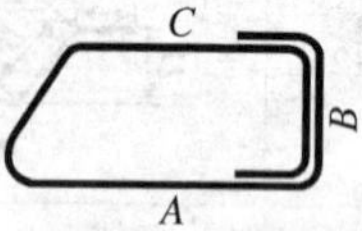
5070		6020	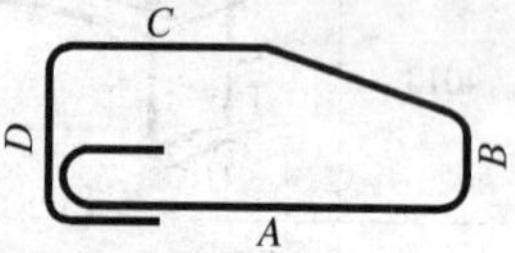
5071	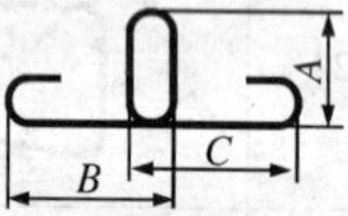	6021	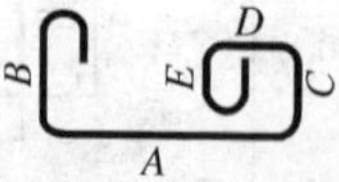
5072	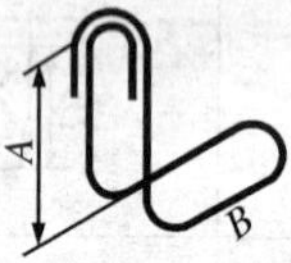	6022	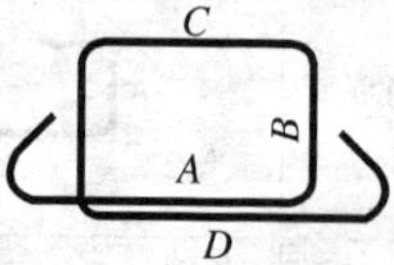
5073	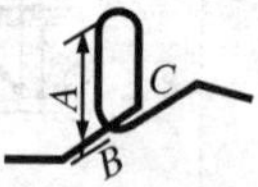	6023	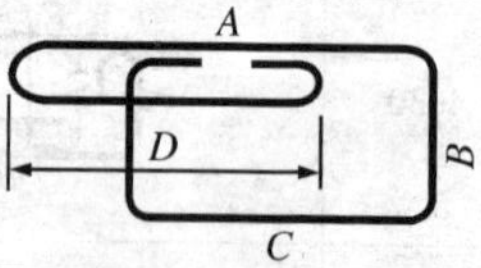
6010	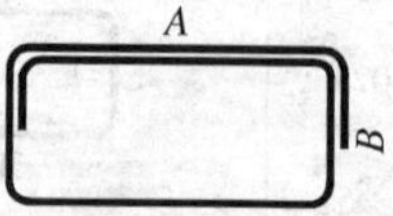	7010	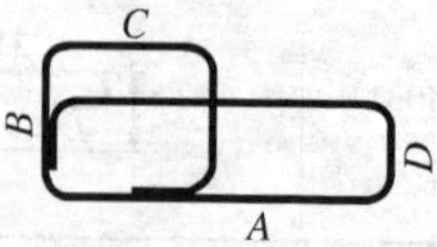

续表

形状代码	形状示意图	形状代码	形状示意图
7011	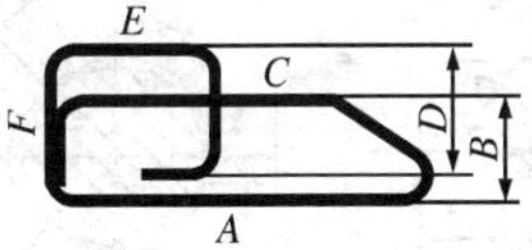	8020	
7012	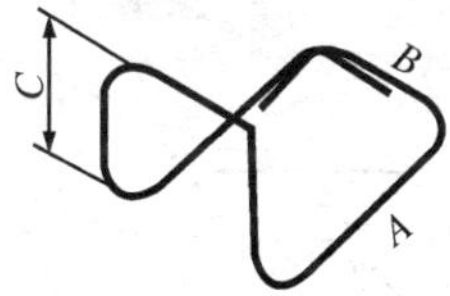	8021	
7020		8030	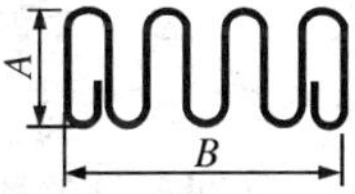
7021		8031	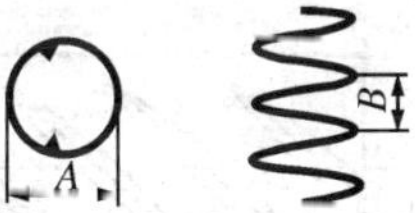
8010			

注：1. 本表形状代码第一位数字 0 ~ 7 代表成形钢筋的弯折次数（不包含端头弯钩），8 代表圆弧状或螺旋状，9 代表所有非标准形状。

2. 本表形状代码第二位数字 0 ~ 2 代表成形钢筋端头弯钩特征：0 代表没有弯钩；1 代表一端有弯钩；2 代表两端有弯钩。

3. 本表形状代码第三、四位数字 00 ~ 99 代表成形钢筋形状。

6.2.7 冷轧带肋钢筋

1. 三面肋钢筋的外形（图6-6）

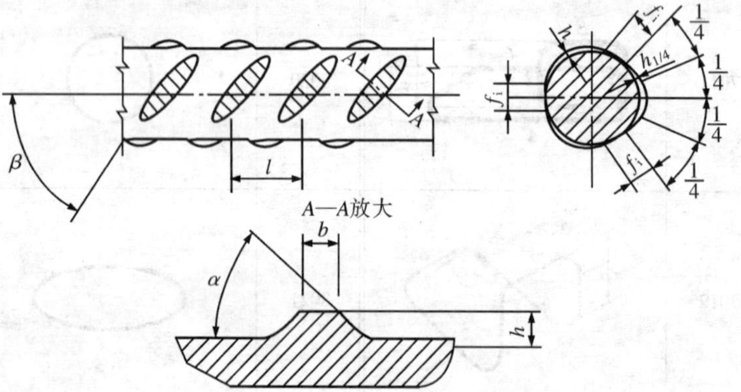

图6-6 三面肋钢筋的外形

α—横肋斜角 β—横肋与钢筋轴线夹角 h—横肋中点高

l—横肋间距 b—横肋顶宽 f_i—横肋间隙

2. 二面肋钢筋的外形（图6-7）

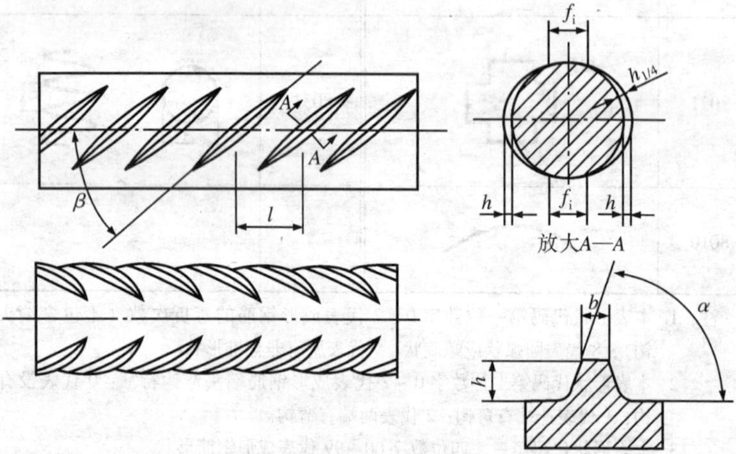

图6-7 二面肋钢筋的外形

α—横肋斜角 β—横肋与钢筋轴线夹角 h—横肋中点高度

l—横肋间距 b—横肋顶宽 f_i—横肋间隙

3. 钢筋的尺寸、质量及允许偏差（表6－35）

表6－35　钢筋的尺寸、质量及允许偏差（GB 13788—2008）

公称直径 d/mm	公称横截面积 /mm²	质量		横肋中点高		横肋1/4处高 $h_{1/4}$/mm	横肋顶宽 b/mm	横肋间距		相对肋面积 $f_c\geqslant$
		理论质量 /(kg/m)	允许偏差 /%	h/mm	允许偏差 /mm			l /mm	允许偏差 /%	
4	12.6	0.099		0.30		0.24		4.0		0.036
4.5	15.9	0.125		0.32		0.26		4.0		0.039
5	19.6	0.154		0.32		0.26		4.0		0.039
5.5	23.7	0.186		0.40	+0.10 −0.05	0.32		5.0		0.039
6	28.3	0.222		0.40		0.32		5.0		0.039
6.5	33.2	0.260		0.46		0.37		5.0		0.045
7	38.5	0.302		0.46		0.37		5.0		0.045
7.5	44.2	0.347		0.55		0.44		6.0		0.045
8	50.3	0.395	±4	0.55		0.44	0.2d	6.0	±15	0.045
8.5	56.7	0.445		0.55		0.44		7.0		0.045
9	63.6	0.490		0.75		0.60		7.0		0.052
9.5	70.8	0.556		0.75		0.60		7.0		0.052
10	78.5	0.617		0.75	±0.10	0.60		7.0		0.052
10.5	86.5	0.579		0.75		0.60		7.4		0.052
11	95.0	0.715		0.85		0.68		7.4		0.056
11.5	103.8	0.815		0.85		0.76		8.4		0.056
12	113.1	0.888		0.95		0.76		8.4		0.056

4. 钢筋的力学性能及工艺性能（表6－36）

表6－36　钢筋的力学性能及工艺性能（GB 13788—2008）

牌号	$R_{p0.2}$ /(N/mm²) ≥	R_m /(N/mm²) ≥	断后伸长率/% ≥		弯曲试验 180°	反复弯曲次数	应力松弛 初始应力相当于公称抗拉强度的70%
			$A_{11.3}$	A_{100mm}			1000h 松弛率/% ≤
CRB550	500	550	8.0	—	$D=3d$	—	—
CRB650	585	650	—	4.0	—	3	8
CRB800	720	800	—	4.0	—	3	8
CRB970	875	970	—	4.0	—	3	8

注：D 为弯心直径，d 为钢筋公称直径。

6.2.8 冷轧扭钢筋

1. 冷轧扭钢筋的定义

冷轧扭钢筋是指低碳钢热轧圆盘条经专用钢筋冷轧扭机调直、冷轧并冷扭（或冷滚）一次成形的，具有规定截面形式和相应节距的连续螺旋状钢筋，如图6－8所示。

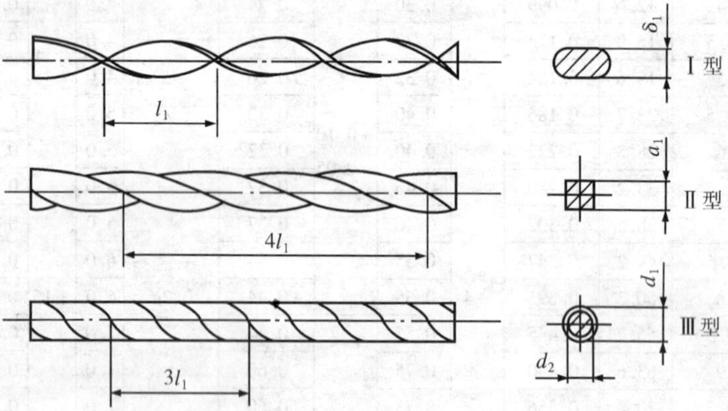

图6－8 冷轧扭钢筋

2. 冷轧扭钢筋的标记

冷轧扭钢筋的标记由产品名称代号、强度级别代号、标志代号、主参数代号以及类型代号组成，如下所示：

CTB □ □ □—△

- 类型代号：Ⅰ、Ⅱ、Ⅲ
- 主参数代号：标志直径
- 标志代号：ϕ^T
- 强度级别代号：550、650
- 名称代号：CTB（冷轧扭）

示例：冷轧扭钢筋550级Ⅱ型，标志直径10mm，标记为：CTB550ϕ^T10—Ⅱ。

3. 冷轧扭钢筋的截面控制尺寸及节距（表6-37）

表6-37 冷轧扭钢筋的截面控制尺寸及节距（JG 190—2006）

强度级别	型号	标志直径 d/mm	截面控制尺寸/mm ≥				节距 l_1 /mm ≤
			轧扁厚度 δ_1	正方形边长 a_1	外圆直径 d_1	内圆直径 d_2	
CTB550	Ⅰ	6.5	3.7	—	—	—	75
		8	4.2	—	—	—	95
		10	5.3	—	—	—	110
		12	6.2	—	—	—	150
	Ⅱ	6.5	—	5.40	—	—	30
		8	—	6.50	—	—	40
		10	—	8.10	—	—	50
		12	—	9.60	—	—	80
	Ⅲ	6.5	—	—	6.17	5.67	40
		8	—	—	7.59	7.09	60
		10	—	—	9.49	8.89	70
CTB650	Ⅲ	6.5	—	—	6.00	5.50	30
		8	—	—	7.38	6.88	50
		10	—	—	9.22	8.67	70

4. 冷轧扭钢筋的公称横截面积及理论质量（表6-38）

表6-38 冷轧扭钢筋的公称横截面积及理论质量（JG 190—2006）

强度级别	型号	标志直径 d/mm	公称横截面积 A/mm^2	理论质量/(kg/m)
CTB550	Ⅰ	6.5	29.50	0.232
		8	45.30	0.356
		10	68.30	0.536
		12	96.14	0.755
	Ⅱ	6.5	29.20	0.229
		8	42.30	0.332
		10	66.10	0.519
		12	92.74	0.728
	Ⅲ	6.5	29.86	0.234
		8	45.24	0.355
		10	70.69	0.555
CTB650	Ⅲ	6.5	28.20	0.221
		8	42.73	0.335
		10	66.76	0.524

5. 冷轧扭钢筋的力学性能及工艺性能（表6－39）

表6－39 冷轧扭钢筋的力学性能及工艺性能（JG 190—2006）

强度级别	型号	抗拉强度 R_m /(N/mm²)	断后伸长率/%	180°弯曲试验（弯心直径＝3d）	应力松弛率/%	
					10h	1000h
CTB550	Ⅰ	≥550	$A_{11.3}$≥4.5	受弯曲部位钢筋表面不得产生裂纹	—	—
	Ⅱ	≥550	A≥10		—	—
	Ⅲ	≥550	A≥12		—	—
CTB650	Ⅲ	≥650	A_{100mm}≥4		≤5	≤8

注：d 为冷轧扭钢筋标志直径。

第7章 钢棒、钢丝及型钢

7.1 钢棒

7.1.1 锻制钢棒

1. 锻制钢棒的截面形状（图7-1~图7-3）

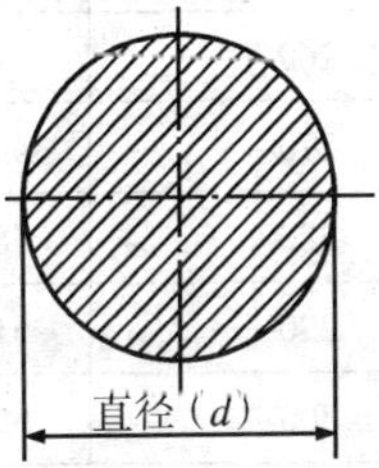

图7-1 圆钢截面形状

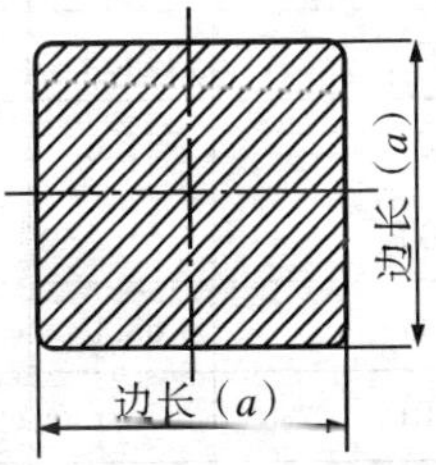

图7-2 方钢截面形状

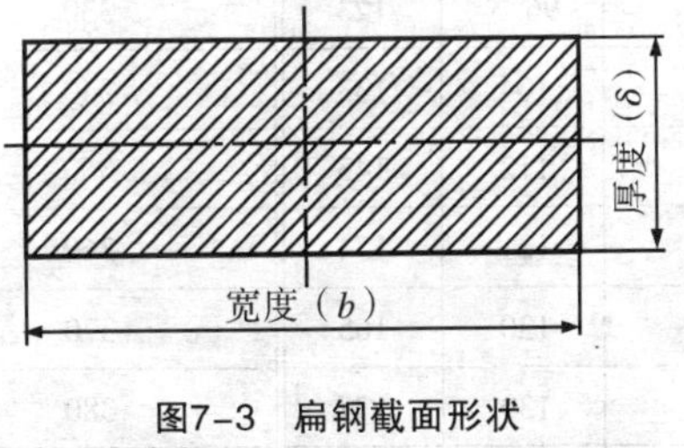

图7-3 扁钢截面形状

2. 锻制圆钢和方钢的截面尺寸及理论质量（表7-1）

表7-1 锻制圆钢和方钢的截面尺寸及理论质量（GB/T 908—2008）

圆钢公称直径 d 或方钢公称边长 a/mm	理论质量/(kg/m)		圆钢公称直径 d 或方钢公称边长 a/mm	理论质量/(kg/m)	
	圆钢	方钢		圆钢	方钢
50	15.4	19.6	180	200	254
55	18.6	23.7	190	223	283
60	22.2	28.3	200	247	314
65	26.0	33.2	210	272	346
70	30.2	38.5	220	298	380
75	34.7	44.2	230	326	415
80	39.5	50.2	240	355	452
85	44.5	56.7	250	385	491
90	49.9	63.6	260	417	531
95	55.6	70.8	270	449	572
100	61.7	78.5	280	483	615
105	68.0	86.5	290	518	660
110	74.6	95.0	300	555	707
115	81.5	104	310	592	754
120	88.8	113	320	631	804
125	96.3	123	330	671	855
130	104	133	340	712	908
135	112	143	350	755	962
140	121	154	360	799	1017
145	130	165	370	844	1075
150	139	177	380	890	1134
160	158	201	390	937	1194
170	178	227	400	986	1256

3. 锻制扁钢的截面尺寸及理论质量（表7－2）

表7－2 锻制扁钢的截面尺寸及理论质量（GB/T 908—2008）

公称宽度 b/mm	公称厚度 δ/mm																						
	20	25	30	35	40	45	50	55	60	65	70	75	80	85	90	100	110	120	130	140	150	160
	理论质量 kg/m）																						
40	6.28	7.85	9.42																				
45	7.06	8.83	10.6																				
50	7.85	9.81	11.8	13.7	15.7																		
55	8.64	10.8	13.0	15.1	17.3																		
60	9.42	11.8	14.1	16.5	18.8	21.1	23.6																
65	10.2	12.8	15.3	17.8	20.4	23.0	25.5																
70	11.0	13.7	16.5	19.2	22.0	24.7	27.5	30.2	33.0														
75	11.8	14.7	17.7	20.6	23.6	26.5	29.4	32.4	35.5														
80	12.6	15.7	18.8	22.0	25.1	28.3	31.4	34.5	37.7	40.8	44.0												
90	14.1	17.7	21.2	24.7	28.3	31.8	35.5	38.8	42.4	45.9	49.4												
100	15.7	19.6	23.6	27.5	31.4	35.3	39.2	43.2	47.1	51.0	55.0	58.9	62.8	66.7									
110	17.3	21.6	25.9	30.2	34.5	38.8	43.2	47.5	51.8	56.1	60.4	64.8	69.1	73.4									
120	18.8	23.6	28.3	33.0	37.7	42.4	47.1	51.8	55.5	61.2	65.9	70.6	75.4	80.1									
130	20.4	25.5	30.6	35.7	40.8	45.9	51.0	56.1	61.2	66.3	71.4	76.5	81.6	85.7									
140	22.0	27.5	33.0	38.5	44.0	49.4	55.0	60.4	65.9	71.4	76.9	82.4	87.9	93.4	98.9	110							

续表

公称宽度 b/mm	公称厚度 δ/mm																					
	20	25	30	35	40	45	50	55	60	65	70	75	80	85	90	100	110	120	130	140	150	160
	理论质量 kg/m)																					
150	23.6	29.4	35.3	41.2	47.1	53.0	58.9	64.8	70.7	76.5	82.4	88.3	94.2	100	106	118						
160	25.1	31.4	37.7	44.0	50.2	56.5	62.8	69.1	75.4	81.6	87.9	94.2	100	107	113	126	138	151				
170	26.7	33.4	40.4	46.7	53.4	60.0	66.7	73.4	80.1	86.7	93.4	100	107	113	120	133	147	160				
180	28.3	35.3	42.4	49.4	56.5	63.6	70.6	77.7	84.8	91.8	98.9	106	113	120	127	141	155	170	184	198		
190						67.1	74.6	82.0	89.5	96.9	104	112	119	127	134	149	164	179	194	209		
200						70.6	78.5	86.4	94.2	102	110	118	127	133	141	157	173	188	204	220		
210						74.2	82.4	90.7	98.9	107	115	124	132	140	148	165	181	198	214	231	247	264
220						77.7	86.4	93.0	103.6	112	121	130	138	147	155	173	190	207	224	242	259	276
230												135	144	153	162	180	199	217	235	253	271	289
240												141	151	160	170	188	207	226	245	263	283	301
250												147	157	167	177	196	216	235	255	275	293	314
260												153	163	173	184	204	224	245	265	286	306	326
280												165	176	187	198	220	242	264	286	308	330	352
300												177	188	200	212	236	259	283	306	330	353	377

7.1.2 热轧钢棒

1. 热轧钢棒的截面形状

热轧圆钢和方钢的截面形状分别见图7－1、图7－2。热轧六角钢和八角钢的截面形状见图7－4。

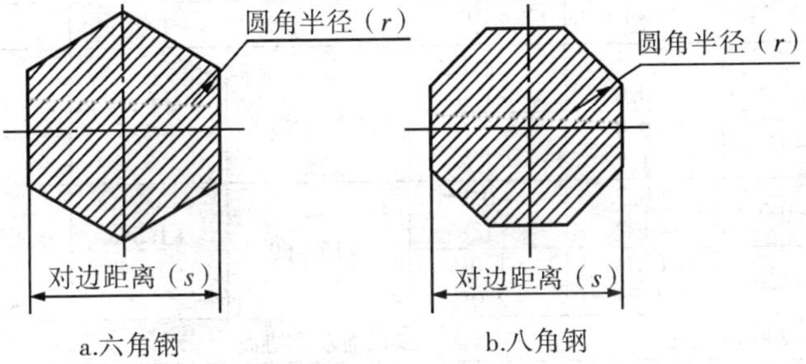

图7－4 热轧六角钢和八角钢的截面形状

2. 热轧钢棒的尺寸允许偏差

（1）热轧圆钢和方钢的尺寸允许偏差见表7－3。

表7－3 热轧圆钢和方钢的尺寸允许偏差（GB/T 702—2008）

（单位：mm）

截面公称尺寸（圆钢直径或方钢边长）	尺寸允许偏差		
	1组	2组	3组
5.5～7	±0.20	±0.30	±0.40
>7～20	±0.25	±0.35	±0.40
>20～30	±0.30	±0.40	±0.50
>30～50	±0.40	±0.50	±0.60
>50～80	±0.60	±0.70	±0.80
>80～110	±0.90	±1.00	±1.10
>110～150	±1.20	±1.30	±1.40
>150～200	±1.60	±1.80	±2.00
>200～280	±2.00	±2.50	±3.00
>280～310	—	—	±5.00

（2）热轧扁钢的尺寸允许偏差见表7－4。

表7－4　热轧扁钢的尺寸允许偏差（GB/T 702—2008）

（单位：mm）

宽度			厚度		
公称尺寸	允许偏差		公称尺寸	允许偏差	
	1组	2组		1组	2组
10～50	+0.3 −0.9	+0.5 −1.0	3～16	+0.3 −0.5	+0.2 −0.4
>50～75	+0.4 −1.2	+0.6 −1.3			
>75～100	+0.7 −1.7	+0.9 −1.8	>16～60	+1.5% −3.0%	+1.0% −2.5%
>100～150	+0.8% −1.8%	+1.0% −2.0%			
>150～200	供需双方协商				

注：在同一截面任意两点测量的厚度差不得大于厚度公差的50%。

（3）热轧六角钢和八角钢的尺寸允许偏差见表7－5。

表7－5　热轧六角钢和八角钢的尺寸允许偏差（GB/T 702—2008）

（单位：mm）

对边距离 s	允许偏差		
	1组	2组	3组
8～17	±0.25	±0.35	±0.40
>17～20	±0.25	±0.35	±0.40
>20～30	±0.30	±0.40	±0.50
>30～50	±0.40	±0.50	±0.60
>50～70	±0.60	±0.70	±0.80

3. 热轧钢棒的长度及其允许偏差

（1）热轧圆钢和方钢的通常长度及短尺长度见表7－6。

表7－6　热轧圆钢和方钢的通常长度及短尺长度（GB/T 702—2008）

钢类	通常长度			短尺长度/m　≥
	截面公称尺寸/mm		钢棒长度/m	
普通质量钢	≤25		4～12	2.5
	>25		3～12	
优质及特殊质量钢	全部规格		2～12	1.5
	碳素和合金工具钢	≤75	2～12	1.0
		>75	1～8	0.5(包括高速工具钢全部规格)

（2）热轧扁钢的通常长度及短尺长度见表7－7。

表7－7 热轧扁钢的通常长度及短尺长度（GB/T 702—2008）

<table>
<tr><th colspan="2">钢类</th><th>通常长度/m</th><th>长度允许偏差</th><th>短尺长度/m</th></tr>
<tr><td rowspan="2">普通质量钢</td><td>1组（理论质量≤19kg/m）</td><td>3～9</td><td rowspan="3">钢棒长度≤4m，+30mm；
4～6m，+50mm；
>6m，+70mm</td><td rowspan="3">≥1.5</td></tr>
<tr><td>2组（理论质量>19kg/m）</td><td>3～7</td></tr>
<tr><td colspan="2">优质及特殊质量钢</td><td>2～6</td></tr>
</table>

（3）热轧六角钢及八角钢的通常长度及短尺长度见表7－8。

表7－8 热轧六角钢及八角钢的通常长度及短尺长度（GB/T 702—2008）

钢类	通常长度/m	短尺长度/m
普通质量钢	3～8	≥2.5
优质及特殊质量钢	2～6	≥1.5

7.1.3 预应力混凝土用钢棒

1. 预应力混凝土用钢棒的分类（表7－9）

表7－9 预应力混凝土用钢棒的分类（GB/T 5223.3—2005）

<table>
<tr><th>分类方法</th><th>分类名称</th><th>代号</th><th>分类方法</th><th>分类名称</th><th>代号</th></tr>
<tr><td rowspan="3">按钢棒表面形状分</td><td>光圆钢棒</td><td>P</td><td>按钢棒表面形状分</td><td>带肋钢棒</td><td>R</td></tr>
<tr><td>螺旋槽钢棒</td><td>HG</td><td rowspan="2">按松弛性能分</td><td>普通松弛</td><td>N</td></tr>
<tr><td>螺旋肋钢棒</td><td>HR</td><td>低松弛</td><td>L</td></tr>
</table>

注：1. 光圆钢棒是指横截面为圆形的钢棒。

2. 螺旋槽钢棒是指沿着表面纵向，具有规则间隔的连续螺旋凹槽的钢棒。

3. 螺旋肋钢棒是指沿着表面纵向，具有规则间隔的连续螺旋凸肋的钢棒。

4. 带肋钢棒是指沿着表面纵向，具有规则间隔的横肋的钢棒。

2. 预应力混凝土用钢棒的尺寸规格和力学性能（表 7-10）

表 7-10 预应力混凝土用钢棒的尺寸规格和力学性能(GB/T 5223.3—2005)

表面形状类型	公称直径/mm	公称横截面积/mm^2	横截面积/mm^2		每米参考质量/(g/m)	抗拉强度 R_m/(N/mm^2) ≥	规定非比例延伸强度 $R_{p0.2}$/(N/mm^2) ≥	弯曲性能	
			≥	≤				性能要求	弯曲半径/mm
光圆	6	28.3	26.8	29.0	222	对所有规格钢棒 1080 1230 1420 1570	对所有规格钢棒 930 1080 1280 1420	反复弯曲不小于4次/180°	15
	7	38.5	36.3	39.5	302				20
	8	50.3	47.5	51.5	394				20
	10	78.5	74.1	80.4	616				25
	11	95.0	93.1	97.4	746			弯曲160°~180°后弯曲处无裂纹	弯心直径为钢棒公称直径的10倍
	12	113	106.8	115.8	887				
	13	133	130.3	136.3	1044				
	14	154	145.6	157.8	1209				
	16	201	190.2	206.0	1578				
螺旋槽	7.1	40	39.0	41.7	314			—	
	9	64	62.4	66.5	502				
	10.7	90	87.5	93.6	707				
	12.6	125	121.5	129.9	981				
螺旋肋	6	28.3	26.8	29.0	222	对所有规格钢棒 1080 1230 1420 1570	对所有规格钢棒 930 1080 1280 1420	反复弯曲不小于4次/180°	15
	7	38.5	36.3	39.5	302				20
	8	50.3	47.5	51.5	394				20
	10	78.5	74.1	80.4	616				25
	12	113	106.8	115.8	888			弯曲160°~180°后弯曲处无裂纹	弯心直径为钢棒公称直径的10倍
	14	154	145.6	157.8	1209				
带肋	6	28.3	26.8	29.0	222		—	—	
	8	50.3	47.5	51.5	394				
	10	78.5	74.1	80.4	616				
	12	113	106.8	115.8	887				
	14	154	145.6	157.8	1209				
	16	201	190.2	206.0	1578				

3. 预应力混凝土用钢棒的伸长特性（表 7-11）

表 7-11 预应力混凝土用钢棒的伸长特性（GB/T 5223.3—2005）

延性级别/级	最大力下总伸长率/%	断后伸长率($L_0=8d_n$)/% ≥
延性 35	3.5	7.0
延性 25	2.5	5.0

注：1. 日常检验可用断后伸长率，仲裁试验以最大力下总伸长率为准。

2. 最大力下总伸长率标距 $L_0=200mm$。

3. 断后伸长率标距 L_0 为钢棒公称直径 d_n 的 8 倍，$L_0=8d_n$。

7.1.4 不锈钢钢棒

1. 经固溶处理的奥氏体型不锈钢钢棒的力学性能（表7-12）

表7-12 经固溶处理的奥氏体型不锈钢钢棒的力学性能（GB/T 1220—2007）

GB/T 20878 中序号	统一数字代号	新牌号	旧牌号	规定非比例延伸强度 $R_{p0.2}$ /(N/mm²)	抗拉强度 R_m /(N/mm²)	断后伸长率 A/%	断面收缩率 Z/%	硬度 HBW	硬度 HRB	硬度 HV
				≥	≥	≥	≥	≤	≤	≤
24	S30478	06Cr19Ni9NbN	0Cr19Ni10NbN	345	685	35	50	250	100	260
25	S30453	022Cr19Ni10N	00Cr18Ni10N	245	550	40	50	217	95	220
26	S30510	10Cr18Ni12	1Cr18Ni12	175	480	40	60	187	90	200
32	S30908	06Cr23Ni13	0Cr23Ni13	205	520	40	60	187	90	200
35	S31008	06Cr25Ni20	0Cr25Ni20	205	520	40	50	187	90	200
38	S31608	06Cr17Ni12Mo2	0Cr17Ni12Mo2	205	520	40	60	187	90	200
39	S31603	022Cr17Ni12Mo2	00Cr17Ni14Mo2	175	480	40	60	187	90	200
41	S31668	06Cr17Ni12Mo2Ti	0Cr18Ni12Mo3Ti	205	530	40	55	187	90	200
43	S31658	06Cr17Ni12Mo2N	0Cr17Ni12Mo2N	275	550	35	50	217	95	220
44	S31653	022Cr17Ni12Mo2N	00Cr17Ni13Mo2N	245	550	40	50	217	95	220
45	S31688	06Cr18Ni12Mo2Cu2	0Cr18Ni12Mo2Cu2	205	520	40	60	187	90	200
46	S31683	022Cr18Ni14Mo2Cu2	00Cr18Ni14Mo2Cu2	175	480	40	60	187	90	200
49	S31708	06Cr19Ni13Mo3	0Cr19Ni13Mo3	205	520	40	60	187	90	200
50	S31703	022Cr19Ni13Mo3	00Cr19Ni13Mo3	175	480	40	60	187	90	200

续表

GB/T 20878 中序号	统一数字代号	新牌号	旧牌号	规定非比例延伸强度 $R_{p0.2}$ /(N/mm²)	抗拉强度 R_m /(N/mm²)	断后伸长率 A/%	断面收缩率 Z/%	硬度 HBW	硬度 HRB	硬度 HV
				≥				≤		
52	S31794	03Cr18Ni16Mo5	0Cr18Ni16Mo5	175	480	40	45	187	90	200
55	S32168	06Cr18Ni11Ti	0Cr18Ni10Ti	205	520	40	50	187	90	200
62	S34778	06Cr18Ni11Nb	0Cr18Ni11Nb	205	520	40	50	187	90	200
64	S38148	06Cr18Ni13Si4	0Cr18Ni13Si4	205	520	40	60	207	95	218

2. 经固溶处理的奥氏体－铁素体型不锈钢钢棒的力学性能（表7－13）

表7－13　经固溶处理的奥氏体－铁素体型不锈钢钢棒的力学性能（GB/T 1220—2007）

GB/T 20878 中序号	统一数字代号	新牌号	旧牌号	规定非比例延伸强度 $R_{p0.2}$ /（N/mm²）	抗拉强度 R_m /（N/mm²）	断后伸长率 A/%	断面收缩率 Z/%	冲击吸收功 A_K/J	硬度 HBW	硬度 HRB	硬度 HV
				≥					≤		
67	S21860	14Cr18Ni11Si4AlTi	1Cr18Ni11Si4AlTi	440	715	25	40	63	—	—	—
68	S21953	022Cr19Ni5Mo3Si2N	00Cr18Ni5Mo3Si2	390	590	20	40	—	290	30	300
70	S22253	022Cr22Ni5Mo3N	—	450	620	25	—	—	290	—	—
71	S22053	022Cr23Ni5Mo3N	—	450	655	25	—	—	290	—	—
73	S22553	022Cr25Ni6Mo2N	—	450	620	20	—	—	260	—	—
75	S25554	03Cr25Ni6Mo3Cu2N	—	550	750	25	—	—	290	—	—

3. 经退火处理的铁素体型不锈钢钢棒的力学性能（表7－14）

表7－14　经退火处理的铁素体型不锈钢钢棒的力学性能（GB/T 1220—2007）

GB/T 20878 中序号	统一数字代号	新牌号	旧牌号	规定非比例延伸强度 $R_{p0.2}$ /(N/mm²)	抗拉强度 R_m /(N/mm²)	断后伸长率 A/%	断面收缩率 Z/%	冲击吸收功 A_K/J	硬度 HBW
				≥					≤
78	S11348	06Cr13Al	0Cr13Al	175	410	20	60	78	183
83	S11203	022Cr12	00Cr12	195	360	22	60	—	183
85	S11710	10Cr17	1Cr17	205	450	22	50	—	183
86	S11717	Y10Cr17	Y1Cr17	205	450	22	50	—	183
88	S11790	10Cr17Mo	1Cr17Mo	205	450	22	60	—	183
94	S12791	008Cr27Mo	00Cr27Mo	245	410	20	45	—	219
95	S13091	008Cr30Mo2	00Cr30Mo2	295	450	20	45	—	228

4. 经热处理的马氏体型不锈钢钢棒的力学性能（表 7－15）

表 7－15　经热处理的马氏体型不锈钢钢棒的力学性能（GB/T 1220—2007）

GB/T 20878 中序号	统一数字代号	新牌号	旧牌号	组别	经淬火回火后试样的力学性能和硬度							退火后钢棒的硬度 HBW
					规定非比例延伸强度 $R_{p0.2}$ /(N/mm²)	抗拉硬度 R_m /(N/mm²)	断后伸长率 A/%	断面收缩率 Z/%	冲击吸收功 A_K/J	HBW	HRC	
					≥							≤
96	S40310	12Cr12	1Cr12		390	590	25	55	118	170	—	200
97	S41008	06Cr13	0Cr13		345	490	24	60	—	—	—	183
98	S41010	12Cr13	1Cr13		345	540	22	55	78	159	—	200
100	S41617	Y12Cr13	Y1Cr13		345	540	17	45	55	159	—	200
101	S42020	20Cr13	2Cr13		440	640	20	50	63	192	—	223
102	S42030	30Cr13	3Cr13		540	735	12	—	24	217	—	235
103	S42037	Y30Cr13	Y3Cr13		540	735	8	35	24	217	—	235
104	S42040	40Cr13	4Cr13		—	—	—	—	—	—	50	235
106	S43110	14Cr17Ni2	1Cr17Ni2		—	1080	10	—	39	—	—	285
107	S43120	17Cr16Ni2	—	1	700	900～1050	12	45	25	—	—	295
				2	600	800～950	14					

续表

GB/T 20878 中序号	统一数字代号	新牌号	旧牌号	组别	经淬火回火后试样的力学性能和硬度							退火后钢棒的硬度 HBW
					规定非比例延伸强度 $R_{p0.2}$ /(N/mm²)	抗拉硬度 R_m /(N/mm²)	断后伸长率 A/%	断面收缩率 Z/%	冲击吸收功 A_K/J	HBW	HRC	
					≥							≤
108	S44070	68Cr17	7Cr17		—	—	—	—	—	—	54	255
109	S44080	85Cr17	8Cr17		—	—	—	—	—	—	56	255
110	S44096	108Cr17	11Cr17		—	—	—	—	—	—	58	269
111	S44097	Y108Cr17	Y11Cr17		—	—	—	—	—	—	58	269
112	S44090	95Cr18	9Cr18		—	—	—	—	—	—	55	255
115	S45710	13Cr13Mo	1Cr13Mo		490	690	20	60	78	192	—	200
116	S45830	32Cr13Mo	3Cr13Mo		—	—	—	—	—	—	50	207
117	S45990	102Cr17Mo	9Cr18Mo		—	—	—	—	—	—	55	269
118	S46990	00Cr18MoV	9Cr18MoV		—	—	—	—	—	—	55	269

5. 沉淀硬化型不锈钢钢棒的力学性能（表 7-16）

表 7-16 沉淀硬化型不锈钢钢棒的力学性能（GB/T 1220—2007）

GB/T 20878 中序号	统一数字代号	新牌号	旧牌号	热处理 类型		热处理 组别	规定非比例延伸强度 $R_{p0.2}$ /(N/mm²) ≥	抗拉强度 R_m /(N/mm²) ≥	断后伸长率 A/% ≥	断面收缩率 Z/% ≥	硬度 HBW	硬度 HRC
136	S51550	05Cr15Ni5Cu4Nb		固溶处理		0	—	—	—	—	≤363	≤38
				沉淀硬化	480℃时效	1	1180	1310	10	35	≥375	≥40
					550℃时效	2	1000	1070	12	45	≥331	≥35
					580℃时效	3	865	1000	13	45	≥302	≥31
					620℃时效	4	725	930	16	50	≥277	≥28
137	S51740	05Cr17Ni4Cu4Nb	0Cr17Ni4Cu4Nb	固溶处理		0	—	—	—	—	≤363	≤38
				沉淀硬化	480℃时效	1	1180	1310	10	40	≥375	≥40
					550℃时效	2	1000	1070	12	45	≥331	≥35
					580℃时效	3	865	1000	13	45	≥302	≥31
					620℃时效	4	725	930	16	50	≥277	≥28
138	S51770	07Cr17Ni7Al	0Cr17Ni7Al	固溶处理		0	≤380	≤1030	20	—	≤229	—
				沉淀硬化	510℃时效	1	1030	1230	4	10	≥388	—
					565℃时效	2	960	1140	5	25	≥363	—
139	S51570	07Cr15Ni7Mo2Al	0Cr15Ni7Mo2Al	固溶处理		0	—	—	—	—	≤269	—
				沉淀硬化	510℃时效	1	1210	1320	6	20	≥388	—
					565℃时效	2	1100	1210	7	25	≥375	—

7.1.5 不锈钢冷加工钢棒

1. 圆钢、方钢和六角钢的公称尺寸（表7-17）

表7-17 圆钢、方钢和六角钢的公称尺寸（GB/T 4226—2009）

（单位：mm）

截面形状	公称尺寸[①]
圆形	5 6 7 8 9 10 11 12 13 14 15 16 17 18 19 20 22 23 24 25 26 28 30 32 35 36 38 40 42 45 48 50 55 60 65 70 75 80 85 90 95 100
方形	5 6 7 8 9 10 12 13 14 15 16 17 19 20 22 25 28 30 32 35 36 38 40 45 50 55 60
六角形	5.5 6 7 8 9 10 11 12 13 14 17 19 21 22 23 24 26 27 29 30 32 35 36 38 41 46 50 55 60 65 70 75 80

①圆钢尺寸为直径，方钢尺寸为边长，六角钢尺寸为对边距离。

2. 扁钢的公称尺寸（表7-18）

表7-18 扁钢的公称尺寸（GB/T 4226—2009）

（单位：mm）

厚度	宽度														
3	9	10	12	16	19	20	25	30	32	38	40	50	—	—	—
4	—	—	12	16	19	20	25	30	32	38	40	50	—	—	—
5	—	—	12	16	19	20	25	30	32	38	40	50	65	—	
6	—	—	12	16	19	20	25	30	32	38	40	50	65	75	100
9	—	—	—	16	19	20	25	30	32	38	40	50	65	75	100
10	—	—	—	16	19	20	25	30	32	38	40	50	65	75	100
12	—	—	—	—	19	20	25	30	32	38	40	50	65	75	100
16	—	—	—	—	—	—	25	30	32	38	40	50	65	75	100
19	—	—	—	—	—	—	25	30	32	38	40	50	65	75	100
22	—	—	—	—	—	—	25	30	32	38	40	50	65	75	100
25	—	—	—	—	—	—	—	—	32	38	40	50	65	75	100

7.1.6 耐热钢钢棒

1. 奥氏体型耐热钢钢棒的力学性能（表7－19）

表7－19 奥氏体型耐热钢钢棒的力学性能（GB/T 1221—2007）

GB/T 20878 中序号	统一数字代号	新牌号	旧牌号	热处理状态	规定非比例延伸强度 $R_{p0.2}$/(N/mm²)	抗拉强度 R_m/(N/mm²)	断后伸长率 A/%	断面收缩率 Z/%	硬度 HBW
					≥				≤
6	S35650	53Cr21Mn9Ni4N	5Cr21Mn9Ni4N	固溶＋时效	560	885	8	—	≥302
7	S35750	26Cr18Mn12Si2N	3Cr18Mn12Si2N	固溶处理	390	685	35	45	248
8	S35850	22Cr20Mn10Ni2Si2N	2Cr20Mn9Ni2Si2N	固溶处理	390	635	35	45	248
17	S30408	06Cr19Ni10	0Cr18Ni9	固溶处理	205	520	40	60	187
30	S30850	22Cr21Ni12N	2Cr21Ni12N	固溶＋时效	430	820	26	20	269
31	S30920	16Cr23Ni13	2Cr23Ni13	固溶处理	205	560	45	50	201
32	S30908	06Cr23Ni13	0Cr23Ni13	固溶处理	205	520	40	60	187
34	S31020	20Cr25Ni20	2Cr25Ni20	固溶处理	205	590	40	50	201
35	S31008	06Cr25Ni20	0Cr25Ni20	固溶处理	205	520	40	50	187
38	S31608	06Cr17Ni12Mo2	0Cr17Ni12Mo2	固溶处理	205	520	40	60	187
49	S31708	06Cr19Ni13Mo3	0Cr19Ni13Mo3	固溶处理	205	520	40	60	187
55	S32168	06Cr18Ni11Ti	0Cr18Ni10Ti	固溶处理	205	520	40	50	187
57	S32590	45Cr14Ni14W2Mo	4Cr14Ni14W2Mo	退火	315	705	20	35	248

续表

GB/T 20878 中序号	统一数字代号	新牌号	旧牌号	热处理状态	规定非比例延伸强度 $R_{p0.2}$/(N/mm²)	抗拉强度 R_m/(N/mm²)	断后伸长率 A/%	断面收缩率 Z/%	硬度 HBW
					≥				≤
60	S33010	12Cr16Ni35	1Cr16Ni35	固溶处理	205	560	40	50	201
62	S34778	06Cr18Ni11Nb	0Cr18Ni11Nb		205	520	40	50	187
64	S38148	06Cr18Ni13Si4	0Cr18Ni13Si4		205	520	40	60	207
65	S38240	16Cr20Ni14Si2	1Cr20Ni14Si2		295	590	35	50	187
66	S38340	16Cr25Ni20Si2	1Cr25Ni20Si2		295	590	35	50	187

注：53Cr21Mn9Ni4N 和 22Cr21Ni12N 仅适用于直径、边长及对边距离或厚度小于或等于25mm 的钢棒；大于25mm 的钢棒，可改锻成25mm 的样坯检验或由供需双方协商确定，允许降低其力学性能的数值。其余牌号仅适用于直径、边长及对边距离或厚度小于或等于180mm 的钢棒。大于180mm 的钢棒，可改锻成180mm 的样坯检验或由供需双方协商确定，允许降低其力学性能的数值。

2. 经退火的铁素体型耐热钢钢棒的力学性能（表7－20）

表7－20 经退火的铁素体型耐热钢钢棒的力学性能（GB/T 1221—2007）

GB/T 20878 中序号	统一数字代号	新牌号	旧牌号	热处理状态	规定非比例延伸强度 $R_{p0.2}$/(N/mm²)	抗拉强度 R_m/(N/mm²)	断后伸长率 A/%	断面收缩率 Z/%	硬度 HBW
					≥				≤
78	S11348	06Cr13Al	0Cr13Al	退火	175	410	20	60	183
83	S11203	022Cr12	00Cr12		195	360	22	60	183
85	S11710	10Cr17	1Cr17		205	450	22	50	183
93	S12550	16Cr25N	2Cr25N		275	510	20	40	201

注：本表仅适用于直径、边长及对边距离或厚度小于或等于75mm 的钢棒。大于75mm 的钢棒，可改锻成75mm 的样坯检验或由供需双方协商确定，允许降低其力学性能的数值。

3. 经淬火回火的马氏体型耐热钢钢棒的力学性能（表7-21）

表7-21 经淬火回火的马氏体型耐热钢钢棒的力学性能（GB/T 1221—2007）

GB/T 20878 中序号	统一数字代号	新牌号	旧牌号	热处理状态	规定非比例延伸强度 $R_{p0.2}$/(N/mm²)	抗拉强度 R_m/(N/mm²)	断后伸长率 A/%	断面收缩率 Z/%	冲击吸收功 A_K/J	经淬火回火后的硬度 HBW	退火后的硬度 HBW
					≥						≤
98	S41010	12Cr13	1Cr13	淬火+回火	345	540	22	55	78	159	200
101	S42020	20Cr13	2Cr13		440	640	20	50	63	192	223
106	S43110	14Cr17Ni2	1Cr17Ni2		—	1080	10	—	39	—	—
107	S43120	17Cr16Ni2	—		700	900~1050	12	45	25 (A_{KV})	—	295
					600	800~950	14				
113	S45110	12Cr5Mo	1Cr5Mo		390	590	18	—	—	—	200
114	S45610	12Cr12Mo	1Cr12Mo		550	685	18	60	78	217~248	255
115	S45710	13Cr13Mo	1Cr13Mo		490	690	20	60	78	192	200
119	S46010	14Cr11MoV	1Cr11MoV		490	685	16	55	47	—	200
122	S46250	18Cr12MoVNbN	2Cr12MoVNbN		685	835	15	30	—	≤321	269
123	S47010	15Cr12WMoV	1Cr12WMoV		585	735	15	45	47	—	—
124	S47220	22Cr12NiWMoV	2Cr12NiMoWV		735	885	10	25	—	≤341	269
125	S47310	13Cr11Ni2W2MoV	1Cr11Ni2W2MoV		735	885	15	55	71	269~321	269
					885	1080	12	50	55	311~388	
128	S47450	18Cr11NiMoNbVN	(2Cr11NiMoNbVN)		760	930	12	32	20(A_{KV})	277~331	255
130	S48040	42Cr9Si2	4Cr9Si2		590	885	19	50	—	—	269
131	S48045	45Cr9Si3	—		685	930	15	35	—	≥269	—
132	S48140	40Cr10Si2Mo	4Cr10Si2Mo		685	885	10	35	—	—	269
133	S48380	80Cr20Si2Ni	8Cr20SiNi		685	885	10	15	8	≥262	321

注：同表7-20。

4. 沉淀硬化型耐热钢钢棒的力学性能（表7－22）

表7－22　沉淀硬化型耐热钢钢棒的力学性能（GB/T 1221—2007）

GB/T 20878 中序号	统一数字代号	新牌号	旧牌号	热处理			规定非比例延伸强度 $R_{p0.2}$ /(N/mm²)	抗拉强度 R_m /(N/mm²)	断后伸长率 A/%	断面收缩率 Z/%	硬度 HBW	硬度 HRC
				类型		组别	≥					
137	S51740	05Cr17Ni4Cu4Nb	0Cr17Ni4Cu4Nb	固溶处理		0	—	—	—	—	≤363	≤38
				沉淀硬化	480℃时效	1	1180	1310	10	40	≥375	≥40
					550℃时效	2	1000	1070	12	45	≥331	≥35
					580℃时效	3	865	1000	13	45	≥302	≥31
					620℃时效	4	725	930	16	50	≥277	≥28
138	S51770	07Cr17Ni7Al	0Cr17Ni7Al	固溶处理		0	≤380	≤1030	20	—	≤229	—
				沉淀硬化	510℃时效	1	1030	1230	4	10	≥388	—
					565℃时效	2	960	1140	5	25	≥363	—
143	S51525	06Cr15Ni25Ti2MoAlVB	0Cr15Ni25Ti2MoAlVB	固溶＋时效			590	900	15	18	≥248	—

注：同表7－20。

7.2 钢丝

7.2.1 一般用途低碳钢丝

1. 一般用途低碳钢丝的直径及其允许偏差（表 7-23）

表 7-23 一般用途低碳钢丝的直径及其允许偏差（YB/T 5294—2009）

（单位：mm）

钢丝公称直径	允许偏差	钢丝公称直径	允许偏差
≤0.30	±0.01	>1.60~3.00	±0.04
>0.30~1.00	±0.02	>3.00~6.00	±0.05
>1.00~1.60	±0.03	>6.00	±0.06

2. 一般用途镀锌低碳钢丝的直径及其允许偏差（表 7-24）

表 7-24 一般用途镀锌低碳钢丝的直径及其允许偏差（YB/T 5294—2009）

（单位：mm）

钢丝公称直径	允许偏差	钢丝公称直径	允许偏差
≤0.30	±0.02	>1.60~3.00	±0.06
>0.30~1.00	±0.04	>3.00~6.00	±0.07
>1.00~1.60	±0.05	>6.00	±0.08

3. 一般用途低碳钢丝的力学性能（表 7-25）

表 7-25 一般用途低碳钢丝的力学性能（YB/T 5294—2009）

<table>
<tr><th rowspan="3">公称直径/mm</th><th colspan="5">抗拉强度 R_m/(N/mm^2)</th><th colspan="2">弯曲试验/(次/180°)</th><th colspan="2">断后伸长率（标距 100mm）/%</th></tr>
<tr><th colspan="3">冷拉钢丝</th><th rowspan="2">退火钢丝</th><th rowspan="2">镀锌钢丝①</th><th colspan="2">冷拉钢丝</th><th rowspan="2">冷拉建筑用钢丝</th><th rowspan="2">镀锌钢丝</th></tr>
<tr><th>普通用</th><th>制钉用</th><th>建筑用</th><th>普通用</th><th>建筑用</th></tr>
<tr><td>≤0.30</td><td>≤980</td><td>—</td><td>—</td><td rowspan="9">295~540</td><td rowspan="9">295~540</td><td rowspan="2">—</td><td>—</td><td>—</td><td rowspan="2">≥10</td></tr>
<tr><td>>0.30~0.80</td><td>≤980</td><td>—</td><td>—</td><td>—</td><td>—</td></tr>
<tr><td>>0.80~1.20</td><td>≤980</td><td>880~1320</td><td>—</td><td rowspan="3">≥6</td><td>—</td><td>—</td><td rowspan="7">≥12</td></tr>
<tr><td>>1.20~1.80</td><td>≤1060</td><td>785~1220</td><td>—</td><td>—</td><td>—</td></tr>
<tr><td>>1.80~2.50</td><td>≤1010</td><td>735~1170</td><td>—</td><td>—</td><td>—</td></tr>
<tr><td>>2.50~3.50</td><td>≤960</td><td>685~1120</td><td>≥550</td><td rowspan="3">≥4</td><td rowspan="3">≥4</td><td rowspan="3">≥2</td></tr>
<tr><td>>3.50~5.00</td><td>≤890</td><td>590~1030</td><td>≥550</td></tr>
<tr><td>>5.00~6.00</td><td>≤790</td><td>540~930</td><td>≥550</td></tr>
<tr><td>>6.00</td><td>≤690</td><td>—</td><td>—</td><td>—</td><td>—</td><td>—</td></tr>
</table>

①对于先镀后拉的镀锌钢丝的力学性能按冷拉钢丝的力学性能执行。

7.2.2　重要用途低碳钢丝

1. 重要用途低碳钢丝的直径及其允许偏差（表7-26）

表7-26　重要用途低碳钢丝的直径及其允许偏差（YB/T 5032—2006）

（单位：mm）

公称直径	允许偏差	
	光面钢丝	镀锌钢丝
0.30	±0.02	+0.04 -0.02
0.40		
0.50		
0.60		
0.80	±0.03	+0.06 -0.02
1.00		
1.20		
1.40		
1.60		
1.80	±0.04	+0.08 -0.06
2.00		
2.30		
2.60		
3.00		
3.50	±0.05	+0.09 -0.07
4.00		
4.50		
5.00		
6.00		

2. 重要用途低碳钢丝的力学性能及工艺性能（表7-27）

表7-27　重要用途低碳钢丝的力学性能及工艺性能（YB/T 5032—2006）

公称直径/mm	抗拉强度/(N/mm²)　≥		扭转次数/(次/360°)　≥	弯曲次数/(次/180°)　≥
	光面	镀锌		
0.30	395	365	30	打结拉伸试验 抗拉强度： 光面：≥225N/mm² 镀锌：≥185N/mm²
0.40			30	
0.50			30	
0.60			30	
0.80			30	
1.00			25	22
1.20			25	18
1.40			20	14
1.60			20	12
1.80			18	12
2.00			18	10
2.30			15	10

续表

公称直径/mm	抗拉强度/(N/mm²) ≥		扭转次数/(次/360°)	弯曲次数/(次/180°)
	光面	镀锌	≥	≥
2.60	395	365	15	8
3.00			12	10
3.50			12	10
4.00			10	8
4.50			10	8
5.00			8	6
6.00			6	3

7.2.3 混凝土制品用冷拔低碳钢丝

1. 混凝土制品用冷拔低碳钢丝的力学性能（表7-28）

表7-28 混凝土制品用冷拔低碳钢丝的力学性能（JC/T 540—2006）

级别	公称直径 d/mm	抗拉强度 R_m/(N/mm²) ≥	断后伸长率 A_{100mm}/% ≥	反复弯曲次数/(次/180°) ≥
甲级	5.0	650	3.0	4
		600		
	4.0	700	2.5	
		650		
乙级	3.0,4.0,5.0,6.0	550	2.0	

注：甲级冷拔低碳钢丝作预应力筋用时，如经机械调直则抗拉强度标准值应降低50N/mm²。

2. 混凝土制品用冷拔低碳钢丝的公称直径及其允许偏差（表7-29）

表7-29 混凝土制品用冷拔低碳钢丝的公称直径及其允许偏差（JC/T 540—2006）

公称直径 d/mm	直径允许偏差/mm
3.0	±0.06
4.0	±0.08
5.0	±0.10
6.0	±0.12

注：经供需双方协商，也可生产其他直径的冷拔低碳钢丝。

7.2.4　预应力混凝土用钢丝

1. 预应力混凝土用钢丝的力学性能

（1）预应力混凝土用冷拉钢丝的力学性能见表7－30。

表7－30　预应力混凝土用冷拉钢丝的力学性能（GB/T 5223—2002）

公称直径/mm	抗拉强度 R_m /(N/mm²) ≥	规定非比例延伸强度 $R_{p0.2}$ /(N/mm²) ≥	最大力下总伸长率 A_{200mm}/% ≥	弯曲次数/(次/180°) ≥	弯曲半径 R/mm	断面收缩率 Z/% ≥	每210mm扭距的扭转次数 ≥	初始应力相当于70%公称抗拉强度时，1000h后应力松弛率/% ≤
3.00	1470 1570 1670 1770	1100 1180 1250 1330	1.5	4	7.5	—	—	8
4.00				4	10	35	8	
5.00				4	15		8	
6.00	1470 1570 1670 1770	1100 1180 1250 1330		5	15	30	7	
7.00				5	20		6	
8.00				5	20		5	

（2）预应力混凝土用消除应力光圆及螺旋肋钢丝的力学性能见表7－31。

表7－31　预应力混凝土用消除应力光圆及螺旋肋钢丝的力学性能（GB/T 5223—2002）

公称直径/mm	抗拉强度 R_m/(N/mm²)	规定非比例延伸强度 $R_{p0.2}$/(N/mm²) ≥		最大力下总伸长率 A_{200mm}/%	弯曲次数/(次/180°) ≥	弯曲半径 R/mm	应力松弛性能		
							初始应力相当于公称抗拉强度的百分数/%	1000h后应力松弛率/% ≤	
		WLR	WNR					WLR①	WNR②
							对所有规格		
4.00	1470 1570	1290 1380	1250 1330	3.5	3	10	60 70 80	1.0 2.0 4.5	4.5 8 12
4.80	1670	1470	1410		4	15			
5.00	1770 1860	1560 1640	1500 1580						

续表

公称直径/mm	抗拉强度 R_m/(N/mm²) ≥	规定非比例延伸强度 $R_{p0.2}$/(N/mm²) ≥		最大力下总伸长率 A_{200mm}/% ≥	弯曲次数/(次/180°) ≥	弯曲半径 R/mm	应力松弛性能		
							初始应力相当于公称抗拉强度的百分数/%	1000h 后应力松弛率/% ≤	
								WLR①	WNR②
		WLR	WNR				对所有规格		
6.00	1470 1570 1670 1770	1290 1380 1470 1560	1250 1330 1410 1500	3.5	4	15	60 70 80	1.0 2.0 4.5	4.5 8 12
6.25					4	20			
7.00					4	20			
8.00	1470 1570	1290 1380	1250 1330		4	20			
9.00					4	25			
10.00	1470	1290	1250		4	25			
12.00					4	30			

①WLR 表示低松弛钢丝。

②WNR 表示普通松弛钢丝。

(3) 预应力混凝土用消除应力刻痕钢丝的力学性能见表 7-32。

表 7-32 预应力混凝土用消除应力刻痕钢丝的力学性能(GB/T 5223—2002)

公称直径/mm	抗拉强度 R_m/(N/mm²) ≥	规定非比例延伸强度 $R_{p0.2}$/(N/mm²) ≥		最大力下总伸长率 A_{200mm}/% ≥	弯曲次数/(次/180°) ≥	弯曲半径 R/mm	应力松弛性能		
							初始应力相当于公称抗拉强度的百分数/%	1000h 后应力松弛率/% ≤	
								WLR	WNR
		WLR	WNR				对所有规格		
≤5.0	1470 1570 1670 1770 1860	1290 1380 1470 1560 1640	1250 1330 1410 1500 1580	3.5	3	15	60 70 80	1.5 2.5 4.5	4.5 8 12
>5.0	1470 1570 1670 1770	1290 1380 1470 1560	1250 1330 1410 1500			20			

2. 预应力混凝土用钢丝的尺寸及其允许偏差

（1）预应力混凝土用光圆钢丝的尺寸及其允许偏差见表7-33。

表7-33　预应力混凝土用光圆钢丝的尺寸及其允许偏差（GB/T 5223—2002）

公称直径/mm	直径允许偏差/mm	公称横截面积/mm^2	参考质量/（g/m）
3.00	±0.04	7.07	55.5
4.00		12.57	98.6
5.00	±0.05	19.63	154
6.00		28.27	222
6.25		30.68	241
7.00		38.48	302
8.00	±0.06	50.26	394
9.00		63.62	499
10.00		78.54	616
12.00		113.1	888

注：计算钢丝参考质量时，钢的密度为7.85g/cm^3。

（2）预应力混凝土用螺旋肋钢丝的尺寸及其允许偏差见表7-34。

表7-34　预应力混凝土用螺旋肋钢丝的尺寸及其允许偏差（GB/T 5223—2002）

公称直径/mm	螺旋肋数量/条	基圆尺寸		外轮廓尺寸		单肋尺寸	螺旋肋导程/mm
		基圆直径/mm	允许偏差/mm	外轮廓直径/mm	允许偏差/mm	宽度/mm	
4.00	4	3.85	±0.05	4.25	±0.05	0.90～1.30	24～30
4.80	4	4.60		5.10		1.30～1.70	28～36
5.00	4	4.80		5.30			
6.00	4	5.80		6.30		1.60～2.00	30～38
6.25	4	6.00		6.70			30～40
7.00	4	6.73		7.46	±0.10	1.80～2.20	35～45
8.00	4	7.75		8.45		2.00～2.40	40～50
9.00	4	8.75		9.45		2.10～2.70	42～52
10.00	4	9.75		10.45		2.50～3.00	45～58

（3）预应力混凝土用三面刻痕钢丝的尺寸及其允许偏差见表7-35。

表7-35 预应力混凝土用三面刻痕钢丝的尺寸及其允许偏差（GB/T 5223—2002）

公称直径/mm	刻痕深度		刻痕长度		节距	
	公称深度/mm	允许偏差/mm	公称长度/mm	允许偏差/mm	公称节距/mm	允许偏差/mm
≤5.00	0.12	±0.05	3.5	±0.05	5.5	±0.05
>5.00	0.15		5.0		8.0	

注：公称直径指横截面积等同于光圆钢丝横截面积时所对应的直径。

7.2.5 预应力混凝土用低合金钢丝

1. 预应力混凝土用低合金钢丝拔丝用盘条的牌号及化学成分（表7-36）

表7-36 预应力混凝土用低合金钢丝拔丝用盘条的牌号及化学成分（YB/T 038-1993）

级别代号	牌号	化学成分(质量分数,%)					
		C	Mn	Si	V、Ti	S	P
YD800	21MnSi	0.17~0.24	1.20~1.65	0.30~0.70	—	≤0.045	≤0.045
	24MnTi	0.19~0.27	1.20~1.60	0.17~0.37	Ti:0.01~0.05	≤0.045	≤0.045
YD1000	41MnSiV	0.37~0.45	1.00~1.40	0.60~1.10	V:0.05~0.12	≤0.045	≤0.045
YD1200	70Ti	0.66~0.70	0.60~1.00	0.17~0.37	Ti:0.01~0.05	≤0.045	≤0.045

2. 预应力混凝土用低合金钢丝的力学性能和工艺性能（表7-37）

表7-37 预应力混凝土用低合金钢丝的力学性能和工艺性能（YB/T 038—1993）

公称直径/mm	级别	抗拉强度 R_m /(N/mm²)	断后伸长率 A_{100mm}/%	反复弯曲		应力松弛	
				弯曲半径 R/mm	次数 N	张拉应力与公称强度比	应力松弛率最大值
5.0	YD800	800	4	15	4	0.70	8%、1000h 或5%、10h
7.0	YD1000	1000	3.5	20	4		
7.0	YD1200	1200	3.5	20	4		

3. 预应力混凝土用低合金钢丝的尺寸及其允许偏差

（1）光面钢丝的尺寸及其允许偏差见表7-38。

表7-38　光面钢丝的尺寸及其允许偏差（YB/T 038—1993）

公称直径/mm	允许偏差/mm	公称横截面积/mm^2	理论质量/(g/m)
5.0	+0.08 -0.04	19.63	154.1
7.0	+0.10 -0.10	38.48	302.1

（2）轧痕钢丝的尺寸及其允许偏差见图7-5和表7-39。

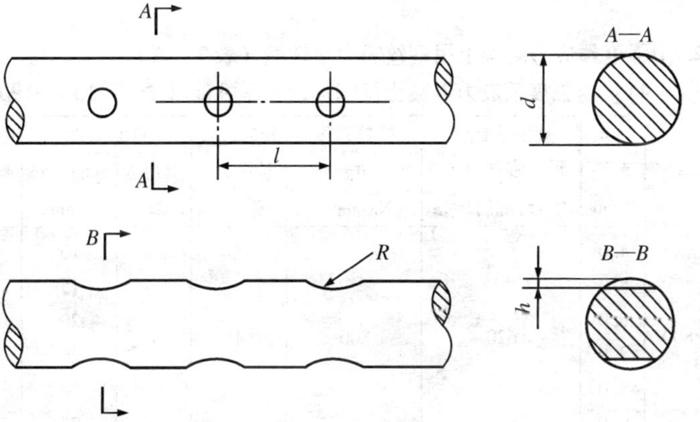

图7-5　轧痕钢丝

表7-39　轧痕钢丝的尺寸及其允许偏差（YB/T 038—1993）

尺寸/mm	直径 D	轧痕深度 h	轧痕圆柱半径 R	轧痕间距 l	理论质量/(g/m)
	7.0	0.30	8	7.0	302.1
允许偏差/mm	±0.10	±0.05	±0.5	+0.5 -1.0	+8.7 -8.6

注：1. 钢丝直径及偏差用质量法测定，计算钢丝理论质量时的密度为7.85g/cm^3。

2. 同一截面上两个轧痕相对错位≤2mm。

7.2.6 中强度预应力混凝土用钢丝

1. 中强度预应力混凝土用钢丝的分类（表7－40）

表7－40 中强度预应力混凝土用钢丝的分类（YB/T 156—1999）

分类方法	分类名称	代号
按表面状态分	光面钢丝	PW
	变形钢丝	DW
按规定非比例延伸强度 $R_{p0.2}$ 与抗拉强度 R_m 的对应值分	620/800	
	780/970	
	980/1270	
	1080/1370	

2. 中强度预应力混凝土用钢丝的力学性能（表7－41）

表7－41 中强度预应力混凝土用钢丝的力学性能（YB/T 156—1999）

种类	公称直径/mm	规定非比例延伸强度 $R_{p0.2}$ /(N/mm²) ≥	抗拉强度 R_m /(N/mm²) ≥	断后伸长率 A_{100mm} /% ≥	反复弯曲 次数 N ≥	反复弯曲 弯曲半径 r/mm	1000h 松弛率/% ≤
620/800	4.0	620	800	4	4	10	8
	5.0					15	
	6.0					20	
	7.0					20	
	8.0					20	
	9.0					25	
780/970	4.0	780	970	4	4	10	
	5.0					15	
	6.0					20	
	7.0					20	
	8.0					20	
	9.0					25	
980/1270	4.0	980	1270	4	4	10	
	5.0					15	
	6.0					20	
	7.0					20	
	8.0					20	
	9.0					25	

续表

种类	公称直径/mm	规定非比例延伸强度 $R_{p0.2}$ /(N/mm²) ≥	抗拉强度 R_m /(N/mm²) ≥	断后伸长率 A_{100mm} /% ≥	反复弯曲		1000h 松弛率/% ≤
					次数 N ≥	弯曲半径 r/mm	
1080/1370	4.0	1080	1370	4	4	10	8
	5.0					15	
	6.0					20	
	7.0					20	
	8.0					20	
	9.0					25	

3. 中强度预应力混凝土用光面钢丝的尺寸、质量及允许偏差（表7-42）

表7-42　中强度预应力混凝土用光面钢丝的尺寸、质量及允许偏差（YB/T 156—1999）

钢丝公称直径/mm	直径允许偏差/mm	公称横截面积/mm²	理论质量/(g/m)
4.0	±0.05	12.57	98.6
5.0		19.63	154
6.0		28.27	222
7.0	±0.06	38.48	302
8.0		50.26	394
9.0		63.62	499

注：1. 计算钢丝理论质量时，钢的密度为7.85g/cm³。
2. 公称直径是指与公称横截面积相对应的直径。

7.2.7　通信用镀锌低碳钢丝

1. 通信用镀锌低碳钢丝的分类（表7-43）

表7-43　通信用镀锌低碳钢丝的分类（GB/T 346—1984）

分类方法	分类名称	代号
按锌层表面状态	1）经纯化处理 2）未经纯化处理	DH
按锌层质量	1）Ⅰ组 2）Ⅱ组	—
按钢丝用钢的含铜量	1）含铜钢 2）普通钢	Cu

2. 通信用镀锌低碳钢丝的力学性能和物理性能（表 7-44）

表 7-44　通信用镀锌低碳钢丝的力学性能和物理性能（GB/T 346—1984）

钢丝直径		力学性能		物理性能	
公称直径/mm	允许偏差/mm	抗拉强度 R_m/(N/mm²)	断后伸长率 A_{200mm}/%	20℃时的电阻率/(×10⁻⁶Ω·m) 普通钢丝	20℃时的电阻率/(×10⁻⁶Ω·m) 含铜钢丝
1.2	+0.06 -0.04	355~540	≥12	≤0.132	≤0.146
1.5	+0.08 -0.04	355~540	≥12	≤0.132	≤0.146
2.0	+0.08 -0.04	355~540	≥12	≤0.132	≤0.146
2.5	+0.08 -0.04	355~490	≥12	≤0.132	≤0.146
3.0	+0.08 -0.04	355~490	≥12	≤0.132	≤0.146
4.0	+0.10 -0.06	355~490	≥12	≤0.132	≤0.146
5.0	+0.10 -0.06	355~490	≥12	≤0.132	≤0.146
6.0	+0.10 -0.06	355~490	≥12	≤0.132	≤0.146

3. 通信用镀锌低碳钢丝的质量（表 7-45）

表 7-45　通信用镀锌低碳钢丝的质量（GB/T 346—1984）

钢丝直径/mm	50kg 标准捆			非标准捆	
	每捆钢丝根数 ≤		配捆单根钢丝质量/kg ≥	单根钢丝质量/kg ≥	
	正常的	配捆的		正常的	最低质量
1.2	1	4	2	10	3
1.5	1	3	3	10	5
2.0	1	3	5	20	8
2.5	1	2	5	20	10
3.0	1	2	10	25	12
4.0	1	2	10	40	15
5.0	1	2	15	50	20
6.0	1	2	15	50	20

7.2.8　棉花打包用镀锌钢丝

1. 棉花打包用镀锌钢丝的力学性能（表7-46）

表7-46　棉花打包用镀锌钢丝的力学性能（GB/T 21530—2008）

A类	抗拉强度/(N/mm²)	400～510
	断后伸长率(试样长度为100mm)/%	≥15
	反复弯曲180°的次数	≥15
B类	抗拉强度/(N/mm²)	1400～1650
	断后伸长率(试样长度为100mm)/%	≥4
	反复弯曲180°的次数	≥8

2. 棉花打包用镀锌钢丝的直径及其允许偏差（表7-47）

表7-47　棉花打包用镀锌钢丝的直径及其允许偏差（GB/T 21530—2008）

（单位：mm）

公称直径	2.50	2.80	3.20	3.40①	3.75①	4.00
允许偏差	±0.05		±0.06		±0.07	
圆度公差	0.05		0.06		0.07	

①表示优先选用。

7.2.9　网围栏用镀锌钢丝

1. 网围栏用镀锌钢丝的公称尺寸（表7-48）

表7-48　网围栏用镀锌钢丝的公称尺寸（YB 4026—1991）

钢丝直径/mm	一般用途围栏 G	刺钢丝围栏 B	绞织网围栏 C	草原编结围栏 F
1.40		×		
1.50	×	×		
1.60	×	×		
1.80	×	×		
2.00	×	×	×	×
2.50	×	×	×	×
2.80	×			×
3.20	×		×	
3.50	×		×	
4.00	×		×	
5.00	×		×	

注：“×”表示选用此规格。

2. 网围栏用镀锌钢丝的抗拉强度（表7-49）

表7-49 网围栏用镀锌钢丝的抗拉强度（YB 4026—1991）

钢丝类别		公称直径/mm	抗拉强度/(N/mm²)
名称	标记		
一般围栏网用钢丝	GS	3.20~5.00	350~660
	GM	2.50	750~1050
	GH	1.50~3.20	1000~1700
刺钢丝围栏用钢丝	BS	1.40~2.80	350~660
	BH	1.50~1.80	900~1500
草原编结网用钢丝	FS	1.90~4.00	350~660
	FM	1.90~4.00	550~900
	FH	2.50~4.00	900~1250
绞织网用钢丝	CS	2.00~5.00	350~660

7.2.10 热处理型冷镦钢丝

1. 表面硬化型钢丝的力学性能（表7-50）

表7-50 表面硬化型钢丝的力学性能（GB/T 5953.1—2009）

牌号①	钢丝公称直径/mm	SALD			SA		
		抗拉强度 R_m/(N/mm²)	断面收缩率 Z/%	洛氏硬度 HRB	抗拉强度 R_m/(N/mm²)	断面收缩率 Z/%	洛氏硬度 HRB
ML10	≤6.00	420~620	≥55	—	300~450	≥60	≤75
	>6.00~12.00	380~560	≥55	—			
	>12.00~25.00	350~500	≥50	≤81			
ML15 ML15Mn ML18 ML18Mn ML20	≤6.00	440~640	≥55	—	350~500	≥60	≤80
	>6.00~12.00	400~580	≥55	—			
	>12.00~25.00	380~530	≥50	≤83			
ML20Mn ML16CrMn ML20MnA ML22Mn ML15Cr ML20Cr ML18CrMo	≤6.00	440~640	≥55	—	370~520	≥60	≤82
	>6.00~12.00	420~600	≥55	—			
	>12.00~25.00	400~550	≥50	≤85			

续表

牌号①	钢丝公称直径 /mm	SALD			SA		
		抗拉强度 R_m /(N/mm²)	断面收缩率 Z/%	洛氏硬度 HRB	抗拉强度 R_m /(N/mm²)	断面收缩率 Z/%	洛氏硬度 HRB
ML20CrMoA ML20CrNiMo	≤25.00	480~680	≥45	≤93	420~620	≥58	≤91

注；直径小于3.00mm的钢丝的断面收缩率仅供参考。

①牌号的化学成分可参考GB/T 6478。

2. 调质型碳素钢丝的力学性能（表7-51）

表7-51　调质型碳素钢丝的力学性能（GB/T 5953.1—2009）

牌号①	钢丝公称直径 /mm	SALD			SA		
		抗拉强度 R_m /(N/mm²)	断面收缩率 Z/%	洛氏硬度 HRB	抗拉强度 R_m /(N/mm²)	断面收缩率 Z/%	洛氏硬度 HRB
ML25 ML25Mn ML30Mn ML30 ML35	≤6.00	490~690	≥55	—	380~560	≥60	≤86
	>6.00~12.00	470~650	≥55	—			
	>12.00~25.00	450~600	≥50	≤89			
ML40 ML35Mn	≤6.00	550~730	≥55	—	430~580	≥60	≤87
	>6.00~12.00	500~670	≥55	—			
	>12.00~25.00	450~600	≥50	≤89			
ML45 ML42Mn	≤6.00	590~760	≥55	—	450~600	≥60	≤89
	>6.00~12.00	570~720	≥55	—			
	>12.00~25.00	470~620	≥50	≤96			

①牌号的化学成分可参考GB/T 6478。

3. 调质型合金钢丝的力学性能（表7－52）

表7－52 调质型合金钢丝的力学性能（GB/T 5953.1—2009）

牌号①	钢丝公称直径/mm	SALD			SA		
		抗拉强度 R_m /(N/mm²)	洛氏硬度 HRB	断面收缩率 Z/%	抗拉强度 R_m /(N/mm²)	断面收缩率 Z/%	洛氏硬度 HRB
ML30CrMnSi	≤6.00	600~750	—	≥50	460~660	≥55	≤93
	>6.00~12.00	580~730	—				
	>12.00~25.00	550~700	≤95				
ML38CrA ML40Cr	≤6.00	530~730	—	≥50	430~600	≥55	≤89
	>6.00~12.00	500~650	—				
	>12.00~25.00	480~630	≤91				
ML30CrMo ML35CrMo	≤6.00	580~780	—	≥40	450~620	≥55	≤91
	>6.00~12.00	540~700	—	≥35			
	>12.00~25.00	500~650	≤92	≥35			
ML42CrMo ML40CrNiMo	≤6.00	590~790	—	≥50	480~730	≥55	≤97
	>6.00~12.00	560~760	—				
	>12.00~25.00	540~690	≤95				

注：直径小于3.00mm的钢丝的断面收缩率仅供参考。

①牌号的化学成分可参考GB/T 6478。

4. 含硼钢丝的力学性能（表7－53）

表7－53 含硼钢丝的力学性能（GB/T 5953.1—2009）

牌号①	SALD			SA		
	抗拉强度 R_m /(N/mm²)	断面收缩率 Z/%	洛氏硬度 HRB	抗拉强度 R_m /(N/mm²)	断面收缩率 Z/%	洛氏硬度 HRB
ML20B	≤600	≥55	≤89	≤550	≥65	≤85
ML28B	≤620	≥55	≤90	≤570	≥65	≤87
ML35B	≤630	≥55	≤91	≤580	≥65	≤88
ML20MnB	≤630	≥55	≤91	≤580	≥65	≤88
ML30MnB	≤660	≥55	≤93	≤610	≥65	≤90
ML35MnB	≤680	≥55	≤94	≤630	≥65	≤91
ML40MnB	≤680	≥55	≤94	≤630	≥65	≤91
ML15MnVB	≤660	≥55	≤93	≤610	≥65	≤90
ML20MnVB	≤630	≥55	≤91	≤580	≥65	≤88
ML20MnTiB	≤630	≥55	≤91	≤580	≥65	≤88

注：直径小于3.00mm的钢丝的断面收缩率仅供参考。

①牌号的化学成分可参考GB/T 6478。

7.2.11 非热处理型钢丝

1. HD工艺钢丝的力学性能（表7-54）

表7-54 HD工艺钢丝的力学性能（GB/T 5953.2—2009）

牌号①	钢丝公称直径 d/mm	抗拉强度 R_m /（N/mm^2）	断面收缩率 Z/%	洛氏硬度② HRB
ML04Al ML08Al ML10Al	≤3.00	≥460	≥50	—
	>3.00~4.00	≥360	≥50	—
	>4.00~5.00	≥330	≥50	—
	>5.00~25.00	≥280	≥50	≤85
ML15Al ML15	≤3.00	≥590	≥50	—
	>3.00~4.00	≥490	≥50	—
	>4.00~5.00	≥420	≥50	—
	>5.00~25.00	≥400	≥50	≤89
ML18MnAl ML20Al ML20 ML22MnAl	≤3.00	≥850	≥35	—
	>3.00~4.00	≥690	≥40	—
	>4.00~5.00	≥570	≥45	—
	>5.00~25.00	≥480	≥45	≤97

注：钢丝公称直径大于20mm时，断面收缩率可以降低5%。

①牌号的化学成分可参考GB/T 6478。

②硬度值仅供参考。

2. SALD工艺钢丝的力学性能（表7-55）

表7-55 SALD工艺钢丝的力学性能（GB/T 5953.2—2009）

牌号①	抗拉强度 R_m/（N/mm^2）	断面收缩率 Z/%	洛氏硬度② HRB
ML04Al ML08Al ML10Al	300~450	≥70	≤76
ML15Al ML15	340~500	≥65	≤81
ML18Mn ML20Al ML20 ML22Mn	450~570	≥65	≤90

注：钢丝公称直径大于20mm时，断面收缩率可以降低5%。

①牌号的化学成分可参考GB/T 6478。

②硬度值仅供参考。

7.2.12 油淬火-回火弹簧钢丝

1. 油淬火-回火弹簧钢丝的分类、代号及直径范围（表7-56）

表7-56 油淬火-回火弹簧钢丝的分类、代号及直径范围（GB/T 18983—2003）

分类		静态	中疲劳	高疲劳
抗拉强度	低强度	FDC	TDC	VDC
	中强度	FDCrV(A、B) FDSiMn	TDCrV(A、B) TDSiMn	VDCrV(A、B)
	高强度	FDCrSi	TDCrSi	VDCrSi
直径范围/mm		0.50~17.00	0.50~17.00	0.50~10.00

注：1. 静态级钢丝适用于一般用途弹簧，以FD表示。
2. 中疲劳级钢丝用于离合器弹簧、悬架弹簧等，以TD表示。
3. 高疲劳级钢丝适用于剧烈运动的场合，例如用于阀门弹簧，以VD表示。

2. 油淬火-回火弹簧钢丝的化学成分（表7-57）

表7-57 油淬火-回火弹簧钢丝的化学成分（GB/T 18983—2003）

代号	化学成分（质量分数,%）							
	C	Si	Mn	P≤	S≤	Cr	V	Cu≤
FDC	0.60~0.75	0.10~0.35	0.50~1.20	0.030	0.030	—	—	0.20
TDC				0.020	0.025			0.12
VDC								
FDCrV—A	0.47~0.55	0.10~0.40	0.60~1.20	0.030	0.030	0.80~1.10	0.15~0.25	0.20
TDCrV—A				0.025	0.025			0.12
VDCrV—A								
FDCrV—B	0.62~0.72	0.15~0.30	0.50~0.90	0.030	0.030	0.40~0.60	0.15~0.25	0.20
TDCrV—B				0.025	0.025			0.12
VDCrV—B								
FDSiMn	0.56~0.64	1.50~2.00	0.60~0.90	0.035	0.035	—	—	0.25
TDSiMn								
FDCrSi	0.50~0.60	1.20~1.60	0.50~0.90	0.030	0.030	0.50~0.80	—	0.20
TDCrSi				0.025	0.025			0.12
VDCrSi								

3. 油淬火－回火弹簧钢丝的力学性能

（1）静态级和中疲劳级油淬火－回火弹簧钢丝的力学性能见表7－58。

表7－58　静态级和中疲劳级油淬火－回火弹簧钢丝的力学性能（GB/T 18983—2003）

直径范围/mm	抗拉强度/（N/mm²）					断面收缩率①/% ≥	
	FDC TDC	FDCrV—A TDCrV—A	FDCrV—B TDCrV—B	FDSiMn TDSiMn	FDCrSi TDCrSi	FD	TD
>0.50～0.80	1800～2100	1800～2100	1900～2200	1850～2100	2000～2250	—	
>0.80～1.00	1800～2060	1780～2080	1860～2160	1850～2100	2000～2250	—	
>1.00～1.30	1800～2010	1750～2010	1850～2100	1850～2100	2000～2250	45	45
>1.30～1.40	1750～1950	1750～1990	1840～2070	1850～2100	2000～2250	45	45
>1.40～1.60	1740～1890	1710～1950	1820～2030	1850～2100	2000～2250	45	45
>1.60～2.00	1720～1890	1710～1890	1790～1970	1820～2000	2000～2250	45	45
>2.00～2.50	1670～1820	1670～1830	1750～1900	1800～1950	1970～2140	45	45
>2.50～2.70	1640～1790	1660～1820	1720～1870	1780～1930	1950～2120	45	45
>2.70～3.00	1620～1770	1630～1780	1700～1850	1760～1910	1930～2100	45	45
>3.00～3.20	1600～1750	1610～1760	1680～1830	1740～1890	1910～2080	40	45
>3.20～3.50	1580～1730	1600～1750	1660～1810	1720～1870	1900～2060	40	45
>3.50～4.00	1550～1700	1560～1710	1620～1770	1710～1860	1870～2030	40	45
>4.00～4.20	1540～1690	1540～1690	1610～1760	1700～1850	1860～2020	40	45
>4.20～4.50	1520～1670	1520～1670	1590～1740	1690～1840	1850～2000	40	45
>4.50～4.70	1510～1660	1510～1660	1580～1730	1680～1830	1840～1990	40	45
>4.70～5.00	1500～1650	1500～1650	1560～1710	1670～1820	1830～1980	40	45
>5.00～5.60	1470～1620	1460～1610	1540～1690	1660～1810	1800～1950	35	40
>5.60～6.00	1460～1610	1440～1590	1520～1670	1650～1800	1780～1930	35	40
>6.00～6.50	1440～1590	1420～1570	1510～1660	1640～1790	1760～1910	35	40
>6.50～7.00	1430～1580	1400～1550	1500～1650	1630～1780	1740～1890	35	40
>7.00～8.00	1400～1550	1380～1530	1480～1630	1620～1770	1710～1860	35	40
>8.00～9.00	1380～1530	1370～1520	1470～1620	1610～1760	1700～1850	30	35
>9.00～10.00	1360～1510	1350～1500	1450～1600	1600～1750	1660～1810	30	35
>10.00～12.00	1320～1470	1320～1470	1430～1580	1580～1730	1660～1810	30	—
>12.00～14.00	1280～1430	1300～1450	1420～1570	1560～1710	1620～1770	30	—
>14.00～15.00	1270～1420	1290～1440	1410～1560	1550～1700	1620～1770	—	
>15.00～17.00	1250～1400	1270～1420	1400～1550	1540～1690	1580～1730		

①FDSiMn 和 TDSiMn，钢丝直径小于等于 5.00mm 时，断面收缩率应大于等于 35%；直径大于 5.00 且小于等于 14.00mm 时，断面收缩率应大于等于 30%。

（2）高疲劳级油淬火－回火弹簧钢丝的力学性能见表7－59。

表7－59 高疲劳级油淬火－回火弹簧钢丝的力学性能（GB/T 18983—2003）

直径范围/mm	抗拉强度/(N/mm²)				断面收缩率/%
	VDC	VDCrV—A	VDCrV—B	VDCrSi	≥
0.50～0.80	1700～2000	1750～1950	1910～2060	2030～2230	—
>0.80～1.00	1700～1950	1730～1930	1880～2030	2030～2230	—
>1.00～1.30	1700～1900	1700～1900	1860～2010	2030～2230	45
>1.30～1.40	1700～1850	1680～1860	1840～1990	2030～2230	45
>1.40～1.60	1670～1820	1660～1860	1820～1970	2000～2180	45
>1.60～2.00	1650～1800	1640～1800	1770～1920	1950～2110	45
>2.00～2.50	1630～1780	1620～1770	1720～1860	1990～2060	45
>2.50～2.70	1610～1760	1610～1760	1690～1840	1890～2040	45
>2.70～3.00	1590～1740	1600～1750	1660～1810	1880～2030	45
>3.00～3.20	1570～1720	1580～1730	1640～1790	1870～2020	45
>3.20～3.50	1550～1700	1560～1710	1620～1770	1860～2010	45
>3.50～4.00	1530～1680	1540～1690	1570～1720	1840～1990	45
>4.20～4.50	1510～1660	1520～1670	1540～1690	1810～1960	45
>4.70～5.00	1490～1640	1500～1650	1520～1670	1780～1930	45
>5.00～5.60	1470～1620	1480～1630	1490～1640	1750～1900	40
>5.60～6.00	1450～1600	1470～1620	1470～1620	1730～1890	40
>6.00～6.50	1420～1570	1440～1590	1440～1590	1710～1860	40
>6.50～7.00	1400～1550	1420～1570	1420～1570	1690～1840	40
>7.00～8.00	1370～1520	1410～1560	1390～1540	1660～1810	40
>8.00～9.00	1350～1500	1390～1540	1370～1520	1640～1790	35
>9.00～10.00	1340～1490	1370～1520	1340～1490	1620～1770	35

7.2.13　非机械弹簧用碳素弹簧钢丝

1. 非机械弹簧用碳素弹簧钢丝的直径及其允许偏差（表7-60）

表7-60　非机械弹簧用碳素弹簧钢丝的直径及其允许偏差（YB/T 5220—1993）

钢丝直径/mm	允许偏差级别		
	h10	h11	h12
	允许偏差/mm		
0.20~0.30	±0.01	±0.01	±0.02
>0.30~0.60	±0.01	±0.02	±0.03
>0.60~1.00	±0.01	±0.02	±0.03
>1.00~3.00	±0.02	±0.03	±0.05
>3.00~6.00	±0.02	±0.04	±0.06
>6.00~7.00	±0.03	±0.05	±0.08

2. 非机械弹簧用碳素弹簧钢丝的抗拉强度（表7-61）

表7-61　非机械弹簧用碳素弹簧钢丝的抗拉强度（YB/T 5220—1993）

组别	抗拉强度/(N/mm^2)	组别	抗拉强度/(N/mm^2)	组别	抗拉强度/(N/mm^2)
A1	1180~1380	A4	1780~1980	A7	2380~2580
A2	1380~1580	A5	1980~2180	A8	2580~2780
A3	1580~1780	A6	2180~2380	A9	2780~2980

7.2.14　六角钢丝

1. 六角钢丝的尺寸及其允许偏差（表7-62）

表7-62　六角钢丝的尺寸及其允许偏差（YB/T 5186—2006）

（单位：mm）

六角钢丝对边距离	允许偏差		
	10	11	12
1.60~3.0	0 -0.040	0 -0.060	0 -0.100
>3.0~6.0	0 -0.048	0 -0.075	0 -0.120
>6.0~10.0	0 -0.058	0 -0.090	0 -0.140
>10.0	0 -0.068	0 -0.105	0 -0.160

2. 六角钢丝的力学性能

（1）冷拉和退火状态六角钢丝的力学性能见表7-63。

表7-63 冷拉和退火状态六角钢丝的力学性能（YB/T 5186—2006）

牌号	冷拉状态		退火状态
	抗拉强度 R_m/(N/mm²)	断后伸长率 A/%	抗拉强度 R_m/(N/mm²)
	≥		≤
10～20	440	7.5	540
25～35	540	7.0	635
40～50	610	6.0	735
Y12	660	7.0	—
20Cr～40Cr	440	—	715
30CrMnSiA	540	—	795

（2）油淬火-回火状态六角钢丝的力学性能见表7-64。

表7-64 油淬火-回火状态六角钢丝的力学性能（YB/T 5186—2006）

六角钢丝对边距离/mm	抗拉强度 R_m/(N/mm²)			断面收缩率 Z/%
	65Mn	60Si2Mn	55CrSi	≥
1.6～3.0	1620～1890	1750～2000	1950～2250	40
>3.0～6.0	1460～1750	1650～1890	1780～2080	40
>6.0～10.0	1360～1590	1600～1790	1660～1910	30
>10.0	1250～1470	1540～1730	1580～1810	30

注：断面收缩率仅供参考，不作为交货验收依据。

7.2.15 不锈钢丝

1. 软态不锈钢丝的力学性能（表7-65）

表7-65 软态不锈钢丝的力学性能（GB/T 4240—2009）

牌号	公称直径范围/mm	抗拉强度 R_m/(N/mm²)	断后伸长率[①] A/% ≥
12Cr17Mn6Ni5N 12Cr18Mn9Ni5N 12Cr18Ni9 Y12Cr18Ni9 16Cr23Ni13 20Cr25Ni20Si2	0.05～0.10	700～1000	15
	>0.10～0.30	660～950	20
	>0.30～0.60	640～920	20
	>0.6～1.0	620～900	25
	>1.0～3.0	620～880	30
	>3.0～6.0	600～850	30
	>6.0～10.0	580～830	30
	>10.0～16.0	550～800	30

续表

牌号	公称直径范围/mm	抗拉强度 R_m/(N/mm^2)	断后伸长率① A/% ≥
Y06Cr17Mn6Ni6Cu2 Y12Cr18Ni9Cu3 06Cr19Ni9 022Cr19Ni10 10Cr18Ni12 06Cr17Ni12Mo2 06Cr20Ni11 06Cr23Ni13 06Cr25Ni20 06Cr17Ni12Mo2 022Cr17Ni14Mo2 06Cr19Ni13Mo3 06Cr17Ni12Mo2Ti	0.05~0.10 >0.10~0.30 >0.30~0.60 >0.60~1.0 >1.0~3.0 >3.0~6.0 >6.0~10.0 >10.0~16.0	650~930 620~900 600~870 580~850 570~830 550~800 520~770 500~750	15 20 20 25 30 30 30 30
30Cr13 32Cr13Mo Y30Cr13 40Cr13 12Cr12Ni2 Y16Cr17Ni2Mo 20Cr17Ni2	1.0~2.0 >2.0~16.0	600~850 600~850	10 15

①易切削钢丝和公称直径小于1.0mm的钢丝，断后伸长率供参考，不作为判定性依据。

2. 轻拉不锈钢丝的力学性能（表7-66）

表7-66 轻拉不锈钢丝的力学性能（GB/T 4240—2009）

牌号	公称尺寸范围/mm	抗拉强度 R_m/(N/mm^2)
12Cr17Mn6Ni5N 12Cr18Mn9Ni5N Y06Cr17Mn6Ni6Cu2 12Cr18Ni9 Y12Cr18Ni9 Y12Cr18Ni9Cu3 06Cr19Ni9 022Cr19Ni10 10Cr18Ni12 06Cr20Ni11	0.50~1.0 >1.0~3.0 >3.0~6.0 >6.0~10.0 >10.0~16.0	850~1200 830~1150 800~1100 770~1050 750~1030

续表

牌号	公称尺寸范围/mm	抗拉强度 R_m/(N/mm^2)
16Cr23Ni13 06Cr23Ni13 06Cr25Ni20 20Cr25Ni20Si2 06Cr17Ni12Mo2 022Cr17Ni14Mo2 06Cr19Ni13Mo3 06Cr17Ni12Mo2Ti	0.50~1.0 >1.0~3.0 >3.0~6.0 >6.0~10.0 >10.0~16.0	850~1200 830~1150 800~1100 770~1050 750~1030
06Cr13Al 06Cr11Ti 022Cr11Nb 10Cr17 Y10Cr17 10Cr17Mo 10Cr17MoNb	0.30~3.0 >3.0~6.0 >6.0~16.0	530~780 500~750 480~730
12Cr13 Y12Cr13 20Cr13	1.0~3.0 >3.0~6.0 >6.0~16.0	600~850 580~820 550~800
30Cr13 32Cr12Mo Y30Cr13 Y16Cr17Ni2Mo	1.0~3.0 >3.0~6.0 >6.0~16.0	650~950 600~900 600~850

3. 冷拉不锈钢丝的力学性能(表 7-67)

表 7-67 冷拉不锈钢丝的力学性能(GB/T 4240—2009)

牌号	公称尺寸范围/mm	抗拉强度 R_m/(N/mm^2)
12Cr17Mn6Ni5N 12Cr18Mn9Ni5N 12Cr18Ni9 06Cr19Ni9 10Cr18Ni12 06Cr17Ni12Mo2	0.10~1.0 >1.0~3.0 >3.0~6.0 >6.0~12.0	1200~1500 1150~1450 1100~1400 950~1250

7.2.16 冷顶锻用不锈钢丝

1. 冷顶锻用不锈钢丝的化学成分（表7－68）

表7－68 冷顶锻用不锈钢丝的化学成分（GB/T 4232—2009）

牌号	化学成分(质量分数,%)									
	C	Si	Mn	P	S	Cr	Ni	Mo	Cu	N	其他
ML04Cr17Mn7Ni5CuN	0.05	0.80	6.40～7.50	0.045	0.015	16.00～17.50	4.00～5.00	—	0.70～1.30	0.10～0.25	—
ML04Cr16Mn8Ni2Cu3N	0.05	0.80	7.50～9.00	0.045	0.030	15.50～17.50	1.50～3.00	0.60	2.30～3.00	0.10～0.25	—
ML06Cr19Ni9	0.08	1.00	2.00	0.045	0.030	18.00～20.00	8.00～10.50	—	1.00	0.10	—
ML06Cr18Ni9Cu2	0.08	1.00	2.00	0.045	0.030	17.00～19.00	8.00～10.50	—	1.00～3.00	0.10	—
ML022Cr18Ni9Cu3	0.030	1.00	2.00	0.045	0.030	17.00～19.00	8.00～10.00	—	3.00～4.00	—	—
ML03Cr18Ni12	0.04	1.00	2.00	0.045	0.030	17.00～19.00	10.50～13.00	—	1.00	—	—
ML06Cr17Ni12Mo2	0.08	1.00	2.00	0.045	0.030	16.00～18.00	10.00～14.00	2.00～3.00	—	0.10	—
ML022Cr17Ni13Mo3	0.030	1.00	2.00	0.045	0.030	16.50～18.50	11.50～14.50	2.50～3.00	—	—	—

续表

牌号	化学成分(质量分数,%)										
	C	Si	Mn	P	S	Cr	Ni	Mo	Cu	N	其他
ML03Cr16Ni18	0.04	1.00	2.00	0.045	0.030	15.00 ~ 17.00	17.00 ~ 19.00	—	—	—	—
ML06Cr12Ti	0.08	1.00	1.00	0.040	0.030	10.50 ~ 12.50	0.50	—	—	—	Ti:6 × C ~ 1.00
ML06Cr12Nb	0.08	1.00	1.00	0.040	0.030	10.50 ~ 12.50	0.50	—	—	—	Nb:6 × C ~ 1.00
ML10Cr15	0.12	1.00	1.00	0.040	0.030	14.00 ~ 16.00	—	—	—	—	—
ML04Cr17	0.05	1.00	1.00	0.040	0.030	16.00 ~ 18.00	—	—	—	—	—
ML06Cr17Mo	0.08	1.00	1.00	0.040	0.030	16.00 ~ 18.00	1.00	0.90 ~ 1.30	—	—	—
ML12Cr13	0.08 ~ 0.15	1.00	1.00	0.040	0.030	11.50 ~ 13.50	0.60	—	—	—	—
ML22Cr14NiMo	0.15 ~ 0.30	1.00	1.00	0.040	0.030	13.50 ~ 15.00	0.35 ~ 0.85	0.40 ~ 0.85	—	—	—
ML16Cr17Ni2	0.12 ~ 0.20	1.00	1.00	0.040	0.030	15.00 ~ 18.00	2.00 ~ 3.00	0.60	—	—	—

注：表中未规定范围者均为最大值。

2. 冷顶锻用软态不锈钢丝的力学性能（表7-69）

表7-69　冷顶锻用软态不锈钢丝的力学性能（GB/T 4232—2009）

牌号	公称直径/mm	抗拉强度 $R_m/(N/mm^2)$	断面收缩率 $Z^{①}/\%$ ≥	断后伸长率 $A^{①}/\%$ ≥
ML04Cr17Mn7Ni5CuN	0.80~3.00	700~900	65	20
	>3.00~11.0	650~850	65	30
ML04Cr16Mn8Ni2Cu3N	0.80~3.00	650~850	65	20
	>3.00~11.0	620~820	65	30
ML06Cr19Ni9	0.80~3.00	580~740	65	30
	>3.00~11.0	550~710	65	40
ML06Cr18Ni9Cu2	0.80~3.00	560~720	65	30
	>3.00~11.0	520~680	65	40
ML022Cr18Ni9Cu3	0.80~3.00	480~640	65	30
	>3.0~11.0	450~610	65	40
ML03Cr18Ni12	0.80~3.00	480~640	65	30
	>3.00~11.0	450~610	65	40
ML06Cr17Ni12Mo2	0.80~3.00	560~720	65	30
	>3.00~11.0	500~660	65	40
ML022Cr17Ni13Mo3	0.80~3.00	540~700	65	30
	>3.00~11.0	500~660	65	40
ML03Cr16Ni18	0.80~3.00	480~640	65	30
	>3.00~11.0	440~600	65	40
ML12Cr13	0.80~3.00	440~640	55	—
	>3.00~11.00	400~600	55	15
ML22Cr14NiMo	0.80~3.00	540~780	55	—
	>3.00~11.0	500~740	55	15
ML16Cr17Ni2	0.80~3.00	560~800	55	—
	>3.00~11.0	540~780	55	15

①直径不大于3.0mm的钢丝的断面收缩率和断后伸长率仅供参考，不作为判定依据。

3. 冷顶锻用轻拉不锈钢丝的力学性能（表7-70）

表7-70 冷顶锻用轻拉不锈钢丝的力学性能（GB/T 4232—2009）

牌号	公称直径/mm	抗拉强度 R_m/(N/mm²)	断面收缩率 Z①/% ≥	断后伸长率 A①/% ≥
ML04Cr17Mn7Ni5CuN	0.80~3.00	800~1000	55	15
	>3.00~20.00	750~950	55	20
ML04Cr16Mn8Ni2Cu3N	0.80~3.00	760~960	55	15
	>3.00~20.0	720~920	55	20
ML06Cr19Ni9	0.80~3.00	640~800	55	20
	>3.00~20.0	590~750	55	25
ML06Cr18Ni9Cu2	0.80~3.00	590~760	55	20
	>3.00~20.0	550~710	55	25
ML022Cr18Ni9Cu3	0.80~3.00	520~680	55	20
	>3.00~20.0	480~640	55	25
ML03Cr18Ni12	0.80~3.00	520~680	55	20
	>3.00~20.0	480~640	55	25
ML06Cr17Ni12Mo2	0.80~3.00	600~760	55	20
	>3.00~20.0	550~710	55	25
ML022Cr17Ni13Mo3	0.80~3.00	580~740	55	20
	>3.00~20.0	550~710	55	25
ML03Cr16Ni18	0.80~3.00	520~680	55	20
	>3.0~20.0	480~640	55	25
ML06Cr12Ti	0.80~3.00	≤650	55	—
	>3.00~20.0		55	10
ML06Cr12Nb	0.80~3.00	≤650	55	—
	>3.00~20.0		55	10
ML10Cr15	0.80~3.00	≤700	55	—
	>3.00~20.0		55	10
ML04Cr17	0.80~3.00	≤700	55	—
	>3.00~20.0		55	10
ML06Cr17Mo	0.80~3.00	≤720	55	—
	>3.00~20.0		55	10
ML12Cr13	0.80~3.00	≤740	50	—
	>3.00~20.0		50	10
ML22Cr14NiMo	0.80~3.00	≤780	50	—
	>3.00~20.0		50	10
ML16Cr17Ni2	0.80~3.00	≤850	50	—
	>3.00~20.0		50	10

①直径小于3.00mm的钢丝的断面收缩率和断后伸长率仅供参考，不作为判定依据。

7.2.17 弹簧用不锈钢丝

弹簧用不锈钢丝的抗拉强度见表7－71。

表7－71 弹簧用不锈钢丝的抗拉强度（YB/T 11—1983）

<table>
<tr><th rowspan="2">钢丝直径/mm</th><th colspan="3">抗拉强度/（N/mm²）</th></tr>
<tr><th>A组
1Cr18Ni9
0Cr19Ni10
0Cr17Ni12Mo2</th><th>B组
1Cr18Ni9
0Cr19Ni10</th><th>C组
0Cr17Ni8Al</th></tr>
<tr><td>0.080</td><td rowspan="8">1618～1863</td><td rowspan="8">2157～2403</td><td rowspan="2">—</td></tr>
<tr><td>0.090</td></tr>
<tr><td>0.10</td><td rowspan="7">1961～2206</td></tr>
<tr><td>0.12</td></tr>
<tr><td>0.14</td></tr>
<tr><td>0.16</td></tr>
<tr><td>0.18</td></tr>
<tr><td>0.20</td></tr>
<tr><td>0.23</td><td rowspan="6">1569～1814</td><td rowspan="6">2059～2305</td></tr>
<tr><td>0.26</td><td rowspan="5">1912～2157</td></tr>
<tr><td>0.29</td></tr>
<tr><td>0.32</td></tr>
<tr><td>0.35</td></tr>
<tr><td>0.40</td></tr>
<tr><td>0.45</td><td rowspan="6">1569～1814</td><td rowspan="6">1961～2206</td><td rowspan="6">1814～2059</td></tr>
<tr><td>0.50</td></tr>
<tr><td>0.55</td></tr>
<tr><td>0.60</td></tr>
<tr><td>0.65</td></tr>
<tr><td>0.70</td></tr>
<tr><td>0.80</td><td rowspan="3">1471～1716</td><td rowspan="3">1863～2108</td><td rowspan="3">1765～2010</td></tr>
<tr><td>0.90</td></tr>
<tr><td>1.00</td></tr>
<tr><td>1.20</td><td rowspan="2">1373～1618</td><td rowspan="2">1765～2010</td><td rowspan="2">1667～1912</td></tr>
<tr><td>1.40</td></tr>
</table>

续表

钢丝直径/mm	抗拉强度/(N/mm²)		
	A 组 1Cr18Ni9 0Cr19Ni10 0Cr17Ni12Mo2	B 组 1Cr18Ni9 0Cr19Ni10	C 组 0Cr17Ni8Al
1.60	1324 ~ 1569	1667 ~ 1912	1569 ~ 1814
1.80			
2.00			
2.30	1275 ~ 1520	1590 ~ 1814	1471 ~ 1716
2.60			
2.80	1177 ~ 1422	1471 ~ 1716	1373 ~ 1618
3.20			
3.50			
4.00			
4.50	1079 ~ 1324	1373 ~ 1618	1275 ~ 1520
5.00			
5.50			
6.00			
6.50	981 ~ 1226	1275 ~ 1520	—
7.00			
8.00			
9.00	—	1128 ~ 1373	—
10.00		981 ~ 1226	
12.00		883 ~ 1128	

7.2.18 焊接用不锈钢丝

1. 焊接用不锈钢丝的分类和牌号（表 7 - 72）

表 7 - 72 焊接用不锈钢丝的分类和牌号（YB/T 5092—2005）

类别	牌号		
奥氏体型	H05Cr22Ni11Mn6Mo3VN	H12Cr24Ni13	H03Cr19Ni12Mo2Si1
	H10Cr17Ni8Mn8Si4N	H03Cr24Ni13Si	H03Cr19Ni12Mo2Cu2
	H05Cr20Ni6Mn9N	H03Cr24Ni13	H08Cr19Ni14Mo3

续表

类别	牌号		
奥氏体型	H05Cr18Ni5Mn12N	H12Cr24Ni13Mo2	H03Cr19Ni14Mo3
	H10Cr21Ni10Mn6	H03Cr24Ni13Mo2	H08Cr19Ni12Mo2Nb
	H09Cr21Ni9Mn4Mo	H12Cr24Ni13Si1	H07Cr20Ni34Mo2Cu3Nb
	H08Cr21Ni10Si	H03Cr24Ni3Si1	H02Cr20Ni34Mo2Cu3Nb
	H08Cr21Ni10	H12Cr26Ni21Si	H08Cr19Ni10Ti
	H06Cr21Ni10	H12Cr26Ni21	H21Cr16Ni35
	H03Cr21Ni10Si	H08Cr26Ni21	H08Cr20Ni10Nb
	H03Cr21Ni10	H08Cr19Ni12Mo2Si	H08Cr20Ni10SiNb
	H08Cr20Ni11Mo2	H08Cr19Ni12Mo2	H02Cr27Ni32Mo3Cu
	H04Cr20Ni11Mo2	H06Cr19Ni12Mo2	H02Cr20Ni25Mo4Cu
	H08Cr21Ni10Si1	H03Cr19Ni12Mo2Si	H06Cr19Ni10TiNb
	H03Cr21Ni10Si1	H03Cr19Ni12Mo2	H10Cr16Ni8Mo2
	H12Cr24Ni13Si	H08Cr19Ni12Mo2Si1	
奥氏体+铁素体（双相钢）型	H03Cr22Ni8Mo3N	H04Cr25Ni5Mo3Cu2N	H15Cr30Ni9
马氏体型	H12Cr13	H06Cr12Ni4Mo	H31Cr13
铁素体型	H06Cr14	H01Cr26Mo	H08Cr11Nb
	H10Cr17	H08Cr11Ti	
沉淀硬化型	H05Cr17Ni4Cu4Nb		

2. 焊接用不锈钢丝的直径及其允许偏差（表7-73）

表7-73 焊接用不锈钢丝的直径及其允许偏差（YB/T 5092—2005）

（单位：mm）

钢丝公称直径	直径允许偏差
0.6~1	0 -0.070
>1~3	0 -0.100
>3~6	0 -0.124
>6~10	0 -0.150

7.3 型钢

7.3.1 冷弯型钢

1. 冷弯不开口型钢的代号（表7-74）

表7-74 冷弯不开口型钢的代号（GB/T 6725—2008）

截面形状	简称	代号
圆形空心型钢	圆管	Y
方形空心型钢	方管	F
矩形空心型钢	矩形管	J
异形空心型钢	异形管	YI

2. 冷弯开口型钢的代号（表7-75）

表7-75 冷弯开口型钢的代号（GB/T 6725—2008）

截面形状	代号	截面形状	代号
等边角钢	JD	内卷边槽钢	CN
不等边角钢	JB	外卷边槽钢	CW
等边槽钢	CD	Z形钢	Z
不等边槽钢	CB	卷边Z形钢	ZJ

3. 冷弯型钢的力学性能（表7-76）

表7-76 冷弯型钢的力学性能（GB/T 6725—2008）

产品屈服强度等级	壁厚 δ/mm	屈服强度 R_{eL} /(N/mm^2)	抗拉强度 R_m /(N/mm^2)	断后伸长率 A/%
235	≤15	≥235	≥370	≥24
345		≥345	≥470	≥20
390		≥390	≥490	≥17

7.3.2　热轧型钢

1. 热轧工字钢和槽钢的尺寸、外形及允许偏差（表7－77）

表7－77　热轧工字钢和槽钢的尺寸、外形及允许偏差（GB/T 706—2008）

尺寸/mm		允许偏差/mm	图示
高度 h	<100	±1.5	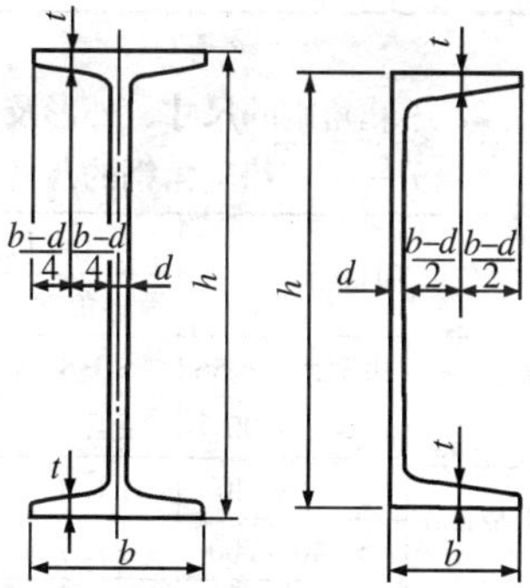
	100～<200	±2.0	
	200～<400	±3.0	
	≥400	±4.0	
腿宽度 b	<100	±1.5	
	100～<150	±2.0	
	150～<200	±2.5	
	200～<300	±3.0	
	300～<400	±3.5	
	≥400	±4.0	
腰厚度 d	<100	±0.4	
	100～<200	±0.5	
	200～<300	±0.7	
	300～<400	±0.8	
	≥400	±0.9	
外缘斜度 T		$T \leqslant 1.5\% b$ $2T \leqslant 2.5\% b$	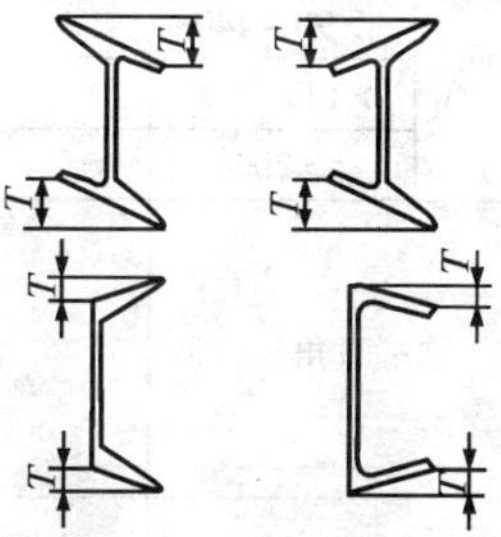
弯腰挠度 W		$W \leqslant 0.15d$	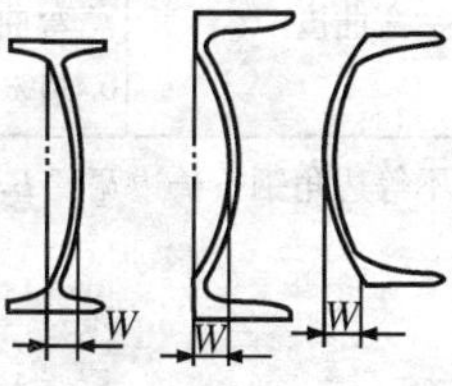

续表

尺寸/mm		允许偏差/mm	图示
弯曲度	工字钢	每米弯曲度≤2mm，总弯曲度≤总长度的0.20%	适用于上下、左右大弯曲
	槽钢	每米弯曲度≤3mm，总弯曲度≤总长度的0.30%	

2. 热轧角钢的尺寸、外形及允许偏差（表7－78）

表7－78　热轧角钢的尺寸、外形及允许偏差（GB/T 706—2008）

项目		允许偏差/mm		图示
		等边角钢	不等边角钢	
边宽度 B,b/mm	边宽度[①]≤56	±0.8	+0.8	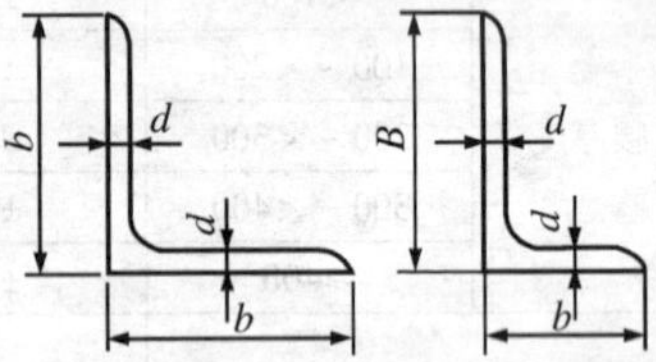
	>56～90	±1.2	±1.5	
	>90～140	±1.8	±2.0	
	>140～200	±2.5	±2.5	
	>200	±3.5	±3.5	
边厚度 d/mm	边宽度[①]≤56	±0.4		
	>56～90	±0.6		
	>90～140	±0.7		
	>140～200	±1.0		
	>200	±1.4		
顶端直角		$\alpha \leq 50'$		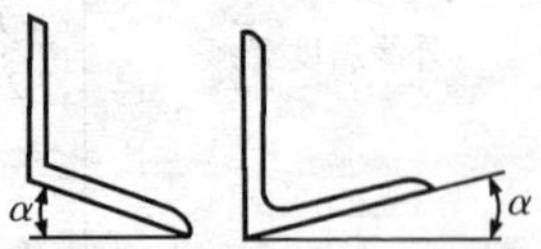
弯曲度		每米弯曲度≤3mm，总弯曲度≤总长度的0.30%		适用于上下、左右大弯曲

①不等边角钢按长边宽度 B。

3. 热轧L型钢的尺寸、外形及允许偏差（表7－79）

表7－79　热轧L型钢的尺寸、外形及允许偏差（GB/T 706—2008）

项目			允许偏差/mm	图示
边宽度 B，b			±4.0	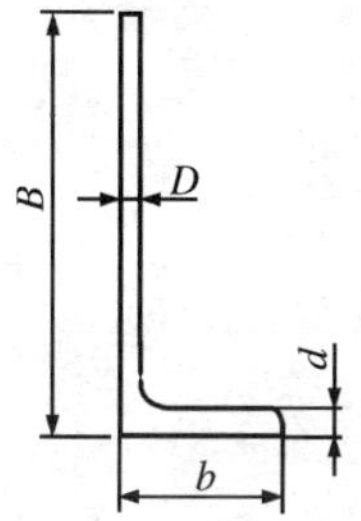
边厚度	长边厚度 D		+1.6 −0.4	
	短边厚度 d/mm	≤20	+2.0 −0.4	
		>20～30	+2.0 −0.5	
		>30～35	+2.5 −0.6	
垂直度 T			$T \leqslant 2.5\% b$	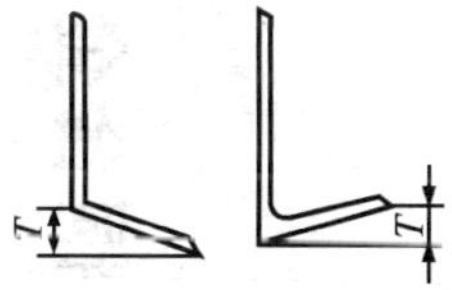
长边平直度 W			$W \leqslant 0.15D$	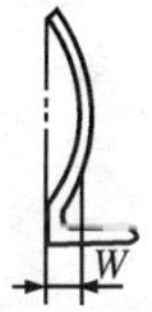
弯曲度			每米弯曲度≤3mm，总弯曲度≤0.30%	适用于上下、左右大弯曲

4. 型钢的长度允许偏差（表7－80）

表7－80　型钢的长度允许偏差（GB/T 706—2008）

（单位：mm）

长度	允许偏差
≤8000	+50 0
>8000	+80 0

第 8 章　铜及铜合金

8.1　铜及铜合金的化学成分

8.1.1　加工铜及铜合金的化学成分和产品形状

1. 加工铜的化学成分和产品形状（表 8－1）

表 8－1　加工铜的化学成分和产品形状（GB/T 5231—2001）

组别	序号	牌号		化学成分（质量分数，%）													产品形状
		名称	代号	Cu + Ag	P	Ag	Bi	Sb	As	Fe	Ni	Pb	Sn	S	Zn	O	
纯铜	1	一号铜	T1	99.95	0.001	—	0.001	0.002	0.002	0.005	0.002	0.003	0.002	0.005	0.005	0.02	板、带、箔、管
	2	二号铜	T2	99.90	—	—	0.001	0.002	0.002	0.005	—	0.005	—	0.005	—	—	板、带、箔、管、棒、线、型
	3	三号铜	T3	99.70	—	—	0.002	—	—	—	—	0.01	—	—	—	—	板、带、箔、管、棒、线

续表

组别	序号	牌号		化学成分(质量分数,%)													产品形状
		名称	代号	Cu + Ag	P	Ag	Bi	Sb	As	Fe	Ni	Pb	Sn	S	Zn	O	
无氧铜	4	零号无氧铜	TU0 [C10100]	Cu 99.99	0.0003	0.0025	0.0001	0.0004	0.0005	0.0010	0.0010	0.0005	0.0002	0.0015	0.0001	0.0005	板、带、箔、管、棒、线
				Se:0.0003 Te:0.0002 Mn:0.00005 Cd:0.0001													
	5	一号无氧铜	TU1	99.97	0.002	—	0.001	0.002	0.002	0.004	0.002	0.003	0.002	0.004	0.003	0.002	板、带、箔、管、棒、线
	6	二号无氧铜	TU2	99.95	0.002	—	0.001	0.002	0.002	0.004	0.002	0.004	0.002	0.004	0.003	0.003	板、带、管、棒、线
磷脱氧铜	7	一号脱氧铜	TP1 [C12000]	99.90	0.004 ~ 0.012	—	—	—	—	—	—	—	—	—	—	—	板、带、管
	8	二号脱氧铜	TP2 [C12200]	99.90	0.015 ~ 0.040	—	—	—	—	—	—	—	—	—	—	—	板、带、管
银铜	9	0.1银铜	TAg0.1	Cu: 99.5	—	0.06 ~ 0.12	0.002	0.005	0.01	0.05	0.2	0.01	0.05	0.01	—	0.1	板、管、线

2. 加工黄铜的化学成分和产品形状（表 8－2）

表 8－2　加工黄铜的化学成分和产品形状（GB/T 5231—2001）

组别	序号	牌号		化学成分（质量分数，%）									产品形状
		名称	代号	Cu	Fe①	Pb	Al	Mn	Sn	Ni①	Zn	杂质总和	
普通黄铜	1	96 黄铜	H96	95.0～97.0	0.10	0.03	—	—	—	0.5	余量	0.2	板、带、管、棒、线
	2	90 黄铜	H90	88.0～91.0	0.10	0.03	—	—	—	0.5	余量	0.2	板、带、棒、线、管、箔
	3	85 黄铜	H85	84.0～86.0	0.10	0.03	—	—	—	0.5	余量	0.3	管
	4	80 黄铜	H80②	79.0～81.0	0.10	0.03	—	—	—	0.5	余量	0.3	板、带、管、棒、线
	5	70 黄铜	H70②	68.5～71.5	0.10	0.03	—	—	—	0.5	余量	0.3	板、带、管、棒、线
	6	68 黄铜	H68	67.0～70.0	0.10	0.03	—	—	—	0.5	余量	0.3	板、带、箔、管、棒、线
	7	65 黄铜	H65	63.5～68.0	0.10	0.03	—	—	—	0.5	余量	0.3	板、带、线、管、箔
	8	63 黄铜	H63	62.0～65.0	0.15	0.08	—	—	—	0.5	余量	0.5	板、带、管、棒、线
	9	62 黄铜	H62	60.5～63.5	0.15	0.08	—	—	—	0.5	余量	0.5	板、带、管、棒、线、型、箔
	10	59 黄铜	H59	57.0～60.0	0.3	0.5	—	—	—	0.5	余量	1.0	板、带、线、管

续表

组别	序号	牌号		化学成分(质量分数,%)									产品形状
		名称	代号	Cu	Fe①	Pb	Al	Mn	Sn	Ni①	Zn	杂质总和	
镍黄铜	11	65—5 镍黄铜	HNi65—5	64.0 ~ 67.0	0.15	0.03	—	—	—	5.0 ~ 6.5	余量	0.3	板、棒
	12	56—3 镍黄铜	HNi56—3	54.0 ~ 58.0	0.15 ~ 0.5	0.2	0.3 ~ 0.5	—	—	2.0 ~ 3.0	余量	0.6	棒
铁黄铜	13	59—1—1 铁黄铜	HFe59—1—1	57.0 ~ 60.0	0.6 ~ 1.2	0.20	0.1 ~ 0.5	0.5 ~ 0.8	0.3 ~ 0.7	0.5	余量	0.3	板、棒、管
	14	58—1—1 铁黄铜	HFe58—1—1	56.0 ~ 58.0	0.7 ~ 1.3	0.7 ~ 1.3	—	—	—	0.5	余量	0.5	棒

组别	序号	牌号		化学成分(质量分数,%)											产品形状
		名称	代号	Cu	Fe①	Pb	Al	Mn	Ni④	Si	Co	As	Zn	杂质总和	
铅黄铜	15	89—2 铅黄铜	HPb89—2 [C31400]	87.5 ~ 90.5⑤	0.10	1.3 ~ 2.5	—	—	0.7	—	—	—	余量	—	棒
	16	66—0.5 铅黄铜	HPb66—0.5 [C33000]	65.0 ~ 68.0⑤	0.07	0.25 ~ 0.7	—	—	—	—	—	—	余量	—	管
	17	63—3 铅黄铜	HPb63—3	62.0 ~ 65.0	0.10	2.4 ~ 3.0	—	—	0.5	—	—	—	余量	0.75	板、带、棒、线
	18	63—0.1 铅黄铜	HPb63—0.1	61.5 ~ 63.5	0.15	0.05 ~ 0.3	—	—	0.5	—	—	—	余量	0.5	管、棒
	19	62—0.8 铅黄铜	HPb62—0.8	60.0 ~ 63.0	0.2	0.5 ~ 1.2	—	—	0.5	—	—	—	余量	0.75	线

续表

组别	序号	牌号 名称	牌号 代号	Cu	Fe①	Pb	Al	Mn	Ni④	Si	Co	As	Zn	杂质总和	产品形状
铅黄铜	20	62—3 铅黄铜	HPb62—3 [C36000]	60.0 ~ 63.0⑥	0.35	2.5 ~ 3.7	—	—	—	—	—	—	余量	—	棒
	21	62—2 铅黄铜	HPb62—2 [C35300]	60.0 ~ 63.0⑥	0.15	1.5 ~ 2.5	—	—	—	—	—	—	余量	—	板、带、棒
	22	61—1 铅黄铜	HPb61—1 [C37100]	58.0 ~ 62.0⑤	0.15	0.6 ~ 1.2	—	—	—	—	—	—	余量	—	板、带、棒、线
	23	60—2 铅黄铜	HPb60—2 [C37700]	58.0 ~ 61.0⑥	0.30	1.5 ~ 2.5	—	—	—	—	—	—	余量	—	板、带
	24	59—3 铅黄铜	HPb59—3	57.5 ~ 59.5	0.50	2.0 ~ 3.0	—	—	0.5	—	—	—	余量	1.2	板、带、管、棒、线
	25	59—1 铅黄铜	HPb59—1	57.0 ~ 60.0	0.5	0.8 ~ 1.9	—	—	1.0	—	—	—	余量	1.0	板、带、管、棒、线
铝黄铜	26	77—2 铝黄铜	HAl77—2 [C68700]	76.0 ~ 79.0⑥	0.06	0.07	1.8 ~ 2.5	—	—	—	—	0.02 ~ 0.06	余量	—	管
	27	67—2.5 铝黄铜	HAl67—2.5	66.0 ~ 68.0	0.6	0.5	2.0 ~ 3.0	—	0.5	—	—	—	余量	1.5	板、棒
	28	66—6—3—2 铝黄铜	HAl66—6—3—2	64.0 ~ 68.0	2.0 ~ 4.0	0.5	6.0 ~ 7.0	1.5 ~ 2.5	0.5	—	—	—	余量	1.5	板、棒
	29	61—4—3—1 铝黄铜	HAl61—4—3—1	59.0 ~ 62.0	0.3 ~ 1.3	—	3.5 ~ 4.5	—	2.5 ~ 4.0	0.5 ~ 1.5	0.5 ~ 1.0	—	余量	0.7	管

续表

组别	序号	牌号		化学成分(质量分数,%)											产品形状
		名称	代号	Cu	Fe①	Pb	Al	Mn	Ni④	Si	Co	As	Zn	杂质总和	
铝黄铜	30	60—1—1铝黄铜	HAl60—1—1	58.0~61.0	0.70~1.50	0.40	0.70~1.50	0.1~0.6	0.5	—	—	—	余量	0.7	板、棒
	31	59—3—2铝黄铜	HAl59—3—2	57.0~60.0	0.50	0.10	2.5~3.5	—	2.0~3.0	—	—	—	余量	0.9	板、管、棒

组别	序号	牌号		化学成分(质量分数,%)											产品形状
		名称	代号	Cu	Fe①	Pb	Al	Mn	Sn	As	Si	Ni④	Zn	杂质总和	
锰黄铜	32	62—3—3—0.7锰黄铜	HMn62—3—3—0.7	60.0~63.0	0.1	0.05	2.4~3.4	2.7~3.7	0.1	—	0.5~1.5	0.5	余量	1.2	管
	33	58—2锰黄铜	HMn58—2③	57.0~60.0	1.0	0.1	—	1.0~2.0	—	—	—	0.5	余量	1.2	板、带、棒、线、管
	34	57—3—1锰黄铜	HMn57—3—1③	55.0~58.5	1.0	0.2	0.5~1.5	2.5~3.5	—	—	—	0.5	余量	1.3	板、棒
	35	55—3—1锰黄铜	HMn55—3—1③	53.0~58.0	0.5~1.5	0.5		3.0~4.0	—	—	—	0.5	余量	1.5	板、棒
锡黄铜	36	90—1锯黄铜	HSn90—1	88.0~91.0	0.10	0.03	—	—	0.25~0.75	—	—	0.5	余量	0.2	板、带
	37	70—1铝黄铜	HSn70—1	69.0~71.0	0.10	0.05	—	—	0.8~1.3	0.03~0.06	—	0.5	余量	0.3	管
	38	62—1锡黄铜	HSn62—1	61.0~63.0	0.10	0.10	—	—	0.7~1.1	—	—	0.5	余量	0.3	板、带、棒、线、管
	39	60—1锡黄铜	HSn60—1	59.0~61.0	0.10	0.30	—	—	1.0~1.5	—	—	0.5	余量	1.0	线、管

续表

组别	序号	牌号		化学成分(质量分数,%)											产品形状
		名称	代号	Cu	Fe①	Pb	Al	Mn	Sn	As	Si	Ni④	Zn	杂质总和	
加砷黄铜	40	85A 加砷黄铜	H85A	84.0~86.0	0.10	0.03	—	—	—	0.02~0.08	—	0.5	余量	0.3	管
加砷黄铜	41	70A 加砷黄铜	H70A [C26130]	68.5~71.5⑦	0.05	0.05	—	—	—	0.02~0.08	—	—	余量	—	管
加砷黄铜	42	68A 加砷黄铜	H68A	67.0~70.0	0.10	0.03	—	—	—	0.03~0.06	—	0.5	余量	0.3	管
硅黄铜	43	80—3 硅黄铜	HSi80—3	79.0~81.0	0.6	0.1	—	—	—	—	2.5~4.0	0.5	余量	1.5	棒

①抗磁用黄铜的铁的质量分数不大于0.030%。

②特殊用途的H70、H80的杂质含量（质量分数）最大值：Fe为0.07%、Sb为0.002%、P为0.005%、As为0.005%、S为0.002%、杂质总和为0.20%。

③供异型铸造和热锻用的HMn57—3—1和HMn58—2的磷的质量分数不大于0.03%。供特殊使用的HMn55—3—1的铝的质量分数不大于0.1%。

④无对应外国牌号的黄铜（镍为主成分者除外）的镍含量计入铜中。

⑤Cu+所列出元素总和≥99.6%。

⑥Cu+所列出元素总和≥99.5%。

⑦Cu+所列出元素总和≥99.7%。

3. 加工青铜的化学成分和产品形状（表8-3）

表8-3 加工青铜的化学成分和产品形状（GB/T 5231—2001）

组别	序号	牌号		化学成分（质量分数，%）												产品形状
		名称	代号	Sn	Al	Si	Mn	Zn	Ni	Fe	Pb	P	As①	Cu	杂质总和	
锡青铜②⑤	1	1.5—0.2 锡青铜	QSn1.5—0.2 [C50500]	1.0~1.7	—	—	—	0.30	0.2	0.10	0.05	0.03~0.35	—	余量⑥	—	管
	2	4—0.3 锡青铜	QSn4—0.3 [C51100]	3.5~4.9	—	—	—	0.30	0.2	0.10	0.05	0.03~0.35	—	余量⑥	—	管
	3	4—3 锡青铜	QSn4—3	3.5~4.5	0.002	—	—	2.7~3.3	0.2	0.05	0.02	0.03	—	余量	0.2	板、带、箔、棒、线
	4	4—4—2.5 锡青铜	QSn4—4—2.5	3.0~5.0	0.002	—	—	3.0~5.0	0.2	0.05	1.5~3.5	0.03	—	余量	0.2	板、带
	5	4—4—4 锡青铜	QSn4—4—4	3.0~5.0	0.002	—	—	3.0~5.0	0.2	0.05	3.5~4.5	0.03	—	余量	0.2	板、带
	6	6.5—0.1 锡青铜	QSn6.5—0.1	6.0~7.0	0.002	—	—	0.3	0.2	0.05	0.02	0.10~0.25	—	余量	0.1	板、带、箔、棒、线、管
	7	6.5—0.4 锡青铜	QSn6.5—0.4	6.0~7.0	0.002	—	—	0.3	0.2	0.02	0.02	0.26~0.40	—	余量	0.1	板、带、箔、棒、线、管
	8	7—0.2 锡青铜	QSn7—0.2	6.0~8.0	0.01	—	—	0.3	0.2	0.05	0.02	0.10~0.25	—	余量	0.15	板、带、箔、棒、线
	9	8—0.3 锡青铜	QSn8—0.3 [C52100]	7.0~9.0	—	—	—	0.20	0.2	0.10	0.05	0.03~0.35	—	余量⑥	—	板、带

续表

组别	序号	牌号 名称	牌号 代号	Sn	Al	Si	Mn	Zn	Ni	Fe	Pb	P	As①	Cu	杂质总和	产品形状
铝青铜⑤	10	5 铝青铜	QAl5	0.1	4.0~6.0	0.1	0.5	0.5	0.5	0.5	0.03	0.01	—	余量	1.6	板、带
	11	7 铝青铜	QAl7 [C61000]	—	6.0~8.5	0.10	—	0.20	0.5	0.50	0.02	—	—	余量⑥	—	板、带
	12	9—2 铝青铜	QAl9—2	0.1	8.0~10.0	0.1	1.5~2.5	1.0	0.5	0.5	0.03	0.01	—	余量	1.7	板、带、箔、棒、线
	13	9—4 铝青铜	QAl9—4	0.1	8.0~10.0	0.1	0.5	1.0	0.5	2.0~4.0	0.01	0.01	—	余量	1.7	管、棒
	14	9—5—1—1 铝青铜	QAl9—5—1—1	0.1	8.0~10.0	0.1	0.5~1.5	0.3	4.0~6.0	0.5~1.5	0.01	0.01	0.01	余量	0.6	棒
	15	10—3—1.5 铝青铜	QAl10—3—1.5③	0.1	8.5~10.0	0.1	1.0~2.0	0.5	0.5	2.0~4.0	0.03	0.01	—	余量	0.75	管、棒

组别	序号	牌号 名称	牌号 代号	Sn	Al	Be	Si	Mn	Zn	Ni	Fe	Pb	P	Ti	Mg	As①	Sb①	Co	Ag	Cu	杂质总和	产品形状
铝青铜⑤	16	10—4—4 铝青铜	QAl10—4—4④	0.1	9.5~11.0	—	0.1	0.3	0.5	3.5~5.5	3.5~5.5	0.02	0.01	—	—	—	—	—	—	余量	1.0	管、棒
	17	10—5—5 铝青铜	QAl10—5—5	0.20	8.0~11.0	—	0.25	0.5~2.5	0.50	4.0~6.0	4.0~6.0	0.05	—	—	0.10	—	—	—	—	余量	1.2	棒
	18	11—6—6 铝青铜	QAl11—6—6	0.2	10.0~11.5	—	0.2	0.5	0.6	5.0~6.5	5.0~6.5	0.05	0.1	—	—	—	—	—	—	余量	1.5	棒

续表

组别	序号	牌号 名称	牌号 代号	Sn	Al	Be	Si	Mn	Zn	Ni	Fe	Pb	P	Ti	Mg	As①	Sb①	Co	Ag	Cu	杂质总和	产品形状
铍青铜	19	2 铍青铜	QBe2	—	0.15	1.80~2.1	0.15	—	—	0.2~0.5	0.15	0.005	—	—	—	—	—	—	—	余量	0.5	板、带、棒
	20	1.9 铍青铜	QBe1.9	—	0.15	1.85~2.1	0.15	—	—	0.2~0.4	0.15	0.005	—	0.10~0.25	—	—	—	—	—	余量	0.5	板、带
	21	1.9~0.1 铍青铜	QBe1.9—0.1	—	0.15	1.85~2.1	0.15	—	—	0.2~0.4	0.15	0.005	—	0.10~0.25	0.07~0.13	—	—	—	—	余量	0.5	带
	22	1.7 铍青铜	QBe1.7	—	0.15	1.6~1.85	0.15	—	—	0.2~0.4	0.15	0.005	—	0.10~0.25	—	—	—	—	—	余量	0.5	板、带
	23	0.6—2.5 铍青铜	QBe0.6—2.5 [C17500]	—	0.20	0.40~0.7	0.20	—	—	—	0.10	—	—	—	—	—	—	2.4~2.7	—	余量⑥	—	板、带
	24	0.4—1.8 铍青铜	QBe0.4—1.8 [C17510]	—	0.20	0.20~0.6	0.20	—	—	1.4~2.2	0.10	—	—	—	—	—	—	0.30	—	余量⑥	—	带
	25	0.3—1.5 铍青铜	QBe0.3—1.5	—	0.20	0.25~0.50	0.20	—	—	—	0.10	—	—	—	—	—	—	1.40~1.70	0.90~1.10	余量	—	板、带
硅青铜	26	3—1 硅青铜	QSi3—1②	0.25	—	—	2.7~3.5	1.0~1.5	0.5	0.2	0.3	0.03	—	—	—	—	—	—	—	余量	1.1	板、带、箔、棒、线、管
	27	1—3 硅青铜	QSi1—3	0.1	0.02	—	0.6~1.1	0.1~0.4	0.2	2.4~3.4	0.1	0.15	—	—	—	—	—	—	—	余量	0.5	棒
	28	3.5—3—1.5 硅青铜	QSi3.5—3—1.5	0.25	—	—	3.0~4.0	0.5~0.9	2.5~3.5	0.2	1.2~1.8	0.03	0.03	—	—	0.002	0.002	—	—	余量	1.1	管

续表

类别	序号	牌号 名称	牌号 代号	Mn	Zr	Cr	Cd	Mg	Al	Si	Fe	Pb	P	Zn	Sn	Sb①	Ni	Bi①	As①	S	Cu	杂质总和	产品形状
	29	1.5 锰青铜	QMn1.5	1.20 ~ 1.80	—	0.1	—	—	0.07	0.1	0.1	0.01	—	—	0.05	0.005	0.1	0.002	—	0.01	余量	0.3	板、带
青铜	30	2 锰青铜	QMn2	1.5 ~ 2.5	—	—	—	—	0.07	0.1	0.1	0.01	—	—	0.05	0.05	—	0.002	0.01	—	余量	0.5	板、带
	31	5 锰青铜	QMn5	4.5 ~ 5.5	—	—	—	—	—	0.1	0.35	0.03	0.01	0.4	0.1	0.002	—	—	—	—	余量	0.9	板、带
青铜	32	0.2 锆青铜	QZr0.2	—	0.15 ~ 0.30	—	—	—	—	—	0.05	0.01	—	—	0.05	0.005	0.2	0.002	—	0.01	余量	0.5	棒
	33	0.4 锆青铜	QZr0.4	—	0.30 ~ 0.50	—	—	—	—	—	0.05	0.01	—	—	0.05	0.005	0.2	0.002	—	0.01	余量	0.5	棒
	34	0.5 铬青铜	QCr0.5	—	—	0.4 ~ 1.1	—	—	—	—	0.1	—	—	—	—	—	0.05	—	—	—	余量	0.5	板、棒、线、管
青铜	35	0.5—0.2—0.1 铬青铜	QCr0.5—0.2—0.1	—	—	0.4 ~ 1.0	—	0.1 ~ 0.25	0.1 ~ 0.25	—	—	—	—	—	—	—	—	—	—	—	余量	0.5	板、棒、线
	36	0.6—0.4—0.05 铬青铜	QCr0.6—0.4—0.05	—	0.3 ~ 0.6	0.4 ~ 0.8	—	0.04 ~ 0.08	—	0.05	0.05	—	0.01	—	—	—	—	—	—	—	余量	0.5	棒
	37	1 铬青铜	QCr1 [C18200]	—	—	0.6 ~ 1.2	—	—	—	0.10	0.10	0.05	—	—	—	—	—	—	—	—	余量⑥	—	棒、线、管
镉青铜	38	1 镉青铜	QCd1 [C16200]	—	—	—	0.7 ~ 1.2	—	—	—	0.02	—	—	—	—	—	—	—	—	—	余量⑥	—	板、带、棒、线

续表

组别	序号	牌号		化学成分(质量分数,%)													产品形状
		名称	代号	Mg	Fe	Pb	P	Zn	Sn	Sb①	Ni	Bi①	Te	S	Cu	杂质总和	
镁青铜	39	0.8 镁青铜	QMg0.8	0.70~0.85	0.005	0.005	—	0.005	0.002	0.005	0.006	0.002	—	0.005	余量	0.3	线
铁青铜	40	2.5 铁青铜	QFe2.5 [C19400]	—	2.1~2.6	0.03	0.015~0.15	0.05~0.20	—	—	—	—	—	—	97.0	—	带
碲青铜	41	0.5 碲青铜	QTe0.5 [C14500]	—	—	—	0.004~0.012	—	—	—	—	—	0.40~0.7	—	99.9⑦	—	棒

①砷、铋和锑可不分析，但供方必须保证不大于界限值。

②抗磁用锡青铜的铁的质量分数不大于0.020%，QSi3—1的铁的质量分数不大于0.030%。

③非耐磨材料用QAl10—3—1.5，其锌的质量分数可达1%，但杂质总和应不大于1.25%。

④经双方协商，焊接或特殊要求的QAl10—4—4，其锌的质量分数不大于0.2%。

⑤铝青铜和锡青铜的杂质镍计入铜含量中。

⑥Cu+所列出元素的总和≥99.5%。

⑦包括Te+Sn。

4. 加工白铜的化学成分和产品形状（表8-4）

表8-4 加工白铜的化学成分和产品形状（GB/T 5231—2001）

别	号	牌号 名称	牌号 代号	化学成分（质量分数,%） Ni+Co	Fe	Mn	Zn	Pb	Al	Si	P	S	C	Mg	Sn	Cu	杂质总和	产品形状
通白铜	1	0.6 白铜	B0.6	0.57~0.63	0.005	—	—	0.005	—	0.002	0.002	0.005	0.002	—	—	余量	0.1	线
通白铜	2	5 白铜	B5	4.4~5.0	0.20	—	—	0.01	—	—	0.01	0.01	0.03	—	—	余量	0.5	管、棒
通白铜	3	19 白铜	B19[②]	18.0~20.0	0.5	0.5	0.3	0.005	—	0.15	0.01	0.01	0.05	0.05	—	余量	1.8	板、带
通白铜	4	25 白铜	B25	24.0~26.0	0.5	0.5	0.3	0.005	—	0.15	0.01	0.01	0.05	0.05	0.03	余量	1.8	板
通白铜	5	30 白铜	B30	29~33	0.9	1.2	—	0.05	—	0.15	0.006	0.01	0.05	—	—	余量	—	板、管、线
白铜	6	5—1.5—0.5 铁白铜	BFe5—1.5—0.5 [C70400]	4.8~6.2	1.3~1.7	0.30~0.8	1.0	0.05	—	—	—	—	—	—	—	余量[④]	—	管
白铜	7	10—1—1 铁白铜	BFe10—1—1	9.0~11.0	1.0~1.5	0.5~1.0	0.3	0.02	—	0.15	0.006	0.01	0.05	—	0.03	余量	0.7	板、管
白铜	8	30—1—1 铁白铜	BFe30—1—1	29.0~32.0	0.5~1.0	0.5~1.2	0.3	0.02	—	0.15	0.006	0.01	0.05	—	0.03	余量	0.7	板、管
白铜	9	3—12 锰白铜	BMn3—12[③]	2.0~3.5	0.20~0.50	11.5~13.5	—	0.020	0.2	0.1~0.3	0.005	0.020	0.05	0.03	—	余量	0.5	板、带、线
白铜	10	40—1.5 锰白铜	BMn40—1.5[③]	39.0~41.0	0.50	1.0~2.0	—	0.005	—	0.10	0.005	0.02	0.10	0.05	—	余量	0.9	板、带、箔、棒、线、管
白铜	11	43—0.5 锰白铜	BMn43—0.5[③]	42.0~44.0	0.15	0.10~1.0	—	0.002	—	0.10	0.002	0.01	0.10	0.05		余量	0.6	线

续表

组别	序号	牌号		化学成分（质量分数,%）															杂质总和	产品形状
		名称	代号	Ni + Co	Fe	Mn	Zn	Pb	Al	Si	P	S	C	Mg	Bi①	As①	Sb①	Cu		
锌白铜	12	18—18 锌白铜	BZn18—18 [C75200]	16.5 ~ 19.5	0.25	0.50	余量	0.05	—	—	—	—	—	—	—	—	—	63.5 ~ 66.5④	—	板、带
	13	18—26 锌白铜	BZn18—26 [C77000]	16.5 ~ 19.5	0.25	0.50	余量	0.05	—	—	—	—	—	—	—	—	—	53.5 ~ 56.5④	—	板、带
	14	15—20 锌白铜	BZn15—20	13.5 ~ 16.5	0.5	0.3	余量	0.02	—	0.15	0.005	0.01	0.03	0.05	0.002	0.010	0.002	62.0 ~ 65.0	0.9	板、带、箔、管、棒、线
	15	15—21—1.8 加铅锌白铜	BZn15—21 —1.8	14.0 ~ 16.0	0.3	0.5	余量	1.5 ~ 2.0	—	0.15	—	—	—	—	—	—	—	60.0 ~ 63.0	0.9	棒
	16	15—24—1.5 加铅锌白铜	BZn15—24 —1.5	12.5 ~ 15.5	0.25	0.05 ~ 0.5	余量	1.4 ~ 1.7	—	—	0.02	0.005	—	—	—	—	—	58.0 ~ 60.0	0.75	棒
铝白铜	17	13—3 铝白铜	BAl13—3	12.0 ~ 15.0	1.0	0.50	—	0.003	2.3 ~ 3.0	—	0.01	—	—	—	—	—	—	余量	1.9	棒
	18	6—1.5 铝白铜	BAl6—1.5	5.5 ~ 6.5	0.50	0.20	—	0.003	1.2 ~ 1.8	—	—	—	—	—	—	—	—	余量	1.1	板

①铋、锑和砷可不分析，但供方必须保证不大于界限值。

②特殊用途的 B19 白铜带，可供应硅的质量分数不大于 0.05% 的材料。

③BMn3—12 合金、作热电偶用的 BMn40—1.5 和 BMn43—0.5 合金，为保证电气性能，对规定有最大值和最小值的成分，允许略微超出本表的规定。

④Cu + 所列出元素总和≥99.5%。

8.1.2 铜及铜合金锻件的化学成分

1. 铜锻件的化学成分（表8-5）

表8-5 铜锻件的化学成分（GB/T 20078—2006）

材料标记		化学成分(质量分数,%)							密度/(g/cm³)≈
符号	代号	Cu	Bi	O	P	Pb	其他元素 合计	其他元素 不含	
Cu—ETP	CW004A	≥99.90	≤0.0005	≤0.040	—	≤0.005	≤0.03	Ag、O	8.9
Cu—OF	CW008A	≥99.95	≤0.0005	—	—	≤0.005	≤0.03	Ag	8.9
Cu—HCP	CW021A	≥99.95	≤0.0005	—	0.002~0.007	≤0.005	≤0.03	Ag、P	8.9
Cu—DHP	CW024A	≥99.90	—	—	0.015~0.040	—	—	—	8.9

2. 低合金化的铜合金锻件的化学成分(表8-6)

表8-6 低合金化的铜合金锻件的化学成分(GB/T 20078—2006)

材料标记		化学成分(质量分数,%)										密度/(g/cm³)≈
符号	代号	Cu	Be	Co	Cr	Fe	Mn	Ni	Pb	Si	Zr	其他合计	
CuBe2	CW101C	余量	1.8~2.1	≤0.3	—	≤0.2	—	≤0.3	—	—	—	≤0.5	8.3
CuCo1Ni1Be	CW103C	余量	0.4~0.7	0.8~1.3	—	≤0.2	—	0.8~1.3	—	—	—	≤0.5	8.8
CuCo2Be	CW104C	余量	0.4~0.7	2.0~2.8	—	≤0.2	—	≤0.3	—	—	—	≤0.5	8.8
CuCr1	CW105C	余量	—	—	0.5~1.2	≤0.08	—	—	—	≤0.1	—	≤0.2	8.9
CuCr1Zr	CW106C	余量	—	—	0.5~1.2	≤0.08	—	—	—	≤0.1	0.03~0.3	≤0.2	8.9
CuNi1Si	CW109C	余量	—	—	—	≤0.2	≤0.1	1.0~1.6	≤0.02	0.4~0.7	—	≤0.3	8.8
CuNi2Be	CW110C	余量	0.2~0.6	≤0.3	—	≤0.2	—	1.4~2.4	—	—	—	≤0.5	8.8
CuNi2Si	CW111C	余量	—	—	—	≤0.2	≤0.1	1.6~2.5	≤0.02	0.4~0.8	—	≤0.3	8.8

续表

材料标记		化学成分(质量分数,%)											密度
符号	代号	Cu	Be	Co	Cr	Fe	Mn	Ni	Pb	Si	Zr	其他合计	/(g/cm³) ≈
CuNi3Si1	CW112C	余量	—	—	—	≤0.2	≤0.1	2.6~4.5	≤0.02	0.8~1.3	—	≤0.5	8.8
CuZr	CW120C	余量	—		—	—	—	—	—	—	0.1~0.2	≤0.1	8.9

3. 铜－铝合金锻件的化学成分（表8－7）

表8－7 铜－铝合金锻件的化学成分（GB/T 20078—2006）

材料标记		化学成分(质量分数,%)										密度
符号	代号	Cu	Al	Fe	Mn	Ni	Pb	Si	Sn	Zn	其他合计	/(g/cm³) ≈
CuAl6Si2Fe	CW301G	余量	6.0~6.4	0.5~0.7	≤0.1	≤0.1	≤0.05	2.0~2.4	≤0.1	≤0.4	≤0.2	7.7
CuAl7Si2	CW302G	余量	6.3~7.6	≤0.3	≤0.2	≤0.2	≤0.05	1.5~2.2	≤0.2	≤0.5	≤0.2	7.7
CuAl8Fe3	CW303G	余量	6.5~8.5	1.5~3.5	≤1.0	≤1.0	≤0.05	≤0.2	≤0.1	≤0.5	≤0.2	7.7
CuAl9Ni3Fe2	CW304G	余量	8.0~9.5	1.0~3.0	≤2.5	2.0~4.0	≤0.05	≤0.1	≤0.1	≤0.2	≤0.3	7.4
CuAl10Fe1	CW305G	余量	9.0~10.0	0.5~1.5	≤0.5	≤1.0	≤0.02	≤0.2	≤0.1	≤0.5	≤0.2	7.6
CuAl10Fe3Mn2	CW306G	余量	9.0~11.0	2.0~4.0	1.5~3.5	≤1.0	≤0.05	≤0.2	≤0.1	≤0.5	≤0.2	7.6
CuAl10Ni5Fe4	CW307G	余量	8.5~11.0	3.0~5.0	≤1.0	4.0~6.0	≤0.05	≤0.2	≤0.1	≤0.4	≤0.2	7.6
CuAl11Fe6Ni6	CW308G	余量	10.5~12.5	5.0~7.0	≤1.5	5.0~7.0	≤0.05	≤0.2	≤0.1	≤0.5	≤0.2	7.4

4. 铜－镍合金锻件的化学成分（表8－8）

表8－8 铜－镍合金锻件的化学成分（GB/T 20078—2006）

材料标记		化学成分(质量分数,%)												密度/(g/cm³)≈
符号	代号	Cu	C	Co	Fe	Mn	Ni	P	Pb	S	Sn	Zn	其他合计	
CuNi10Fe1Mn	CW352H	余量	≤0.05	≤0.1	1.0~2.0	0.5~1.0	9.0~11.0	≤0.02	≤0.02	≤0.05	≤0.03	≤0.5	≤0.2	8.9
CuNi30Mn1Fe	CW354H	余量	≤0.05	≤0.1	0.4~1.0	0.5~1.5	30.0~32.0	≤0.02	≤0.02	≤0.05	≤0.05	≤0.5	≤0.2	8.9

5. 铜－镍－锌合金锻件的化学成分（表8－9）

表8－9 铜－镍－锌合金锻件的化学成分（GB/T 20078—2006）

材料标记		化学成分（质量分数,%）								密度/(g/cm³)≈
符号	代号	Cu	Fe	Mn	Ni	Pb	Sn	Zn	其他合计	
CuNi7Zn39Pb3Mn2	CW400J	47.0~50.0	≤0.3	1.5~3.0	6.0~8.0	2.3~3.3	≤0.2	余量	≤0.2	8.5
CuNi10Zn42Pb2	CW402J	45.0~48.0	≤0.3	≤0.5	9.0~11.0	1.0~2.5	≤0.2	余量	≤0.2	8.4

6. 铜－锌合金锻件的化学成分（表8－10）

表8－10 铜－锌合金锻件的化学成分（GB/T 20078—2006）

材料标记		化学成分(质量分数,%)								密度/(g/cm³)≈
符号	代号	Cu	Al	Fe	Ni	Pb	Sn	Zn	其他合计	
CuZn37	CW508L	62.0~64.0	≤0.05	≤0.1	≤0.3	≤0.1	≤0.1	余量	≤0.1	8.4
CuZn40	CW509L	59.5~61.5	≤0.05	≤0.2	≤0.3	≤0.3	≤0.2	余量	≤0.2	8.4

7. 铜－锌－铅合金锻件的化学成分（表8－11）

表8－11　铜－锌－铅合金锻件的化学成分（GB/T 20078—2006）

材料标记		化学成分(质量分数,%)										密度/(g/cm³)≈
符号	代号	Cu	Al	As	Fe	Mn	Ni	Pb	Sn	Zn	其他合计	
CuZn36Pb2As	CW602N	61.0 ~ 63.0	≤0.05	0.02 ~ 0.15	≤0.1	≤0.1	≤0.3	1.7 ~ 2.8	≤0.1	余量	≤0.2	8.4
CuZn38Pb2	CW608N	60.0 ~ 61.0	≤0.05	—	≤0.2	—	≤0.3	1.6 ~ 2.5	≤0.2	余量	≤0.2	8.4
CuZn39Pb0.5	CW610N	59.0 ~ 60.5	≤0.05	—	≤0.2	—	≤0.3	0.2 ~ 0.8	≤0.2	余量	≤0.2	8.4
CuZn39Pb1	CW611N	59.0 ~ 60.0	≤0.05	—	≤0.2	—	≤0.3	0.8 ~ 1.6	≤0.2	余量	≤0.2	8.4
CuZn39Pb2	CW612N	59.0 ~ 60.0	≤0.05	—	≤0.3	—	≤0.3	1.6 ~ 2.5	≤0.3	余量	≤0.2	8.4
CuZn39Pb2Sn	CW613N	59.0 ~ 60.0	≤0.1	—	≤0.4	—	≤0.3	1.6 ~ 2.5	0.2 ~ 0.5	余量	≤0.2	8.4
CuZn39Pb3	CW614N	57.0 ~ 59.0	≤0.05		≤0.3	—	≤0.3	2.5 ~ 3.5	≤0.3	余量	≤0.2	8.4
CuZn39Pb3Sn	CW615N	57.0 ~ 59.0	≤0.1	—	≤0.4	—	≤0.3	2.5 ~ 3.5	0.2 ~ 0.5	余量	≤0.2	8.4
CuZn40Pb1Al	CW616N	57.0 ~ 59.0	0.05 ~ 0.30	—	≤0.2	—	≤0.2	1.0 ~ 2.0	≤0.2	余量	≤0.2	8.3
CuZn40Pb2	CW617N	57.0 ~ 59.0	≤0.05	—	≤0.3	—	≤0.3	1.6 ~ 2.5	≤0.3	余量	≤0.2	8.4
CuZn40Pb2Sn	CW619N	57.0 ~ 59.0	≤0.1	—	≤0.4	—	≤0.3	1.6 ~ 2.5	0.2 ~ 0.5	余量	≤0.2	8.4

8. 复杂铜－锌合金锻件的化学成分（表8－12）

表8－12 复杂铜－锌合金锻件的化学成分（GB/T 20078—2006）

材料标记		化学成分(质量分数,%)										密度/(g/cm³) ≈
符号	代号	Cu	Al	Fe	Mn	Ni	Pb	Si	Sn	Zn	其他合计	
CuZn23Al6Mn4Fe3Pb	CW704R	63.0~65.0	5.0~6.0	2.0~3.5	3.5~5.0	≤0.5	0.2~0.8	≤0.2	≤0.2	余量	≤0.2	8.2
CuZn25Al5Fe2Mn2Pb	CW705R	65.0~68.0	4.0~5.0	0.5~3.0	0.5~3.0	≤1.0	0.2~0.8	—	≤0.2	余量	≤0.3	8.2
CuZn35Ni3Mn2AlPb	CW710R	58.0~60.0	0.3~1.3	≤0.5	1.5~2.5	2.0~3.0	0.2~0.8	≤0.1	≤0.5	余量	≤0.3	8.3
CuZn36Sn1Pb	CW712R	61.0~63.0	—	≤0.1	—	≤0.2	0.2~0.6	—	1.0~1.5	余量	≤0.2	8.3
CuZn37Mn3Al2PbSi	CW713R	57.0~59.0	1.3~2.3	≤1.0	1.5~3.0	≤1.0	0.2~0.8	0.3~1.3	≤0.4	余量	≤0.3	8.1
CuZn37Pb1Sn1	CW714R	59.0~61.0	—	≤0.1	—	≤0.3	0.4~1.0	—	0.5~1.0	余量	≤0.2	8.4
CuZn39Mn1AlPbSi	CW718R	57.0~59.0	0.3~1.3	≤0.5	0.8~1.8	≤0.5	0.2~0.8	0.2~0.8	≤0.5	余量	≤0.3	8.2
CuZn39Sn1	CW719R	59.0~61.0	—	≤0.1	—	≤0.2	≤0.2	—	0.5~1.0	余量	≤0.2	8.4
CuZn40Mn1Pb1	CW720R	57.0~59.0	≤0.2	≤0.3	0.5~1.5	≤0.6	1.0~2.0	≤0.1	≤0.3	余量	≤0.3	8.3
CuZn40Mn1Pb1AlFeSn	CW721R	57.0~59.0	0.3~1.3	0.2~1.2	0.8~1.8	≤0.3	0.8~1.6	—	0.2~1.0	余量	≤0.3	8.3
CuZn40Mn1Pb1FeSn	CW722R	56.5~58.5	≤0.1	0.2~1.2	0.8~1.8	≤1.3	0.8~1.6	—	0.2~1.0	余量	≤0.3	8.3
CuZn40Mn2Fe1	CW723R	56.5~58.5	≤0.1	0.5~1.5	1.0~2.0	≤0.6	≤0.5	≤0.1	≤0.3	余量	≤0.4	8.3

8.2　铜及铜合金铸造产品

8.2.1　铸造铜合金

1. 铸造铜合金的主要化学成分（表8－13）

表8－13　铸造铜合金的主要化学成分（GB 1176—1987）

<table>
<tr><th rowspan="2">序号</th><th rowspan="2">合金牌号</th><th rowspan="2">合金名称</th><th colspan="10">主要化学成分(质量分数,%)</th></tr>
<tr><th>Sn</th><th>Zn</th><th>Pb</th><th>P</th><th>Ni</th><th>Al</th><th>Fe</th><th>Mn</th><th>Si</th><th>Cu</th></tr>
<tr><td>1</td><td>ZCuSn3Zn8Pb6Ni1</td><td>3—8—6—1
锡青铜</td><td rowspan="2">2.0~4.0</td><td>6.0~9.0</td><td>4.0~7.0</td><td rowspan="3">—</td><td>0.5~1.5</td><td rowspan="11">—</td><td rowspan="11">—</td><td rowspan="11">—</td><td rowspan="13"></td><td rowspan="13">其余</td></tr>
<tr><td>2</td><td>ZCuSn3Zn11Pb4</td><td>3—11—4
锡青铜</td><td>9.0~13.0</td><td>3.0~6.0</td><td rowspan="11">—</td></tr>
<tr><td>3</td><td>ZCuSn5Pb5Zn5</td><td>5—5—5
锡青铜</td><td>4.0~6.0</td><td>4.0~6.0</td><td>4.0~6.0</td></tr>
<tr><td>4</td><td>ZCuSn10Pb1</td><td>10—1
锡青铜</td><td>9.0~11.5</td><td rowspan="2">—</td><td>—</td><td>0.5~1.0</td></tr>
<tr><td>5</td><td>ZCuSn10Pb5</td><td>10—5
锡青铜</td><td rowspan="3">9.0~11.0</td><td>4.0~6.0</td><td rowspan="9">—</td></tr>
<tr><td>6</td><td>ZCuSn10Zn2</td><td>10—2
锡青铜</td><td>1.0~3.0</td><td>—</td></tr>
<tr><td>7</td><td>ZCuPb10Sn10</td><td>10—10
铅青铜</td><td rowspan="2">—</td><td>8.0~11.0</td></tr>
<tr><td>8</td><td>ZCuPb15Sn8</td><td>15—8
铅青铜</td><td>7.0~9.0</td><td>13.0~17.0</td></tr>
<tr><td>9</td><td>ZCuPb17Sn4Zn4</td><td>17—4—4
铅青铜</td><td>3.5~5.0</td><td>2.0~6.0</td><td>14.0~20.0</td></tr>
<tr><td>10</td><td>ZCuPb20Sn5</td><td>20—5
铅青铜</td><td>4.0~6.0</td><td rowspan="4">—</td><td>18.0~23.0</td></tr>
<tr><td>11</td><td>ZCuPb30</td><td>30 铅青铜</td><td rowspan="3">—</td><td>27.0~33.0</td></tr>
<tr><td>12</td><td>ZCuAl8Mn13Fe3</td><td>8—13—3
铝青铜</td><td rowspan="2">—</td><td>7.0~9.0</td><td>2.0~4.0</td><td>12.0~14.5</td></tr>
<tr><td>13</td><td>ZCuAl8Mn13Fe3Ni2</td><td>8—13—3—2
铝青铜</td><td>1.8~2.5</td><td>7.0~8.5</td><td>2.5~4.0</td><td>11.5~14.0</td></tr>
</table>

续表

序号	合金牌号	合金名称	主要化学成分(质量分数,%)									
			Sn	Zn	Pb	P	Ni	Al	Fe	Mn	Si	Cu
14	ZCuAl9Mn2	9—2 铝青铜	—	—	—	—	—	8.0~10.0		1.5~2.5	—	其余
15	ZCuAl9Fe4Ni4Mn2	9—4—4—2 铝青铜					4.0~5.0	8.5~10.0	4.0~5.0	0.8~2.5		
16	ZCuAl10Fe3	10—3 铝青铜					—	8.5~11.0	2.0~4.0			
17	ZCuAl10Fe3Mn2	10—3—2 铝青铜						9.0~11.0		1.0~2.0		
18	ZCuZn38	38 黄铜		其余								60.0~63.0
19	ZCuZn25Al6Fe3Mn3	25—6—3—3 铝黄铜						4.5~7.0	2.0~4.0	1.5~4.0		60.0~66.0
20	ZCuZn26Al4Fe3Mn3	26—4—3—3 铝黄铜						2.5~5.0	1.5~4.0			
21	ZCuZn31Al2	31—2 铝黄铜						2.0~3.0				66.0~68.0
22	ZCuZn35Al2Mn2Fe1	35—2—2—1 铝黄铜						0.5~2.5	0.5~2.0	0.1~3.0		57.0~65.0
23	ZCuZn38Mn2Pb2	38—2—2 锰黄铜			1.5~2.5			—	—	1.5~2.5		57.0~60.0
24	ZCuZn40Mn2	40—2 锰黄铜			—					1.0~2.0		
25	ZCuZn40Mn3Fe1	40—3—1 锰黄铜							0.5~1.5	3.0~4.0		53.0~58.0
26	ZCuZn33Pb2	33—2 铅黄铜			1.0~3.0				—	—		63.0~67.0
27	ZCuZn40Pb2	40—2 铅黄铜			0.5~2.5			0.2~0.8				58.0~63.0
28	ZCuZn16Si4	16—4 硅黄铜			—			—			2.5~4.5	79.0~81.0

2. 铸造铜合金的力学性能（表8-14）

表8-14 铸造铜合金的力学性能（GB 1176—1987）

合金牌号	铸造方法	力学性能 ≥			
		抗拉强度 R_m/(N/mm²)	规定非比例延伸强度 $R_{p0.2}$/(N/mm²)	断后伸长率 A/%	布氏硬度 HBW
ZCuSn2Zn8Pb6Ni1	S	175	—	8	590
	J	215		10	685
ZCuSn3Zn11Pb4	S	175	—	8	590
	J	215		10	
ZCuSnPb5Zn5	S、J	200	90	13	590
	Li、La	250	100		635
ZCuSn10Pb1	S	220	130	3	785
	J	310	170	2	885
	Li	330	170	4	
	La	360		6	
ZCuSn10Pb5	S	195	—	10	685
	J	245			
ZCuSn10Zn2	S	240	120	12	685
	J	245	140	6	785
	Li、La	270		7	
ZCuPb10Sn10	S	180	80	7	635
	J	220	140	5	685
	Li、La		110	6	
ZCuPb15Sn8	S	170	80	5	590
	J	200	100	6	635
	Li、La	220	100	8	
ZCuPb17Sn4Zn4	S	150	—	5	540
	J	175		7	590
ZCuPb20Sn5	S	150	60	5	440
	J		70	6	540
	La	180	80	7	
ZCuPb30	J	—	—	—	245
ZCuAl18Mn13Fe3	S	600	270	15	1570
	J	650	280	10	1665

续表

合金牌号	铸造方法	力学性能 ≥			
		抗拉强度 R_m/(N/mm²)	规定非比例延伸强度 $R_{p0.2}$/(N/mm²)	断后伸长率 A/%	布氏硬度 HBW
ZCuAl8Mn13Fe3Ni2	S	645	280	20	1570
	J	670	310	18	1665
ZCuAl9Mn2	S	390	—	20	835
	J	440	—	20	930
ZCuAl9Fe4Ni4Mn2	S	630	250	16	1570
ZCuAl10Fe3	S	490	180	13	980
	J	540	200	15	1080
	Li、La				
ZCuAl10Fe3Mn2	S	490	—	15	1080
	J	540		20	1175
ZCuZn38	S	295	—	30	590
	J				685
ZCuZn25Al6Fe3Mn3	S	725	380	10	1570
	J	740	400	7	1665
	Li、La		400		
ZCuZn26Al4Fe3Mn3	S	600	300	18	1175
	J				1275
	Li、La				
ZCuZn31Al2	S	295	—	12	785
	J	390		15	885
ZCuZn35Al2Mn2Fe2	S	450	170	20	980
	J	475	200	18	1080
	Li、La				
ZCuZn38Mn2Pb2	S	245	—	10	685
	J	345		18	785
ZCuZn40Mn2	S	345	—	20	785
	J	390		25	885
ZCuZn40Mn3Fe1	S	440	—	18	980
	J	490		15	1080
ZCuZn33Pb2	S	180	70	12	490
ZCuZn40Pb2	S	220	—	15	785
	J	280	120	20	885
ZCuZn16Si4	S	345	—	15	885
	J	390		20	980

8.2.2 压铸铜合金

压铸铜合金的化学成分和力学性能见表8－15。

表8－15 压铸铜合金的化学成分和力学性能（GB/T 15116—1994）

合金牌号	合金代号	化学成分（质量分数，%）																力学性能 ≥		
		主要化学成分							杂质含量 ≤									抗拉强度 R_m /(N/mm²)	断后伸长率 A/%	硬度 HBW
		Cu	Pb	Al	Si	Mn	Fe	Zn	Fe	Si	Ni	Sn	Mn	Al	Pb	Sb	总和			
YZCuZn40Pb	YT40—1 铅黄铜	58.0~63.0	0.05~1.5	0.2~0.5	—	—	—	余	0.8	0.05	—	—	0.5	—	—	1.0	1.5	300	6	85
YZCuZn16Si4	YT16—4 硅黄铜	79.0~81.0	—	—	2.5~4.5	—	—	余	0.6	—	—	0.3	0.5	0.1	0.5	0.1	2.0	345	25	85
YZCuZn30Al3	YT30—3 铅黄铜	66.0~68.0	—	2.0~3.0	—	—	—	余	0.8	—	—	1.0	0.5	—	1.0	—	3.0	400	15	110
YZCuZn35Al2Mn2Fe	YT35—2—2—1 铝锰铁黄铜	57.0~65.0	—	0.5~2.5	—	0.1~3.0	0.5~2.0	余	—	0.1	3.0	1.0	—	—	0.5	Sb+Pb+As:0.4	2.0	475	3	130

注：杂质总和中不含镍。

8.3 铜及铜合金管材

8.3.1 铜及铜合金无缝管材

1. 挤制铜及铜合金圆形管的尺寸规格（表 8－16）

表 8－16 挤制铜及铜合金圆形管的尺寸规格（GB/T 16866—2006）

公称外径/mm	公称壁厚/mm																										
	1.5	2.0	2.5	3.0	3.5	4.0	4.5	5.0	6.0	7.5	9.0	10.0	12.5	15.0	17.5	20.0	22.5	25.0	27.5	30.0	32.5	35.0	37.5	40.0	42.5	45.0	50.0
20、21、22	○	○	○	○		○																					
23、24、25、26	○	○	○	○	○	○																					
27、28、29			○	○	○	○	○	○	○																		
30、32			○	○	○	○	○	○	○																		
34、35、36			○	○	○	○	○	○	○																		
38、40、42、44			○	○	○	○	○	○	○	○	○	○															
45、46、48			○	○	○	○	○	○	○	○	○	○															
50、52、54、55			○	○	○	○	○	○	○	○	○	○	○	○	○												
56、58、60						○	○	○	○	○	○	○	○	○	○												
62、64、65、68、70						○	○	○	○	○	○	○	○	○	○	○											
72、74、75、78、80						○	○	○	○	○	○	○	○	○	○	○	○	○									
85、90										○		○	○	○	○	○	○	○	○	○							

续表

公称外径/mm	公称壁厚/mm																										
	1.5	2.0	2.5	3.0	3.5	4.0	4.5	5.0	6.0	7.5	9.0	10.0	12.5	15.0	17.5	20.0	22.5	25.0	27.5	30.0	32.5	35.0	37.5	40.0	42.5	45.0	50.0
95、100										○		○	○	○	○	○	○	○	○	○							
105、110												○	○	○	○	○	○	○	○	○							
115、120												○	○	○	○	○	○	○	○	○	○	○	○				
125、130												○	○	○	○	○	○	○	○	○	○	○					
135、140												○	○	○	○	○	○	○	○	○	○	○	○				
145、150												○	○	○	○	○	○	○	○	○	○	○					
155、160												○	○	○	○	○	○	○	○	○	○	○	○	○	○		
165、170												○	○	○	○	○	○	○	○	○	○	○	○	○	○		
175、180												○	○	○	○	○	○	○	○	○	○	○	○	○	○		
185、190、195、200												○	○	○	○	○	○	○	○	○	○	○	○	○	○	○	
210、220												○	○	○	○	○	○	○	○	○	○	○	○	○	○	○	
230、240、250												○	○	○		○		○	○	○	○	○	○	○	○	○	○
260、280												○	○	○		○		○		○							
290、300																○		○		○							

注："○"表示推荐规格，需要其他规格的产品应由供需双方商定。

2. 拉制铜及铜合金圆形管的尺寸规格（表 8－17）

表 8－17　拉制铜及铜合金圆形管的尺寸规格（GB/T 16866—2006）

公称外径/mm	公称壁厚/mm																									
	0.2	0.3	0.4	0.5	0.6	0.75	1.0	1.25	1.5	2.0	2.5	3.0	3.5	4.0	4.5	5.0	6.0	7.0	8.0	9.0	10.0	11.0	12.0	13.0	14.0	15.0
3、4	○	○	○	○	○	○	○	○																		
5、6、7	○	○	○	○	○	○	○	○	○																	
8、9、10、11、12、13、14、15	○	○	○	○	○	○	○	○	○	○	○	○														
16、17、18、19、20		○	○	○	○	○	○	○	○	○	○	○	○	○	○											
21、22、23、24、25、26、27、28、29、30			○	○	○	○	○	○	○	○	○	○	○	○	○	○										
31、32、33、34、35、36、37、38、39、40			○	○	○	○	○	○	○	○	○	○	○	○	○	○										
42、44、45、46、48、49、50						○	○	○	○	○	○	○	○	○	○	○	○									
52、54、55、56、58、60						○	○	○	○	○	○	○	○	○	○	○	○	○	○							
62、64、65、66、68、70							○	○	○	○	○	○	○	○	○	○	○	○	○	○	○	○				
72、74、75、76、78、80										○	○	○	○	○	○	○	○	○	○	○	○	○	○	○		
82、84、85、86、88、90、92、94、96、100										○	○	○	○	○	○	○	○	○	○	○	○	○	○	○	○	○
105、110、115、120、125、130、135、140、145、150										○	○	○	○	○	○	○	○	○	○	○	○	○	○	○	○	○
155、160、165、170、175、180、185、190、195、200												○	○	○	○	○	○	○	○	○	○	○	○	○	○	○
210、220、230、240、250												○	○	○	○	○	○	○	○	○	○	○	○	○	○	○
260、270、280、290、300、310、320、330、340、350、360														○	○	○										

注：“○”表示推荐规格，需要其他规格的产品应由供需双方商定。

8.3.2 铜及铜合金波导管

1. 铜及铜合金波导管材的牌号、状态和规格(表8-18)

表8-18 铜及铜合金波导管材的牌号、状态和规格(GB/T 8894—2007)

牌号	供应状态	规格尺寸/mm				
		圆形(内径 d)	矩(方)形			
			矩形 长度/宽度≈2	中等扁矩形 长度/宽度≈4	扁矩形 长度/宽度≈8	方形 长度/宽度=1
T2、TU1、H62、H96	硬(Y)	3.581~149	4.775×2.388~165.1×82.55	22.85×5~165.1×41.3	22.86×5~109.2×13.1	15×15~48×48

2. 铜及铜合金圆形波导管材的尺寸及其允许偏差(图8-1、表8-19)

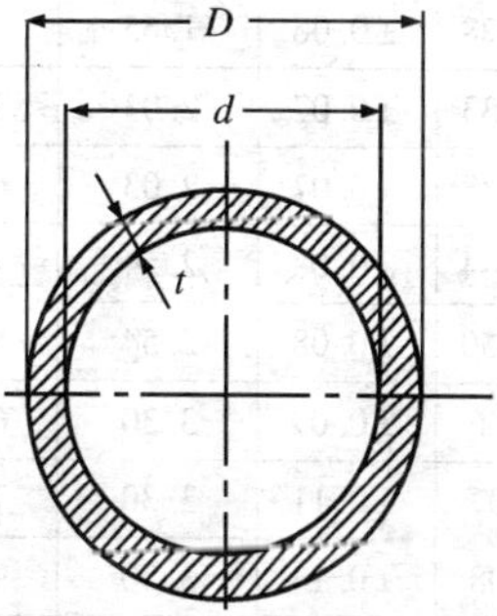

图8-1 铜及铜合金圆形波导管横截面形状

表8-19 铜及铜合金圆形波导管材的尺寸及其允许偏差(GB/T 8894—2007) (单位:mm)

型号	内径尺寸			公称壁厚	外径尺寸		
	d	允许偏差		t	D	允许偏差	
		Ⅰ级	Ⅱ级			Ⅰ级	Ⅱ级
C580	3.581	±0.008	±0.020	0.510	4.601	±0.050	±0.060
C495	4.369	±0.008	±0.020	0.510	5.389	±0.050	±0.060
C430	4.775	±0.008	±0.020	0.510	5.795	±0.050	±0.060
C380	5.563	±0.008	±0.020	0.510	6.583	±0.050	±0.060
C330	6.350	±0.008	±0.020	0.510	7.370	±0.050	±0.060
C290	7.137	±0.008	±0.030	0.760	8.657	±0.050	±0.070
C255	8.331	±0.008	±0.030	0.760	9.851	±0.050	±0.070

续表

型号	内径尺寸			公称壁厚	外径尺寸		
	d	允许偏差		t	D	允许偏差	
		Ⅰ级	Ⅱ级			Ⅰ级	Ⅱ级
C220	9.525	±0.010	±0.030	0.760	11.045	±0.050	±0.070
C190	11.13	±0.010	±0.04	1.015	13.16	±0.050	±0.08
C165	12.70	±0.013	±0.04	1.015	14.73	±0.055	±0.08
C140	15.09	±0.015	±0.05	1.015	17.12	±0.055	±0.08
C120	17.48	±0.017	±0.05	1.270	20.02	±0.065	±0.09
C104	20.24	±0.020	±0.05	1.270	22.78	±0.065	±0.09
C89	23.83	±0.024	±0.06	1.65	27.13	±0.065	±0.10
C76	27.79	±0.028	±0.06	1.65	31.09	±0.065	±0.10
C65	32.54	±0.033	±0.07	2.03	36.60	±0.080	±0.12
C56	38.10	±0.038	±0.07	2.03	42.16	±0.080	±0.12
C48	44.45	±0.044	±0.08	2.54	49.53	±0.080	±0.14
C40	51.99	±0.050	±0.08	2.54	57.07	±0.095	±0.15
C35	61.04	±0.06	±0.09	3.30	67.64	±0.095	±0.16
C30	71.42	±0.07	±0.11	3.30	78.02	±0.095	±0.16
C25	83.62	±0.08	±0.14	3.30	90.22	±0.11	±0.18
C22	97.87	±0.10	±0.16	3.30	104.47	±0.11	±0.18
C18	114.58	±0.11	±0.18	3.30	121.18	±0.13	±0.20
C16	134.11	±0.11	±0.21	3.30	140.71	±0.15	±0.23
—	32.00	±0.033	±0.07	2.0	36.00	±0.080	±0.12
—	35.50	±0.038	±0.07	2.0	39.50	±0.080	±0.12
—	41.00	±0.044	±0.09	2.0	45.00	±0.080	±0.16
—	54.00	±0.050	±0.10	2.0	58.00	±0.095	±0.16
—	65.00	±0.060	±0.12	2.5	70.00	±0.095	±0.17
—	69.00	±0.060	±0.12	2.5	74.00	±0.095	±0.17
—	73.00	±0.070	±0.13	2.5	78.00	±0.095	±0.17
—	100.00	±0.100	±0.16	3.0	106.00	±0.110	±0.18
—	149.00	±0.160	±0.26	4.0	157.0	±0.180	±0.30

3. 铜及铜合金矩形波导管材的尺寸及其允许偏差（图8－2、表8－20）

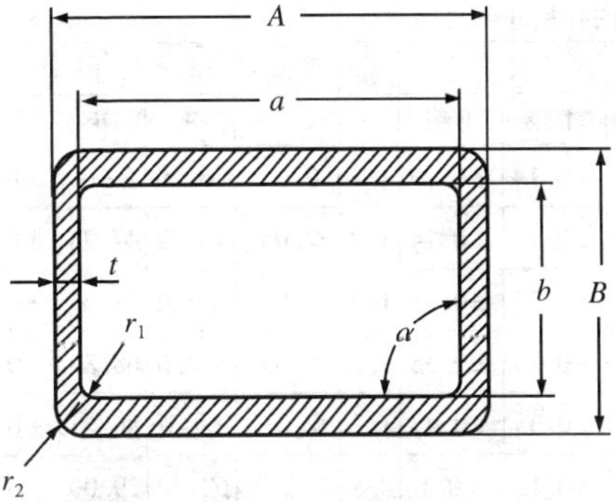

图8－2　铜及铜合金矩形波导管横截面形状

表8－20　铜及铜合金矩形波导管材的尺寸及其允许偏差（GB/T 8894—2007）

（单位：mm）

型号	内孔尺寸					壁厚 t	外缘尺寸					
	基本尺寸		允许偏差		r_1		基本尺寸		允许偏差		r_2	
	a	b	Ⅰ级	Ⅱ级	≤		A	B	Ⅰ级	Ⅱ级	≥	≤
R500	4.775	2.388	±0.020	±0.030	0.3	1.015	6.81	4.42	±0.05	±0.08	0.5	1.0
R400	5.690	2.845	±0.020	±0.030	0.3	1.015	7.72	4.88	±0.05	±0.08	0.5	1.0
R320	7.112	3.556	±0.020	±0.030	0.4	1.015	9.14	5.59	±0.05	±0.08	0.5	1.0
R260	8.636	4.318	±0.020	±0.030	0.4	1.015	10.67	6.35	±0.05	±0.08	0.5	1.0
R220	10.67	4.318	±0.021	±0.030	0.4	1.015	12.70	6.35	±0.05	±0.08	0.5	1.0
R180	12.95	6.477	±0.026	±0.040	0.4	1.015	14.98	8.51	±0.05	±0.08	0.5	1.0
R140	15.80	7.899	±0.031	±0.040	0.4	1.015	17.83	9.93	±0.05	±0.08	0.5	1.0
R120	19.05	9.525	±0.038	±0.050	0.8	1.270	21.59	12.07	±0.05	±0.08	0.65	1.15
R100	22.86	10.16	±0.046	±0.06	0.8	1.270	25.40	12.70	±0.05	±0.08	0.65	1.15
R84	28.50	12.62	±0.057	±0.08	0.8	1.625	31.75	15.87	±0.05	±0.10	0.8	1.3
R70	34.85	15.8	±0.070	±0.10	0.8	1.625	38.10	19.05	±0.08	±0.14	0.8	1.3
R58	40.39	20.19	±0.081	±0.11	0.8	1.625	43.64	23.44	±0.08	±0.14	0.8	1.3
R48	47.55	22.15	±0.095	±0.13	0.8	1.625	50.80	25.4	±0.10	±0.15	0.8	1.3
R40	58.17	29.08	±0.12	±0.16	1.2	1.625	61.42	32.33	±0.12	±0.18	0.8	1.3

续表

型号	内孔尺寸					壁厚 *t*	外缘尺寸					
	基本尺寸		允许偏差		r_1		基本尺寸		允许偏差		r_2	
	a	*b*	Ⅰ级	Ⅱ级	≤		*A*	*B*	Ⅰ级	Ⅱ级	≥	≤
R32	72. 14	34. 04	±0. 14	±0. 19	1. 2	2. 03	76. 20	38. 1	±0. 14	+0. 20	1. 0	1. 5
R26	86. 36	43. 18	±0. 17	±0. 24	1. 2	2. 03	90. 42	47. 24	±0. 17	±0. 25	1. 0	1. 5
R22	109. 22	54. 61	±0. 22	±0. 31	1. 2	2. 03	113. 28	58. 67	±0. 20	±0. 32	1. 0	1. 5
R16	129. 54	64. 77	±0. 26	±0. 38	1. 2	2. 03	133. 6	68. 83	±0. 20	±0. 35	1. 0	1. 5
R14	165. 10	82. 55	±0. 33	±0. 47	1. 2	2. 03	169. 16	86. 61	±0. 20	±0. 40	1. 0	1. 5
—	58. 00	25. 00	±0. 12	±0. 1	0. 8	2	62. 00	29. 00	±0. 12	±0. 18	1. 0	1. 5

4. 铜及铜合金中等扁矩形波导管材的尺寸及其允许偏差（表8－21）

表8－21　铜及铜合金中等扁矩形波导管材的尺寸及其允许偏差

（单位：mm）

型号	内孔尺寸					壁厚 *t*	外缘尺寸					
	基本尺寸		允许偏差		r_1		基本尺寸		允许偏差		r_2	
	a	*b*	Ⅰ级	Ⅱ级	≤		*A*	*B*	Ⅰ级	Ⅱ级	≥	≤
M100	22. 85	5. 000	±0. 023	±0. 030	0. 8	1. 27	25. 39	7. 54	±0. 050	±0. 08	0. 65	1. 15
M84	28. 50	5. 000	±0. 028	±0. 040	0. 8	1. 625	31. 75	8. 25	±0. 057	±0. 10	0. 8	1. 3
M70	34. 85	8. 700	±0. 035	±0. 060	0. 8	1. 625	38. 10	11. 95	±0. 070	±0. 14	0. 8	1. 3
M58	40. 39	10. 10	±0. 04	±0. 06	0. 8	1. 625	43. 64	13. 35	±0. 08	±0. 14	0. 8	1. 3
M48	47. 55	11. 90	±0. 048	±0. 07	0. 8	1. 625	50. 80	15. 15	±0. 10	±0. 15	0. 8	1. 3
M40	58. 17	14. 50	±0. 058	±0. 09	1. 2	1. 625	61. 42	17. 75	±0. 12	±0. 18	0. 8	1. 3
M32	72. 14	18. 00	±0. 072	±0. 11	1. 2	2. 030	76. 20	22. 06	±0. 14	±0. 20	1. 0	1. 5
M26	86. 36	21. 60	±0. 086	±0. 12	1. 2	2. 030	90. 42	25. 66	±0. 17	±0. 25	1. 0	1. 5
M22	109. 22	27. 30	±0. 11	±0. 17	1. 2	2. 030	113. 28	31. 36	±0. 22	±0. 33	1. 0	1. 5
M18	129. 54	32. 40	±0. 13	±0. 20	1. 2	2. 030	133. 60	36. 46	±0. 26	±0. 38	1. 0	1. 5
M14	165. 10	41. 30	±0. 17	±0. 26	1. 2	2. 030	169. 16	45. 36	±0. 34	±0. 47	1. 0	1. 5

5. 铜及铜合金扁矩形波导管材的尺寸及其允许偏差（表8-22）

表8-22 铜及铜合金扁矩形波导管材的尺寸及其允许偏差

（单位：mm）

型号	内孔尺寸					壁厚 t	外缘尺寸					
	基本尺寸		允许偏差		r_1		基本尺寸		允许偏差		r_2	
	a	b	Ⅰ级	Ⅱ级	≤		A	B	Ⅰ级	Ⅱ级	≥	≤
F100	22.86	5.00	±0.02	±0.04	0.8	1	24.86	7.00	±0.05	±0.1	0.65	1.15
F84	28.50	5.00	±0.03	±0.06	0.8	1.5	31.50	8.00	±0.06	±0.12	0.8	1.3
F70	34.85	5.00	±0.035	±0.06	0.8	1.625	38.10	8.25	±0.07	±0.14	0.8	1.3
F58	40.39	5.00	±0.04	±0.06	0.8	1.625	43.64	8.25	±0.08	±0.14	0.8	1.3
F48	47.55	5.70	±0.05	±0.08	0.8	1.625	50.80	8.95	±0.10	±0.15	0.8	1.3
F40	58.17	7.00	±0.06	±0.09	1.2	1.625	61.42	10.25	±0.12	±0.18	0.8	1.3
F32	72.14	8.60	±0.07	±0.11	1.2	2.03	76.2	12.66	±0.14	±0.20	1.0	1.5
F26	86.36	10.40	±0.09	±0.14	1.2	2.03	90.42	14.46	±0.17	±0.25	1.0	1.5
F22	109.22	13.10	±0.11	±0.16	1.2	2.03	113.28	17.16	±0.22	±0.33	1.0	1.5
—	58	10.00	±0.06	±0.09	1.2	2	62	14	±0.12	±0.18	1.0	1.5

6. 铜及铜合金方形波导管材的尺寸及其允许偏差（图8-3、表8-23）

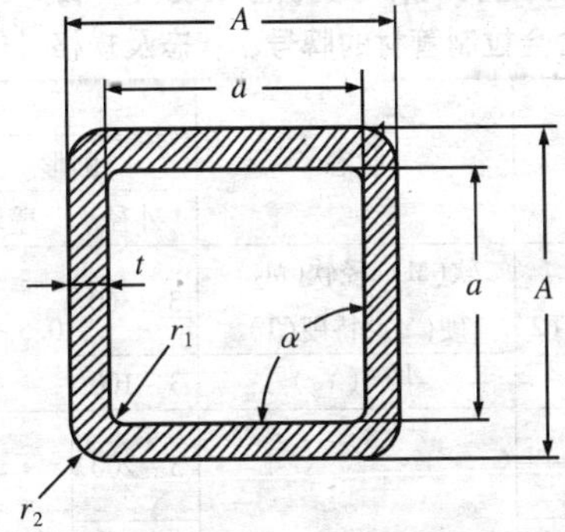

图8-3 铜及铜合金方形波导管横截面形状

表 8-23 铜及铜合金方形波导管材的尺寸及其允许偏差

(GB/T 8894—2007) (单位：mm)

型号	内孔尺寸				壁厚 t	外缘尺寸				
	基本尺寸	允许偏差		r_1		基本尺寸	允许偏差		r_2	
	a	Ⅰ级	Ⅱ级	≤		A	Ⅰ级	Ⅱ级	≥	≤
Q130	15.00	±0.030	±0.05	0.4	1.270	17.54	±0.050	±0.08	0.5	1
Q115	17.00	±0.034	±0.06	0.4	1.270	19.54	±0.050	±0.08	0.65	1.15
Q100	19.50	±0.039	±0.06	0.8	1.625	22.75	±0.050	±0.08	0.8	1.3
Q23	23.00	±0.046	±0.07	0.8	1.625	26.25	±0.050	±0.08	0.8	1.3
Q70	26.00	±0.052	±0.08	0.8	1.625	29.25	±0.052	±0.08	0.8	1.3
Q70	28.00	±0.056	±0.08	0.8	1.625	31.25	±0.056	±0.09	0.8	1.3
Q65	30.00	±0.060	±0.09	0.8	2.03	34.06	±0.060	±0.09	1.0	1.5
Q61	32.00	±0.064	±0.10	0.8	2.03	36.06	±0.064	±0.10	1.0	1.5
Q54	36.00	±0.072	±0.11	0.8	2.03	40.06	±0.072	±0.10	1.0	1.5
Q49	40.00	±0.080	±0.12	0.8	2.03	44.06	±0.080	±0.12	1.0	1.5
Q41	48.00	±0.096	±0.15	0.8	2.03	52.06	±0.096	±0.15	1.0	1.5
—	50.00	±0.10	±0.15	0.8	2.03	54.06	±0.10	±0.15	1.0	1.5

8.3.3 铜及铜合金拉制管

1. 铜及铜合金拉制管材的牌号、状态及规格（表 8-24）

表 8-24 铜及铜合金拉制管材的牌号、状态及规格（GB/T 1527—2006）

<table>
<tr><th rowspan="3">牌号</th><th rowspan="3">状态</th><th colspan="4">规格/mm</th></tr>
<tr><th colspan="2">圆形</th><th colspan="2">矩(方)形</th></tr>
<tr><th>外径</th><th>壁厚</th><th>对边距</th><th>壁厚</th></tr>
<tr><td rowspan="2">T2、T3、TU1、TU2、TP1、TP2</td><td>软(M)、轻软(M2)
硬(Y)、特硬(T)</td><td>3~360</td><td rowspan="2">0.5~15</td><td rowspan="6">3~100</td><td rowspan="2">1~10</td></tr>
<tr><td>半硬(Y2)</td><td>3~100</td></tr>
<tr><td>H96、H90</td><td rowspan="4">软(M)、轻软(M2)
半硬(Y2)、硬(Y)</td><td rowspan="2">3~200</td><td rowspan="4">0.2~10</td><td rowspan="4">0.2~7</td></tr>
<tr><td>H85、H80、H85A</td></tr>
<tr><td>H70、H68、H59、HPb59—1、
HSn62—1、HSn70—1、
H70A、H68A</td><td>3~100</td></tr>
<tr><td>H65、H63、H62、
HPb66—0.5、H65A</td><td>3~200</td></tr>
</table>

续表

牌号	状态	规格/mm			
		圆形		矩(方)形	
		外径	壁厚	对边距	壁厚
HPb63—0.1	半硬(Y_2)	18~31	6.5~13	—	—
	1/3硬(Y_3)	8~31	3.0~13		
BZn15—20	硬(Y)、半硬(Y_2)、软(M)	4~40	0.5~8	—	—
BFe10—1—1	硬(Y)、半硬(Y_2)、软(M)	8~160			
BFe30—1—1	半硬(Y_2)、软(M)	8~80			

注：1. 外径≤100mm的圆形直管，供应长度为1000~7000mm；其他规格的圆形直管供应长度为500~6000mm。

2 矩（方）形直管的供应长度为1000~5000mm。

3. 外径≤30mm、壁厚<3mm的圆形管材和圆周长≤100mm或圆周长与壁厚之比≤15的矩（方）形管材，可供应长度≥6000mm的盘管。

2. 纯铜管材的力学性能（表8-25）

表8-25 纯铜管材的力学性能（GB/T 1527—2006）

牌号	状态	壁厚/mm	拉伸试验		硬度试验	
			抗拉强度 R_m /(N/mm²) ≥	断后伸长率 A/% ≥	维氏硬度 HV	布氏硬度 HBW
T2、T3、TU1、TU2、TP1、TP2	软(M)	所有	200	40	40~65	35~60
	轻软(M_2)	所有	220	40	45~75	40~70
	半硬(Y_2)	所有	250	20	70~100	65~95
T2、T3、TU1、TU2、TP1、TP2	硬(Y)	≤6	290	—	95~120	90~115
		>6~10	265	—	75~110	70~105
		>10~15	250	—	70~100	65~95
	特硬(T)	所有	360	—	≥110	≥150

3. 黄铜管材及白铜管材的力学性能（表 8-26）

表 8-26 黄铜管材及白铜管材的力学性能（GB/T 1527—2006）

牌号	状态	拉伸试验		硬度试验	
		抗拉强度 R_m /(N/mm²) ≥	断后伸长率 A/% ≥	维氏硬度 HV	布氏硬度 HBW
H96	M	205	42	45~70	40~65
	M_2	220	35	50~75	45~70
	Y_2	260	18	75~105	70~100
	Y	320	—	≥95	≥90
H90	M	220	42	45~75	40~70
	M_2	240	35	50~80	45~75
	Y_2	300	18	75~105	70~100
	Y	360	—	≥100	≥95
H85、H85A	M	240	43	45~75	40~70
	M_2	260	35	50~80	45~75
	Y_2	310	18	80~110	75~105
	Y	370	—	≥105	≥100
H80	M	240	43	45~75	40~70
	M_2	260	40	55~85	50~80
	Y_2	320	25	85~120	80~115
	Y	390	—	≥115	≥110
H70、H68、H70A、H68A	M	280	43	55~85	50~80
	M_2	350	25	85~120	80~115
	Y_2	370	18	95~125	90~120
	Y	420	—	≥115	≥110
H65、HPb66—0.5、H65A	M	290	43	55~85	50~80
	M_2	360	25	80~115	75~110
	Y_2	370	18	90~120	85~115
	Y	430	—	≥110	≥105
H63、H62	M	300	43	60~90	55~85
	M_2	360	25	75~110	70~105
	Y_2	370	18	85~120	80~115
	Y	440	—	≥115	≥110
H59、HPb59—1	M	340	35	75~105	70~100
	M_2	370	20	85~115	80~110

续表

牌号	状态	拉伸试验		硬度试验	
		抗拉强度 R_m /(N/mm²) ≥	断后伸长率 A/% ≥	维氏硬度 HV	布氏硬度 HBW
H59、HPb59—1	Y_2	410	15	100 ~ 130	95 ~ 125
	Y	470	—	≥125	≥120
HSn70—1	M	295	40	60 ~ 90	55 ~ 85
	M_2	320	35	70 ~ 100	65 ~ 95
	Y_2	370	20	85 ~ 110	80 ~ 105
	Y	455	—	≥110	≥105
HSn70—1	M	295	35	60 ~ 90	55 ~ 85
	M_2	335	30	75 ~ 105	70 ~ 100
	Y_2	370	20	85 ~ 110	80 ~ 105
	Y	455	—	≥110	≥105
HPb63—0.1	半硬(Y_2)	353	20	—	110 ~ 165
	1/3 硬(Y_3)	—	—	—	70 ~ 125
BZn15—20	软(M)	295	35	—	—
	半硬(Y_2)	390	20	—	—
	硬(Y)	490	8	—	—
BFe10—1—1	软(M)	290	30	75 ~ 110	70 ~ 105
	半硬(Y_2)	310	12	105	100
	硬(Y)	480	8	150	145
BFe30—1—1	软(M)	370	35	135	130
	半硬(Y_2)	480	12	85 ~ 120	80 ~ 115

8.3.4 铜及铜合金毛细管

1. 铜及铜合金毛细管的牌号、状态及规格（表8-27）

表8-27 铜及铜合金毛细管的牌号、状态及规格（GB/T 1531—2009）

牌号	供应状态	规格/mm 外径×内径	长度/mm	
			盘管	直管
T2、TP1、TP2、H85、H80、H70、H68、H65、H63、H62	硬(Y)、半硬(Y_2)、软(M)	(ϕ0.5 ~ ϕ6.10)×(ϕ0.3 ~ ϕ4.45)	≥3000	50 ~ 6000
H96、H90、QSn4—0.3、QSn6.5—0.1	硬(Y)、软(M)			

2. 普通级铜及铜合金毛细管的力学性能（表 8－28）

表 8－28 普通级铜及铜合金毛细管的力学性能（GB/T 1531—2009）

牌号	状态	拉伸试验		硬度试验
		抗拉强度 R_m /(N/mm²)	断后伸长率 A/%	维氏硬度 HV
TP2、T2、TP1	M	≥205	≥40	—
	Y_2	245～370	—	—
	Y	≥345	—	—
H96	M	≥205	≥42	45～70
	Y	≥320	—	≥90
H90	M	≥220	≥42	40～70
	Y	≥360	—	≥95
H85	M	≥240	≥43	40～70
	Y_2	≥310	≥18	75～105
	Y	≥370	—	≥100
H80	M	240	43	40～70
	Y_2	320	25	80～115
	Y	390	—	≥110
H70、H68	M	280	43	50～80
	Y_2	370	18	90～120
	Y	420	—	≥110
H65	M	290	43	50～80
	Y_2	370	18	85～115
	Y	430	—	≥105
H63、H62	M	300	43	55～85
	Y_2	370	18	70～105
	Y	440	—	≥110
QSn4—0.3 QSn6.5—0.1	M	325	30	≥90
	Y	490	—	≥120

8.3.5　铜及铜合金散热扁管

1. 铜及铜合金散热扁管材的牌号、状态及规格（表8-29）

表8-29　铜及铜合金散热扁管材的牌号、状态及规格（GB/T 8891—2000）

牌号	供应状态	(宽度/mm)×(高度/mm)×(壁厚/mm)	长度/mm
T2、H96	硬(Y)	(16~25)×(1.9~6.0)×(0.2~0.7)	250~1500
H85	半硬(Y_2)		
HSn70—1	软(M)		

2. 铜及铜合金散热扁管材的力学性能（表8-30）

表8-30　铜及铜合金散热扁管材的力学性能（GB/T 8891—2000）

牌号	供应状态	抗拉强度 R_m/(N/mm²) ≥	断后伸长率 A/% ≥
T2,H96	硬(Y)	295	—
H85	半硬(Y_2)	295	—
HSn70—1	软(M)	295	35

3. 铜及铜合金散热扁管材的横截面形状及外形尺寸（图8-4、表8-31）

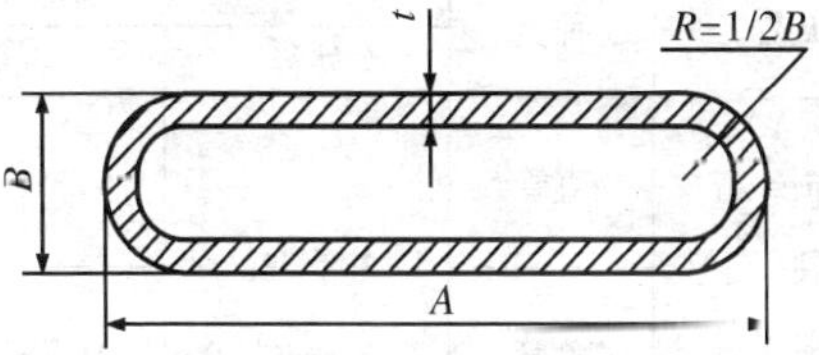

图8-4　铜及铜合金散热扁管材的横截面形状

表8-31　铜及铜合金散热扁管材的外形尺寸（GB/T 8891—2000）

宽度 B /mm	高度 A /mm	壁厚 t/mm 0.20	0.25	0.30	0.40	0.50	0.60	0.70
16	3.7	○	○	○	○	○	○	○
17	3.5	○	○	○	○	○	○	○
17	5.0	—	○	○	○	○	○	○
18	1.9	○	○	—	—	—	—	—
18.5	2.5	○	○	○	○	—	—	—
18.5	3.5	○	○	○	○	○	○	○
19	2.0	○	○	—	—	—	—	—

续表

宽度 B /mm	高度 A /mm	壁厚 t/mm						
		0.20	0.25	0.30	0.40	0.50	0.60	0.70
19	2.2	○	○	○	—	—	—	—
19	2.4	○	○	○	—	—	—	—
19	4.5	○	○	○	○	○	○	○
21	3.0	○	○	○	○	○	—	—
21	4.0	○	○	○	○	○	○	○
21	5.0	—	—	○	○	○	○	○
22	3.0	○	○	○	○	○	—	—
22	6.0	—	—	○	○	○	○	○
25	4.0	○	○	○	○	○	○	○
25	6.0	—	—	—	—	○	○	○

注："○"表示有产品，"—"表示无产品。

8.3.6 冰箱用高清洁度铜管

1. 冰箱用高清洁度铜管的牌号、状态及规格（表 8－32）

表 8－32 冰箱用高清洁度铜管的牌号、状态及规格（YS/T 450—2002）

牌号	状态	种类	规格/mm		
			外径	壁厚	长度
TU1、TU2、TP2	硬(Y) 半硬(Y_2) 1/4 硬(Y_4) 轻软(M_2) 软(M)	直管	3.8～20	0.25～1.5	400～10000
		盘管		0.3～1.5	—

2. 冰箱用高清洁度铜管的尺寸及其允许偏差（表 8－33）

表 8－33 冰箱用高清洁度铜管的尺寸及其允许偏差（YS/T 450—2002）

（单位：mm）

平均外径		壁厚			
尺寸范围	允许偏差	0.25～0.4	>0.4～0.6	>0.6～0.8	>0.8～1.5
		允许偏差			
3.8～15	±0.05	±0.03	±0.05	±0.06	±0.08
>15～20	±0.06	±0.03	±0.05	±0.6	±0.09

注：1. 当需方要求单向偏差时，其值为表中数值的 2 倍。

2. 平均外径指在管材某一截面测得的最大外径与最小外径的平均值。

3. 冰箱用高清洁度铜管的力学性能（表8-34）

表8-34　冰箱用高清洁度铜管的力学性能（YS/T 450—2002）

牌号	状态	抗拉强度 R_m/(N/mm²)	断后伸长率 A/%
TU1、TU2、TP2	硬（Y）	≥315	—
	半硬（Y_2）	245~325	—
	1/4硬（Y_4）	220~280	≥25
	轻软（M_2）	≥215	≥40
	软（M）	≥205	≥43

8.3.7　空调与制冷设备用无缝铜管

1. 空调与制冷用无缝铜管的牌号、状态及规格（表8-35）

表8-35　空调与制冷用无缝铜管的牌号、状态及规格（GB/T 17791—2007）

牌号	状态	种类	规格		
			外径/mm	壁厚/mm	长度/mm
TU1、TU2、T2、TP1、TP2	软（M） 轻软（M_2） 半硬（Y_2） 硬（Y）	直管	3~30	0.25~2.0	400~10000
		盘管		0.25~2.0	—

2. 空调与制冷用退火态无缝铜管的清洁度（表8-36）

表8-36　空调与制冷用退火态无缝铜管的清洁度（GB/T 17791—2007）

牌号	外径/mm	内表面残留污物/(g/m²)
TU1、TU2、TP1、TP2	≤15	≤0.025
	>15	≤0.038

8.3.8 导电用无缝圆形铜管

1. 导电用无缝圆形铜管的牌号、状态及规格（表 8-37）

表 8-37 导电用无缝圆形铜管的牌号、状态及规格（GB/T 19850—2005）

牌号	状态	规格/mm		
		外径	壁厚	长度
TU1、TU2、TAg0.1、T1、T2、TP1	软 半硬(Y_2) 硬(Y)	直管		
		5~159	0.5~25.0	1500~7500
		盘管		
		5~22	0.5~6.0	>7500

2. 导电用无缝圆形铜管的外径及其允许偏差（表 8-38）

表 8-38 导电用无缝圆形铜管的外径及其允许偏差（GB/T 19850—2005）

（单位：mm）

公称外径	平均外径允许偏差	
	普通级	高精级
5~15	±0.05	±0.04
>15~25	±0.07	±0.05
>25~50	±0.09	±0.08
>50~75	±0.13	±0.12
>75~100	±0.15	±0.14
>100~125	±0.20	±0.18
>125~159	±0.28	±0.26

3. 导电用无缝圆形铜管的壁厚及其允许偏差（表8-39）

表8-39　导电用无缝圆形铜管的壁厚及其允许偏差（GB/T 19850—2005）

公称外径/mm	普通级壁厚允许偏差/%						高精级壁厚允许偏差/%					
	壁厚/mm						壁厚/mm					
	0.5~1.0	>1.0~3.0	>3.0~6.0	>6.0~10.0	>10.0~15.0	>15.0~25.0	0.5~1.0	>1.0~3.0	>3.0~6.0	>6.0~10.0	>10.0~15.0	>15.0~25.0
5~15	±12	±10	±10	—	—	—	±11	±9	±9	—	—	—
>15~25	±12	±10	±10	±9	—	—	±11	±9	±9	±8	—	—
>25~50	±13	±11	±10	±9	±8	—	±12	±10	±9	±8	±7	—
>50~100	—	±12	±11	±10	±9	±9	—	±11	±10	±9	±8	±8
>100~159	—	—	±12	±11	±10	±10	—	—	±11	±10	±9	±9

4. 导电用无缝圆形铜管的长度及其允许偏差（表8-40）

表8-40　导电用无缝圆形铜管的长度及其允许偏差（GB/T 19850—2005）

（单位：mm）

长度		允许偏差		
		公称外径		
		≤25	>25~100	>100~159
直管	1500~3000	+2 0	+10 0	+15 0
	>3000~4500	+8 0	+12 0	+18 0
	>4500~5800	+10 0	+14 0	+20 0
	>5800~7500	+15 0	+20 0	+30 0
盘管	≥7500	1.5%	—	—

5. 导电用无缝圆形铜管的力学性能（表8-41）

表8-41 导电用无缝圆形铜管的力学性能（GB/T 19850—2005）

状态	尺寸范围/mm	抗拉强度 R_m/（N/mm²）		断后伸长率 A/%
		最小值	最大值	
软	全部	200	255	40
半硬（Y_2）	壁厚≤5.0	250	300	—
	壁厚>5.0	240	290	15
硬（Y）	壁厚≤5.0	290	360	—
	壁厚>5.0	270	320	6

6. 导电用无缝圆形铜管的电性能（表8-42）

表8-42 导电用无缝圆形铜管的电性能（GB/T 19850—2005）

状态	尺寸范围/mm	20℃导电率/%IACS ≥		
		TU1、TU2、T1、TAg0.1	T2	TP1
软	全部	100	98	90
半硬（Y_2）	壁厚≤5.0	97	96	88
	壁厚>5.0	98	97	89
硬（Y）	壁厚≤5.0	97	95	87
	壁厚>5.0	98	96	88

8.3.9 电缆用无缝铜管

1. 电缆用无缝铜管的牌号、状态及规格（表8-43）

表8-43 电缆用无缝铜管的牌号、状态及规格（GB/T 19849—2005）

牌号	供应状态	规格/mm	
		外径	壁厚
TU1、TU2、T2	M(软)，盘状	4~22	0.25~1.5

2. 电缆用无缝铜管的外形尺寸及其允许偏差（表8-44）

表8-44 电缆用无缝铜管的外形尺寸及其允许偏差（GB/T 19849—2005）

（单位：mm）

外径	平均外径允许偏差	壁厚			
		0.25~0.40	>0.40~0.60	>0.60~0.80	>0.80~1.50
		壁厚允许偏差			
4~15	±0.05	±0.03	±0.05	±0.06	±0.08
>15~20	±0.06	±0.03	±0.05	±0.06	±0.09
>20~22	±0.08	±0.04	±0.06	±0.08	±0.09

3. 电缆用无缝铜管的力学性能（表8-45）

表8-45 电缆用无缝铜管的力学性能（GB/T 19849—2005）

牌号	状态	抗拉强度 R_m/(N/mm²)	断后伸长率 A/%
TU1、TU2、T2	软(M)	205~260	≥40

4. 电缆用无缝铜管的电性能（表8-46）

表8-46 电缆用无缝铜管的电性能（GB/T 19849—2005）

合金牌号	状态	导电率/%IACS
TU1、TU2、T2	M	≥100

8.3.10 压力表用铜合金管

1. 压力表用锡青铜管材的牌号、状态及规格（表8-47）

表8-47 压力表用锡青铜管材的牌号、状态及规格（GB/T 8892—2005）

牌号	状态	截面形状	规格尺寸/mm
QSn4—0.3 QSn6.5—0.1	M(软) Y_2(半硬) Y(硬)	圆管($D\times t$)，见图8-5a	(ϕ2~25)×(0.11~1.80)
		椭圆管($A\times B\times t$)，见图8-5b	(5~15)×(2.5~6)×(0.15~1.0)
H68	Y_2(半硬) Y(硬)	扁管($A\times B\times t$)，见图8-5c	(7.5~20)×(5~7)×(0.15~1.0)

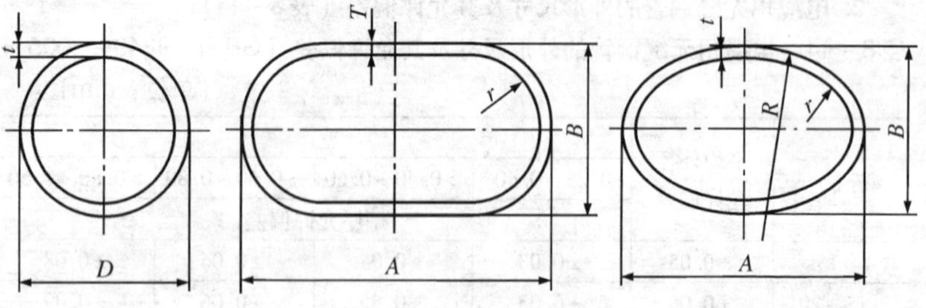

图 8-5 铜合金管材的截面形状

D—圆管的外径 *t*—管的厚度 *A*—扁管和椭圆管的长轴

r—椭圆小半径 *R*—椭圆的大半径 *B*—扁管和椭圆管的短轴

2. 压力表用锡青铜管材的室温纵向力学性能（表 8-48）

表 8-48 压力表用锡青铜管材的室温纵向力学性能（GB/T 8892—2005）

牌号	材料状态	抗拉强度 R_m/(N/mm²)	断后伸长率 $A_{11.3}$/% ≥
QSn4—0.3、QSn6.5—0.1	软(M)	325～480	35
	半硬(Y_2)	450～550	8
	硬(Y)	490～635	2
H68	半硬(Y_2)	345～405	30
	硬(Y)	≥390	—

3. 压力表用锡青铜圆管材的外径和壁厚的允许偏差（表 8-49）

表 8-49 压力表用锡青铜圆管材的外径和壁厚的允许偏差（GB/T 8892—2005）（单位：mm）

截面形状	长轴范围	允许偏差	短轴范围	允许偏差	壁厚允许偏差		
					尺寸	普通精度	较高精度
扁管	7.5～20.0	±0.20	5.0～7.0	±0.20	0.15～0.25	±0.02	±0.015
					>0.25～0.40	±0.03	±0.02
椭圆管	5.0～15.0	±0.20	2.5～6.0	±0.20	>0.40～0.60	±0.04	±0.03
					>0.60～0.80	±0.05	±0.04
					>0.80～1.00	±0.06	±0.04

8.3.11 卫生洁具用黄铜管

1. 卫生洁具用黄铜管材的牌号、状态及规格（表8-50）

表8-50 卫生洁具用黄铜管材的牌号、状态及规格（YS/T 635—2007）

牌号	状态	规格/mm				
		外径(对边距或长轴)		壁厚	长度	
		圆形	矩(方)形、扁圆、椭圆、D形		圆形	矩(方)形、扁圆、椭圆、D形
H62、H62A、H63、H63A、H65、H65A、H68、H68A、H70、H70A、HPb59—1	软(M)	6~60	8~45	0.4~4.0	200~6000	200~3000
	$\frac{1}{4}$硬(Y_4)					
	$\frac{1}{2}$硬(Y_2)					
	$\frac{3}{4}$硬(Y_1)					
	硬(Y)					
HSn70—1、HAl77—2	软(M)					
	$\frac{1}{2}$硬(Y_2)					
	硬(Y)					

2. 卫生洁具用黄铜管的力学性能（表8-51）

表8-51 卫生洁具用黄铜管的力学性能（YS/T 635—2007）

牌号	状态	硬度HBW	硬度HV	抗拉强度 R_m/(N/mm²)	断后伸长率 A/% ≥
H62、H62A、H63、H63A、H65、H65A、H68、H68A、H70、H70A、HPb59—1	M	65±8	65±8	330~375	—
	Y_4	80±8	82±8	360~410	—
	Y_2	110±10	113±10	390~440	—
	Y_1	130±10	135±10	420~470	—
	Y	150±10	155±10	450~580	—
HAl77—2	M	≤80	≤85	≥345	45
	Y_2	80~125	85~130	≥370	40
	Y	≥125	≥130	≥480	10
HSn70—1	M	≤75	≤80	≥295	38
	Y_2	75~120	80~125	≥370	30
	Y	≥120	≥125	≥440	10

3. 卫生洁具用黄铜圆管材的外径及其允许偏差（表8-52）

表8-52 卫生洁具用黄铜圆管材的外径及其允许偏差（YS/T 635—2007）

（单位：mm）

外径	允许偏差	
	普通级	高精级
6~15	±0.06	±0.05
>15~25	±0.08	±0.05
>25~35	±0.12	±0.08
>35~45	±0.15	±0.10
>45~54	±0.18	±0.12
>54~60	±0.24	±0.14

注：当要求外径偏差全为正或全为负时，其允许偏差为表中对应数值的2倍。

4. 卫生洁具用黄铜圆管材的长度及其允许偏差（表8-53）

表8-53 卫生洁具用黄铜圆管材的长度及其允许偏差（YS/T 635—2007）

（单位：mm）

长度	长度允许偏差	
	外径≤25	外径>25~60
≤600	+1.5 0	+2.5 0
>600~2000	+2.5 0	+3.0 0
>2000~4000	+6.0 0	+6.0 0
>4000	+12 0	+12 0

注：1. 表中偏差为正偏差，如果要求负偏差，可采用相同的值；如果要求正和负偏差，则应为所列值的一半。

2. 倍尺长度应加入锯切分段时的锯切量，每一锯切量为5mm。

5. 卫生洁具用黄铜圆管材的壁厚及其允许偏差（表8-54）

表8-54 卫生洁具用黄铜圆管材的壁厚及其允许偏差（YS/T 635—2007）

外径/mm	壁厚/mm									
	0.40~0.60		>0.60~0.90		>0.90~1.5		>1.5~2.0		>2.0~4.0	
	壁厚允许偏差/%									
	普通级	高精级	普通级	高精级	普通级	高精级	普通级	高精级	普通级	高精级
6~15	±10	±8	±10	±8	±10	±7	±9	±5	±9	±5
>15~25	±10	±8	±10	±8	±10	±7	±9	±6	±9	±5
>25~35	±10	±8	±10	±8	±10	±7	±9	±6	±9	±6
>35~45	±10	±8	±10	±8	±1.0	±8	±9	±6	±9	±6
>45~54	±10	±8	±10	±8	±10	±8	±9	±6	±9	±6
>54~60	±10	±8	±10	±8	±10	±8	±9	±6	±9	±6

注：当要求壁厚偏差全为正或全为负时，其允许偏差为表中对应数值的2倍。

8.4 铜及铜合金板、带、箔材

8.4.1 铜及铜合金板材

1. 铜及铜合金板材的牌号、状态和规格（表8-55）

表8-55 铜及铜合金板材的牌号、状态和规格（GB/T 2040—2008）

牌号	状态	规格/mm		
		厚度	宽度	长度
T2、T3、TP1、TP2、TU1、TU2	R	4~60	≤3000	≤6000
	M、Y_4、Y_2、Y、T	0.2~12	≤3000	≤6000
H96、H80	M、Y	0.2~10	≤3000	≤6000
H90、H85	M、Y_2、Y			
H65	M、Y_1、Y_2 Y、T、TY			
H70、H68	R	4~60		
	M、Y_4、Y_2 Y、T、TY	0.2~10		
H63、H62	R	4~60		
	M、Y_2 Y、T	0.2~10		

续表

牌号	状态	规格/mm		
		厚度	宽度	长度
H59	R	4 ~ 60	≤3000	≤6000
	M、Y	0.2 ~ 10		
HPb59—1	R	4 ~ 60		
	M、Y_2、Y	0.2 ~ 10		
HPb60—2	Y、T	0.5 ~ 10		
HMn58—2	M、Y_2、Y	0.2 ~ 10		
HSn62—1	R	4 ~ 60		
	M、Y_2、Y	0.2 ~ 10		
HMn55—3—1、HMn57—3—1、HAl60—1—1、HAl67—2.5、HAl66—6—3—2、HNi65—5	R	4 ~ 40	≤1000	≤2000
QSn6.5—0.1	R	9 ~ 50	≤600	≤2000
	M、Y_4、Y_2 Y、T、TY	0.2 ~12		
QSn6.5—0.4、QSn4—3、QSn4—0.3、QSn7—0.2	M、Y、T	0.2 ~ 12	≤600	≤2000
QSn8—0.3	M、Y_4、Y_2 Y、T	0.2 ~ 5	≤600	≤2000
BAl6—1.5	Y	0.5 ~ 12	≤600	≤1500
BAl13—3	CYS			
BZn15—20	M、Y_2、Y、T	0.5 ~ 10	≤600	≤1500
BZn18—17	M、Y_2、Y	0.5 ~ 5	≤600	≤1500
B5、B19、BFe10—1—1、BFe30—1—1	R	7 ~ 60	≤2000	≤4000
	M、Y	0.5 ~ 10	≤600	≤1500

续表

牌号	状态	规格/mm		
		厚度	宽度	长度
QAl5	M、Y	0.4~12	≤1000	≤2000
QAl7	Y_2、Y			
QAl9—2	M、Y			
QAl9—4	Y			
QCd1	Y	0.5~10	200~300	800~1500
QCr0.5、 QCr0.5—0.2—0.1	Y	0.5~15	100~600	≥300
QMn1.5	M	0.5~5	100~600	≤1500
QMn5	M、Y			
QSi3—1	M、Y、T	0.5~10	100~1000	≥500
QSn4—4—2.5、 QSn4—4—4	M、Y_3、Y_2、Y	0.8~5	200~600	800~2000
BMn40—1.5	M、Y	0.5~10	100~600	800~1500
BMn3—12	M			

2. 铜及铜合金板材的力学性能（表8-56）

表8-56 铜及铜合金板材的力学性能（GB/T 2040—2008）

牌号	状态	拉伸试验			硬度试验		
		厚度/mm	抗拉强度 R_m/(N/mm²)	断后伸长率 $A_{11.3}$/%	厚度/mm	维氏硬度HV	洛氏硬度HRB
T2、T3、TP1、TP2、TU1、TU2	R	4~14	≥195	≥30	—	—	—
	M	0.3~10	≥205	≥30	≥0.3	≤70	—
	Y_1		215~275	≥25		60~90	—
	Y_2		245~345	≥8		80~110	—
	Y		295~380	—		90~120	—
	T		≥350	—		≥110	—
HSn62—1	R	4~14	≥340	≥20	—	—	—
	M	0.3~10	≥295	≥35	—	—	—
	Y_2		350~400	≥15			
	Y		≥390	≥5			
HMn57—3—1	R	4~8	≥440	≥10	—	—	—

续表

牌号	状态	拉伸试验			硬度试验		
		厚度 /mm	抗拉强度 R_m /(N/mm²)	断后伸长率 $A_{11.3}$/%	厚度 /mm	维氏硬度 HV	洛氏硬度 HRB
HMn55—3—1	R	4~15	≥490	≥15	—	—	—
HAl60—1—1	R	4~15	≥440	≥15	—	—	—
HAl67—2.5	R	4~15	≥390	≥15	—	—	—
HAl66—6—3—2	R	4~8	≥685	≥3	—	—	—
HNi65—5	R	4~15	≥290	≥35	—	—	—
QAl5	M	0.4~12	≥275	≥33	—	—	—
	Y		≥585	≥2.5			
QAl7	Y_2	0.4~12	585~740	≥10	—	—	—
	Y		≥635	≥5			
QAl9—2	M	0.4~12	≥400	≥18	—	—	—
	Y		≥585	≥5			
QAl9—4	Y	0.4~12	≥585	—	—	—	—
QSn6.5—0.1	R	9~14	≥290	≥38	≥0.2	—	—
	M	0.2~12	≥315	≥40		≤120	—
	Y_4	0.2~12	390~510	≥35		110~155	—
	Y_2	0.2~12	490~610	≥8		150~190	—
	Y	0.2~3	590~690	≥5		180~230	—
		>3~12	540~690	≥5		180~230	—
	T	0.2~5	635~720	≥1		200~240	—
	TY		≥690	—		≥210	
QSn6.5—0.4、QSn7—0.2	M	0.2~12	≥295	≥40	—	—	—
	Y		540~690	≥8			
	T		≥665	≥2			
QSn4—3、QSn4—0.3	M	0.2~12	≥290	≥40	—	—	—
	Y		540~690	≥3			
	T		≥635	≥2			
QSn8—0.3	M	0.2~5	≥345	≥40	≥0.2	≤120	—
	Y_4		390~510	≥35		100~160	—
	Y_2		490~610	≥20		150~205	—
	Y		590~705	≥5		180~235	—
	T		≥685	—		≥210	—

续表

牌号	状态	拉伸试验			硬度试验		
		厚度 /mm	抗拉强度 R_m /(N/mm²)	断后伸长率 $A_{11.3}$/%	厚度 /mm	维氏硬度 HV	洛氏硬度 HRB
QCd1	Y	0.5~10	≥390	—	—	—	—
QCr0.5、QCr0.5—0.2—0.1	Y	—	—	—	0.5~15	≥110	
QMn1.5	M	0.5~5	≥205	≥30	—	—	—
QMn5	M Y	0.5~5	≥290 ≥440	≥30 ≥3	—	—	—
QSi3—1	M Y T	0.5~10	≥340 585~735 ≥685	≥40 ≥3 ≥1	—	—	—
QSn4—4—2.5、QSn4—4—4	M Y_3 Y_2 Y	0.8~5	≥290 390~490 420~510 ≥510	≥35 ≥10 ≥9 ≥5	≥0.8	—	— 65~85 70~90 —
BZn15—20	M Y_2 Y T	0.5~10	≥340 440~570 540~690 ≥640	≥35 ≥5 ≥1.5 ≥1	—	—	—
BZn18—17	M Y_2 Y	0.5~5	≥375 440~570 ≥540	≥20 ≥5 ≥3	≥0.5	— 120~180 ≥150	—
B5	R	7~14	≥215	≥20	—	—	—
	M Y	0.5~10	≥215 ≥370	≥30 ≥10	—	—	—
B19	R	7~14	≥295	≥20	—	—	—
	M Y	0.5~10	≥290 ≥390	≥25 ≥3	—	—	—
BFe10—1—1	R	7~14	≥275	≥20	—	—	—
	M Y	0.5~10	≥275 ≥370	≥28 ≥3	—	—	—

续表

牌号	状态	拉伸试验			硬度试验		
		厚度/mm	抗拉强度 R_m/(N/mm²)	断后伸长率 $A_{11.3}$/%	厚度/mm	维氏硬度 HV	洛氏硬度 HRB
BFe30—1—1	R	7～14	≥345	≥15	—	—	—
	M	0.5～10	≥370	≥20	—	—	—
	Y		≥530	≥3			
BAl6—1.5	Y	0.5～12	≥535	≥3	—	—	—
BAl13—3	CYS		≥635	≥5	—	—	—
BMn40—1.5	M	0.5～10	390～590	实测	—	—	—
	Y		≥590	实测			
BMn3—12	M	0.5～10	≥350	≥25	—	—	—

3. 铜及铜合金板材的电性能（表8-57）

表8-57 铜及铜合金板材的电性能（GB/T 2040—2008）

牌号	电阻率 ρ(20℃±1℃)(Ω·mm²/m)	电阻温度系数 α(0～100℃)/(1/℃)	与铜的热电动势率 Q(0～100℃)/(μV/℃)
BMn3—12	0.42～0.52	$\pm6\times10^{-5}$	≤1
BMn40—1.5	0.43～0.53	—	—
QMn1.5	≤0.087	$\leq0.9\times10^{-3}$	

8.4.2 导电用铜板和铜条

1. 导电用铜板的牌号、状态及规格（表8-58）

表8-58 导电用铜板的牌号、状态及规格（GB/T 2529—2005）

牌号	状态	规格/mm		
		厚度	宽度	长度
T2	热轧（R）	4～100	50～650	≤8000
	软（M）	4～20		
	1/8硬（Y_8）			
	1/2硬（Y_2）			
	硬（Y）			

2. 导电用铜条的牌号、状态及规格（表8-59）

表8-59 导电用铜条的牌号、状态及规格（GB/T 2529—2005）

牌号	状态	规格/mm		
		厚度	宽度	长度
T2	热轧（R）	10~60	10~400	≤8000
	软（M）	3~30		
	1/8硬（Y_8）			
	1/2硬（Y_2）			
	硬（Y）			

3. 导电用铜板和铜条的电性能（表8-60）

表8-60 导电用铜板和铜条的电性能（GB/T 2529—2005）

牌号	状态	20℃时的导电率/%IACS ≥
T2	热轧(R)软(M)	100
	1/8硬(Y_8)	99
	1/2硬(Y_2)	97
	硬(Y)	96

8.4.3 无氧铜板、带材

1. 无氧铜板、带材的牌号、状态及规格（表8-61）

表8-61 无氧铜板、带材的牌号、状态及规格（GB/T 14594—2005）

牌号	供应状态	形状	规格/mm		
			厚度	宽度	长度
TU0、TU1、TU2	M(软)、Y_2(半硬)、Y(硬)	板	0.4~10.0	200~1000	1000~2500
	M(软)、Y_4(1/4硬)、Y_2(半硬)、Y(硬)	带	0.05~4.0	≤1000	—

2. 无氧铜板、带材的厚度及其允许偏差（表8-62）

表8-62 无氧铜板、带材的厚度及其允许偏差（GB/T 14594—2005）

（单位：mm）

厚度	宽度							
	≤200		>200~300		>300~600		>600~1000	
	厚度允许偏差							
	普通级	较高级	普通级	较高级	普通级	较高级	普通级	较高级
0.05~0.10	±0.007	±0.005	±0.010	±0.007	—	—	—	—
>0.10~0.20	±0.010	±0.008	±0.015	±0.010	—	—	—	—
>0.20~0.30	±0.015	±0.010	±0.020	±0.015	±0.020	±0.015	—	—
>0.30~<0.5	±0.020	±0.015	±0.025	±0.020	±0.030	±0.025	—	—
0.5~0.8	±0.030	±0.025	±0.035	±0.030	±0.040	±0.035	±0.050	±0.040
>0.8~1.2	±0.040	±0.035	±0.045	±0.040	±0.050	±0.045	±0.060	±0.050
>1.2~1.5	±0.045	±0.040	±0.050	±0.045	±0.055	±0.050	±0.070	±0.060
>1.5~2.0	±0.050	±0.045	±0.055	±0.050	±0.060	±0.055	±0.080	±0.070
>2.0~2.5	±0.060	±0.050	±0.065	±0.060	±0.070	±0.060	±0.100	±0.090
>2.5~5.0	±0.070	±0.060	±0.080	±0.070	±0.090	±0.080	±0.120	±0.110
>5.0~8.0	±0.10	±0.09	±0.11	±0.10	±0.12	±0.11	±0.20	±0.18
>8.0~10.0	+0.11	+0.10	±0.12	±0.11	±0.15	±0.14	±0.28	±0.25

注：需方要求单向偏差时，其值为表中数值的2倍。

3. 无氧铜带材的宽度及其允许偏差（表8-63）

表8-63 无氧铜带材的宽度及其允许偏差（GB/T 14594—2005）

（单位：mm）

厚度	宽度		
	≤300	>300~600	>600~1000
	宽度允许偏差		
≤0.5	±0.15	±0.20	±0.30
>0.5~1.0	±0.20	±0.25	±0.40
>1.0~1.5	±0.25	±0.30	±0.50
>1.5~2.5	±0.30	±0.40	±0.60

注：需方要求单向偏差时，其值为表中数值的2倍。

4. 无氧铜板材的宽度及其允许偏差（表8－64）

表8－64　无氧铜板材的宽度及其允许偏差（GB/T 14594—2005）

（单位：mm）

厚度	宽度		
	≤300	>300～600	>600～1000
	宽度允许偏差		
≤0.8	±1.00	±1.20	±1.50
>0.8～3.0	±1.50	±2.00	±2.50
>3.0～10.0	±2.50	±3.00	±5.00

注：需方要求单向偏差时，其值为表中数值的2倍。

5. 无氧铜板材的长度及其允许偏差（表8－65）

表8－65　无氧铜板材的长度及其允许偏差（GB/T 14594—2005）

（单位：mm）

厚度	长度允许偏差
≤0.8	+5
>0.8	+10

6. 无氧铜板、带材的力学性能（表8－66）

表8－66　无氧铜板、带材的力学性能（GB/T 14594—2005）

牌号	状态	拉伸试验		维氏硬度 HV
		抗拉强度 R_m/(N/mm²)	断后伸长率 $A_{11.3}$/%	
TU0、TU1、TU2	M	195～260	≥40	45～65
	Y_4	215～275	≥30	50～70
	Y_2	245～315	≥15	85～110
	Y	≥275	—	≥100

7. 无氧铜板、带材的导电率（表8－67）

表8－67　无氧铜板、带材的导电率（GB/T 14594—2005）

牌号	状态	导电率/%IACS　≥	电阻系数/(Ω·mm²/m)　≤
TU0	M	101	0.017070
	Y_4	100	0.017241
	Y_2	99	0.017415
	Y	98	0.017593

续表

牌号	状态	导电率/%IACS ≥	电阻系数/(Ω·mm²/m) ≤
TU1	M	100	0.017241
	Y_4	99	0.017415
	Y_2	98	0.017593
	Y	97	0.017774
TU2	M	99	0.017415
	Y_4	98	0.017593
	Y_2	97	0.017774
	Y	96	0.017959

8.4.4 铍青铜板、带材

1. 铍青铜板、带材的牌号、状态及规格（表8-68）

表8-68 铍青铜板、带材的牌号、状态及规格（YS/T 323—2002）

合金牌号	状态	类型	厚度/mm	宽度/mm	长度/mm
QBe2、QBe1.9、QBe1.7	C、CY_4、CY_2、CY	板材	0.45~6.0	30~200	200~1500
		带材	0.05~1.0	30~200	—

2. 铍青铜板、带材的力学性能（表8-69）

表8-69 铍青铜板、带材的力学性能（YS/T 323—2002）

合金牌号	材料状态	抗拉强度 R_m/(N/mm²)	断后伸长率 A/% ≥	维氏硬度 HV
QBe2、QBe1.9	C	390~590	30	≤140
QBe2、QBe1.9	CY_4	520~630	10	120~220
QBe2、QBe1.9、QBe1.7	CY_2	570~695	6	140~240
QBe2	CY	≥635	2.5	≥170
QBe1.9				≥160
QBe1.7		≥590		≥150

续表

合金牌号	材料状态	抗拉强度 R_m/(N/mm^2)	断后伸长率 A/% ≥	维氏硬度 HV
QBe2	CS	≥1125	2.0	≥320
QBe1.9				≥350
QBe2、QBe1.9	CY_4S	≥1135	2.0	320~420
QBe2、QBe1.9	CY_2S	≥1145	1.5	340~440
QBe1.7		≥1030	2.0	
QBe2	CYS	≥1175	1.5	≥360
QBe1.9				≥370
QBe1.7		≥1080	2.0	≥340

注：1. 厚度=0.25mm的带材，抗拉强度和断后伸长率不做规定。

2. 厚度=0.25mm的C、CY_2、CY_4态的带材，硬度不做规定。

3. 铍青铜板、带材的弯曲试验（表8-70）

表8-70　铍青铜板、带材的弯曲试验（YS/T 323—2002）

牌号	状态	厚度/mm	弯曲角度/（°）	内侧半径
QBe2、QBe1.9、QBe1.7	C	0.2~1.5	180	紧密贴合
	CY_4			1倍板、带厚
	CY_2			3倍板、带厚
	CY		90	1倍板、带厚

8.4.5　铜及铜合金带材

1. 铜及铜合金带材的牌号、状态和规格（表8-71）

表8-71　铜及铜合金带材的牌号、状态和规格（GB/T 2059—2008）

牌号	状态	厚度/mm	宽度/mm
T2、T3、TU1、TU2、TP1、TP2	软(M)、1/4硬(Y_4)、半硬(Y_2)、硬(Y)、特硬(T)	>0.15~0.50	≤600
		0.50~3.0	≤1200
H96、H80、H59	软(M)、硬(Y)	>0.15~0.50	≤600
		0.50~3.0	≤1200
H85、H90	软(M)、半硬(Y_2)、硬(Y)	>0.15~0.50	≤600
		0.50~3.0	≤1200

续表

牌号	状态	厚度/mm	宽度/mm
H70、H68、H65	软(M)、1/4 硬(Y_4)、半硬(Y_2) 硬(Y)、特硬(T)、弹硬(TY)	>0.15~0.50	≤600
		0.50~3.0	≤1200
H63、H62	软(M)、半硬(Y_2) 硬(Y)、特硬(T)	>0.15~0.50	≤600
		>0.50~3.0	≤1200
HPb59—1、HMn58—2	软(M)、半硬(Y_2)、硬(Y)	>0.15~0.20	≤300
		>0.20~2.0	≤550
HPb59—1	特硬(T)	0.32~1.5	≤200
HSn62—1	硬(Y)	>0.15~0.20	≤300
		>0.20~2.0	≤550
QAl5	软(M)、硬(Y)	>0.15~1.2	≤300
QAl7	半硬(Y_2)、硬(Y)		
QAl9—2	软(M)、硬(Y)、特硬(T)		
QAl9—4	硬(Y)		
QSn6.5—0.1	软(M)、1/4 硬(Y_4)、半硬(Y_2) 硬(Y)、特硬(T)、弹硬(TY)	>0.15~2.0	≤610
QSn7—0.2、QSn6.5—0.4、 QSn4—3、QSn4—0.3	软(M)、硬(Y)、特硬(T)	>0.15~2.0	≤610
QSn8—0.3	软(M)、1/4 硬(Y_4)、半硬(Y_2)、 硬(Y)、特硬(T)	>0.15~2.6	≤610
QSn4—4—4、 QSn4—4—2.5	软(M)、1/3 硬(Y_3)、半硬(Y_2) 硬(Y)	0.80~1.2	≤200
QCd1	硬(Y)	>0.15~1.2	≤300
QMn1.5	软(M)	>0.15~1.2	
QMn5	软(M)、硬(Y)		
QSn3—1	软(M)、硬(Y)、特硬(T)	>0.15~1.2	≤300
BZn18—17	软(M)、半硬(Y_2)、硬(Y)	>0.15~1.2	≤610
BZn15—20	软(M)、半硬(Y_2)、硬(Y)、 特硬(T)	>0.15~1.2	≤400
B5、B19、 BFe10—1—1、BFe30—1—1、 BMn40—1.5、BMn3—12	软(M)、硬(Y)		
BAl13—3	淬火+冷加工+人工时效(CYS)	>0.15~1.2	≤300
BAl6—1.5	硬(Y)		

2. 铜及铜合金带材的力学性能（表8－72）

表8－72 铜及铜合金带材的力学性能（GB/T 2059—2008）

牌号	状态	拉伸试验			硬度试验	
		厚度/mm	抗拉强度 R_m/(N/mm²)	断后伸长率 $A_{11.3}$/%	维氏硬度 HV	洛氏硬度 HRB
T2、T3、TU1、TU2、TP1、TP2	M	≥0.2	≥195	≥30	≤70	—
	Y_4		215～275	≥25	60～90	
	Y_2		245～345	≥8	80～110	
	Y		295～380	≥3	90～120	
	T		≥350	—	≥110	
H96	M	≥0.2	≥215	≥30	—	—
	Y		≥320	≥3		
H90	M	≥0.2	≥245	≥35	—	—
	Y_2		330～440	≥5		
	Y		≥390	≥3		
H85	M	≥0.2	≥260	≥40	≤85	—
	Y_2		305～380	≥15	80～115	
	Y		≥350	—	≥105	
H80	M	≥0.2	≥265	≥50	—	—
	Y		≥390	≥3		
H70、H68、H65	M	≥0.2	≥290	≥40	≤90	—
	Y_4		325～410	≥35	85～115	
	Y_2		355～460	≥25	100～130	
	Y		410～540	≥13	120～160	
	T		520～620	≥4	150～190	
	TY		≥570	—	≥180	
H63、H62	M	≥0.2	≥290	≥35	≤95	—
	Y_2		350～470	≥20	90～130	
	Y		410～630	≥10	125～165	
	T		≥585	≥2.5	≥155	
H59	M	≥0.2	≥290	≥10	—	—
	Y		≥410	≥5	≥130	
HPb59—1	M	≥0.2	≥340	≥25	—	—
	Y_2		390～490	≥12		
	Y		≥440	≥5		
	T	≥0.32	≥590	≥3		

续表

牌号	状态	拉伸试验			硬度试验	
		厚度/mm	抗拉强度 R_m/(N/mm^2)	断后伸长率 $A_{11.3}$/%	维氏硬度 HV	洛氏硬度 HRB
HMn58—2	M	≥0.2	≥380	≥30	—	—
	Y_2		440~610	≥25		
	Y		≥585	≥3		
HSn62—1	Y	≥0.2	390	≥5	—	—
QAl5	M	≥0.2	≥275	≥33	—	—
	Y		≥585	≥2.5		
QAl7	Y_2	≥0.2	585~740	≥10	—	—
	Y		≥635	≥5		
QAl9—2	M	≥0.2	≥440	≥18	—	—
	Y		≥585	≥5		
	T		≥880	—		
QAl9—4	Y	≥0.2	≥635	—	—	—
QSn4—3、QSn4—0.3	M	>0.15	≥290	≥40	—	—
	Y		540~690	≥3		
	T		≥635	≥2		
QSn6.5—0.1	M	>0.15	≥315	≥40	≤120	—
	Y_4		390~510	≥35	110~155	
	Y_2		490~610	≥10	150~190	
	Y		590~690	≥8	180~230	
	T		635~720	≥5	200~240	
	TY		≥690	—	≥210	
QSn7—0.2、QSn6.5—0.4	M	>0.15	≥295	≥40	—	—
	Y		540~690	≥8		
	T		≥665	≥2		
QSn8—0.3	M	≥0.2	≥345	≥45	≤120	—
	Y_4		390~510	≥40	100~160	
	Y_2		490~610	≥30	150~205	
	Y		590~705	≥12	180~235	
	T		≥685	≥5	≥210	
QSn4—4—4、QSn4—4—2.5	M	≥0.8	≥290	≥35	—	—
	Y_3		390~490	≥10	—	65~85

续表

牌号	状态	拉伸试验			硬度试验	
		厚度/mm	抗拉强度 R_m/(N/mm^2)	断后伸长率 $A_{11.3}$/%	维氏硬度 HV	洛氏硬度 HRB
QSn4—4—4、QSn4—4—2.5	Y_2	≥0.8	420~510	≥9	—	70~90
	Y		≥490	≥5	—	—
QCd1	Y	≥0.2	≥390	—	—	—
QMn1.5	M	≥0.2	≥205	≥30	—	—
QMn5	M	≥0.2	≥290	≥30	—	—
	Y	≥0.2	≥440	≥3	—	—
QSi3—1	M	≥0.15	≥370	≥45	—	—
	Y	≥0.15	635~785	≥5		
	T	≥0.15	735	≥2		
BZn15—20	M	≥0.2	≥340	≥35	—	—
	Y_2		440~570	≥5		
	Y		540~690	≥1.5		
	T		≥640	≥1		
BZn18—17	M	≥0.2	≥375	≥20	—	—
	Y_2		440~570	≥5	120~180	
	Y		≥540	≥3	≥150	
B5	M	≥0.2	≥215	≥32	—	—
	Y		≥370	≥10		
B19	M	≥0.2	≥290	≥25	—	—
	Y		≥390	≥3		
BFe10—1—1	M	≥0.2	≥275	≥28	—	—
	Y		≥370	≥3		
BFe30—1—1	M	≥0.2	≥370	≥23	—	—
	Y		≥540	≥3		
BMn3—12	M	≥0.2	≥350	≥25	—	—
BMn40—1.5	M	≥0.2	390~590	供实测值	—	—
	Y		≥635			
BAl13—3	CYS	≥0.2	供实测值		—	—
BAl6—1.5	Y		≥600	≥5	—	—

8.4.6 变压器用铜带

1. 变压器用铜带的牌号、状态及规格（表8－73）

表8－73 变压器用铜带的牌号、状态及规格（GB/T 18813—2002）

牌号	供应状态	规格	
		厚度/mm	宽度/mm
TU1、T2	M	0.10～0.50	≤600
		0.50～2.50	≤1000

2. 变压器用铜带的厚度及其允许偏差（表8－74）

表8－74 变压器用铜带的厚度及其允许偏差（GB/T 18813—2002）

（单位：mm）

厚度	宽度							
	≤200		>200～400		>400～600		>600～1000	
	厚度允许偏差							
	普通级	较高级	普通级	较高级	普通级	较高级	普通级	较高级
0.10～0.20	±0.010	—	±0.015	±0.010	±0.015	±0.010	—	—
>0.20～0.30	±0.015	±0.010	±0.020	±0.015	±0.020	±0.015	—	—
>0.30～0.50	±0.020	±0.015	±0.025	±0.020	±0.030	±0.020	±0.050	±0.040
>0.50～0.70	±0.030	±0.025	±0.035	±0.030	±0.040	±0.035	±0.060	±0.050
>0.70～1.10	±0.040	±0.035	±0.045	±0.040	±0.050	±0.045	±0.070	±0.060
>1.10～1.50	±0.050	±0.045	±0.055	±0.045	±0.060	±0.055	±0.080	±0.070
>1.50～2.50	±0.055	±0.050	±0.060	±0.055	±0.080	±0.070	±0.100	±0.090

注：当需方要求单向偏差时，其值应为表中数值的2倍。

3. 变压器用铜带的宽度及其允许偏差（表8－75）

表8－75 变压器用铜带的宽度及其允许偏差（GB/T 18813—2002）

（单位：mm）

宽度	厚度					
	≤1.0		>1.0～1.5		>1.5～2.5	
	宽度允许偏差					
	普通级	较高级	普通级	较高级	普通级	较高级
≤100	±0.2	±0.10	±0.3	±0.20	±0.4	±0.25
>100～300	±0.3	±0.15	±0.4	±0.25	±0.5	±0.30
>300～600	±0.5	±0.30	±0.6	±0.40	±0.6	±0.50
>600～1000	±0.8	±0.60	±0.8	±0.70	±0.8	—

注：当需方要求单向偏差时，其值应为表中数值的2倍。

4. 变压器用铜带的力学性能（表8-76）

表8-76　变压器用铜带的力学性能（GB/T 18813—2002）

牌号	状态	抗拉强度 R_m/(N/mm²)	断后伸长率 A/%	维氏硬度 HV
		≥		
TU1、T2	M	195	35	45~65

5. 变压器用铜带的电性能（表8-77）

表8-77　变压器用铜带的电性能（GB/T 18813—2002）

牌号	电导率/%IACS　≥	电阻系数/(Ω·mm²/m)　≤
TU1	100	0.017241
T2	98	0.017593

注：1. 电导率和电阻系数任选一种并在合同中注明，未注明时测试电导率。
2. 电导率=100%×0.017241/电阻系数实测值。

8.4.7　电缆用铜带

1. 电缆用铜带的牌号、状态及规格（表8-78）

表8-78　电缆用铜带的牌号、状态及规格（GB/T 11091—2005）

牌号	供应状态	规格/mm	
		厚度	宽度
TU1、TU2、T2、TP1	M(软)、Y_8(1/8硬)、Y_4(1/4硬)	0.10~0.70	20~305

2. 电缆用铜带的力学性能（表8-79）

表8-79　电缆用铜带的力学性能（GB/T 11091—2005）

牌号	状态	抗拉强度 R_m/(N/mm²)	规定非比例延伸强度 $R_{p0.2}$/(N/mm²)	断后伸长率 $A_{11.3}$/%	维氏硬度 HV
TU1、TU2	M	200~260	65~100	≥35	50~60
	Y_8	220~275	70~105	≥32	50~65
	Y_4	235~290	—	≥30	55~70
T2、TP1	M	220~270	70~110	≥30	50~65
	Y_8	230~285	75~120	≥28	55~70
	Y_4	245~300	—	≥25	—

3. 电缆用铜带的电性能（表8-80）

表8-80 电缆用铜带的电性能（GB/T 11091—2005）

合金牌号	状态	导电率/%IACS ≥	电阻系数/(Ω·mm^2/m) ≤
TU1	M	100	0.017241
	Y_8	99	0.017415
	Y_4	98	0.017593
TU2	M	99	0.017415
	Y_8	98	0.017593
	Y_4	97	0.017774
T2	M	98	0.017593
	Y_8	97	0.017774
	Y_4	96	0.017959
TP1	M	90	0.019156
	Y_8	89	0.019372
	Y_4	88	0.019592

8.4.8 散热器散热片专用纯铜和黄铜带、箔材

1. 散热器散热片专用纯铜和黄铜带、箔材的牌号、状态及规格（表8-81）

表8-81 散热器散热片专用纯铜和黄铜带、箔材的牌号、状态及规格（GB/T 2061—2004）

牌号	供应状态	规格/mm		用途
		厚度	宽度	
T3	硬（Y）	0.07~0.15	20~200	制造管片式散热器散热片
	特硬（T）	0.035~0.06	12~150	制造管带式散热器散热片
H90	硬（Y）	0.035~0.06	12~150	制造管带式散热器散热片
H65、H62	硬（Y）	0.07~0.15	20~200	制造管片式散热器散热片

2. 散热器散热片专用纯铜和黄铜带、箔材的宽度、厚度及其允许偏差（表8-82）

表8-82 散热器散热片专用纯铜和黄铜带、箔材的宽度、厚度及其允许偏差（GB/T 2061—2004） （单位：mm）

厚度		宽度	
公称尺寸	允许偏差	公称尺寸	允许偏差
0.035～0.060	±0.003	12～200	±0.08
>0.060～0.100	±0.005		
>0.100～0.150	±0.008		

3. 散热器散热片专用纯铜和黄铜带、箔材的力学性能（表8-83）

表8-83 散热器散热片专用纯铜和黄铜带、箔材的力学性能（GB/T 2061—2004）

牌号	状态	抗拉强度 R_m/(N/mm^2)	维氏硬度 HV
T3	Y	330～450	100～140
	T	380	—
H90	Y	400	—

8.4.9 铜及铜合金箔材

1. 铜及铜合金箔材的牌号、状态及规格（表8-84）

表8-84 铜及铜合金箔材的牌号、状态及规格（GB/T 5187—2008）

牌号	状态	规格(厚度×宽度)/mm
T1、T2、T3、TU1、TU2	软(M)、1/4硬(Y_4)、半硬(Y_2)、硬(Y)	(0.012～0.025)×≤300 (0.025～0.15)×≤600
H62、H65、H68	软(M)、1/4硬(Y_4)、半硬(Y_2)、硬(Y)、特硬(T)、弹硬(TY)	
QSn6.5—1、QSn7—0.2	硬(Y)、特硬(T)	
QSi3—1	硬(Y)	
QSn8—0.3	特硬(T)、弹硬(TY)	
BMn40—1.5	软(M)、硬(Y)	
BZn15—20	软(M)、半硬(Y_2)、硬(Y)	
BZn18—18、BZn18—26	半硬(Y_2)、硬(Y)、特硬(T)	

2. 铜及铜合金箔材的力学性能（表8-85）

表8-85 铜及铜合金箔材的力学性能（GB/T 5187—2008）

牌号	状态	抗拉强度 R_m/(N/mm²)	断后伸长率 A/%	维氏硬度 HV
T1、T2、T3、TU1、TU2	M	≥205	≥30	≤70
	Y_4	215~275	≥25	60~90
	Y_2	245~345	≥8	80~110
	Y	≥295	—	≥90
H68、H65、H62	M	≥290	≥40	≤90
	Y_4	325~410	≥35	85~115
	Y_2	340~460	≥25	100~130
	Y	400~530	≥13	120~160
	T	450~600	—	150~190
	TY	≥500	—	≥180
QSn6.5—1、QSn7—0.2	Y	540~690	≥6	170~200
	T	≥650	—	≥190
QSn8—0.3	T	700~780	≥11	210~240
	TY	735~835	—	230~270
QSi3—1	Y	≥635	≥5	—
BZn15—20	M	≥340	≥35	—
	Y_2	440~570	≥5	
	Y	≥540	≥1.5	
BZn18—18、BZn18—26	Y_2	≥525	≥8	180~210
	Y	610~720	≥4	190~220
	T	≥700	—	210~240
BMn40—1.5	M	390~590	—	—
	Y	≥635		

8.4.10 工艺铜箔

工艺铜箔的规格尺寸见表8-86。

表8-86 工艺铜箔的规格尺寸（QB/T 2996—2008）

（单位：mm）

长度	宽度	极限偏差
120	120	±2
130	130	
140	140	
150	150	
160	160	

8.4.11 电解铜箔

1. 电解铜箔的等级及规格（表8-87）

表8-87 电解铜箔的等级及规格（GB/T 5230—1995）

等级	规格
	单位面积质量/(g/m^2)
标准箔(STD—E)	44.6～1831
高延箔(HD E)	153～916

2. 电解铜箔的单位面积质量及厚度（表8 88）

表8-88 电解铜箔的单位面积质量及厚度（GB/T 5230—1995）

单位面积质量			公称厚度/μm
规格/(g/m^2)	允许偏差/%		
	普通精度	较高精度	
44.6	±10	—	5.0
80.3			9.0
107.0			12.0
153.0		±5	18.0
230.0			25.0
305.0			35.0
610.0			69
916.0			103.0

续表

规格/(g/m²)	单位面积质量		公称厚度/μm
	允许偏差/%		
	普通精度	较高精度	
1221.0	±10	±5	137.0
1526.0			172.0
1831.0			206.0

3. 电解铜箔的力学性能（表8-89）

表8-89 电解铜箔的力学性能（GB/T 5230—1995）

单位面积质量/(g/m²)	抗拉强度 R_m/(N/mm²)		断后伸长率 A/%	
	标准箔	高延箔	标准箔	高延箔
	≥			
<153	—	—	—	
153	205	103	2	5
230	235	156	2.5	7.5
305	275	205	3	10
≥610	275	205	3	15

4. 电解铜箔的电性能（表8-90）

表8-90 电解铜箔的电性能（GB/T 5230—1995）

单位面积质量/(g/m²)	质量电阻率/(Ω·g/m²)
	≤
44.6	0.181
80.3	0.171
107.0	0.170
153.0	0.166
230.0	0.164
≥305.0	0.162

8.5 铜及铜合金棒材和线材

8.5.1 铜及铜合金拉制棒

1. 铜及铜合金拉制棒材的牌号、状态及规格（表8-91）

表8-91 铜及铜合金拉制棒材的牌号、状态及规格（GB/T 4423—2007）

牌号	状态	直径或对边距/mm	
		圆形棒、方形棒、六角形棒	矩形棒
T2、T3、TP2、H96、TU1、TU2	Y(硬) M(软)	3～80	3～80
H90	Y(硬)	3～40	—
H80、H65	Y(硬) M(软)	3～40	—
H68	Y_2(半硬) M(软)	3～80 13～35	—
H62	Y_2(半硬)	3～80	3～80
HPb59—1	Y_2(半硬)	3～80	3～80
H63、HPb63—0.1	Y_2(半硬)	3～40	—
HPb63—3	Y(硬) Y_2(半硬)	3～30 3～60	3～80
HPb61—1	Y_2(半硬)	3～20	—
HFe59—1—1、HFe58—1—1、HSn62—1、HMn58—2	Y(硬)	4～60	—
QSn6.5—0.1、QSn6.5—0.4、QSn4—3、QSn4—0.3、QSi3—1、QAl9—2、QAl9—4、QAl10—3—1.5、QZr0.2、QZr0.4	Y(硬)	4～40	—
QSn7—0.2	Y(硬) T(特硬)	4～40	—
QCd1	Y(硬) M(软)	4～60	—
QCr0.5	Y(硬) M(软)	4～40	—
QSi1.8	Y(硬)	4～15	—

续表

牌号	状态	直径或对边距/mm	
		圆形棒、方形棒、六角形棒	矩形棒
BZn15—20	Y(硬) M(软)	4~40	—
BZn15—24—1.5	T(特硬) Y(硬) M(软)	3~18	—
BFe30—1—1	Y(硬) M(软)	16~50	—
BMn40—1.5	Y(硬)	7~40	—

2. 铜及铜合金圆形棒、方形棒和六角形棒材的力学性能（表8-92）

表8-92 铜及铜合金圆形棒、方形棒和六角形棒材的力学性能(GB/T 4423—2007)

牌号	状态	直径或对边距/mm	抗拉强度 R_m/(N/mm²)	断后伸长率 A/%	布氏硬度 HBW
			≥		
T2、T3	Y	3~40	275	10	—
		40~60	245	12	—
		60~80	210	16	—
	M	3~80	200	40	—
TU1、TU2、TP2	Y	3~80	—	—	—
H96	Y	3~40	275	8	—
		40~60	245	10	—
		60~80	205	14	—
	M	3~80	200	40	—
H90	Y	3~40	330	—	—
H80	Y	3~40	390	—	—
	M	3~40	275	50	—
H68	Y_2	3~12	370	18	—
		12~40	315	30	—
		40~80	295	34	—
	M	13~35	295	50	—

续表

牌号	状态	直径或对边距/mm	抗拉强度 R_m/（N/mm²）	断后伸长率 A/%	布氏硬度 HBW
			≥		
H65	Y	3 ~ 40	390	—	—
	M	3 ~ 40	295	44	—
H62	Y_2	3 ~ 40	370	18	—
		40 ~ 80	335	24	—
HPb61—1	Y_2	3 ~ 20	390	11	—
HPb59—1	Y_2	3 ~ 20	420	12	—
		20 ~ 40	390	14	—
		40 ~ 80	370	19	—
HPb63—0.1、H63	Y_2	3 ~ 20	370	18	—
		20 ~ 40	340	21	—
HPb63—3	Y	3 ~ 15	490	4	—
		15 ~ 20	450	9	—
		20 ~ 30	410	12	—
	Y_2	3 ~ 20	390	12	—
		20 ~ 60	360	16	—
HSn62—1	Y	4 ~ 40	390	17	—
		40 ~ 60	360	23	—
HMn58—2	Y	4 ~ 12	440	24	—
		12 ~ 40	410	24	—
		40 ~ 60	390	29	—
HFe58—1—1	Y	4 ~ 40	440	11	—
		40 ~ 60	390	13	—
HFe59—1—1	Y	4 ~ 12	490	17	—
		12 ~ 40	440	19	—
		40 ~ 60	410	22	—
QAl9—2	Y	4 ~ 40	540	16	—
QAl9—4	Y	4 ~ 40	580	13	—
QAl10—3—1.5	Y	4 ~ 40	630	8	—
QSi3—1	Y	4 ~ 12	490	13	—
		12 ~ 40	470	19	—
QSi1.8	Y	3 ~ 15	500	15	—

续表

牌号	状态	直径或对边距 /mm	抗拉强度 R_m/（N/mm²）	断后伸长率 A/%	布氏硬度 HBW
			≥		
QSn6.5—0.1、QSn6.5—0.4	Y	3 ~ 12	470	13	—
		12 ~ 25	440	15	—
		25 ~ 40	410	18	—
QSn7—0.2	Y	4 ~ 40	440	19	130 ~ 200
	T	4 ~ 40	—	—	≥180
QSn4—0.3	Y	4 ~ 12	410	10	—
		12 ~ 25	390	13	—
		25 ~ 40	355	15	—
QSn4—3	Y	4 ~ 12	430	14	—
		12 ~ 25	370	21	—
		25 ~ 35	335	23	—
		35 ~ 40	315	23	—
QCd1	Y	4 ~ 60	370	5	≥100
	M	4 ~ 60	215	36	≤75
QCr0.5	Y	4 ~ 40	390	6	—
	M	4 ~ 40	230	40	—
QZr0.2、QZr0.4	Y	3 ~ 40	294	6	130
BZn15—20	Y	4 ~ 12	440	6	—
		12 ~ 25	390	8	—
		25 ~ 40	345	13	—
	M	3 ~ 40	295	33	—
BZn15—24—1.5	T	3 ~ 18	590	3	—
	Y	3 ~ 18	440	5	—
	M	3 ~ 18	295	30	—
BFe30—1—1	Y	16 ~ 50	490	—	—
	M	16 ~ 50	345	25	—
BMn40—1.5	Y	7 ~ 20	540	6	—
		20 ~ 30	490	8	—
		30 ~ 40	440	11	—

3. 铜及铜合金矩形棒材的力学性能（表8-93）

表8-93 铜及铜合金矩形棒材的力学性能（GB/T 4423—2007）

牌号	状态	高度/mm	抗拉强度 R_m/（N/mm²）	断后伸长率 A/%
			≥	
T2	M	3～80	196	36
	Y	3～80	245	9
H62	Y_2	3～20	335	17
		20～80	335	23
HPb59—1	Y_2	5～20	390	12
		20～80	375	18
HPb63—3	Y_2	3～20	380	14
		20～80	365	19

8.5.2 铜及铜合金挤制棒

1. 铜及铜合金挤制棒材的牌号、状态和规格（表8-94）

表8-94 铜及铜合金挤制棒材的牌号、状态和规格（YS/T 649—2007）

牌号	状态	直径或对边距/mm		
		圆形棒	矩形棒[①]	方形、六角形棒
T2、T3	挤制(R)	30～300	20～120	20～120
TU1、TU2、TP2		16～300	—	16～120
H96、HFe58—1—1、HAl60—1—1		10～160	—	10～120
HSn62—1、HMn58—2、HFe59—1—1		10～220	—	10～120
H80、H68、H59		16～120	—	16～120
H62、HPb59—1		10～220	5～50	10～120
HSn70—1、HAl77—2		10～160	—	10～120
HMn55—3—1、HMn57—3—1、HAl66—6—3—2、HAl67—2.5		10～160	—	10～120
QAl9—2		10～200	—	30～60
QAl9—4、QAl10—3—1.5、QAl10—4—4、QAl10—5—5		10～200	—	—
QAl11—6—6、HSi80—3、HNi56—3		10～160	—	—
QSi1—3		20～100	—	—
QSi3—1		20～160	—	—

续表

牌号	状态	直径或对边距/mm		
		圆形棒	矩形棒①	方形、六角形棒
QSi3.5—3—1.5、BFe10—1—1、BFe30—1—1、BAl13—3、BMn40—1.5	挤制(R)	40~120	—	—
QCd1		20~120	—	—
QSn4—0.3		60~180	—	—
QSn4—3、QSn7—0.2		40~180	—	40~120
QSn6.5—0.1、QSn6.5—0.4		40~180	—	30~120
QCr0.5		18~160	—	—
BZn15—20		25~120	—	—

注：直径（或对边距）为10~50mm的棒材，供应长度为1000~5000mm；直径（或对边距）大于50~75mm的棒材，供应长度为500~5000mm；直径（或对边距）大于75~120mm的棒材，供应长度为500~4000mm；直径（或对边距）大于120mm的棒材，供应长度为300~4000mm。

①矩形棒的对边距指两短边的距离。

2. 铜及铜合金挤制棒材的力学性能（表8-95）

表8-95 铜及铜合金挤制棒材的力学性能（YS/T 649—2007）

牌号	直径(对边距)/mm	抗拉强度 $R_m/(N/mm^2)$ ≥	断后伸长率 $A/\%$ ≥	布氏硬度 HBW
T2、T3、TU1、TU2、TP2	≤120	186	40	—
H96	≤80	196	35	—
H80	≤120	275	45	—
H68	≤80	295	45	—
H62	≤160	295	35	—
H59	≤120	295	30	—
HPb59—1	≤160	340	17	—
HSn62—1	≤120	365	22	—
HSn70—1	≤75	245	45	—
HMn58—2	≤120	395	29	—
HMn55—3—1	≤75	490	17	—
HMn57—3—1	≤70	490	16	—
HFe58—1—1	≤120	295	22	—
HFe59—1—1	≤120	430	31	—

续表

牌号	直径(对边距)/mm	抗拉强度 R_m/(N/mm²) ≥	断后伸长率 A/% ≥	布氏硬度 HBW
HAl60—1—1	≤120	440	20	—
HAl66—6—3—2	≤75	735	8	—
HAl67—2.5	≤75	395	17	—
HAl77—2	≤75	245	45	—
HNi56—3	≤75	440	28	—
HSi80—3	≤75	295	28	—
QAl9—2	≤45	490	18	110 ~ 190
	>45 ~ 160	470	24	—
QAl9—4	≤120	540	17	110 ~ 190
	>120	450	13	
QAl10—3—1.5	≤16	610	9	130 ~ 190
	>16	590	13	
QAl10—4—4 QAl10—5—5	≤29	690	5	170 ~ 260
	>29 ~ 120	635	6	
	>120	590	6	
QAl11—6—6	≤28	690	4	—
	>28 ~ 50	635	5	—
QSi1—3	≤80	490	11	—
QSi3—1	≤100	345	23	—
QSi3.5—3—1.5	40 ~ 120	380	35	—
QSn4—0.3	60 ~ 120	280	30	—
QSn4—3	40 ~ 120	275	30	—
QSn6.5—0.1、 QSn6.5—0.4	≤40	355	55	—
	>40 ~ 100	345	60	—
	>100	315	64	—
QSn7—0.2	40 ~ 120	355	64	≥70
QCd1	20 ~ 120	196	38	≤75
QCr0.5	20 ~ 160	230	35	—
QZn15—20	≤80	295	33	—
BFe10—1—1	≤80	280	30	—
BFe30—1—1	≤80	345	28	—
BAl13—3	≤80	685	7	—
BMn40—1.5	≤80	345	28	—

注：直径大于50mm的QAl10—3—1.5棒材，当断后伸长率A不小于16%时，其抗拉强度可不小于540N/mm²。

8.5.3 导电用铜棒

1. 导电用铜棒的牌号、状态及规格（表8－96）

表8－96 导电用铜棒的牌号、状态及规格（YS/T 615—2006）

牌号	状态	直径(对边距)/mm	长度/m
T1、T2、TU1、TU2、TAg0.1	挤制(R)	12～90	1～12
	拉制(M、Y)	6～75	

2. 导电用挤制铜棒的尺寸及其允许偏差（表8－97）

表8－97 导电用挤制铜棒的尺寸及其允许偏差（YS/T 615—2006）

公称直径（对边距）/mm	允许偏差 ≤
12～18	±0.30mm
>18～90	±2%

3. 导电用拉制铜棒的尺寸及其允许偏差（表8－98）

表8－98 导电用拉制铜棒的尺寸及其允许偏差（YS/T 615—2006）

公称直径(对边距)/mm	允许偏差 ≤		截面形状
	圆形	矩(方)形、正六角形	
6～12	±0.04mm	±0.08mm	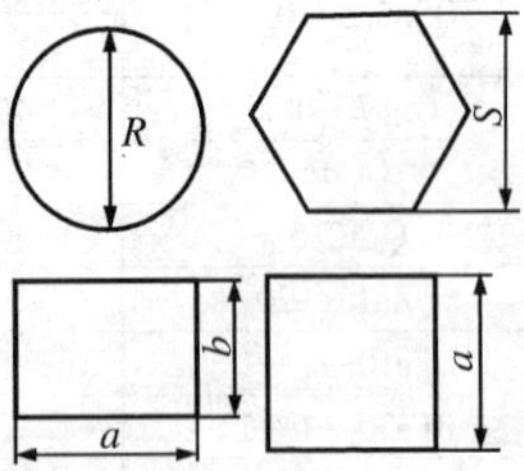
>12～18	±0.06mm	±0.11mm	
>18～25	±0.08mm	±0.18mm	
>25～50	±0.10mm	±0.25mm	
>50～75	±0.3%	±0.6%	

4. 导电用铜棒的力学性能（表8-99）

表8-99　导电用铜棒的力学性能（YS/T 615—2006）

牌号	状态	公称直径(对边距)/mm	抗拉强度 R_m/(N/mm²) ≥	断后伸长率 A/% ≥
T1、T2、TU1、TU2、TAg0.1	R	12~90	195	30
	M	6~75	205	35
	Y	6~25	290	—
		>25~50	275	—
		>50~75	245	—

5. 导电用铜棒的导电率（表8-100）

表8-100　导电用铜棒的导电率（YS/T 615—2006）

牌号	状态	导电率/%IACS ≥
TU1、TU2	R、M	100
	Y	99
T1、T2、TAg0.1	R、M	98
	Y	97

8.5.4　热锻水暖管件用黄铜棒

1. 热锻水暖管件用黄铜棒的牌号、状态及规格（表8-101）

表8-101　热锻水暖管件用黄铜棒的牌号、状态及规格（YS/T 583—2006）

牌号	状态	直径（对边距）/mm	长度/mm
HPb62—2—0.1、HPb61—2—1、HPb61—2—0.1、HPb59—3、HPb59—1、HPb59—2	挤制（R） 半硬（Y_2）	10~80	1000~8000

2. 热锻水暖管件用黄铜棒的化学成分（表8-102）

表8-102　热锻水暖管件用黄铜棒的化学成分（YS/T 583—2006）

合金牌号	化学成分（质量分数,%）									
	Cu	Pb	Al	Fe	Mn	Ni	Sn	Zn	As	杂质总和
HPb62—2—0.1	61.0~63.0	1.7~2.8	≤0.05	≤0.1	≤0.1	≤0.3	≤0.1	余量	0.02~0.15	≤0.2

续表

合金牌号	化学成分（质量分数,%）									
	Cu	Pb	Al	Fe	Mn	Ni	Sn	Zn	As	杂质总和
HPb61—2—1	59.0~62.0	1.0~2.5	—	—	—	—	0.30~1.5	余量	0.02~0.25	≤0.4
HPb61—2—0.1	59.2~62.3	1.7~2.8	—	0.2	—	—	0.2	余量	0.08~0.15	≤0.5
HPb59—2	57.0~60.0	1.0~2.5	≤0.25	≤0.8	—	—	≤0.8	余量	—	≤2

3. 热锻水暖管件用黄铜棒的尺寸及其允许偏差（表 8-103）

表 8-103 热锻水暖管件用黄铜棒的尺寸及其允许偏差（YS/T 583—2006）

（单位：mm）

公称直径(对边距)D	允许偏差		
	挤制	拉制	
		圆形	异形
10~18	±0.30	0 -0.10	0 -0.12
>18~32	±0.30	0 -0.15	0 -0.20
>32~50	±0.50	0 -0.25	0 -0.30
>50	±1.0%D	0 -0.35	0 -0.40

4. 热锻水暖管件用黄铜棒的室温纵向力学性能（表 8-104）

表 8-104 热锻水暖管件用黄铜棒的室温纵向力学性能（YS/T 583—2006）

牌号	状态	抗拉强度 R_m/（N/mm^2） ≥	断后伸长率 A/% ≥
HPb62—2—0.1	R	315	20
	Y_2	370	15
HPb61—2—1	R	315	20
	Y_2	370	15

续表

牌号	状态	抗拉强度 R_m/（N/mm²）　≥	断后伸长率 A/%　≥
HPb61—2—0.1	R	315	20
	Y_2	365	15
HPb59—3	R	320	12
	Y_2	350	10
HPb59—1	R	365	20
	Y_2	390	10
HPb59—2	R	320	15
	Y_2	350	10

8.5.5　铍青铜圆形棒

1. 铍青铜圆形棒的牌号、状态及规格（表 8－105）

表 8－105　铍青铜圆形棒的牌号、状态及规格（YS/T 334—2009）

牌号	状态	规格	
		直径/mm	长度/mm
QBe2、QBe1.9、QBe1.9—0.1、QBe1.7、QBe0.6—2.5（C17500）、QBe0.4—1.8（C17510）、QBe0.3—1.5、C17000、C17200、C17300	半硬态（Y_2）、硬态（Y）、硬时效态（TH04）	5～10	1000～5000
		>10～20	1000～4000
		>20～40	500～3000
	软态或固溶退火态（M）、软时效态（TF00）	5～120	500～5000
	热加工态（R）	20～30	500～5000
		>30～50	500～3000
		>50～120	500～2500

注：TF00 是指固溶热处理＋沉淀热处理，TH04 是指固溶热处理＋冷加工＋沉淀热处理。

2. 铍青铜圆形棒的化学成分（表 8 - 106）

表 8 - 106 铍青铜圆形棒的化学成分（YS/T 334—2009）

牌号	主要化学成分(质量分数,%)							杂质(质量分数,%) ≤					
	Be	Ni	Co	Ti	Mg	Ag	Cu	Al	Fe	Pb	Si	Co	杂质总和
QBe2	1.80 ~ 2.1	0.2 ~ 0.5	—	—	—	—	余量	0.15	0.15	0.005	0.15	—	0.5
QBe1.9	1.85 ~ 2.1	0.2 ~ 0.4	—	0.10 ~ 0.25	—	—	余量	0.15	0.15	0.005	0.15	—	0.5
QBe1.9—0.1	1.85 ~ 2.1	0.2 ~ 0.4	—	0.10 ~ 0.25	0.07 ~ 0.13	—	余量	0.15	0.15	0.005	0.15	—	0.5
QBe1.7	1.6 ~ 1.85	0.2 ~ 0.4	—	0.10 ~ 0.25	—	—	余量	0.15	0.15	0.005	0.15	—	0.5
QBe0.6—2.5	0.40 ~ 0.70	—	2.40 ~ 2.70	—	—	—	余量	0.20	0.10	—	0.20	—	—
QBe0.4—1.8	0.20 ~ 0.60	1.40 ~ 2.20	—	—	—	—	余量	0.20	0.10	—	0.20	0.30	—
QBe0.3—1.5	0.25 ~ 0.50	—	1.40 ~ 1.70	—	—	0.90 ~ 1.10	余量	0.20	0.10	—	0.20	—	—

牌号	主要化学成分(质量分数,%)					杂质(质量分数,%) ≤	
	Be	Ni + Co	Co + Ni + Fe	Pb	Cu	Al	Si
C17000	1.60 ~ 1.79	≥0.2	≤0.6	—	余量	0.20	0.20
C17200	1.80 ~ 2.00	≥0.2	≤0.6	—	余量	0.20	0.20
C17300	1.80 ~ 2.00	≥0.2	≤0.6	0.2 ~ 0.6	余量	0.20	0.20

注：1. Cu 量可用 100% 与所有被分析元素含量总和（质量分数）的差值求得。

2. 当表中所有元素需测定时，其总量（质量分数）应不小于 99.5%。

3. 铍青铜圆形棒的力学性能（表8-107）

表8-107 铍青铜圆形棒的力学性能（YS/T 334—2009）

牌号	状态	直径/mm	抗拉强度 R_m /(N/mm²)	规定非比例延伸强度 $R_{p0.2}$ /(N/mm²)	断后伸长率 A/% ≥	硬度 HRB
QBe2、QBe1.9、QBe1.9—0.1、QBe1.7、C17000、C17200、C17300	R	20 ~ 120	450 ~ 700	≥140	10	≥45
	M	5 ~ 120	400 ~ 600	≥140	30	45 ~ 85
	Y_2	5 - 40	550 ~ 700	≥450	10	≥78
	Y	5 ~ 10	660 ~ 900	≥520	5	≥88
		>10 ~ 25	620 ~ 860	≥520	5	
		>25	590 ~ 830	≥510	5	
QBe0.6—2.5、QBe0.4—1.8、QBe0.3—1.5	M	5 ~ 120	≥240	—	20	20 ~ 50
	R	20 ~ 120				
	Y	5 ~ 40	≥440	—	5	60 ~ 80

4. 铍青铜圆形棒时效热处理后的力学性能（表8-108）

表8-108 铍青铜圆形棒时效热处理后的力学性能（YS/T 334—2009）

牌号	状态	直径/mm	抗拉强度 R_m /(N/mm²)	规定非比例延伸强度 $R_{p0.2}$ /(N/mm²)	断后伸长率 A/% ≥	硬度	
						HRC	HRB
QBe1.7、C17000	TF00	5 ~ 120	1000 ~ 1310	≥860	—	32 ~ 39	—
	TH04	5 ~ 10	1170 ~ 1450	≥990	—	34 ~ 41	—
		>10 ~ 25	1130 ~ 1410	≥960	—	34 ~ 41	—
		>25	1100 ~ 1380	≥930	—	33 ~ 40	—
QBe2、QBe1.9、QBe1.9—0.1、C17200、C17300	TF00	5 ~ 120	1100 ~ 1380	≥890	2	35 ~ 42	—
	TH04	5 ~ 10	1200 ~ 1550	≥1100	1	37 ~ 45	—
		>10 ~ 25	1150 ~ 1520	≥1050	1	36 ~ 44	—
		>25	1120 ~ 1480	≥1000	1	35 ~ 44	—
QBe0.6—2.5、QBe0.4—1.8、QBe0.3—1.5	TF00	5 ~ 120	690 ~ 895	—	6	—	92 ~ 100
	TH04	5 ~ 40	760 ~ 965	—	3	—	95 ~ 102

8.5.6 电极材料用铬锆青铜棒材

1. 电极材料用铬锆青铜棒材的牌号、状态及规格（表8-109）

表8-109 电极材料用铬锆青铜棒材的牌号、状态及规格（YS/T 584—2006）

牌号	产品类型	状态	直径(最小平行面距离)/mm	长度/mm
QZr0.15	圆形棒			
QCr1	矩形棒	CYS	≥7~80	1000~6000
QCr1—0.15	六角形棒			

2. 电极材料用铬锆青铜棒材的化学成分（表8-110）

表8-110 电极材料用铬锆青铜棒材的化学成分（YS/T 584—2006）

牌号	化学成分(质量分数,%)					
	Cr	Zr	Fe	Si	Pb	Cu+Ag
QZr0.15	—	0.10	—	—	—	余量①
	—	0.20	—	—	—	
QCr1—0.15	0.6	0.05	—	—	—	余量②
	1.2	0.25	0.10	0.10	0.05	

① "Cu+Ag" 表中所列元素≥99.9%。

② "Cu+Ag" 表中所列元素≥99.7%。

3. 电极材料用铬锆青铜棒的性能（表8-111）

表8-111 电极材料用铬锆青铜棒的性能（YS/T 584—2006）

（单位：mm）

牌号	直径(最小平行面距离)/mm	抗拉强度 R_m /(N/mm²)	规定非比例延伸强度 $R_{p0.2}$ /(N/mm²)	断后伸长度 A/%	硬度HRB 圆棒	硬度HRB 矩形、六角形棒	导电率/%IACS 圆棒	导电率/%IACS 矩形、六角形棒	软化温度/℃
		≥	≥	≥	≥	≥	≥	≥	
QZr0.15	≤25	415	345	10	65		80		供需双方协商
	>25~50	380	345		60		80		
	>50	380	330		55		80		
QCr1	7~25	450	380	9	75	70	75	75	475
	>25~50	410	345		70	65	75	75	
	>50	380	310		65	—	75	—	

续表

牌号	直径(最小平行面距离)/mm	抗拉强度 R_m /(N/mm²)	规定非比例延伸强度 $R_{p0.2}$ /(N/mm²)	断后伸长度 A/%	硬度 HRB		导电率 /%IACS		软化温度 /℃
					圆棒	矩形、六角形棒	圆棒	矩形、六角形棒	
		≥							
QCr1—0.15	7～25	420	390	10	75	70	75	75	550
	>25～50	400	370		70	65	75	75	
	>50	400	370		65	—	75	—	

8.5.7　电子元器件用铍青铜线棒材

1. 电子元器件用铍青铜线棒材的牌号、状态及标记（表 8－112）

表 8－112　电子元器件用铍青铜线棒材的牌号、状态及标记（SJ 20716—1998）

品种	牌号	状态	标记
线	QBeMg1.9—0.1	软	C
		1/4 硬	CY_4
		1/2 硬	CY_2
		3/4 硬	CY_3
		硬	CY
棒	QBeMg1.9—0.1	软	C
		硬	CY

2. 电子元器件用铍青铜线棒材的化学成分（表 8－113）

表 8－113　电子元器件用铍青铜线棒材的化学成分（SJ 20716—1998）

牌号	主要化学成分(质量分数,%)				杂质(质量分数,%)　≤				
	Be	Ni	Mg	Cu	Al	Si	Fe	Pb	总和
QBeMg1.9—0.1	1.80～2.00	0.20～0.50	0.05～0.18	余量	0.10	0.15	0.15	0.005	0.50

3. 电子元器件用铍青铜棒材供应状态的力学性能（表8-114）

表8-114 电子元器件用铍青铜棒材供应状态的力学性能（SJ 20716—1998）

牌号	品种	状态	直径/mm	抗拉强度 R_m/(N/mm²)	规定非比例延伸强度 $R_{p0.2}$/(N/mm²) ≥	硬度 HRB	断后伸长率 A/% ≥
QBeMg1.9—0.1	线	C	—	400~540	—	—	—
		CY₄	—	620~795	—	—	—
		CY₂	—	760~930	—	—	—
		CY₃	—	895~1070	—	—	—
		CY	—	965~1140	—	—	—
QBeMsg1.9—0.1	棒	C	—	410~590	140	45~85	20
		CY	≤10	660~900	520	88~103	8
			>10~20	620~960	520	88~102	8
			>20~40	590~830	520	88~101	8

4. 电子元器件用铍青铜棒材时效处理后的力学性能（表8-115）

表8-115 电子元器件用铍青铜棒材时效处理后的力学性能（SJ 20716—1998）

牌号	品种	状态	直径/mm	抗拉强度 R_m/(N/mm²)	规定非比例延伸强度 $R_{p0.2}$/(N/mm²) ≥	硬度 HRB	断后伸长率 A/% ≥
QBeMg1.9—0.1	线	C	—	1105~1380	—	—	—
		CY₄	—	1205~1450	—	—	—
		CY₂	—	1275~1480	—	—	—
		CY₃	—	1310~1585	—	—	—
		CY	—	1345~1585	—	—	—
	棒	C	≤10	1140~1380	1000	36~42	4
			>10~20	1140~1380	900	36~42	3
		CY	≤10	1280~1550	1100	39~45	2
			>10~20	1240~1500	1070	38~44	2
			>20~40	1210~1480	1000	37~44	4

注：直径等于和小于0.5mm的线材，原则上仅供应硬（Y）状态的产品。

8.5.8 电工圆铜线

1. 电工圆铜线的型号、名称及规格（表8－116）

表8－116 电工圆铜线的型号、名称及规格（GB/T 3953—2009）

型号	名称	规格①范围/mm
TR	软圆铜线	0.020～14.00
TY	硬圆铜线	0.020～14.00
TYT	特硬圆铜线	1.50～5.00

①指圆铜线的公称直径。

2. 电工圆铜线的公称直径及其允许偏差（表8－117）

表8－117 电工圆铜线的公称直径及其允许偏差（GB/T 3953—2009）

（单位：mm）

公称直径 d	允许偏差
0.020～0.025	±0.002
0.026～0.125	±0.003
0.126～0.400	±0.004
0.401～14.00	±1%d

3. 电工圆铜线的电阻率（表8－118）

表8－118 电工圆铜线的电阻率（GB/T 3953—2009）

型号	电阻率 $\rho_{20}/(\Omega\cdot mm^2/m)$ ≤	
	公称直径2.00mm以下	公称直径2.00mm及以上
TR	0.017241	0.017241
TY,TYT	0.01796	0.01777

4. 电工圆铜线的交货状态（表8－119）

表8－119 电工圆铜线的交货状态（GB/T 3953—2009）

公称直径/mm	每根圆铜线质量/kg ≥		短段	
	成盘	成圈	质量/kg	交货数量/kg
0.020～0.025	0.1	—	不小于标准质量的50%	不大于交货总质量的15%
0.030～0.040	0.03	—		
0.050～0.060	0.08	—		
0.070～0.100	0.15	—		
0.110～0.150	0.3	—		

续表

公称直径/mm	每根圆铜线质量/kg ≥		短段	
	成盘	成圈	质量/kg	交货数量/kg
0.160~0.250	0.5	—	不小于标准质量的50%	不大于交货总质量的15%
0.260~0.400	1.0	—		
0.410~0.600	2.5	2.5		
0.630~0.800	5	5		
0.820~1.000	10	10		
1.01~2.00	20	20		
2.01~4.00	40	40		
4.01~6.00	60	60		

8.5.9 电工用铜线坯

1. 电工用铜线坯的牌号、状态及规格（表8-120）

表8-120 电工用铜线坯的牌号、状态及规格（GB/T 3952—2008）

牌号	状态	直径/mm
T1、T2、T3	R	6.0~35.0
TU1、TU2	R	
	Y	6.0~12.0

2. T1、TU1牌号铜线坯的化学成分（表8-121）

表8-121 T1、TU1牌号铜线坯的化学成分（GB/T 3952—2008）

元素组	杂质元素	质量分数/% ≤	元素组杂质总质量分数/% ≤
1	Se	0.0002	0.0003
	Te	0.0002	
	Bi	0.0002	
2	Cr	—	0.0015
	Mn	—	
	Sb	0.0004	
	Cd	—	
	As	0.0005	
	P	—	
3	Pb	0.0005	0.0005

续表

元素组	杂质元素	质量分数/% ≤	元素组杂质总质量分数/% ≤
4	S	0.0015	0.0015
5	Sn	—	0.0020
	Ni	—	
	Fe	0.0010	
	Si	—	
	Zn	—	
	Co	—	
6	Ag	0.0025	0.0025
杂质元素总质量分数/%		0.0065	

3. T2、TU2牌号铜线坯的化学成分（表8-122）

表8-122 T2、TU2牌号铜线坯的化学成分（GB/T 3952—2008）

化学成分（质量分数,%）										
Cu + Ag	杂质元素 ≤									
≥	As	Sb	Bi	Fe	Pb	Sn	Ni	Zn	S	P
99.95	0.0015	0.0015	0.0006	0.0025	0.002	0.001	0.002	0.002	0.0025	0.001

注：T2中氧的质量分数应不大于0.045%；TU2中氧的质量分数应不大于0.0020%。

4. T3牌号铜线坯的化学成分（表8-123）

表8-123 T3牌号铜线坯的化学成分（GB/T 3952—2008）

化学成分（质量分数,%）													
Cu + Ag	杂质元素 ≤												
≥	As	Sb	Bi	Fe	Pb	Sn	Ni	Zn	S	P	Cd	Mn	杂质总量
99.90	—	—	0.0025	—	0.005	—	—	—	—	—	—	—	0.05

注：1. T3中氧的质量分数应不大于0.05%。
2. 杂质总量为表中所列杂质元素实测值之和。

5. 电工用铜线坯的抗拉强度及断后伸长率（表8-124）

表8-124 电工用铜线坯的抗拉强度及断后伸长率（GB/T 3952—2008）

牌号	状态	直径/mm	抗拉强度 R_m/(N/mm^2) ≥	断后伸长率 A/% ≥
T1、TU1	R	6.0~35	—	40
T2、TU2			—	37
T3			—	35

续表

牌号	状态	直径/mm	抗拉强度 R_m/(N/mm²) ≥	断后伸长率 A/% ≥
TU1、TU2	Y	6.0~7.0	370	2.0
		>7.0~8.0	345	2.2
		>8.0~9.0	335	2.4
		>9.0~10.0	325	2.8
		>10.0~11.0	315	3.2
		>11.0~12.0	290	3.6

5. 电工用铜线坯的扭转性能（表8-125）

表8-125 电工用铜线坯的扭转性能（GB/T 3952—2008）

牌号	状态	正转转数	反转至断裂的转数 ≥
T1、TU1	R	25	25
T2、TU2		25	20
T3		25	17

6. 电工用铜线坯的电阻率（表8-126）

表8-126 电工用铜线坯的电阻率（GB/T 3952—2008）

牌号	状态	质量电阻率 ρ_{20} /(Ω·g/m²) ≤	体积电阻率 ρ_{20} /(Ω·mm²/m) ≤
T1、TU1	R	0.15176	0.01707
T2、TU2、T3		0.15328	0.01724
TU1	Y	0.15575	0.01750
TU2		0.15798	0.01777

7. 电工用铜线坯的直径及其允许偏差（表8-127）

表8-127 电工用铜线坯的直径及其允许偏差（GB/T 3952—2008）

（单位：mm）

公称直径	6.0~6.35	>6.35~12.0	>12.0~19.0	>19.0~25.0	>25.0~35.0
允许偏差	+0.5 -0.25	±0.4	±0.5	±0.6	±0.8

8.5.10 电工软铜天线

1. 电工软铜天线的规格（表8-128）

表8-128 电工软铜天线的规格（GB/T 12970.3—2009）

型号	公称横截面积/mm²
TTR	1.0~25

2. 电工软铜天线的性能（表8-129）

表8-129 电工软铜天线的性能（GB/T 12970.3—2009）

公称横截面积/mm²	拉断力/kN ≥	20℃直流电阻/（Ω/km） ≤
1.0	0.16	18.0
1.6	0.26	11.5
2.5	0.40	7.37
4.0	0.66	4.51
6.3	1.03	2.88
10	1.67	1.77
16	2.71	1.09
25	4.11	0.72

8.5.11 电工软铜电刷线

1. 电工软铜电刷线的规格（表8-130）

表8-130 电工软铜电刷线的规格（GB/T 12970.4—2009）

型号	名称	公称横截面积/mm²
TS	铜电刷线	0.25~16
TSX	镀锡铜电刷线	0.25~16
TSR	软铜电刷线	0.063~6.3

2. TS型及TSX型电工软铜电刷线的性能（表8-131）

表8-131 TS型及TSX型电工软铜电刷线的性能（GB/T 12970.4—2009）

公称横截面积/mm^2	计算横截面积/mm^2	结构		计算外径/mm	20℃直流电阻/(Ω/km) ≤		计算质量/(kg/km)
		单线总数	(股数×根数)/(单线公称直径/mm)		TS型	TSX型	
0.25	0.242	63	7×9/0.07	1.0	75.5	81.1	2.28
0.315	0.323	84	7×12/0.07	1.1	56.6	60.7	3.04
0.40	0.404	105	7×15/0.07	1.2	45.2	48.6	3.81
0.50	0.512	133	7×19/0.07	1.3	35.7	38.3	4.82
0.63	0.620	161	7×23/0.07	1.5	29.5	31.6	5.84
0.80	0.808	210	7×30/0.07	1.6	22.6	24.3	7.61
1.00	0.990	126	7×18/0.10	1.8	18.5	19.3	9.33
1.25	1.264	161	7×23/0.10	2.0	14.5	15.1	11.9
1.6	1.594	203	7×29/0.10	2.2	11.5	12.0	15.0
2.0	1.979	252	7×36/0.10	2.4	9.23	9.65	18.6
2.5	2.474	315	7×45/0.10	2.7	7.39	7.72	23.3
3.15	3.134	399	7×57/0.10	3.0	5.83	6.09	29.5
4.0	3.958	504	7×72/0.10	3.3	4.62	4.83	37.3
5.0	4.948	630	7×90/0.10	3.8	3.69	3.86	46.6
6.3	6.243	552	12×46/0.12	4.3	2.94	3.07	59.1
8	7.872	696	12×58/0.12	4.8	2.33	2.44	74.5
10	10.04	888	12×74/0.12	5.3	1.83	1.91	95.1
12.5	12.46	1102	19×58/0.12	5.9	1.48	1.55	118.5
16	15.90	1406	19×74/0.12	6.7	1.16	1.21	151.2

3. TSR型电工软铜电刷线的性能（表8-132）

表8-132 TSR型电工软铜电刷线的性能（GB/T 12970.4—2009）

公称横截面积/mm^2	计算横截面积/mm^2	结构		计算外径/mm	20℃直流电阻/(Ω/km) ≤	计算质量/(kg/km)
		单线总数	(股数×根数)/(单线公称直径/mm)			
0.063	0.0628	32	32/0.05	0.5	288	0.586
0.08	0.0785	40	40/0.05	0.55	231	0.733
0.10	0.0982	50	50/0.05	0.6	184	0.917

续表

公称横截面积/mm^2	计算横截面积/mm^2	结构		计算外径/mm	20℃直流电阻/(Ω/km) ≤	计算质量/(kg/km)
		单线总数	(股数×根数)/(单线公称直径/mm)			
0.125	0.124	63	63/0.05	0.65	146	1.16
0.16	0.165	84	7×12/0.05	0.7	111	1.55
0.20	0.206	105	7×15/0.05	0.8	88.7	1.92
0.25	0.247	126	7×18/0.05	1.0	74.0	2.33
0.315	0.316	160	7×23/0.05	1.1	57.8	2.95
0.40	0.399	203	7×29/0.05	1.2	45.8	3.76
0.50	0.495	252	12×21/0.05	1.3	37.0	4.69
0.63	0.636	324	12×27/0.05	1.5	28.9	6.02
0.80	0.801	408	12×34/0.05	1.6	22.9	7.58
1.00	0.990	504	12×42/0.05	1.8	18.6	9.37
1.25	1.268	646	19×34/0.05	2.0	14.5	12.1
1.6	1.567	798	19×42/0.05	2.2	11.8	14.9
2.0	2.015	1026	19×54/0.05	2.4	9.16	19.2
2.5	2.500	1273	19×67/0.05	2.7	7.38	23.8
3.15	3.144	817	19×43/0.07	3.0	5.87	29.9
4.0	4.022	1045	19×55/0.07	3.3	4.59	38.3
5.0	4.972	1292	19×68/0.07	3.8	3.71	47.3
6.3	6.288	1634	19×86/0.07	4.3	2.93	59.8

8.5.12 镀镍圆铜线

1. 镀镍圆铜线的镍含量等级与镀层厚度关系（表8-133）

表8-133 镀镍圆铜线的镍含量等级与镀层厚度关系（GB/T 11019—2009）

级别	2级	4级	7级	10级	27级
镍含量（质量分数,%）	2	4	7	10	27
公称直径 d/mm	镀层厚度/mm				
0.05	—	—	—	0.0013	0.0034
0.07	—	—	—	0.0018	0.0048
0.08	—	—	0.0014	0.0020	0.0055
0.10	—	—	0.0018	0.0025	0.0068

续表

级别	2级	4级	7级	10级	27级
镍含量（质量分数,%）	2	4	7	10	27
公称直径 d/mm	镀层厚度/mm				
0.12	—	—	0.0021	0.0030	0.0082
0.14	—	0.0014	0.0025	0.0036	0.0095
0.15	—	0.0015	0.0026	0.0038	0.0102
0.16	—	0.0016	0.0028	0.0041	0.0117
0.18	—	0.0018	0.0033	0.0046	0.0132
0.20	—	0.0021	0.0036	0.0051	0.0147
0.23	—	0.0023	0.0041	0.0058	0.0165
0.26	0.0013	0.0025	0.0046	0.0066	0.0185
0.28	0.0014	0.0028	0.0051	0.0074	0.0208
0.32	0.0016	0.0033	0.0056	0.0081	0.0234
0.35	0.0017	0.0035	0.0062	0.0088	0.0239
0.37	0.0019	0.0037	0.0065	0.0093	0.0252
0.39	0.0020	0.0039	0.0069	0.0098	0.0266
0.41	0.0021	0.0041	0.0072	0.0104	0.0280
0.45	0.0023	0.0046	0.0081	0.0117	0.0330
0.50	0.0025	0.0051	0.0088	0.0126	0.0341
0.53	0.0027	0.0054	0.0094	0.0134	0.0361
0.56	0.0028	0.0057	0.0099	0.0141	0.0382
0.60	0.0030	0.0061	0.0106	0.0152	0.0409
0.63	0.0032	0.0064	0.0111	0.0159	0.0430
0.67	0.0034	0.0068	0.0118	0.0169	0.0457
0.71	0.0036	0.0072	0.0126	0.0179	0.0484
0.75	0.0038	0.0076	0.0133	0.0189	0.0511
0.80	0.0040	0.0081	0.0141	0.0202	0.0545
0.85	0.0043	0.0086	0.0150	0.0215	0.0580
0.90	0.0045	0.0091	0.0159	0.0227	0.0614
1.00	0.0051	0.0101	0.0177	0.0253	0.0682
1.05	0.0053	0.0106	0.0186	0.0265	0.0716
1.10	0.0056	0.0111	0.0194	0.0277	0.0750
1.15	0.0058	0.0116	0.0203	0.0290	0.0784
1.20	0.0061	0.0121	0.0212	0.0303	0.0818

续表

级别	2 级	4 级	7 级	10 级	27 级
镍含量（质量分数,%）	2	4	7	10	27
公称直径 d/mm	镀层厚度/mm				
1.30	0.0066	0.0131	0.0230	0.0328	0.0886
1.40	0.0071	0.0141	0.0247	0.0354	0.0955
1.50	0.0076	0.0152	0.0265	0.0379	0.1023
1.60	0.0081	0.0162	0.0283	0.0404	0.1091
1.70	0.0086	0.0172	0.0301	0.0429	0.1159
1.80	0.0091	0.0182	0.0318	0.0454	0.1227
1.90	0.0096	0.0192	0.0336	0.0480	0.1295
2.00	0.0101	0.0202	0.0354	0.0550	0.1364
2.30	0.0117	0.0234	0.0411	0.0592	0.1679
2.60	0.0129	0.0264	0.0462	0.0665	0.1885
2.90	0.0145	0.0295	0.0518	0.0747	0.2116
3.26	0.0165	0.0330	0.0582	0.0838	0.2375

2. 镀镍圆铜线的断后伸长率（表 8-134）

表 8-134　镀镍圆铜线的断后伸长率（GB/T 11019—2009）

公称直径 d/mm	断后伸长率 A/%　≥	
	2、4、7、10 级	27 级
$0.05 \leqslant d \leqslant 0.10$	15	8
$0.10 < d \leqslant 0.23$	15	10
$0.23 < d \leqslant 0.50$	20	15
$0.50 < d \leqslant 3.26$	25	20

3. 镀镍圆铜线的电阻率（表 8-135）

表 8-135　镀镍圆铜线的电阻率（GB/T 11019—2009）

级别	电阻率 ρ_{20}/(Ω·mm²/m)　≤
2	0.017960
4	0.018342
7	0.018947
10	0.019592
27	0.024284

8.5.13 镀锡圆铜线

1. 镀锡圆铜线的型号（表8－136）

表8－136 镀锡圆铜线的型号（GB/T 4910—2009）

型号	名称
TXR	镀锡软圆铜线
TXRH	可焊镀锡软圆铜线

2. 镀锡圆铜线的规格（表8－137）

表8－137 镀锡圆铜线的规格（GB/T 4910—2009）

型号	规格①范围/mm
TXR	0.05～4.00
TXRH	0.20～1.20

①指圆铜线的公称直径。

3. 镀锡圆铜线的直径及其允许偏差（表8－138）

表8－138 镀锡圆铜线的直径及其允许偏差（GB/T 4910—2009）

（单位：mm）

公称直径 d	允许偏差
0.050～0.125	+0.006 －0.003
>0.125～0.400	+0.010 －0.004
>0.400～4.00	+2% d －1% d

4. 镀锡圆铜线的断后伸长率（表8－139）

表8－139 镀锡圆铜线的断后伸长率（GB/T 4910—2009）

公称直径 d/mm	断后伸长率 A/% ≥
0.05～0.09	6
>0.09～0.25	12
>0.25～0.50	15
>0.50～2.00	20
>2.00～4.00	25

5. 镀锡圆铜线的电阻率（表8－140）

表8－140 镀锡圆铜线的电阻率（GB/T 4910—2009）

公称直径 d/mm	电阻率 ρ_{20}/(Ω·mm²/m) ≤	
	TXR	TXRH
0.05～0.09	0.01851	0.01851
>0.09～0.25	0.01802	0.01831
>0.25～0.50	0.01770	0.01793
>0.50～4.00	0.01760	0.01775

8.5.14 镀银软圆铜线

1. 镀银软圆铜线的规格及分级(表8－141)

表8－141 镀银软圆铜线的规格及分级(JB/T 3135—1999)

级别	C级	D级	E级	F级	G级	H级	I级
Ag含量(质量分数,%)	4	6	10	12	15	18	20
公称直径/mm	银层厚度/μm						
0.05	—	—	—	—	—	2.3	2.7
0.07	—	—	—	2.0	2.6	3.3	3.7
0.08	—	—	—	2.3	3.0	3.7	4.2
0.10	—	—	2.4	2.9	3.7	4.7	5.3
0.12	—	—	2.8	3.5	4.5	5.6	6.4
0.14	—	—	3.3	4.0	5.2	6.5	7.4
0.15	—	2.0	3.5	4.3	5.6	7.0	8.0
0.16	—	2.2	3.8	4.6	6.0	7.4	8.5
0.18	—	2.4	4.2	5.2	6.7	8.4	9.5
0.20	—	2.7	4.7	5.8	7.5	9.3	10.6
0.23	2.0	3.1	5.4	6.6	8.6	10.7	12.2
0.26	2.3	3.5	6.1	7.5	9.7	12.1	13.8
0.28	2.5	3.8	6.6	8.1	10.5	13.0	14.8
0.30	2.6	4.0	7.0	8.7	11.2	14.0	16.0
0.32	2.8	4.3	7.5	9.2	12.0	14.9	17.0
0.35	3.1	4.7	8.3	10.1	13.1	16.3	18.6
0.37	3.3	5.0	8.7	10.7	13.8	17.2	19.6
0.39	3.4	5.3	9.2	11.3	14.6	18.1	20.7
0.41	3.6	5.5	9.6	11.8	15.3	19.1	21.7

续表

级别	C级	D级	E级	F级	G级	H级	I级
Ag含量(质量分数,%)	4	6	10	12	15	18	20
公称直径/mm	银层厚度/μm						
0.45	4.0	6.1	10.6	13.0	16.8	20.9	23.9
0.50	4.4	6.8	11.8	14.5	18.7	23.2	26.5
0.53	4.7	7.2	12.5	15.3	19.8	24.6	28.1
0.56	4.9	7.6	13.2	16.2	20.9	26.0	29.7
0.60	5.3	8.1	14.2	17.3	22.4	27.9	31.8
0.63	5.5	8.5	14.8	18.2	23.6	29.3	33.4
0.67	5.9	9.0	15.8	19.4	25.1	31.2	35.5
0.71	6.2	9.6	16.8	20.5	26.6	33.0	37.6
0.75	6.6	10.1	17.7	21.7	28.1	34.8	39.6
0.80	7.0	10.8	18.9	23.1	29.9	37.2	42.9
0.85	7.5	11.5	20.0	24.6	31.8	39.5	45.1
0.90	7.9	12.2	21.2	26.0	33.7	41.8	47.7
0.95	8.4	12.8	22.4	27.5	35.5	44.2	50.4
1.00	8.8	13.5	23.6	28.9	37.4	46.5	53.0
1.05	9.2	14.2	24.8	30.4	39.3	48.8	55.7
1.10	9.7	14.9	26.0	31.8	41.1	51.2	58.3
1.15	10.1	15.5	27.1	33.2	43.0	53.5	61.0
1.20	10.6	16.2	28.3	34.7	44.9	55.8	63.6
1.30	11.4	17.6.	30.7	37.6	48.6	60.5	68.9
1.40	12.3	18.9	33.0	40.5	52.4	65.1	74.2
1.50	13.2	20.3	35.4	43.4	56.1	69.8	79.5
1.60	14.1	21.6	37.8	46.2	59.8	74.4	84.8
1.70	15.0	23.0	40.1	49.1	63.6	79.1	90.1
1.80	15.8	24.3	42.5	52.0	67.3	83.7	95.4
1.90	16.7	25.7	44.8	54.9	71.1	88.4	100.7
2.00	17.6	27.0	47.2	57.8	74.8	93.0	106.0

2. 镀银软圆铜线的直径及其允许偏差（表8－142）

表8－142　镀银软圆铜线的直径及其允许偏差（JB/T 3135—1999）

（单位：mm）

公称直径	允许偏差	公称直径	允许偏差
0.050～0.100	±0.003	0.710～1.000	±0.015
0.110～0.250	±0.005	1.100～2.000	±0.020
0.260～0.700	±0.010		

3. 镀银软圆铜线的力学性能（表8－143）

表8－143　镀银软圆铜线的力学性能（JB/T 3135—1999）

公称直径/mm	抗拉强度 R_m/(N/mm²)　≥	断后伸长率/*A*/%　≥
0.050～0.100	—	5.5
0.110～0.150	196	10
0.160～0.250	196	15
0.260～0.500	196	20
0.510～1.000	196	25
1.100～2.000	196	25

8.5.15　电子器件用镀锡铜线

1. 电子器件用镀锡铜线的直径及其允许偏差（表8－144）

表8－144　电子器件用镀锡铜线的直径及其允许偏差（SJ 2422—1983）

（单位：mm）

公称直径	0.4	0.5	0.6	0.8	1.0	1.2
允许偏差	+0.02 −0.01	+0.02 −0.01	+0.02 −0.01	+0.03 −0.015	+0.03 −0.015	+0.04 −0.02

2. 电子器件用镀锡铜线的力学性能（表8－145）

表8－145　电子器件用镀锡铜线的力学性能（SJ 2422—1983）

公称直径/mm	抗拉强度 R_m/(N/mm²)　≥	断后伸长率 *A*/%	反复弯折	
			负荷/g	次数　≥
0.4	200	15	250	5
0.5	200	18	250	5
0.6	200	20	500	6
0.8	220	20	500	6
1.0	220	20	500	6
1.2	220	20	500	6

8.6 其他铜及铜合金

8.6.1 电解铜粉

1. 电解铜粉的化学成分（表 8-146）

表 8-146 电解铜粉的化学成分（GB/T 5246—2007）

产品牌号	化学成分(质量分数,%)									
	Cu≥	杂质 ≤								
		Fe	Pb	As	Sb	O	Bi	Ni	Sn	Zn
FTD1	99.8	0.01	0.04	0.004	0.005	0.10	0.002	0.003	0.004	0.004
FTD2	99.8	0.01	0.04	0.004	0.005	0.10	0.002	0.003	0.004	0.004
FYD3	99.7	0.01	0.04	0.004	0.005	0.15	—	—	—	—
FTD4	99.6	0.01	0.04	0.004	—	0.20	—	—	—	—
FTD5	99.6	0.01	0.05	0.004	—	0.25	—	—	—	—

产品牌号	化学成分(质量分数,%)				
	杂质 ≤				
	S	Cl^-	H_2O	硝酸处理后灼烧残渣	杂质总和
FTD1	0.004	0.004	0.04	0.05	0.2
FTD2	0.004	0.004	0.04	0.05	0.2
FTD3	0.004	—	0.04	0.05	0.3
FTD4	0.004	—	0.04	0.05	0.4
FTD5	0.004	—	0.04	0.05	0.4

2. 电解铜粉的产品特性（表 8-147）

表 8-147 电解铜粉的产品特性（GB/T 5246—2007）

产品牌号	粒度		松装密度/(g/cm^3)
	粒度分布	质量分数/%	
FTD1	≤74μm(-200 目)	≥95	1.2~2.3
FTD2	≤43μm(-300 目)	≥95	0.8~1.9
FTD3	≤74μm(-200 目)	≥95	1.2~2.3
FTD4	≤175~74μm(-80~-200 目)	70~80	0.8~2.5
	≤74μm(-200 目)	30~20	
FTD5	≤43μm(-300 目)	≥95	1.2~1.9

注：FTD3 也可以供应粒度≤43μm（质量分数≥95%）、松装密度为 0.8~1.9g/cm^3 的电解铜粉。

8.6.2 雾化铜粉

1. 雾化铜粉的化学成分（表8-148）

表8-148 雾化铜粉的化学成分（YS/T 499—2006）

化学成分（质量分数,%）														
Cu≥	杂质 ≤													
	Fe	Pb	Zn	As	Sb	Bi	Ni	Sn	P	S	C	氢损	硝酸不溶物	总和
99.6	0.02	0.02	0.004	0.005	0.005	0.002	0.01	0.004	0.01	0.004	0.004	0.30	0.05	0.4

注：化学成分中不包括添加剂，如加添加剂，必须标明所加添加剂的名称和添加量。

2. 雾化铜粉的物理性能（表8-149）

表8-149 雾化铜粉的物理性能（YS/T 499—2006）

牌号	粒度组成(质量分数,%)				松装密度/(g/cm^3)	流动性/(s/50g)
	>0.150mm	0.150~0.071mm	<0.071~0.045mm	<0.045mm		
FTW1	≤3	40~60	30~50	≤30	2.0~3.1	≤45
FTW2	—	≤3	15~50	≥50	0.9~3.1	≤45
FTW3	—	—	≤3	≥97	0.85~2.8	—

8.6.3 粗铜

粗铜的化学成分见表8-150。

表8-150 粗铜的化学成分（YS/T 70—2005）

牌号	化学成分(质量分数,%)							
	Cu≥	杂质 ≤						
		As	Sb	Bi	Pb	Ni	Zn	杂质总和
Cu99.40	99.40	0.06	0.03	0.01	0.06	0.03	0.04	0.60
Cu99.00	99.00	0.12	0.10	0.02	0.12	0.06	0.05	1.00
Cu98.50	98.50	0.20	0.15	0.04	0.20	0.14	0.10	1.50
Cu97.50	97.50	0.34	0.30	0.08	0.40	—	—	2.50

注：粗铜中金、银含量不做规定，但需按批进行分析，报出分析结果。

8.6.4　黑铜

黑铜的化学成分见表8－151。

表8－151　黑铜的化学成分（YS/T 632—2007）

牌号	化学成分（质量分数，%）							
	Cu≥	杂质　≤						
		As	Sb	Bi	Pb	Sn	Ni	Zn
Cu95.00	95.00	0.35	0.30	0.08	0.40	0.50	0.20	0.20
Cu90.00	90.00	0.40	0.35	0.10	0.80	0.80	0.30	0.40
Cu85.00	85.00	0.45	0.40	0.15	1.00	—	0.40	1.00
Cu80.00	80.00	0.50	0.45	0.20	2.00	—	0.50	2.00

注：粗铜中金、银含量不做规定，但需按批进行分析，报出分析结果。

8.6.5　阳极磷铜材

1. 阳极磷铜材的牌号、状态及规格（表8－152）

表8－152　阳极磷铜材的牌号、状态及规格（GB/T 20302—2006）

（单位：mm）

牌号	产品常规形状	直径	厚度	宽度	长度
TP0.05	球	11～60	—	—	—
	粒	10～40	—	—	15～60
	圆棒	10～40	—	—	500～1000
	矩形棒（板）	—	13～25	50～100	500～1000

2. 阳极磷铜材的化学成分（表8－153）

表8－153　阳极磷铜材的化学成分（GB/T 20302—2006）

牌号	化学成分（质量分数，%）										
	Cu＋Ag ≥	P	杂质　≤								
			Fe	Pb	Ni	Sn	Sb	As	S	O	总和
TP0.05	99.90	0.0400～0.0650	0.0025	0.0030	0.0030	0.0030	0.0030	0.0030	0.0030	0.0020	0.0350

第 9 章 铝及铝合金

9.1 铝及铝合金铸造产品

9.1.1 变形铝及铝合金扁铸锭

1. 变形铝及铝合金扁铸锭的牌号、状态及规格（表 9－1）

表 9－1 变形铝及铝合金扁铸锭的牌号、状态及规格（YS/T 590—2006）

牌号	状态	规格/mm		
		厚度	宽度	长度
1×××、2×××、3×××、4×××、5×××、6×××、7×××、8×××	铸态或均匀化	200～700	500～2100	2500～7500

2. 变形铝及铝合金扁铸锭的尺寸允许偏差（表 9－2）

表 9－2 变形铝及铝合金扁铸锭的尺寸允许偏差（YS/T 590—2006）

（单位：mm）

厚度	厚度允许偏差	宽度	宽度允许偏差	长度	长度允许偏差
200～300	±2	500～1000	±5	2500～4000	+20
>300～400	±3	>1000～1300	±8	>4000～5000	+20
>400～700	±4	>1300～2100	±10	>5000～7500	+20

9.1.2 变形铝及铝合金圆铸锭

1. 变形铝及铝合金圆铸锭的牌号、状态及规格（表 9－3）

表9-3 变形铝及铝合金圆铸锭的牌号、状态及规格（YS/T 67—2005）

牌号	状态	公称直径/mm
1×××、2×××、3×××、5×××、6×××、7×××、8×××	铸态或均匀化	80、90、102、112、124、127、142、150、152、162、178、192、203、212、229、250、254、280、300、405、450、482、500

2. 变形铝及铝合金圆铸锭的尺寸允许偏差（表9-4）

表9-4 变形铝及铝合金圆铸锭的尺寸允许偏差（YS/T 67—2005） （单位：mm）

公称直径	直径允许偏差	铸锭长度	长度允许偏差	弯曲度		端面切斜
				每米长度上	全长	
				≤		
≤124	±2	250～6000	+10	5	15	5
>124～300	±3	250～6000	+10	5	15	5
>300～550	±4	250～6000	+10	3	15	7

9.1.3 铸造铝合金

1. 铸造铝合金的牌号及化学成分（表9-5）

表 9-5 铸造铝合金的牌号及化学成分（GB/T 1173—1995）

序号	合金牌号	合金代号	主要元素（质量分数,%）							
			Si	Cu	Mg	Zn	Mn	Ti	其他	Al
1	ZAlSi7Mg	ZL101	6.5~7.5	—	0.25~0.45	—	—	—	—	余量
2	ZAlSi7MgA	ZL101A	6.5~7.5	—	0.25~0.45	—	—	0.08~0.20	—	余量
3	ZAlSi12	ZL102	10.0~13.0	—	—	—	—	—	—	余量
4	ZAlSi9Mg	ZL104	8.0~10.5	—	0.17~0.35	—	0.2~0.5	—	—	余量
5	ZAlSi5Cu1Mg	ZL105	4.5~5.5	1.0~1.5	0.4~0.6	—	—	—	—	余量
6	ZAlSi5Cu1MgA	ZL105A	4.5~5.5	1.0~1.5	0.4~0.55	—	—	—	—	余量
7	ZAlSi8Cu1Mg	ZL106	7.5~8.5	1.0~1.5	0.3~0.5	—	0.3~0.5	0.10~0.25	—	余量
8	ZAlSi7Cu4	ZL107	6.5~7.5	3.5~4.5	—	—	—	—	—	余量
9	ZAlSi12Cu2Mg1	ZL108	11.0~13.0	1.0~2.0	0.4~1.0	—	0.3~0.9	—	—	余量
10	ZAlSi12Cu1Mg1Ni1	ZL109	11.0~13.0	0.5~1.5	0.8~1.3	—	—	—	Ni：0.8~1.5	余量
11	ZAlSi5Cu6Mg	ZL110	4.0~6.0	5.0~8.0	0.2~0.5	—	—	—	—	余量
12	ZAlSi9Cu2Mg	ZL111	8.0~10.0	1.3~1.8	0.4~0.6	—	0.10~0.35	0.10~0.35	—	余量
13	ZAlSi7Mg1A	ZL114A	6.5~7.5	—	0.45~0.60	—	—	0.10~0.20	Be:0.04~0.07①	余量
14	ZAlSi5Zn1Mg	ZL115	4.8~6.2	—	0.4~0.65	1.2~1.8	—	—	Sb:0.1~0.25	余量
15	ZAlSi8MgBe	ZL116	6.5~8.5	—	0.35~0.55	—	—	0.10~0.30	Be:0.15~0.40	余量
16	ZAlCu5Mn	ZL201	—	4.5~5.3	—	—	0.6~1.0	0.15~0.35	—	余量

续表

序号	合金牌号	合金代号	主要元素（质量分数,%）							
			Si	Cu	Mg	Zn	Mn	Ti	其他	Al
17	ZAlCu5MnA	ZL201A	—	4.8～5.3	—	—	0.6～1.0	0.15～0.35	—	余量
18	ZAlCu4	ZL203	—	4.0～5.0	—	—	—	—	—	余量
19	ZAlCu5MnCdA	ZL204A	—	4.6～5.3	—	—	0.6～0.9	0.15～0.35	Cd：0.15～0.25	余量
20	ZAlCu5MnCdVA	ZL205A		4.6～5.3			0.3～0.5	0.15～0.35	Cd：0.15～0.25 V：0.05～0.3 Zr：0.05～0.2 B：0.005～0.06	余量
21	ZAlRE5Cu3Si2	ZL207	1.6～2.0	3.0～3.4	0.15～0.25		0.9～1.2		Ni：0.2～0.3 Zr：0.15～0.25 RE：4.4～5.0②	余量
22	ZAlMg10	ZL301	—	—	9.5～11.0	—	—	—	—	余量
23	ZAlMg5Si1	ZL303	0.8～1.3	—	4.5～5.5	—	0.1～0.4	—	—	余量
24	ZAlMg8Zn1	ZL305	—	—	7.5～9.0	1.0～1.5	—	0.1～0.2	Be：0.03～0.1	余量
25	ZAlZn11Si7	ZL401	6.0～8.0	—	0.1～0.3	9.0～13.0	—	—	—	余量
26	ZAlZn6Mg	ZL402	—	—	0.5～0.65	5.0～6.5	—	0.15～0.25	Cr：0.4～0.6	余量

①在保证合金力学性能前提下，可以不加铍。

②混合稀土含各种稀土总量不小于98%，其中含铈约5%。

2. 铸造铝合金的杂质允许含量（表9-6）

表9-6 铸造铝合金的杂质允许含量（GB/T 1173—1995）

序号	合金牌号	合金代号	杂质（质量分数,%）≤ Fe		Si	Cu	Mg	Zn	Mn	Ti	Zr	Ti+Zr	Be	Ni	Sn	Pb	杂质总和	
			S	J													S	J
1	ZAlSi7Mg	ZL101	0.5	0.9	—	0.2	—	0.3	0.35	—	—	0.25	0.1	—	0.01	0.05	1.1	1.5
2	ZAlSi7MgA	ZL101A	0.2	0.2	—	0.1	—	0.1	0.10	—	0.20	—	—	—	0.01	0.03	0.7	0.7
3	ZAlSi12	ZL102	0.7	1.0	—	0.30	0.10	0.1	0.5	0.20	—	—	—	—	—	—	2.0	2.2
4	ZAlSi9Mg	ZL104	0.6	0.9	—	0.1	—	0.25	—	—	—	0.15	—	—	0.01	0.05	1.1	1.4
5	ZAlSi5Cu1Mg	ZL105	0.6	1.0	—	—	—	0.3	0.5	—	—	0.15	0.1	—	0.01	0.05	1.1	1.4
6	ZAlSi5Cu1MgA	ZL105A	0.2	0.2	—	—	—	0.1	0.1	—	—	—	—	—	0.01	0.05	0.5	0.5
7	ZAlSi8Cu1Mg	ZL106	0.6	0.8	—	—	—	0.2	—	—	—	—	—	—	0.01	0.05	0.9	1.0
8	ZAlSi7Cu4	ZL107	0.5	0.6	—	—	0.1	0.3	0.5	—	—	—	—	—	0.01	0.05	1.0	1.2
9	ZAlSi12Cu2Mg1	ZL108	—	0.7	—	—	—	0.2	—	0.20	—	—	—	0.3	0.01	0.05	—	1.2
10	ZAlSi12Cu1Mg1Ni1	ZL109	—	0.7	—	—	—	0.2	0.2	0.20	—	—	—	—	0.01	0.05	—	1.2
11	ZAlSi5Cu6Mg	ZL110	—	0.8	—	—	—	0.6	0.5	—	—	—	—	—	0.01	0.05	—	2.7
12	ZAlSi9Cu2Mg	ZL111	0.4	0.4	—	—	—	0.1	—	—	—	—	—	—	0.01	0.05	1.0	1.0
13	ZAlSi7Mg1A	ZL114A	0.2	0.2	—	—	0.1	—	0.1	0.1	—	0.20	—	—	0.01	0.03	0.75	0.75
14	ZAlSi5Zn1Mg	ZL115	0.3	0.3	—	0.1	—	—	0.1	—	—	—	—	—	0.01	0.05	0.8	1.0

续表

序号	合金牌号	合金代号	杂质（质量分数,%）≤															
			Fe		Si	Cu	Mg	Zn	Mn	Ti	Zr	Ti + Zr	Be	Ni	Sn	Pb	杂质总和	
			S	J													S	J
15	ZAlSi8MgBe	ZL116	0. 60	0. 60	—	0. 3	—	0. 3	0. 1	—	0. 20	B:0. 10	—	—	0. 01	0. 05	1. 0	1. 0
16	ZAlCu5Mn	ZL201	0. 25	0. 3	0. 3	—	0. 05	0. 2	—	—	0. 2	—	—	0. 1	—	—	1. 0	1. 0
17	ZAlCu5MnA	ZL201A	0. 15	—	0. 1	—	0. 05	0. 1	—	—	0. 15	—	—	0. 05	—	—	0. 4	—
18	ZAlCu4	ZL203	0. 8	0. 8	1. 2	—	0. 05	0. 25	0. 1	0. 20	0. 1	—	—	—	0. 01	0. 05	2. 1	2. 1
19	ZAlCu5MnCdA	ZL204A	0. 15	0. 15	0. 06	—	0. 05	0. 1	—	—	0. 15	—	—	0. 05	—	—	0. 4	—
20	ZAlCu5MnCdVA	ZL205A	0. 15	0. 15	0. 06	—	0. 05	—	—	—	—	—	—	—	0. 01	—	0. 3	0. 3
21	ZAlRE5Cu3Si2	ZL207	0. 6	0. 6	—	—	—	0. 2	—	—	—	—	—	—	—	—	0. 8	0. 8
22	ZAlMg10	ZL301	0. 3	0. 3	0. 30	0. 10	—	0. 15	0. 15	0. 15	0. 20	—	0. 07	0. 05	0. 01	0. 05	1. 0	1. 0
23	ZAlMg5Si1	ZL303	0. 5	0. 5	—	0. 1	—	0. 2	—	0. 2	—	—	—	—	—	—	0. 7	0. 7
24	ZAlMg8Zn1	ZL305	0. 3	—	0. 2	0. 1	—	—	0. 1	—	—	—	—	—	—	—	0. 9	—
25	ZAlZn11Si7	ZL401	0. 7	1. 2	—	0. 6	—	—	0. 5	—	—	—	—	—	—	—	1. 8	2. 0
26	ZAlZn6Mg	ZL402	0. 5	0. 8	0. 3	0. 25	—	—	0. 1	—	—	—	—	—	0. 01	—	1. 35	1. 65

注：熔模、壳型铸造的主要元素及杂质含量按砂型指标检验。

3. 铸造铝合金的力学性能（表9-7）

表9-7 铸造铝合金的力学性能（GB/T 1173—1995）

序号	合金牌号	合金代号	铸造方法	合金状态	抗拉强度 R_m /(N/mm²) ≥	断后伸长率 A/% ≥	布氏硬度 HBW ≥
1	ZAlSi7Mg	ZL101	S、R、J、K	F	155	2	50
			S、R、J、K	T2	135	2	45
			JB	T4	185	4	50
			S、R、K	T4	175	4	50
			J、JB	T5	205	2	60
			S、R、K	T5	195	2	60
			SB、RB、KB	T5	195	2	60
			SB、RB、KB	T6	225	1	70
			SB、RB、KB	T7	195	2	60
			SB、RB、KB	T8	155	3	55
2	ZAlSi7MgA	ZL101A	S、R、K	T4	195	5	60
			J、JB	T4	225	5	60
			S、R、K	T5	235	4	70
			SB、RB、KB	T5	235	4	70
			JB、J	T5	265	4	70
			SB、RB、KB	T6	275	2	80
			JB、J	T6	295	3	80
3	ZAlSi12	ZL102	SB、JB、RB、KB	F	145	4	50
			J	F	155	2	50
			SB、JB、RB、KB	T2	135	4	50
			J	T2	145	3	50
4	ZAlSi9Mg	ZL104	S、J、R、K	F	145	2	50
			J	T1	195	1.5	65
			SB、RB、KB	T6	225	2	70
			J、JB	T6	235	2	70
5	ZAlSi5Cu1Mg	ZL105	S、J、R、K	T1	155	0.5	65
			S、R、K	T5	195	1	70
			J	T5	235	0.5	70
			S、R、K	T6	225	0.5	70
			S、J、R、K	T7	175	1	65
6	ZAlSi5Cu1MgA	ZL105A	SB、R、K	T5	275	1	80
			J、JB	T5	295	2	80

续表

序号	合金牌号	合金代号	铸造方法	合金状态	抗拉强度 R_m /(N/mm²) ≥	断后伸长率 A/% ≥	布氏硬度 HBW ≥
7	ZAlSi8Cu1Mg	ZL106	SB	F	175	1	70
			JB	T1	195	1.5	70
			SB	T5	235	2	60
			JB	T5	255	2	70
			SB	T6	245	1	80
			JB	T6	265	2	70
			SB	T7	225	2	60
			J	T7	245	2	60
8	ZAlSi7Cu4	ZL107	SB	F	165	2	65
			SB	T6	245	2	90
			J	F	195	2	70
			J	T6	275	2.5	100
9	ZAlSi12Cu2Mg1	ZL108	J	T1	195	—	85
			J	T6	255	—	90
10	ZAlSi12Cu1Mg1Ni1	ZL109	J	T1	195	0.5	90
			J	T6	245	—	100
11	ZAlSi5Cu6Mg	ZL110	S	F	125	—	80
			J	F	155	—	80
			S	T1	145	—	80
			J	T1	165	—	90
12	ZAlSi9Cu2Mg	ZL111	J	F	205	1.5	80
			SB	T6	255	1.5	90
			J、JB	T6	315	2	100
13	ZAlSi7Mg1A	ZL114A	SB	T5	290	2	85
			J、JB	T5	310	3	90
14	ZAlSi5Zn1Mg	ZL115	S	T4	225	4	70
			J	T4	275	6	80
			S	T5	275	3.5	90
			J	T5	315	5	100
15	ZAlSi8MgBe	ZL116	S	T4	255	4	70
			J	T4	275	6	80
			S	T5	295	2	85
			J	T5	335	4	90

续表

序号	合金牌号	合金代号	铸造方法	合金状态	抗拉强度 R_m /(N/mm²) ≥	断后伸长率 A/% ≥	布氏硬度 HBW ≥
16	ZAlCu5Mn	ZL201	S、J、R、K	T4	295	8	70
			S、J、R、K	T5	335	4	90
			S	T7	315	2	80
17	ZAlCu5MnA	ZL201A	S、J、R、K	T5	390	8	100
18	ZAlCu4	ZL203	S、R、K	T4	195	6	60
			J	T4	205	6	60
			S、R、K	T5	215	3	70
			J	T5	225	3	70
19	ZAlCu5MnCdA	ZL204A	S	T5	440	4	100
20	ZAlCu5Mn CdVA	ZL205A	S	T5	440	7	100
			S	T6	470	3	120
			S	T7	460	2	110
21	ZAlRE5Cu3Si2	ZL207	S	T1	165	—	75
			J	T1	175	—	75
22	ZAlMg10	ZL301	S、J、R	T4	280	10	60
23	ZAlMg5Si1	ZL303	S、J、R、K	F	145	1	55
24	ZAlMg8Zn1	ZL305	S	T4	290	8	90
25	ZAlZn11Si7	ZL401	S、R、K	T1	195	2	80
			J	T1	245	1.5	90
26	ZAlZn6Mg	ZL402	J	T1	235	4	70
			S	T1	215	4	65

注：1. 铸造方法代号：S——砂型铸造；J——金属型铸造；R——熔模铸造；K——壳型铸造；B——变质处理。

2. 合金状态代号：F——铸态；T1——人工时效；T2——退火；T4——固溶处理加自然时效；T5——固溶处理加不完全人工时效；T6——固溶处理加完全人工时效；T7——固溶处理加稳定化处理；T8——固溶处理加软化处理。

9.1.4 细晶铝锭

1. 细晶铝锭的化学成分（表9-8）

表9-8 细晶铝锭的化学成分（YS/T 489—2005）

牌号	化学成分（质量分数,%）									
	Ti	杂质≤								Al④
		Fe	Si	Cu	Ca	Mg	Zn①	其他②③		
								每种	总和	
XAl99.70A—1	0.01~0.05	0.20	0.10	0.01	0.03	0.02	0.03	0.03	0.30	余量
XAl99.70A—2	>0.05~0.10	0.20	0.10	0.01	0.03	0.02	0.03	0.03	0.30	
XAl99.70A—3	>0.10~0.15	0.20	0.10	0.01	0.03	0.02	0.03	0.03	0.30	
XAl99.70A—4	>0.15~0.20	0.20	0.10	0.01	0.03	0.02	0.03	0.03	0.30	

注：1. 对于表中未规定的其他杂质元素含量，如需方有特殊要求时，可由供需方另行协议。

2. 分析数值的判定采用修约比较法，数值修约规则按GB/T 8170的有关规定进行，修约数位与表中所列极限数位一致。

①杂质Zn的质量分数不小于0.010%时，供方应将其作为常规分析元素，并纳入杂质总和；若杂质Zn的质量分数小于0.010%时，供方可不做常规分析，但应每季度分析一次，监控其含量。

②用于食品、卫生、工业的细晶铝锭，其杂质Pb、As、Cd的质量分数不大于0.01%。

③表中未规定的其他杂质元素，如Mn、V，供方可不做常规分析，但应定期分析，每年至少两次。

④铝的质量分数为100%与Ti的质量分数及等于或大于0.010%的所有杂质总和的差值。

2. 细晶铝锭的颜色标志（表9-9）

表9-9 细晶铝锭的颜色标志（YS/T 489—2005）

细晶铝锭牌号	颜色标志
XAl99.70A—1	1道褐色竖线
XAl99.70A—2	2道褐色竖线
XAl99.70A—3	3道褐色竖线
XAl99.70A—4	4道褐色竖线

9.1.5 压铸铝合金

1. 压铸铝合金的化学成分（表9-10）

表9-10 压铸铝合金的化学成分（GB/T 15115—2009）

合金牌号	合金代号	化学成分（质量分数，%）									
		Si	Cu	Mn	Mg	Fe	Ni	Ti	Zn	Pb	Sn	Al
YZAlSi10Mg	YL 101	9.0~10.0	≤0.6	≤0.35	0.45~0.65	≤1.0	≤0.50	—	≤0.40	≤0.10	≤0.15	余量
YZAlSi12	YL 102	10.0~13.0	≤1.0	≤0.35	≤0.10	≤1.0	≤0.50	—	≤0.40	≤0.10	≤0.15	余量
YZAlSi10	YL 104	8.0~10.5	≤0.3	0.2~0.5	0.30~0.50	0.5~0.8	≤0.10	—	≤0.30	≤0.05	≤0.01	余量
YZAlSi9Cu4	YL 112	7.5~9.5	3.0~4.0	≤0.50	≤0.10	≤1.0	≤0.50	—	≤2.90	≤0.10	≤0.15	余量
YZAlSi11Cu3	YL 113	9.5~11.5	2.0~3.0	≤0.50	≤0.10	≤1.0	≤0.30	—	≤2.90	≤0.10	—	余量
YZAlSi17Cu5Mg	YL 117	16.0~18.0	4.0~5.0	≤0.50	0.50~0.70	≤1.0	≤0.10	≤0.20	≤1.40	≤0.10	—	余量
YZAlMg5Si1	YL 302	≤0.35	≤0.25	≤0.35	7.60~8.60	≤1.1	≤0.15	—	≤0.15	≤0.10	≤0.15	余量

2. 压铸铝合金的特性（表9-11）

表9-11 压铸铝合金的特性（GB/T 15115—2009）

合金牌号	YZAlSi10Mg	YZAlSi12	YZAlSi10	YZAlSi9Cu4	YZAlSi11Cu3	YZAlSi17Cu5Mg	YZAlMg5Si1
合金代号	YL101	YL102	YL104	YL112	YL113	YL117	YL302
抗热裂性	1	1	1	2	1	4	5
致密性	2	1	2	2	2	4	5
充型能力	3	1	3	2	1	1	5
不粘型性	2	1	1	1	2	2	5
耐蚀性	2	2	1	4	3	3	1
加工性	3	4	3	3	2	5	1
抛光性	3	5	3	3	3	5	1
电镀性	2	3	2	1	1	3	5
阳极处理	3	5	3	3	3	5	1
氧化保护层	3	3	3	4	4	5	1
高温强度	1	3	1	3	2	3	4

注：1表示最佳，5表示最差。

9.1.6 重熔用铝锭（表9-12）

重熔用铝锭的化学成分见表9-12。

表 9 - 12 重熔用铝锭的化学成分（GB/T 1196—2008）

牌号	化学成分（质量分数,%）									
	Al≥	杂质≤								
		Si	Fe	Cu	Ga	Mg	Zn①	Mn	其他每种	总和
Al99.90②	99.90	0.05	0.07	0.005	0.020	0.01	0.025	—	0.010	0.10
Al99.85②	99.85	0.08	0.12	0.005	0.03	0.02	0.03	—	0.015	0.15
Al99.70②	99.70	0.10	0.20	0.01	0.03	0.02	0.03	—	0.03	0.30
Al99.60②	99.60	0.16	0.25	0.01	0.03	0.03	0.03	—	0.03	0.40
Al99.50②	99.50	0.22	0.30	0.02	0.03	0.05	0.05	—	0.03	0.50
Al99.00②	99.00	0.42	0.50	0.02	0.05	0.05	0.05	—	0.05	1.00
Al99.7E②③	99.70	0.07	0.20	0.01	—	0.02	0.04	0.005	0.03	0.30
Al99.6E①④	99.60	0.10	0.30	0.01	—	0.02	0.04	0.007	0.03	0.40

注：1. 铝含量为100%与表中所列有数值要求的杂质元素含量实测值及等于或大于0.010%的其他杂质总和的差值，求和前数值修约至与表中所列极限数位一致，求和后将数值修约至0.0*X*%再与100%求差。

2. 对于表中未规定的其他杂质元素含量，如需方有特殊要求时，可由供需双方另行协议。

3. 分析数值的判定采用修约比较法，数值修约规则按GB/T 8170的有关规定进行。修约数位与表中所列极限值数位一致。

①若铝锭中杂质锌含量不小于0.010%时，供方应将其作为常规分析元素，并纳入杂质总和；若铝锭中杂质锌含量小于0.010%时，供方可不做常规分析，但应监控其含量。

②Cd、Hg、Pb、As元素，供方可不做常规分析，但应监控其含量，要求 w（Cd + Hg + Pb）≤0.0095%；w（As）≤0.009%。

③w（B）≤0.04%；w（Cr）≤0.004%；w（Mn + Ti + Cr + V）≤0.020%。

④w（B）≤0.04%；w（Cr）≤0.005%；w（Mn + Ti + Cr + V）≤0.030%。

9.1.7 铸造铝合金锭

1. 铸造铝合金锭的组别与牌号系列（表9 - 13）

表 9 - 13 铸造铝合金锭的组别与牌号系列（GB/T 8733—2007）

组　别	牌号系列
以铜为主要合金元素的铸造铝合金锭	2××.×
以硅、铜和（或）镁为主要合金元素的铸造铝合金锭	3××.×
以硅为主要合金元素的铸造铝合金锭	4××.×
以镁为主要合金元素的铸造铝合金锭	5××.×
以锌为主要合金元素的铸造铝合金锭	7××.×
以钛为主要合金元素的铸造铝合金锭	8××.×
以其他元素为主要合金元素的铸造铝合金锭	9××.×
备用组	6××.×

2. 铸造铝合金锭的化学成分（表9－14）

表9－14 铸造铝合金锭的化学成分（GB/T 8733—2007）

序号	合金牌号	化学成分（质量分数,%）											其他杂质[①]			原合金代号
		Si	Fe	Cu	Mn	Mg	Ni	Zn	Sn	Ti	Zr	Pb	单个	合计	Al[②]	
1	201Z.1	0.30	0.20	4.5～5.3	0.6～1.0	0.05	0.10	0.20	—	0.15～0.35	0.20	—	0.05	0.15	余量	ZLD201
2	201Z.2	0.05	0.10	4.8～5.3	0.6～1.0	0.05	0.05	0.10	—	0.15～0.35	0.15	—	0.05	0.15	余量	ZLD201A
3	201Z.3	0.20	0.15	4.5～5.1	0.35～0.8	0.05	—	—	Cd：0.07～0.25	0.15～0.35	0.15	—	0.05	0.15	余量	ZLD210A
4	201Z.4	0.05	0.13	4.6～5.3	0.6～0.9	0.05	—	0.10	Cd：0.15～0.25	0.15～0.35	0.15	—	0.05	0.15	余量	ZLD204A
5	201Z.5	0.05	0.10	4.6～5.3	0.30～0.50	0.05	B：0.01～0.06	0.10	Cd：0.15～0.25	0.15～0.35	0.05～0.20	V：0.05～0.30	0.05	0.15	余量	ZLD205A
6	210Z.1	4.0～6.0	0.50	5.0～8.0	0.50	0.30～0.50	0.30	0.50	0.01	—	—	0.05	0.05	0.20	余量	ZLD110
7	295Z.1	1.2	0.6	4.0～5.0	0.10	0.03	—	0.20	0.01	0.20	0.10	0.05	0.05	0.15	余量	ZLD203
8	304Z.1	1.6～2.4	0.50	0.08	0.30～0.50	0.50～0.65	0.05	0.10	0.05	0.07～0.15	—	0.05	0.05	0.15	余量	—
9	312Z.1	11.0～13.0	0.40	1.0～2.0	0.03～0.9	0.50～1.0	0.30	0.20	0.01	0.20	—	0.05	0.05	0.20	余量	ZLD108

续表

序号	合金牌号	化学成分（质量分数,%）													原合金代号
		Si	Fe	Cu	Mn	Mg	Ni	Zn	Sn	Ti	Zr	Pb	其他杂质[1] 单个	其他杂质[1] 合计	Al[2]	
10	315Z.1	4.8 ~ 6.2	0.25	0.10	0.10	0.45 ~ 0.7	Sb: 0.10 ~ 0.25	1.2 ~ 1.8	0.01	—	—	0.05	0.05	0.20	余量	ZLD115
11	319Z.1	4.0 ~ 6.0	0.7	3.0 ~ 4.5	0.55	0.25	0.30	0.55	0.05	0.20	Cr: 0.15	0.15	0.05	0.20		—
12	319Z.2	5.0 ~ 7.0	0.8	2.0 ~ 4.0	0.50	0.50	0.35	1.0	0.10	0.20	Cr: 0.20	0.20	0.10	0.30		—
13	319Z.3	6.5 ~ 7.5	0.40	3.5 ~ 4.5	0.30	0.10	—	0.20	0.01	—	—	0.05	0.05	0.20		ZLD107
14	328Z.1	7.5 ~ 8.5	0.50	1.0 ~ 1.5	0.30 ~ 0.50	0.35 ~ 0.55	—	0.20	0.01	0.10 ~ 0.25	—	0.05	0.05	0.20		ZLD106
15	333Z.1	7.0 ~ 10.0	0.8	2.0 ~ 4.0	0.50	0.50	0.35	1.0	0.10	0.20	Cr: 0.20	0.20	0.10	0.30		—
16	336Z.1	11.0 ~ 13.0	0.40	0.50 ~ 1.5	0.20	0.9 ~ 1.5	0.8 ~ 1.5	0.20	0.01	0.20	—	0.05	0.05	0.20		ZLD109
17	336Z.2	11.0 ~ 13.0	0.7	0.8 ~ 1.3	0.15	0.8 ~ 1.3	0.8 ~ 1.5	0.15	0.05	0.20	Cr: 0.10	0.05	0.05	0.20		—
18	354Z.1	8.0 ~ 10.0	0.35	1.3 ~ 1.8	0.10 ~ 0.35	0.45 ~ 0.65	—	0.10	0.01	0.10 ~ 0.35	—	0.05	0.05	0.20		ZLD111
19	355Z.1	4.5 ~ 5.5	0.45	1.0 ~ 1.5	0.50	0.45 ~ 0.65	Be: 0.10	0.20	0.01	Ti + Zr: 0.15	—	0.05	0.05	0.15		ZLD105

续表

序号	合金牌号	化学成分（质量分数,%）														原合金代号
		Si	Fe	Cu	Mn	Mg	Ni	Zn	Sn	Ti	Zr	Pb	其他杂质①单个	其他杂质①合计	Al②	
20	355Z. 2	4. 5 ~ 5. 5	0. 15	1. 0 ~ 1. 5	0. 10	0. 50 ~ 0. 65	—	0. 10	0. 01	—	—	0. 05	0. 05	0. 15	余量	ZLD105A
21	356Z. 1	6. 5 ~ 7. 5	0. 45	0. 20	0. 35	0. 30 ~ 0. 50	Be：0. 10	0. 20	0. 01	Ti + Zr：0. 15	—	0. 05	0. 05	0. 15		ZLD101
22	356Z. 2	6. 5 ~ 7. 5	0. 12	0. 10	0. 05	0. 30 ~ 0. 50	0. 05	0. 05	0. 01	0. 08 ~ 0. 20	—	0. 05	0. 05	0. 15		ZLD101A
23	356Z. 3	6. 5 ~ 7. 5	0. 12	0. 05	0. 05	0. 30 ~ 0. 40	—	0. 05	—	0. 10 ~ 0. 20	—	—	0. 05	0. 15		—
24	356Z. 4	6. 8 ~ 7. 3	0. 10	0. 02	0. 02	0. 30 ~ 0. 40	Sr：0. 020 ~ 0. 035	0. 10	—	0. 10 ~ 0. 15	Ca：0. 003	—	0. 05	0. 15		—
25	356Z. 5	6. 5 ~ 7. 5	0. 15	0. 20	0. 05	0. 30 ~ 0. 45	—	0. 10	—	0. 10 ~ 0. 20	—	—	0. 05	0. 05		—
26	356Z. 6	6. 5 ~ 7. 5	0. 40	0. 20	0. 6	0. 25 ~ 0. 40	0. 05	0. 30	0. 05	0. 20	—	0. 05	0. 05	0. 15		—
27	356Z. 7	6. 5 ~ 7. 5	0. 15	0. 10	0. 10	0. 50 ~ 0. 65	—	—	—	0. 10 ~ 0. 20	—	—	0. 05	0. 15		ZLD114A
28	356Z. 8	6. 5 ~ 8. 5	0. 50	0. 30	0. 10	0. 40 ~ 0. 60	Be：0. 15 ~ 0. 40	0. 30	0. 01	0. 10 ~ 0. 30	Zr：0. 20 B：0. 10	0. 05	0. 05	0. 20		ZLD116

续表

序号	合金牌号	化学成分（质量分数,%）														原合金代号
		Si	Fe	Cu	Mn	Mg	Ni	Zn	Sn	Ti	Zr	Pb	其他杂质①单个	其他杂质①合计	Al②	
29	A356.2	6.5～7.5	0.12	0.10	0.05	0.30～0.45	—	0.05	—	0.20	—	—	0.05	0.15	余量	—
30	360Z.1	9.0～11.0	0.40	0.03	0.45	0.25～0.45	0.05	0.10	0.05	0.15	—	0.05	0.05	0.15		—
31	360Z.2	9.0～11.0	0.45	0.08	0.45	0.25～0.45	0.05	0.10	0.05	0.15	—	0.05	0.05	0.15		—
32	360Z.3	9.0～11.0	0.55	0.30	0.55	0.25～0.45	0.15	0.35	—	0.15	—	0.10	0.05	0.15		—
33	360Z.4	9.0～11.0	0.45～0.9	0.08	0.55	0.25～0.50	0.15	0.15	0.05	0.15	—	0.15	0.05	0.15		—
34	360Z.5	9.0～10.0	0.15	0.03	0.10	0.30～0.45	—	0.07	—	0.15	—	—	0.03	0.10		—
35	360Z.6	8.0～10.5	0.45	0.10	0.20～0.50	0.20～0.35	—	0.25	0.01	Ti + Zr: 0.15	—	0.05	0.05	0.20		ZLD104
36	360Z.6	8.0～10.5	0.8	0.30	0.20～0.50	0.20～0.35	—	0.10	0.01	Ti + Zr: 0.15	—	0.05	0.05	0.20		YLD104
37	A360.1	9.0～10.0	1.0	0.6	0.35	0.45～0.6	0.50	0.40	0.15	—	—	—	—	0.25		—
38	A380.1	7.5～9.5	1.0	3.0～4.0	0.50	0.10	0.50	2.9	0.35	—	—	—	—	0.50		—
39	A380.2	7.5～9.5	0.6	3.0～4.0	0.10	0.10	0.10	0.10	—	—	—	—	0.05	0.15		—

续表

序号	合金牌号	化学成分（质量分数,%）											其他杂质①		Al②	原合金代号
		Si	Fe	Cu	Mn	Mg	Ni	Zn	Sn	Ti	Zr	Pb	单个	合计		
40	380Y.1	7.5～9.5	0.9	2.5～4.0	0.6	0.30	0.50	1.0	0.20	0.20	—	0.30	0.05	0.20	余量	YLD112
41	380Y.2	7.5～9.5	0.9	2.0～4.0	0.50	0.30	0.50	1.0	0.20	—	—	—	—	0.20		—
42	383.1	9.5～11.5	0.6～1.0	2.0～3.0	0.50	0.10	0.30	2.9	0.15	—	—	—	—	0.50		—
43	383.2	9.5～11.5	0.6～1.0	2.0～3.0	0.10	0.10	0.10	0.10	0.10	—	—	—	—	0.20		—
44	383Y.1	9.6～12.0	0.9	1.5～3.5	0.50	0.30	0.50	3.0	0.20	—	—	—	—	0.20		—
45	383Y.2	9.6～12.0	0.9	2.0～3.5	0.50	0.30	0.50	0.8	0.20	—	—	—	0.05	0.30		YLD113
46	383Y.3	9.6～12.0	0.9	1.5～3.5	0.50	0.30	0.50	1.0	0.20	—	—	—	—	0.20		—
47	390Y.1	16.0～18.0	0.9	4.0～5.0	0.50	0.50～0.65	0.30	1.5	0.30	—	—	—	0.05	0.20		YLD117
48	398Z.1	19～22	0.50	1.0～2.0	0.30～0.50	0.50～0.8	RE：0.6～1.50	0.10	0.01	0.20	0.10	0.05	0.05	0.20		ZLD118
49	411Z.1	10.0～11.8	0.15	0.03	0.10	0.45	—	0.07	—	0.15	—	—	0.03	0.10		—
50	411Z.2	8.0～11.0	0.55	0.08	0.50	0.10	0.05	0.15	0.05	0.15	—	0.05	0.05	0.15		—

续表

序号	合金牌号	化学成分（质量分数,%）											其他杂质①			原合金代号
		Si	Fe	Cu	Mn	Mg	Ni	Zn	Sn	Ti	Zr	Pb	单个	合计	Al②	
51	413Z. 1	10. 0 ~ 13. 0	0. 6	0. 30	0. 50	0. 10	—	0. 10	—	0. 20	—	—	0. 05	0. 20	余量	ZLD102
52	413Z. 2	10. 5 ~ 13. 5	0. 55	0. 10	0. 55	0. 10	0. 10	0. 15	—	0. 15	—	0. 10	0. 05	0. 15		—
53	413Z. 3	10. 5 ~ 13. 5	0. 40	0. 03	0. 35	—	—	0. 10	—	0. 15	—	—	0. 05	0. 15		—
54	413Z. 4	10. 5 ~ 13. 5	0. 45 ~ 0. 9	0. 08	0. 55	—	—	0. 15	—	0. 15	—	—	0. 05	0. 25		—
55	413Y. 1	10. 0 ~ 13. 0	0. 9	0. 30	0. 40	0. 25	—	0. 10	—	—	0. 10	—	0. 05	0. 20		YLD102
56	413Y. 2	11. 0 ~ 13. 0	0. 9	1. 0	0. 30	0. 30	0. 50	0. 50	0. 10	—	—	—	0. 05	0. 30		—
57	A413. 1	11. 0 ~ 13. 0	1. 0	1. 0	0. 35	0. 10	0. 50	0. 40	0. 15	—	—	—	—	0. 25		—
58	A413. 2	11. 0 ~ 13. 0	0. 6	0. 10	0. 05	0. 05	0. 05	0. 05	0. 05	—	—	—	—	0. 10		—
59	443. 1	4. 5 ~ 6. 0	0. 6	0. 6	0. 50	0. 05	Cr: 0. 25	0. 50	—	0. 25	—	—	—	0. 35		—
60	443. 2	4. 5 ~ 6. 0	0. 6	0. 10	0. 10	0. 05	—	0. 10	—	0. 20	—	—	0. 05	0. 15		—
61	502Z. 1	0. 8 ~ 1. 3	0. 45	0. 10	0. 10 ~ 0. 40	4. 6 ~ 5. 6	—	0. 20	—	0. 20	—	—	0. 05	0. 15		ZLD303

续表

序号	合金牌号	化学成分（质量分数,%）														原合金代号
		Si	Fe	Cu	Mn	Mg	Ni	Zn	Sn	Ti	Zr	Pb	其他杂质① 单个	其他杂质① 合计	Al②	
62	502Y.1	0.8 ~ 1.3	0.9	0.10	0.10 ~ 0.40	4.6 ~ 5.5	—	0.20	—	—	0.15	—	0.05	0.25	余量	YLD302
63	508Z.1	0.20	0.25	0.10	0.10	7.6 ~ 9.0	Be: 0.03 ~ 0.10	1.0 ~ 1.5	—	0.10 ~ 0.20	—	—	0.05	0.15		ZLD305
64	515Y.1	1.0	0.6	0.10	0.40 ~ 0.60	2.6 ~ 4.0	0.10	0.40	0.10	—	—	—	0.05	0.25		YLD306
65	520Z.1	0.30	0.25	0.10	0.15	9.8 ~ 11.0	0.05	0.15	0.01	0.15	0.20	0.05	0.05	0.15		ZLD301
66	701Z.1	6.0 ~ 8.0	0.6	0.6	0.50	0.15 ~ 0.35	—	9.2 ~ 13.0	—	—	—	—	0.05	0.20		ZLD401
67	712Z.1	0.30	0.40	0.25	0.10	0.55 ~ 0.70	Cr: 0.40 ~ 0.60	5.2 ~ 6.5	—	0.15 ~ 0.25	—	—	0.05	0.20		ZLD402
68	901Z.1	0.20	0.30	—	1.50 ~ 1.70	—	RE: 0.03	—	—	0.15	—	—	0.05	0.15		ZLD501
69	907Z.1	1.6 ~ 2.0	0.50	3.0 ~ 3.4	0.9 ~ 1.2	0.20 ~ 0.30	0.20 ~ 0.30	0.20	RE: 4.4 ~ 5.0	—	0.15 ~ 0.25	—	0.05	0.20		ZLD207

注：表中含量有上下限者为合金元素，含量为单个数值者为最高限，“—”表示未规定具体数值，铝为余量。

①指表中未列出或未规定具体数值的金属元素。

②指铝的质量分数为100%与质量分数等于或大于0.010%的所有元素含量总和的差值。

9.2 铝及铝合金加工产品的牌号和化学成分

GB/T 3190—2008 中，规定了两类铝及铝合金加工产品的牌号与化学成分，分别见表 9－15 和表 9－16。

表 9－15 第一类铝及铝合金加工产品的牌号及与化学成分（GB/T 3190—2008）

序号	牌号	化学成分（质量分数,%）											其他		Al
		Si	Fe	Cu	Mn	Mg	Cr	Ni	Zn		Ti	Zr	单个	合计	
1	1035	0.35	0.6	0.10	0.05	0.05	—	—	0.10	0.05V	0.03	—	0.03	—	99.35
2	1040	0.30	0.50	0.10	0.05	0.05	—	—	0.10	0.05V	0.03	—	0.03	—	99.40
3	1045	0.30	0.45	0.10	0.05	0.05	—	—	0.05	0.05V	0.03	—	0.03	—	99.45
4	1050	0.25	0.40	0.05	0.05	0.05	—	—	0.05	0.05V	0.03	—	0.03	—	99.50
5	1050A	0.25	0.40	0.05	0.05	0.05	—	—	0.07	—	0.05	—	0.03	—	99.50
6	1060	0.25	0.35	0.05	0.03	0.03	—	—	0.05	0.05V	0.03	—	0.03	—	99.60
7	1065	0.25	0.30	0.05	0.03	0.03	—	—	0.05	0.05V	0.03	—	0.03	—	99.65
8	1070	0.20	0.25	0.04	0.03	0.03	—	—	0.04	0.05V	0.03	—	0.03	—	99.70
9	1070A	0.20	0.25	0.03	0.03	0.03	—	—	0.07	—	0.03	—	0.03	—	99.70
10	1080	0.15	0.15	0.03	0.02	0.02	—	—	0.03	0.03Ga，0.05V	0.03	—	0.02	—	99.80
11	1080A	0.15	0.15	0.03	0.02	0.02	—	—	0.06	0.03Ga	0.02	—	0.02	—	99.80
12	1085	0.10	0.12	0.03	0.02	0.02	—	—	0.03	0.03Ga，0.05V	0.02	—	0.01	—	99.85

续表

序号	牌号	化学成分（质量分数,%）											其他		
		Si	Fe	Cu	Mn	Mg	Cr	Ni	Zn		Ti	Zr	单个	合计	Al
13	1100	0.95Si + Fe		0.05 ~ 0.20	0.05	—	—	—	0.10	—	—	—	0.05	0.15	99.00
14	1200	1.00Si + Fe		0.05	0.05	—	—	—	0.10	—	0.05	—	0.05	0.15	99.00
15	1200A	1.00Si + Fe		0.10	0.30	0.30	0.10	—	0.10	—	—	—	0.05	0.15	99.00
16	1120	0.10	0.40	0.05 ~ 0.35	0.01	0.20	0.01	—	0.05	0.03Ga，0.05B 0.02V + Ti	—	—	0.03	0.10	99.20
17	1230	0.70Si + Fe		0.10	0.05	0.05	—	—	0.10	0.05V	0.03	—	0.03	—	99.30
18	1235	0.65Si + Fe		0.05	0.05	0.05	—	—	0.10	0.05V	0.06	—	0.03	—	99.35
19	1435	0.15	0.30 ~ 0.50	0.02	0.05	0.05	—	—	0.10	0.05V	0.03	—	0.03	—	99.35
20	1145	0.55Si + Fe		0.05	0.05	0.05	—	—	0.05	0.05V	0.03	—	0.03	—	99.45
21	1345	0.30	0.40	0.10	0.05	0.05	—	—	0.05	0.05V	0.03	—	0.03	—	99.45
22	1350	0.10	0.40	0.05	0.01	—	0.01	—	0.05	0.03Ga，0.05B，0.02V + Ti	—	—	0.03	0.10	99.50
23	1450	0.25	0.40	0.05	0.05	0.05	—	—	0.07	—	0.10 ~ 0.20	—	0.03	—	99.50
24	1260	0.40Si + Fe		0.04	0.01	0.03	—	—	0.05	0.05V	0.03	—	0.03	—	99.60
25	1370	0.10	0.25	0.02	0.01	0.02	0.01	—	0.04	0.03Ga，0.02B，0.02V + Ti	—	—	0.02	0.10	99.70
26	1275	0.08	0.12	0.05 ~ 0.10	0.02	0.02	—	—	0.03	0.03Ga，0.03V	0.02	—	0.01	—	99.75
27	1185	0.15Si + Fe		0.01	0.02	0.02	—	—	0.03	0.03Ga，0.05V	0.02	—	0.01	—	99.85
28	1285	0.08	0.08	0.02	0.01	0.01	—	—	0.03	0.03Ga，0.05V	0.02	—	0.01	—	99.85

续表

序号	牌号	化学成分（质量分数,%）										其他		Al
		Si	Fe	Cu	Mn	Mg	Cr	Ni	Zn		Ti	Zr	单个	合计	
29	1385	0.05	0.12	0.02	0.01	0.02	0.01	—	0.03	0.03Ga, 0.03V + Ti	—	—	0.01	—	99.85
30	2004	0.20	0.20	5.5 ~ 6.5	0.10	0.50	—	—	0.10	—	0.05	0.30 ~ 0.50	0.05	0.15	余量
31	2011	0.40	0.70	5.0 ~ 6.0	—	—	—	—	0.30	—	—	—	0.05	0.15	余量
32	2014	0.50 ~ 1.20	0.70	3.9 ~ 5.0	0.40 ~ 1.20	0.20 ~ 0.80	0.10	—	0.25	—	0.15	—	0.05	0.15	余量
33	2014A	0.50 ~ 0.90	0.50	3.9 ~ 5.0	0.40 ~ 1.20	0.20 ~ 0.80	0.10	0.10	0.25	—	0.15	0.20Zr + Ti	0.05	0.15	余量
34	2214	0.50 ~ 1.20	0.30	3.9 ~ 5.0	0.40 ~ 1.20	0.20 ~ 0.80	0.10	—	0.25	—	0.15	—	0.05	0.15	余量
35	2017	0.20 ~ 0.80	0.70	3.5 ~ 4.5	0.40 ~ 1.00	0.40 ~ 0.80	0.10	—	0.25	—	0.15	—	0.05	0.15	余量
36	2017A	0.20 ~ 0.80	0.70	3.5 ~ 4.5	0.40 ~ 1.00	0.40 ~ 1.00	0.10	—	0.25	—	—	0.25Zr + Ti	0.05	0.15	余量
37	2117	0.80	0.70	2.2 ~ 3.0	0.20	0.20 ~ 0.50	0.10	—	0.25	—	—	—	0.05	0.15	余量
38	2218	0.90	1.0	3.5 ~ 4.5	0.20	1.2 ~ 1.8	0.10	1.7 ~ 2.3	0.25	—	—	—	0.05	0.15	余量
39	2618	0.10 ~ 0.25	0.9 ~ 1.3	1.9 ~ 2.7	—	1.3 ~ 1.8	—	0.9 ~ 1.2	0.10	—	0.04 ~ 0.10	—	0.05	0.15	余量
40	2618A	0.15 ~ 0.25	0.9 ~ 1.4	1.8 ~ 2.7	0.25	1.2 ~ 1.8	—	0.8 ~ 1.4	0.15	—	0.20	0.25Zr + Ti	0.05	0.15	余量
41	2219	0.20	0.30	5.8 ~ 6.8	0.20 ~ 0.40	0.02	—	—	0.10	0.05 ~ 0.15V	0.02 ~ 0.10	0.10 ~ 0.25	0.05	0.15	余量
42	2519	0.25	0.30	5.3 ~ 6.4	0.10 ~ 0.50	0.05 ~ 0.40	—	—	0.10	0.05 ~ 0.15V	0.02 ~ 0.10	0.10 ~ 0.25	0.05	0.15	余量

续表

序号	牌号	化学成分（质量分数,%）													
		Si	Fe	Cu	Mn	Mg	Cr	Ni	Zn		Ti	Zr	其他		Al
													单个	合计	
43	2024	0.50	0.50	3.8~4.9	0.30~0.9	1.2~1.8	0.10	—	0.25	—	0.15	—	0.05	0.15	余量
44	2024A	0.15	0.20	3.7~4.5	0.15~0.8	1.2~1.5	0.10	—	0.25	—	0.15	—	0.05	0.15	余量
45	2124	0.20	0.30	3.8~4.9	0.30~0.9	1.2~1.8	0.10	—	0.25	—	0.15	—	0.05	0.15	余量
46	2324	0.10	0.12	3.8~4.4	0.30~0.9	1.2~1.8	0.10	—	0.25	—	0.15	—	0.05	0.15	余量
47	2524	0.06	0.12	4.0~4.5	0.45~0.7	1.2~1.6	0.05	—	0.15	—	0.10	—	0.05	0.15	余量
48	3002	0.08	0.10	0.15	0.05~0.25	0.05~0.20	—	—	0.05	0.05V	0.03	—	0.03	0.10	余量
49	3102	0.40	0.7	0.10	0.05~0.40	—	—	—	0.30	—	0.10	—	0.05	0.15	余量
50	3003	0.6	0.7	0.05~0.20	1.0~1.5	—	—	—	0.10	—	—	—	0.05	0.15	余量
51	3103	0.50	0.7	0.10	0.9~1.5	0.30	0.10	—	0.20	—	—	0.10Zr+Ti	0.05	0.15	余量
52	3103A	0.50	0.7	0.10	0.7~1.4	0.30	0.10	—	0.20	—	0.10	0.10Zr+Ti	0.05	0.15	余量
53	3203	0.6	0.7	0.05	1.0~1.5	—	—	—	0.10	—	—	—	0.05	0.15	余量
54	3004	0.30	0.7	0.25	1.0~1.5	0.8~1.3	—	—	0.25	—	—	—	0.05	0.15	余量
55	3004A	0.40	0.7	0.25	0.8~1.5	0.8~1.5	0.10	—	0.25	0.03Pb	0.05	—	0.05	0.15	余量

续表

序号	牌号	化学成分（质量分数,%）													
		Si	Fe	Cu	Mn	Mg	Cr	Ni	Zn		Ti	Zr	其他		Al
													单个	合计	
56	3104	0.6	0.8	0.05～0.25	0.8～1.4	0.8～1.3	—	—	0.25	0.05Ga，0.05V	0.10	—	0.05	0.15	余量
57	3204	0.30	0.7	0.10～0.25	0.8～1.5	0.8～1.5	—	—	0.25	—	—	—	0.05	0.15	余量
58	3005	0.6	0.7	0.30	1.0～1.5	0.20～0.60	0.10	—	0.25	—	0.10	—	0.05	0.15	余量
59	3105	0.6	0.7	0.30	0.30～0.80	0.20～0.80	0.20	—	0.40	—	0.10	—	0.05	0.15	余量
60	3105A	0.6	0.7	0.30	0.30～0.80	0.20～0.80	0.20	—	0.25	—	0.10	—	0.05	0.15	余量
61	3006	0.50	0.7	0.10～0.30	0.50～0.80	0.30～0.60	0.20	—	0.15～0.40	—	0.10	—	0.05	0.15	余量
62	3007	0.50	0.7	0.05～0.30	0.30～0.80	0.6	0.20	—	0.40	—	0.10	—	0.05	0.15	余量
63	3107	0.6	0.7	0.05～0.15	0.40～0.90	—	—	—	0.20	—	0.10	—	0.05	0.15	余最
64	3207	0.30	0.45	0.10	0.40～0.80	0.10	—	—	0.10	—	—	—	0.05	0.10	余量
65	3207A	0.35	0.6	0.25	0.30～0.80	0.40	0.20	—	0.25	—	—	—	0.05	0.15	余量
66	3307	0.6	0.8	0.30	0.50～0.90	0.30	0.20	—	0.40	—	0.10	—	0.05	0.15	余量
67	4004	9.0～10.5	0.8	0.25	0.10	1.0～2.0	—	—	0.20	—	—	—	0.05	0.15	余量
68	4032	11.0～13.5	1.0	0.50～1.3	—	0.8～1.3	0.10	0.50～1.3	0.25	—	—	—	0.05	0.15	余量

续表

序号	牌号	化学成分（质量分数,%）													
		Si	Fe	Cu	Mn	Mg	Cr	Ni	Zn		Ti	Zr	其他		Al
													单个	合计	
69	4043	4.5 ~ 6.0	0.8	0.30	0.05	0.05	—	—	0.10	—	0.20	—	0.05	0.15	余量
70	4043A	4.5 ~ 6.0	0.6	0.30	0.15	0.20	—	—	0.10	—	0.15	—	0.05	0.15	余量
71	4343	6.8 ~ 8.2	0.8	0.25	0.10	—	—	—	0.20	—	—	—	0.05	0.15	余量
72	4045	9.0 ~ 11.0	0.8	0.30	0.05	0.05	—	—	0.10	—	0.20	—	0.05	0.15	余量
73	4047	11.0 ~ 13.0	0.8	0.30	0.15	0.10	—	—	0.20	—	—	—	0.05	0.15	余量
74	4047A	11.0 ~ 13.0	0.6	0.30	0.15	0.10	—	—	0.20	—	0.15	—	0.05	0.15	余量
75	5005	0.30	0.7	0.20	0.20	0.50 ~ 1.1	0.10	—	0.25	—	—	—	0.05	0.15	余量
76	5005A	0.30	0.45	0.05	0.15	0.7 ~ 1.1	0.10	—	0.20	—	—	—	0.05	0.15	余量
77	5205	0.15	0.7	0.03 ~ 0.10	0.10	0.6 ~ 1.0	0.10	—	0.05	—	—	—	0.05	0.15	余量
78	5006	0.40	0.8	0.10	0.40 ~ 0.8	0.8 ~ 1.3	0.10	—	0.25	—	0.10	—	0.05	0.15	余量
79	5010	0.40	0.7	0.25	0.10 ~ 0.80	0.20 ~ 0.6	0.15	—	0.30	—	0.10	—	0.05	0.15	余量
80	5019	0.40	0.50	0.10	0.10 ~ 0.6	4.5 ~ 5.6	0.20	—	0.20	0.10 ~ 0.6Mn + Cr	0.20	—	0.05	0.15	余量
81	5049	0.40	0.50	0.10	0.50 ~ 1.1	1.6 ~ 2.5	0.30	—	0.20	—	0.10	—	0.05	0.15	余量

续表

序号	牌号	化学成分（质量分数,%）													
		Si	Fe	Cu	Mn	Mg	Cr	Ni	Zn		Ti	Zr	其他		Al
													单个	合计	
82	5050	0.40	0.7	0.20	0.10	1.1 ~ 1.8	0.10	—	0.25	—	—	—	0.05	0.15	余量
83	5050A	0.40	0.7	0.20	0.30	1.1 ~ 1.8	0.10	—	0.25	—	—	—	0.05	0.15	余量
84	5150	0.08	0.10	0.10	0.03	1.3 ~ 1.7	—	—	0.10	—	0.06	—	0.03	0.10	余量
85	5250	0.08	0.10	0.10	0.04 ~ 0.15	1.3 ~ 1.8	—	—	0.05	0.03Ga, 0.05V	—	—	0.03	0.10	余量
86	5051	0.40	0.7	0.25	0.20	1.7 ~ 2.2	0.10	—	0.25	—	0.10	—	0.05	0.15	余量
87	5251	0.40	0.50	0.15	0.10 ~ 0.50	1.7 ~ 2.4	0.15	—	0.15	—	0.15	—	0.05	0.15	余量
88	5052	0.25	0.40	0.10	0.10	2.2 ~ 2.8	0.15 ~ 0.35	—	0.10	—	—	—	0.05	0.15	余量
89	5154	0.25	0.40	0.10	0.10	3.1 ~ 3.9	0.15 ~ 0.35	—	0.20	—	0.20	—	0.05	0.15	余量
90	5154A	0.50	0.50	0.10	0.50	3.1 ~ 3.9	0.25	—	0.20	0.10 ~ 0.50 Mn + Cr	0.20	—	0.05	0.15	余量
91	5454	0.25	0.40	0.10	0.50 ~ 1.0	2.4 ~ 3.0	0.05 ~ 0.20	—	0.25	—	0.20	—	0.05	0.15	余量
92	5554	0.25	0.40	0.10	0.50 ~ 1.0	2.4 ~ 3.0	0.05 ~ 0.20	—	0.25	—	0.05 ~ 0.20	—	0.05	0.15	余量
93	5754	0.40	0.40	0.10	0.50	2.6 ~ 3.6	0.30	—	0.20	0.10 ~ 0.6 Mn + Cr	0.15	—	0.05	0.15	余量
94	5056	0.30	0.40	0.10	0.05 ~ 0.20	4.5 ~ 5.6	0.05 ~ 0.20	—	0.10	—	—	—	0.05	0.15	余量

续表

序号	牌号	化学成分（质量分数,%）													
		Si	Fe	Cu	Mn	Mg	Cr	Ni	Zn		Ti	Zr	其他		Al
													单个	合计	
95	5356	0.25	0.40	0.10	0.05 ~ 0.20	4.5 ~ 5.5	0.05 ~ 0.20	—	0.10	—	0.06 ~ 0.20	—	0.05	0.15	余量
96	5456	0.25	0.40	0.10	0.50 ~ 1.0	4.7 ~ 5.5	0.05 ~ 0.20	—	0.25	—	0.20		0.05	0.15	余量
97	5059	0.45	0.50	0.25	0.6 ~ 1.2	5.0 ~ 6.0	0.25	—	0.40 ~ 0.9	—	0.20	0.05 ~ 0.25	0.05	0.15	余量
98	5082	0.20	0.35	0.15	0.15	4.0 ~ 5.0	0.15	—	0.25	—	0.10	—	0.05	0.15	余量
99	5182	0.20	0.35	0.15	0.20 ~ 0.50	4.0 ~ 5.0	0.10	—	0.25	—	0.10	—	0.05	0.15	余量
100	5083	0.40	0.40	0.10	0.40 ~ 1.0	4.0 ~ 4.9	0.05 ~ 0.25	—	0.25	—	0.15	—	0.05	0.15	余量
101	5183	0.40	0.40	0.10	0.50 ~ 1.0	4.3 ~ 5.2	0.05 ~ 0.25	—	0.25	—	0.15	—	0.05	0.15	余量
102	5383	0.25	0.25	0.20	0.7 ~ 1.0	4.0 ~ 5.2	0.25	—	0.40	—	0.15	0.20	0.05	0.15	余量
103	5086	0.40	0.50	0.10	0.20 ~ 0.7	3.5 ~ 4.5	0.05 ~ 0.25	—	0.25	—	0.15	—	0.05	0.15	余量
104	6101	0.30 ~ 0.7	0.50	0.10	0.03	0.35 ~ 0.8	0.03	—	0.10	0.06B	—	—	0.03	0.10	余量
105	6101A	0.30 ~ 0.7	0.40	0.05	—	0.40 ~ 0.9	—	—	—	—	—	—	0.03	0.10	余量
106	6101B	0.30 ~ 0.6	0.10 ~ 0.30	0.05	0.05	0.35 ~ 0.6	—	—	0.10	—	—	—	0.03	0.10	余量
107	6201	0.50 ~ 0.9	0.50	0.10	0.03	0.6 ~ 0.9	0.03	—	0.10	0.06B	—	—	0.03	0.10	余量

续表

序号	牌号	化学成分（质量分数,%）													
		Si	Fe	Cu	Mn	Mg	Cr	Ni	Zn		Ti	Zr	其他		Al
													单个	合计	
108	6005	0.6～0.9	0.35	0.10	0.10	0.40～0.6	0.10	—	0.10	—	0.10	—	0.05	0.15	余量
109	6005A	0.50～0.9	0.35	0.30	0.50	0.40～0.7	0.30	—	0.20	0.12～0.50 Mn + Cr	0.10	—	0.05	0.15	余量
110	6105	0.6～1.0	0.35	0.10	0.15	0.45～0.8	0.10	—	0.10	—	0.10	—	0.05	0.15	余量
111	6106	0.30～0.6	0.35	0.25	0.05～0.20	0.40～0.8	0.20	—	—	—	—	—	0.05	0.10	余量
112	6009	0.6～1.0	0.50	0.15～0.6	0.20～0.8	0.40～0.8	0.10	—	0.25	—	0.10	—	0.05	0.15	余量
113	6010	0.8～1.2	0.50	0.15～0.6	0.20～0.8	0.6～1.0	0.10	—	0.25	—	0.10	—	0.05	0.15	余量
114	6111	0.6～1.1	0.40	0.50～0.9	0.10～0.45	0.50～1.0	0.10	—	0.15	—	0.10	—	0.05	0.15	余量
115	6016	1.0～1.5	0.50	0.20	0.20	0.25～0.6	0.10	—	0.20	—	0.15	—	0.05	0.15	余量
116	6043	0.40～0.9	0.50	0.30～0.9	0.35	0.6～1.2	0.15	—	0.20	0.40～0.7Bi 0.20～0.40Sn	0.15	—	0.05	0.15	余量
117	6351	0.7～1.3	0.50	0.10	0.40～0.8	0.40～0.8	—	—	0.20	—	0.20	—	0.05	0.15	余量
118	6060	0.30～0.6	0.10～0.30	0.10	0.10	0.35～0.6	0.05	—	0.15	—	0.10	—	0.05	0.15	余量
119	6061	0.40～0.8	0.7	0.15～0.40	0.15	0.8～1.2	0.04～0.35	—	0.25	—	0.15	—	0.05	0.15	余量
120	6061A	0.40～0.8	0.7	0.15～0.40	0.15	0.8～1.2	0.04～0.35	—	0.25	—	0.15	—	0.05	0.15	余量

续表

序号	牌号	化学成分（质量分数,%）												
		Si	Fe	Cu	Mn	Mg	Cr	Ni	Zn		Ti	Zr	其他		Al
													单个	合计	
121	6262	0.40 ~ 0.8	0.7	0.15 ~ 0.40	0.15	0.8 ~ 1.2	0.04 ~ 0.14	—	0.25	—	0.15	—	0.05	0.15	余量
122	6063	0.20 ~ 0.6	0.35	0.10	0.10	0.45 ~ 0.9	0.10	—	0.10	—	0.10	—	0.05	0.15	余量
123	6063A	0.30 ~ 0.6	0.15 ~ 0.35	0.10	0.15	0.6 ~ 0.9	0.05	—	0.15	—	0.10	—	0.05	0.15	余量
124	6463	0.20 ~ 0.6	0.15	0.20	0.05	0.45 ~ 0.9	—	—	0.05	—	—	—	0.05	0.15	余量
125	6463A	0.20 ~ 0.6	0.15	0.25	0.05	0.30 ~ 0.9	—	—	0.05	—	—	—	0.05	0.15	余量
126	6070	1.0 ~ 1.7	0.50	0.15 ~ 0.40	0.40 ~ 1.0	0.50 ~ 1.2	0.10	—	0.25	—	0.15	—	0.05	0.15	余量
127	6181	0.8 ~ 1.2	0.45	0.10	0.15	0.6 ~ 1.0	0.10	—	0.20	—	0.10	—	0.05	0.15	余量
128	6181A	0.7 ~ 1.1	0.15 ~ 0.50	0.25	0.40	0.6 ~ 1.0	0.15	—	0.30	0.10V	0.25	—	0.05	0.15	余量
129	6082	0.7 ~ 1.3	0.50	0.10	0.40 ~ 1.0	0.6 ~ 1.2	0.25	—	0.20	—	0.10	—	0.05	0.15	余量
130	6082A	0.7 ~ 1.3	0.50	0.10	0.40 ~ 1.0	0.6 ~ 1.2	0.25	—	0.20	—	0.10	—	0.05	0.15	余量
131	7001	0.35	0.40	1.6 ~ 2.6	0.20	2.6 ~ 3.4	0.18 ~ 0.35	—	6.8 ~ 8.0	—	0.20	—	0.05	0.15	余量
132	7003	0.30	0.35	0.20	0.30	0.50 ~ 1.0	0.20	—	5.0 ~ 6.5	—	0.20	0.05 ~ 0.25	0.05	0.15	余量
133	7004	0.25	0.35	0.05	0.20 ~ 0.7	1.0 ~ 2.0	0.05	—	3.8 ~ 4.6	—	0.05	0.10 ~ 0.20	0.05	0.15	余量

续表

序号	牌号	化学成分（质量分数,%）											其他		Al
		Si	Fe	Cu	Mn	Mg	Cr	Ni	Zn		Ti	Zr	单个	合计	
134	7005	0.35	0.40	0.10	0.20~0.7	1.0~1.8	0.06~0.20	—	4.0~5.0	—	0.01~0.06	0.08~0.20	0.05	0.15	余量
135	7020	0.35	0.40	0.20	0.05~0.50	1.0~1.4	0.10~0.35	—	4.0~5.0	—	—	—	0.05	0.15	余量
136	7021	0.25	0.40	0.25	0.10	1.2~1.8	0.05	—	5.0~6.0	—	0.10	0.08~0.18	0.05	0.15	余量
137	7022	0.50	0.50	0.50~1.0	0.10~0.40	2.6~3.7	0.10~0.30	—	4.3~5.2	—	—	0.20Ti+Zr	0.05	0.15	余量
138	7039	0.30	0.40	0.10	0.10~0.40	2.3~3.3	0.15~0.25	—	3.5~4.5	—	0.10	—	0.05	0.15	余量
139	7049	0.25	0.35	1.2~1.9	0.20	2.0~2.9	0.10~0.22	—	7.2~8.2	—	0.10	—	0.05	0.15	余量
140	7049A	0.40	0.50	1.2~1.9	0.50	2.1~3.1	0.05~0.25	—	7.2~8.4	—	—	0.25Zr+Ti	0.05	0.15	余量
141	7050	0.12	0.15	2.0~2.6	0.10	1.9~2.6	0.04	—	5.7~6.7	—	0.06	0.08~0.15	0.05	0.15	余量
142	7150	0.12	0.15	1.9~2.5	0.10	2.0~2.7	0.04	—	5.9~6.9	—	0.06	0.08~0.15	0.05	0.15	余量
143	7055	0.10	0.15	2.0~2.6	0.06	1.8~2.3	0.04	—	7.6~8.4	—	0.06	0.08~0.25	0.05	0.15	余量
144	7072	0.7Si+Fe		0.10	0.10	0.10	—	—	0.8~1.3	—	—	—	0.05	0.15	余量
145	7075	0.40	0.50	1.2~2.0	0.30	2.1~2.9	0.18~0.28	—	5.1~6.1	—	0.20	—	0.06	0.15	余量
146	7175	0.15	0.20	1.2~2.0	0.10	2.1~2.9	0.18~0.28	—	5.1~6.1	—	0.10	—	0.05	0.15	余量

续表

序号	牌号	化学成分（质量分数,%）										其他		Al
		Si	Fe	Cu	Mn	Mg	Cr	Ni	Zn		Ti	Zr	单个	合计	
147	7475	0.10	0.12	1.2 ~ 1.9	0.06	1.9 ~ 2.6	0.18 ~ 0.25	—	5.2 ~ 6.2	—	0.06	—	0.05	0.15	余量
148	7085	0.06	0.08	1.3 ~ 2.0	0.04	1.2 ~ 1.8	0.04	—	7.0 ~ 8.0	—	0.06	0.08 ~ 0.15	0.05	0.15	余量
149	8001	0.17	0.45 ~ 0.7	0.15	—	—	—	0.9 ~ 1.3	0.05	—	—	—	0.05	0.15	余量
150	8006	0.40	1.2 ~ 2.0	0.30	0.30 ~ 1.0	0.10	—	—	0.10	—	—	—	0.05	0.15	余量
151	8011	0.50 ~ 0.9	0.6 ~ 1.0	0.10	0.20	0.05	0.05	—	0.10	—	0.08	—	0.05	0.15	余量
152	8011A	0.40 ~ 0.8	0.50 ~ 1.0	0.10	0.10	0.10	0.10	—	0.10	—	0.05	—	0.05	0.15	余量
153	8014	0.30	1.2 ~ 1.6	0.20	0.20 ~ 0.6	0.10	—	—	0.10	—	0.10	—	0.05	0.15	余量
154	8021	0.15	1.2 ~ 1.7	0.05	—	—	—	—	—	—	—	—	0.05	0.15	余量
155	8021B	0.40	1.1 ~ 1.7	0.05	0.03	0.01	0.03	—	0.05	—	0.05	—	0.03	0.10	余量
156	8050	0.15 ~ 0.30	1.1 ~ 1.2	0.05	0.45 ~ 0.55	0.05	0.05	—	0.10	—	—	—	0.05	0.15	余量
157	8150	0.30	0.9 ~ 1.3	—	0.20 ~ 0.7	—	—	—	—	—	0.05	—	0.05	0.15	余量
158	8079	0.05 ~ 0.30	0.7 ~ 1.3	0.05	—	—	—	—	0.10	—	—	—	0.05	0.15	余量
159	8090	0.20	0.30	1.0 ~ 1.6	0.10	0.6 ~ 1.3	0.10	—	0.25	—	0.10	0.04 ~ 0.16	0.05	0.15	余量

表9－16　第二类铝及铝合金加工产品的牌号与化学成分（GB/T 3190—2008）

序号	牌号	化学成分（质量分数,%）														备注
		Si	Fe	Cu	Mn	Mg	Cr	Ni	Zn		Ti	Zr	其他		Al	
													单个	合计		
1	1A99	0.003	0.003	0.005	—	—	—	—	0.001	—	0.002	—	0.002	—	99.99	LG5
2	1B99	0.0013	0.0015	0.0030	—	—	—	—	0.001	—	0.001	—	0.001	—	99.993	—
3	1C99	0.0010	0.0010	0.0015	—	—	—	—	0.001	—	0.001	—	0.001	—	99.995	—
4	1A97	0.015	0.015	0.005	—	—	—	—	0.001	—	0.002	—	0.005	—	99.97	LG4
5	1B97	0.015	0.030	0.005	—	—	—	—	0.001	—	0.005	—	0.005	—	99.97	—
6	1A95	0.030	0.030	0.010	—	—	—	—	0.003	—	0.008	—	0.005	—	99.95	—
7	1B95	0.030	0.040	0.010	—	—	—	—	0.003	—	0.008	—	0.005	—	99.95	—
8	1A93	0.040	0.040	0.010	—	—	—	—	0.005	—	0.010	—	0.007	—	99.93	LG3
9	1B93	0.040	0.050	0.010	—	—	—	—	0.005	—	0.010	—	0.007	—	99.93	—
10	1A90	0.060	0.060	0.010	—	—	—	—	0.008	—	0.015	—	0.01	—	99.90	LG2
11	1B90	0.060	0.060	0.010	—	—	—	—	0.008	—	0.010	—	0.01	—	99.90	
12	1A85	0.08	0.10	0.01	—	—	—	—	0.01	—	0.01	—	0.01	—	99.85	LG1
13	1A80	0.15	0.15	0.03	0.02	0.02	—	—	0.03	0.03Ga，0.05V	0.03	—	0.02	—	99.80	
14	1A80A	0.15	0.15	0.03	0.02	0.02	—	—	0.06	0.03Ga	0.02	—	0.02	—	99.80	—
15	1A60	0.11	0.25	0.01	—	—	—	—	—	—	0.02V＋Ti＋Mn＋Cr	—	0.03	—	99.60	

续表

序号	牌号	化学成分（质量分数，%）														备注
		Si	Fe	Cu	Mn	Mg	Cr	Ni	Zn		Ti	Zr	其他 单个	其他 合计	Al	
16	1A50	0.30	0.30	0.01	0.05	0.05	—	—	0.03	0.45Fe + Si	—	—	0.03	—	99.50	LB2
17	1R50	0.11	0.25	0.01	—	—	—	—	—	0.03 ~ 0.30RE	0.02V + Ti + Mn + Cr	—	0.03	—	99.50	—
18	1R35	0.25	0.35	0.05	0.03	0.03	—	—	0.05	0.10 ~ 0.25RE, 0.05V	0.03	—	0.03	—	99.35	—
19	1A30	0.10 ~ 0.20	0.15 ~ 0.30	0.05	0.01	0.01	—	0.01	0.02	—	0.02	—	0.03	—	99.30	L4 - 1
20	1B30	0.05 ~ 0.15	0.20 ~ 0.30	0.03	0.12 ~ 0.18	0.03	—	—	0.03	—	0.02 ~ 0.05	—	0.03	—	99.30	—
21	2A01	0.50	0.50	2.2 ~ 3.0	0.20	0.20 ~ 0.50	—	—	0.10	—	0.15	—	0.05	0.10	余量	LY1
22	2A02	0.30	0.30	2.6 ~ 3.2	0.45 ~ 0.7	2.0 ~ 2.4	—	—	0.10	—	0.15	—	0.05	0.10	余量	LY2
23	2A04	0.30	0.30	3.2 ~ 3.7	0.50 ~ 0.8	2.1 ~ 2.6	—	—	0.10	0.001 ~ 0.01Be	0.05 ~ 0.40	—	0.05	0.10	余量	LY4
24	2A06	0.50	0.50	3.8 ~ 4.3	0.50 ~ 1.0	1.7 ~ 2.3	—	—	0.10	0.001 ~ 0.005Be	0.03 ~ 0.15	—	0.05	0.10	余量	LY6
25	2B06	0.20	0.30	3.8 ~ 4.3	0.40 ~ 0.9	1.7 ~ 2.3	—	—	0.10	0.0002 ~ 0.005Be	0.10	—	0.05	0.10	余量	—
26	2A10	0.25	0.20	3.9 ~ 4.5	0.30 ~ 0.50	0.15 ~ 0.30	—	—	0.10	—	0.15	—	0.05	0.10	余量	LY10
27	2A11	0.7	0.7	3.8 ~ 4.8	0.40 ~ 0.8	0.40 ~ 0.8	—	0.10	0.30	0.7Fe + Ni	0.15	—	0.05	0.10	余量	LY11
28	2B11	0.50	0.50	3.8 ~ 4.5	0.40 ~ 0.8	0.40 ~ 0.8	—	—	0.10	—	0.15	—	0.05	0.10	余量	LY8

续表

序号	牌号	化学成分（质量分数,%）											其他			备注
		Si	Fe	Cu	Mn	Mg	Cr	Ni	Zn		Ti	Zr	单个	合计	Al	
29	2A12	0.50	0.50	3.8~4.9	0.30~0.9	1.2~1.8	—	0.10	0.30	0.50Fe+Ni	0.15	—	0.05	0.10	余量	LY12
30	2B12	0.50	0.50	3.8~4.5	0.30~0.7	1.2~1.6	—	—	0.10	—	0.15	—	0.05	0.10	余量	LY9
31	2D12	0.20	0.30	3.8~4.9	0.30~0.9	1.2~1.8	—	0.05	0.10	—	0.10	—	0.05	0.10	余量	—
32	2E12	0.06	0.12	4.0~4.6	0.40~0.7	1.2~1.8	—	—	0.15	0.0002~0.005Be	0.10	—	0.10	0.15	余量	—
33	2A13	0.7	0.6	4.0~5.0	—	0.30~0.50	—	—	0.6	—	0.15	—	0.05	0.10	余量	LY13
34	2A14	0.6~1.2	0.7	3.9~4.8	0.40~1.0	0.40~0.8	—	0.10	0.30	—	0.15	—	0.05	0.10	余量	LD10
35	2A16	0.30	0.30	6.0~7.0	0.40~0.8	0.05	—	—	0.10	—	0.10~0.20	0.20	0.05	0.10	余量	LY16
36	2B16	0.25	0.30	5.8~6.8	0.20~0.40	0.05	—	—	—	0.05~0.15V	0.08~0.20	0.10~0.25	0.05	0.10	余量	LY16-1
37	2A17	0.30	0.30	6.0~7.0	0.40~0.8	0.25~0.45	—	—	0.10	—	0.10~0.20	—	0.05	0.10	余量	LY17
38	2A20	0.20	0.30	5.8~6.8	—	0.02	—	—	0.10	0.05~0.15V 0.001~0.01B	0.07~0.16	0.10~0.25	0.05	0.15	余量	LY20
39	2A21	0.20	0.20~0.6	3.0~4.0	0.05	0.8~1.2	—	1.8~2.3	0.20	—	0.05	—	0.05	0.15	余量	—
40	2A23	0.05	0.06	1.8~2.8	0.20~0.6	0.6~1.2	—	—	0.15	0.30~0.9Li	0.15	0.06~0.16	0.10	0.15	余量	—
41	2A24	0.20	0.30	3.8~4.8	0.6~0.9	1.2~1.8	0.10	—	0.25	—	0.20Ti+Zr	0.08~0.12	0.05	0.15	余量	—

续表

序号	牌号	化学或分（质量分数,%）											其他		Al	备注
		Si	Fe	Cu	Mn	Mg	Cr	Ni	Zn		Ti	Zr	单个	合计		
42	2A25	0.06	0.06	3.6 ~ 4.2	0.50 ~ 0.7	1.0 ~ 1.5	—	0.06	—	—	—	—	0.05	0.10	余量	—
43	2B25	0.05	0.15	3.1 ~ 4.0	0.20 ~ 0.8	1.2 ~ 1.8	—	0.15	0.10	0.0003 ~ 0.0008Be	0.03 ~ 0.07	0.08 ~ 0.25	0.05	0.10	余量	—
44	2A39	0.05	0.06	3.4 ~ 5.0	0.30 ~ 0.8	0.30 ~ 0.8	—	—	0.30	0.30 ~ 0.6Ag	0.15	0.10 ~ 0.25	0.10	0.15	余量	—
45	2A40	0.25	0.35	4.5 ~ 5.2	0.40 ~ 0.6	0.50 ~ 1.0	0.10 ~ 0.20	—	—	—	0.04 ~ 0.12	0.10 ~ 0.25	0.05	0.15	余量	—
46	2A49	0.25	0.8 ~ 1.2	3.2 ~ 3.8	0.30 ~ 0.6	1.8 ~ 2.2	—	0.8 ~ 1.2	—	—	0.08 ~ 0.12	—	0.05	0.15	余量	—
47	2A50	0.7 ~ 1.2	0.7	1.8 ~ 2.6	0.40 ~ 0.8	0.40 ~ 0.8	—	0.10	0.30	0.7Fe + Ni	0.15	—	0.05	0.10	余量	LD5
48	2B50	0.7 ~ 1.2	0.7	1.8 ~ 2.6	0.40 ~ 0.8	0.40 ~ 0.8	0.01 ~ 0.20	0.10	0.30	0.7Fe + Ni	0.02 ~ 0.10	—	0.05	0.10	余量	LD6
49	2A70	0.35	0.9 ~ 1.5	1.9 ~ 2.5	0.20	1.4 ~ 1.8	—	0.9 ~ 1.5	0.30	—	0.02 ~ 0.10	—	0.05	0.10	余量	LD7
50	2B70	0.25	0.9 ~ 1.4	1.8 ~ 2.7	0.20	1.2 ~ 1.8	—	0.8 ~ 1.4	0.15	0.05Pb、0.05Sn	0.10	0.20Ti + Zr	0.05	0.15	余量	—
51	2D70	0.10 ~ 0.25	0.9 ~ 1.4	2.0 ~ 2.6	0.10	1.2 ~ 1.8	0.10	0.9 ~ 1.4	0.10	—	0.05 ~ 0.10	—	0.10	0.10	余量	—
52	2A80	0.50 ~ 1.2	1.0 ~ 1.6	1.9 ~ 2.5	0.20	1.4 ~ 1.8	—	0.9 ~ 1.5	0.30	—	0.15	—	0.05	0.10	余量	LD8
53	2A90	0.50 ~ 1.0	0.50 ~ 1.0	3.5 ~ 4.5	0.20	0.40 ~ 0.8	—	1.8 ~ 2.3	0.30	—	0.15	—	0.05	0.10	余量	LD9
54	2A97	0.15	0.15	2.0 ~ 3.2	0.20 ~ 0.6	0.25 ~ 0.50	—	—	0.17 ~ 1.0	0.001 ~ 0.10Be 0.8 ~ 2.3Li	0.001 ~ 0.10	0.08 ~ 0.20	0.05	0.15	余量	—

续表

序号	牌号	化学成分（质量分数，%）													Al	备注
		Si	Fe	Cu	Mn	Mg	Cr	Ni	Zn		Ti	Zr	其他 单个	其他 合计		
55	3A21	0.6	0.7	0.20	1.0～1.6	0.05	—	—	0.10	—	0.15	—	0.05	0.10	余量	LF21
56	4A01	4.5～6.0	0.6	0.20	—	—	—	—	0.10Zn+Sn	—	0.15	—	0.05	0.15	余量	LT1
57	4A11	11.5～13.5	1.0	0.50～1.3	0.20	0.8～1.3	0.10	0.50～1.3	0.25	—	0.15	—	0.05	0.15	余量	LD11
58	4A13	6.8～8.2	0.50	0.15Cu+Zn	0.50	0.05	—	—	—	0.10Ca	0.15	—	0.05	0.15	余量	LT13
59	4A17	11.0～12.5	0.50	0.15Cu+Zn	0.50	0.05	—	—	—	0.10Ca	0.15	—	0.05	0.15	余量	LT17
60	4A91	1.0～4.0	0.7	0.7	1.2	1.0	0.20	0.20	1.2	—	0.20	—	0.05	0.15	余量	—
61	5A01	0.4Si+Fe		0.10	0.30～0.7	6.0～7.0	0.10～0.20	—	0.25	—	0.15	0.10～0.20	0.05	0.15	余量	LF15
62	5A02	0.40	0.40	0.10	或Cr 0.15～0.40	2.0～2.8	—	—	—	0.6Si+Fe	0.15	—	0.05	0.15	余量	LF2
63	5B02	0.40	0.40	0.10	0.20～0.6	1.8～2.6	0.05	—	0.20	—	0.10	—	0.05	0.10	余量	—
64	5A03	0.50～0.8	0.50	0.10	0.30～0.6	3.2～3.8	—	—	0.20	—	0.15	—	0.05	0.10	余量	LF3
65	5A05	0.50	0.50	0.10	0.30～0.6	4.8～5.5	—	—	0.20	—	—	—	0.05	0.10	余量	LF5
66	5B05	0.40	0.40	0.20	0.20～0.6	4.7～5.7	—	—	—	0.6Si+Fe	0.15	—	0.05	0.10	余量	LF10
67	5A06	0.40	0.40	0.10	0.50～0.8	5.8～6.8	—	—	0.20	0.0001～0.005Be	0.02～0.10	—	0.05	0.10	余量	LF6

续表

序号	牌号	化学成分（质量分数,%）														备注
		Si	Fe	Cu	Mn	Mg	Cr	Ni	Zn		Ti	Zr	其他 单个	其他 合计	Al	
68	5B06	0.40	0.40	0.10	0.50~0.8	5.8~6.8	—	—	0.20	0.0001~0.005Be	0.10~0.30	—	0.05	0.10	余量	LF14
69	5A12	0.30	0.30	0.05	0.40~0.8	8.3~9.6	—	0.10	0.20	0.005Be 0.004~0.05Sb	0.05~0.15	—	0.05	0.10	余量	LF12
70	5A13	0.30	0.30	0.05	0.40~0.8	9.2~10.5	—	0.10	0.20	0.005Be 0.004~0.05Sb	0.05~0.15	—	0.05	0.10	余量	LF13
71	5A25	0.20	0.30	—	0.05~0.50	5.0~6.3	—	—	—	0.0002~0.002Be 0.10~0.40Sc	0.10	0.06~0.20	0.10	0.15	余量	—
72	5A30	0.40Si+Fe		0.10	0.50~1.0	4.7~5.5	—	—	0.25	0.05~0.20Cr	0.03~0.15	—	0.05	0.10	余量	LF16
73	5A33	0.35	0.35	0.10	0.10	6.0~7.5	—	—	0.50~1.5	0.0005~0.005Be	0.05~0.15	0.10~0.30	0.05	0.10	余量	LF33
74	5A41	0.40	0.40	0.10	0.30~0.6	6.0~7.0	—	—	0.20	—	0.02~0.10	—	0.05	0.10	余量	LT41
75	5A43	0.40	0.40	0.10	0.15~0.40	0.6~1.4	—	—	—	—	0.15	—	0.05	0.15	余量	LF43
76	5A56	0.15	0.20	0.10	0.30~0.40	5.5~6.5	0.10~0.20	—	0.50~1.0	—	0.10~0.18	—	0.05	0.15	余量	—
77	5A66	0.005	0.01	0.005	—	1.5~2.0	—	—	—	—	—	—	0.005	0.01	余量	LT66
78	5A70	0.15	0.25	0.05	0.30~0.7	5.5~6.3	—	—	0.05	0.15~0.30Sc 0.0005~0.005Be	0.02~0.05	0.05~0.15	0.05	0.15	余量	—
79	5B70	0.10	0.20	0.05	0.15~0.40	5.5~6.5	—	—	0.05	0.20~0.40Sc 0.0005~0.005Be	0.02~0.05	0.10~0.20	0.05	0.15	余量	—
80	5A71	0.20	0.30	0.05	0.30~0.7	5.8~6.8	0.10~0.20	—	0.05	0.20~0.35Sc 0.0005~0.005Be	0.05~0.15	0.05~0.15	0.05	0.15	余量	—

续表

序号	牌号	化学成分（质量分数,%）														备注
		Si	Fe	Cu	Mn	Mg	Cr	Ni	Zn		Ti	Zr	其他		Al	
													单个	合计		
81	5B71	0.20	0.30	0.10	0.30	5.8~6.8	0.30	—	0.30	0.30~0.50Sc 0.0005~0.005Be 0.003B	0.02~0.05	0.08~0.15	0.05	0.15	余量	—
82	5A90	0.15	0.20	0.05	—	4.5~6.0	—	—	—	0.005Na 1.9~2.3Li	0.10	0.08~0.15	0.05	0.15	余量	—
83	6A01	0.40~0.9	0.35	0.35	0.50	0.40~0.8	0.30	—	0.25	0.50Mn+Cr	—	—	0.05	0.10	余量	6N01
84	6A02	0.50~1.2	0.50	0.20~0.6	或 Cr0.15~0.35	0.45~0.9	—	—	0.20	—	0.15	—	0.05	0.10	余量	LD2
85	6B02	0.7~1.1	0.40	0.10~0.40	0.10~0.8	0.40~0.8	—	—	0.15	—	0.01~0.04	—	0.05	0.10	余量	LD2-1
86	6R05	0.40~0.9	0.30~0.50	0.15~0.25	0.10	0.20~0.6	0.10	—	—	0.10~0.20RE	0.10	—	0.05	0.15	余量	—
87	6A10	0.7~1.1	0.50	0.30~0.8	0.30~0.9	0.7~1.1	0.05~0.25	—	0.20	—	0.02~0.10	0.04~0.20	0.05	0.15	余量	—
88	6A51	0.50~0.7	0.50	0.15~0.35	—	0.45~0.6	—	—	0.25	0.15~0.35Sn	0.01~0.04	—	0.05	0.15	余量	—
89	6A60	0.7~1.1	0.30	0.6~0.8	0.50~0.7	0.7~1.0	—	—	0.20~0.40	0.30~0.50Ag	0.04~0.12	0.10~0.20	0.05	0.15	余量	—
90	7A01	0.30	0.30	0.01	—	—	—	—	0.9~1.3	0.45Si+Fe	—	—	0.03	—	余量	LB1
91	7A03	0.20	0.20	1.8~2.4	0.10	1.2~1.6	0.05	—	6.0~6.7	—	0.02~0.08	—	0.05	0.10	余量	LC3
92	7A04	0.50	0.50	1.4~2.0	0.20~0.6	1.8~2.8	0.10~0.25	—	5.0~7.0	—	0.10	—	0.05	0.10	余量	LC4

续表

序号	牌号	化学成分（质量分数,%）														备注
		Si	Fe	Cu	Mn	Mg	Cr	Ni	Zn		Ti	Zr	其他 单个	其他 合计	Al	
93	7B04	0.10	0.05~0.25	1.4~2.0	0.20~0.6	1.8~2.8	0.10~0.25	0.10	5.0~6.5	—	0.05	—	0.05	0.10	余量	—
94	7C04	0.30	0.30	1.4~2.0	0.30~0.50	2.0~2.6	0.10~0.25	—	5.5~6.5	—	—	—	0.05	0.10	余量	—
95	7D04	0.10	0.15	1.4~2.2	0.10	2.0~2.5	0.05	—	5.5~6.7	0.02~0.07Be	0.10	0.08~0.16	0.05	0.10	余量	—
96	7A05	0.25	0.25	0.20	0.15~0.40	1.1~1.7	0.05~0.15	—	4.4~5.0	—	0.02~0.06	0.10~0.25	0.05	0.15	余量	—
97	7B05	0.30	0.35	0.20	0.20~0.7	1.0~2.0	0.30		4.0~5.0	0.10V	0.20	0.25	0.05	0.10	余量	7N01
98	7A09	0.50	0.50	1.2~2.0	0.15	2.0~3.0	0.16~0.30	—	5.1~6.1	—	0.10	—	0.05	0.10	余量	LC9
99	7A10	0.30	0.30	0.50~1.0	0.20~0.35	3.0~4.0	0.10~0.20	—	3.2~4.2	—	0.10	—	0.05	0.10	余量	LC10
100	7A12	0.10	0.06~0.15	0.8~1.2	0.10	1.6~2.2	0.05	—	6.3~7.2	0.0001~0.02Be	0.03~0.06	0.10~0.18	0.05	0.10	余量	—
101	7A15	0.50	0.50	0.50~1.0	0.10~0.40	2.4~3.0	0.10~0.30	—	4.4~5.4	0.005~0.01Be	0.05~0.15	—	0.05	0.15	余量	LC15
102	7A19	0.30	0.40	0.08~0.30	0.30~0.50	1.3~1.9	0.10~0.20	—	4.5~5.3	0.0001~0.004Be	—	0.08~0.20	0.05	0.15	余量	LC19
103	7A31	0.30	0.6	0.10~0.40	0.20~0.40	2.5~3.3	0.10~0.20	—	3.6~4.5	0.0001~0.001Be	0.02~0.10	0.08~0.25	0.05	0.15	余量	—
104	7A33	0.25	0.30	0.25~0.55	0.05	2.2~2.7	0.10~0.20	—	4.6~5.4	—	0.05	—	0.05	0.10	余量	—
105	7B50	0.12	0.15	1.8~2.6	0.10	2.0~2.8	0.04	—	6.0~7.0	0.0002~0.002Be	0.10	0.08~0.16	0.10	0.15	余量	—

续表

序号	牌号	化学成分（质量分数,%）											其他			备注
		Si	Fe	Cu	Mn	Mg	Cr	Ni	Zn		Ti	Zr	单个	合计	Al	
106	7A52	0.25	0.30	0.05~0.20	0.20~0.50	2.0~2.8	0.15~0.25	—	4.0~4.8	—	0.05~0.18	0.05~0.15	0.05	0.15	余量	LC52
107	7A55	0.10	0.10	1.8~2.5	0.05	1.8~2.8	0.04	—	7.5~8.5	—	0.01~0.05	0.08~0.20	0.10	0.15	余量	—
108	7A68	0.15	0.35	2.0~2.6	0.15~0.40	1.6~2.5	0.10~0.20	—	6.5~7.2	0.005Be	0.05~0.20	0.05~0.20	0.05	0.15	余量	—
109	7B68	0.05	0.05	2.0~2.6	0.05	1.8~2.8	0.40	—	7.8~9.0	—	0.01~0.05	0.08~0.25	0.10	0.15	余量	—
110	7D68	0.12	0.25	2.0~2.6	0.10	2.3~3.0	0.05	—	8.0~9.0	0.0002~0.002Be	0.03	0.10~0.20	0.05	0.10	余量	7A60
111	7A85	0.05	0.08	1.2~2.0	0.10	1.2~2.0	0.05	—	7.0~8.2	—	0.05	0.08~0.16	0.05	0.15	余量	—
112	7A88	0.50	0.75	1.0~2.0	0.20~0.6	1.5~2.8	0.05~0.20	0.20	4.5~6.0	—	0.10	—	0.10	0.20	余量	—
113	8A01	0.05~0.30	0.18~0.40	0.15~0.35	0.08~0.35	—	—	—	—	—	0.01~0.03	—	0.05	0.15	余量	—
114	8A06	0.55	0.50	0.10	0.10	0.10	—	—	0.10	1.0Si+Fe	—	—	0.05	0.15	余量	L6

9.3 铝及铝合金管材

9.3.1 铝及铝合金管材的外形尺寸及其允许偏差

1. 铝及铝合金挤压圆形管的规格（表9－17）

表9－17 铝及铝合金挤压圆形管的规格（GB/T 4436—1995）

（单位：mm）

外径	壁厚
25	5.0
28	5.0，6.0
30、32	5.0，6.0，7.0，7.5，8.0
34、36、38	5.0，6.0，7.0，7.5，8.0，9.0，10.0
40、42	5.0，6.0.7.0，7.5，8.0，9.0，10.0，12.5
45、48、50、52、55、58	5.0，6.0，7.0，7.5，8.0，9.0，10.0，12.5，15.0
60、62	5.0，6.0，7.0，7.5，8.0，9.0，10.0，12.5，15.0，17.5
65、70	5.0，6.0，7.0，7.5，8.0，9.0，10.0，12.5，15.0，17.5，20.0
75、80	5.0，6.0，7.0，7.5，8.0，9.0，10.0，12.5，15.0，17.5，20.0，22.5
85、90	5.0，7.5，10.0，12.5，15.0，17.5，20.0，22.5，25.0
95	5.0，7.5，10.0，12.5，15.0，17.5，20.0，22.5，25.0，27.5
100	5.0，7.5，10.0，12.5，15.0，17.5，20.0，22.5，25.0，27.5，30.0
105、110、115	5.0，7.5，10.0，12.5，15.0，17.5，20.0，22.5，25.0，27.5，30.0
120、125、130	7.5，10.0，12.5，15.0，17.5，20.0，22.5，25.0，27.5，30.0，32.5
135、140、145	10.0，12.5，15.0，17.5，20.0，22.5，25.0，27.5，30.0，32.5
150、155	10.0，12.5，15.0，17.5，20.0，22.5，25.0，27.5，30.0，32.5，35.0
160、165、170、175、180、185、190、195、200	10.0，12.5，15.0，17.5，20.0，22.5，25.0，27.5，30.0，32.5，35.0，37.0，40.0

续表

外径	壁厚
205、210、215、220、225、230、235、240、245、250、260、270、280、290、300、310、320、330、340、350、360、370、380、390、400	15.0，17.5，20.0，22.5，25.0，27.5，30.0，32.5，35.0，37.5，40.0，42.5，45.0，47.0，50.0

2. 铝及铝合金冷拉方形管的规格（表9－18）

表9－18 铝及铝合金冷拉方形管的规格（GB/T 4436—1995）

（单位：mm）

公称边长	壁厚
10、12	1.0，1.5
14、16	1.0，1.5，2.0
18、20	1.0，1.5，2.0，2.5
22、25	1.5，2.0，2.5，3.0
28、32、36、40	1.5，2.0，2.5，3.0，4.5
42、45、50	1.5，2.0，2.5，3.0，4.5，5.0
55、60、65、70	2.5，3.0，4.5，5.0

3. 铝及铝合金冷拉矩形管的规格（表9－19）

表9－19 铝及铝合金冷拉矩形管的规格（GB/T 4436—1995）

（单位：mm）

公称边长	壁厚
14×10、16×12、18×10	1.0，1.5，2.0
18×14、20×12、22×14	1.0，1.5，2.0，2.5
25×15、28×16	1.0，1.5，2.0，2.5，3.0
28×22、32×18	1.0，1.5，2.0
32×25、36×20、36×28	1.0，1.5，2.0，2.5，3.0，4.5，5.0
40×25、40×30、45×30、50×30、55×40	1.5，2.0，2.5，3.0，4.5，5.0
60×40、70×50	2.5，3.0，4.5，5.0

4. 铝及铝合金冷拉椭圆形管的规格（表9－20）

表9－20　铝及铝合金冷拉椭圆形管的规格（GB/T 4436—1995）

（单位：mm）

长轴	短轴	壁厚	长轴	短轴	壁厚
27.0	11.5	1.0	67.5	28.5	2.0
33.5	14.5	1.0	74.0	31.5	1.5
40.5	17.0	1.0	74.0	31.5	2.0
40.5	17.0	1.5	81.0	34.0	2.0
47.0	20.0	1.0	81.0	34.0	2.5
47.0	20.0	1.5	87.5	37.0	2.0
54.0	23.0	1.5	87.5	40.0	2.5
54.0	23.0	2.0	94.5	40.0	2.5
60.5	25.5	1.5	101.0	43.0	2.5
60.5	25.5	2.0	108.0	45.5	2.5
67.5	28.5	1.5	114.5	48.5	2.5

9.3.2　铝及铝合金连续挤压管

1. 铝及铝合金连续挤压管的牌号及状态（表9－21）

表9－21　铝及铝合金连续挤压管的牌号及状态（GB/T 20250—2006）

牌号	状态
1050、1060、1070、1070A、1100	H112
3003	H112

2. 铝及铝合金连续挤压管的规格（表9－22）

表9－22　铝及铝合金连续挤压管的规格（GB/T 20250—2006）

（单位：mm）

公称外径	壁厚									
	0.45	0.50	0.75	0.90	1.00	1.25	1.50	1.75	2.00	3.00
4.00					—	—	—	—	—	—
5.00							—	—	—	—
6.00							—	—	—	—

续表

公称外径	壁厚									
	0.45	0.50	0.75	0.90	1.00	1.25	1.50	1.75	2.00	3.00
7.00	—							—	—	—
8.00	—									—
9.00	—									—
10.00	—	—								—
11.00	—	—								—
12.00	—	—								—
13.00	—	—	—	—						
14.00	—	—	—	—						
15.00	—	—	—	—						
16.00	—	—	—	—						
17.00	—	—	—	—						
18.00	—	—	—	—						
19.00	—	—	—	—						

注：“空白处”表示可供货范围。需要其他规格时，可供需双方协商。

3. 铝及铝合金连续挤压管的力学性能（表 9－23）

表 9－23 铝及铝合金连续挤压管的力学性能（GB/T 20250—2006）

牌 号	室温纵向拉伸试验结果		维氏硬度 HV
	抗拉强度 R_m/（N/mm^2）	断后伸长率 A_{50mm}/%	
	≥		
1070、1070A、1060、1050	60	27	20
1100	75	28	25
3003	95	25	30

9.3.3 铝及铝合金热挤压无缝圆管

1. 铝及铝合金热挤压无缝圆管的牌号和状态（表 9－24）

表9-24　铝及铝合金热挤压无缝圆管的牌号和状态（GB/T 4437.1—2000）

合金牌号	状态
1070A、1060、1100、1200、2A11、2017、2A12、2024、3003、3A21、5A02、5052、5A03、5A05、5A06、5083、5086、5454、6A02、6061、6063、7A09、7075、7A15、8A06	H112、F
1070A、1060、1050A、1035、1100、1200、2A11、2017、2A12、2024、5A06、5083、5454、5086、6A02	O
2A11、2017、2A12、6A02、6061、6063	T4
6A02、6061、6063、7A04、7A09、7075、7A15	T6

2. 铝及铝合金热挤压无缝圆管的室温纵向力学性能（表9-25）

表9-25　铝及铝合金热挤压无缝圆管的室温纵向力学性能（GB/T 4437.1—2000）

<table>
<tr><th rowspan="3">合金牌号</th><th rowspan="3">供应状态</th><th rowspan="3">试样状态</th><th rowspan="3">壁厚/mm</th><th rowspan="3">抗拉强度 R_m /(N/mm²)</th><th rowspan="3">规定非比例延伸强度 $R_{p0.2}$ /(N/mm²)</th><th colspan="2">断后伸长率</th></tr>
<tr><th>A_{50mm} /%</th><th>A/%</th></tr>
<tr><th colspan="2">≥</th></tr>
<tr><td rowspan="2">1070A、1060</td><td>O</td><td>O</td><td>所有</td><td>60~95</td><td>—</td><td>25</td><td>22</td></tr>
<tr><td>H112</td><td>H112</td><td>所有</td><td>≥60</td><td>—</td><td>25</td><td>22</td></tr>
<tr><td>1050A、1035</td><td>O</td><td>O</td><td>所有</td><td>60~100</td><td>—</td><td>25</td><td>23</td></tr>
<tr><td rowspan="2">1100、1200</td><td>O</td><td>O</td><td>所有</td><td>75~105</td><td>—</td><td>25</td><td>22</td></tr>
<tr><td>H112</td><td>H112</td><td>所有</td><td>≥75</td><td>—</td><td>25</td><td>22</td></tr>
<tr><td rowspan="2">2A11</td><td>O</td><td>O</td><td>所有</td><td>≤245</td><td>—</td><td>—</td><td>10</td></tr>
<tr><td>H112</td><td>H112</td><td>所有</td><td>≥350</td><td>≥195</td><td>—</td><td>10</td></tr>
<tr><td rowspan="2">2017</td><td>O</td><td>O</td><td>所有</td><td>≤245</td><td>≤125</td><td>—</td><td>16</td></tr>
<tr><td>H112、T4</td><td>T4</td><td>所有</td><td>≥345</td><td>≥215</td><td>—</td><td>12</td></tr>
<tr><td rowspan="2">2A12</td><td>O</td><td>O</td><td>所有</td><td>≤245</td><td>—</td><td>—</td><td>10</td></tr>
<tr><td>H112、T4</td><td>T4</td><td>所有</td><td>≥390</td><td>≥255</td><td>—</td><td>10</td></tr>
<tr><td rowspan="3">2017</td><td>O</td><td>O</td><td>所有</td><td>≤245</td><td>≤130</td><td>12</td><td>10</td></tr>
<tr><td rowspan="2">H112</td><td rowspan="2">T4</td><td>≤18</td><td>≥395</td><td>≥260</td><td>12</td><td>10</td></tr>
<tr><td>>18</td><td>≥395</td><td>≥260</td><td>—</td><td>9</td></tr>
<tr><td>3A21</td><td>H112</td><td>H112</td><td>所有</td><td>≤165</td><td>—</td><td>—</td><td>—</td></tr>
</table>

续表

合金牌号	供应状态	试样状态	壁厚/mm	抗拉强度 R_m/(N/mm²)	规定非比例延伸强度 $R_{p0.2}$/(N/mm²)	断后伸长率	
						A_{50mm}/%	A/%
						≥	
3003	O	O	所有	95~130	—	25	22
	H112	H112	所有	≥95	—	25	22
5A02	H112	H112	所有	≤225	—	—	—
5052	O	O	所有	170~240	≥70	—	—
5A03	H112	H112	所有	≥175	≥70	—	15
5A05	H112	H112	所有	≥225	≥110	—	15
5A06	O、H112	O、H112	所有	≥315	≥145	—	15
5083	O	O	所有	270~350	≥110	14	12
	H112	H112	所有	≥270	≥110	12	20
5454	O	O	所有	215~285	≥85	14	12
	H112	H112	所有	≥215	≥85	12	10
5086	O	O	所有	240~315	≥95	14	12
	H112	H112	所有	≥240	≥95	12	10
6A02	O	O	所有	≤145	—	—	17
	T4	T4	所有	≥205	—	—	14
	H112、T6	T6	所有	≥295	—	—	8
6061	T4	T4	所有	≥180	≥110	16	14
	T6	T6	≤6.3	≥260	≥240	8	—
			>6.3	≥260	≥240	10	9
6063	T4	T4	≤12.5	≥130	≥70	14	12
			>12.5~25	≥125	≥60	—	12
	T6	T6	所有	≥205	≥170	10	9
7A04、7A09	H112、T6	T6	所有	≥530	≥400	—	5
7075	H112、T6	T6	≤6.3	≥540	≥485	7	—
			>6.3~12.5	≥560	≥505	7	6
			>12.5	≥560	≥495	—	6

续表

合金牌号	供应状态	试样状态	壁厚/mm	抗拉强度 R_m /(N/mm²)	规定非比例延伸强度 $R_{p0.2}$ /(N/mm²)	断后伸长率 A_{50mm}/%	断后伸长率 A/%
						≥	
7A15	H112、T6	T6	所有	≥470	≥420	—	6
8A06	H112	H112	所有	≤120	—	—	20

9.3.4 铝及铝合金热挤压有缝管

1. 铝及铝合金热挤压有缝管材的牌号及状态（表9-26）

表9-26 铝及铝合金热挤压有缝管材的牌号及状态（GB/T 4437.2—2003）

牌号	状态
1070A、1060、1050A、1035、1100、1200	O、H112、F
2A11、2017、2A12、2024	O、H112、T4、F
3003	O、H112、F
5A02	H112、F
5052	O、F
5A03、5A05	H112、F
5A06、5083、5454、5086	O、H112、F
6A02	O、H112、T4、T6、F
6005A、6005	T5、F
6061	T4、T6、F
6063	T4、T5、T6、F
6063A	T5、T6、F

2. 铝及铝合金热挤压有缝管材的室温纵向力学性能（表9-27）

表9-27 铝及铝合金热挤压有缝管材的室温纵向力学性能（GB/T 4437.2—2003）

牌号	供应状态	试样状态	壁厚/mm	抗拉强度 R_m /(N/mm²)	规定非比例延伸强度 $R_{p0.2}$ /(N/mm²)	断后伸长率 A_{50mm}/%	断后伸长率 A/%
					≥		
1070A、1060	O	O	所有	60~95	—	25	22
	H112	H112	所有	60	—	25	22
1050A、1035	O	O	所有	60~100	—	25	23
	H112	H112	所有	60	—	25	23

续表

牌号	供应状态	试样状态	壁厚/mm	抗拉强度 R_m /(N/mm²)	规定非比例延伸强度 $R_{p0.2}$ /(N/mm²)	断后伸长率 A_{50mm} /%	断后伸长率 A/%
					≥		
1100、1200	O	O	所有	75~105	—	25	22
	H112	H112	所有	75	—	25	22
2A11	O	O	所有	≤245	—	—	10
	H112、T4	T4	所有	350	195	—	10
2017	O	O	所有	≤245	≤125	—	16
	H112、T4	T4	所有	345	215	—	12
2A12	O	O	所有	≤245	—	—	10
	H112、T4	T4	所有	390	255	—	10
2024	O	O	所有	≤245	≤130	12	10
	H112、T4	T4	≤18	395	260	12	10
			>18	395	260	—	9
3003	O	O	所有	95~130	—	25	22
	H112	H112	所有	95	—	25	22
5A02	H112	H112	所有	≤225	—	—	—
5052	O	O	所有	170~240	70	—	—
5A03	H112	H112	所有	175	70	—	15
5A05	H112	H112	所有	225	—	—	15
5A06	O、H112	O、H112	所有	315	145	—	15
5083	O	O	所有	270~350	110	14	12
	H112	H112	所有	270	110	12	10
5454	O	O	所有	215~285	85	14	12
	H112	H112	所有	215	85	12	10
5086	O	O	所有	240~315	95	14	12
	H112	H112	所有	240	95	12	10
6A02	O	O	所有	≤145	—	—	17
	T4	T4	所有	205	—	—	14

续表

牌号	供应状态	试样状态	壁厚/mm	抗拉强度 R_m/(N/mm^2)	规定非比例延伸强度 $R_{p0.2}$/(N/mm^2)	断后伸长率 A_{50mm}/%	断后伸长率 A/%
					≥		
6A02	H112、T6	T6	所有	295	—	—	8
6005A	T5	T5	≤6.30	260	215	7	—
			>6.30	260	215	9	8
6005	T5	T5	≤3.20	260	240	8	—
			>3.21~25.00	260	240	10	9
6061	T4	T4	所有	180	110	16	14
	T6	T6	≤6.30	265	245	8	—
			>6.30	265	245	10	9
6063	T4	T4	≤12.50	130	70	14	12
			>12.50~25.00	125	60	—	12
	T6	T6	所有	205	180	10	8
	T5	T5	所有	160	110	—	8
6063A	T5	T5	≤10.00	200	160	—	5
			>10.00	190	150	—	5
	T6	T6	≤10.00	230	190	—	5
			>10.00	220	180	—	4

9.4　铝及铝合金板、带、箔材

9.4.1 一般工业用铝及铝合金板

1. 一般工业用铝及铝合金板、带材的牌号系列与类别（表9－28）

表9－28　铝及铝合金的牌号系列与类别（GB/T 3880.1—2006）

牌号系列	铝或铝合金类别 A	铝或铝合金类别 B
1×××	所有	—

续表

牌号系列	铝或铝合金类别	
	A	B
2×××	—	所有
3×××	Mn 质量分数的最大规定值不大于1.8%，Mg 质量分数的最大规定值不大于1.8%，Mn 质量分数的最大规定值与 Mg 质量分数的最大规定值之和不大于2.3%	A 类外的其他合金
4×××	Si 质量分数的最大规定值不大于2%	A 类外的其他合金
5×××	Mg 质量分数的最大规定值不大于1.8%，Mn 质量分数的最大规定值不大于1.8%，Mg 质量分数的最大规定值与 Mn 质量分数的最大规定值之和不大于2.3%	A 类外的其他合金
6×××	—	所有
7×××	—	所有
8×××	不可热处理强化的合金	可热处理强化的合金

2. 铝及铝合金板、带材的尺寸偏差等级（表9－29）

表9－29　铝及铝合金板、带材的尺寸偏差等级（GB/T 3880.1—2006）

尺寸偏差	偏差等级	
	板材	带材
厚度偏差	冷轧板材：高精级、普通级 热轧板材：不分级	冷轧带材：高精级、普通级 热轧带材：不分级
宽度偏差	剪切板材：高精级、普通级 其他板材：不分级	高精级、普通级
长度偏差	不分级	不分级
不平度	高精级、普通级	不分级
侧边弯曲度	高精级、普通级	高精级、普通级
对角线	高精级、普通级	不分级

3. 一般工业用铝及铝合金板、带材的厚度（表9－30）

表9－30　一般工业用铝及铝合金板、带材的厚度（GB/T 3880.1—2006）

牌号	类别	状态	板材厚度/mm	带材厚度/mm
1A97、1A93、1A90、1A85	A	F	>4.5～150.00	—
		H112	>4.50～80.00	—

续表

牌号	类别	状态	板材厚度/mm	带材厚度/mm
1235	A	H12、H22	>0.20~4.50	>0.20~4.50
		H14、H24	>0.20~3.00	>0.20~3.00
		H16、H26	>0.20~4.00	>0.20~4.00
		H18	>0.20~3.00	>0.20~3.00
1070	A	F	>4.50~150.00	>2.50~8.00
		H112	>4.50~75.00	
		O	>0.20~50.00	>0.20~6.00
		H12、H22、H14、H24	>0.20~6.00	>0.20~6.00
		H16、H26	>0.20~4.00	>0.20~4.00
		H18	>0.20~3.00	>0.20~3.00
1060	A	F	>4.50~150.00	>2.50~8.00
		H112	>4.50~80.00	—
		O	>0.20~80.00	>0.20~6.00
		H12、H22	>0.50~6.00	>0.50~6.00
		H14、H24	>0.20~6.00	>0.20~6.00
		H16、H26	>0.20~4.00	>0.20~4.00
		H18	>0.20~3.00	>0.20~3.00
1050、1050A	A	F	>4.50~150.00	>2.50~8.00
		H112	>4.50~75.00	—
		O	>0.20~50.00	>0.20~6.00
		H12、H22、H14、H24	>0.20~6.00	>0.20~6.00
		H16、H26	>0.20~4.00	>0.20~4.00
		H18	>0.20~3.00	>0.20~3.00
1145	A	F	>4.50~150.00	>2.50~8.00
		H112	>4.50~25.00	—
		O	>0.20~10.00	>0.20~6.00
		H12、H22、H14、H24、H16、H26、H18	>0.20~4.50	>0.20~4.50

续表

牌号	类别	状态	板材厚度/mm	带材厚度/mm
1100	A	F	>4.50~150.00	>2.50~8.00
		H112	>6.00~80.00	—
		O	>0.20~80.00	>0.20~6.00
		H12. H22	>0.20~6.00	>0.20~6.00
		H14、H24、H16、H26	>0.20~4.00	>0.20~4.00
		H18	>0.20~3.00	>0.20~3.00
1200	A	F	>4.50~150.00	>2.50~8.00
		H112	>6.00~80.00	—
		O	>0.20~50.00	>0.20~6.00
		H111	>0.20~50.00	—
		H12、H22、H14、H24	>0.20~6.00	>0.20~6.00
		H16、H26	>0.20~4.00	>0.20~4.00
		H18	>0.20~3.00	>0.20~3.00
2017	B	F	>4.50~150.00	—
		H112	>4.50~80.00	—
		O	>0.50~25.00	>0.50~6.00
		T3、T4	>0.50~6.00	—
2A11	B	F	>4.50~150.00	—
		H112	>4.50~80.00	—
		O	>0.50~10.00	>0.50~6.00
		T3、T4	>0.50~10.00	—
2014	B	F	>4.5~150.00	—
		O	>0.50~25.00	—
		T6、T4	>0.50~12.50	—
		T3	>0.50~6.0	—
2024	B	F	>0.50~150.00	—
		O	>0.50~45.00	>0.5~6.00

续表

牌号	类别	状态	板材厚度/mm	带材厚度/mm
2024	B	T3	>0.50~12.50	—
		T3	>4.00~12.50	—
		T4	>0.50~6.00	—
3003	A	F	>4.50~150.00	>2.50~8.00
		H112	>6.00~80.00	—
		O	>0.20~50.00	>0.20~6.00
		H12、H22、H14、H24	>0.20~6.00	>0.20~6.00
		H16、H26、H18	>0.20~4.00	>0.20~4.00
		H28	>0.20~3.00	>0.20~3.00
3004、3104	A	F	>6.30~80.00	>2.50~8.00
		H112	>6.00~80.00	—
		O	>0.20~50.00	>0.20~6.00
		H111	>0.20~50.00	—
		H12、H22、H32、H14	>0.20~6.00	>0.20~6.00
		H24、H34、H16、H26、H36、H18	>0.20~3.00	>0.20~3.00
		H28、H38	>0.20~1.50	>0.20~1.50
3005	A	O、H111、H12、H22、H14	>0.20~6.00	>0.20~6.00
		H111	>0.20~6.00	—
		H16	>0.20~4.00	>0.20~4.00
		H24、H26、H18、H28	>0.20~3.00	>0.20~3.00
3105	A	O、H12、H22、H14、H24、H16、H26、H18	>0.20~3.00	>0.20~3.00
		H111	>0.20~3.00	—
		H28	>0.20~1.50	>0.20~1.50
3102	A	H18	>0.20~3.00	>0.20~3.00
5182	B	O	>0.20~3.00	>0.20~3.00
		H111	>0.20~3.00	—
		H19	>0.20~1.50	>0.20~1.50

续表

牌号	类别	状态	板材厚度/mm	带材厚度/mm
5A03	B	F	>4.50~150.00	—
		H112	>4.50~50.00	—
		O、H14、H24、H34	>0.50~4.50	>0.50~4.50
5A05、5A06	B	F	>4.50~150.00	—
		O	>0.50~4.50	>0.50~4.50
		H112	>4.50~50.00	—
5082	B	F	>4.50~150.00	—
		H18、H38、H19、H39	>0.20~0.50	>0.20~0.50
5005	A	F	>4.50~150.00	>2.50~8.00
		H112	>6.00~80.00	—
		O	>0.20~50.00	>0.20~6.00
		H111	>0.20~50.00	—
		H12、H22、H32、H14、H24、H34	>0.20~6.00	>0.20~6.00
		H16、H26、H36	>0.20~4.00	>0.20~4.00
		H18、H28、H38	>0.20~3.00	>0.20~3.00
5052	B	F	>4.50~150.00	>2.50~8.00
		H112	>6.00~80.00	—
		O	>0.20~50.00	>0.20~6.00
		H111	>0.20~50.00	—
		H12、H22、H32、H14、H24、H34	>0.20~6.00	>0.20~6.00
		H16、H26、H36	>0.20~4.00	>0.20~4.00
		H18、H38	>0.20~3.00	>0.20~3.00
5086	B	F	>4.50~150.00	—
		H112	>6.00~50.00	—
		O/H111	>0.20~80.00	—
		H12、H22、H32、H14、H24、H34	>0.20~6.00	—

续表

牌号	类别	状态	板材厚度/mm	带材厚度/mm
5086	B	H16、H26、H36	>0.20~4.00	—
		H18	>0.20~3.00	—
5083	B	F	>4.50~150.00	—
		H112	>6.00~50.00	—
		O	>0.20~80.00	>0.50~4.00
		H111	>0.20~80.00	—
		H12、H14、H24、H34	>0.20~6.00	—
		H22、H32	>0.20~6.00	>0.50~4.00
		H16、H26、H36	>0.20~4.00	—
6061	B	F	>4.50~150.00	>2.50~8.00
		O	>0.40~40.00	>0.40~6.00
		T4、T6	>0.40~12.50	—
6063	B	O	>0.50~20.00	—
		T4、T6	0.50~10.00	—
6A02	B	F	>4.50~150.00	—
		H112	>4.50~80.00	—
		O、T4、T6	>0.50~10.00	—
6082	B	F	>4.50~150.0	—
		O	0.40~25.00	—
		T4、T6	0.40~12.50	—
7075	B	F	>6.00~100.00	—
		O（正常包铝）	>0.50~25.00	—
		O（不包铝或工艺包铝）	>0.50~50.00	—
		T6	>0.50~6.00	—
8A06	A	F	>4.50~150.00	>2.50~8.00
		H112	>4.50~80.00	—
		O	0.20~10.00	—
		H14、H24、H18	>0.200~4.50	—

续表

牌号	类别	状态	板材厚度/mm	带材厚度/mm
8011A	A	O	>0.20~3.00	>0.20~3.00
		H111	>0.20~3.00	—
		H14、H24、H18	>0.20~3.00	>0.20~3.00

4. 一般工业用铝及铝合金板、带材的宽度和长度（表9-31）

表9-31 一般工业用铝及铝合金板、带材的宽度和长度（GB/T 3880.1—2006）（单位：mm）

板、带材厚度	带材的宽度和长度		带材的宽度和内径	
	板材的宽度	板材的长度	带材的宽度	带材的内径
>0.20~0.50	500~1660	1000~4000	1660	75、150、200、300、405、505、610、650、750
>0.50~0.80	500~2000	1000~10000	2000	
>0.80~1.20	500~2200	1000~10000	2200	
>1.20~8.00	500~2400	1000~10000	2400	
>8.00~150.00	500~2400	1000~10000		

5. 一般工业用铝及铝合金板材的包覆层要求（表9-32）

表9-32 一般工业用铝及铝合金板材的包覆层要求（GB/T 3880.1—2006）

包铝分类	基体合金牌号	包覆材料牌号	板材状态	板材厚度/mm	每面包覆层厚度占板材厚度的百分比≥
正常包铝	2A11、2017、2024	1A50	0、T3、T4	0.50~1.60	4%
				>1.60~10.00	2%
	7075	7A01	0、T6	0.50~1.60	4%
				>1.60~10.00	2%
工艺包铝	2A11、2014、2024、2017、5A06	1A50	所有	所有	≤1.5%
	7075	7A01	所有	所有	≤1.5%

6. 一般工业用铝及铝合金板、带材的外观要求（表9-33）

表9-33 一般工业用铝及铝合金板、带材的外观要求（GB/T 3880.1—2006）

缺陷名称	冷轧板材		冷轧带材		热轧板、带材
	厚度<0.5mm的板材及厚度为0.5~1.0mm、宽度≤1660mm的A类板材	其他板材	厚度<2.00mm、宽度≤1660mm的A类带材	其他带材	
硝盐痕	—	不允许	—	不允许	不允许
压折	不允许	轻微的	不允许	轻微的	轻微的
氧化色	—	轻微的	—	轻微的	轻微的
油痕	退火状态板材允许有轻微的	退火状态板材允许有轻微的	退火状态带材允许有轻微的	退火状态带材允许有轻微的	—
错层	—	—	成品道次切边带材错层不大于3mm，非成品道次切边带材由供需双方协商。不切边带材错层不大于10mm（带材错层内5圈和外2圈除外）		切边带材错层不大于5mm（带材错层内5圈和外2圈除外）
塔形	—	—	成品道次切边带材塔形不大于5mm，非成品道次切边带材由供需双方协商。不切边带材塔形不大于20mm（带材塔形内5圈和外2圈除外）		切边带材塔形不大于30mm（带材塔形内5圈和外2圈除外）
裂纹、裂边、腐蚀、穿通气孔、起皮、毛刺	不允许				

续表

缺陷名称	冷轧板材		冷轧带材		热轧板、带材
	厚度 < 0.5mm 的板材及厚度为 0.5 ~ 1.0mm、宽度 ≤ 1660mm 的 A 类板材	其他板材	厚度 < 2.00mm、宽度 ≤ 1660mm 的 A 类带材	其他带材	
压过划痕、擦伤、划伤、粘伤、印痕、松树枝状花纹、金属及非金属压入物、矫直辊印、油污、乳液痕、色差、顺压延方向的暗条	轻微的				
扩散斑点	厚度大于 0.6mm 的板、带材表面上不允许存在				
气泡	不包铝的板、带材不允许存在。正常包铝板、带材每平方米表面上气泡总面积应不大于 80mm²，每个气泡的面积应不大于 30mm²。工艺包铝板、带材允许有表面气泡				
包覆层脱落	正常包铝板、带材不允许有包覆层脱落。工艺包铝板、带材允许有包覆层的脱落				

7. 一般工业用铝及铝合金板、带材的力学性能（表 9 - 34）

表 9 - 34　一般工业用铝及铝合金板、带材的力学性能（GB/T3880.2—2006）

牌号	包铝分类	供应状态	试样状态	厚度/mm	抗拉强度 R_m /(N/mm²)	规定非比例延伸强度 $R_{p0.2}$ /(N/mm²)	断后伸长率/% A_{50mm}	断后伸长率/% A	弯曲半径 /mm
					≥				
1A97 1A93	—	H112	H112	>4.50 ~ 80.00	附实测值				—
		F	—	>4.50 ~ 150.00	—	—	—	—	—
1A90 1A85	—	H112	H112	>4.50 ~ 12.50	60	—	21	—	—
				>12.50 ~ 20.00			—	19	—
				>20.00 ~ 80.00	附实测值				—
		F	—	>4.50 ~ 150.00	—	—	—	—	—

续表

牌号	包铝分类	供应状态	试样状态	厚度/mm	抗拉强度 R_m /(N/mm^2)	规定非比例延伸强度 $R_{p0.2}$ /(N/mm^2)	断后伸长率/% A_{50mm}	断后伸长率/% A	弯曲半径/mm
					≥				
1235	—	H12 H22	H12 H22	>0.20~0.30	95~130	—	2	—	—
				>0.30~0.50			3	—	—
				>0.50~1.50			6	—	—
				>0.15~3.00			8	—	—
				>3.00~4.50			9	—	—
		H14 H24	H14 H24	>0.20~0.30	115~150	—	1	—	—
				>0.30~0.50			2	—	—
				>0.50~1.50			3	—	—
				>1.50~3.00			4	—	—
		H16 H26	H16 H26	>0.20~0.50	130~165	—	1	—	—
				>0.50~1.50			2	—	—
				>1.50~4.00			3	—	—
		H118	H118	>0.20~0.50	145	—	1	—	—
				>0.50~1.50			2	—	—
				>1.50~3.00			3	—	—
1070	—	O	O	>0.20~0.30	55~95	—	15	—	0*t*
				>0.30~0.50			20	—	0*t*
				>0.50~0.80			25	—	0*t*
				>0.80~1.50		15	30	—	0*t*
				>1.50~6.00			35	—	0*t*
				>6.00~12.50			35	—	—
				>12.50~50.00			—	30	—

续表

牌号	包铝分类	供应状态	试样状态	厚度/mm	抗拉强度 R_m /(N/mm²)	规定非比例延伸强度 $R_{p0.2}$ /(N/mm²)	断后伸长率/% A_{50mm}	断后伸长率/% A	弯曲半径/mm
					≥				
1070	—	H12 H22	H12 H22	>0.20~0.30	70~100	—	2	—	0t
				>0.30~0.50			3	—	0t
				>0.50~0.80			4	—	0t
				>0.80~1.50		55	6	—	0t
				>1.50~3.00			8	—	0t
				>3.00~6.00			9	—	0t
		H14 H24	H14 H24	>0.20~0.30	85~120	—	1	—	0.5t
				>0.30~0.50			2	—	0.5t
				>0.50~0.80			3	—	0.5t
				>0.80~1.50		65	4	—	1.0t
				>1.50~3.00			5	—	1.0t
				>3.00~6.00			6	—	1.0t
		H16 H26	H16 H26	>0.20~0.50	100~135	—	1	—	1.0t
				>0.50~0.80			2	—	1.0t
				>0.80~1.50		75	3	—	1.5t
				>1.50~4.00			4	—	1.5t
		H18	H18	>0.20~0.50	120	—	1	—	—
				>0.50~0.80			2	—	—
				>0.80~1.50			3	—	—
				>1.50~3.00			4	—	—
		H112	H112	>4.50~6.00	75	35	13	—	—
				>6.00~12.50	70	35	15	—	—
				>12.50~25.00	65	25	—	20	—
				>25.00~75.00	55	15	—	25	—
		F	—	>2.50~150.00	—	—	—	—	—

续表

牌号	包铝分类	供应状态	试样状态	厚度/mm	抗拉强度 R_m /(N/mm²)	规定非比例延伸强度 $R_{p0.2}$ /(N/mm²)	断后伸长率/% A_{50mm}	断后伸长率/% A	弯曲半径/mm
					≥				
1060	—	O	O	>0.20~0.30	60~100	15	15	—	—
				>0.30~0.50			18	—	—
				>0.50~1.50			23	—	—
				>1.50~6.00			25	—	—
				>6.00~80.00			25	22	—
		H12 H22	H12 H22	>0.50~1.50	80~120	60	6	—	—
				>1.50~6.00			12	—	—
		H14 H24	H14 H24	>0.20~0.30	95~155	70	1	—	—
				>0.30~0.50			2	—	—
				>0.50~0.80			2	—	—
				>0.80~1.50			4	—	—
				>1.50~3.00			6	—	—
				>3.00~6.00			10	—	—
		H16 H26	H16 H26	>0.20~0.30	110~155	75	1	—	—
				>0.30~0.50			2	—	—
				>0.50~0.80			2	—	—
				>0.80~1.50			3	—	—
				>1.50~4.00			5	—	—
		H18	H18	>0.20~0.30	125	85	1	—	—
				>0.30~0.50			2	—	—
				>0.50~1.50			3	—	—
				>1.50~3.00			4	—	—
		H112	H112	>4.50~6.00	75	—	10	—	—
				>6.00~12.50	75		10	—	—
				>12.50~40.00	70		—	18	—

续表

牌号	包铝分类	供应状态	试样状态	厚度/mm	抗拉强度 R_m /(N/mm²)	规定非比例延伸强度 $R_{p0.2}$ /(N/mm²)	断后伸长率/% A_{50mm}	断后伸长率/% A	弯曲半径/mm
					≥				
1060	—	H112	H112	>40.00~80.00	60	—	—	22	—
1060	—	F	—	>2.50~150.00	—	—	—	—	—
1050	—	O	O	>0.20~0.50	60~100	—	15	—	0t
1050	—	O	O	>0.50~0.80	60~100	—	20	—	0t
1050	—	O	O	>0.80~1.50	60~100	20	25	—	0t
1050	—	O	O	>1.50~6.00	60~100	20	30	—	0t
1050	—	O	O	>12.50~50.00	60~100	20	28	28	—
1050	—	H12 H22	H12 H22	>0.20~0.30	80~120	—	2	—	0t
1050	—	H12 H22	H12 H22	>0.30~0.50	80~120	—	3	—	0t
1050	—	H12 H22	H12 H22	>0.50~0.80	80~120	—	4	—	0t
1050	—	H12 H22	H12 H22	>0.80~1.50	80~120	65	6	—	0.5t
1050	—	H12 H22	H12 H22	>1.50~3.00	80~120	65	8	—	0.5t
1050	—	H12 H22	H12 H22	>3.00~6.00	80~120	65	9	—	0.5t
1050	—	H14 H24	H14 H24	>0.20~0.30	95~130	—	1	—	0.5t
1050	—	H14 H24	H14 H24	>0.30~0.50	95~130	—	2	—	0.5t
1050	—	H14 H24	H14 H24	>0.50~0.80	95~130	—	3	—	0.5t
1050	—	H14 H24	H14 H24	>0.80~1.50	95~130	75	4	—	1.0t
1050	—	H14 H24	H14 H24	>1.50~3.00	95~130	75	5	—	1.0t
1050	—	H14 H24	H14 H24	>3.00~6.00	95~130	75	6	—	1.0t
1050	—	H16 H26	H16 H26	>0.20~0.50	120~150	—	1	—	2.0t
1050	—	H16 H26	H16 H26	>0.50~0.80	120~150	85	2	—	2.0t
1050	—	H16 H26	H16 H26	>0.80~1.50	120~150	85	3	—	2.0t
1050	—	H16 H26	H16 H26	>1.50~4.00	120~150	85	4	—	2.0t
1050	—	H18	H18	>0.20~0.50	130	—	1	—	—
1050	—	H18	H18	>0.50~0.80	130	—	2	—	—

续表

牌号	包铝分类	供应状态	试样状态	厚度/mm	抗拉强度 R_m /(N/mm²)	规定非比例延伸强度 $R_{p0.2}$ /(N/mm²)	断后伸长率/% A_{50mm}	断后伸长率/% A	弯曲半径/mm
					≥				
1050	—	H18	H18	>0.80~1.50	130	—	3	—	—
				>1.50~3.00			4	—	—
		H112	H112	>4.50~6.00	85	45	10	—	—
				>6.00~12.50	80	45	10	—	—
				>12.50~25.00	70	35	—	16	—
				>25.00~50.00	65	30	—	22	—
				>50.00~75.00	65	30	—	22	—
		F	—	>2.50~150.00	—	—	—	—	—
1050A	—	O	O	>0.20~0.50	>65~95	20	20	—	0t
				>0.50~1.50			22	—	0t
				>1.50~3.00			26	—	0t
				>3.00~6.00			29	—	0.5t
				>6.00~12.50			35	—	—
				>12.50~50.00			—	32	—
		H12	H12	>0.20~0.50	>85~125	65	2	—	0t
				>0.50~1.50			4	—	0t
				>1.50~3.00			5	—	0.5t
				>3.00~6.00			7	—	1.0t
		H12	H12	>0.20~0.50	>85~125	55	4	—	0t
				>0.50~1.50			5	—	0t
				>1.50~3.00			6	—	0.5t
				>3.00~6.00			11	—	1.0t
		H14	H14	>0.20~0.50	>105~145	85	2	—	0t
				>0.50~1.50			3	—	0.5t
				>1.50~3.00			4	—	1.0t

续表

牌号	包铝分类	供应状态	试样状态	厚度/mm	抗拉强度 R_m /(N/mm²)	规定非比例延伸强度 $R_{p0.2}$ /(N/mm²)	断后伸长率/% A_{50mm}	断后伸长率/% A	弯曲半径/mm
					≥	≥	≥	≥	
1050A	—	H14	H14	>3.00~6.00	>105~145	85	5	—	1.5t
1050A	—	H24	H24	>0.20~0.50	>105~145	75	3	—	0t
1050A	—	H24	H24	>0.50~1.50	>105~145	75	4	—	0.5t
1050A	—	H24	H24	>1.50~3.00	>105~145	75	5	—	1.0t
1050A	—	H24	H24	>3.00~6.00	>105~145	75	8	—	1.5t
1050A	—	H16	H16	>0.20~0.50	>120~160	100	1	—	0.5t
1050A	—	H16	H16	>0.50~1.50	>120~160	100	2	—	1.0t
1050A	—	H16	H16	>1.50~4.00	>120~160	100	3	—	1.5t
1050A	—	H26	H26	>0.20~0.50	>120~160	90	2	—	0.5t
1050A	—	H26	H26	>0.50~1.50	>120~160	90	3	—	1.0t
1050A	—	H26	H26	>1.50~4.00	>120~160	90	4	—	1.5t
1050A	—	H18	H18	>0.20~0.50	140	120	1	—	1.0t
1050A	—	H18	H18	>0.50~1.50	140	120	2	—	2.0t
1050A	—	H18	H18	>1.50~3.00	140	120	2	—	3.0t
1050A	—	H112	H112	>4.50~12.50	75	30	20	—	—
1050A	—	H112	H112	>12.50~75.00	70	25	—	20	—
1050A	—	F	—	>2.50~150.00	—	—	—	—	—
1145	—	O	O	>0.20~0.50	60~100	—	15	—	—
1145	—	O	O	>0.50~0.80	60~100	—	20	—	—
1145	—	O	O	>0.80~1.50	60~100	20	25	—	—
1145	—	O	O	>1.50~6.00	60~100	20	30	—	—
1145	—	O	O	>6.00~10.00	60~100	20	28	—	—
1145	—	H12 H22	H12 H22	>0.20~0.30	80~120	—	2	—	—
1145	—	H12 H22	H12 H22	>0.30~0.50	80~120	—	3	—	—
1145	—	H12 H22	H12 H22	>0.50~0.80	80~120	—	4	—	—

续表

牌号	包铝分类	供应状态	试样状态	厚度/mm	抗拉强度 R_m /(N/mm²)	规定非比例延伸强度 $R_{p0.2}$ /(N/mm²)	断后伸长率/% A_{50mm}	断后伸长率/% A	弯曲半径 /mm
					≥				
1145	—	H12	H12	>0.80~1.50	80~120	65	6	—	—
				>1.50~3.00			8	—	—
				>3.00~4.50			9	—	—
		H14 H24	H14 H24	>0.20~0.30	95~125	—	1	—	—
				>0.30~0.50			2	—	—
				>0.50~0.80			3	—	—
				>0.80~1.50		75	4	—	—
				>1.50~3.00			5	—	—
				>3.00~4.50			6	—	—
		H16 H26	H16 H26	>0.20~0.50	120~145	—	1	—	—
				>0.50~0.80			2	—	—
				>0.80~1.50		85	3	—	—
				>1.50~4.50			4	—	—
		H18	H18	>0.20~0.50	125	—	1	—	—
				>0.50~0.80			2	—	—
				>0.80~1.50			3	—	—
				>1.50~4.50			4	—	—
		H112	H112	>4.50~6.50	85	45	10	—	—
				>6.50~12.50	85	45	10	—	—
				>12.50~25.00	70	35	—	16	—
		F	—	>2.50~150.00	—	—	—	—	—
1100	—	O	O	>0.20~0.30	75~105	25	15	—	0*t*
				>0.30~0.50			17	—	0*t*
				>0.50~1.50			22	—	0*t*
				>1.50~6.00			30	—	0*t*
				>6.00~80.00			28	25	0*t*

续表

牌号	包铝分类	供应状态	试样状态	厚度/mm	抗拉强度 R_m /(N/mm²)	规定非比例延伸强度 $R_{p0.2}$ /(N/mm²)	断后伸长率/% A_{50mm}	断后伸长率/% A	弯曲半径/mm
					≥				
1100	—	H12 H22	H12 H22	>0.20~0.50	95~130	75	3	—	0t
				>0.50~1.50			5	—	0t
				>1.50~6.00			8	—	0t
		H14 H24	H14 H24	>0.20~0.30	110~145	95	1	—	0t
				>0.30~0.50			2	—	0t
				>0.50~1.50			3	—	0t
				>1.50~4.00			5	—	0t
		H16 H26	H16 H26	>0.20~0.30	130~165	115	1	—	2t
				>0.30~0.50			2	—	2t
				>0.50~1.50			3	—	2t
				>1.50~4.00			4	—	2t
		H18	H18	>0.20~0.50	150	—	1	—	—
				>0.50~1.50			2	—	—
				>1.50~3.00			4	—	—
		H112	H112	>6.00~12.50	90	50	9	—	—
				>12.50~40.00	85	40	—	12	—
				>40.00~80.00	80	30	—	18	—
		F	—	>2.50~150.00	—	—	—	—	—
1200	—	O H111	O H111	>0.20~0.50	75~105	25	19	—	0t
				>0.50~1.50			21	—	0t
				>1.50~3.00			24	—	0t
				>3.00~6.00			28	—	0.5t
				>6.00~12.50			33	—	1.0t
				>12.50~50.00			—	30	—

续表

牌号	包铝分类	供应状态	试样状态	厚度/mm	抗拉强度 R_m /(N/mm²)	规定非比例延伸强度 $R_{p0.2}$ /(N/mm²)	断后伸长率/% A_{50mm}	断后伸长率/% A	弯曲半径/mm
					≥				
1200	—	H12	H12	>0.20~0.50	95~135	75	2	—	0t
				>0.50~1.50			4	—	0t
				>1.50~3.00			5	—	0.5t
				>3.00~6.00			6	—	1.0t
		H14	H14	>0.20~0.50	115~155	95	2	—	0t
				>0.50~1.50			3	—	0.5t
				>1.50~3.00			4	—	1.0t
				>3.00~6.00			5	—	1.5t
		H16	H16	>0.20~0.50	130~170	115	1	—	0.5t
				>0.50~1.50			2	—	1.0t
				>1.50~4.00			3	—	1.5t
		H18	H18	>0.20~0.50	150	130	1	—	1.0t
				>0.50~1.50			2	—	2.0t
				>1.50~3.00			2	—	3.0t
		H22	H22	>0.20~0.50	95~135	65	4	—	0t
				>0.50~1.50			5	—	0t
				>1.50~3.00			6	—	0.5t
				>3.00~6.00			10	—	1.0t
		H24	H24	>0.20~0.50	115~155	90	3	—	0t
				>0.50~1.50			4	—	0.5t
				>1.50~3.00			5	—	1.0t
				>3.00~6.00			7	—	1.5t
		H26	H26	>0.20~0.50	130~170	105	2	—	0.5t
				>0.50~1.50			3	—	1.0t
				>1.50~4.00			4	—	1.5t

续表

牌号	包铝分类	供应状态	试样状态	厚度/mm	抗拉强度 R_m /(N/mm²)	规定非比例延伸强度 $R_{p0.2}$ /(N/mm²)	断后伸长率/% A_{50mm}	A	弯曲半径/mm
					≥				
1200	—	H112	H112	6.00~12.50	85	35	16	—	—
				>12.50~80.00	80	30	—	16	—
		F	—	>2.50~150.00	—	—	—	—	—
2017	正常包铝或工艺包铝	O	O	>0.50~1.50	≤215	≤110	12	—	0.5t
				>1.50~3.00					1.0t
				>3.00~6.00					1.5t
				>6.00~25.00			—	12	—
			T42	>0.50~1.50	355	195	15	—	—
				>1.50~3.00			17	—	—
				>3.00~6.50			15	—	—
				>6.50~12.50	335	185	12	—	—
				>12.50~25.00		185	—	12	—
		T3	T3	>0.50~1.50	375	215	15	—	2.5t
				>1.50~3.00			17	—	3t
				>3.00~6.00			15	—	3.5t
		T4	T4	>0.50~1.50	355	195	15	—	2.5t
				>1.50~3.00			17	—	3t
				>3.00~6.00			15	—	3.5t
		H112	T42	>4.50~6.50	355	195	15	—	—
				>6.50~12.50		185	12	—	—
				>12.50~25.00		185	—	12	—
				>25.00~40.00	330	195	—	8	—
				>40.00~70.00	310	195	—	6	—
				>70.00~80.00	285	195	—	4	—
		F	—	>4.50~150.00	—	—	—	—	—

续表

牌号	包铝分类	供应状态	试样状态	厚度/mm	抗拉强度 R_m /(N/mm²)	规定非比例延伸强度 $R_{p0.2}$ /(N/mm²)	断后伸长率/%		弯曲半径/mm
							A_{50mm}	A	
					≥				
2A11	正常包铝或工艺包铝	O	O	>0.50~3.00	≤225	—	12	—	—
				>3.00~10.00	≤235	—	12	—	—
			T42	>0.50~3.00	350	185	15	—	—
				>3.00~10.00	355	195	15	—	—
		T3	T3	>0.50~1.50			15	—	—
				>1.50~3.00	375	215	17	—	—
				>3.00~10.00			15	—	—
		T4	T4	>0.50~3.00	360	185	15	—	—
				>3.00~10.00	370	195	15	—	—
		H112	T42	>4.50~10.00	355	195	15	—	—
				>10.00~12.50	370	215	11	—	—
				>12.50~25.00	370	215	—	11	—
				>25.00~40.00	330	195	—	8	—
				>40.00~70.00	310	195	—	6	—
				>70.00~80.00	285	195	—	4	—
		F	—	>4.50~150.00	—	—	—	—	—
2014	工艺包铝或不包铝	O	O	>0.50~12.50	≤220	≤110	16	—	—
				>12.50~25.00	≤220	—	—	9	—
			T62	>0.50~1.00	440	395	6	—	—
				>1.00~6.00	455	400	7	—	—
				>6.00~12.50	460	405	7	—	—
				>12.50~25.00	460	405	—	5	—
			T42	>0.50~12.50	400	235	14	—	—
				>12.50~25.00	400	235	—	12	—

续表

牌号	包铝分类	供应状态	试样状态	厚度/mm	抗拉强度 R_m /(N/mm²)	规定非比例延伸强度 $R_{p0.2}$ /(N/mm²)	断后伸长率/% A_{50mm}	断后伸长率/% A	弯曲半径 /mm
					≥				
2014	工艺包铝或不包铝	T6	T6	>0.50~1.00	440	395	6	—	—
				>1.00~6.00	455	400	7	—	—
				>6.00~12.50	460	405	7	—	—
		T4	T4	>0.50~6.00	405	240	14	—	—
				>6.00~12.50	400	250	14	—	—
		T3	T3	>0.50~1.00	405	240	14	—	—
				>1.00~6.00	405	250	14	—	—
		F	—	>4.50~150.00	—	—	—	—	—
	正常包铝	O	O	>0.50~12.50	≤205	≤95	16	—	—
				>12.50~25.00	≤220	—	—	9	—
			T62	>0.50~1.00	425	370	7	—	—
				>1.00~12.50	440	395	8	—	—
				>12.50~25.00	460	405	—	5	—
			T42	>0.50~1.00	370	215	14	—	—
				>1.00~12.50	395	235	15	—	—
				>12.50~25.00	400	235	—	12	—
		T6	T6	>0.50~1.00	425	370	7	—	—
				>1.00~12.50	440	395	8	—	—
		T4	T4	>0.50~1.00	370	215	14	—	—
				>1.00~6.00	395	235	15	—	—
				>6.00~12.50	395	250	15	—	—
		T3	T3	>0.50~1.00	380	235	14	—	—
				>1.00~6.00	395	240	15	—	—
		F	—	>4.50~150.00	—	—	—	—	—

续表

牌号	包铝分类	供应状态	试样状态	厚度/mm	抗拉强度 R_m /(N/mm²)	规定非比例延伸强度 $R_{p0.2}$ /(N/mm²)	断后伸长率/% A_{50mm}	断后伸长率/% A	弯曲半径/mm
					≥				
2024	不包铝	O	O	>0.50~12.50	≤220	≤95	12	—	—
2024	不包铝	O	O	>12.50~45.00	≤220	—	—	10	—
2024	不包铝	O	T42	>0.50~6.00	425	260	15	—	—
2024	不包铝	O	T42	>6.00~12.50	425	260	12	—	—
2024	不包铝	O	T42	>12.50~25.00	420	260	—	7	—
2024	不包铝	O	T62	>0.50~12.50	440	345	5	—	—
2024	不包铝	O	T62	>12.50~25.00	435	345	—	4	—
2024	不包铝	T3	T3	>0.50~6.00	435	290	15	—	—
2024	不包铝	T3	T3	>6.00~12.50	440	290	12	—	—
2024	不包铝	T4	T4	>0.50~6.00	425	275	15	—	—
2024	不包铝	F	—	>4.50~150.00	—	—	—	—	—
2024	正常包铝或工艺包铝	O	O	>0.50~1.50	≤205	≤95	12	—	—
2024	正常包铝或工艺包铝	O	O	>1.50~12.50	≤220	≤95	12	—	—
2024	正常包铝或工艺包铝	O	O	>12.50~45.00	220		—	10	—
2024	正常包铝或工艺包铝	O	T42	>0.50~1.50	395	235	15	—	—
2024	正常包铝或工艺包铝	O	T42	>1.50~6.00	415	250	15	—	—
2024	正常包铝或工艺包铝	O	T42	>6.00~12.50	415	250	12	—	—
2024	正常包铝或工艺包铝	O	T42	>12.50~25.00	420	260	—	7	—
2024	正常包铝或工艺包铝	O	T42	>25.00~40.00	415	260	—	6	—
2024	正常包铝或工艺包铝	O	T62	>0.50~1.50	415	325	5	—	—
2024	正常包铝或工艺包铝	O	T62	>1.50~12.50	425	335	5	—	—
2024	正常包铝或工艺包铝	T3	T3	>0.50~1.50	405	270	15	—	—
2024	正常包铝或工艺包铝	T3	T3	>1.50~6.00	420	275	15	—	—
2024	正常包铝或工艺包铝	T3	T3	>6.00~12.50	425	275	12	—	—
2024	正常包铝或工艺包铝	T4	T4	>0.50~1.50	400	245	15	—	—
2024	正常包铝或工艺包铝	T4	T4	>1.50~6.00	420	275	15	—	—
2024	正常包铝或工艺包铝	F	—	>4.50~150.00	—	—	—	—	—

续表

牌号	包铝分类	供应状态	试样状态	厚度/mm	抗拉强度 R_m /(N/mm²)	规定非比例延伸强度 $R_{p0.2}$ /(N/mm²)	断后伸长率/% A_{50mm}	断后伸长率/% A	弯曲半径/mm
					≥				
3003	—	O	O	>0.20~0.50	95~140	35	15	—	0t
				>0.50~1.50			17	—	0t
				>1.50~3.00			20	—	0t
				>3.00~6.00			23	—	1.0t
				>6.00~12.50			24	—	1.5t
				>12.50~50.00			—	23	—
		H12	H12	>0.20~0.50	120~160	90	3	—	0t
				>0.50~1.50			4	—	0.5t
				>1.50~3.00			5	—	1.0t
				>3.00~6.00			6	—	1.0t
		H14	H14	>0.20~0.50	145~195	125	2	—	0.5t
				>0.50~1.50			2	—	1.0t
				>1.50~3.00			3	—	1.0t
				>3.00~6.00			4	—	2.0t
		H16	H16	>0.20~0.50	170~210	150	1	—	1.0t
				>0.50~1.50			2	—	1.5t
				>1.50~4.00			2	—	2.0t
		H18	H18	>0.20~0.50	190	170	1	—	1.5t
				>0.50~1.50			2	—	2.5t
				>1.50~4.00			2	—	3.0t
		H22	H22	>0.20~0.50	120~160	80	6	—	0t
				>0.50~1.50			7	—	0.5t
				>1.50~3.00			8	—	1.0t
				>3.00~6.00			9	—	1.0t
		H24	H24	>0.20~0.50	145~195	115	4	—	0.5t

续表

牌号	包铝分类	供应状态	试样状态	厚度/mm	抗拉强度 R_m /(N/mm²)	规定非比例延伸强度 $R_{p0.2}$ /(N/mm²)	断后伸长率/% A_{50mm}	断后伸长率/% A	弯曲半径/mm
					≥	≥	≥	≥	
3003	—	H24	H24	>0.50~1.50	145~195	115	4	—	1.0t
				>1.50~3.00			5	—	1.0t
				>3.00~6.00			6	—	2.0t
		H26	H26	>0.20~0.50	170~210	140	2	—	1.0t
				>0.50~1.50			3	—	1.5t
				>1.50~4.00			3	—	2.0t
		H28	H28	>0.20~0.50	190	160	2	—	1.5t
				>0.50~1.50			2	—	2.5t
				>1.50~3.00			3	—	3.0t
		H112	H112	>6.00~12.50	115	70	10	—	—
				>12.50~80.00	100	40	—	18	—
		F	—	>2.50~150.00	—	—	—	—	—
3004 3104	—	O H111	O H111	>0.20~0.50	155~200	60	13	—	0t
				>0.50~1.50			14	—	0t
				>1.50~3.00			15	—	0t
				>3.00~6.00			16	—	1.0t
				>6.00~12.50			16	—	2.0t
				>12.50~50.00			—	14	—
		H12	H12	>0.20~0.50	190~240	155	2	—	0t
				>0.50~1.50			3	—	0.5t
				>1.50~3.00			4	—	1.0t
				>3.00~6.00			5	—	1.5t
		H14	H14	>0.20~0.50	220~265	180	1	—	0.5t
				>0.50~1.50			2	—	1.0t
				>1.50~3.00			2	—	1.5t

续表

牌号	包铝分类	供应状态	试样状态	厚度/mm	抗拉强度 R_m /(N/mm²)	规定非比例延伸强度 $R_{p0.2}$ /(N/mm²)	断后伸长率/% A_{50mm}	断后伸长率/% A	弯曲半径/mm
					≥				
3004 3104	—	H14	H14	>3.00~6.00	220~265	180	3	—	2.0t
		H16	H16	>0.20~0.50	240~285	200	1	—	1.0t
				>0.50~1.50			1	—	1.5t
				>1.50~3.00			2	—	2.5t
		H18	H18	>0.20~0.50	260	230	1	—	1.5t
				>0.50~1.50			1	—	2.5t
				>1.50~3.00			2	—	—
		H22 H32	H22 H32	>0.20~0.50	190~240	145	1	—	0t
				>0.50~1.50			5	—	0.5t
				>1.50~3.00			6	—	1.0t
				>3.00~6.00			7	—	1.5t
		H24 H34	H24 H34	>0.20~0.50	220~265	170	3	—	0.5t
				>0.50~1.50			4	—	1.0t
				>1.50~3.00			4	—	1.5t
		H26 H36	H26 H36	>0.20~0.50	240~285	190	3	—	1.0t
				>0.50~1.50			3	—	1.5t
				>1.50~3.00			3	—	2.5t
		H28 H38	H28 H38	>0.20~0.50	260	220	2	—	1.5t
				>0.50~1.50			3	—	2.5t
		H112	H112	>6.00~12.50	160	60	7	—	—
				>12.50~40.00			—	6	—
				>40.00~80.00			—	6	—
		F	—	>2.50~80.00	—	—	—	—	—
3005	—	O H111	O H111	>0.20~0.50	115~165	45	12	—	0t
				>0.50~1.50			14	—	0t

续表

牌号	包铝分类	供应状态	试样状态	厚度/mm	抗拉强度 R_m /(N/mm²)	规定非比例延伸强度 $R_{p0.2}$ /(N/mm²)	断后伸长率/%		弯曲半径/mm
							A_{50mm}	A	
					≥				
3005	—	O H111	O H111	>1.50~3.00	115~165	45	16	—	0.5t
				>3.00~6.00			19	—	1.0t
		H12	H12	>0.20~0.50	145~195	125	3	—	0t
				>0.50~1.50			4	—	0.5t
				>1.50~3.00			4	—	1.0t
				>3.00~6.00			5	—	1.5t
		H14	H14	>0.20~0.50	170~215	150	1	—	0.5t
				>0.50~1.50			2	—	1.0t
				>1.50~3.00			2	—	1.5t
				>3.00~6.00			3	—	2.0t
		H16	H16	>0.20~0.50	195~240	175	1	—	1.0t
				>0.50~1.50			2	—	1.5t
				>1.50~4.00			2	—	2.5t
		H18	H18	>0.20~0.50	220	200	1	—	1.5t
				>0.50~1.50			2	—	2.5t
				>1.50~3.00			2	—	—
		H22	H22	>0.20~0.50	145~195	110	5	—	0t
				>0.50~1.50			5	—	0.5t
				>1.50~3.00			6	—	1.0t
				>3.00~6.00			7	—	1.5t
		H24	H24	>0.20~0.50	170~215	130	4	—	0.5t
				>0.50~1.50			4	—	1.0t
				>1.50~3.00			4	—	1.5t
		H26	H26	>0.20~0.50	195~240	160	3	—	1.0t
				>0.50~1.50			3	—	1.5t
				>1.50~3.00			3	—	2.5t

续表

牌号	包铝分类	供应状态	试样状态	厚度/mm	抗拉强度 R_m /(N/mm²)	规定非比例延伸强度 $R_{p0.2}$ /(N/mm²)	断后伸长率/% A_{50mm}	断后伸长率/% A	弯曲半径/mm
					≥				
3005	—	H28	H28	>0.20~0.50	220	190	2	—	1.5t
				>0.50~1.50			2	—	2.5t
				>1.50~3.00			3	—	—
3105	—	O H111	O H111	>0.20~0.50	100~155	40	14	—	0t
				>0.50~1.50			15	—	0t
				>1.50~3.00			17	—	0.5t
		H12	H12	>0.20~0.50	130~180	105	3	—	1.5t
				>0.50~1.50			4	—	1.5t
				>1.50~3.00			4	—	1.5t
		H14	H14	>0.20~0.50	150~200	130	2	—	2.5t
				>0.50~1.50			2	—	2.5t
				>1.50~3.00			2	—	2.5t
		H16	H16	>0.20~0.50	175~225	160	1	—	—
				>0.50~1.50			2	—	—
				>1.50~3.00			2	—	—
		H18	H18	>0.20~3.00	195	180	1	—	—
		H22	H22	>0.20~0.50	130~180	105	6	—	—
				>0.50~1.50			6	—	—
				>1.50~3.00			7	—	—
		H24	H24	>0.20~0.50	150~200	120	4	—	2.5t
				>0.50~1.50			4	—	2.5t
				>1.50~3.00			5		2.5t
		H26	H26	>0.20~0.50	175~225	150	3	—	—
				>0.50~1.50			3	—	—
				>1.50~3.00			3	—	—
		H28	H28	>0.20~1.50	195	170	2	—	—

续表

牌号	包铝分类	供应状态	试样状态	厚度/mm	抗拉强度 R_m /(N/mm²)	规定非比例延伸强度 $R_{p0.2}$ /(N/mm²)	断后伸长率/% A_{50mm}	断后伸长率/% A	弯曲半径/mm
					≥				
3102	—	H18	H18	>0.20~0.50	160	—	3	—	—
				>0.50~3.00			2	—	—
5182	—	O H111	O H111	>0.20~0.50	255~315	110	11	—	1.0t
				>0.50~1.50			12	—	1.0t
				>1.50~3.00			13	—	1.0t
		H19	H19	>0.20~0.50	380	320	1	—	—
				>0.50~1.50			1	—	—
5A03	—	O	O	>0.50~4.50	195	100	16	—	—
		H14 H24 H34	H14 H24 H34	>0.50~4.50	225	195	8	—	—
		H112	H112	>4.50~10.00	185	80	16	—	—
				>10.00~12.50	175	70	13	—	—
				>12.50~25.00	175	70	—	13	—
				>25.00~50.00	165	60	—	12	—
		F	—	>4.50~150.00	—	—	—	—	—
5A05	—	O	O	0.50~4.50	275	145	16	—	—
		H112	H112	>4.50~10.00	275	125	16	—	—
				>10.00~12.50	265	115	14	—	—
				>12.50~25.00	265	115	—	14	—
				>25.00~50.00	255	105	—	13	—
		F	—	>4.50~150.00	—	—	—	—	—
5A06	工艺包铝	O	O	0.50~4.50	315	155	16	—	—
		H112	H112	>4.50~10.00	315	155	16	—	—
				>10.00~12.50	305	145	12	—	—

续表

牌号	包铝分类	供应状态	试样状态	厚度/mm	抗拉强度 R_m /(N/mm²)	规定非比例延伸强度 $R_{p0.2}$ /(N/mm²)	断后伸长率/% A_{50mm}	断后伸长率/% A	弯曲半径 /mm
					≥				
5A06	工艺包铝	H112	H112	>12.50~25.00	305	145	—	12	—
				>25.00~50.00	295	135	—	6	—
		F	—	>4.50~150.00	—	—	—	—	—
5082	—	H18 H38	H18 H38	>0.20~0.50	335	—	1	—	—
		H19 H39	H19 H39	>0.20~0.50	355	—	1	—	—
		F	—	>4.50~150.00	—	—	—	—	—
5005	—	O H111	O H111	>0.20~0.50	100~145	35	15	—	0t
				>0.50~1.50			19	—	0t
				>1.50~3.00			20	—	0t
				>3.00~6.00			22	—	1.0t
				>6.00~12.50			24	—	1.5t
				>12.50~50.00			—	20	—
		H12	H12	>0.20~0.50	125~165	95	2	—	0t
				>0.50~1.50			2	—	0.5t
				>1.50~3.00			4	—	1.0t
				>3.00~6.00			5	—	1.0t
		H14	H14	>0.20~0.50	145~185	120	2	—	0.5t
				>0.50~1.50			2	—	1.0t
				>1.50~3.00			3	—	1.0t
				>3.00~6.00			4	—	2.0t
		H16	H16	>0.20~0.50	165~205	145	1	—	1.0t
				>0.50~1.50			2	—	1.5t
				>1.50~3.00			3	—	2.0t
				>3.00~4.00			3	—	2.5t

续表

牌号	包铝分类	供应状态	试样状态	厚度/mm	抗拉强度 R_m /(N/mm²)	规定非比例延伸强度 $R_{p0.2}$ /(N/mm²)	断后伸长率/% A_{50mm}	断后伸长率/% A	弯曲半径/mm
					≥	≥	≥	≥	
5005	—	H18	H18	>0.20~0.50	185	165	1	—	1.5t
				>0.50~1.50			2	—	2.5t
				>1.50~3.00			2	—	3.0t
		H22 H32	H22 H32	>0.20~0.50	125~165	80	4	—	0t
				>0.50~1.50			5	—	0.5t
				>1.50~3.00			6	—	1.0t
				>3.00~6.00			8	—	1.0t
		H24 H34	H24 H34	>0.20~0.50	145~185	110	3	—	0.5t
				>0.50~1.50			4	—	1.0t
				>1.50~3.00			5	—	1.0t
				>3.00~6.00			6	—	2.0t
		H26 H36	H26 H36	>0.20~0.50	165~205	135	2	—	1.0t
				>0.50~1.50			3	—	1.5t
				>1.50~3.00			4	—	2.0t
				>3.00~4.00			4	—	2.5t
		H28 H38	H28 H38	>0.20~0.50	185	160	1	—	1.5t
				>0.50~1.50			2	—	2.5t
				>1.50~3.00			3	—	3.0t
		H112	H112	>6.00~12.50	115	—	8	—	—
				>12.50~40.00	105		—	10	—
				>40.00~80.00	100		—	16	—
		F	—	>2.50~150.00	—	—	—	—	—
5052	—	O H11	O H11	>0.20~0.50	170~215	65	12	—	0t
				>0.50~1.50			14	—	0t
				>1.50~3.00			16	—	0.5t

续表

牌号	包铝分类	供应状态	试样状态	厚度/mm	抗拉强度 R_m /(N/mm²)	规定非比例延伸强度 $R_{p0.2}$ /(N/mm²)	断后伸长率/% A_{50mm}	断后伸长率/% A	弯曲半径/mm
					≥				
5052	—	O H111	O H111	>3.00~6.00	170~215	65	18	—	1.0t
				>6.00~12.50			19	—	2.0t
				>12.50~50.00			—	18	—
		H12	H12	>0.20~0.50	210~260	160	4	—	—
				>0.50~1.50			5	—	—
				>1.50~3.00			6	—	—
				>3.00~6.00			8	—	—
		H14	H14	>0.20~0.50	230~280	180	3	—	—
				>0.50~1.50			3	—	—
				>1.50~3.00			4	—	—
				>3.00~6.00			4	—	—
		H16	H16	>0.20~0.50	250~300	210	2	—	—
				>0.50~1.50			3	—	—
				>1.50~3.00			3	—	—
				>3.00~4.00			3	—	—
		H18	H18	>0.20~0.50	270	240	1	—	—
				>0.50~1.50			2	—	—
				>1.50~3.00			2	—	—
		H22 H32	H22 H32	>0.20~0.50	210~260	130	5	—	0.5t
				>0.50~1.50			6	—	1.0t
				>1.50~3.00			7	—	1.5t
				>3.00~6.00			10	—	1.5t
		H24 H34	H24 H34	>0.20~0.50	230~280	150	4	—	0.5t
				>0.50~1.50			5	—	1.5t
				>1.50~3.00			6	—	2.0t
				>3.00~6.00			7	—	2.5t

续表

牌号	包铝分类	供应状态	试样状态	厚度/mm	抗拉强度 R_m /(N/mm²)	规定非比例延伸强度 $R_{p0.2}$ /(N/mm²)	断后伸长率/%		弯曲半径 /mm
							A_{50mm}	A	
					≥				
5052	—	H26 H36	H26 H36	>0.20~0.50	250~300	180	3	—	1.5t
				>0.50~1.50			4	—	2.0t
				>1.50~3.00			5	—	3.0t
				>3.00~4.00			6	—	3.5t
		H38	H38	>0.20~0.50	270	210	3	—	—
				>0.50~1.50			3	—	—
				>1.50~3.00			4	—	—
		H112	H112	>6.00~12.50	190	80	7	—	—
				>12.50~40.00	170	70	—	10	—
				>40.00~80.00	170	70	—	14	—
		F	—	>2.50~150.00	—	—	—	—	—
5083	—	O H111	O H111	>0.20~0.50	275~350	125	11	—	0.5t
				>0.50~1.50			12	—	1.0t
				>1.50~3.00			13	—	1.0t
				>3.00~6.00			15	—	1.5t
				>6.00~12.50			16	—	2.5t
				>12.50~50.00			—	15	—
				>50.00~80.00	270~345	115	—	14	—
		H12	H12	>0.20~0.50	315~375	250	3	—	—
				>0.50~1.50			4	—	—
				>1.50~3.00			5	—	—
				>3.00~6.00			6	—	—
		H14	H14	>0.20~0.50	340~400	280	2	—	—
				>0.50~1.50			3	—	—
				>1.50~3.00			3	—	—

续表

牌号	包铝分类	供应状态	试样状态	厚度/mm	抗拉强度 R_m /(N/mm²)	规定非比例延伸强度 $R_{p0.2}$ /(N/mm²)	断后伸长率/% A_{50mm}	断后伸长率/% A	弯曲半径 /mm
					≥	≥	≥	≥	
5083	—	H14	H14	>3.00~6.00	340~400	280	3	—	—
		H16	H16	>0.20~0.50	360~420	300	1	—	—
				>0.50~1.50			2	—	—
				>1.50~3.00			2	—	—
				>3.00~4.00			2	—	—
		H22 H32	H22 H32	>0.20~0.50	305~380	215	5	—	0.5t
				>0.50~1.50			6	—	1.5t
				>1.50~3.00			7	—	2.0t
				>3.00~6.00			8	—	2.5t
		H24 H34	H24 H34	>0.20~0.50	340~400	250	4	—	1.0t
				>0.50~1.50			5	—	2.0t
				>1.50~3.00			6	—	2.5t
				>3.00~6.00			7	—	3.5t
		H26 H36	H26 H36	>0.20~0.50	360~420	280	2	—	—
				>0.50~1.50			3	—	—
				>1.50~3.00			3	—	—
				>3.00~4.00			3	—	—
		H112	H112	>6.00~12.50	275	125	12	—	—
				>12.50~40.00	275	125	—	10	—
				>40.00~50.00	270	115	—	10	—
		F	—	>4.50~150.00	—	—	—	—	—
5086	—	O H111	O H111	>0.20~0.50	240~310	100	11	—	0.5t
				>0.50~1.50			12	—	1.0t
				>1.50~3.00			13	—	1.0t
				>3.00~6.00			15	—	1.5t

续表

牌号	包铝分类	供应状态	试样状态	厚度/mm	抗拉强度 R_m /(N/mm²)	规定非比例延伸强度 $R_{p0.2}$ /(N/mm²)	断后伸长率/% A_{50mm}	断后伸长率/% A	弯曲半径 /mm
					≥				
5086	—	O H111	O H111	>6.00~12.50	240~310	100	17	—	2.5t
				>12.50~80.00			—	16	—
		H12	H12	>0.20~0.50	275~335	200	3	—	—
				>0.50~1.50			4	—	—
				>1.50~3.00			5	—	—
				>3.00~6.00			6	—	—
		H14	H14	>0.20~0.50	300~360	240	2	—	—
				>0.50~1.50			3	—	—
				>1.50~3.00			3	—	—
				>3.00~6.00			3	—	—
		H16	H16	>0.20~0.50	325~385	270	1	—	—
				>0.50~1.50			2	—	—
				>1.50~3.00			2	—	—
				>3.00~4.00			2	—	—
		H18	H18	>0.20~0.50	345	290	1	—	—
				>0.50~1.50			1	—	—
				>1.50~3.00			1	—	—
		H22 H32	H22 H32	>0.20~0.50	275~335	185	5	—	0.5t
				>0.50~1.50			6	—	1.5t
				>1.50~3.00			7	—	2.0t
				>3.00~6.00			8	—	2.5t
		H24 H34	H24 H34	>0.20~0.50	300~360	220	4	—	1.0t
				>0.50~1.50			5	—	2.0t
				>1.50~3.00			6	—	2.5t
				>3.00~6.00			7	—	3.5t

续表

牌号	包铝分类	供应状态	试样状态	厚度/mm	抗拉强度 R_m /(N/mm²)	规定非比例延伸强度 $R_{p0.2}$ /(N/mm²)	断后伸长率/% A_{50mm}	断后伸长率/% A	弯曲半径/mm
					≥				
5086	—	H26 H36	H26 H36	>0.20~0.50	325~385	250	2	—	—
				>0.50~1.50			3	—	—
				>1.50~3.00			3	—	—
				>3.00~4.00			3	—	—
		H112	H112	>6.00~12.50	250	105	8	—	—
				>12.50~40.00	240	105	—	9	—
				>40.00~50.00	240	100	—	12	—
		F	—	>4.50~150.00	—	—	—	—	—
6061	—	O	O	0.40~1.50	≤150	≤85	14	—	0.5t
				>1.50~3.00			16	—	1.0t
				>3.00~6.00			19	—	1.0t
				>6.00~12.50			16	—	2.0t
				>12.50~25.00			—	16	—
			T42	0.40~1.50	205	95	12	—	1.0t
				>1.50~3.00			14	—	1.5t
				>3.00~6.00			16	—	3.0t
				>6.00~12.50			18	—	4.0t
				>12.50~40.00			—	15	—
			T62	0.40~1.50	290	240	6	—	2.5t
				>1.50~3.00			7	—	3.5t
				>3.00~6.00			10	—	4.0t
				>6.00~12.50			9	—	5.0t
				>12.50~40.00			—	8	—
		T4	T4	0.40~1.50	205	110	12	—	1.0t
				>1.50~3.00			14	—	1.5t

续表

牌号	包铝分类	供应状态	试样状态	厚度/mm	抗拉强度 R_m /(N/mm²)	规定非比例延伸强度 $R_{p0.2}$ /(N/mm²)	断后伸长率/%		弯曲半径/mm
							A_{50mm}	A	
					≥				
6061	—	T4	T4	>3.00~6.00	205	110	16	—	3.0t
				>6.00~12.50			18	—	4.0t
		T6	T6	0.40~1.50	290	240	6	—	2.5t
				>1.50~3.00			7	—	3.5t
				>3.00~6.00			10	—	4.0t
				>6.00~12.50			9	—	5.0t
		F	F	>2.50~150.00	—	—	—	—	—
6063	—	O	O	0.50~5.00	≤130	—	20	—	—
				>5.00~12.50			15	—	—
				>12.50~20.00			—	15	—
			T62	0.50~5.00	230	180	—	8	—
				>5.00~12.50	220	170	—	6	—
				>12.50~20.00	220	170	6	—	—
		T4	T4	0.50~5.00	150	—	10	—	—
				>5.00~10.00	130		10	—	—
		T6	T6	0.50~5.00	240	190	8	—	—
				>5.00~10.00	230	180	8	—	—
6A02	—	O	O	>0.50~4.50	≤145	—	21	—	—
				>4.50~10.00			16	—	—
			T62	>0.50~4.50	295	—	11	—	—
				>4.50~10.00			8	—	—
		T4	T4	>0.50~0.80	195	—	19	—	—
				>0.80~3.00			21	—	—
				>3.00~4.50			19	—	—
				>4.50~10.00	175		17	—	—

续表

牌号	包铝分类	供应状态	试样状态	厚度/mm	抗拉强度 R_m /(N/mm²)	规定非比例延伸强度 $R_{p0.2}$ /(N/mm²)	断后伸长率/% A_{50mm}	断后伸长率/% A	弯曲半径/mm
					≥				
6A02	—	T6	T6	>0.50~4.50	295	—	11	—	—
				>4.50~10.00			8	—	—
		H112	T62	>4.50~12.50	295	—	8	—	—
				>12.50~25.00	295		—	7	—
				>25.00~40.00	285		—	6	—
				>40.00~80.00	275		—	6	—
			T42	>4.50~12.50	175		17	—	—
				>12.50~25.00	175		—	14	—
				>25.00~40.00	165		—	12	—
				>40.00~80.00	165		—	10	—
		F	—	>4.50~150.00	—	—	—	—	—
6082	—	O	O	0.40~1.50	≤150	≤85	14	—	0.5t
				>1.50~3.00			16	—	1.0t
				>3.00~6.00			18	—	1.5t
				>6.00~12.50			17	—	2.5t
				>12.50~25.00	≤155	—	—	16	—
			T42	0.40~1.50	205	95	12	—	1.5t
				>1.50~3.00			14	—	2.0t
				>3.00~6.00			15	—	3.0t
				>6.00~12.50			14	—	4.0t
				>12.50~25.00			—	13	—
			T62	0.40~1.50	310	260	6	—	2.5t
				>1.50~3.00			7	—	3.5t
				>3.00~6.00			10	—	4.5t
				>6.00~12.50	300	255	9	—	6.0t
				>12.50~25.00	295	240	—	8	—

续表

牌号	包铝分类	供应状态	试样状态	厚度/mm	抗拉强度 R_m /(N/mm²)	规定非比例延伸强度 $R_{p0.2}$ /(N/mm²)	断后伸长率/%		弯曲半径/mm
							A_{50mm}	A	
					≥				
6802	—	T4	T4	0.40～1.50	205	110	12	—	1.5t
				>1.50～3.00			14	—	2.0t
				>3.00～6.00			15	—	3.0t
				>6.00～12.50			14	—	4.0t
		T6	T6	0.40～1.50	310	260	6	—	2.5t
				>1.50～3.00			7	—	3.5t
				>3.00～6.00			10	—	4.5t
				>6.00～12.50	300	255	9	—	6.0t
		F	F	>4.50～150.00	—	—	—	—	—
7075	正常包铝	O	O	>0.50～1.50	≤250	≤140	10	—	—
				>1.50～4.00	≤260	≤140	10	—	—
				>4.00～12.50	≤270	≤145	10	—	—
				>12.50～25.00	≤275	—	—	9	—
			T62	>0.50～1.00	485	415	7	—	—
				>1.00～1.50	495	425	8	—	—
				>1.50～4.00	505	435	8	—	—
				>4.00～6.00	515	440	8	—	—
				>6.00～12.50	515	445	9	—	—
				>12.50～25.00	540	470	—	6	—
		T6	T6	>0.50～1.00	485	415	7	—	—
				>1.00～1.50	495	425	8	—	—
				>1.50～4.00	505	435	8	—	—
				>4.00～6.00	515	440	8	—	—
		F	—	>6.00～100.00	—	—	—	—	—

续表

牌号	包铝分类	供应状态	试样状态	厚度/mm	抗拉强度 R_m /(N/mm²)	规定非比例延伸强度 $R_{p0.2}$ /(N/mm²)	断后伸长率/% A_{50mm}	断后伸长率/% A	弯曲半径/mm
					≥				
7075	不包铝或工艺包铝	O	O	>0.50~12.50	≤275	≤145	10	—	—
				>12.50~50.00	≤275	—	—	9	—
			T62	>0.50~1.00	525	460	7	—	—
				>1.00~3.00	540	470	8	—	—
				>3.00~6.00	540	475	8	—	—
				>6.00~12.50	540	460	9	—	—
				>12.50~25.00	540	470	—	6	—
				>25.00~50.00	530	460	—	5	—
		T6	T6	>0.50~1.00	525	460	7	—	—
				>1.00~3.00	540	470	8	—	—
				>3.00~6.00	540	475	8	—	—
		F	—	>6.00~100.00	—	—	—	—	—
8A06	—	O	O	>0.20~0.30	≤110	—	16	—	—
				>0.30~0.50			21	—	—
				>0.50~0.80			26	—	—
				>0.80~10.00			30	—	—
		H14 H24	H14 H24	>0.20~0.30	100	—	1	—	—
				>0.30~0.50			3	—	—
				>0.50~0.80			4	—	—
				>0.80~1.00			5	—	—
				>1.00~4.50			6	—	—
		H18	H18	>0.20~0.30	135	—	1	—	—
				>0.30~0.80			2	—	—
				>0.80~4.50			3	—	—

续表

牌号	包铝分类	供应状态	试样状态	厚度/mm	抗拉强度 R_m /(N/mm^2)	规定非比例延伸强度 $R_{p0.2}$ /(N/mm^2)	断后伸长率/% A_{50mm}	A	弯曲半径 /mm
					≥				
8A06	—	H112	H112	>4.50~10.00	70	—	19	—	—
				>10.00~12.50	80	—	19	—	—
				>12.50~25.00	80		—	19	—
				>25.00~80.00	65		—	16	—
		F	—	>2.50~150.00	—	—	—	—	—
8011A	—	O H111	O H111	>0.20~0.50	80~130	30	19	—	—
				>0.50~1.50			21	—	—
				>1.50~3.00			24	—	—
		H14	H14	>0.20~0.50	125~165	110	2	—	—
				>0.50~3.00			3	—	—
		H24	H24	>0.20~0.50	125~165	100	3	—	—
				>0.50~1.50			4	—	—
				>1.50~3.00			5	—	—
		H18	H18	>0.20~0.50	165	145	1	—	—
				>0.50~3.00			2	—	—

注：1. 3105、3102和5182板、带材弯曲180°，其他板、带材弯曲90°。

2. 3105、3102和5182板、带材弯曲180°，其他板、带材弯曲90°。t为板或带材的厚度。

9.4.2 百叶窗用铝合金带材

1. 百叶窗用铝合金带材的牌号、状态及规格（表9-35）

表9-35 百叶窗用铝合金带材的牌号、状态及规格（YS/T 621—2007）

合金牌号	供应状态	规格/mm		
		厚度	宽度	长度
5052、5182	H19	0.130~0.250	15~100	≥2000

2. 百叶窗用铝合金带材的力学性能（表9-36）

表9-36 百叶窗用铝合金带材的力学性能（YS/T 621—2007）

牌号	状态	厚度/mm	抗拉强度 R_m/(N/mm^2)	断后伸长率 A_{100mm}/%
5052	H19	0.130~0.180	≥290	≥1
		>0.180~0.250	≥285	≥1
5182	H19	0.130~0.200	≥360	≥1
		>0.200~0.250	≥380	≥1

9.4.3 铝及铝合金波纹板

铝及铝合金波纹板有波20—106和波33—131两种代号，波形分别见图9-1和图9-2，合金牌号、供应状态及规格见表9-37。

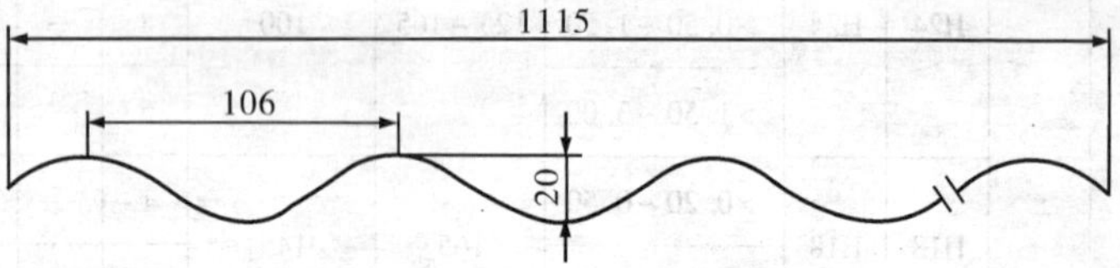

图9-1 波20—106的波形 （单位：mm）

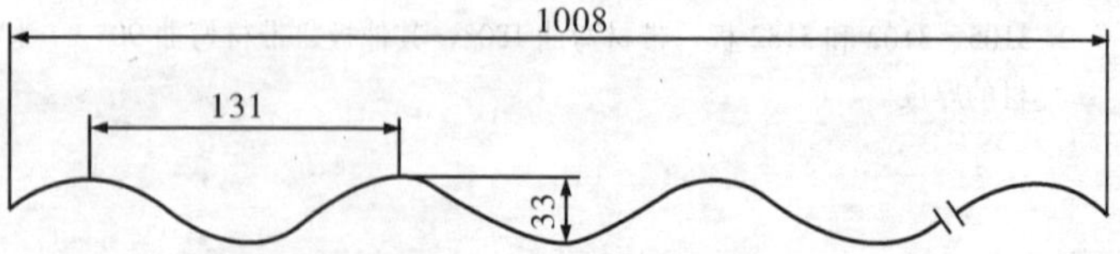

图9-2 波33—131的波形（单位：mm）

表9-37 铝及铝合金波纹板的合金牌号、状态及规格（GB/T 4438—2006）

牌号	状态	波形代号	规格/mm				
			坯料厚度	长度	宽度	波高	波距
1050A、1050、1060、1070A、1100、1200、3003	H18	波20—106	0.60~1.00	2000~10000	1115	20	106
		波33—131			1008	33	131

9.4.4 铝及铝合金花纹板

1. 铝及铝合金花纹板的状态代号（表9-38）

表9-38 铝及铝合金花纹板的状态代号（GB/T 3618—2006）

新状态代号	状态代号含义
T4	花纹板淬火自然时效
O	花纹板成品完全退火
H114	用完全退火（O）状态的平板，经过一个道次的冷轧得到的花纹板材
H234	用不完全退火（H22）状态的平板，经过一个道次的冷轧得到的花纹板材
H194	用硬状态（H18）的平板，经过一个道次的冷轧得到的花纹板材

2. 铝及铝合金花纹板的花纹代号、图案、牌号、状态及规格（表9-39）

表9-39 铝及铝合金花纹板的花纹代号、图案类型、牌号、状态及规格（GB/T 3618—2006）

花纹代号	花纹图案类型	牌号	状态	规格/mm			
				底板厚度	筋高	宽度	长度
1号	方格型(图9-3)	2A12	T4	1.0~3.0	1.0	1000~1600	2000~10000
2号	扁豆型(图9-4)	2A11、5A02、5052	H234	2.0~4.0	1.0		
		3105、3003	H194				
3号	五条型(图9-5)	1×××、3003	H194	1.5~4.5	1.0		
		5A02、5052、3105、5A43、3003	O、H114				
4号	三条型(图9-6)	1×××、3003	H194	1.5~4.5	1.0		
		2A11、5A02、5052、	H234				

续表

花纹代号	花纹图案类型	牌号	状态	规格/mm			
				底板厚度	筋高	宽度	长度
5号	指针型(图9-7)	1×××	H194	1.5~4.5	1.0		
		5A02、5052、5A43、	O、H114				
6号	菱型(图9-8)	2A11	H234	3.0~8.0	0.9		
7号	四条型(图9-9)	6061	O	2.0~4.0	1.0	1000~1600	2000~10000
		5A02、5052	O、H234				
8号	三条型(图9-10)	1×××	H114、H234、H194	1.0~4.5	0.3		
		3003	H114、H194				
		5A02、5052	O、H114、H194				
9号	星月型(图9-11)	1×××	H114、H234、H194	1.0~4.0	0.7		
		2A11	H194				
		2A12	T4	1.0~3.0			
		3003	H114、H234、H194	1.0~4.0			
		5A02、5052	H114、H234、H194				

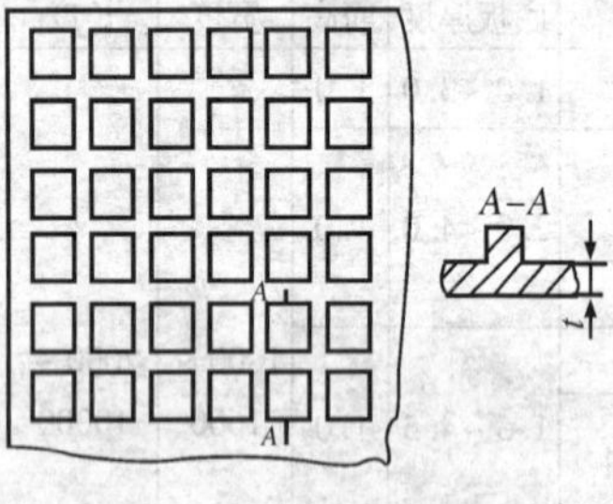

图9-3 方格型（1号）

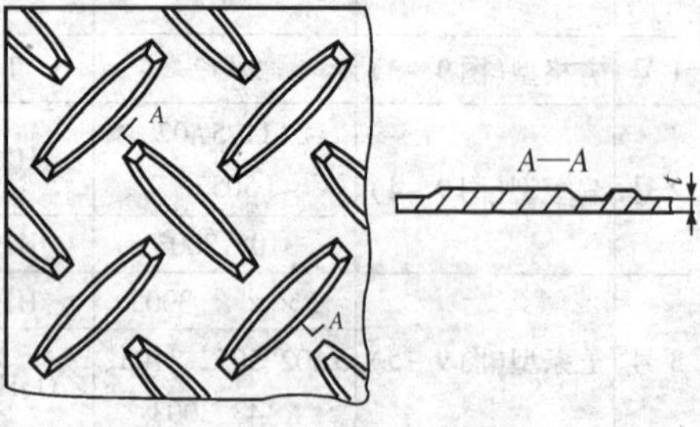

图9-4 扁豆型（2号）

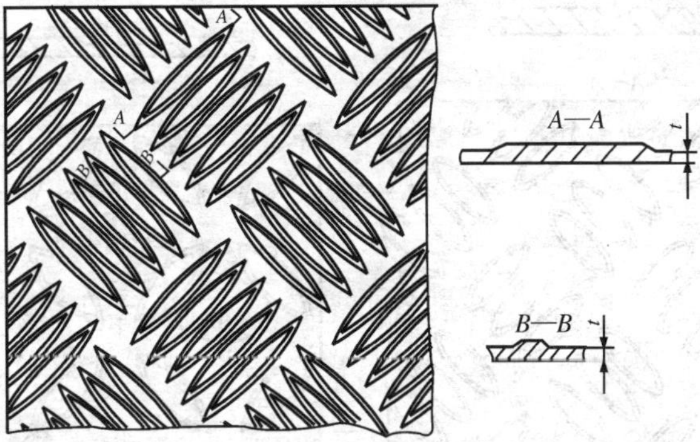

图 9－5　五条型（3 号）

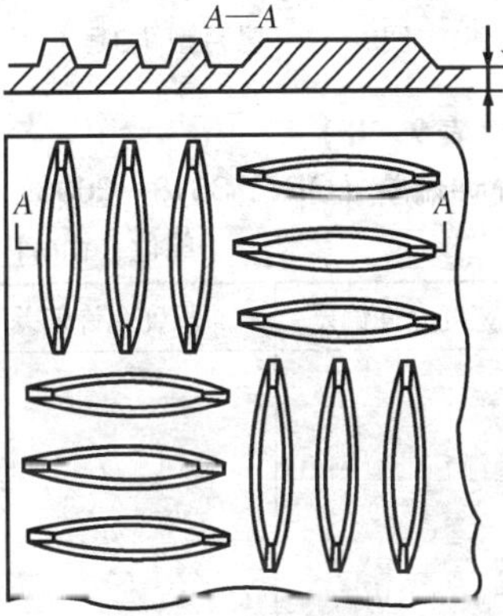

图9-6　三条型（4号）

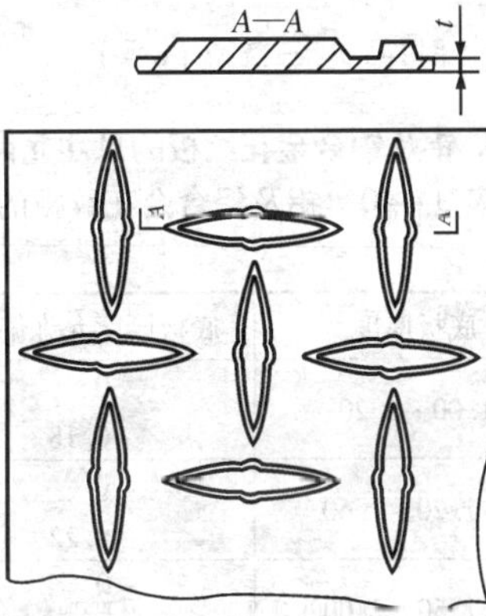

图9-7　指针型（5号）

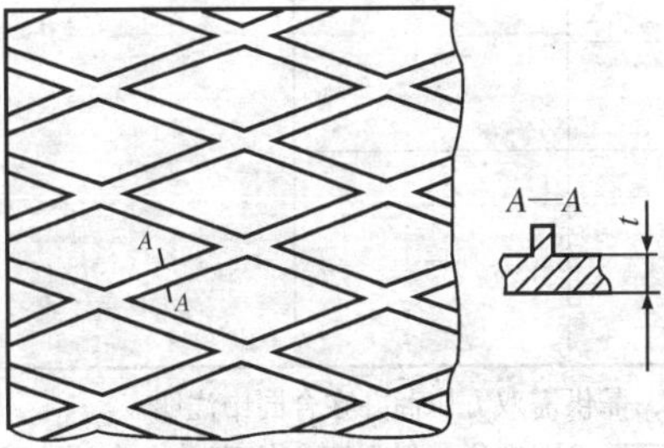

图9-8　菱型（6号）

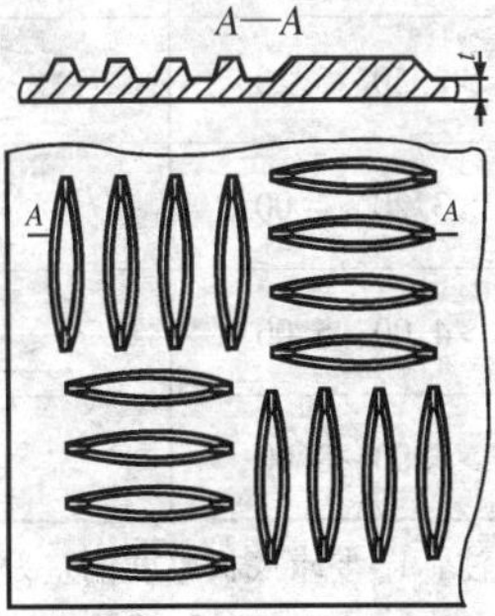

图9-9　四条型（7号）

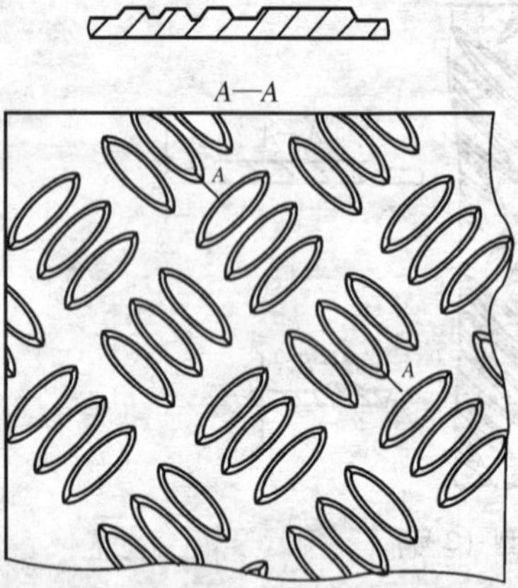

图9-10 三条型（8号）

图9-11 星月型（9号）

3. 铝及铝合金花纹板的尺寸允许偏差（表9-40）

表9-40 铝及铝合金花纹板的尺寸允许偏差（GB/T 3618—2006）

（单位：mm）

底板厚度	底板厚度允许偏差	宽度允许偏差	长度允许偏差
1.00~1.20	0 -0.18	±5	±5
>1.20~1.60	0 -0.22		
>1.60~2.00	0 -0.26		
>2.00~2.50	0 -0.30		
>2.50~3.20	0 -0.36		
>3.20~4.00	0 -0.42		
>4.00~5.00	0 -0.47	—	
>5.00~8.00	0 -0.52		

注：1. 要求底板厚度偏差为正值时，需供需双方协商并在合同中注明。

2. 厚度>4.5~8.0mm的花纹板不切边供货。但经双方协商并在合同中注明，也可切边供货。

4. 铝及铝合金花纹板的力学性能（表9-41）

表9-41 铝及铝合金花纹板的力学性能（GB/T 3618—2006）

花纹代号	牌号	状态	抗拉强度 R_m /(N/mm²)	规定非比例延伸强度 $R_{p0.2}$ /(N/mm²)	断后伸长率 A_{50mm}/%	弯曲系数
				≥		
1号、9号	2A12	T4	≥405	255	10	—
2号、4号、6号、9号	2A11	H234、H194	≥215	—	3	—
4号、8号、9号	3003	H114、H234	≥120	—	4	4
		H194	≥140	—	3	8
3号、4号、5号、8号、9号	1×××	H114	≥80	—	4	2
		H194	≥100	—	3	6
3号、7号	5A02、5052	O	≤150	—	14	3
2号、3号		H114	≥180	—	3	3
2号、4号、7号、8号、9号		H194	≥195	—	3	8
3号	5A43	O	≤100	—	15	2
		H114	≥120	—	4	4
7号	6061	O	≤150	—	12	—

注：计算横截面积所用的厚度为底板厚度。

9.4.5 铝及铝合金压型板

铝及铝合金压型板共有V25—150Ⅰ、V25—150Ⅱ、V25—150Ⅲ、V25—150Ⅳ、V60—187.5、V25—300、V35—115 Ⅰ、V35—115 Ⅱ、V35—125、V130—550、V173、Z295共12种规格，板形见图9-12～图9-23，其牌号、状态及规格见表9-42。

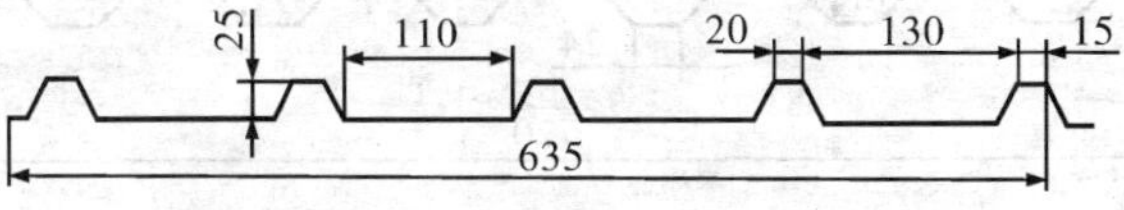

图9-12 V25—150Ⅰ型压型板（单位：mm）

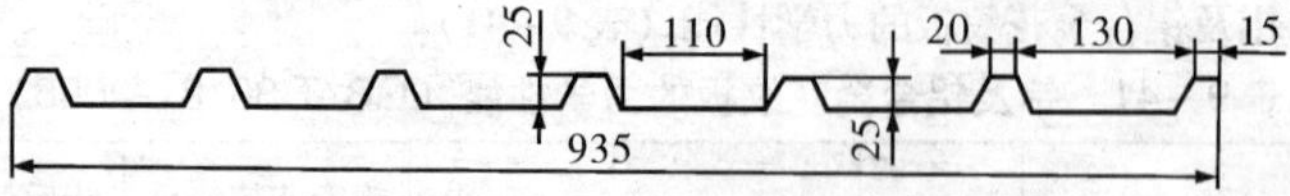

图 9－13　V25—150 Ⅱ 型压型板（单位：mm）

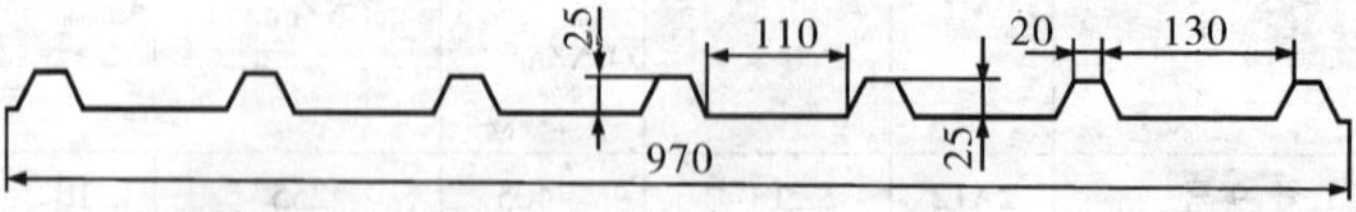

图 9－14　V25—150 Ⅲ 型压型板（单位：mm）

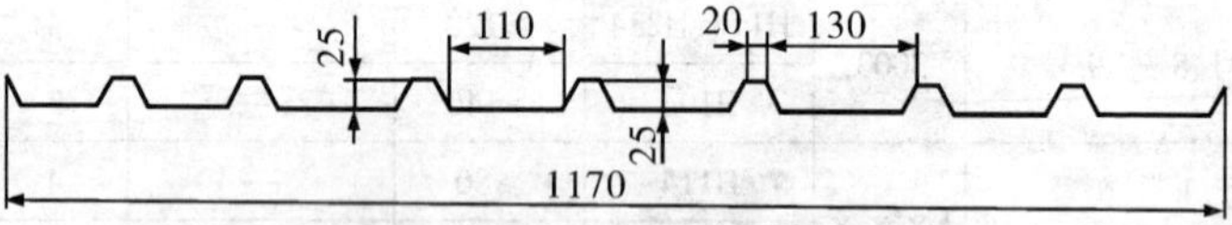

图 9－15　V25—150 Ⅳ 型压型板（单位：mm）

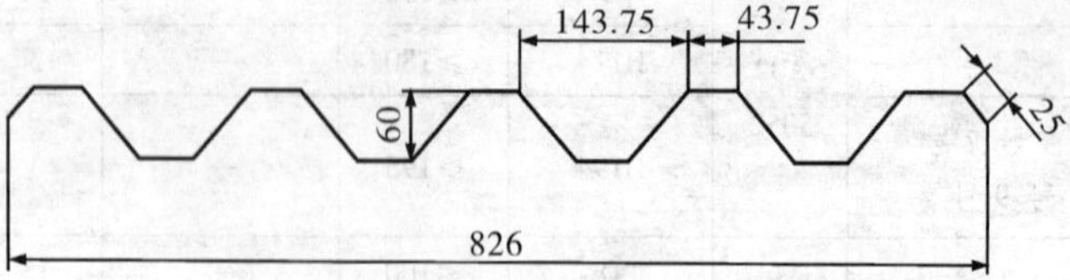

图 9－16　V60—187.5 型压型板（单位：mm）

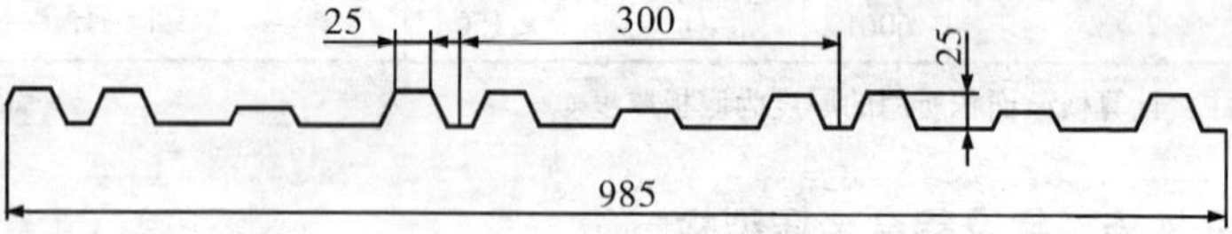

图 9－17　V25—300 型压型板（单位：mm）

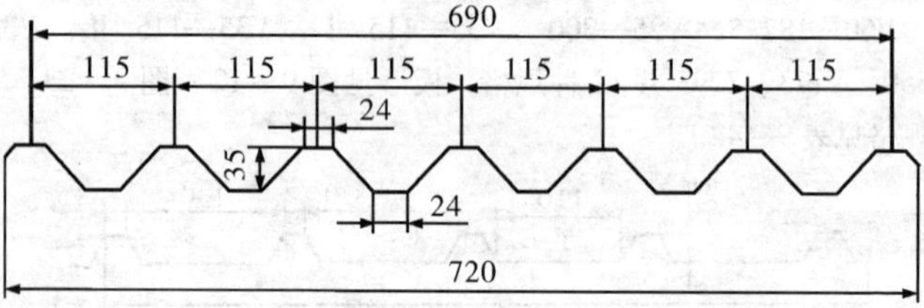

图 9－18　V35—115 Ⅰ 型压型板（单位：mm）

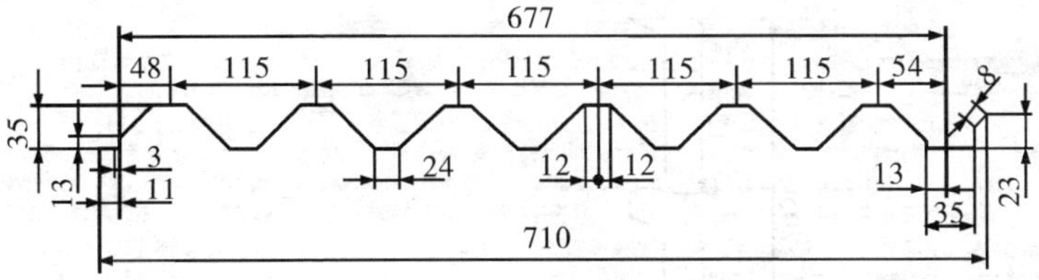

图9－19 V35—115Ⅱ型压型板（单位：mm）

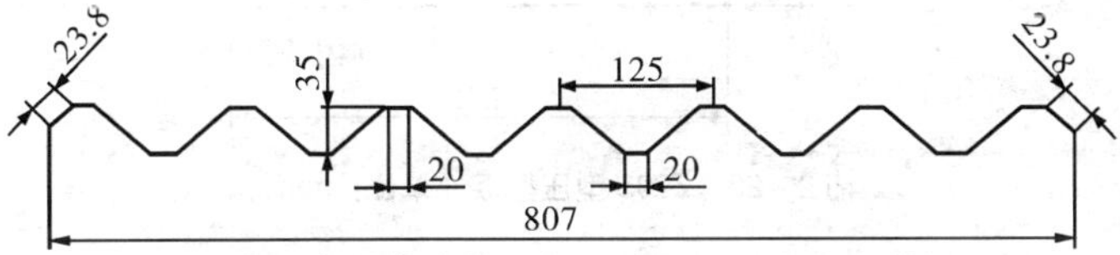

图9－20 V35—125型压型板（单位：mm）

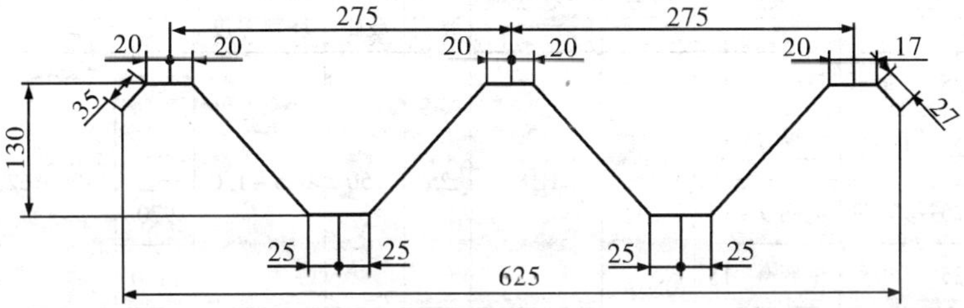

图9－21 V130—550型压型板（单位：mm）

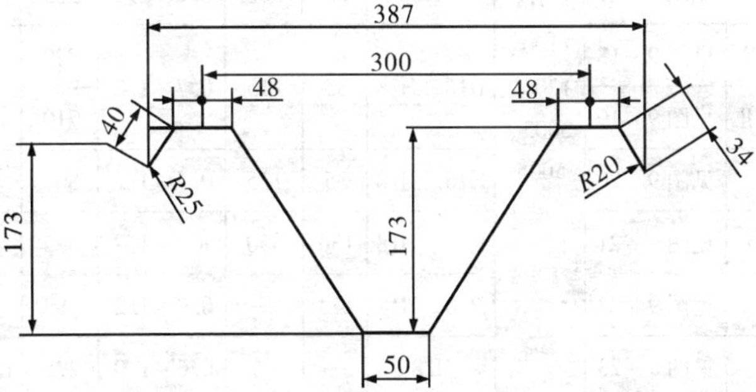

图9－22 V173型压型板（单位：mm）

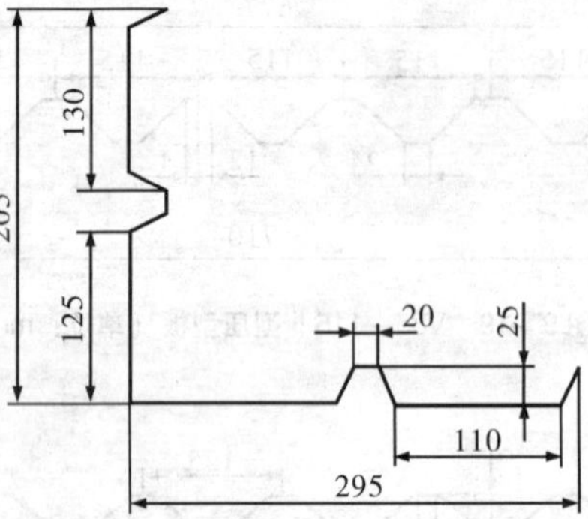

图 9-23 Z295 型压型板（单位：mm）

表 9-42 铝及铝合金压型板的牌号、状态及规格（GB/T 6891—06）

型号	板型	牌号	状态	规格/mm				
				波高	波距	坯料厚度	宽度	长度
V25—150 Ⅰ	见图 9-12	1050A、1050、1060、1070A、1100、1200、3003、5005	H18	25	150	0.6~1.0	635	1700~6200
V25—150 Ⅱ	见图 9-13						935	
V25—150 Ⅲ	见图 9-14						970	
V25—150 Ⅳ	见图 9-15						1170	
V60—187.5	见图 9-16		H16、H18	60	187.5	0.9~1.2	826	1700~6200
V25—300	见图 9-17		H16	25	300	0.6~1.0	985	1700~5000
V35—115 Ⅰ	见图 9-18		H16、H18	35	115	0.7~1.2	720	≥1700
V35—115 Ⅱ	见图 9-19						710	
V35—125	见图 9-20		H16、H18	35	125	0.7~1.2	807	≥1700
V130—550	见图 9-21		H16、H18	130	550	1.0~1.2	625	≥6000
V173	见图 9-22		H16、H18	173	—	0.9~1.2	387	≥1700
Z295	见图 9-23		H18	—	—	0.6~1.0	295	1200~2500

9.4.6 洗衣机用铝合金板材

1. 洗衣机用铝合金板材的牌号、状态及规格（表9-43）

表9-43 洗衣机用铝合金板材的牌号、状态及规格（YS/T 494—2005）

牌号	状态	规格/mm		
		厚度	宽度	长度
1050A、1060	H18	0.60~1.00	500.0~850.0	1600.0~2000.0
3003	H24、H14			

2. 洗衣机用铝合金板材的尺寸允许偏差（表9-44）

表9-44 洗衣机用铝合金板材的尺寸允许偏差（YS/T 494—2005）

（单位：mm）

厚度	厚度允许偏差	宽度	宽度允许偏差	长度	长度允许偏差	对角线差
0.60~1.00	±5%×厚度	500.0~850.0	±0.7	1600.0~2000.0	±0.5	0~1.0

3. 洗衣机用铝合金板材的力学性能（表9-45）

表9-45 洗衣机用铝合金板材的力学性能（YS/T 494—2005）

牌号	状态	抗拉强度 R_m/(N/mm^2)	断后伸长率 A_{50mm}/%
1050A、1060	H18	≥120	≥2
3003	H24、H14	145~215	≥4

9.4.7 建筑装饰用铝单板

1. 建筑装饰用铝单板的装饰面外观质量要求（表9-46）

表9-46 建筑装饰用铝单板的装饰面外观质量要求（GB/T 23443—2009）

分类	要求
辊涂	不得有漏涂、波纹、鼓泡或穿透涂层的损伤
液体喷涂	涂层应无流痕、裂纹、气泡、夹杂物或其他表面缺陷
粉末喷涂	涂层应平滑、均匀，不允许有皱纹、流痕、鼓泡、裂纹、发黏
陶瓷	表面无裂纹，颗粒和缩孔≤2个/m^2
阳极氧化	不允许有电灼伤、氧化膜脱落及开裂等影响使用的缺陷

2. 建筑装饰用铝单板的膜厚要求（表9-47）

表9-47 建筑装饰用铝单板的膜厚要求（GB/T 23443—2009）

<table>
<tr><th colspan="3">表面种类</th><th colspan="2">膜厚要求/μm</th></tr>
<tr><td rowspan="3" colspan="2">辊涂</td><td rowspan="2">氟碳</td><td>二涂</td><td>平均膜厚≥25,最小局部膜厚≥23</td></tr>
<tr><td>三涂</td><td>平均膜厚≥32,最小局部膜厚≥30</td></tr>
<tr><td>聚酯、丙烯酸</td><td colspan="2">平均膜厚≥16,最小局部膜厚≥14</td></tr>
<tr><td rowspan="4" colspan="2">液体喷涂</td><td rowspan="3">氟炭</td><td>二涂</td><td>平均膜厚≥30,最小局部膜厚≥25</td></tr>
<tr><td>三涂</td><td>平均膜厚≥40,最小局部膜厚≥34</td></tr>
<tr><td>四涂</td><td>平均膜厚≥65,最小局部膜厚≥55</td></tr>
<tr><td>聚酯、丙烯酸</td><td colspan="2">平均膜厚≥25,最小局部膜厚≥20</td></tr>
<tr><td rowspan="2" colspan="2">粉末喷涂</td><td>氟碳</td><td colspan="2">最小局部膜厚≥30</td></tr>
<tr><td>聚酯</td><td colspan="2">最小局部膜厚≥40</td></tr>
<tr><td colspan="3">陶瓷</td><td colspan="2">25~40</td></tr>
<tr><td rowspan="5">阳极氧化</td><td rowspan="2">室内用</td><td>AA5</td><td colspan="2">平均膜厚≥5,最小局部膜厚≥4</td></tr>
<tr><td>AA10</td><td colspan="2">平均膜厚≥10,最小局部膜厚≥8</td></tr>
<tr><td rowspan="3">室外用</td><td>AA15</td><td colspan="2">平均膜厚≥15,最小局部膜厚≥12</td></tr>
<tr><td>AA20</td><td colspan="2">平均膜厚≥20,最小局部膜厚≥16</td></tr>
<tr><td>AA25</td><td colspan="2">平均膜厚≥25,最小局部膜厚≥20</td></tr>
</table>

3. 建筑装饰用铝单板的膜性能（表9-48）

表9-48 建筑装饰用铝单板的膜性能（GB/T 23443—2009）

<table>
<tr><th rowspan="2" colspan="2">项目</th><th colspan="4">膜性能要求</th></tr>
<tr><th>氟碳</th><th>聚酯、丙烯酸</th><th>陶瓷</th><th>阳极氧化</th></tr>
<tr><td rowspan="3">光泽度偏差</td><td>光泽度<30</td><td colspan="3">±5</td><td rowspan="7">—</td></tr>
<tr><td>30≤光泽度<70</td><td colspan="3">±7</td></tr>
<tr><td>光泽度≥70</td><td colspan="3">±10</td></tr>
<tr><td rowspan="3">附着力</td><td>干式</td><td colspan="3">划格法0级</td></tr>
<tr><td>湿式</td><td colspan="3">划格法0级</td></tr>
<tr><td>沸水煮</td><td colspan="3">划格法0极</td></tr>
<tr><td colspan="2">铅笔硬度</td><td colspan="2">≥1H</td><td>≥4H</td></tr>
</table>

续表

<table>
<tr><td colspan="3" rowspan="2">项目</td><td colspan="4">膜性能要求</td></tr>
<tr><td>氟碳</td><td>聚酯、丙烯酸</td><td>陶瓷</td><td>阳极氧化</td></tr>
<tr><td rowspan="4">耐化学腐蚀性</td><td rowspan="2">耐酸性</td><td>耐盐酸</td><td colspan="3">无变化</td><td rowspan="2">—</td></tr>
<tr><td>耐硝酸</td><td colspan="3">无起泡等变化</td></tr>
<tr><td colspan="2">耐砂浆性</td><td colspan="3">无变化</td><td>—</td></tr>
<tr><td colspan="2">耐溶剂性①</td><td>丁酮，无漏底</td><td>二甲苯，擦拭法无漏底或静置法涂层无发暗，划痕试验应无明显划痕</td><td>丁酮，无漏底</td><td>—</td></tr>
<tr><td colspan="3">封孔质量</td><td colspan="3">—</td><td>≤30mg/dm²</td></tr>
<tr><td colspan="3">耐磨性</td><td>≥5L/μm</td><td>—</td><td>≥5L/μm</td><td>≥300g/μm</td></tr>
</table>

①聚酯粉末涂层采用静置法，其他涂层均采用擦拭法。

9.4.8　表盘及装饰用纯铝板

1. 表盘及装饰用纯铝板牌号、状态及规格（表9-49）

表9-49　表盘及装饰用纯铝板牌号、状态及规格（YS/T 242—2009）

<table>
<tr><td rowspan="2">牌号</td><td rowspan="2">状态</td><td colspan="3">典型规格/mm</td></tr>
<tr><td>厚度①</td><td>宽度</td><td>长度</td></tr>
<tr><td>1035、1050A、1060、1070A、1070、1100、1200</td><td>O、H14
H24</td><td>0.30～4.00</td><td rowspan="2">1000、1200、1500</td><td rowspan="6">2000、2500、3000、3500、4000、4500</td></tr>
<tr><td>1035、1050A、1060、1070A、1070、1100、1200</td><td>H18</td><td>0.30～2.00</td></tr>
<tr><td rowspan="4">3003</td><td>O</td><td>0.60</td><td>1150</td></tr>
<tr><td>H14</td><td>0.15</td><td>450</td></tr>
<tr><td>H16</td><td>0.28、0.50、0.80</td><td>1575、1220</td></tr>
<tr><td>H18</td><td>0.30</td><td>1385</td></tr>
<tr><td rowspan="2">5052</td><td>H22、H32</td><td>0.20～1.00</td><td>1000～1500</td><td rowspan="4">2000、2500、3000、3500、4000、4500</td></tr>
<tr><td>H24</td><td>0.50～1.00</td><td>1000～1500</td></tr>
<tr><td rowspan="2">8011</td><td>H14</td><td>0.35</td><td>1750</td></tr>
<tr><td>H18</td><td>0.35</td><td>1570</td></tr>
</table>

①0.3～0.4mm的厚度只供应宽1000mm、长2000mm的板材。

2. 表盘及装饰用纯铝板的力学性能（表 9-50）

表 9-50 表盘及装饰用纯铝板的力学性能（YS/T 242—2009）

牌号	状态	厚度/mm	室温拉伸试验结果 抗拉强度 R_m/(N/mm²)	规定非比例延伸强度 $R_{p0.2}$/(N/mm²) ≥	断后伸长率 A_{50mm}/% ≥
1035	O	0.30~0.50	75~110	—	15
		>0.50~0.80	75~110	—	20
		>0.80~1.30	75~110	—	25
		>1.3~4.0	75~110	—	30
	H14 H24	0.30~0.50	120~145	—	2
		>0.50~0.80	120~145	—	3
		>0.80~1.30	120~145	—	4
		>1.30~4.00	120~145	—	5
	H18	0.30~0.50	155	—	1
		>0.50~0.80	155	—	2
		>0.80~1.30	155	—	3
		1.30~2.00	155	—	4
1050A	O	0.30~0.50	65~95	20	20
		>0.50~1.50	65~95	20	22
		>1.50~3.00	65~95	20	26
		>3.00~4.00	65~95	20	29
	H14	0.30~0.50	105~145	85	2
		>0.50~1.50	105~145	85	3
		>1.50~3.00	105~145	85	4
		>3.00~4.00	105~145	85	5
	H24	0.30~0.50	105~145	75	3
		>0.50~1.50	105~145	75	4
		>1.50~3.00	105~145	75	5
		>3.00~4.00	105~145	75	8

续表

牌号	状态	厚度/mm	室温拉伸试验结果		
			抗拉强度 R_m/(N/mm²)	规定非比例延伸强度 $R_{p0.2}$/(N/mm²)	断后伸长率 A_{50mm}/%
			≥		
1050A	H18	0.30～0.50	140	120	1
		>0.50～1.50	140	120	2
		>1.50～2.00	140	120	2
1060	O	0.30～0.50	60～100	15	18
		>0.50～1.50	60～100	15	23
		>1.50～4.00	60～100	15	25
	H14 H24	0.30～0.50	95～135	70	2
		>0.50～0.80	95～135	70	2
		>0.80～1.50	95～135	70	4
		>1.50～4.00	95～135	70	6
	H18	0.30～0.50	125	85	2
		>0.50～1.50	125	85	3
		>1.50～2.00	125	85	4
1070A	O	0.30～0.50	60～90	15	23
		>0.50～1.50	60～90	15	25
		>1.50～3.00	60～90	15	29
		>3.00～4.00	60～90	15	32
	H14	0.30～0.50	100～140	70	4
		>0.50～1.50	100～140	70	4
		>1.50～3.00	100～140	70	5
		>3.00～4.00	100～140	70	6
	H24	0.30～0.50	100～140	60	5
		>0.50～1.50	100～140	60	6
		>1.50～3.00	100～140	60	7
		>3.00～4.00	100～140	60	9

续表

牌号	状态	厚度/mm	室温拉伸试验结果		
			抗拉强度 R_m/(N/mm²)	规定非比例延伸强度 $R_{p0.2}$/(N/mm²)	断后伸长率 A_{50mm}/%
			≥		
1070A	H18	0.30~0.50	125	105	2
		>0.50~1.50	125	105	2
		>1.50~2.00	125	105	2
1070	O	0.30~0.50	55~95	—	20
		>0.50~0.80	55~95	—	25
		>0.80~1.50	55~95	15	30
		>1.50~4.00	55~95	15	35
	H14 H24	0.30~0.50	85~120	—	2
		>0.50~0.80	85~120	—	3
		>0.80~1.50	85~120	65	4
		>1.50~3.00	85~120	65	5
		>3.00~4.00	85~120	65	6
	H18	0.30~0.50	120	—	1
		>0.50~0.80	120	—	2
		>0.80~1.50	120	—	3
		>1.50~2.00	120	—	4
1100	O	0.30~0.50	75~105	25	17
		>0.50~1.50	75~105	25	22
		>1.50~4.00	75~105	25	30
	H14 H24	0.30~0.50	110~145	95	2
		>0.50~1.50	110~145	95	3
		>1.50~4.00	110~145	95	5
	H18	0.30~0.50	150	—	1
		>0.50~1.50	150	—	2
		>1.50~2.00	150	—	4

续表

牌号	状态	厚度/mm	室温拉伸试验结果		
			抗拉强度 R_m/(N/mm^2)	规定非比例延伸强度 $R_{p0.2}$/(N/mm^2)	断后伸长率 A_{50mm}/%
			≥		
1200	O	0.30~0.50	75~105	25	19
		>0.50~1.50	75~105	25	21
		>1.50~3.00	75~105	25	24
		>3.00~4.00	75~105	25	28
	H14	0.30~0.50	115~155	95	2
		>0.50~1.50	115~155	95	3
		>1.50~3.00	115~155	95	4
		>3.00~4.00	115~155	95	5
	H24	0.30~0.50	115~155	90	3
		>0.50~1.50	115~155	90	4
		>1.50~3.00	115~155	90	5
		>3.00~4.00	115~155	90	7
	H18	0.30~0.50	150	130	1
		>0.50~1.50	150	130	2
		>1.50~2.00	150	130	2
3003	O	0.60	118~121	—	33~36
	H14	0.15	165	—	2.0
	H16	0.28	165	—	2.5
		0.50	174	—	2.5
		0.80	164	—	3.0
	H18	0.30	245	—	2.0
5052	H22	0.20~1.00	215~265	130	6
	H32	0.20~1.00	215~265	130	6
	H24	0.50~1.00	230~280	150	5
8011	H14	0.35	143~150	—	3.2~4.0
	H18	0.35	171~184	—	2.8~3.5

9.4.9 铝及铝合金压花板、带材

1. 铝及铝合金压花板、带材的牌号、状态及规格（表9-51）

表9-51 铝及铝合金压花板、带材的牌号、状态及规格（YS/T 490—2005）

牌号	供应状态	规格/mm			
		基材厚度	宽度	长度	
1070A、1070、1060、1050、1050A、1145、1100、1200、3003	H14 H24	>0.20~1.50	500.0~1500.0	板材	1000~4000
5052	H22			带材	—

2. 铝及铝合金压花板、带材压花前的厚度允许偏差（表9-52）

表9-52 铝及铝合金压花板、带材压花前的厚度允许偏差（YS/T 490—2005）（单位：mm）

厚度	厚度允许偏差
0.20~0.30	±0.03
>0.30~0.50	±0.04
>0.50~0.80	±0.06
>0.80~1.50	±0.08

3. 铝及铝合金压花板、带材的宽度允许偏差（表9-53）

表9-53 铝及铝合金压花板、带材的宽度允许偏差（YS/T 490—2005）（单位：mm）

宽度	宽度允许偏差
500.0~800.0	±2.0
>800.0~1500.0	±3.0

4. 铝及铝合金压花板、带材的氧化膜厚度（表9-54）

表9-54 铝及铝合金压花板、带材的氧化膜厚度（YS/T 490—2005）

花纹图案	基材厚度/mm	宽度/mm	长度/mm	氧化膜局部厚度/μm
1#花纹	0.40~1.20	800.0	1400	5~20
2#花纹	0.30~1.50	1220.0	2440	5~20

9.4.10 铝及铝合金彩色涂层板、带材

1. 铝及铝合金彩色涂层板、带材的牌号、状态及规格（表9-55）

表9-55 铝及铝合金彩色涂层板、带材的牌号、状态及规格（YS/T 431—2009）

牌号	合金类别	涂层板、带状态	基材状态	基材厚度/mm	板材规格/mm		带材规格/mm	
					宽度	长度	宽度	套筒内径
1050、1100、3003、3004、3005、3104、3105、5005、5050	A类	H42、H44、H46、H48	H12、H22、H14、H24、H16、H26、H18	0.20≤t≤1.80	500～1600	500～4000	50～1600	200、300、350、405、505
5052	B类							

注：基材状态和基材厚度指板、带材涂层前的状态和厚度。

2. 铝及铝合金彩色涂层板、带材的力学性能（表9-56）

表9-56 铝及铝合金彩色涂层板、带材的力学性能（YS/T 431—2009）

牌号	状态	厚度 t/mm	室温拉伸试验结果			弯曲性能	
			抗拉强度 R_m /(N/mm²)	规定非比例延伸强度 $R_{p0.2}$/(N/mm²)	断后伸长率 A_{50mm}/%	弯曲半径	
						180°	90°
			≥				
1050	H12	>0.2～0.3	80～120	—	2	—	0t
		>0.3～0.5	80～120	—	3	—	0t
		>0.5～0.8	80～120	—	4	—	0t
		>0.8～1.5	80～120	65	6	—	0.5t
		>1.5～1.8	80～120	65	8	—	0.5t
	H22	>0.2～0.3	80～120	—	2	—	0t
		>0.3～0.5	80～120	—	3	—	0t
		>0.5～0.8	80～120	—	4	—	0t
		>0.8～1.5	80～120	65	6	—	0.5t
		>1.5～1.8	80～120	65	8	—	0.5t
	H14	>0.2～0.3	95～130	—	1	—	0.5t
		>0.3～0.5	95～130	—	2	—	0.5t
		>0.5～0.8	95～130	—	3	—	0.5t
		>0.8～1.5	95～130	75	4	—	1.0t
		>1.5～1.8	95～130	75	5	—	1.0t

续表

牌号	状态	厚度 t/mm	室温拉伸试验结果			弯曲性能	
			抗拉强度 R_m /(N/mm²)	规定非比例延伸强度 $R_{p0.2}$/(N/mm²)	断后伸长率 A_{50mm}/%	弯曲半径	
						180°	90°
			≥				
1050	H24	>0.2~0.3	95~130	—	1	—	0.5t
		>0.3~0.5	95~130	—	2	—	0.5t
		>0.5~0.8	95~130	—	3	—	0.5t
		>0.8~1.5	95~130	75	4	—	1.0t
		>1.5~1.8	95~130	75	5	—	1.0t
	H16	>0.2~0.5	120~150	—	1	—	2.0t
		>0.5~0.8	120~150	85	2	—	2.0t
		>0.8~1.5	120~150	85	3	—	2.0t
		>1.5~1.8	120~150	85	4	—	2.0t
	H26	>0.2~0.5	120~150	—	1	—	2.0t
		>0.5~0.8	120~150	85	2	—	2.0t
		>0.8~1.5	120~150	85	3	—	2.0t
		>1.5~1.8	120~150	85	4	—	2.0t
	H18	>0.2~0.5	130	—	1	—	—
		>0.5~0.8	130	—	2	—	—
		>0.8~1.5	130	—	3	—	—
		>1.5~1.8	130	—	4	—	—
1100	H12	>0.2~0.5	95~130	75	3	—	0t
		>0.5~1.5	95~130	75	5	—	0t
		>1.5~1.8	95~130	75	8	—	0t
	H22	>0.2~0.5	95~130	75	3	—	0t
		>0.5~1.5	95~130	75	5	—	0t
		>1.5~1.8	95~130	75	8	—	0t
	H14	>0.2~0.3	110~145	95	1	—	0t
		>0.3~0.5	110~145	95	2	—	0t
		>0.5~1.5	110~145	95	3	—	0t
		>1.5~1.8	110~145	95	5	—	0t

续表

牌号	状态	厚度 t/mm	室温拉伸试验结果			弯曲性能	
			抗拉强度 R_m/(N/mm²)	规定非比例延伸强度 $R_{p0.2}$/(N/mm²)	断后伸长率 A_{50mm}/%	弯曲半径	
						180°	90°
			≥				
1100	H24	>0.2~0.3	110~145	95	1	—	0t
		>0.3~0.5	110~145	95	2	—	0t
		>0.5~1.5	110~145	95	3	—	0t
		>1.5~1.8	110~145	95	5	—	0t
	H16	>0.2~0.3	130~165	115	1	—	2t
		>0.3~0.5	130~165	115	2	—	2t
		>0.5~1.5	130~165	115	3	—	2t
		>1.5~1.8	130~165	115	4	—	2t
	H26	>0.2~0.3	130~165	115	1	—	2t
		>0.3~0.5	130~165	115	2	—	2t
		>0.5~1.5	130~165	115	3	—	2t
		>1.5~1.8	130~165	115	4	—	2t
	H18	>0.2~0.5	150	—	1	—	—
		>0.5~1.5	150	—	2	—	—
		>1.5~1.8	150	—	4	—	—
3003	H12	>0.2~0.5	120~160	90	3	1.5t	0t
		>0.5~1.5	120~160	90	4	1.5t	0.5t
		>1.5~1.8	120~160	90	5	1.5t	1.0t
	H22	>0.2~0.5	120~160	80	6	1.0t	0t
		>0.5~1.5	120~160	80	7	1.0t	0.5t
		>1.5~1.8	120~160	80	8	1.0t	1.0t
	H14	>0.2~0.5	145~185	125	2	2.0t	0.5t
		>0.5~1.5	145~185	125	2	2.0t	1.0t
		>1.5~1.8	145~185	125	3	2.0t	1.0t

续表

牌号	状态	厚度 t/mm	室温拉伸试验结果			弯曲性能	
			抗拉强度 R_m /(N/mm²)	规定非比例延伸强度 $R_{p0.2}$/(N/mm²)	断后伸长率 A_{50mm}/%	弯曲半径	
						180°	90°
			≥				
3003	H24	>0.2~0.5	145~185	115	4	1.5t	0.5t
		>0.5~1.5	145~185	115	4	1.5t	1.0t
		>1.5~1.8	145~185	115	5	1.5t	1.0t
	H16	>0.2~0.5	170~210	150	1	2.5t	1.0t
		>0.5~1.5	170~210	150	2	2.5t	1.5t
		>1.5~1.8	170~210	150	2	2.5t	2.0t
	H26	>0.2~0.5	170~210	140	2	2.0t	1.0t
		>0.5~1.5	170~210	140	3	2.0t	1.5t
		>1.5~1.8	170~210	140	3	2.0t	2.0t
	H18	>0.2~0.5	190	170	1	—	1.5t
		>0.5~1.5	190	170	2	—	2.5t
		>1.5~1.8	190	170	2	—	3.0t
3004	H12	>0.2~0.5	190~240	155	2	1.5t	0t
		>0.5~1.5	190~240	155	3	1.5t	0.5t
		>1.5~1.8	190~240	155	4	2.0t	1.0t
	H22	>0.2~0.5	190~240	145	4	1.0t	0t
		>0.5~1.5	190~240	145	5	1.0t	0.5t
		>1.5~1.8	190~240	145	6	1.5t	1.0t
	H14	>0.2~0.5	220~265	180	1	2.5t	0.5t
		>0.5~1.5	220~265	180	2	2.5t	1.0t
		>1.5~1.8	220~265	180	2	2.5t	1.5t
	H24	>0.2~0.5	220~265	170	3	2.0t	0.5t
		>0.5~1.5	220~265	170	4	2.0t	1.0t
		>1.5~1.8	220~265	170	4	2.0t	1.5t

续表

牌号	状态	厚度 t/mm	室温拉伸试验结果			弯曲性能	
			抗拉强度 R_m /(N/mm²)	规定非比例延伸强度 $R_{p0.2}$/(N/mm²)	断后伸长率 A_{50mm}/%	弯曲半径 180°	弯曲半径 90°
			≥				
3004	H16	>0.2~0.5	240~285	200	1	3.5t	1.0t
		>0.5~1.5	240~285	200	1	3.5t	1.5t
		>1.5~1.8	240~285	200	2	—	2.5t
	H26	>0.2~0.5	240~285	190	3	3.0t	1.0t
		>0.5~1.5	240~285	190	3	3.0t	1.5t
		>1.5~1.8	240~285	190	3	—	2.5t
	H18	>0.2~0.5	260	230	1	—	1.5t
		>0.5~1.5	260	230	1	—	2.5t
		>1.5~1.8	260	230	2	—	—
3005	H12	>0.2~0.5	145~195	125	3	1.5t	0t
		>0.5~1.5	145~195	125	4	1.5t	0.5t
		>1.5~1.8	145~195	125	4	2.0t	1.0t
	H22	>0.2~0.5	145~195	110	5	1.0t	0t
		>0.5~1.5	145~195	110	5	1.0t	0.5t
		>1.5~1.8	145~195	110	6	1.5t	1.0t
	H14	>0.2~0.5	170~215	150	1	2.5t	0.5t
		>0.5~1.5	170~215	150	2	2.5t	1.0t
		>1.5~1.8	170~215	150	2	—	1.5t
	H24	>0.2~0.5	170~215	130	4	1.5t	0.5t
		>0.5~1.5	170~215	130	4	1.5t	1.0t
		>1.5~1.8	170~215	130	4	—	1.5t
	H16	>0.2~0.5	195~240	175	1	—	1.0t
		>0.5~1.5	195~240	175	2	—	1.5t
		>1.5~1.8	195~240	175	2	—	2.5t

续表

牌号	状态	厚度 t/mm	室温拉伸试验结果			弯曲性能	
			抗拉强度 R_m /(N/mm²)	规定非比例延伸强度 $R_{p0.2}$/(N/mm²)	断后伸长率 A_{50mm}/%	弯曲半径	
						180°	90°
				≥			
3005	H26	>0.2~0.5	195~240	160	3	—	1.0t
		>0.5~1.5	195~240	160	3	—	1.5t
		>1.5~1.8	195~240	160	3	—	2.5t
	H18	>0.2~0.5	220	200	1	—	1.5t
		>0.5~1.5	220	200	2	—	2.5t
		>1.5~1.8	220	200	2	—	—
3104	H12	>0.2~0.5	190~240	155	2	—	0t
		>0.5~1.5	190~240	155	3	—	0.5t
		>1.5~1.8	190~240	155	4	—	1.0t
	H22	>0.2~0.5	190~240	145	4	—	0t
		>0.5~1.5	190~240	145	5	—	0.5t
		>1.5~1.8	190~240	145	6	—	1.0t
	H14	>0.2~0.5	220~265	180	1	—	0t
		>0.5~1.5	220~265	180	2	—	0.5t
		>1.5~1.8	220~265	180	2	—	1.0t
	H24	>0.2~0.5	220~265	170	3	—	0.5t
		>0.5~1.5	220~265	170	4	—	1.0t
		>1.5~1.8	220~265	170	4	—	1.5t
	H16	>0.2~0.5	240~285	200	1	—	1.0t
		>0.5~1.5	240~285	200	1	—	1.5t
		>1.5~1.8	240~285	200	2	—	2.5t
	H26	>0.2~0.5	240~285	190	3	—	1.0t
		>0.5~1.5	240~285	190	3	—	1.5t
		>1.5~1.8	240~285	190	3	—	2.5t

续表

牌号	状态	厚度 t/mm	室温拉伸试验结果			弯曲性能	
			抗拉强度 R_m /(N/mm²)	规定非比例延伸强度 $R_{p0.2}$/(N/mm²)	断后伸长率 A_{50mm}/%	弯曲半径	
						180°	90°
			≥				
3104	H18	>0.2~0.5	260	230	1	—	1.5t
		>0.5~1.5	260	230	1	—	2.5t
		>1.5~1.8	260	230	2	—	—
3105	H12	>0.2~0.5	130~180	105	3	1.5t	—
		>0.5~1.5	130~180	105	4	1.5t	—
		>1.5~1.8	130~180	105	4	1.5t	—
	H22	>0.2~0.5	130~180	105	6	—	—
		>0.5~1.5	130~180	105	6	—	—
		>1.5~1.8	130~180	105	7	—	—
	H14	>0.2~0.5	150~200	130	2	2.5t	—
		>0.5~1.5	150~200	130	2	2.5t	—
		>1.5~1.8	150~200	130	2	2.5t	—
	H24	>0.2~0.5	150~200	120	4	2.5t	—
		>0.5~1.5	150~200	120	4	2.5t	—
		>1.5~1.8	150~200	120	5	2.5t	
	H16	>0.2~0.5	175~225	160	1	—	—
		>0.5~1.5	175~225	160	2	—	—
		>1.5~1.8	175~225	160	2	—	—
	H26	>0.2~0.5	175~225	150	3	—	—
		>0.5~1.5	175~225	150	3	—	—
		>1.5~1.8	175~225	150	3	—	—
	H18	>0.2~0.5	195	180	1	—	—
		>0.5~1.5	195	180	1	—	—
		>1.5~1.8	195	180	1	—	—

续表

牌号	状态	厚度 t/mm	室温拉伸试验结果			弯曲性能	
			抗拉强度 R_m /(N/mm²)	规定非比例延伸强度 $R_{p0.2}$ /(N/mm²)	断后伸长率 A_{50mm} /%	弯曲半径 180°	弯曲半径 90°
				≥			
5005	H12	>0.2~0.5	125~165	95	2	1.0t	0t
		>0.5~1.5	125~165	95	2	1.0t	0.5t
		>1.5~1.8	125~165	95	4	1.5t	1.0t
	H22	>0.2~0.5	125~165	80	4	1.0t	0t
		>0.5~1.5	125~165	80	5	1.0t	0.5t
		>1.5~1.8	125~165	80	6	1.5t	1.0t
	H14	>0.2~0.5	145~185	120	2	2.0t	0.5t
		>0.5~1.5	145~185	120	2	2.0t	1.0t
		>1.5~1.8	145~185	120	3	2.5t	1.0t
	H24	>0.2~0.5	145~185	110	3	1.5t	0.5t
		>0.5~1.5	145~185	110	4	1.5t	1.0t
		>1.5~1.8	145~185	110	5	2.0t	1.0t
	H16	>0.2~0.5	165~205	145	1	—	1.0t
		>0.5~1.5	165~205	145	2	—	1.5t
		>1.5~1.8	165~205	145	3	—	2.0t
	H26	>0.2~0.5	165~205	135	2	—	1.0t
		>0.5~1.5	165~205	135	3	—	1.5t
		>1.5~1.8	165~205	135	4	—	2.0t
	H18	>0.2~0.5	185	165	1	—	1.5t
		>0.5~1.5	185	165	2	—	2.5t
		>1.5~1.8	185	165	2	—	3.0t
5050	H12	>0.2~0.5	155~195	130	2	—	0t
		>0.5~1.5	155~195	130	2	—	0.5t
		>1.5~1.6	155~195	130	4	—	1.0t

续表

牌号	状态	厚度 t/mm	室温拉伸试验结果			弯曲性能	
			抗拉强度 R_m /(N/mm²)	规定非比例延伸强度 $R_{p0.2}$/(N/mm²)	断后伸长率 A_{50mm}/%	弯曲半径	
						180°	90°
			≥				
5050	H22	>0.2～0.5	155～195	110	4	1.0t	0t
		>0.5～1.5	155～195	110	5	1.0t	0.5t
		>1.5～1.8	155～195	110	7	1.5t	1.0t
	H14	>0.2～0.5	175～215	150	2	—	0.5t
		>0.5～1.5	175～215	150	2	—	1.0t
		>1.5～1.8	175～215	150	3	—	1.5t
	H24	>0.2～0.5	175～215	135	3	1.5t	0.5t
		>0.5～1.5	175～215	135	4	1.5t	1.0t
		>1.5～1.8	175～215	135	5	2.0t	1.5t
	H16	>0.2～0.5	195～235	170	1	—	1.0t
		>0.5～1.5	195～235	170	2	—	1.5t
		>1.5～1.8	195～235	170	2	—	2.5t
	H26	>0.2～0.5	195～235	160	2	—	1.0t
		>0.5～1.5	195～235	160	3	—	1.5t
		>1.5～1.8	195～235	160	4	—	2.5t
	H18	>0.2～0.5	220	190	1	—	1.5t
		>0.5～1.5	220	190	2	—	2.5t
		>1.5～1.8	220	190	2	—	—
5052	H12	>0.2～0.5	210～260	160	4	—	—
		>0.5～1.5	210～260	160	5	—	—
		>1.5～1.8	210～260	160	6	—	—
	H22	>0.2～0.5	210～260	130	5	1.5t	0.5t
		>0.5～1.5	210～260	130	6	1.5t	1.0t
		>1.5～1.8	210～260	130	7	1.5t	1.5t

续表

牌号	状态	厚度 t/mm	室温拉伸试验结果			弯曲性能	
			抗拉强度 R_m /(N/mm²)	规定非比例延伸强度 $R_{p0.2}$/(N/mm²)	断后伸长率 A_{50mm}/%	弯曲半径	
						180°	90°
				≥			
5052	H14	>0.2~0.5	230~280	180	3	—	—
		>0.5~1.5	230~280	180	3	—	—
		>1.5~1.8	230~280	180	4	—	—
	H24	>0.2~0.5	230~280	150	4	2.0t	0.5t
		>0.5~1.5	230~280	150	5	2.0t	1.5t
		>1.5~1.8	230~280	150	6	2.0t	2.0t
	H16	>0.2~0.5	250~300	210	2	—	—
		>0.5~1.5	250~300	210	3	—	—
		>1.5~1.8	250~300	210	3	—	—
	H26	>0.2~0.5	250~300	180	3	—	1.5t
		>0.5~1.5	250~300	180	4	—	2.0t
		>1.5~1.8	250~300	180	5	—	3.0t
	H18	>0.2~0.5	270	240	1	—	—
		>0.5~1.5	270	240	2	—	—
		>1.5~1.8	270	240	2	—	—

9.4.11 天花吊顶用铝及铝合金板、带材

1. 天花吊顶用铝及铝合金板、带材的牌号、状态及规格（表9-57）

表9-57 天花吊顶用铝及铝合金板、带材的牌号、状态及规格（YS/T 690—2009）

牌号	状态		规格/mm				
	基材状态	涂层板、带状态	基材厚度	板材		带材	
				宽度	长度	宽度	套筒内径
1100、3003、3004、3005、3104、3105、5005、5050、5052	H16、H26	H46	0.3~<1.00	500~1600	500~4000	100~1600	405、505、605
	H14、H24	H44	1.00~1.60	500~1200	500~4000	100~1200	405、505、605

2. 天花吊顶用铝及铝合金板、带材的力学性能（表9-58）

表9-58　天花吊顶用铝及铝合金板、带材的力学性能（YS/T 690—2009）

牌号	基材状态	基材厚度/mm	抗拉强度 R_m /(N/mm²)	规定非比例延伸强度 $R_{p0.2}$/(N/mm²)	断后伸长率 A_{50mm}/%	弯曲半径① 180°	弯曲半径① 90°
			≥				
1100	H16	>0.30~0.50	130~165	115	2	—	2t
		>0.50~1.00	130~165	115	3	—	2t
	H26	>0.30~0.50	130~165	115	2	—	2t
		>0.50~1.00	130~165	115	3	—	2t
	H14	>1.00~1.50	110~145	95	3	—	0t
		>1.50~1.60	110~145	95	5	—	0t
	H24	>1.00~1.50	110~145	95	3	—	0t
		>1.50~1.60	110~145	95	5	—	0t
3003	H16	>0.30~0.50	170~210	150	1	2.5t	1.0t
		>0.50~1.00	170~210	150	2	2.5t	1.5t
	H26	>0.30~0.50	170~210	140	2	2.0t	1.0t
		>0.50~1.00	170~210	140	3	2.0t	1.5t
	H14	>1.00~1.50	145~185	125	2	2.0t	1.0t
		>1.50~1.60	145~185	125	3	2.0t	1.0t
	H24	>1.00~1.50	145~185	115	4	1.5t	1.0t
		>1.50~1.60	145~185	115	5	1.5t	1.0t
3004	H16	>0.30~0.50	240~285	200	1	3.5t	1.0t
		>0.50~1.00	240~285	200	1	3.5t	1.5t
	H26	>0.30~0.50	240~285	190	3	3.0t	1.0t
		>0.50~1.00	240~285	190	3	3.0t	1.5t
	H14	>1.00~1.50	220~265	180	2	2.5t	1.0t
		>1.50~1.60	220~265	180	2	2.5t	1.5t
	H24	>1.00~1.50	220~265	170	4	2.0t	1.0t
		>1.50~1.60	220~265	170	4	2.0t	1.5t

续表

牌号	基材状态	基材厚度/mm	抗拉强度 R_m /(N/mm²)	规定非比例延伸强度 $R_{p0.2}$/(N/mm²)	断后伸长率 A_{50mm}/%	弯曲半径① 180°	弯曲半径① 90°
				≥			
3005	H16	>0.30~0.50	195~240	175	1	—	1.0t
		>0.50~1.00	195~240	175	2	—	1.5t
	H26	>0.30~0.50	195~240	160	3	—	1.0t
		>0.50~1.00	195~240	160	3	—	1.5t
	H14	>1.00~1.50	170~215	150	2	2.5t	1.0t
		>1.50~1.60	170~215	150	2	—	1.5t
	H24	>1.00~1.50	170~215	130	4	1.5t	1.0t
		>1.50~1.60	170~215	130	4	—	1.5t
3104	H16	>0.30~0.50	240~285	200	1	3.5t	1.0t
		>0.50~1.00	240~285	200	1	3.5t	1.5t
	H26	>0.30~0.50	240~285	190	3	3.0t	1.0t
		>0.50~1.00	240~285	190	3	3.0t	1.5t
	H14	>1.00~1.50	220~265	180	2	2.5t	1.0t
		>1.50~1.60	220~265	180	2	2.5t	1.5t
	H24	>1.00~1.50	220~265	170	4	2.0t	1.0t
		>1.50~1.60	220~265	170	4	2.0t	1.5t
3105	H16	>0.30~0.50	175~225	160	1	—	—
		>0.50~1.00	175~225	160	2	—	—
	H26	>0.30~0.50	175~225	150	3	—	—
		>0.50~1.00	175~225	150	3	—	—
	H14	>1.00~1.50	150~200	130	2	2.5t	—
		>1.50~1.60	150~200	130	2	2.5t	—
	H24	>1.00~1.50	150~200	120	4	2.5t	—
		>1.50~1.60	150~200	120	5	2.5t	—

续表

牌号	基材状态	基材厚度/mm	抗拉强度 R_m /(N/mm²)	规定非比例延伸强度 $R_{p0.2}$/(N/mm²)	断后伸长率 A_{50mm}/%	弯曲半径① 180°	弯曲半径① 90°
			≥				
5005	H16	>0.30~0.50	165~205	145	1	2.0t	0.5t
		>0.50~1.00	175~225	160	2	2.0t	1.0t
	H26	>0.30~0.50	165~205	135	2	—	1.0t
		>0.50~1.00	165~205	135	3	—	1.5t
	H14	>0.30~0.50	145~185	120	2	2.0t	0.5t
		>0.50~1.00	145~185	120	2	2.0t	1.0t
	H24	>0.30~0.50	145~185	110	3	1.5t	0.5t
		>0.50~1.00	145~185	110	4	1.5t	1.0t
5050	H16	>0.30~0.50	165~205	145	1	—	1.0t
		>0.50~1.00	165~205	145	2	—	1.5t
	H26	>0.30~0.50	165~205	135	2	—	1.0t
		>0.50~1.00	165~205	135	3	—	1.5t
	H14	>1.00~1.50	145~185	120	2	2.0t	1.0t
		>1.50~1.60	145~185	120	3	2.5t	1.0t
	H24	>1.00~1.50	145~185	110	4	1.5t	1.0t
		>1.50~1.60	145~185	110	5	2.0t	1.0t
5052	H16	>0.30~0.50	250~300	210	2	—	—
		>0.50~1.00	250~300	210	3	—	—
	H26	>0.30~0.50	250~300	180	3	—	1.5t
		>0.50~1.00	250~300	180	4	—	2.0t
	H14	>1.00~1.50	230~280	180	3	—	—
		>1.50~1.60	230~280	180	4	—	—
	H24	>1.00~1.50	230~280	150	5	2.0t	1.5t
		>1.50~1.60	230~280	150	6	2.0t	2.0t

① t 表示板材、带材厚度。

3. 天花吊顶用铝及铝合金板、带材的涂层性能（表9－59）

表9－59 天花吊顶用铝及铝合金板、带材的涂层性能（YS/T 690—2009）

<table>
<tr><td colspan="2" rowspan="3">检测项目</td><td colspan="3">涂层性能</td></tr>
<tr><td colspan="2">氟碳漆涂层</td><td rowspan="2">聚酯漆涂层</td></tr>
<tr><td>无清漆</td><td>有清漆</td></tr>
<tr><td colspan="2">涂层厚度/μm</td><td>≥24</td><td>≥33</td><td>≥20</td></tr>
<tr><td colspan="2" rowspan="3">光泽</td><td colspan="3">光泽值≥80光泽单位时，允许偏差为±10个光泽单位</td></tr>
<tr><td colspan="3">光泽值≥20~80光泽单位时，允许偏差为±7个光泽单位</td></tr>
<tr><td colspan="3">光泽值<20光泽单位时，允许偏差为±5个光泽单位</td></tr>
<tr><td colspan="2">铅笔硬度</td><td colspan="2">≥1H</td><td>≥2H</td></tr>
<tr><td colspan="2">涂层柔韧性T</td><td colspan="2">≤2T</td><td>≥2T</td></tr>
<tr><td colspan="2">90°折弯</td><td colspan="3">无裂纹</td></tr>
<tr><td colspan="2">耐冲击性</td><td colspan="3">无粘落、无裂痕</td></tr>
<tr><td colspan="2">附着性级别</td><td colspan="3">0级或1级</td></tr>
<tr><td rowspan="3">耐化学稳定性</td><td>耐酸性</td><td colspan="3">涂层无变化</td></tr>
<tr><td>耐溶剂性（MEK）</td><td colspan="2">100次不露底</td><td>70次不露底</td></tr>
<tr><td>耐沾污性</td><td colspan="2">≤15%</td><td>—</td></tr>
<tr><td colspan="2">色差</td><td colspan="3">涂层颜色应与供需双方商定的样板基本一致。使用色差仪测定时，单色涂层应与样板间的色差≤1.2</td></tr>
<tr><td colspan="2">耐盐雾性</td><td colspan="2">在划线2mm以外，无腐蚀和涂层脱落现象</td><td>—</td></tr>
</table>

9.4.12 铝及铝合金铸轧带材

1. 铝及铝合金铸轧带材的牌号和规格（表9－60）

表9－60 铝及铝合金铸轧带材的牌号和规格（YS/T 90—2008）

牌号	规格/mm		
	边部厚度	宽度	内径
1070、1060、1050、1145、1235、1100、3003、3004、3005、3102、3105、5005、5052、8006、8011、8011A、8079	5.0~10.0	500~2200	505、605

2. 铝及铝合金铸轧带材的力学性能（表9-61）

表9-61　铝及铝合金铸轧带材的力学性能（YS/T 90—2008）

牌号	铸轧带边部厚度/mm	抗拉强度 R_m/(N/mm^2)	断后伸长率 A_{50mm}/%　≥
1070	5.0～10.0	60～115	30
1060	5.0～10.0	60～115	25
1050	5.0～10.0	65～120	25
1145	5.0～10.0	70～120	25
1235	5.0～10.0	70～125	25
1100	5.0～10.0	90～150	25
3003	5.0～10.0	115～170	15
3004	5.0～10.0	155～230	10
3005	5.0～10.0	145～200	10
3102	5.0～10.0	80～130	20
3105	5.0～10.0	120～175	15
5005	5.0～10.0	120～175	15
5052	5.0～10.0	200～250	15
8006	5.0～10.0	130～200	20
8011A	5.0～10.0	90～150	20
8011	5.0～10.0	105～160	20
8079	5.0～10.0	100～155	15

9.4.13　双零铝箔用冷轧带材

1. 双零铝箔用冷轧带材的牌号、状态及规格（表9-62）

表9-62　双零铝箔用冷轧带材的牌号、状态及规格（YS/T 457—2003）

牌号	供应状态	规格/mm	
		厚度	宽度
1145、1235、1100、1200、8011、8011A、8079	H14、H16、H18	0.25～0.70	400.0～2000.0

2. 双零铝箔用冷轧带材的化学成分（表9-63）

表9-63 双零铝箔用冷轧带材的化学成分（YS/T 457—2003）

牌号	化学成分（质量分数,%）											
	Si	Fe	Cu	Mn	Mg	Cr	Ni	Zn	Ti	其它杂质 单个	其它杂质 总计	Al
8011A	0.40～0.8	0.50～1.0	≤0.10	≤0.10	≤0.10	≤0.10	—	≤0.10	≤0.05	≤0.05	≤0.15	余量
8079	0.05～0.30	0.7～1.3	≤0.05	—	—	—	—	≤0.10	—	≤0.05	≤0.15	

注：其他杂质一栏系指本表中未列出或未规定数值的金属元素。

3. 双零铝箔用冷轧带材的尺寸允许偏差（表9-64）

表9-64 双零铝箔用冷轧带材的尺寸允许偏差（YS/T 457—2003）

厚度/mm	宽度/mm	中凸度	平直度	带卷断面尺寸允许偏差
名义厚度的±4%	±1.5	0～1%	95%带材上平直度应小于 2×10^{-4}	串层不大于3mm；塔形不大于10mm（头、尾5圈除外，但不得大于20mm）。纸套筒宽度比带材每边宽0～10mm

5. 双零铝箔用冷轧带材的力学性能（表9-65）

表9-65 双零铝箔用冷轧带材的力学性能（YS/T 457—2003）

牌号	状态	抗拉强度 $R_m/(N/mm^2)$	断后伸长率 $A_{50mm}/\%$
1145、1235	H18	≥140	≥1
	H16	120～160	≥1
	H14	105～145	≥2
1100、1200	H18	≥150	≥1
	H16	130～170	≥1
	H14	115～155	≥2
8011、8011A、8079	H18	≥160	≥1
	H16	145～185	≥1
	H14	125～165	≥2

9.4.14 瓶盖用铝合金板、带、箔材

1. 瓶盖用铝合金板、带、箔材的牌号、状态及规格（表9-66）

表9-66 瓶盖用铝合金板、带、箔材的牌号、状态及规格（YS/T 91—2009）

牌号	状态	规格/mm				
		厚度	宽度		板材长度	带材、箔材卷内径①
			板材	带材、箔材		
1060	O	0.15~0.50	500~1500	50~1500	500~2000	75、150、200、300、350、405、485、505
	H22	0.40~0.50				
1100	H14、H24	0.20~0.50				
	H16、H26、H18	0.15~0.50				
8011、8011A	H14、H24、H16、H26	0.15~0.50				
	H18	0.20~0.50				
3003	H14、H24	0.20~0.50				
	H16、H26、H18	0.15~0.50				
3105	H14、H24、H16、H26、H18	0.15~0.50				
5052	H18、H19	0.20~0.50				

①对带材、箔材卷外径尺寸有要求时，供需双方协商，商定的尺寸应在合同中注明。

2. 瓶盖用铝合金板、带材的力学性能及工艺性能（表9-67）

表9-67 瓶盖用铝合金板、带材的力学性能及工艺性能（YS/T 91—2009）

牌号	状态	厚度/mm	力学性能		工艺性能
			抗拉强度 R_m/(N/mm²)	断后伸长率 A_{50mm}/% ≥	制耳率/% ≤
1060	O	0.15~0.32	55~95	15	6
		>0.32~0.50	55~95	18	6
	H22	0.40~0.50	75~110	6	5
1100	H14、H24	0.20~0.32	110~145	1	3
		>0.32~0.50	110~145	2	

续表

牌号	状态	厚度/mm	力学性能		工艺性能
			抗拉强度 R_m/(N/mm²)	断后伸长率 A_{50mm}/% ≥	制耳率/% ≤
1100	H16、H26	0.15~0.32	130~165	1	3
		>0.32~0.50	130~165	2	
	H18	0.15~0.50	≥150	1	
8011、8011A	H14	0.15~0.50	125~165	2	
	H24	0.15~0.20	125~165	2	
		>0.20~0.50	125~165	3	
	H16	0.15~0.50	130~165	1	
	H26	0.15~0.20	130~165	1	
		0.20~0.50	130~165	2	
	H18	0.20~0.50	≥165	1	
3003	H14	0.20~0.50	145~185	2	4
	H24	0.20~0.50	145~185	4	
	H16	0.15~0.50	170~210	1	
	H26	0.15~0.20	170~210	1	
		>0.20~0.50	170~210	2	
	H18	0.15~0.20	≥185	1	
		0.20~0.50	≥190	1	
3105	H14	0.20~0.50	150~200	2	
	H24	0.20~0.50	150~200	4	
	H16	0.20~0.50	175~225	1	
	H26	0.20~0.50	175~225	3	
	H18	0.20~0.50	≥195	1	
5052	H18	0.20~0.50	280~320	3	
	H19	0.20~0.50	≥285	2	

9.4.15 易拉罐罐体用铝合金带材

1. 易拉罐罐体用铝合金带材的牌号、状态及尺寸（表9-68）

表9-68 易拉罐罐体用铝合金带材的牌号、状态及尺寸（YS/T 435—2009）

合金牌号	状态	厚度/mm	宽度/mm	纸芯内径/mm
3104	H19	0.265~0.380	750~2100	405

2. 易拉罐罐体用铝合金带材的宽度允许偏差（表9-69）

表9-69 易拉罐罐体用铝合金带材的宽度允许偏差（YS/T 435—2009）

带材厚度	750≤宽度≤1250	1250<宽度≤2100
0.265~0.380	+1 0	+2 0

3. 易拉罐罐体用铝合金带材的力学性能及工艺性能（表9-70）

表9-70 易拉罐罐体用铝合金带材的力学性能及工艺性能（YS/T 435—2009）

合金牌号	状态	厚度/mm	抗拉强度 R_m/(N/mm²)	规定非比例延伸强度 $R_{p0.2}$/(N/mm²)	断后伸长率 A_{50mm}/%	制耳率/%
			≥			≤
3104	H19	0.265~0.380	290	265	5	3

9.4.16 电解电容器用铝箔

1. 电解电容器用铝箔的牌号、状态及规格（表9-71）

表9-71 电解电容器用铝箔的牌号、状态及规格（GB/T 3615—2007）

产品类别	牌号	状态	规格/mm		
			厚度	宽度	卷内径
中高压阳极箔	1A99	O、H19	0.08~0.15	200~1000	75 76.2 150
低压阳极箔	1A85、1A90、1A93、1A95、1A97		0.05~0.15		
阳极箔	1070A、3003		0.02~0.08		

注：1. 需要其他牌号、状态、规格时，供需双方另行协商，并在合同中注明。

2. O状态为空气气氛退火，需方要求采用真空气氛退火时，应在合同中注明。

2. 电解电容器用的阴极铝箔的力学性能（表9－72）

表9－72 电解电容器用的阴极铝箔的力学性能（GB/T 3615—2007）

牌号	供应及试样状态	厚度/mm	抗拉强度 R_m/（N/mm^2）	断后伸长率 A_{100mm}/%
1070A	O	0.02～0.04	40～100	≥1
		>0.04～0.08	45～100	≥4
	H19	0.02～0.08	≥130	—
3003	O	0.02～0.08	100～140	≥10
	H19	0.02～0.08	≥185	—

3. 电解电容器用的阴极铝箔的尺寸允许偏差（表9－73）

表9－73 电解电容器用的阴极铝箔的尺寸允许偏差（GB/T 3615—2007）

厚度 t/mm	厚度允许偏差	宽度/mm	宽度允许偏差/mm
0.02～0.05	±8%t	<500.0	±0.5
>0.05～0.15	±5%t	500.0～1000.0	±1.0

9.4.17 电子、电力电容器用铝箔

1. 电子、电力电容器用铝箔的牌号、状态及规格（表9－74）

表9－74 电子、电力电容器用铝箔的牌号、状态及规格（GB/T 22642—2008）

牌号	状态	规格/mm			
		厚度	宽度	管芯内径	卷外径
1×××系列	O、H18	0.0045～0.0090	≤1050	75、76.2	150～450
				150、152.4	450～700

2. 电子、电力电容器用铝箔的厚度允许偏差（表9－75）

表9－75 电子、电力电容器用铝箔的厚度允许偏差（GB/T 22642—2008）

厚度 t/mm	厚度允许偏差
≤0.0050	±6%t
>0.0050～0.0090	+4%t −6%t

3. 电子、电力电容器用铝箔的宽度允许偏差（表9-76）

表9-76 电子、电力电容器用铝箔的宽度允许偏差（GB/T 22642—2008）

宽度允许偏差/mm	
高精级	普通级
±0.5	±1

4. 电子、电力电容器用铝箔的力学性能（表9-77）

表9-77 电子、电力电容器用铝箔的力学性能（GB/T 22642—2008）

状态	抗拉强度 R_m/(N/mm^2)	断后伸长率 A_{100mm}/%	
		厚度0.0045~0.0060mm	厚度>0.0060~0.0090mm
O	50~100	①	≥1.0
H18	>115	—	—

①厚度为0.0045~0.0060mm的铝箔，断后伸长率的具体要求应由供需双方商定，该值通常不小于0.5%。

9.4.18 卡纸用铝及铝合金箔

1. 卡纸用铝及铝合金箔的牌号、状态及规格（表9-78）

表9-78 卡纸用铝及铝合金箔的牌号、状态及规格（GB/T 22644—2008）

牌号	状态	规格/mm			
		厚度 t	宽度	管芯内径	卷外径①
1×××、8×××系列	O	0.0060~0.0090	≥200	75.0、76.2	250~450
				150.0、152.4	400~800

①铝箔要求定尺交货时，定尺长度由供需双方协商决定，并在合同（或订货单）中注明。

2. 卡纸用铝及铝合金箔的局部厚度允许偏差（表9-79）

表9-79 卡纸用铝及铝合金箔的局部厚度允许偏差（GB/T 22644—2008）

厚度 t/mm	厚度允许偏差
0.0060~0.0090	±5%t

3. 卡纸用铝及铝合金箔的平均厚度允许偏差（表9-80）

表9-80 卡纸用铝及铝合金箔的平均厚度允许偏差（GB/T 22644—2008）

卷批量/t	平均厚度允许偏差/mm
≤3	±5%t
>3~10	±4%t
>10	±3%t

4. 卡纸用铝及铝合金箔的力学性能（表9-81）

表9-81 卡纸用铝及铝合金箔的力学性能（GB/T 22644—2008）

厚度/mm	拉伸试验结果	
	抗拉强度 R_m/(N/mm^2)	断后伸长率 A_{100mm}/%
0.0060~0.0090	50~100	≥1.0

9.4.19 啤酒标用铝合金箔

1. 啤酒标用铝合金箔的牌号、状态及规格（表9-82）

表9-82 啤酒标用铝合金箔的牌号、状态及规格（GB/T 22646—2008）

牌号	状态	规格/mm			
		厚度 t	宽度	管芯内径	卷外径
8006、8011、8011A、8079	O	0.0090~0.0120	200~1500	75.0、76.2	300~600
				150.0、152.4	450~1000

2. 啤酒标用铝合金箔的力学性能（表9-83）

表9-83 啤酒标用铝合金箔的力学性能（GB/T 22646—2008）

牌号	状态	厚度 t/mm	拉伸试验结果	
			抗拉强度 R_m/(N/mm^2)	断后伸长率 A_{100mm}/% ≥
8011、8011A、8079	O	0.0090~0.0105	80~110	2.5
		0.0106~0.0120	85~115	3.0
8006		0.0090~0.0120	90~135	2.5

9.4.20 软管用铝及铝合金箔

1. 软管用铝及铝合金箔的牌号、状态及规格（表9-84）

表9-84 软管用铝及铝合金箔的牌号、状态及规格（GB/T 22648—2008）

牌号	状态	规格/mm		
		厚度	宽度	管芯内径
1235、3003、8011	O	0.009~0.040	≤1200	75、76.2
				150、152.4

2. 软管用铝及铝合金箔的厚度允许偏差（表9-85）

表9-85 软管用铝及铝合金箔的厚度允许偏差（GB/T 22648—2008）

厚度 t/mm	局部厚度允许偏差	平均厚度允许偏差
0.009~0.040	±5%t	±3%t

3. 软管用铝及铝合金箔的力学性能（表9-86）

表9-86 软管用铝及铝合金箔的力学性能（GB/T 22648—2008）

牌号	状态	厚度/mm	抗拉强度 R_m/(N/mm^2)	断后伸长率 A_{100mm}/% ≥
1235	O	0.009~0.012	50~90	0.5
		>0.012~0.040	50~90	1.0
3003		0.009~0.012	80~135	1.5
		>0.012~0.040	80~135	2.0
8011		0.009~0.012	65~110	1.5
		>0.012~0.040	65~110	2.0

9.4.21 半刚性容器用铝及铝合金箔

1. 半刚性容器用铝及铝合金箔的牌号、状态、涂层及规格(表9-87)

表9-87 半刚性容器用铝及铝合金箔的牌号、状态、涂层及规格(GB/T 22649—2008)

牌号	状态		涂层			规格/mm		
	基材状态	涂层箔状态	颜色	厚度/(g/m^2)		厚度	宽度	卷外径
				内涂层	外涂层			
1050、1100、1200、3003、3004、8011、8011A、8006	O	O	一面白色、一面透明	6.0~10.0	1.5~4.0	0.030~0.200	200~1000	400~800
	H22	H42						
	H24	H44						
	H26	H46						
3003	H19	H49						

2. 半刚性容器用铝及铝合金箔的基层厚度及其允许偏差(表9-88)

表9-88 半刚性容器用铝及铝合金箔的基层厚度及其允许偏差(GB/T 22649—2008)

厚度 t/mm	厚度允许偏差
0.030~0.100	±6%t
>0.100~0.200	±5%t

3. 半刚性容器用铝及铝合金箔基层的宽度及其允许偏差(表9-89)

表9-89 半刚性容器用铝及铝合金箔的基层宽度及其允许偏差(GB/T 22649—2008)

宽度/mm	宽度允许偏差/mm
200~1000	±1.0

4. 半刚性容器用铝及铝合金箔的力学性能（表9-90）

表9-90 半刚性容器用铝及铝合金箔的力学性能（GB/T 22649—2008）

牌号	状态	基材厚度/mm	拉伸试验结果	
			抗拉强度 $R_m/(N/mm^2)$	断后伸长率 $A_{50mm}/\%$ ≥
1050 1100 1200	O	0.030～0.050	60～95	6
		>0.050～0.100	60～95	10
		>0.100～0.150	65～100	12
	H24/H44	0.030～0.050	100～135	4
		>0.050～0.100	100～140	8
		>0.100～0.150	100～140	10
3003	O	0.030～0.050	95～130	12
		>0.050～0.100	95～130	14
		>0.100～0.150	95～130	16
		>0.150～0.200	95～130	20
	H22/H42	0.030～0.050	125～160	10
		>0.050～0.100	125～160	12
		>0.100～0.150	130～160	14
		0.150～0.200	130～160	18
	H24/H44	0.030～0.050	135～170	8
		>0.050～0.070	135～170	10
		>0.070～0.100	135～170	12
		>0.100～0.150	135～170	15
		>0.150～0.200	135～170	18
	H26/H46	0.030～0.050	155～185	6
		>0.050～0.070	155～185	7
		>0.070～0.100	155～185	9
		>0.100～0.150	155～185	12
		>0.150～0.200	155～185	15
	H19	0.050～0.100	220～300	3

续表

牌号	状态	基材厚度/mm	拉伸试验结果	
			抗拉强度 R_m/(N/mm²)	断后伸长率 A_{50mm}/% ≥
3004	O	0.030 ~ 0.050	165 ~ 195	8
		>0.050 ~ 0.060	165 ~ 195	10
		>0.060 ~ 0.080	165 ~ 195	12
8011 8011A	O	0.030 ~ 0.050	90 ~ 115	10
		>0.050 ~ 0.100	90 ~ 115	14
		>0.100 ~ 0.150	90 ~ 115	16
		>0.150 ~ 0.200	90 ~ 115	18
	H22	0.030 ~ 0.050	105 ~ 130	6
		>0.050 ~ 0.100	105 ~ 130	10
		>0.100 ~ 0.150	105 ~ 130	12
		>0.150 ~ 0.200	105 ~ 130	14
	H24	0.030 ~ 0.050	125 ~ 145	5
		>0.050 ~ 0.100	125 ~ 145	8
		>0.100 ~ 0.150	125 ~ 145	10
		>0.150 ~ 0.200	125 ~ 145	12
8006	O	0.030 ~ 0.050	95 ~ 140	8
		>0.050 ~ 0.200	95 ~ 140	10
	H22/H42	0.030 ~ 0.050	115 ~ 150	7
		>0.050 ~ 0.200	115 ~ 150	9

9.5 铝及铝合金棒材及线材

9.5.1 一般工业用铝及铝合金拉制棒材

1. 一般工业用铝及铝合金拉制棒材的牌号、状态及规格（表9-91）

表9-91 一般工业用铝及铝合金拉制棒材的牌号、状态及规格
（YS/T 624—2007）

牌号	状态	规格/mm			
		圆棒直径	矩形棒		
			方棒边长	扁棒	
				厚度	宽度
1060、1100	O、F、H18	5.00~100.00	5.00~50.00	5.00~40.00	5.00~60.00
2024	O、F、T4、T351				
2014	O、F、T4、T6、T351、T651				
3003、5052	O、F、H14、H18				
7075	O、F、T6、T651				
6061	F、T6				

2. 一般工业用铝及铝合金拉制圆棒材的直径允许偏差（表9-92）

表9-92 一般工业用铝及铝合金拉制圆棒材的直径允许偏差
（YS/T 624—2007） （单位：mm）

直径	允许偏差	
	普通级	高精级
5.00~12.50	±0.06	±0.04
>12.50~25.00	±0.08	±0.05
>25.00~38.00	±0.10	±0.06
>38.00~50.00	±0.15	±0.10
>50.00~75.00	±0.23	±0.15
>75.00~85.00	±0.30	±0.20
>85.00~100.00	±0.45	±0.30

注：当订购合同中要求单向偏差时，其允许偏差值应为表中对应数值的2倍。

3. 一般工业用铝及铝合金棒材的室温纵向力学性能（表9－93）

表9－93 一般工业用铝及铝合金棒材的室温纵向力学性能（YS/T 624—2007）

牌号	状态	直径或厚度/mm	抗拉强度 R_m/(N/mm²)	规定非比例延伸强度 $R_{p0.2}$/(N/mm²)	断后伸长率/% A	断后伸长率/% A_{50mm}
			≥			
1060	O	≤100	55	15	22	25
	H18	≤10	110	90	—	—
	F	≤100	—	—	—	—
1100	O	≤30	75～105	20	22	25
	H18	≤10	150	—	—	—
	F	≤100	—	—	—	—
2014	O	≤100	≤240	—	10	12
	T4、T351	≤100	380	220	12	16
	T6、T651	≤100	450	380	7	8
	F	≤100	—	—	—	—
2024	O	≤100	≤240	—	14	16
	T4	≤12.5	425	310	—	10
	T4、T351	>12.5～100	425	290	9	—
	F	≤100	—	—	—	—
3003	O	≤50	95～130	35	22	25
	H14	≤10	140	—	—	—
	H18	≤10	185	—	—	—
	F	≤100	—	—	—	—
5052	O	≤50	170～220	65	22	25
	H14	≤30	235	180	5	—
	H18	≤10	265	220	2	—
	F	≤100	—	—	—	—
6061	T6	≤100	290	240	9	10
	F	≤100	—	—	—	—

续表

牌号	状态	直径或厚度/mm	抗拉强度 R_m/(N/mm²)	规定非比例延伸强度 $R_{p0.2}$/(N/mm²)	断后伸长率/%	
					A	A_{50mm}
			≥			
7075	O	≤100	≤275	—	9	10
	T6、T651	≤100	530	455	6	7
	F	≤100	—	—	—	—

9.5.2　铝及铝合金挤压扁棒

1. 铝及铝合金挤压扁棒的牌号及状态（表 9-94）

表 9-94　铝及铝合金挤压扁棒的牌号及状态（YS/T 439—2001）

合金牌号	供应状态
1070A、1070、1060、1050A、1050、1035、1100、1200	H112
2A11、2A12	H112、T4
2017、2024	T4
2A50、2A70、2A80、2A90、2A14	H112、T6
3A21、3003	H112
5052、5A02、5A03、5A05、5A06、5A12	H112
6101	T6
6A02、6061、6063	H112、T6
7A04、7A09、7075	H112、T6
8A06	H112

2. 普通级铝及铝合金挤压扁棒的横截面尺寸及允许偏差（表 9-95）

表 9-95　普通级铝及铝合金挤压扁棒的横截面尺寸及其允许偏差（YS/T 439—2001）　（单位：mm）

宽度及偏差		下列各栏厚度范围内的厚度偏差							
范围	偏差	2~6	>6~10	>10~18	>18~30	>30~50	>50~80	>80~120	>120~150
10~18	±0.35	±0.25	±0.30	±0.35	—	—	—	—	—
>18~30	±0.40	±0.25	±0.30	±0.40	±0.40	—	—	—	—
>30~50	±0.50	±0.25	±0.30	±0.40	±0.50	±0.50	—	—	—

续表

宽度及偏差		下列各栏厚度范围内的厚度偏差							
范围	偏差	2~6	>6~10	>10~18	>18~30	>30~50	>50~80	>80~120	>120~150
>50~80	±0.70	±0.30	±0.35	±0.45	±0.60	±0.70	±0.70	—	—
>80~120	±1.00	±0.35	±0.40	±0.50	±0.60	±0.70	±0.80	±1.00	—
>120~180	±1.30	±0.40	±0.45	±0.55	±0.70	±0.80	±1.00	±1.10	±1.30
>180~240	±1.60	—	±0.50	±0.60	±0.70	±0.90	±1.10	±1.30	±1.50
>240~300	±2.00	—	±0.50	±0.65	±0.80	±0.90	±1.20	±1.40	±1.60
>300~400	±2.50	—	—	±0.70	±0.90	±1.00	±1.20	±1.60	±1.80
>400~500	±3.00	—	—	—	—	±1.10	±1.30	±1.80	±2.00
>500~600	±3.50	—	—	—	—	±1.20	±1.40	±1.80	—

3. 高精级铝及铝合金挤压扁棒的横截面尺寸及其允许偏差（表 9-96）

表 9-96 高精级铝及铝合金挤压扁棒的横截面尺寸及其允许偏差
（YS/T 439—2001） （单位：mm）

宽度及偏差		下列各栏厚度范围内的厚度偏差							
范围	偏差	2~6	>6~10	>10~18	>18~30	>30~50	>50~80	>80~120	>120~150
10~18	±0.25	±0.20	±0.25	±0.25	—	—	—	—	—
>18~30	±0.30	±0.20	±0.25	±0.30	±0.30	—	—	—	—
>30~50	±0.40	±0.20	±0.25	±0.30	±0.35	±0.40	—	—	—
>50~80	±0.60	±0.25	±0.30	±0.35	±0.40	±0.50	±0.60	—	—
>80~120	±0.80	±0.30	±0.35	±0.40	±0.45	±0.60	±0.70	±0.80	—
>120~180	±1.00	±0.35	±0.40	±0.45	±0.50	±0.60	±0.70	±0.90	±1.00
>180~240	±1.40	—	±0.45	±0.45	±0.50	±0.70	±0.80	±1.00	±1.20
>240~300	±1.70	—	±0.45	±0.50	±0.60	±0.70	±0.80	±1.10	±1.30
>300~400	±2.00	—	—	±0.60	±0.70	±0.80	±0.90	±1.20	±1.40
>400~500	±2.50	—	—	—	—	±0.90	±1.00	±1.30	±1.70
>500~600	±3.00	—	—	—	—	±0.90	±1.00	±1.40	—

4. 铝及铝合金挤压扁棒的力学性能（表9－97）

表9－97　铝及铝合金挤压扁棒的力学性能（YS/T 439—2001）

合金	供应状态	试样状态	厚度/mm	横截面积/cm^2	抗拉强度 R_m/(N/mm^2)	规定非比例延伸强度 $R_{p0.2}$/(N/mm^2)	断后伸长率 A/%
					≥		
1070A 1070	H112	H112	≤120	≤200	55	15	—
1060	H112	H112	≤120	≤200	60	15	22
1050A 1050	H112	H112	≤120	≤200	65	20	—
1035	H112	H112	≤120	≤200	70	20	—
1100 1200	H112	H112	≤120	≤200	75	20	—
2A11	H112、T4	T4	≤120	≤170	370	215	12
2A12	H112、T4	T4	≤120	≤170	390	255	12
2A50	H112、T6	T6	≤120	≤170	355	—	12
2A70 2A80 2A90	H112、T6	T6	≤120	≤170	355	—	8
2A14	H112、T6	T6	≤120	≤170	430		8
2017	T4	T4	≤120	≤200	345	215	12
2024	T4	T4	≤6	≤12	390	295	12
			>6～19	≤76	410	305	12
			>19～38	≤130	450	315	10
3A21	H112	H112	≤120	≤170	≤165	—	20
3003	H112	H112	≤120	≤170	90	30	22
5052	H112	H112	≤120	≤170	175	70	—
5A02	H112	H112	≤120	≤170	≤225	—	10
5A03	H112	H112	≤120	≤170	175	80	13
5A05	H112	H112	≤120	≤170	265	120	15

续表

合金	供应状态	试样状态	厚度/mm	横截面积/cm^2	抗拉强度 R_m/(N/mm^2)	规定非比例延伸强度 $R_{p0.2}$/(N/mm^2)	断后伸长率 A/%
					≥		
5A06	H112	H112	≤120	≤170	315	155	15
5A12	H112	H112	≤120	≤170	370	185	15
6A02	H112、T6	T6	≤120	≤170	295	—	12
6061	H112、T6	T6	≤120	≤170	260	240	9
6063	H112、T6	T6	≤25	≤100	205	170	9
6101	T6	T6	≤12.5	≤38	200	172	—
7A04 7A09	H112、T6	T6	≤22	≤100	490	370	7
			>22～120	≤200	530	400	6
7075	H112、T6	T6	≤6.3	≤12	540	485	6
			>6.3～12.5	≤30	560	505	6
			>12.5～50	≤130	560	495	6
8A06	H112	H112	≤150	≤200	70	—	10

5. 铝及铝合金挤压扁棒的电阻率（表9-98）

表9-98 铝及铝合金挤压扁棒的电阻率（YS/T 439—2001）

合金牌号	电阻率 $\rho_{20℃}$/($\Omega \cdot mm^2/m$)
6101	≤0.0313
1100、1200、8A06	≤0.0300
1070A、1070、1060、1050A、1035	≤0.0295

9.5.3 铝及铝合金拉制圆线材

1. 铝及铝合金拉制圆线材的牌号、状态及用途（表9-99）

表9-99 铝及铝合金拉制圆线材的牌号、状态及规格（GB/T 3195—2008）

牌号	状态	直径/mm	典型用途
1035	O	0.8~20.0	焊条用线材
	H18	0.8~1.6	
		>1.6~3.0	焊条用线材、铆钉用线材
		>3.0~20.0	焊条用线材
	H14	3.0~20.0	焊条用线材、铆钉用线材
1350	O	9.5~25.0	导体用线材
	H12、H22		
	H14、H24		
	H16、H26		
	H19	1.2~6.5	
1A50	O、H19	0.8~20.0	
1050A、1060、1070A、1200	O、H18	0.8~20.0	焊条用线材
	H14	3.0~20.0	
1100	O	0.8~1.6	焊条用线材
		>1.6~20.0	焊条用线材、铆钉用线材
		>20.0~25.0	铆钉用线材
	H18	0.8~20.0	焊条用线材
	H14	3.0~20.0	
2A01、2A04、2B11、2B12、2A10	H14、T4	1.6~2.0	铆钉用线材
2A14、2A16、2A20	O、H18	0.8~20.0	焊条用线材
	H14		
	H12	7.0~20.0	
3003	O、H14	1.6~25.0	铆钉用线材
3A21	O、H18	0.8~20.0	焊条用线材
	H14	0.8~1.6	
		>1.6~20.0	焊条用线材、铆钉用线材
	H12	7.0~20.0	焊条用线材
	O、H18	0.8~20.0	
4A01、4043、4047	H14		
	H12	7.0~20.0	
	O、H18	0.8~20.0	
5A02	H14	0.8~1.6	
		>1.6~20.0	焊条用线材、铆钉用线材
	H12	7.0~20.0	焊条用线材

续表

牌号	状态	直径/mm	典型用途
5A03	O、H18 H14	0.8~20.0	焊条用线材
	H12	7.0~20.0	
5A05	H18	0.8~7.0	焊条用线材、铆钉用线材
	O、H14	0.8~1.6	焊条用线材
		>1.6~7.0	焊条用线材、铆钉用线材
		>7.0~20.0	铆钉用线材
	H12	>7.0~20.0	焊条用线材
5B05、5A06	O	0.8~20.0	
	H18	0.8~7.0	
	H14	0.8~7.0	
	H12	1.6~7.0	铆钉用线材
		>7.0~20.0	焊条用线材、铆钉用线材
5005、5052、5056	O	1.6~25.0	铆钉用线材
5B06、5A33、5183、5336、5554、5A56	O	0.8~20.0	焊条用线材
	H18	0.8~7.0	
	H14		
	H12	>7.0~20.0	
6061	O	0.8~1.6	焊条用线材、铆钉用线材
		>1.6~20.0	
		>20.0~25.0	铆钉用线材
	H18	0.8~1.6	焊条用线材
		>1.6~20.0	焊条用线材、铆钉用线材
	H14	3.0~20.0	焊条用线材
	T6	1.6~20.0	焊条用线材、铆钉用线材
6A02	O、H18	0.8~20.0	焊条用线材
	H14	3.0~20.0	
7A03	H14、T6	1.6~20.0	铆钉用线材
8A06	O、H18	0.8~20.0	焊条用线材
	H14	3.0~20.0	

2. 铝及铝合金拉制圆线材的力学性能（表9-100）

表9-100　铝及铝合金拉制圆线材的力学性能（GB/T 3195—2008）

牌号	状态	直径/mm	力学性能	
			抗拉强度 R_m/（N/mm²）	断后伸长率 A_{200mm}/%
1A50	O	0.8~1.0	≥75	≥10
		>1.0~1.5		≥12
		>1.5~2.0		
		>2.0~3.0		≥15
		>3.0~4.0		≥18
		>4.0~4.5		
		>4.5~5.0		
	H19	0.8~1.0	≥160	≥1.0
		>1.0~1.5	≥155	≥1.2
		>1.5~2.0		≥1.5
		>2.0~3.0		
		>3.0~4.0	≥135	
		>4.0~4.5		≥2.0
		>4.5~5.0		
1350	O	9.5~12.7	60~100	—
	H12、H22	9.5~12.7	80~120	—
	H14、H24		100~140	
	H16、H26		115~155	
	H19	1.2~2.0	≥160	≥1.2
		>2.0~2.5	≥175	≥1.5
		>2.5~3.5	≥160	
		>3.5~5.3	≥160	≥1.8
		>5.3~6.5	≥155	≥2.2
1100	O	1.6~25.0	≤110	—
	H14		110~145	—
3003	O		≤130	—
	H14		140~180	—
5052	O	1.6~25.0	≤220	—
5056	O		≤320	—
6061	O		≤155	—

注：1350线材允许焊接，但O状态线材接头处抗拉强度不小于60N/mm²，其他状态线材接头处抗拉强度不小于75N/mm²。

3. 铝及铝合金拉制圆线材的抗弯曲性能（表9-101）

表9-101 铝及铝合金拉制圆线材的抗弯曲性能（GB/T 3195—2008）

牌号	状态	直径/mm	弯曲次数 ≥
1A50	H19	1.5~4.0	7
		>4.0~5.0	6

4. 铝及铝合金拉制圆线材的抗剪强度（表9-102）

表9-102 铝及铝合金拉制圆线材的抗剪强度（GB/T 3195—2008）

牌号	状态	直径/mm	抗剪强度 τ_b/(N/mm^2) ≥
1035	H14	所有	60
2A01	T4		185
2A04	T4	≤6.0	275
		>6.0	265
2A10		≤8.0	245
		>8.0	235
2B11	T4	所有	235
2B12			265
3A21	H14		80
5A02			115
5A06	H12		165
5A05	H18		
5B05	H12		155
6061	T6		170
7A03			285

注：因为2B11、2B12合金铆钉在变形时会破坏其时效过程，所有设计使用时，2B11的抗剪强度指标按215N/mm^{2}计算，2B12的按245N/mm^{2}计算。

9.5.4　电工圆铝线

1. 电工圆铝线的型号（表9-103）

表9-103　电工圆铝线的型号（GB/T 3955—2009）

型号	状态代号	名称
LR	0	软圆铝线
LY4	H4	H4状态硬圆铝线
LY6	H6	H6状态硬圆铝线
LY8	H8	H8状态硬圆铝线
LY9	H9	H9状态硬圆铝线

2. 电工圆铝线的规格（表9-104）

表9-104　电工圆铝线的规格（GB/T 3955—2009）

型号	直径范围/mm
LR	0.30~10.00
LY4	0.30~6.00
LY6	0.30~10.00
LY8	0.30~5.00
LY9	1.25~5.00

3. 电工圆铝线的力学性能（表9-105）

表9-105　电工圆铝线的力学性能（GB/T 3955—2009）

型号	直径/mm	抗拉强度/(N/mm^2)		断后伸长率 A/%　≥
		最小值	最大值	
LR	0.30~1.00	—	98	15
	1.01~10.00	—	98	20
LY4	0.30~6.00	95	125	—
LY6	0.30~6.00	125	165	—
	6.01~10.00	125	165	3
LY8	0.30~5.00	160	205	—

续表

型号	直径/mm	抗拉强度/(N/mm²)		断后伸长率 A/% ≥
		最小值	最大值	
LY9	1.25 及以下	200	—	—
	1.26 ~ 1.50	195		
	1.51 ~ 175	190		
	1.76 ~ 2.00	185		
	2.01 ~ 2.25	180		
	2.26 ~ 2.50	175		
	2.51 ~ 3.00	170		
	3.01 ~ 3.50	165		
	3.51 ~ 5.00	160		

4. 电工圆铝线的电性能（表 9－106）

表 9－106　电工圆铝线的电性能（GB/T 3955—2009）

型号	20℃时直流电阻率(最大值)/(Ω·mm²/m)
LR	0.02759
LY4 LY6 LY8 LY9	0.028264

9.5.5　电工用铝及铝合金扁线

1. 电工用铝及铝合金扁线的型号（表 9－107）

表 9－107　电工用铝及铝合金扁线的型号（GB/T 5584.3—2009）

型号	状态	名称
LBR	0	软铝扁线
LBY2	H2	H2 状态硬铝扁线
LBY4	H4	H4 状态硬铝扁线
LBY4	H8	H8 状态硬铝扁线

2. 电工用铝及铝合金扁线的力学性能（表9-108）

表9-108　电工用铝及铝合金扁线的力学性能（GB/T 5584.3—2009）

型号	抗拉强度 R_m/(N/mm^2)		断后伸长率 A/%　≥
	最小值	最大值	
LBR	60.0	95.0	20
LBY2	75.0	115	6
LBY4	95.0	140	4
LBY8	130	—	3

3. 电工用铝及铝合金扁线的电阻率（表9-109）

表9-109　电工用铝及铝合金扁线的电阻率（GB/T 5584.3—2009）

型号	电阻率 ρ_{20}/(Ω·mm^2/m)　≤
LBR	0.0280
LBY2	0.028264
LBY4	0.028264
LBY8	0.028264

9.5.6　电缆屏蔽用铝镁合金线

1. 电缆屏蔽用铝镁合金线的型号、状态及用途（表9-110）

表9-110　电缆屏蔽用铝镁合金线的型号、状态及用途（GB/T 23309—2009）

型号	状态	用途
LHP	Y（硬态）	高速编织机用
	R（软态）	普通编织机用

注：Y代表硬态，R代表软态。

2. 电缆屏蔽用铝镁合金线的规格（表9-111）

表9-111　电缆屏蔽用铝镁合金线的规格（GB/T 23309—2009）

型号状态	公称直径/mm
LHP—Y	0.10,0.11,0.12,0.13,0.14,0.15,0.16,0.18,0.20,0.22,0.24,0.26
LHP—R	

3. 电缆屏蔽用铝镁合金线的化学成分（表9-112）

表9-112 电缆屏蔽用铝镁合金线的化学成分（GB/T 23309—2009）

化学成分（质量分数,%）		
主成分		其他成分总和 ≤
Mg	Al	1.5
2.8~3.8	余量	

4. 电缆屏蔽用铝镁合金线的力学性能（表9-113）

表9-113 电缆屏蔽用铝镁合金线的力学性能（GB/T 23309—2009）

型号状态	公称直径/mm	拉断力/N ≥	抗拉强度/(N/mm²) ≥	断后伸长率/% ≥	20℃时直流电阻/(Ω/m) ≤	20℃时直流电阻率/(Ω·mm²/m) ≤
LHP—Y	0.10	2.36	300	4	6.621	0.052
	0.11	2.85			5.472	
	0.12	3.39			4.598	
	0.13	3.98			3.918	
	0.14	4.62			3.378	
	0.15	5.48			2.943	
	0.16	6.23	310		2.586	
	0.18	7.89			2.043	
	0.20	9.74			1.655	
	0.22	11.78			1.368	
	0.24	14.02			1.149	
	0.26	16.46			0.979	
LHP—R	0.10	1.73	220	7	6.621	
	0.11	2.09			5.472	
	0.12	2.49			4.598	
	0.13	2.92			3.918	
	0.14	3.39			3.378	
	0.15	3.89			2.943	

续表

型号状态	公称直径/mm	拉断力/N ≥	抗拉强度/(N/mm²) ≥	断后伸长率/% ≥	20℃时直流电阻/(Ω/m) ≤	20℃时直流电阻率/(Ω·mm²/m) ≤
LHP—R	0.16	4.62	230	7	2.586	0.052
	0.18	5.85			2.043	
	0.20	7.23			1.655	
	0.22	8.74			1.368	
	0.24	10.40			1.149	
	0.26	12.21			0.979	

9.6 其他铝及铝合金

9.6.1 烟花爆竹用铝粉

1. 烟花爆竹用球磨铝粉的化学成分（表9-114）

表9-114 烟花爆竹用球磨铝粉的化学成分（GB/T 20210—2006）

等级	化学成分（质量分数,%）				
	活性铝	Fe	Si	Cu	H_2O
优等品	≥90	≤1.0	≤0.8	≤0.5	≤0.1
一等品	≥85	≤1.5	≤1.2	≤0.5	≤0.1
二等品	≥80				
合格品	≥75				

2. 烟花爆竹用雾化铝粉的化学成分（表9-115）

表9-115 烟花爆竹用雾化铝粉的化学成分（GB/T 20210—2006）

等级	化学成分（质量分数,%）				
	活性铝	Fe	Si	Cu	H_2O
优等品	≥95	≤0.8	≤0.5	≤0.2	≤0.2
一等品	≥90	≤1.0	≤0.8	≤0.2	≤0.2
合格品	≥85				

9.6.2 空气雾化铝粉

1. 空气雾化铝粉的产品特性（表9－116）

表9－116 空气雾化铝粉的产品特性（GB/T 2085.1—2007）

牌号	粒度分布		松装密度/(g/cm³) ≥	典型用途示例
	粒度/μm	质量分数(%) ≤		
FLPA2500	≥2500	0.3	—	冶金及特种铁合金行业
	<200	15		
FLPA1000	≥1000	0.3	—	冶金及特种铁合金行业
	<200	15		
FLPA630	≥630	0.3	0.96	烟火及炸药行业
	≥450	12		
	<250	20		
FLPA500	≥500	0.3	—	冶金行业
FLPA450	≥450	0.3	0.96	烟火及炸药行业
	≥250	10		
	<140	20		
FLPA280	≥280	10	0.96	烟火及焊接行业
	<180	40		
FLPA250	≥250	0.3	0.96	烟火及炸药行业
	≥160	10		
	<100	30		
FLPA180	≥180	10	0.96	烟火、摩擦材料及焊接行业
	<140	45		
FLPA160A	≥160	0.3	—	冶金及化工行业
FLPA160B	≥160	10	0.96	烟火及化工行业
	<125	50		
FLPA140	≥140	0.3	0.97	炸药及焊接行业
	≥100	15		
FLPA125	≥125	0.3	—	化工及耐火材料行业
FLPA80	≥80	5	—	耐火材料行业

2. 空气雾化铝粉的化学成分（表9-117）

表9-117 空气雾化铝粉的化学成分（GB/T 2085.1—2007）

牌号	化学成分（质量分数,%）					
	Al ≥	活性铝 ≥	杂质 ≤			
			Fe	Si	Cu	H_2O
FLPA2500	98	—	0.5	0.5	0.1	0.2
FLPA1000	98	—	0.5	0.5	0.1	0.2
FLPA630	—	97	0.5	0.5	0.1	0.2
FLPA500	98	—	0.5	0.5	0.1	0.2
FLPA450	—	97	0.5	0.5	0.1	0.2
FLPA280	—	95	0.5	0.5	0.1	0.1
FLPA250	—	96	0.5	0.5	0.1	0.2
FLPA180	—	95	0.5	0.5	0.1	0.1
FLPA160A	98	—	0.5	0.5	0.1	0.2
FLPA160B	—	95	0.5	0.5	0.1	0.1
FLPA140	—	96	0.5	0.5	0.1	0.2
FLPA125	98	—	0.5	0.5	0.1	0.2
FLPA80	98	—	0.5	0.5	0.1	0.2

注：铝的质量分数采用差减法计算求得，即100%减去杂质（$Fe + Si + Cu + H_2O$）质量分数总和。

9.6.3 氮气雾化铝粉

1. 氮气雾化铝粉的牌号及粒度（表9-118）

表9-118 氮气雾化铝粉的牌号及粒度（YS/T 620—2007）

牌号	原产品代号	中位径 X_{50}/μm	粒度集中系数 S
FLPN320.0	FLPN0#	≥32	—
FLPN291.1	FLPN1#—A	29±3	<1.1
FLPN291.6	FLPN1#—B		<1.6
FLPN290.0	FLPN1#—C		≥1.6

续表

牌号	原产品代号	中位径 $X_{50}/\mu m$	粒度集中系数 S
FLPN251.1	FLPN2#—1A	25±1	<1.1
FLPN251.6	FLPN2#—1B		<1.6
FLPN250.0	FLPN2#—1C		≥1.6
FLPN221.1	FLPN2#—2A	22±1	<1.1
FLPN221.6	FLPN2#—2B		<1.6
FLPN220.0	FLPN2#—2C		≥1.6
FLPN201.1	FLPN2#—3A	20±1	<1.1
FLPN201.5	FLPN2#—3B		<1.5
FLPN200.0	FLPN2#—3C		≥1.5
FLPN181.1	FLPN2#—4A	18±1	<1.1
FLPN181.5	FLPN2#—4B		<1.5
FLPN180.0	FLPN2#—4C		≥1.5
FLPN161.1	FLPN3#—1A	16±1	<1.1
FLPN161.5	FLPN3#—1B		<1.5
FLPN160.0	FLPN3#—1C		≥1.5
FLPN141.4	FLPN3#—2A	14±1	<1.4
FLPN141.7	FLPN3#—2B		<1.7
FLPN140.0	FLPN3#—2C		≥1.7
FLPN121.4	FLPN3#—3A	12±1	<1.4
FLPN121.7	FLPN3#—3B		<1.7
FLPN120.0	FLPN3#—3C		≥1.7
FLPN101.4	FLPN3#—4A	10±1	<1.4
FLPN101.7	FLPN3#—4B		<1.7
FLPN100.0	FLPN3#—4C		≥1.7
FLPN81.5	FLPN4#—1A	8±1	<1.5
FLPN81.7	FLPN4#—1B		<1.7
FLPN80.0	FLPN4#—1C		≥1.7

续表

牌号	原产品代号	中位径 X_{50}/μm	粒度集中系数 S
FLPN61.7	FLPN4#—2A	6±1	<1.7
FLPN61.8	FLPN4#—2B		<1.8
FLPN60.0	FLPN4#—2C		≥1.8
FLPN41.7	FLPN4#—3A	4.5±0.5	<1.7
FLPN41.8	FLPN4#—3B		<1.8
FLPN40.0	FLPN4#—3C		≥1.8
FLPN31.7	FLPN4#—4A	3.5±0.5	<1.7
FLPN30.0	FLPN4#—4B		≥1.7
FLPN21.7	FLPN5#—A	2±1.0	<1.7
FLPN20.0	FLPN5#—B		≥1.7

2. 氮气雾化铝粉的化学成分（表9-119）

表9-119 氮气雾化铝粉的化学成分（YS/T 620—2007）

牌号	活性铝/% ≥	杂质(质量分数,%) ≤						有害元素/×10^{-6} ≤							
		Fe	Cu	Si	Mg	Zn	H_2O	Sb	As	Ba	Cd	Cr	Pb	Hg	Se
FLPN21.7、FLPN20.0	97.0	0.2	0.015	0.2	0.02	0.03	0.10	10	10	250	15	25	25	10	50
其他	98.0														

9.6.4 球磨铝粉

1. 球磨铝粉的产品特性（表9-120）

表9-120 球磨铝粉的产品特性（GB/T 2085.2—2007）

牌号	粒度分布		松装密度/(g/cm^3)	附着率/% ≥	盖水面积/(m^2/g) ≥	典型用途示例	备注
	粒度/μm≥	质量分数/% ≤					
FLQ355A	355	0.3	≥0.3	—	—	农药、化工、火药、炸药等	代替 FLX_1
	160	8					
FLQ355B	355	5	≥0.3	—	—	农药等	—
	160	30					

续表

牌号	粒度分布		松装密度/(g/cm³)	附着率/% ≥	盖水面积/(m²/g) ≥	典型用途示例	备注
	粒度/μm≥	质量分数/%≤					
FLQ250	250	0.3	≥0.4	—	—	农药、化工、火药、炸药等	代替 FLX_2
	100	8					
FLQ224	224	0.3	≥0.5	—	—		代替 FLX_3
	80	10					
FLQ160	160	0.3	≥0.5	—	—		代替 FLX_4
	63	12					
FLQ80A	80	1.0	—	80	0.6	防腐涂层、化工催化剂、日用装饰等	代替 FLU_1
FLQ80B	80	1.5	≤0.25	—	—	加气混凝土发气剂等	—
FLQ80C	80	1.0	≤0.22	—	—	烟花爆竹等	—
FLQ80D	80	1.0	—	—	0.42	加气混凝土发气剂等	代替 FLQ_1
FLQ80E	80	1.0	—	—	0.60		代替 FLQ_2
FLQ80F	80	0.5	—	—	0.60		代替 FLQ_3
FLQ63A	63	0.3	≤0.25	—	—	烟花爆竹等	—
FLQ63B	63	1.0		—	—		—
FLQ56	56	0.3	≤0.22	80	0.7	防腐涂层、化工催化剂、日用装饰等	代替 FLU_2
	45	0.5					
FLQ45	45	0.1		80	0.9		—

2. 球磨铝粉的化学成分(表9-121)

表9-121 球磨铝粉的化学成分(GB/T 2085.2—2007)

牌号	化学成分(质量分数,%)							
	活性铝 ≥	杂质 ≤						
		Fe	Si	Cu	Mn	H_2O	油脂	Cu+Zn
FLQ355A	94	0.7	0.5	—	—	0.08	0.7	0.05

续表

牌号	化学成分(质量分数,%)							
	活性铝	杂质 ≤						
	≥	Fe	Si	Cu	Mn	H_2O	油脂	Cu + Zn
FLQ355B	94	0.7	0.5	—	—	0.08	1.0	1.0
FLQ250	94	0.7	0.5	—	—	0.08	0.8	0.05
FLQ224	92	0.8	0.7	—	—	0.08	0.9	0.05
FLQ160	90	1.0	0.8	—	—	0.08	1.0	0.05
FLQ80A	82	0.6	0.6	0.10	0.01	0.10	3.8	—
FLQ80B	90	—	—	—	—	—	3.5	—
FLQ80C	80	—	—	—	—	—	3.5	—
FLQ80D	85	—	—	—	—	—	2.8	—
FLQ80E	85	—	—	—	—	—	2.8	—
FLQ80F	85	—	—	—	—	—	3.0	—
FLQ63A	88	—	—	—	—	—	3.5	—
FLQ63B	80	—	—	—	—	—	3.5	—
FLQ56	82	0.6	0.6	0.1	0.01	0.1	3.8	—
FLQ45	80	0.6	0.6	0.1	0.01	0.1	3.8	—

9.6.5 高纯铝

1. 高纯铝的化学成分（表9-122）

表9-122 高纯铝的化学成分（YS/T 275—2008）

牌号	化学成分（质量分数）											
	Al/%	杂质/$\times10^{-6}$ ≤										
	≥	Cu	Si	Fe	Ti	Zn	Pb	Ga	Cd	Ag	In	Cu + Si + Fe + Ti + Zn + Ca	总和
Al—5N	99.999	2.8	2.5	2.5	1.0	0.9	0.5	0.5	0.2	0.2	0.2	—	10
Al—5N5	99.9995	2.8	2.5	2.5	1.0	0.9	0.5	0.5	0.2	0.2	0.2	5	5

注：铝的质量分数为100%与表中质量分数等于或大于0.10×10^{-6}的杂质总和的差值。

2. 高纯铝的供货形状及规格（表9－123）

表9－123 高纯铝的供货形状及规格（YS/T 275—2008）

供货形状	质量/kg	规格尺寸/mm
半圆锭、圆锭	<40	—
长板锭	20±1	长600±5，宽200±5，高65±2
梯形锭	10±1	—

9.6.6 铝及铝合金导体

1. 铝及铝合金导体的类别、制造方法、牌号及状态（表9－124）

表9－124 铝及铝合金导体的类别、制造方法、牌号及状态（YS/T 454—2003）

产品类别	制造方法	牌号	状态
板形导体	铸造	1060、1R35、1350	—
	轧制		H112
	挤压		
	挤压	6101	T6
管形导体	轧拉	3003	H16
	轧拉	6063、6R05、6101	T10、T6、T6511
	挤压		T6
异形导体	挤压	1060、1100	H112
		6063	T5

2. 铝及铝合金板形导体的规格（表9－125）

表9－125 铝及铝合金板形导体的规格（YS/T 454—2003）

制造方法	厚度/mm	宽度/mm														
		100.0	150.0	200.0	250.0	300.0	350.0	400.0	450.0	500.0	550.0	600.0	650.0	700.0	750.0	800.0
铸造	40.00	—	—	○	○	○	○	○	○	—	—	—	—	—	—	—
	50.00	—	—	○	○	○	○	○	○	○	—	—	—	—	—	—
	60.00	—	—	○	—	○	○	○	○	○	○	○	—	—	—	—
	80.00	—	—	—	—	—	—	○	○	○	○	○	—	—	—	—
	100.00	—	—	—	—	—	—	—	○	○	○	○	—	—	—	—

续表

制造方法	厚度/mm	宽度/mm														
		100.0	150.0	200.0	250.0	300.0	350.0	400.0	450.0	500.0	550.0	600.0	650.0	700.0	750.0	800.0
铸造	120.00	—	—	—	—	—	—	—	○	○	○	○	○	○	—	—
	150.00	—	—	—	—	—	—	—	○	○	○	○	○	○	—	—
	180.00	—	—	—	—	—	—	—	○	○	○	○	○	○	○	○
	200.00	—	—	—	—	—	—	—	○	○	○	○	○	○	○	○
轧制	10.00	○	○	○	○	○	—	—	—	—	—	—	—	—	—	—
	12.00	○	○	○	○	○	—	—	—	—	—	—	—	—	—	—
	15.00	—	○	○	○	○	○	—	—	—	—	—	—	—	—	—
	16.00	—	○	○	○	○	○	—	—	—	—	—	—	—	—	—
	20.00	—	—	○	○	○	○	○	—	—	—	—	—	—	—	—
	25.00	—	—	○	○	○	○	○	—	—	—	—	—	—	—	—
	30.00	—	—	—	○	○	○	○	—	—	—	—	—	—	—	—
	35.00	—	—	—	—	○	○	○	—	—	—	—	—	—	—	—
	40.00	—	—	—	—	○	○	○	—	—	—	—	—	—	—	—

注：“○”表示可供货范围。需要其他规格时，可供需双方协商。

3. 铝及铝合金管形导体的规格（表9－126）

表9－126 铝及铝合金管形导体的规格（YS/T 454—2003）

外径/mm	壁厚/mm										
	2.50	3.00	4.00	5.00	6.00	7.00	8.00	9.00	10.00	12.00	15.00
50.00	○	○	—	—	—	—	—	—	—	—	—
70.00	—	○	○	—	—	—	—	—	—	—	—
80.00	—	○	○	○	—	—	—	—	—	—	—
90.00	—	○	○	○	—	—	—	—	—	—	—
100.00	—	—	○	○	○	—	—	—	—	—	—
110.00	—	—	○	○	○	○	—	—	—	—	—
120.00	—	—	—	○	○	○	—	—	—	—	—
130.00	—	—	—	○	○	○	—	—	—	—	—

续表

外径/mm	壁厚/mm										
	2.50	3.00	4.00	5.00	6.00	7.00	8.00	9.00	10.00	12.00	15.00
150.00	—	—	—	—	○	○	○	○	—	—	—
170.00	—	—	—	—	○	○	○	○	○	—	—
190.00	—	—	—	—	—	○	○	○	○	—	—
200.00	—	—	—	—	—	—	○	○	○	—	—
250.00	—	—	—	—	—	—	—	○	○	○	○
300.00	—	—	—	—	—	—	—	—	○	○	○

注："○"表示可供货范围。需要其他规格时，可供需双方协商。

4. 铝及铝合金导体的力学性能（表 9－127）

表 9－127 铝及铝合金导体的力学性能（YS/T 454—2003）

牌号	状态	板厚或壁厚/mm	抗拉强度 R_m/(N/mm²)	规定非比例延伸强度 $R_{p0.2}$/(N/mm²)	断后伸长率 A/%
			≥		
1060	H112	10.00～25.00	60	25	15
		>25.00～40.00	55	20	20
1R35		10.00～25.00	65	25	15
		>25.00～40.00	60	20	20
1350		10.00～25.00	70	25	—
		>25.00～40.00	60	20	—
3003	H16	3.00～6.00	165	145	4
		>6.00～15.00			
6101	T6、T6511	3.00～15.00	200	170	8
	T10		175	155	—
6063	T6、T6511	3.00～15.00	205	175	8
	T10		180	160	—
6R05	T6、T6511	3.00～15.00	210	180	8
	T10		185	165	—

5. 铝及铝合金导体的导电率（表9－128）

表9－128　铝及铝合金导体的导电率（YS/T 454—2003）

牌号	制造方法或状态	电导率/%IACS
1060	铸造、H112	≥61
1R35	铸造、H112	≥62
1350	铸造、H112	≥61
1100	铸造、H112	≥61
3003	H16	≥32
6101	T6、T6511、T10	≥55
6063	T5、T6、T6511、T10	≥51
6R05	T6、T6511、T10	≥52

6. 铝及铝合金板形导体的弯曲性能（表9－129）

表9－129　铝及铝合金板形导体的弯曲性能（YS/T 454—2003）

弯曲方式	牌号	状态	公称宽度/mm	公称厚度/mm	心轴半径/mm	弯曲角度	弯曲试验结果
平面弯曲	1060、1R35、1350	H112	≤100.0	≤10.00	1×(公称厚度±2%)	90°	表面无裂纹等有害缺陷
	6101	T6	≤150.0	≤10.00	1×(公称厚度±2%)		
				>10.00～13.00	2.5×(公称厚度±2%)		
侧面弯曲	1060、1R35、1350	H112	10.0～20.0	≤10.00	20	90°	表面无开裂现象。弯曲中心处及两侧30°的弯曲弧面内最小厚度≥90%最大厚度
			20.0～30.0		30		
			30.0～50.0		50		
			50.0～80.0		80		
			80.0～100.0		100		

9.6.7 一般工业用铝及铝合金锻件

1. 一般工业用铝及铝合金锻件的牌号及供应状态（表9－130）

表9－130 一般工业用铝及铝合金锻件的牌号及供应状态（YS/T 479—2005）

牌号	供应状态	
	模锻件	自由锻件
1100	H112	—
2014	T4、T6	T6、T652
2025	T6	—
2219	T6	T6、T852
3003	H112	—
4032	T6	—
5083	O、H111、H112	O、H111、H112
6061	T6	T6、T652
6066	T6	—
6151	T6	—
7049	T73	T73、T7352
7050	T74	T7452
7075	T6、T73、T7352	T6、T652、T73、T7352
7175	T74、T7452、T7454	T74、T7452

2. 一般工业用铝及铝合金锻件的化学成分（表9－131）

表9－131 一般工业用铝及铝合金锻件的化学成分（YS/T 479—2005）

牌号	化学成分（质量分数,%）									
	Si	Fe	Cu	Mn	Mg	Cr	Zn	Ti	其他		Al
									单个	合计	
2025	0.50～1.2	1.0	3.9～5.0	0.40～1.2	0.05	0.10	0.25	0.15	0.05	0.15	余量
6066	0.9～1.8	0.50	0.7～1.2	0.6～1.1	0.8～1.4	0.40	0.25	0.20	0.05	0.15	余量
6151	0.6～1.2	1.0	0.35	0.20	0.45～0.8	0.15～0.35	0.25	0.15	0.05	0.15	余量
7049	0.25	0.35	1.2～1.9	0.20	2.0～2.9	0.10～0.22	7.2～8.2	0.10	0.05	0.15	余量
7175	0.15	0.20	1.2～2.0	0.10	2.1～2.9	0.18～0.28	5.1～6.1	0.10	0.05	0.15	余量

3. 一般工业用铝及铝合金模锻件的力学性能（表9-132）

表9-132 一般工业用铝及铝合金模锻件的力学性能（YS/T 479—2005）

牌号	供应状态	厚度/mm	顺流线试样的拉伸性能				非流线试样的拉伸性能				硬度HBW
			抗拉强度 R_m/(N/mm²)	规定非比例延伸强度 $R_{p0.2}$/(N/mm²)	断后伸长率/% A_{50mm}	断后伸长率/% A	抗拉强度 R_m/(N/mm²)	规定非比例延伸强度 $R_{p0.2}$/(N/mm²)	断后伸长率/% A_{50mm}	断后伸长率/% A	
			≥								
1100	H112	≤100	75	30	18	15	—	—	—	—	20
2014	T4	≤100	380	205	11	9	—	—	—	—	100
2014	T6	≤25	450	385	6	5	440	380	3	2	125
2014	T6	>25~50	450	385	6	5	440	380	2	1	125
2014	T6	>50~80	450	380	6	5	435	370	2	1	125
2014	T6	>80~100	435	380	6	5	435	370	2	1	125
2025	T6	≤100	360	230	11	9	—	—	—	—	100
2219	T6	≤100	400	260	8	7	385	250	4	3	100
3003	H112	≤100	95	35	18	16	—	—	—	—	25
4032	T6	≤100	360	290	3	2	—	—	—	—	115
5083	O	≤80	270	110	16	14	270	110	12	10	—
5083	H111	≤100	290	150	14	12	270	140	12	10	—
5083	H112	≤100	275	125	16	14	270	110	14	12	—

续表

牌号	供应状态	厚度/mm	顺流线试样的拉伸性能				非流线试样的拉伸性能				硬度 HBW
			抗拉强度 R_m /(N/mm²)	规定非比例延伸强度 $R_{p0.2}$/(N/mm²)	断后伸长率 /%		抗拉强度 R_m /(N/mm²)	规定非比例延伸强度 $R_{p0.2}$/(N/mm²)	断后伸长率 /%		
					A_{50mm}	A			A_{50mm}	A	
			≥								
6061	T6	≤100	260	240	7	6	260	240	5	4	80
6066	T6	≤100	345	310	8	7	—	—	—	—	100
6151	T6	≤100	305	255	10	9	305	255	6	5	90
7049	T73	≤25	495	425	7	6	490	420	3	2	135
		>25~50	495	425	7	6	485	415	3	2	135
		>50~80	490	420	7	6	485	415	3	2	135
		>80~100	490	420	7	6	485	415	2	1	135
		>100~130	485	415	7	6	470	400	2	1	135
7050	T74	≤50	495	425	7	6	470	385	5	4	135
		>50~100	490	420	7	6	460	380	4	3	135
		>100~130	485	415	7	6	455	370	3	2	135
		>130~150	485	405	7	6	455	370	3	3	135

续表

牌号	供应状态	厚度/mm	顺流线试样的拉伸性能				非流线试样的拉伸性能				硬度 HBW
			抗拉强度 R_m /(N/mm²)	规定非比例延伸强度 $R_{p0.2}$/(N/mm²)	断后伸长率 /%		抗拉强度 R_m /(N/mm²)	规定非比例延伸强度 $R_{p0.2}$/(N/mm²)	断后伸长率 /%		
					A_{50mm}	A			A_{50mm}	A	
			≥								
7075	T6	≤25	515	440	7	6	490	420	3	2	135
		>25~50	510	435	7	6	490	420	3	2	135
		>50~80	510	435	7	6	485	415	3	2	135
		>80~100	505	435	7	6	485	415	2	1	135
	T73	≤80	455	385	7	6	425	365	3	2	125
		>80~100	440	380	7	6	420	360	2	1	125
	T7352	≤80	455	385	7	6	425	350	3	2	125
		>80~100	440	365	7	6	420	340	2	1	125
7175	T74	≤80	525	455	7	6	490	425	4	3	—
	T7452	≤80	505	435	7	6	470	380	4	3	—
	T7454	≤80	515	450	7	6	485	420	4	3	—

注：1. 布氏硬度值仅作参考，不作为验收依据。

2. 厚度超过表中规定的模锻件，附力学性能实测结果交货。

4. 一般工业用铝及铝合金自由锻件的力学性能（表 9－133）

表 9－133　一般工业用铝及铝合金自由锻件的力学性能（YS/T 479—2005）

牌号	供应状态	厚度/mm	纵向			长横向			短横向(高向)		
			抗拉强度 R_m /(N/mm²)	规定非比例延伸强度 $R_{p0.2}$ /(N/mm²)	断后伸长率 A/%	抗拉强度 R_m /(N/mm²)	规定非比例延伸强度 $R_{p0.2}$ /(N/mm²)	断后伸长率 A/%	抗拉强度 R_m /(N/mm²)	规定非比例延伸强度 $R_{p0.2}$ /(N/mm²)	断后伸长率 A/%
			≥								
2014	T6	≤50	450	385	7	450	385	2	—	—	—
		>50～80	440	385	7	440	380	2	425	380	1
		>80～100	435	380	7	435	380	2	420	370	1
		>100～130	425	370	6	425	370	1	415	365	—
		>130～150	420	365	6	420	365	1	405	365	—
		>150～180	415	360	5	415	360	1	400	360	—
		>180～200	405	350	5	405	350	1	395	350	—
	T652	≤50	450	385	7	450	385	2	—	—	—
		>50～80	440	385	7	440	380	2	425	360	1
		>80～100	435	380	7	435	380	2	420	350	1
		>100～130	425	370	6	425	370	1	415	345	—
		>130～150	420	365	6	420	365	1	405	345	—
		>150～180	415	360	5	415	360	1	400	340	—
		>180～200	405	350	5	405	350	1	395	330	—
2219	T6	≤100	400	275	3	380	255	3	365	240	1
	T852	≤100	425	345	5	425	340	3	415	315	2

续表

牌号	供应状态	厚度/mm	纵向			长横向			短横向(高向)		
			抗拉强度 R_m /(N/mm²)	规定非比例延伸强度 $R_{p0.2}$ /(N/mm²)	断后伸长率 A%	抗拉强度 R_m /(N/mm²)	规定非比例延伸强度 $R_{p0.2}$ /(N/mm²)	断后伸长率 A/%	抗拉强度 R_m /(N/mm²)	规定非比例延伸强度 $R_{p0.2}$ /(N/mm²)	断后伸长率 A/%
			≥								
5083	O	≤80	270	110	14	270	110	12	—	—	—
	H111	≤100	290	150	12	270	140	10	—	—	—
	H112	≤100	275	125	14	270	110	12	—	—	—
6061	T6、T652	≤100	260	240	9	260	240	7	255	230	4
		>100~200	255	235	7	255	235	5	240	220	3
7049	T73	>50~80	490	420	8	490	405	3	475	400	2
		>80~100	475	405	7	475	395	2	460	385	1
		>100~130	460	385	6	460	385	2	455	380	1
	T7352	>25~80	490	405	8	490	395	3	475	385	2
		>80~100	475	395	7	475	370	2	460	365	1
		>100~130	460	370	6	460	365	2	455	350	1
7050	T7452	≤50	495	435	8	490	420	4	—	—	—
		>50~80	495	425	8	485	415	4	460	380	3
		>80~100	490	420	8	485	405	4	460	380	3

续表

牌号	供应状态	厚度/mm	纵向			长横向			短横向(高向)		
			抗拉强度 R_m /(N/mm^2)	规定非比例延伸强度 $R_{p0.2}$ /(N/mm^2)	断后伸长率 A%	抗拉强度 R_m /(N/mm^2)	规定非比例延伸强度 $R_{p0.2}$ /(N/mm^2)	断后伸长率 A/%	抗拉强度 R_m /(N/mm^2)	规定非比例延伸强度 $R_{p0.2}$ /(N/mm^2)	断后伸长率 A/%
			≥								
7050	T7452	>100~130	485	415	8	475	400	3	455	370	2
		>130~150	475	405	8	470	385	4	455	365	2
		>150~180	470	400	8	460	370	3	450	350	2
		>180~200	460	395	8	455	360	3	440	345	2
7075	T6	≤50	510	435	8	505	420	3	—	—	—
		>50~80	505	420	8	490	405	3	475	400	2
		>80~100	490	415	—	485	400	2	470	395	1
		>100~130	475	400	6	470	385	2	455	385	1
		>130~150	470	385	5	455	380	2	450	380	1
	T652	≤50	510	435	8	505	420	3	—	—	—
		>50~80	505	420	8	490	405	3	475	395	1
		>80~100	490	415	7	485	400	2	470	385	—
		>100~130	475	400	6	470	385	2	455	380	—
		>130~150	470	385	5	455	380	2	450	370	—

续表

牌号	供应状态	厚度/mm	纵向 抗拉强度 R_m /(N/mm²)	纵向 规定非比例延伸强度 $R_{p0.2}$ /(N/mm²)	纵向 断后伸长率 A%	长横向 抗拉强度 R_m /(N/mm²)	长横向 规定非比例延伸强度 $R_{p0.2}$ /(N/mm²)	长横向 断后伸长率 A/%	短横向(高向) 抗拉强度 R_m /(N/mm²)	短横向(高向) 规定非比例延伸强度 $R_{p0.2}$ /(N/mm²)	短横向(高向) 断后伸长率 A/%
			≥								
7075	T73	≤80	455	385	6	440	370	3	420	360	2
		>80~100	440	380	6	435	365	2	415	350	1
		>100~130	425	365	6	420	350	2	400	345	1
		>130~150	420	350	5	405	345	2	395	340	1
	T7352	≤80	455	370	6	440	360	3	420	345	2
		>80~100	440	365	6	435	345	2	415	330	1
		>100~130	425	350	6	420	330	2	400	315	1
		>130~150	420	340	5	405	315	2	395	305	1
7175	T74	≤80	505	435	8	490	415	4	475	415	3
		>80~100	490	420	8	485	400	4	470	395	3
		>100~130	470	395	7	460	385	4	455	380	3
		>130~150	450	370	7	440	360	4	435	360	3
	T7452	≤80	490	420	8	475	400	4	460	370	3
		>80~100	470	395	8	460	380	4	450	350	3
		>100~130	450	370	7	440	360	4	435	340	3
		>130~150	435	350	7	420	340	4	415	315	1

注：厚度超过表中规定范围的自由锻件，附力学性能实测数据报告交货。

第 10 章　镁及镁合金

10.1　镁合金铸造产品

10.1.1　铸造镁合金

1. 铸造镁合金的化学成分（表 10－1）

表 10－1　铸造镁合金的化学成分（GB/T 1177—1991）

合金牌号	合金代号	化学成分（质量分数,%）										
		Zn	Al	Zr	RE	Mn	Ag	Si	Cu	Fe	Ni	杂物总量
ZMgZn5Zr	ZM1	3.5～5.5	—	0.5～1.0	—	—	—	—	0.10	—	0.01	0.30
ZMgZn4RE1Zr	ZM2	3.5～5.0	—	0.5～1.0	0.75～1.75	—	—	—	0.10	—	0.01	0.30
ZMgRE3ZnZr	ZM3	0.2～0.7	—	0.4～1.0	2.5～4.0	—	—	—	0.10	—	0.01	0.30
ZMgRE3Zn2Zr	ZM4	2.0～3.0	—	0.5～1.0	2.5～4.0	—	—	—	0.10	—	0.01	0.30
ZMgAl8Zn	ZM5	0.2～0.8	7.5～9.0	—	—	0.15～0.5	—	0.30	0.20	0.05	0.01	0.50
ZMgRE2ZnZr	ZM6	0.2～0.7	—	0.4～1.0	2.0～2.8	—	—	—	0.10	—	0.01	0.30
ZMgZn8AgZr	ZM7	7.5～9.0	—	0.5～1.0	—	—	0.6～1.2	—	0.10	—	0.01	0.30
ZMgAl10Zn	ZM10	0.6～1.2	9.0～10.2	—	—	0.1～0.5	—	0.30	0.20	0.05	0.01	0.50

注：1. 合金可加入铍，其含量不大于 0.002%。

2. 含铈量不小于 45% 的铈混合稀土金属，其中稀土金属总量不小于 98%。

3. 含钕量不小于 85% 的钕混合稀土金属，其 Nd + Pr 不小于 95%。

2. 铸造镁合金的力学性能（表10-2）

表10-2 铸造镁合金的力学性能（GB/T 1177—1991）

合金牌号	合金代号	热处理状态	抗拉强度 R_m/(N/mm^2)	规定非比例延伸强度 $R_{P0.2}$/(N/mm^2)	断后伸长率 A/%
			≥		
ZMgZn5Zr	ZM1	T1	235	140	5
ZMgZn4RE1Zr	ZM2	T1	200	135	2
ZMgRE3ZnZr	ZM3	F	120	85	1.5
		T2	120	85	1.5
ZMgRE3Zn2Zr	ZM4	T1	140	95	2
ZMgAl8Zn	ZM5	F	145	75	2
		T4	230	75	6
		T6	230	100	2

注：“F”指铸态；“T1”指人工时效状态；“T2”指退火状态；“T4”指固溶处理状态；“T6”指固溶处理+完全人工时效状态。

3. 砂型单铸镁合金的高温力学性能（表10-3）

表10-3 砂型单铸镁合金的高温力学性能（GB/T 1177—1991）

合金牌号	合金代号	热处理状态	抗拉强度/(N/mm^2) ≥ 200℃	250℃
ZMgZn4RE1Zr	ZM2	T1	110	
ZMgRE3ZnZr	ZM3	F	—	110
ZMgRE3Zn2Zr	ZM4	T1	—	100
ZMgRE2ZnZr	ZM6	T6	—	145

10.1.2 原生镁锭

原生镁锭的牌号及化学成分见表10-4。

表10-4 原生镁锭的牌号及化学成分(GB/T 3499—2003)

牌号	化学成分(质量分数,%)											
	Mg≥	杂质元素 ≥										
		Fe	Si	Ni	Cu	Al	Mn	Cl	Ti	Pb	Zn	其他单个杂质
Mg9998	99.98	0.002	0.003	0.0005	0.0005	0.004	0.002	0.002	0.001	0.001	—	0.005
Mg9995	99.95	0.003	0.01	0.001	0.002	0.01	0.01	0.003	—	—	0.01	0.005

续表

牌号	化学成分(质量分数,%)											
	Mg≥	杂质元素 ≥										
		Fe	Si	Ni	Cu	Al	Mn	Cl	Ti	Pb	Zn	其他单个杂质
Mg9990	99.90	0.04	0.02	0.001	0.004	0.02	0.03	0.005	—	—	—	0.01
Mg9980	99.80	0.05	0.03	0.002	0.02	0.05	0.05	0.005	—	—	—	0.05

注：1. 镁含量（质量分数）为100%减去表中所列杂质总和的差值。

2. 其他元素是指在本表表头中列出了元素符号，但在本表中却未规定极限数值含量的元素。

10.1.3 镁合金铸件

1. 镁合金铸件切取试样的力学性能（表10-5）

表10-5 镁合金铸件切取试样的力学性能（GB/T 13820—1992）

合金牌号	合金代号	取样部位	铸造方法	取样部位厚度/mm	热处理状态	抗拉强度 R_m/（N/mm²）		规定非比例延伸强度 $R_{p0.2}$/（N/mm²）		断后伸长率 A%	
						平均值①	最小值①	平均值①	最小值①	平均值①	最小值①
ZMgZn5Zr	ZM1	无规定	S、J	无规定	T1	205	175	120	100	2.5	—
ZMgZn4RE1Zr	ZM2		S		T1	165	145	100	—	1.5	—
ZMgRE3ZnZr	ZM3		S、J		T2	105	90	—	—	1.5	1.0
ZMgRE3Zn2Zr	ZM4		S		T1	120	100	90	80	2.0	1.0
ZMgAl8Zn	ZM5	Ⅰ类铸件指定部件	S	≤20	T4	175	145	70	60	3.0	1.5
					T6	175	145	90	80	1.5	1.0
				>20	T4	160	125	70	60	2.0	1.0
					T6	160	125	90	80	1.0	—
			J	无规定	T4	180	145	70	60	3.5	2.0
					T6	180	145	90	80	2.0	1.0
		Ⅰ类铸件非指定部位；Ⅱ类铸件	S	≤20	T4	165	130	—	—	2.5	1.5
					T6	165	130	—	—	1.0	—
				>20	T4	150	120	—	—	1.5	—
					T6	150	120	—	—	1.0	—
			J	无规定	T4	170	135	—	—	2.5	1.5
					T6	170	135	—	—	1.0	—
ZMgRE2ZnZr	ZM6	无规定	S、J		T6	180	150	120	100	2.0	1.0
ZMgZn8AgZr	ZM7	Ⅰ类铸件指定部位	S		T4	220	190	110	—	4.0	3.0
					T6	235	205	135	—	2.5	1.5
		Ⅰ类铸件非指定部位；Ⅱ类铸件			T4	205	180	—	—	3.0	2.0
					T6	230	190	—	—	2.0	—
ZMgAl10Zn	ZM10	无规定	S、J		T4	180	150	70	60	2.0	—
					T6	180	150	110	90	0.5	—

注："S"表示砂型铸造，"J"表示金属型铸造。当铸件某一部分的两个主要散热面在砂芯中成形时，按砂型铸件的性能指标。

①平均值是指铸件上三根试样的平均值，最小值是指三根试样中允许有一根低于平均值但不低于最小值。

2. 镁合金铸件表面允许的缺陷（表10-6）

表10-6 镁合金铸件表面允许的缺陷（GB/T 13820—1992）

铸件种类	铸件表面面积/cm²	铸件类别	允许缺陷									孔洞边缘距铸件边缘或内孔边缘的距离 ≥
			单个孔洞					成组孔洞				
			孔洞直径/mm	孔洞深度/mm	数量/个		孔洞之间的距离/mm	孔洞直径/mm	孔洞深度/mm	以3cm×3cm面积为一组，其孔洞数/个	在一个铸件上组的数量/组	
					在10cm×10cm面积上	在一个铸件上						
			≤		≤		≥	≤		≤		
小型铸件	≤1000	Ⅰ	4	3	3	4	20	2	1.5	4	2	孔洞最大直径的2倍
		Ⅱ	4	3	3	4	20	2	1.5	5	2	
		Ⅲ	4	3	3	5	15	2	1.5	6	3	
中型铸件	>1000~6000	Ⅰ	4	3	3	8	30	2	1.5	4	3	
		Ⅱ	4	3	3	8	30	2	1.5	5	3	
		Ⅲ	4	3	3	9	25	2	1.5	6	3	
大型铸件	>6000~8000	Ⅰ	4	3	3	15	30	2	1.5	4	5	
		Ⅱ	4	3	3	15	30	2	1.5	5	5	
		Ⅲ	4	3	3	17	25	2	1.5	6	6	
超大型铸件	>8000	Ⅰ	4	3	3	28	30	2	1.5	4	7	
		Ⅱ	4	3	3	28	30	2	1.5	5	7	
		Ⅲ	4	3	3	30	25	2	1.5	6	8	

10.1.4 铸造镁合金锭

铸造镁合金锭的化学成分见表10－7。

表10－7 铸造镁合金锭的化学成分（GB/T 19078—2003）

合金组别	牌号	化学成分（质量分数,%）															
		Mg	Al	Zn	Mn	RE	Zr	Ag	Y	Li	Be	Si	Fe	Cu	Ni	其他元素① 单个	其他元素① 总计
MgAlZn	AZ81A	余量	7.2～8.0	0.50～0.90	0.15～0.35	—	—	—	—	—	0.0005～0.0015	≤0.20	—	≤0.08	≤0.010	—	≤0.30
	AZ81S	余量	7.2～8.5	0.45～0.90	0.17～0.40	—	—	—	—	—	—	≤0.05	≤0.004	≤0.025	≤0.001	≤0.01	—
	AZ91D	余量	8.5～9.5	0.45～0.90	0.17～0.40	—	—	—	—	—	0.0005～0.003	≤0.05	≤0.004	≤0.025	≤0.001	≤0.01	—
	AZ91S	余量	8.0～10.0	0.30～1.00	0.10～0.50	—	—	—	—	—	—	≤0.30	≤0.03	≤0.20	≤0.010	≤0.05	—
	AZ63A	余量	5.5～6.5	2.7～3.3	0.15～0.35	—	—	—	—	—	0.0005～0.0015	≤0.05	≤0.005	≤0.015	≤0.001	—	≤0.30
MgAlMn	AM20S	余量	1.7～2.5	≤0.20	0.35～0.60	—	—	—	—	—	—	≤0.05	≤0.004	≤0.008	≤0.001	≤0.01	—
	AM50A	余量	4.5～5.3	≤0.20	0.28～0.50	—	—	—	—	—	0.0005～0.003	≤0.05	≤0.004	≤0.008	≤0.001	≤0.01	—

续表

合金组别	牌号	化学成分（质量分数,%）														
		Mg	Al	Zn	Mn	RE	Zr	Ag	Y	Li	Be	Si	Fe	Cu	Ni	其他元素① 单个	其他元素① 总计
MgAlMn	AM60B	余量	5.6 ~ 6.4	≤0.20	0.26 ~ 0.50	—	—	—	—	—	0.0005 ~ 0.003	≤0.05	≤0.004	≤0.008	≤0.001	≤0.01	—
MgAlMn	AM100A	余量	9.4 ~ 10.6	≤0.20	0.13 ~ 0.35	—	—	—	—	—	—	≤0.20	≤0.004	≤0.08	≤0.010	—	≤0.30
MgAlSi	AS21S	余量	1.9 ~ 2.5	≤0.20	0.20 ~ 0.60	—	—	—	—	—	—	0.70 ~ 1.20	≤0.004	≤0.008	≤0.001	≤0.01	
MgAlSi	AS41B	余量	3.7 ~ 4.8	≤0.10	0.35 ~ 0.60	—	—	—	—	—	0.0005 ~ 0.003	0.60 ~ 1.4	≤0.0035	≤0.015	≤0.001	≤0.01	
MgAlSi	AS41S	余量	3.7 ~ 4.8	≤0.20	0.20 ~ 0.60	—	—	—	—	—	—	0.70 ~ 1.20	≤0.004	≤0.008	≤0.001	≤0.01	—
MgZnCu	ZC63A	余量	≤0.2	5.5 ~ 6.5	0.25 ~ 0.75	—	—	—	—	—	—	≤0.20	≤0.05	2.40 ~ 3.00	≤0.001	≤0.01	≤0.30
MgZnZr	ZK51A	余量	—	3.8 ~ 5.3	—	—	0.3 ~ 1.0	—	—	—	—	≤0.01	—	≤0.03	≤0.010	—	≤0.30
MgZnZr	ZK61A	余量	—	5.7 ~ 6.3	—	—	0.3 ~ 1.0	—	—	—	—	≤0.01	—	≤0.03	≤0.010	—	≤0.30
MgZr	K1A	余量	—	—	—	—	0.3 ~ 10	—	—	—	—	≤0.01	—	≤0.03	≤0.010	—	≤0.30

续表

合金组别	牌号	化学成分（质量分数,%）															
		Mg	Al	Zn	Mn	RE	Zr	Ag	Y	Li	Be	Si	Fe	Cu	Ni	其他元素① 单个	其他元素① 总计
MgZnREZr②	ZE41A	余量	—	3.7~4.8	≤0.15	1.00~1.75	0.3~1.0	—	—	—	—	≤0.01	≤0.01	≤0.03	≤0.005	≤0.01	≤0.30
	EZ33A	余量	—	2.0~3.0	≤0.15	2.6~3.9	0.3~1.0	—	—	—	—	≤0.01	≤0.01	≤0.03	≤0.005	≤0.01	≤0.30
MgREAgZr③	QE22A	余量	—	≤0.20	≤0.15	1.9~2.4	0.3~1.0	2.0~3.0	—	—	—	≤0.01	—	≤0.03	≤0.010	—	≤0.30
	QE22S	余量	—	≤0.20	≤0.15	2.0~3.0	0.1~1.0	2.0~3.0	—	—	—	≤0.01	≤0.01	≤0.03	≤0.005	≤0.01	
	EQ21A	余量	—	—	—	1.5~3.0	0.3~1.0	1.3~1.7	—	—	—	≤0.01	—	0.05~0.10	≤0.010	—	≤0.30
	EQ21S	余量	—	≤0.20	≤0.15	1.5~3.0	0.1~1.0	1.3~1.7	—	—	—	≤0.01	≤0.01	0.05~0.10	≤0.005	≤0.01	—
MgYREZr④⑤	WE54A	余量	—	≤0.20	≤0.15	1.5~4.0	0.3~1.0	—	4.75~5.50	≤0.20	—	≤0.01	≤0.01	≤0.03	≤0.005	≤0.01	≤0.30
	WE43A	余量	—	≤0.20	≤0.15	2.4~4.4	0.3~1.0	—	3.70~4.30	≤0.20	—	≤0.01	≤0.01	≤0.03	≤0.005	≤0.01	≤0.30

①稀土中富铈。

②稀土中富钕，钕含量不小于70%（质量分数）。

③稀土中富钕和重稀土，WE54A、WE43A含稀土元素钕的质量分数分别为1.5%~2.0%、2.0%~2.5%，余量为重稀土。

④如下调整成分可改善合金抗蚀性：$w(Mn)\leqslant 0.03\%$，$w(Fe)\leqslant 0.01\%$，$w(Cu)\leqslant 0.02\%$，$w(Zn+Ag)\leqslant 0.2\%$。

⑤其他元素是指在本表表头中列出了元素符号，但在本表中却未规定极限数值含量的元素。

10.1.5 压铸镁合金

压铸镁合金的化学成分和力学性能见表10－8。

表10－8 压铸镁合金的化学成分和力学性能（JB/T 3070—1982）

合金牌号	合金代号	化学成分(质量分数,%)									化学性能 ≥		
		主要成分				杂质含量 ≤					抗拉强度 R_m /(N/mm²)	伸长率 A_{50mm} /%	布氏硬度 HB 5/250/30
		铝	锌	锰	镁	铁	铜	硅	镍	总和			
YZMgAl9Zn	YM5	7.5~9.0	0.2~0.8	0.15~0.5	其余	0.08	0.1	0.25	0.01	0.5	200	1	65

10.1.6 变形镁及镁合金用圆铸锭

1. 变形镁及镁合金用圆铸锭的牌号、状态及规格（表10－9）

表10－9 变形镁及镁合金用圆铸锭的牌号、状态及规格（YS/T 627—2007）

牌号	状态	规格	
		公称直径/mm	铸锭长度/mm
M2M、AZ31B、AZ40M、AZ41M、AZ61A、AZ61M、AZ63B、AZ80A、AZ80M、ME20M、ZK61M	铸态	80～500	100～6000

2. 变形镁及镁合金用圆铸锭的尺寸及其允许偏差（表10－10）

表10－10 变形镁及镁合金用圆铸锭的尺寸及其允许偏差（YS/T 627—2007）

（单位：mm）

铸锭公称直径	直径允许偏差		长度允许偏差	弯曲度误差		端面切斜
	长锭①	中断锭①		每米	全长	
				≤		
<200	±3	±2	±10 0	5	15	5
200～<300	±3	±2 －3				
300～500	±4	±3		3		7

①切掉头、尾后交货的，具有原始铸造表面的长根铸锭。

②由长锭锯得的、经车皮的短铸锭。

10.2 镁及镁合金加工产品

10.2.1 镁及镁合金加工产品的化学成分

镁及镁合金加工产品的化学成分见表10－11。

表10－11 镁及镁合金加工产品的化学成分（GB/T 5153—2003）

合金组别	牌号	化学成分（质量分数,%）													
		Mg	Al	Zn	Mn	Ce	Zr	Si	Fe	Ca	Cu	Ni	Ti	Be	其他元素	
															单个	总计
Mg	Mg99.95	≥99.95	≤0.01	—	≤0.004	—	—	≤0.005	≤0.003	—	—	≤0.001	≤0.01	—	≤0.005	≤0.05
	Mg99.50①	≥99.50	—	—	—	—	—	—	—	—	—	—	—	—	—	≤0.50
	Mg99.00②	≥99.00	—	—	—	—	—	—	—	—	—	—	—	—	—	≤0.10
MgAlZn	AZ31B	余量	2.5～3.5	0.60～1.4	0.20～1.0	—	—	≤0.08	≤0.003	≤0.04	≤0.01	≤0.001	—	—	≤0.05	≤0.30
	AZ31S	余量	2.4～3.6	0.50～1.5	0.15～0.40	—	—	≤0.10	≤0.005	—	≤0.05	≤0.005	—	—	≤0.05	≤0.30
	AZ31T	余量	2.4～3.6	0.50～1.5	0.05～0.40	—	—	≤0.10	≤0.05	—	≤0.05	≤0.005	—	—	≤0.05	≤0.30
	AZ40M	余量	3.0～4.0	0.20～0.80	0.15～0.50	—	—	≤0.10	≤0.05	—	≤0.05	≤0.005	—	≤0.01	≤0.01	≤0.30

续表

合金组别	牌号	化学成分（质量分数,%）														
		Mg	Al	Zn	Mn	Ce	Zr	Si	Fe	Ca	Cu	Ni	Ti	Be	其他元素	
															单个	总计
MgAlZn	AZ41M	余量	3.7 ~ 4.7	0.80 ~ 1.4	0.30 ~ 0.60	—	—	≤0.10	≤0.05	—	≤0.05	≤0.005	—	≤0.01	≤0.01	≤0.30
	AZ61A	余量	5.8 ~ 7.2	0.40 ~ 1.5	0.15 ~ 0.50	—	—	≤0.10	≤0.005	—	≤0.05	≤0.005	—	—	—	≤0.30
	AZ61M	余量	5.5 ~ 7.0	0.50 ~ 1.5	0.15 ~ 0.50	—	—	≤0.10	≤0.05	—	≤0.05	≤0.005	—	≤0.01	≤0.01	0.30
	AZ61S	余量	5.5 ~ 6.5	0.50 ~ 1.5	0.15 ~ 0.40	—	—	≤0.10	≤0.005	—	≤0.05	≤0.005	—	—	≤0.05	≤0.30
	AZ62M	余量	5.0 ~ 7.0	2.0 ~ 3.0	0.20 ~ 0.50	—	—	≤0.10	≤0.05	—	≤0.05	≤0.005	—	≤0.01	≤0.01	≤0.30
	AZ63B	余量	5.3 ~ 6.7	2.5 ~ 3.5	0.15 ~ 0.60	—	—	≤0.08	≤0.003	—	≤0.01	≤0.001	—	—	—	≤0.30
	AZ80A	余量	7.8 ~ 9.2	0.20 ~ 0.80	0.12 ~ 0.50	—	—	≤0.10	≤0.005	—	≤0.05	≤0.005	—	—	—	≤0.30
	AZ80M	余量	7.8 ~ 9.2	0.20 ~ 0.80	0.15 ~ 0.50	—	—	≤0.10	≤0.05	—	≤0.05	≤0.005	—	≤0.01	≤0.01	≤0.30
	AZ80S	余量	7.8 ~ 9.2	0.20 ~ 0.80	0.12 ~ 0.40	—	—	≤0.10	≤0.005	—	≤0.05	≤0.005	—	—	≤0.05	≤0.30

续表

合金组别	牌号	化学成分（质量分数，%）													
		Mg	Al	Zn	Mn	Ce	Zr	Si	Fe	Ca	Cu	Ni	Ti	Be	其他元素	
															单个	总计
MgAlZn	AZ91D	余量	8.5～9.5	0.45～0.90	0.17～0.40	—	—	≤0.08	≤0.004	—	≤0.025	≤0.001	—	0.0005～0.003	≤0.01	—
MgMn	M1C	余量	≤0.01	—	0.50～1.3	—	—	≤0.05	≤0.01	—	≤0.01	≤0.001	—	—	≤0.05	≤0.30
	M2M	余量	≤0.20	≤0.30	1.3～2.5	—	—	≤0.10	≤0.05	—	≤0.05	≤0.007	—	≤0.01	≤0.01	≤0.20
	M2S	余量	—	—	1.2～2.0	—	—	≤0.10	—	—	≤0.05	≤0.01	—	—	≤0.05	≤0.30
MgZnZr	ZK61M	余量	≤0.05	5.0～6.0	≤0.10	—	0.30～0.90	≤0.05	≤0.05	—	≤0.05	≤0.005	—	≤0.01	≤0.01	≤0.30
	ZK61S	余量	—	4.8～6.2	—	—	0.45～0.80	—	—	—	—	—	—	—	≤0.05	≤0.30
MgMnRE	ME20M	余量	≤0.20	0.30	1.3～2.2	0.15～0.35	—	≤0.10	≤0.05	—	≤0.05	≤0.007	—	≤0.01	≤0.01	≤0.30

①Mg99.50、Mg99.00 的镁含量（质量分数）等于100%减去（Fe＋Si）含量（质量分数），再减去除 Fe、Si 之外的所有含量（质量分数）不小于0.01%的杂质元素含量（质量分数）之和。

②其他元素是指在本表表头中列出了元素符号，但在本表中却未规定极限数值含量的元素。

10.2.2　镁合金热挤压管材

1. 镁合金热挤压管材的牌号及状态（表10－12）

表10－12　镁合金热挤压管材的牌号及状态（YS/T 495—2005）

牌号	状态	牌号	状态
AZ31B	H112	M2S	H112
AZ61A	H112	ZK61S	H112、T5

2. 镁合金热挤压圆管直径允许偏差（表10－13）

表10－13　镁合金热挤压圆管直径允许偏差（YS/T 495—2005）

（单位：mm）

直径（外径或内径）	直径允许偏差	
	平均直径与公称直径间的偏差	任一点直径与公称直径间的偏差
	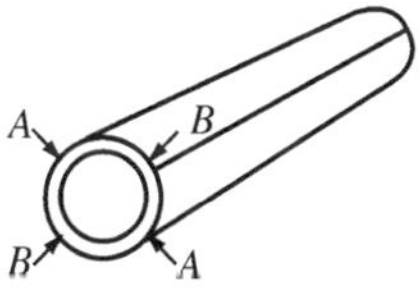 (AA+BB)/2与公称直径之差	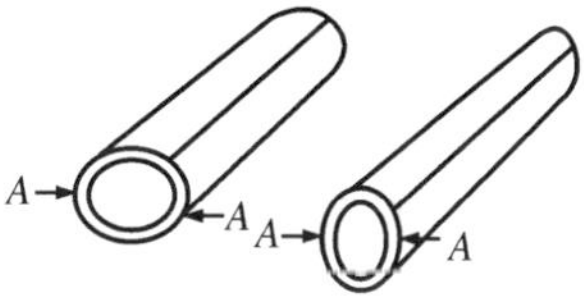 AA与公称直径之差
≤12.50	±0.20	±0.40
>12.50～25.00	±0.25	±0.50
>25.00～50.00	±0.30	±0.64
>50.00～100.00	±0.38	±0.76
>100.00～150.00	±0.64	±1.25
>150.00～200.00	±0.88	±1.90

注：1. 当要求非对称偏差时，其非对称偏差的绝对值的平均值不大于表中标定偏差数值。
2. 仅要求内径、外径与壁厚三项中任意两项的偏差。
3. 平均直径为在两个互为垂直方向测得的直径的平均值。
4. 表中偏差数值不适用于壁厚小于2.5%×外径的管材。

3. 镁合金热挤压异形管宽度及高度允许偏差（表10－14）

表10－14 镁合金热挤压异形管宽度及高度允许偏差（YS/T 495—2005）

（单位：mm）

<table>
<tr><td rowspan="4">公称宽度或高度</td><td colspan="3">宽度或高度允许偏差</td></tr>
<tr><td>棱角处宽度或高度与相应公称宽度或高度间的允许偏差</td><td colspan="2">非棱角处的宽度或高度与相应公称宽度或高度间的允许偏差</td></tr>
<tr><td>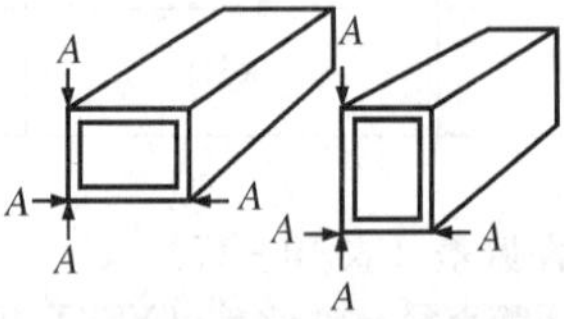AA与公称宽度或高度之差</td><td colspan="2">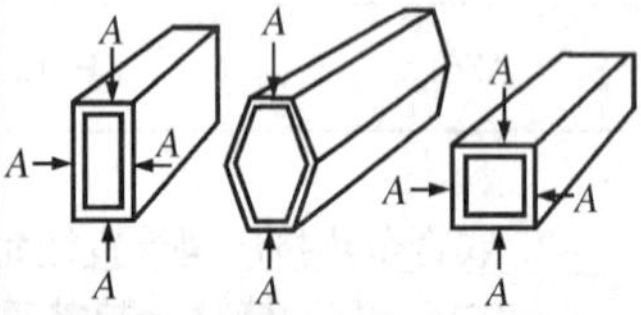AA与公称宽度、高度之差</td></tr>
<tr><td>正方形、矩形管</td><td>正方形、六角形、八角形管</td><td>矩形管</td></tr>
<tr><td>1栏</td><td>2栏</td><td>3栏</td><td>4栏</td></tr>
<tr><td>>12.5～20.00</td><td>±0.30</td><td>±0.50</td><td rowspan="7">宽度允许偏差采用与高度相对的3栏；反之，高度允许偏差采用与宽度相对的3栏。但是，当这些数值小于本身所对应的2栏数值时，则按2栏</td></tr>
<tr><td>>20.00～25.00</td><td>±0.36</td><td>±0.50</td></tr>
<tr><td>>25.00～50.00</td><td>±0.46</td><td>±0.64</td></tr>
<tr><td>>50.00～100.00</td><td>±0.64</td><td>±0.88</td></tr>
<tr><td>>100.00～130.00</td><td>±0.88</td><td>±1.15</td></tr>
<tr><td>>130.00～150.00</td><td>±1.15</td><td>±1.40</td></tr>
<tr><td>>150.00～180.00</td><td>±1.40</td><td>±1.65</td></tr>
</table>

注：1. 当要求非对称偏差时，其非对称偏差的绝对值的平均值不大于表中标定偏差数值。

2. 仅要求内径、外径与壁厚三项中任意两项的偏差。

3. 不适应于壁厚不小于2.5%×外接圆直径的管材。

4. 镁合金热挤压圆管壁厚允许偏差（表10－15）

表10－15　镁合金热挤压圆管壁厚允许偏差（YS/T 495—2005）

（单位：mm）

<table>
<tr><td rowspan="5">公称壁厚</td><td colspan="5">壁厚允许偏差</td></tr>
<tr><td colspan="4">平均壁厚与公称壁厚间的允许偏差</td><td>任意点的壁厚与平均壁厚的允许偏差</td></tr>
<tr><td colspan="4">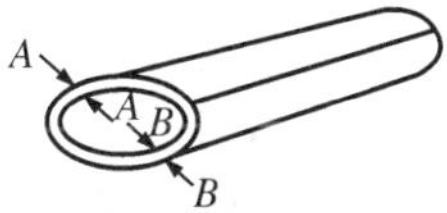(AA+BB)/2与公称壁厚之差</td><td>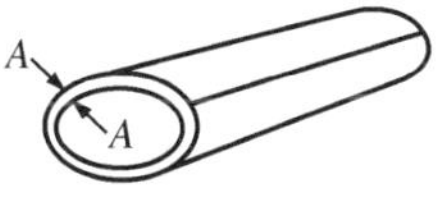AA与平均壁厚之差</td></tr>
<tr><td colspan="4">外径</td><td rowspan="2"></td></tr>
<tr><td>≤30</td><td>>30～80</td><td>>80～130</td><td>>130</td></tr>
<tr><td>≤1.20</td><td>±0.15</td><td>—</td><td>—</td><td>—</td><td rowspan="11">±10%×平均壁厚，但最大值为±1.50，最小值为±0.25</td></tr>
<tr><td>>1.20～1.60</td><td>±0.18</td><td>±0.20</td><td>±0.20</td><td>±0.25</td></tr>
<tr><td>>1.60～2.00</td><td>±0.20</td><td>±0.20</td><td>±0.23</td><td>±0.30</td></tr>
<tr><td>>2.00～3.20</td><td>±0.23</td><td>±0.25</td><td>±0.25</td><td>±0.38</td></tr>
<tr><td>>3.20～6.30</td><td>±0.25</td><td>±0.25</td><td>±0.33</td><td>±0.50</td></tr>
<tr><td>>6.30～10.00</td><td>±0.28</td><td>±0.28</td><td>±0.40</td><td>±0.64</td></tr>
<tr><td>>10.00～12.50</td><td>—</td><td>±0.38</td><td>±0.53</td><td>±0.88</td></tr>
<tr><td>>12.5～20.0</td><td>—</td><td>±0.50</td><td>±0.72</td><td>±1.15</td></tr>
<tr><td>>20.00～25.00</td><td>—</td><td>—</td><td>±0.98</td><td>±1.40</td></tr>
<tr><td>>25.00～35.00</td><td>—</td><td>—</td><td>±1.15</td><td>±1.65</td></tr>
<tr><td>>35.00～50.00</td><td>—</td><td>—</td><td>—</td><td>±1.90</td></tr>
<tr><td>>50.00～60.00</td><td>—</td><td>—</td><td>—</td><td>±2.15</td><td rowspan="4">±3.00</td></tr>
<tr><td>>60.00～80.00</td><td>—</td><td>—</td><td>—</td><td>±2.40</td></tr>
<tr><td>>80.00～90.00</td><td>—</td><td>—</td><td>—</td><td>±2.65</td></tr>
<tr><td>>90.00～100.00</td><td>—</td><td>—</td><td>—</td><td>±2.90</td></tr>
</table>

注：1. 仅要求内径、外径与壁厚三项中的任意两项的偏差。

2. 如果标定了外径和内径尺寸，而未标定出壁厚尺寸，则除要求外径和内径尺寸偏差符合本标准规定外，还要求任意点壁厚与平均壁厚的允许偏差（偏心度）不大于平均壁厚的±10%，但最大值为±1.50mm，最小值为±0.25mm。

3. 当要求非对称偏差时，其非对称偏差的绝对值的平均值不大于表中标定偏差数值。

4. 平均壁厚是指在管材断面的外径两端测得的壁厚的平均值。

5. 镁合金热挤压异形管壁厚允许偏差（表 10－16）

表 10－16 镁合金热挤压异形管壁厚允许偏差（YS/T 495—2005）

（单位：mm）

公称壁厚	壁厚允许偏差			
	平均壁厚与公称壁厚间的允许偏差		任意点的壁厚与平均壁厚的允许偏差（偏心度）	
	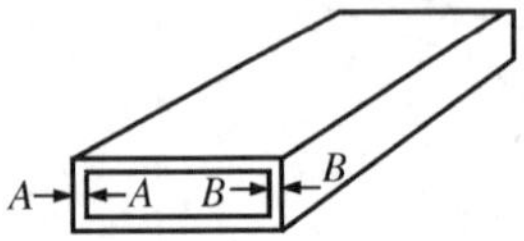 (AA+BB)/2与公称壁厚之差		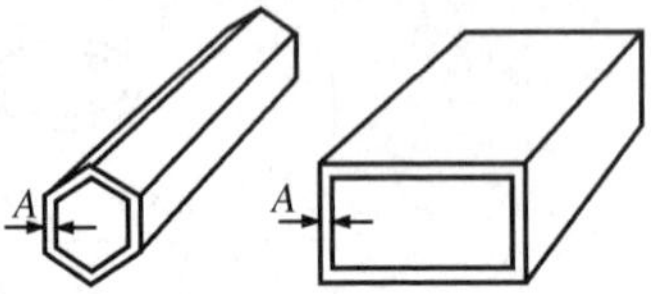 AA与平均壁厚之差	
	外接圆直线			
	≤130	>130	≤130	>130
≤1.20	±0.13	±0.20	±0.13	±10% ×平均壁厚，但最大值为 ±1.50，最小值为 ±0.25
>1.20～1.60	±0.15	±0.23	±0.18	
>1.60～3.20	±0.18	±0.25	±0.25	
>3.20～6.30	±0.20	±0.38	±0.38	
>6.30～10.00	±0.28	±0.50	±0.64	
>10.00～12.5	±0.36	±0.76	±0.76	
>12.50～20.00	±0.64	±1.00	±1.00	
>20.00～25.00	±0.88	±1.25	±1.25	
>25.00～35.00	±1.15	±1.50	±1.50	
>35.00～50.00	—	1.75	—	

注：1. 仅要求内径、外径与壁厚三项中的任意两项的偏差。

2. 如果标定了外径和内径尺寸，而未标定出壁厚尺寸，则除要求外径和内径尺寸偏差符合本标准规定外，还要求任意点壁厚与平均壁厚的允许偏差（偏心度）不大于平均壁厚的 ±10%，但最大值为 ±1.50mm，最小值为 ±0.25mm。

3. 当要求非对称偏差时，其非对称偏差的绝对值的平均值不大于表中标定偏差数值。

4. 在分别位于两平行对边上的任意两个对称点处测得的壁厚值的平均值称为平均壁厚。

6. 镁合金热挤压管材的力学性能（表10－17）

表10－17　镁合金热挤压管材的力学性能（YS/T 495—2005）

牌号	状态	管材壁厚/mm	抗拉强度 R_m /(N/mm²)	规定非比例延伸强度 $R_{p0.2}$/(N/mm²)	断后伸长率 A/%
			≥		
AZ31B	H112	0.70～6.30	220	140	8
		>6.30～2.00	220	140	4
AZ61A	H112	0.70～20.00	250	110	7
M2S	H112	0.70～20.00	195	—	2
ZK61S	H112	0.70～20.00	275	195	5
	T5	0.70～6.30	315	260	4
		2.50～30.00	305	230	4

注：壁厚小于1.60mm的管材不要求规定非比例延伸强度。

10.2.3　镁合金热挤压圆棒材

1. 镁合金热挤压圆棒材的牌号及状态（表10－18）

表10－18　镁合金热挤压圆棒材的牌号及状态（GB/T 5155—2003）

牌号	状态
AZ40M、ME20M	H112、F
ZK61M	T5、F

2. 镁合金热挤压圆棒材的室温纵向力学性能（表10－19）

表10－19　镁合金热挤压圆棒材的室温纵向力学性能（GB/T5155—2003）

牌号	状态	棒材直径/mm	抗拉强度 R_m /(N/mm²)	规定非比例延伸强度 $R_{p0.2}$ /(N/mm²)	断后伸长率 A/%
			≥		
AZ40M	H112	≤100.00	245	—	6.0
		>100.00～130.00	245	—	5.0
ME20M	H112	≤50.00	215	—	4.0

续表

牌号	状态	棒材直径/mm	抗拉强度 R_m /(N/mm²)	规定非比例延伸强度 $R_{p0.2}$ /(N/mm²)	断后伸长率 A/%
			≥		
ME20M	H112	>50.00~100.00	205	—	3.0
		>100.00~130.00	195	—	2.0
ZK61M	T5	≤100.00	315	245	6.0
		>100.00~130.00	305	235	6.0

注：直径等于或大于130.00mm的棒材，力学性能附试验结果或由双方商定。

10.2.4 镁合金热挤制矩形棒材

1. 镁合金热挤制矩形棒材的牌号及状态（表10-20）

表10-20 镁合金热挤制矩形棒材的牌号及状态（YS/T 588—2006）

合金牌号	状　态
AZ31B、AZ61A、M1A	H112
ZK60A、ZK61A、AZ80A	H112、T5
ZK40A	T5

2. 镁合金热挤制矩形棒材的力学性能（表10-21）

表10-21 镁合金热挤制矩形棒材的力学性能（YS/T 588—2006）

牌号	供应状态	公称厚度/mm	横截面积/mm²	抗拉强度 R_m/（N/mm²）	规定非比例延伸强度 $R_{p0.2}$ /（N/mm²）	断后伸长率 A/%
				≥		
AZ31B	H112	≤6.30	所有	240	145	7
AZ61A	H112	≤6.30	所有	260	145	8
AZ80A	H112	≤6.30	所有	295	195	9
	T5	≤6.30	所有	325	205	4
M1A	H112	≤6.30	所有	205	—	2
ZK40A	T5	所有	≤3200	275	255	4
ZK60A	H112	所有	≤3200	295	215	5
	T5	所有	≤3200	310	250	4

10.2.5 镁合金热挤压型材

1. 镁合金热挤压型材的牌号及状态（表10-22）

表10-22 镁合金热挤压型材的牌号及状态（GB/T 5156—2003）

合金牌号	化学成分	供应状态
AZ40M（MB2）、ME20M（MB8）	应符合GB/T 5153的规定	H112、F
ZK61M（MB15）		T5

2. 镁合金热挤压型材的力学性能（表10-23）

表10-23 镁合金热挤压型材的力学性能（GB/T 5156—2003）

牌号	状态	抗拉强度 R_m /（N/mm²）≥	规定非比例延伸强度 $R_{p0.2}$ /（N/mm²）≥	断后伸长率 A/% ≥
ME20M	H112	225	—	10.0
ZK61M	T5	310	245	7.0
AZ40M	H112	240	—	5.0

10.3 镁粉

10.3.1 铣削镁粉

1. 铣削法生产的镁粉的牌号及化学成分（表10-24）

表10-24 铣削法生产的镁粉的牌号及化学成分（GB 5149.1—2004）

牌号	粒度		松装密度 /（g/cm³）≥	化学成分（质量分数，%）				
	筛网孔径 /μm	质量分数 /% ≤		活性镁含量 ≥	杂质 ≤			
					铁	氯	水分	盐酸不溶物
FM1	+500	0.3	0.35	98.5	0.2	0.005	0.1	0.2
	+450	2						
	-250	8						
FM2	+450	0.3	0.35					
	+315	8						
	-180	12						

续表

牌号	粒度		松装密度/(g/cm³) ≥	化学成分(质量分数,%)				
	筛网孔径/μm	质量分数/% ≤		活性镁含量 ≥	杂质 ≤			
					铁	氯	水分	盐酸不溶物
FM3	+450	0.3	0.38	98.5	0.2	0.005	0.1	0.2
	+250	8						
	-140	12						
FM4	+250	0.3	0.40					
	+180	6						
	-100	12						
FM5	+160	0.3	0.45					
	+100	10						

注：1. 筛网孔径的数字为网孔每边基本尺寸，即筛网名义筛分粒度。“+”表示筛上物、“-”表示筛下物。

2. 本表所列的镁粉主要用作烟火剂。

2. 铣削粉碎法生产的镁粉的牌号及化学成分（表10-25）

表10-25　铣削粉碎法生产的镁粉的牌号及化学成分（GB 5149.1—2004）

牌号	粒度		松装密度/(g/cm³) ≥	化学成分(质量分数,%)				
	筛网孔径/μm	质量分数/% ≤		活性镁 ≥	杂质 ≤			
					铁	氯	水分	盐酸不溶物
FM6	+1600	0.5	1.00	98.5	0.2	0.005	0.2	0.2
	+850	25						
	-400	10						
	-200	2						
FM7	+1000	0.5	0.95	98.5				
	+850	50						
	-400	5						
	-200	2						
FM8	+800	1.5	0.85	98.5				
	+500	40						
	-200	1.5						

续表

牌号	粒度		松装密度/(g/cm³) ≥	化学成分(质量分数,%)				
	筛网孔径/μm	质量分数/% ≤		活性镁 ≥	杂质 ≤			
					铁	氯	水分	盐酸不溶物
FM9	+450	0.3	0.70	98.0	0.2	0.005	0.2	0.2
	+250	8						
	-140	12						
M10	+200	0.3	0.60	96.5				
	+154	7						
	-60	15						
M11	+76	5	0.50	95.5				
	+60	15						

注：1. 筛网孔径的数字为网孔每边基本尺寸，即筛网名义筛分粒度。“+”表示筛上物、“-”表示筛下物。

2. 本表所列的镁粉主要用作炼钢脱硫剂和烟火剂。

10.3.2　雾化镁粉

1. 雾化镁粉的牌号及特征（表10-26）

表10-26　雾化镁粉的牌号及特征（YS/T 628—2007）

牌号	粒度分布		中位径 X_{50}/μm	松装密度/(g/cm³)
	粒度/μm	质量分数/% ≤		
FMW350	≥850	5.0	—	0.97
	≥600	15.0		
	<300	40.0		
	<250	25.0		
	<150	5.0		
FMW180	≥600	0	—	0.97
	≥300	10.0		
	<125	20.0		
FMW120	≥600	0	120±10	0.97
	≥300	10.0		
	≥150	40.0		
	<75	30.0		
	<45	5.0		

续表

牌号	粒度分布		中位径 X_{50}/μm	松装密度/(g/cm³)
	粒度/μm	质量分数/% ≥		
FMW60	≥100	0	60±5	0.95
	≥80	22.0		
	<20	6.0		
FMW40	≥75	0.5	40±5	0.90
	≥45	40.0		
FMW20	—	—	20±4	0.70
FMW8	—	—	8±3	0.50

注：需方订货时只能在粒度分布和中位径中选取一种指标。

2. 雾化镁粉的化学成分（表10－27）

表10－27 雾化镁粉的化学成分（YS/T 628—2007）

牌号	化学成分（质量分数,%）								
	活性镁 ≥	杂质 ≤							
		Fe	Cl	H_2O	盐酸不溶物	Si	Ni	Cr	C
FMW350	98.5	0.01	0.005	0.1	0.2	—	—	—	—
FMW180	98.5	0.01	0.005	0.1	0.2	0.003	0.002	0.002	0.004
FMW120	98.5	0.01	0.005	0.1	0.2	—	—	—	—
FMW60	98.0	0.01	0.005	0.1	0.2	—	—	—	—
FMW40	98.0	0.01	0.005	0.1	0.2	—	—	—	—
FMW20	97.5	0.01	0.005	0.1	0.2	—	—	—	—
FMW8	96.5	0.01	0.005	0.1	0.2	—	—	—	—

注：表中Cr含量和C含量为参考指标，供方可不做常规检查。

第 11 章　其他常用非铁金属材料

11.1　锌及锌合金

11.1.1　胶印锌板

1. 胶印锌板的牌号和化学成分（表 11－1）

表 11－1　胶印锌板的牌号和化学成分（YS/T 504—2006）

牌号	主要成分(质量分数,%)				杂质(质量分数,%)　≤			
	Zn	Pb	Cd	Fe	Al	Cu	Sn	总和
XJ	余量	0.3～0.5	0.09～0.14	0.008～0.02	0.03	0.005	0.001	0.05

注：表中未列入的杂质包括在总和内。

2. 胶印锌板的尺寸规格（表 11－2）

表 11－2　胶印锌板的尺寸规格（YS/T 504—2006）

规格/mm							理论质量	
厚度	厚度允许偏差	宽度	宽度允许偏差	长度	长度允许偏差	同张板厚相差不超过	kg/m^2	kg/张
0.55	±0.04	640	±3	680	±3	0.04	3.96	1.72
		762		915				2.76
		765		975				2.95
		1144		1219		0.05		5.52

3. 胶印锌板的力学性能（表 11－3）

表 11－3　胶印锌板的力学性能（YS/T 504—2006）

牌号	抗拉强度 R_m/（N/mm^2）	断后伸长率/%	硬度 HBW	反复弯曲/次
	≥			
XJ	155	15	50	7

11.1.2 无砷锌粒

无砷锌粒的要求见表11-4。

表11-4 无砷锌粒的要求（GB/T 2304—2008）

名称	分析纯
硫酸不溶物/%	≤0.04
硫化合物（以 SO_4^{2-} 计）/%	≤0.01
铁（Fe）/%	≤0.01
砷（As）/%	≤0.00001
铅（Pb）/%	≤0.01

11.1.3 锌阳极板

1. 锌阳极板的化学成分（表11-5）

表11-5 锌阳极板的化学成分（GB/T 2056—2005）

牌号	化学成分(质量分数,%)							
	Zn	杂质 ≤						
	≥	Pb	Cd	Fe	Cu	Sn	Al	总和
Zn99.99	99.99	0.005	0.003	0.003	0.002	0.001	0.002	0.01
Zn99.95	99.95	0.030	0.01	0.02	0.002	0.001	0.01	0.05

3. 锌阳极板的牌号、状态和规格（表11-6）

表11-6 锌阳极板的牌号、状态和规格（GB/T 2056—2005）

牌号	状态	规格/mm		
		厚度	宽度	长度
Zn1（Zn99.99）	热轧（R）	6.0~20.0	100~500	300~2000
Zn2（Zn99.95）	热轧（R）	6.0~20.0	100~500	300~2000

11.1.4 锌粉

1. 锌粉的化学成分（表11-7）

表11-7 锌粉的化学成分（GB/T 6890—2000）

等级	化学成分(质量分数,%)					
	主要成分 ≥		杂质 ≤			
	全锌	金属锌	Pb	Fe	Cd	酸不溶物
一级	98	96	0.1	0.05	0.1	0.2
二级	98	94	0.2	0.2	0.2	0.2
三级	96	92	0.3	—	—	0.2
四级	92	88	—	—	—	0.2

注：以含锌物料为原料生产的四级锌粉，其硫的质量分数应不大于0.5%。

2. 锌粉的粒度（表11-8）

表11-8 锌粉的粒度（GB/T 6890—2000）

规格	筛余物 ≤		粒度分布/% ≥	
	最大粒径/μm	含量/%	30μm以下	10μm以下
FZn30	45	—	99.5	80
FZn45	90	0.3	—	—
FZn90	125	0.1	—	—
FZn125	200	1.0	—	—

11.1.5 锌锭

锌锭的化学成分见表11-9。

表11-9 锌锭的化学成分（GB/T 470—2008）

牌号	化学成分（质量分数,%）							
	Zn	杂质 ≤						
	≥	Pb	Cd	Fe	Cu	Sn	Al	总和
Zn99.995	99.995	0.003	0.002	0.001	0.001	0.001	0.001	0.005
Zn99.99	99.99	0.005	0.003	0.003	0.002	0.001	0.002	0.01
Zn99.95	99.95	0.030	0.01	0.02	0.002	0.001	0.01	0.05
Zn99.5	99.5	0.45	0.01	0.05	—	—	—	0.5
Zn98.5	98.5	1.4	0.01	0.05	—	—	—	1.5

11.1.6 铸造用锌合金锭

铸造用锌合金锭的化学成分见表 11－10。

表 11－10 铸造用锌合金锭的化学成分（GB/T 8738—2006）

牌号	代号	化学成分（质量分数，%）												
		主要成分					杂质 ≤							
		Al	Cu	Mg	Ni	Zn	Fe	Pb	Cd	Sn	Si	Cu	Mg	Ni
ZnAl4	ZX01	3.9～4.3	—	0.03～0.06	—	余量	0.035	0.0040	0.0030	0.0015	—	0.1	—	—
ZnAl4Ni	ZX02	3.9～4.3	—	0.01～0.02	0.005～0.020	余量	0.075	0.0020	0.0020	0.0010	—	0.1	—	—
ZnAl4Cu1	ZX03	3.9～4.3	0.7～1.1	0.03～0.06	—	余量	0.035	0.0040	0.0030	0.0015	—	—	—	—
ZnAl4Cu3	ZX04	3.9～4.3	2.6～3.1	0.03～0.06	—	余量	0.035	0.0040	0.0030	0.0015	—	—	—	—
ZnAl6Cu1	ZX05	5.6～6.0	1.2～1.6	—	—	余量	0.020	0.003	0.003	0.001	0.02	—	0.005	0.001
ZnAl8Cu1	ZX06	8.2～8.8	0.9～1.3	0.02～0.03	—	余量	0.035	0.005	0.005	0.002	—	—	—	—
ZnAl9Cu2	ZX07	8.0～10.0	1.0～2.0	0.03～0.06	—	余量	0.05	0.005	0.005	0.002	0.05	—	—	—
ZnAl11Cu1	ZX08	10.8～11.5	0.5～1.2	0.02～0.03	—	余量	0.05	0.005	0.005	0.002	—	—	—	—
ZnAl11Cu5	ZX09	10.0～12.0	4.0～5.5	0.03～0.06	—	余量	0.05	0.005	0.005	0.002	0.05	—	—	—
ZnAl27Cu2	ZX10	25.5～28.0	2.0～2.5	0.012～0.02	—	余量	0.07	0.005	0.005	0.002	—	—	—	—

11.1.7　再生锌合金锭

再生锌合金锭的化学成分见表11-11。

表11-11　再生锌合金锭的化学成分（GB/T 21651—2008）

牌号	化学成分（质量分数,%）							
	主要成分				杂质　≤			
	Al	Cu	Mg	Zn	Fe	Pb	Cd	Sn
ZSZnAl4	3.5～4.3	0.2～0.75	0.02～0.08	余量	0.1	0.008	0.004	0.003
ZSZnAl4Cu0.5	3.5～4.3	0.3～0.75	0.01～0.08	余量	0.1	0.012	0.01	0.003
ZSZnAl4Cu1	3.8～4.3	0.75～1.25	0.03～0.08	余量	0.1	0.015	0.01	0.003

11.1.8　压铸锌合金

1. 压铸锌合金的化学成分（表11-12）

表11-12　压铸锌合金的化学成分（GB/T 13818—2009）

号	合金牌号	合金代号	主要成分(质量分数,%)				杂质(质量分数,%)　≤			
			Al	Cu	Mg	Zn	Fe	Pb	Sn	Cd
1	YZZnAl4A	YX040A	3.9～4.3	≤0.1	0.030～0.060	余量	0.035	0.004	0.0015	0.003
2	YZZnAl4B	YX040B	3.9～4.3	≤0.1	0.010～0.020	余量	0.075	0.003	0.0010	0.002
3	YZZnAl4Cu1	YX041	3.9～4.3	0.7～1.1	0.030～0.060	余量	0.035	0.004	0.0015	0.003
4	YZZnAl4Cu3	YX043	3.9～4.3	2.7～3.3	0.025～0.050	余量	0.035	0.004	0.0015	0.003
5	YZZnAl8Cu1	YX081	8.2～8.8	0.9～1.3	0.020～0.030	余量	0.035	0.005	0.0050	0.002
6	YZZnAl11Cu1	YX111	10.8～11.5	0.5～1.2	0.020～0.030	余量	0.050	0.005	0.0050	0.002
7	YZZnAl27Cu2	YX272	25.5～28.0	2.0～2.5	0.012～0.020	余量	0.070	0.005	0.0050	0.002

注：YZZnAl4B中Ni的质量分数为0.005%～0.020%。

11.1.9　锌合金压铸件

1. 锌合金压铸件的分类（表11-13）

表11-13　锌合金压铸件的分类（GB/T 13821—2009）

类别	使用要求	检验项目
1	具有结构和功能性要求	尺寸公差、表面质量、化学成分、其他特殊要求
2	无特殊要求的零部件	表面质量、化学成分、尺寸公差

2. 锌合金压铸件的化学成分（表 11－14）

表 11－14　锌合金压铸件的化学成分（GB/T 13821—2009）

合金牌号	合金代号	主要成分(质量分数,%)				杂质(质量分数,%)　≤			
		Al	C	Mg	Zn	Fe	Pb	Sn	Cd
YZZnAl4A	YX040A	3.5～4.3	≤0.25	0.02～0.06	余量	0.10	0.005	0.003	0.004
YZZnAl4B	YX040B	3.5～4.3	≤0.25	0.005～0.02	余量	0.075	0.003	0.001	0.002
YZZnAl4Cu1	YX041	3.5～4.3	0.75～1.25	0.03～0.08	余量	0.10	0.005	0.003	0.004
YZZnAl4Cu3	YX043	3.5～4.3	2.5～3.0	0.02～0.05	余量	0.10	0.005	0.003	0.004
YZZnAl8Cu1	YX081	8.0～8.8	0.8～1.3	0.015～0.03	余量	0.075	0.006	0.003	0.006
YZZnAl11Cu1	YX111	10.5～11.5	0.5～1.2	0.015～0.03	余量	0.075	0.006	0.003	0.006
YZZnAl27Cu2	YX272	25.0～28.0	2.0～2.5	0.010～0.02	余量	0.075	0.006	0.003	0.006

11.2　钛及钛合金

11.2.1　钛及钛合金加工产品的化学成分

钛及钛合金加工产品的化学成分见表11－15。

表11－15　钛及钛合金加工产品的化学成分(GB/T 3620.1—2007)

合金牌号	名义化学成分	化学成分(质量分数,%)														
		三要成分								杂质　≤						
		Ti	Al	Sn	Mo	Pd	Ni	Si	B	Fe	C	N	H	O	其他元素	
															单一	总和
TA1ELI	工业纯钛	余量	—	—	—	—	—	—	—	0.10	0.03	0.012	0.008	0.10	0.05	0.20
TA1	工业纯钛	余量	—	—	—	—	—	—	—	0.20	0.08	0.03	0.015	0.18	0.10	0.40
TA1—1	工业纯钛	余量	≤0.20	—	—	—	—	≤0.08	—	0.15	0.05	0.03	0.003	0.12	—	0.10
TA2ELI	工业纯钛	余量	—	—	—	—	—	—	—	0.20	0.05	0.03	0.008	0.10	0.05	0.20
TA2	工业纯钛	余量	—	—	—	—	—	—	—	0.30	0.08	0.03	0.015	0.25	0.10	0.40
TA3ELI	工业纯钛	余量	—	—	—	—	—	—	—	0.25	0.05	0.04	0.008	0.18	0.05	0.20
TA3	工业纯钛	余量	—	—	—	—	—	—	—	0.30	0.08	0.05	0.015	0.35	0.10	0.40
TA4ELI	工业纯钛	余量	—	—	—	—	—	—	—	0.30	0.05	0.05	0.008	0.25	0.05	0.20
TA4	工业纯钛	余量	—	—	—	—	—	—	—	0.50	0.08	0.05	0.015	0.40	0.10	0.40
TA5	Ti—4Al—0.005B	余量	3.3～4.7	—	—	—	—	—	0.005	0.30	0.08	0.04	0.015	0.15	0.10	0.40

续表

合金牌号	名义化学成分	化学成分(质量分数,%)														
		主要成分								杂质 ≤						
		Ti	Al	Sn	Mo	Pd	Ni	Si	B	Fe	C	N	H	O	其他元素	
															单一	总和
TA6	Ti—5Al	余量	4.0~5.5	—	—	—	—	—	—	0.30	0.08	0.05	0.015	0.15	0.10	0.40
TA7	Ti—5Al—2.5Sn	余量	4.0~6.0	2.0~3.0	—	—	—	—	—	0.50	0.08	0.05	0.015	0.20	0.10	0.40
TA7ELI①	Ti—5Al—2.5SnELI	余量	4.50~5.75	2.0~3.0	—	—	—	—	—	0.25	0.05	0.035	0.0125	0.12	0.05	0.30
TA8	Ti—0.05Pd	余量	—	—	—	0.04~0.08	—	—	—	0.30	0.08	0.03	0.015	0.25	0.10	0.40
TA8—1	Ti—0.05Pd	余量	—	—	—	0.04~0.08	—	—	—	0.20	0.08	0.03	0.015	0.18	0.10	0.40
TA9	Ti—0.2Pd	余量	—	—	—	0.12~0.25	—	—	—	0.30	0.08	0.03	0.015	0.25	0.10	0.40
TA9—1	Ti—0.2Pd	余量	—	—	—	0.12~0.25	—	—	—	0.20	0.08	0.03	0.015	0.18	0.10	0.40
TA10	Ti—0.3Mo—0.8Ni	余量	—	—	0.2~0.4	—	0.6~0.9	—	—	0.30	0.08	0.03	0.015	0.25	0.10	0.40

续表

合金牌号	名义化学成分	化学成分(质量分数,%)														
		主要成分								杂质　≤						
		Ti	Al	Sn	Mo	V	Zr	Si	Nd	Fe	C	N	H	O	其他元素 单一	其他元素 总和
TA11	Ti—8AL—1Mo—1V	余量	7.35 ~ 8.35	—	0.75 ~ 1.25	0.75 ~ 1.25	—	—	—	0.30	0.08	0.05	0.015	0.12	0.10	0.30
TA12	Ti—5.5Al—4Sn—2Zr—1Mo—1Nd—0.25Si	余量	4.8 ~ 6.0	3.7 ~ 4.7	0.75 ~ 1.25	—	1.5 ~ 2.5	0.2 ~ 0.35	0.6 ~ 1.2	0.25	0.08	0.05	0.0125	0.15	0.10	0.40
TA12—1	Ti—5.5Al—4Sn—2Zr—1Mo—1Nd—0.25Si	余量	4.5 ~ 5.5	3.7 ~ 4.7	1.0 ~ 2.0	—	1.5 ~ 2.5	0.2 ~ 0.35	0.6 ~ 1.2	0.25	0.08	0.04	0.0125	0.15	0.10	0.30
TA13	Ti—2.5Cu	余量	Cu:2.0 ~ 3.0		—	—	—	—	—	0.20	0.08	0.05	0.010	0.20	0.10	0.30
TA14	Ti—2.3Al—11Sn—5Zr—1Mo—0.2Si	余量	2.0 ~ 2.5	10.52 ~ 11.5	0.8 ~ 1.2	—	4.0 ~ 6.0	0.10 ~ 0.50	—	0.20	0.08	0.05	0.0125	0.20	0.10	0.30
TA15	Ti—6.5Al—1Mo—1V—2Zr	余量	5.5 ~ 7.1	—	0.5 ~ 2.0	0.8 ~ 2.5	1.5 ~ 2.5	≤0.15	—	0.25	0.08	0.05	0.015	0.15	0.10	0.30
TA15—1	Ti—2.5Al—1Mo—1V—1.5Zr	余量	2.0 ~ 3.0	—	0.5 ~ 1.5	0.5 ~ 1.5	1.0 ~ 2.0	≤0.10	—	0.15	0.05	0.04	0.003	0.12	0.10	0.30
TA15—2	Ti—4Al—1Mo—1V—1.5Zr	余量	3.5 ~ 4.5	—	0.5 ~ 1.5	0.5 ~ 1.5	1.0 ~ 2.0	≤0.10	—	0.15	0.05	0.04	0.003	0.12	0.10	0.30

续表

合金牌号	名义化学成分	化学成分(质量分数,%)														
		主要成分								杂质 ≤						
		Ti	Al	Sn	Mo	V	Zr	Si	Nd	Fe	C	N	H	O	其他元素 单一	其他元素 总和
TA16	Ti—2Al—2.5Zr	余量	1.8 ~ 2.5	—	—	—	2.0 ~ 3.0	≤0.12	—	0.25	0.08	0.04	0.006	0.15	0.10	0.30
TA17	Ti—4Al—2V	余量	3.5 ~ 4.5	—	—	1.5 ~ 3.0	—	≤0.15	—	0.25	0.08	0.05	0.015	0.15	0.10	0.30
TA18	Ti—3Al—2.5V	余量	2.0 ~ 3.5	—	—	1.5 ~ 3.0	—	—	—	0.25	0.08	0.05	0.015	0.12	0.10	0.30
TA19	Ti—6Al—2Sn—4Zr—2Mo—0.1Si	余量	5.5 ~ 6.5	1.8 ~ 2.2	1.8 ~ 2.2	—	3.6 ~ 4.4	≤0.13	—	0.25	0.05	0.05	0.0125	0.15	0.10	0.30

合金牌号	名义化学成分	化学成分(质量分数,%)														
		主要成分								杂质 ≤						
		Ti	Al	Mo	V	Mn	Zr	Si	Nd	Fe	C	N	H	O	其他元素 单一	其他元素 总和
TA20	Ti—4Al—3V—1.5Zr	余量	3.5 ~ 4.5	—	2.5 ~ 3.5	—	1.0 ~ 2.0	≤0.10	—	0.15	0.05	0.04	0.003	0.12	0.10	0.30
TA21	Ti—1Al—1Mn	余量	0.4 ~ 1.5	—	—	0.5 ~ 1.3	≤0.30	≤0.12	—	0.30	0.10	0.05	0.012	0.15	0.10	0.30
TA22	Ti—3Al—1Mo—1Ni—1Zr	余量	2.5 ~ 3.5	0.5 ~ 1.5	Ni:0.3 ~ 1.0		0.8 ~ 2.0	≤0.15	—	0.20	0.10	0.05	0.015	0.15	010	0.30

续表

合金牌号	名义化学成分	化学成分(质量分数,%)														
		主要成分								杂质 ≤						
		Ti	Al	Mo	V	Mn	Zr	Si	Nd	Fe	C	N	H	O	其他元素 单一	其他元素 总和
TA22—1	Ti—3Al—1Mo—1Ni—1Zr	余量	2.5～3.5	0.2～0.8	Ni:0.3～0.8		0.5～1.0	≤0.04	—	0.20	0.10	0.04	0.008	0.10	0.10	0.30
TA23	Ti—2.5Al—2Zr—1Fe	余量	2.2～3.0	—	Fe:0.8～1.2		1.7～2.3	≤0.15	—	—	0.10	0.04	0.010	0.15	0.10	0.30
TA23—1	Ti—2.5Al—2Zr—1Fe	余量	2.2～3.0	—	Fe:0.8～1.1		1.7～2.3	≤0.10	—	—	0.10	0.04	0.008	0.10	0.10	0.30
TA24	Ti—3Al—2Mo—2Zr	余量	2.5～3.5	1.0～2.5	—		1.0～3.0	≤0.15	—	0.30	0.10	0.05	0.015	0.15	0.10	0.30
TA24—1	Ti—3Al—2Mo—2Zr	余量	1.5～2.5	1.0～2.0	—		1.0～3.0	≤0.04	—	0.15	0.10	0.04	0.010	0.10	0.10	0.30
TA25	Ti—3Al—2.5V—0.05Pd	余量	2.5～3.5	—	2.0～3.0	—	—	Pd:0.04～0.08		0.25	0.08	0.03	0.015	0.15	0.10	0.40
TA26	Ti—3Al—2.5V—0.1Ru	余量	2.5～3.5	—	2.0～3.0	—	—	Ru:0.08～0.14		0.25	0.08	0.03	0.015	0.15	0.10	0.40
TA27	Ti—0.10Ru	余量	—	—	Ru:0.08～0.14		—	—	—	0.30	0.08	0.03	0.015	0.25	0.10	0.40
TA27—1	Ti—0.10Ru	余量	—	—	Ru:0.08～0.14		—	—	—	0.20	0.08	0.03	0.015	0.18	0.10	0.40
TA28	Ti—3Al	余量	2.0～3.0	—	—		—	—	—	0.30	0.08	0.05	0.015	0.15	0.10	0.40

续表

合金牌号	名义化学成分	化学成分(质量分数,%)																	
		主要成分											杂质 ≤						
		Ti	Al	Sn	Mo	V	Cr	Fe	Zr	Pb	Nb	Si	Fe	C	N	H	O	其他元素 单一	其他元素 总和
TB2	Ti—5Mo—5V—8Cr—3Al	余量	2.5~3.5	—	4.7~5.7	4.7~5.7	7.5~8.5	—	—	—	—	—	0.30	0.05	0.04	0.015	0.15	0.10	0.40
TB3	Ti—3.5Al—10Mo—8V—1Fe	余量	2.7~3.7	—	9.5~11.0	7.5~8.5	—	0.8~1.2	—	—	—	—	—	0.05	0.04	0.015	0.15	0.10	0.40
TB4	Ti—4Al—7Mo—10V—2Fe—1Zr	余量	3.0~4.5	—	6.0~7.8	9.0~10.5	—	1.5~2.5	0.5~1.5	—	—	—	—	0.05	0.04	0.015	0.20	0.10	0.40
TB5	Ti—15V—3Al—3Cr—3Sn	余量	2.5~3.5	2.5~3.5	—	14.0~16.0	2.5~3.5	—	—	—	—	—	0.25	0.05	0.05	0.015	0.15	0.10	0.30
TB6	Ti—10V—2Fe—3Al	余量	2.6~3.4	—	—	9.0~11.0	—	1.6~2.2	—	—	—	—	—	0.05	0.05	0.0125	0.13	0.10	0.30
TB7	Ti—32Mo	余量	—	—	30.0~34.0	—	—	—	—	—	—	—	0.30	0.08	0.05	0.015	0.20	0.10	0.40
TB8	Ti—15Mo—3Al—2.7Nb—0.25Si	余量	2.5~3.5	—	14.0~16.0	—	—	—	—	—	2.4~3.2	0.15~0.25	0.40	0.05	0.05	0.015	0.17	0.10	0.40
TB9	Ti—3Al—8V—6Cr—4Mo—4Zr	余量	3.0~4.0	—	3.5~4.5	7.5~8.5	5.5~6.5	—	3.5~4.5	≤0.10	—	—	0.30	0.05	0.03	0.030	0.14	0.10	0.40
TB10	Ti—5Mo—5V—2Cr—3Al	余量	2.5~3.5	—	4.5~5.5	4.5~5.5	1.5~2.5	—	—	—	—	—	0.30	0.05	0.04	0.015	0.15	0.10	0.40
TB11	Ti—15Mo	余量	—	—	14.0~16.0	—	—	—	—	—	—	—	0.10	0.10	0.05	0.015	0.20	0.10	0.40

续表

合金牌号	名义化学成分	化学成分(质量分数,%)																
		主要成分										杂质 ≤						
		Ti	Al	Sn	Mo	V	Cr	Fe	Mn	Cu	Si	Fe	C	N	H	O	其他元素	
																	单一	总和
TC1	Ti—2Al—1.5Mn	余量	1.0 ~ 2.5	—	—	—	—	—	0.7 ~ 2.0	—	—	0.30	0.08	0.05	0.012	0.15	0.10	0.40
TC2	Ti—4Al—1.5Mn	余量	3.5 ~ 5.0	—	—	—	—	—	0.8 ~ 2.0	—	—	0.30	0.08	0.05	0.012	0.15	0.10	0.40
TC3	Ti—5Al—4V	余量	4.5 ~ 6.0	—	—	3.5 ~ 4.5	—	—	—	—	—	0.30	0.08	0.05	0.015	0.15	0.10	0.40
TC4	Ti—6Al—4V	余量	5.5 ~ 6.75	—	—	3.5 ~ 4.5	—	—	—	—	—	0.30	0.08	0.05	0.015	0.20	0.10	0.40
TC4ELI	Ti—6Al—4VELI	余量	5.5 ~ 6.5	—	—	3.5 ~ 4.5	—	—	—	—	—	0.25	0.08	0.03	0.0120	0.13	0.10	0.30
TC6	Ti—6Al—1.5Cr—2.5Mo—0.5Fe—0.3Si	余量	5.5 ~ 7.0	—	2.0 ~ 3.0	—	0.8 ~ 2.3	0.2 ~ 0.7	—	—	0.15 ~ 0.40	—	0.08	0.05	0.015	0.18	0.10	0.40
TC8	Ti—6.5Al—3.5Mo—0.25Si	余量	5.8 ~ 6.8	—	2.8 ~ 3.8	—	—	—	—	—	0.20 ~ 0.35	0.40	0.08	0.05	0.015	0.15	0.10	0.40
TC9	Ti—6.5Al—3.5Mo—2.5Sn—0.3Si	余量	5.8 ~ 6.8	1.8 ~ 2.8	2.8 ~ 3.8	—	—	—	—	—	0.2 ~ 0.4	0.40	0.08	0.05	0.015	0.15	0.10	0.40
TC10	Ti—6Al—6V—2Sn—0.5Cu—0.5Fe	余量	5.5 ~ 6.5	1.5 ~ 2.5	—	5.5 ~ 6.5	—	0.35 ~ 1.0	—	0.35 ~ 1.0	—	—	0.08	0.04	0.015	0.20	0.10	0.40

续表

合金牌号	名义化学成分	化学成分(质量分数,%)																
		主要成分										杂质 ≤						
		Ti	Al	Sn	Mo	V	Cr	Fe	Zr	Nb	Si	Fe	C	N	H	O	其他元素 单一	其他元素 总和
TC11	Ti—6.5Al—3.5Mo—1.5Zr—0.3Si	余量	5.8~7.0	—	2.8~3.8	—	—	—	0.8~2.0	—	0.2~0.35	0.25	0.08	0.05	0.012	0.15	0.10	0.40
TC12	Ti—5Al—4Mo—4Cr—2Zr—2Sn—1Nb	余量	4.5~5.5	1.5~2.5	3.5~4.5	—	3.5~4.5	—	1.5~3.0	0.5~1.5	—	0.30	0.08	0.05	0.015	0.20	0.10	0.40
TC15	Ti—5Al—2.5Fe	余量	4.5~5.5	1.5~2.5	3.5~4.5	—	3.5~4.5	—	1.5~3.0	0.5~1.5	—	0.30	0.08	0.05	0.015	0.20	0.10	0.40
TC16	Ti—3Al—5Mo—4.5V	余量	2.2~3.8		4.5~5.5	4.0~5.0	—	—	—	—	≤0.15	0.25	0.08	0.05	0.012	0.15	0.10	0.30
TC17	Ti—5Al—2Sn—2Zr—4Mo—4Cr	余量	4.5~5.5	1.5~2.5	3.5~4.5	—	—	—	1.5~2.5	—	—	0.25	0.05	0.05	0.0125	0.08~0.13	0.10	0.30
TC18	Ti—5Al—4.75Mo—4.75V—1Cr—1Fe	余量	4.4~5.7	—	4.0~5.5	4.0~5.5	0.5~1.5	0.5~1.5	≤0.30	—	≤0.15	—	0.08	0.05	0.015	0.18	0.10	0.30
TC19	Ti—6Al—2Sn—4Zr—6Mo	余量	5.5~6.5	1.75~2.25	5.5~6.5	—	—	—	3.5~4.5	—	—	0.15	0.04	0.04	0.0125	0.15	0.10	0.40
TC20	Ti—6Al—7Nb	余量	5.5~6.5	—	—	—	—	—	—	6.5~7.5	Ta≤0.5	0.25	0.08	0.05	0.009	0.20	0.10	0.40

续表

合金牌号	名义化学成分	化学成分(质量分数,%)																
		主要成分										杂质 ≤						
		Ti	Al	Sn	Mo	V	Cr	Fe	Zr	Nb	Si	Fe	C	N	H	O	其他元素 单一	其他元素 总和
TC21	Ti—6Al—2Mo—1.5Cr—2Zr—2Sn—2Nb	余量	5.2 ~ 6.8	1.6 ~ 2.5	2.2 ~ 3.3	—	0.9 ~ 2.0	—	1.6 ~ 2.5	1.7 ~ 2.3	—	0.15	0.08	0.05	0.015	0.15	0.1	0.40
TC22	Ti—6Al—4V—0.05Pd	余量	5.5 ~ 6.75	—	—	3.5 ~ 4.5	—	—	—	Pd:0.04 ~ 0.08		0.40	0.08	0.05	0.015	0.20	0.10	0.40
TC23	Ti—6Al—4V—0.1Ru	余量	5.5 ~ 6.75	—	—	3.5 ~ 4.5	—	—	—	Ru:0.08 ~ 0.14		0.25	0.08	0.05	0.015	0.13	0.10	0.40
TC24	Ti—4.5Al—3V—2Mo—2Fe	余量	4.0 ~ 5.0	—	1.8 ~ 2.2	2.5 ~ 3.5	—	1.7 ~ 2.3	—	—	—	—	0.05	0.05	0.010	0.15	0.10	0.40
TC25	Ti—6.5Al—2Mo—1Zr—1Sn—1W—0.2Si	余量	6.2 ~ 7.2	0.8 ~ 2.5	1.5 ~ 2.5	—	W:0.5 ~ 1.5		0.8 ~ 2.5	—	0.10 ~ 0.25	0.15	0.10	0.04	0.012	0.15	0.10	0.30
TC26	Ti—13Nb—13Zr	余量	—	—	—	—	—	—	12.5 ~ 14.0	12.5 ~ 14.0	—	0.25	0.08	0.05	0.012	0.15	0.10	0.40

①TA7ELI 牌号中的杂质“Fe + O”的总和应不大于 0.32%。

11.2.2 钛及钛合金加工产品的化学成分及其允许偏差

钛及钛合金加工产品的化学成分及其允许偏差见表 11－16。

表 11－16 钛及钛合金加工产品的化学成分及其允许偏差（GB/T 3620.2—2007）

元素	化学成分范围（质量分数,%）	允许偏差（质量分数,%）
C	≤0.20	+0.02 0
	>0.20～0.50	+0.04 0
	>0.50	+0.06 0
N	≤0.10	+0.02 0
H	≤0.030	+0.002 0
O	≤0.30	+0.03 0
	>0.30	+0.04 0
Fe	≤0.25	±0.10
	>0.25～0.50	±0.15
	>0.50～5.00	±0.20
	>5.00	±0.25
Si	≤0.10	±0.02
	>0.10～0.50	±0.05
	>0.50～0.70	±0.07
Al	≤1.00	±0.15
	>1.00～10.00	±0.40
	>10.00～35.00	±0.05
Cr	≤1.00	±0.08
	>1.00～4.00	±0.20
	>4.00	±0.25
Mo	≤1.00	±0.08
	>1.00～10.00	±0.30
	>10.00～35.00	±0.40

元素	化学成分范围（质量分数,%）	允许偏差（质量分数,%）
Sn	≤3.00	±0.15
	>3.00～6.00	±0.25
	>6.00～12.00	±0.40
Mn	≤0.30	±0.10
	>0.30～6.00	±0.30
	>6.00～9.00	±0.40
	>9.00～20.00	±0.50
Cu	≤1.00	±0.08
	>1.00～3.00	±0.12
	>3.00～5.00	±0.20
V	≤0.50	±0.05
	>0.50～5.00	±0.15
	>5.00～6.00	±0.20
	>6.00～10.00	±0.30
	>10.00～20.00	±0.40
B	≤0.005	±0.001
Zr	≤4.00	±0.15
	>4.00～6.00	±0.20
	>6.00～10.00	±0.30
	>10.00～20.00	±0.40
Ni	≤1.00	±0.03
Pd	≤0.10	±0.005
	>0.10～0.250	±0.02
Nb	≤1.00	±0.10
	>1.00～5.00	±0.15
	>5.00～7.00	±0.20
	>7.00～10.00	±0.25
	>10.00～15.00	±0.30
	>15.00～20.00	±0.35
	>20.00～30.00	±0.40

续表

元素	化学成分范围（质量分数，%）	允许偏差（质量分数，%）	元素	化学成分范围（质量分数，%）	允许偏差（质量分数，%）
Nd	≤1.00	±0.10	Y	≤0.005	±0.0010
	>1.00~2.00	±0.20			
Ta	≤0.50	±0.05	其他元素（单一）	≤0.10	±0.020
Ru	≤0.07	±0.005			
	>0.07	±0.01			

注：当铁和硅元素为杂质时，其偏差取正偏差。

11.2.3 工业流体用钛及钛合金管

1. 工业流体用冷轧钛及钛合金管的牌号、状态及规格（表11-17）

表11-17 工业流体用冷轧钛及钛合金管的牌号、状态及规格（YS/T 576—2006）

牌号	状态	外径/mm	壁厚/mm															
			0.5	0.6	0.8	1.0	1.25	1.5	2.0	2.5	3.0	3.5	4.0	4.5	5.0	5.5	6.0	7.0
TA0 TA1 TA2 TA9 TA10	退火态M	>10~15	○	○	○	○	○	○	○	—	—	—	—	—	—	—	—	—
		>15~20	—	○	○	○	○	○	○	○	—	—	—	—	—	—	—	—
		>20~30	—	○	○	○	○	○	○	○	○	—	—	—	—	—	—	—
		>30~35	—	—	—	○	○	○	○	○	○	○	○	—	—	—	—	—
		>35~40	—	—	—	○	○	○	○	○	○	○	○	○	○	—	—	—
		>40~50	—	—	—	—	○	○	○	○	○	○	○	○	○	○	○	—
		>50~60	—	—	—	—	—	○	○	○	○	○	○	○	○	○	○	—
		>60~80	—	—	—	—	—	○	○	○	○	○	○	○	○	○	○	○
		>80~110	—	—	—	—	—	—	○	○	○	○	○	○	○	○	○	—

注：“○”表示可以生产的规格。

2. 工业流体用焊接钛及钛合金管的牌号、状态及规格（表 11－18）

表 11－18　工业流体用焊接钛及钛合金管的牌号、状态及规格（YS/T 576—2006）

牌号	状态	外径/mm	壁厚/mm							
			0.5	0.6	0.8	1.0	1.25	1.5	2.0	2.5
TA0 TA1 TA2 TA9 TA10	退火态 M	16	○	○	○	○	—	—	—	—
		19	○	○	○	○	○	—	—	—
		25、27	○	○	○	○	○	○	—	—
		31、32、33	—	—	○	○	○	○	○	—
		38	—	—	—	—	—	○	○	○

注：“○”表示可以生产的规格。

3. 工业流体用焊接－轧制钛及钛合金管的牌号、状态及规格（表 11－19）

表 11－19　工业流体用焊接－轧制钛及钛合金管的牌号、状态及规格（YS/T 576—2006）

牌号	状态	外径/mm	壁厚/mm						
			0.5	0.6	0.8	1.0	1.25	1.5	2.0
TA0、TA1、TA2、TA9、TA10	退火态 M	>15～20	○	○	○	○	○	○	—
		>20～30	○	○	○	○	○	○	○

注：“○”表示可以生产的规格。

4. 工业流体用钛及钛合金管的外径及壁厚的允许偏差（表 11－20）

表 11－20　工业流体用钛及钛合金管的外径及壁厚的允许偏差（YS/T 576—2006）

外径/mm	外径允许偏差/mm	壁厚允许偏差
>10～30	±0.30	±10%名义壁厚
>30～50	±0.50	
>50～80	±0.65	
>80～100	±0.75	
>100～110	±0.85	

5. 工业流体用无缝及焊接-轧制钛及钛合金管的长度（表 11-21）

表 11-21　工业流体用无缝及焊接-轧制钛及钛合金管的长度（YS/T 576—2006）　（单位：mm）

种类	无缝管				焊接-轧制管	
	外径≤15	外径>15				
		壁厚≤2.0	壁厚>2.0~4.5	壁厚>4.5	壁厚0.5~0.8	壁厚>0.8~2.0
长度	500~4000	500~9000	500~6000	500~4000	500~8000	500~5000

6. 工业流体用焊接钛及钛合金管的长度（表 11-22）

表 11-22　工业流体用焊接钛及钛合金管的长度（YS/T 576—2006）　（单位：mm）

种类	焊接管		
	壁厚0.5~1.25	壁厚>1.25~2.0	壁厚>2.0~2.5
长度	500~15000	500~6000	500~4000

7. 工业流体用焊接钛及钛合金管的室温力学性能（表 11-23）

表 11-23　工业流体用焊接钛及钛合金管的室温力学性能（YS/T 576—2006）

合金牌号	状态	抗拉强度 R_m/（N/mm^2）	规定非比例延伸强度 $R_{p0.2}$/（N/mm^2）≥	断后伸长率 A/% ≥
TA0	退火态 M	280~420	170	22
TA1		370~530	250	18
TA2		440~620	320	18
TA9		370~530	250	18
TA10		≥440	290	18

注：管材规格在 GB/T 3624 规定的范围内时，力学性能按 GB/T 3624 的指标执行，其中 TA10 的 $R_{p0.2}$≥300N/mm^2，管材规格超出 GB/T 3624 规定的范围时，力学性能按本表的规定。

11.2.4 换热器及冷凝器用钛及钛合金管

1. 换热器及冷凝器用冷轧钛及钛合金无缝管的牌号、状态及规格（表11-24）

表11-24 换热器及冷凝器用冷轧钛及钛合金无缝管的牌号、状态及规格（GB/T 3625—2007）

牌号	状态	外径/mm	壁厚/mm											
			0.5	0.6	0.8	1.0	1.25	1.5	2.0	2.5	3.0	3.5	4.0	4.5
TA1、TA2、TA3、TA9、TA9—1、TA10	退火态M	>10~15	○	○	○	○	○	○	○	—	—	—	—	—
		>15~20	—	○	○	○	○	○	○	○	—	—	—	—
		>20~30	—	○	○	○	○	○	○	○	—	—	—	—
		>30~40	—	—	—	—	○	○	○	○	○	—	—	—
		>40~50	—	—	—	—	○	○	○	○	○	○	—	—
		>50~60	—	—	—	—	—	○	○	○	○	○	○	—
		>60~80	—	—	—	—	—	—	○	○	○	○	○	○

注："○"表示可以生产的规格。

2. 换热器及冷凝器用焊接管的牌号、状态及规格（表11-25）

表11-25 换热器及冷凝器用焊接管的牌号、状态及规格（GB/T 3625—2007）

牌号	状态	外径/mm	壁厚/mm							
			0.5	0.6	0.8	1.0	1.25	1.5	2.0	2.5
TA1、TA2、TA3、TA9、TA9—1、TA10	退火态M	16	○	○	○	○	—	—	—	—
		19	○	○	○	○	○	—	—	—
		25、27	○	○	○	○	○	○	—	—
		31、32、33	—	—	○	○	○	○	○	—
		38	—	—	—	—	—	○	○	○
		50	—	—	—	—	—	—	○	○
		63	—	—	—	—	—	—	○	○

注："○"表示可以生产的规格。

3. 换热器及冷凝器用焊接－轧制管的牌号、状态及规格（表11－26）

表11－26　换热器及冷凝器用焊接－轧制管的牌号、状态及规格（GB/T 3625—2007）

牌号	状态	外径/mm	壁厚/mm						
			0.5	0.6	0.8	1.0	1.25	1.5	2.0
TA1、TA2、TA3、TA9—1、TA9、TA10	退火态M	6～10	○	○	○	○	○	—	—
		>10～15	○	○	○	○	○	○	—
		>15～30	○	○	○	○	○	○	○

注：“○”表示可以生产的规格。

4. 换热器及冷凝器用钛及钛合金管材的室温力学性能（表11－27）

表11－27　换热器及冷凝器用钛及钛合金管材的室温力学性能（GB/T 3625—2007）

合金牌号	状态	抗拉强度 $R_m/(N/mm^2)$ ≥	规定非比例延伸强度 $R_{p0.2}/(N/mm^2)$	断后伸长率 A_{50} mm/% ≥
TA1	退火态M	240	140～310	24
TA2		400	275～450	20
TA3		500	380～550	18
TA9		400	275～450	20
TA9—1		240	140～310	24
TA10		460	≥300	18

5. 换热器及冷凝器用钛及钛合金管材外径及壁厚的允许偏差（表11－28）

表11－28　换热器及冷凝器用钛及钛合金管材外径及壁厚的允许偏差（GB/T 3625—2007）

外径/mm	外径允许偏差/mm	壁厚允许偏差
6～25	±0.10	±10%t
>25～38	±0.13	
>38～50	±0.15	
>50～60	±0.18	
>60～80	±0.25	

注：t 为名义壁厚。

6. 换热器及冷凝器用钛及钛合金无缝管及焊接–轧制管的长度（表11–29）

表11–29 换热器及冷凝器钛及钛合金用无缝管及焊接–轧制管的长度（GB/T 3625—2007）

外径/mm	外径允许偏差/mm	壁厚允许偏差
6~25	±0.10	±10%t
>25~38	±0.13	
>38~50	±0.15	
>50~60	±0.18	
>60~80	±0.25	

注：t为名义壁厚。

7. 换热器及冷凝器用钛及钛合金焊接管的长度（表11–30）

表11–30 换热器及冷凝器用钛及钛合金焊接管的长度（GB/T 3625—2007）

（单位：mm）

种类	焊接管		
	壁厚0.5~1.25	壁厚>1.25~2.0	壁厚>2.0~2.5
长度	500~15000	500~6000	500~4000

11.2.5 钛及钛合金板材

1. 钛及钛合金板材的牌号、供应状态及规格（表11–31）

表11–31 钛及钛合金板材的牌号、供应状态及规格（GB/T 3621—2007）

牌号	制造方法	供应状态	规格/mm		
			厚度	宽度	长度
TA1、TA2、TA3、TA4、TA5、TA6、TA7、TA8、TA8—1、TA9、TA9—1、TA10、TA11、TA15、TA17、TA18、TC1、TC2、TC3、TC4、TA4ELI	热轧	热加工状态(R) 退火状态(M)	>4.75~60.0	400~3000	1000~4000
	冷轧	冷加工状态(Y) 退火状态(M) 固溶状态(ST)	0.30~6	400~1000	1000~3000
TB2	热轧	固溶状态(ST)	>4.0~10.0	400~3000	1000~4000
	冷轧	固溶状态(ST)	1.0~4.0	400~1000	1000~3000
TB5、TB6、TB8	冷轧	固溶状态(ST)	0.30~4.75	400~1000	1000~3000

注：工业纯钛板材供货的最小厚度为0.3mm。

2. 钛及钛合金板材的室温横向力学性能（表 11－32）

表 11－32　钛及钛合金板材的室温横向力学性能（GB/T 3621—2007）

牌号		状态	板材厚度/mm	抗拉强度 R_m/(N/mm^2)	规定非比例延伸强度 $R_{p0.2}$/(N/mm^2)	断后伸长率 A/% ≥
TA1		M	0.3～25.0	≥240	140～310	30
TA2		M	0.3～25.0	≥400	275～450	25
TA3		M	0.3～25.0	≥500	380～550	20
TA4		M	0.3～25.0	≥580	485～655	20
TA5		M	0.5～1.0	≥685	≥585	20
			>1.0～2.0			15
			>2.0～5.0			12
			>5.0～10.0			12
TA6		M	0.8～1.5	≥685	—	20
			>1.5～2.0			15
			>2.0～5.0			12
			>5.0～10.0			12
TA7		M	0.8～1.5	735～930	≥685	20
			1.6～2.0			15
			>2.0～5.0			12
			>5.0～10.0			12
TA8		M	0.8～10	≥400	275～450	20
TA8—1		M	0.8～10	≥240	140～310	24
TA9		M	0.8～10	≥400	275～450	20
TA9—1		M	0.8～10	≥240	140～310	24
TA10	A 类	M	0.8～10.0	≥485	≥345	18
	B 类	M	0.8～10.0	≥345	≥275	25
TA11		M	5.0～12.0	≥895	≥825	10
TA13		M	0.5～2.0	540～770	460～570	18
TA15		M	0.8～1.8	930～1130	≥855	12
			>1.8～4.0			10
			>4.0～10.0			8

续表

牌号	状态	板材厚度/mm	抗拉强度 R_m/(N/mm²)	规定非比例延伸强度 $R_{p0.2}$/(N/mm²)	断后伸长率 A/% ≥
TA17	M	0.5~1.0	685~835	—	25
		1.1~2.0			15
		2.1~4.0			12
		4.1~10.0			10
TA18	M	0.5~2.0	590~735	—	25
		>2.0~4.0			20
		>4.0~10.0			15
TB2	ST	1.0~3.5	≤980	—	20
	STA		1320		8
TB5	ST	0.8~1.75	705~945	690~835	12
		>1.75~3.18			10
TB6	ST	1.0~5.0	≥1000	—	6
TB8	ST	0.3~0.6	825~1000	795~965	6
		>0.6~2.5			8
TC1	M	0.5~1.0	590~735	—	25
		>1.0~2.0			25
		>2.0~5.0			20
		>5.0~10.0			20
TC2	M	0.5~1.0	≥685	—	25
		>1.0~2.0			15
		>2.0~5.0			12
		>5.0~10.0			12
TC3	M	0.8~2.0	≥880		12
		>2.0~5.0			10
		>5.0~10.0			10
TC4	M	0.8~2.0	≥895	≥830	12
		>2.0~5.0			10
		>5.0~10.0			10
		>10.0~25.0			8
TC4ELI	M	0.8~25.0	≥860	≥795	10

注：1. 厚度不大于0.64mm的板材，断后伸长率报实测值。

2. 正常供货按A类，B类适应于复合板复材，当需方要求并在合同中注明时，按B类供货。

3. 钛及钛合金板材的高温力学性能（表 11－33）

表 11－33　钛及钛合金板材的高温力学性能（GB/T 3621—2007）

合金牌号	板材厚度/mm	试验温度/℃	抗拉强度 /(N/mm^2) ≥	持久强度(100h) /(N/mm^2) ≥
TA6	0.8～10	350	420	390
		500	340	195
TA7	0.8～10	350	490	440
		500	440	195
TA11	5.0～12	425	620	—
TA15	0.8～10	500	635	440
		550	570	440
TA17	0.5～10	350	420	390
		400	390	360
TA18	0.5～10	350	340	320
		400	310	280
TC1	0.5～10	350	340	320
		400	310	295
TC2	0.5～10	350	420	390
		400	390	360
TC3、TC4	0.8～10	400	590	540
		500	440	195

4. 钛及钛合金板材厚度及其允许偏差（表 11－34）

表 11－34　钛及钛合金板材厚度及其允许偏差（GB/T 3621—2007）

（单位：mm）

厚度	宽度		
	400～1000	>1000～2000	>2000
	厚度允许偏差		
0.3～0.5	±0.05	—	—
>0.5～0.8	±0.07	—	—

续表

厚度	宽度		
	400~1000	>1000~2000	>2000
	厚度允许偏差		
>0.8~1.1	±0.09	—	—
>1.1~1.5	±0.11	—	—
>1.5~2.0	±0.15	—	—
>2.0~3.0	±0.18	—	—
>3.0~4.0	±0.22	—	—
>4.0~6.0	±0.35	±0.40	—
>6.0~8.0	±0.40	±0.60	±0.80
>8.0~10.0	±0.50	±0.60	±0.80
>10.0~15.0	±0.70	±0.80	±1.00
>15.0~20.0	±0.70	±0.90	±1.10
>20.0~30.0	±0.90	±1.00	±1.20
>30.0~40.0	±1.10	±1.20	±1.50
>40.0~50.0	1.20	±1.50	±2.00
>50.0~60.0	±1.60	±2.00	±2.50

5. 钛及钛合金板材宽度和长度及其允许偏差（表11-35）

表11-35 钛及钛合金板材宽度和长度及其允许偏差（GB/T 3621—2007）

（单位：mm）

厚度	宽度	宽度允许偏差	长度	长度允许偏差
0.3~4.0	400~1000	+10 0	1000~3000	+15 0
>4.0~20.0	400~3000	+15 0	1000~4000	+20 0
>20.0~60.0	400~3000	+20 0	1000~4000	+25 0

6. 钛及钛合金板材的工艺性能（表11-36）

表11-36 钛及钛合金板材的工艺性能（GB/T 3621—2007）

牌号	状态	板材厚度 t/mm	弯心直径/mm	弯曲角 α/(°)
TA1	M	<1.8	$3t$	105
		1.8~4.75	$4t$	
TA2	M	<1.8	$4t$	
		1.8~4.75	$5t$	
TA3	M	<1.8	$4t$	
		1.8~4.75	$5t$	
TA4	M	<1.8	$5t$	
		1.8~4.75	$6t$	
TA8	M	<1.8	$4t$	
		1.8~4.75	$5t$	
TA8—1	M	<1.8	$3t$	
		1.8~4.75	$4t$	
TA9	M	<1.8	$4t$	
		1.8~4.75	$5t$	
TA9—1	M	<1.8	$3t$	
		1.8~4.75	$4t$	
TA10	M	<1.8	$4t$	
		1.8~4.75	$5t$	
TC4	M	<1.8	$9t$	
		1.8~4.75	$10t$	
TC4ELI	M	<1.8	$9t$	
		1.8~4.75	$10t$	
TB5	M	<1.8	$4t$	
		1.8~3.18	$5t$	
TB8	M	<1.8	$3t$	
		1.8~2.5	$3.5t$	
TA5	M	0.5~5.0	$3t$	60

续表

牌号	状态	板材厚度 t/mm	弯心直径/mm	弯曲角 α/(°)
TA6	M	0.8~1.5	3t	50
		>1.5~5.0		40
TA7	M	0.8~2.0		50
		>2.0~5.0		40
TA13	M	0.5~2.0	2t	180
TA15	M	0.8~5.0	3t	30
TA17	M	0.5~1.0		80
		>1.0~2.0		60
		>2.0~5.0		50
TA18	M	0.5~1.0		100
		>1.0~2.0		70
		2.0~5.0		60
TB2	ST	1.0~3.5		120
TC1	M	0.5~1.0		100
		>1.0~2.0		70
		>2.0~5.0		60
TC2	M	0.5~1.0		80
		>1.0~2.0		60
		>2.0~5.0		50
TC3	M	0.8~2.0		35
		>2.0~5.0		30

11.2.6 板式换热器用钛板

1. 板式换热器用钛板的牌号、状态及规格（表 11-37）

表 11-37 板式换热器用钛板的牌号、状态及规格（GB/T 14845—2007）

牌号	状态	规格/mm		
		厚度	宽度	长度
TA1、TA8—1、TA9—1	M	0.5~1.0	300~1000	800~3000

2. 板式换热器用钛板的化学成分（表11-38）

表11-38 板式换热器用钛板的化学成分（GB/T 14845—2007）

牌号	Ti	Pd	杂质(质量分数,%) ≤						
			Fe	C	N	H	O	其他元素	
								单个	总和
TA1	余量	—	0.15	0.05	0.03	0.012	0.10	0.10	0.40
TA8—1	余量	0.04~0.08	0.20	0.08	0.03	0.015	0.18	0.10	0.40
TA9—1	余量	0.12~0.25	0.20	0.08	0.03	0.015	0.18	0.10	0.40

注：其他元素一般情况下不做检验，但供方应予以保证。

3. 板式换热器用钛板的室温力学性能及工艺性能（表11-39）

表11-39 板式换热器用钛板的室温力学性能及工艺性能（GB/T 14845—2007）

牌号	状态	抗拉强度 R_m/(N/mm²)	规定非比例延伸强度 $R_{p0.2}$/(N/mm²)	断后伸长率 A/%	弯曲角 α/(°)	杯突值 /mm
		≥				
TA1	M	240	140	55	140	9.5
TA8—1 TA9—1		240	140	47	140	9.5

注：厚度小于0.6mm的板材，抗拉强度数值报实测值。

4. 板式换热器用钛板的尺寸及其允许偏差（表11-40）

表11-40 板式换热器用钛板的尺寸及其允许偏差（GB/T 14845—2007）

（单位：mm）

厚度	厚度允许偏差	宽度允许偏差	长度允许偏差
0.5~0.8	±0.07	+10 0	+15 0
>0.8~1.0	±0.09		

11.2.7 制表用纯钛板材

1. 制表用纯钛板的牌号、状态及规格（表11-41）

表11-41 制表用纯钛板的牌号、状态及规格（YS/T 580—2006）

牌号	供应状态	表面状态	(厚度/mm)×(宽度/mm)×(长度/mm)
WTP—1	退火(M)或热加工(R)	白化处理	(1.0~10)×(≤1000)×(≤2400)

2. 制表用纯钛板的化学成分（表11-42）

表11-42　制表用纯钛板的化学成分（YS/T 580—2006）

元素	Ti	Fe	C	N	H	O	Al	其他元素	
								单一	总和
含量(质量分数,%)	余量	0.15	0.08	0.03	0.015	0.15	0.40	0.10	0.40

注：其他元素，在正常情况下不做检验，但应保证符合规定；当需方要求并在合同中注明时可予以检验。

3. 制表用纯钛板的尺寸及其允许偏差（表11-43）

表11-43　制表用纯钛板的尺寸及其允许偏差（YS/T 580—2006）

（单位：mm）

厚度	厚度偏差	宽度	宽度偏差	长度	长度偏差
<3.0	+0.20 -0.05	≤1000	+10 0	≤2400	+15 0
3.0~6.0	+0.20 -0.10	≤1000	+15 0	≤2400	+20 0
>6.0~10.0	+0.30 -0.10	≤1000	+20 0	≤2400	+30 0

11.2.8　钛及钛合金带、箔材

1. 钛及钛合金带、箔材的牌号、状态及规格（表11-44）

表11-44　钛及钛合金带、箔材的牌号、状态及规格（GB/T 3622—1999）

牌号	品种	状态	（厚度/mm）×（宽度/mm）×（长度/mm）
TA0、TA1、TA2、TA9、TA10	箔材	冷轧(Y) 退火(M)	(0.01~0.02)×(30~100)×(≥500) (0.03~0.09)×(50~300)×(≥500)
	带材		(0.10~0.30)×(50~300)×(≥500) (0.40~0.90)×(50~500)×(≥1000) (1.0~2.0)×(50~500)×(≥2000)

注：箔材退火状态（M）供货的最短长度为300mm。

2. 钛及钛合金带、箔材的室温纵向力学性能（表11-45）

表11-45　钛及钛合金带、箔材的室温纵向力学性能（GB/T 3622—1999）

牌号	状态	产品厚度/mm	抗拉强度 R_m/(N/mm²) ≥	规定残余延伸强度 $R_{r0.2}$/(N/mm²) ≥	断后伸长率/% ≥		弯曲角 α/(°) ≥
					A_{50mm}	A_{100mm}	
TA0	M	0.3~<0.5	280~420	170	—	40	150
		0.5~2.0			45	—	
TA1	M	0.3~<0.5	370~530	250	—	35	150
		0.5~2.0			40	—	
TA2	M	0.3~<0.5	440~620	320	—	30	140
		0.5~1.0			35	—	
		1.1~2.0			30	—	
TA9	M	0.3~<0.5	370~530	250	—	25	140
		0.5~2.0			30	—	
TA10	M	0.3~<0.5	485	—	—	15	90
		0.5~2.0			18	—	

11.2.9　钛及钛合金棒材

1. 钛及钛合金棒材的牌号、状态和规格（表11-46）

表11-46　钛及钛合金棒材的牌号、状态和规格（GB/T 2965—2007）

牌号	品种	供应状态	直径或厚度/mm	表面状态
TA1ELI、TA1、TA2、TA3、TA4、TC4、TC4ELI TC20	板材	冷轧(Y)、退火状态(M)	0.8~4.75	除油或酸洗
		热加工(R)、退火状态(M)	>4.75~25	酸洗或黑皮
	棒材	热加工(R)、退火状态(M)	>7.0~90	光棒或黑皮
	丝材	退火状态(M)	1.0~7.0	磨光、酸洗+退火

注：TC9、TA19和TC11钛合金棒材的供应状态为热加工态（R）和冷加工态（Y）；TC6钛合金棒材的退火态（M）为普通退火态。

2. 钛及钛合金棒材的室温纵向力学性能（表 11－47）

表 11－47 钛及钛合金棒材的室温纵向力学性能（GB/T 2965—2007）

牌号	抗拉强度 R_m/(N/mm²)	规定非比例延伸强度 $R_{p0.2}$/(N/mm²)	断后伸长率 A/%	断面收缩率 Z/%	备注
TA1	240	140	24	30	
TA2	400	275	20	30	
TA3	500	380	18	30	
TA4	580	485	15	25	
TA5	685	585	15	40	
TA6	685	585	10	27	
TA7	785	680	10	25	
TA9	370	250	20	25	
TA10	485	345	18	25	
TA13	540	400	16	35	
TA15	885	825	8	20	
TA19	895	825	10	25	
TB2	≤980	820	18	40	淬火性能
	1370	1100	7	10	时效性能
TC1	585	460	15	30	
TC2	685	560	12	30	
TC3	800	700	10	25	
TC4	895	825	10	25	
TC4ELI	830	760	10	15	
TC6①	980	840	10	25	
TC9	1060	910	9	25	
TC10	1030	900	12	25	
TC11	1030	900	10	30	
TC12	1150	1000	10	25	

①TC6 棒材测定普通退火状态的性能，当需方要求并在合同中注明时，方测定等温退火状态的性能。

3. 钛及钛合金棒材的高温纵向力学性能（表11-48）

表11-48　钛及钛合金棒材的高温纵向力学性能（GB/T 2965—2007）

牌号	试验温度/℃	高温力学性能 ≥			
		抗拉强度/(N/mm²)	持久强度/(N/mm²)		
			100h	50h	35h
TA6	350	420	390	—	—
TA7	350	490	440	—	—
TA15	500	570	—	470	—
TA19	480	620	—	—	480
TC1	350	345	325	—	—
TC2	350	420	390	—	—
TC4	400	620	570	—	—
TC6	400	735	665	—	—
TC9	500	785	590	—	—
TC10	400	835	785	—	—
TC11①	500	685	—	—	640
TC12	500	700	590	—	—

①TC11钛合金棒材持久强度不合格时，允许再按500℃的100h持久强度590 N/mm² 进行检验，检验合格则该批棒材的持久强度合格。

4. 钛及钛合金棒材的直径或截面厚度及其允许偏差（表11-49）

表11-49　钛及钛合金棒材的直径或截面厚度及其允许偏差（GB/T 2965—2007）　（单位：mm）

直径或截面厚度	允许偏差		
	热锻造或挤压棒	热轧棒	车（磨）光棒、冷轧或冷拉棒
>7~15	±1.0	+0.6 -0.5	±0.3
>15~25	±1.5	+0.7 -0.5	±0.4
>25~40	±2.0	+1.2 -0.5	±0.5
>40~60	±2.5	+1.5 -1.0	±0.6
>60~90	±3.0	+2.0 -1.0	±0.8
>90~120	±3.5	+2.0 -1.2	±1.2
>120~160	±5.0	—	±1.8
>160~200	±6.5	—	±2.0
>200~300	±7.0	—	±2.5

5. 钛及钛合金棒材的热处理制度（表 11－50）

表 11－50 钛及钛合金棒材的热处理制度（GB/T 2965—2007）

牌号	热处理制度
TA1、TA2、TA3、TA4	600～700℃，1～3h，空冷
TA5	700～850℃，1～3h，空冷
TA6、TA7	750～850℃，1～3h，空冷
TA9、TA10	600～700℃，1～3h，空冷
TA13	780～800℃，0.5～2h，空冷
TA15	700～850℃，1～4h，空冷
TA19	955～985℃，1～2h，空冷；575～605℃，8h，空冷
TB2	淬火：800～850℃，30min，空冷或水冷 时效：450～500℃，8h，空冷
TC1、TC2	700～850℃，1～3h，空冷
TC3、TC4、TC4ELI	700～800℃，1～3h，空冷
TC6	普通退火：800～850℃，保温 1～2h，空冷 等温退火：870℃±10℃，1～3h，炉冷至 650℃，2h，空冷
TC9	950～1000℃，1～3h，空冷；530℃±10℃，6h，空冷
TC10	700～800℃，1～3h，空冷
TC11	950℃±10℃，1～3h，空冷；530℃±10℃，6h，空冷
TC12	700～850℃，1～3h，空冷

注：1. TC11 的首次退火温度允许在 β 转变温度以下 30～50℃内进行调整。
2. 当合同中注明时，可选等温退火。

11.2.10 钛及钛合金丝

1. 钛及钛合金丝的牌号、状态及规格（表 11－51）

表 11－51 钛及钛合金丝的牌号、状态及规格（GB/T 3623—2007）

牌号	直径/mm	状态
TA1、TA1ELI、TA2、TA2ELI、TA3、TA3ELI、TA4、TA4ELI、TA28、TA7、TA9、TA10、TC1、TC2、TC3	0.1～7.0	热加工态（R） 冷加工态（Y） 退火态（M）
TA1—1、TC4、TC4ELI	1.0～7.0	

注：丝材的用途和供应状态应在合同中注明，未注明时按加工态（Y 或 R）焊丝供应。

2. 钛及钛合金丝的化学成分（表11－52）

表11－52 钛及钛合金丝的化学成分（GB/T 3623—2007）

牌号	化学成分（质量分数，%）①														
	主要化学成分								杂质 ≤						
	Ti	Al	Mn	V	Sn	Pd	Mo	Ni	Fe	O	C	N	H	Si	Al
TA1—1	基	—	—	—	—	—	—	—	0.15	0.12	0.05	0.03	0.003	0.08	0.20
TA1	基	—	—	—	—	—	—	—	0.15	0.12	0.05	0.03	0.012	—	—
TA1ELI	基	—	—	—	—	—	—	—	0.08	0.10	0.03	0.012	0.005	—	—
TA2	基	—	—	—	—	—	—	—	0.20	0.18	0.05	0.03	0.012	—	—
TA2ELI	基	—	—	—	—	—	—	—	0.12	0.16	0.03	0.015	0.008	—	—
TA3	基	—	—	—	—	—	—	—	0.25	0.25	0.05	0.05	0.012	—	—
TA3ELI	基	—	—	—	—	—	—	—	0.16	0.20	0.03	0.02	0.008	—	—
TA4	基	—	—	—	—	—	—	—	0.30	0.35	0.05	0.05	0.012	—	—
TA4ELI	基	—	—	—	—	—	—	—	0.25	0.32	0.03	0.025	0.008	—	—
TA28	基	2.0～3.0	—	—	—	—	—	—	0.30	0.15	0.05	0.04	0.012	—	—
TA7	基	4.0～6.0	—	—	2.0～3.0	—	—	—	0.45	0.15	0.05	0.05	0.012	—	—
TA9	基	—	—	—	—	0.12～0.25	—	—	0.20	0.18	0.05	0.03	0.012	—	—
TA10	基	—	—	—	—	—	0.2～0.4	0.6～0.9	0.25	0.20	0.05	0.03	0.012	—	—
TC1	基	1.0～2.5	0.7～2.0	—	—	—	—	—	0.30	0.15	0.10	0.05	0.012	—	—
TC2	基	3.5～5.0	0.8～2.0	—	—	—	—	—	0.30	0.15	0.10	0.05	0.012	—	—
TC3	基	4.5～6.0	—	3.5～4.5	—	—	—	—	0.25	0.15	0.05	0.05	0.012	—	—
TC4	基	5.5～6.75	—	3.5～4.5	—	—	—	—	0.25	0.18	0.05	0.05	0.012	—	—
TC4ELI	基	5.5～6.5	—	3.5～4.5	—	—	—	—	0.20	0.03～0.11	0.03	0.012	0.005	—	—

注：产品出厂时不检验其他元素，需方要求并在合同中注明时可予以检验。

①其余杂质元素及其含量应符合 CB/T 3620.1 相应牌号的规定；低间隙纯钛牌号中的杂质元素 Al、V、Sn，其单一含量不大于0.05%，总和不大于0.2%。

3. 钛及钛合金结构件丝热处理后的室温力学性能（表 11－53）

表 11－53 钛及钛合金结构件丝热处理后的室温力学性能（GB/T 3623—2007）

牌号	直径/mm	抗拉强度 R_m/（N/mm²）	断后伸长率[①] A/% ≥
TA1	4.0～7.0	≥240	24
TA2		≥400	20
TA3		≥500	18
TA4		≥580	15
TA1	0.1～4.0	≥240	15
TA2		≥400	12
TA3		≥500	10
TA4		≥580	8
TA1—1	1.0～7.0	295～470	30
TC4ELI	1.0～7.0	≥860	10
TC4	1.0～2.0	≥925	8
	>2.0～7.0	≥895	10

①直径小于 2.0mm 的丝材的断后伸长率不满足要求时可按实测值报出。

4. 钛及钛合金丝材的热处理制度（表 11－54）

表 11－54 钛及钛合金丝材的热处理制度（GB/T 3623—2007）

牌号	加热温度/℃	保温时间/h
TA1—1、TA1、TA1ELI、TA2、TA2ELI、TA3、TA3ELI、TA4、TA4ELI	600～700	1
TA28	600～750	1
TA7	700～850	1
TA9、TA10	600～700	1
TC1、TC2、TC3	650～800	1
TC4、TC4ELI	700～850	1

11.2.11 钛及钛合金饼和环

1. 钛及钛合金饼和环的牌号、状态及规格（表11-55）

表11-55 钛及钛合金饼和环的牌号、状态及规格（GB/T 16598—1996）

牌号	供应状态	产品形式	规格/mm			
			外径	内径	截面高度	环材壁厚
TA0、TA1、TA2、TA3、TA9、TA10、TC4	热加工状态(R) 退火状态(M)	饼	150~300	—	35~140	—
			>300~500		35~150	
			>500~600		40~110	
		环	200~400	100~300	35~120	40~150
			>400~700	150~500	40~160	40~250
			>700~900	300~700	50~180	40~300
			>900~1300	400~900	70~250	40~400

2. 钛及钛合金热处理制度及标记（表11-56）

表11-56 钛及钛合金热处理制度及标记（GB/T 16598—1996）

	牌号	推荐的热处理制度
热处理制度	TA0、TA1、TA2、TA3、TA9、TA10	650~700℃，保温不少于1h，空冷
	TC4	700~800℃，保温不少于1h，空冷
标记示例	用TA2制造的、退火状态的、直径为400mm、截面高度为100mm的饼材标记为：饼 TA2Mϕ400×100GB/T 16598 用TC4制造的、热加工状态的、外径为600mm、内径为500mm、截面高度为150mm的环材标记为：环 TC4Rϕ600/ϕ500×150GB/T 16598	

3. 钛及钛合金饼和环的室温力学性能（表11-57）

表11-57 钛及钛合金饼和环的室温力学性能（GB/T 16598—1996）

牌号	横截面积 /cm^2	抗拉强度 R_m /(N/mm^2) ≥	规定残余延伸强度 $R_{r0.2}$/(N/mm^2) ≥	断后伸长率 A/% ≥	断面收缩率 Z/% ≥
TA0	≤100	280	170	30	35
TA1		370	250	20	35
TA2		440	320	18	35

续表

牌号	横截面积 /cm²	抗拉强度 R_m /(N/mm²) ≥	规定残余延伸强度 $R_{r0.2}$/(N/mm²) ≥	断后伸长率 A/% ≥	断面收缩率 Z/% ≥
TA3	≤100	540	410	15	30
TA9		370	250	20	30
TA10		485	345	18	25
TC4		895	825	10	25

4. 钛及钛合金饼和环的尺寸允许偏差（表11－58）

表11－58 钛及钛合金饼和环的尺寸允许偏差（GB/T 16598—1996）

（单位：mm）

饼直径	允许偏差	截面高度	允许偏差	环外径	允许偏差	环内径	允许偏差	截面高度	允许偏差
150～300	+3 −1	35～140	+3 −1	200～400	+3 −1	100～300	+1 −3	35～120	+3 −1
>300～500	+3 −1	35～150	+3 −1	>400～700	+4 −2	150～500	+2 −4	40～160	+4 −2
>500～600	+3 −1	40～110	+4 −2	>700～900	+5 −3	300～700	+3 −5	50～180	+5 −3
—	—	—	—	>900～1300	+6 −3	400～900	+3 −6	70～250	+6 −3

11.2.12 钛及钛合金铸件

1. 钛及钛合金铸件的牌号和状态（表11－59）

表11－59 钛及钛合金铸件的牌号和状态（GB/T 6614—1994）

牌号	供应状态
ZTi1、ZTi2、ZTi3、 ZTiAl4、ZTiAl5Sn2.5、ZTiAl6Sn4.5Nb2Mo1.5 ZTiAl6V4、ZTiMo32	铸态（C）、 消除应力退火状态（M）、 热等静压状态（HIP）

2. 钛及钛合金铸件的室温力学性能（表11－60）

表11－60　钛及钛合金铸件的室温力学性能（GB/T 6614—1994）

牌号	代号	抗拉强度 R_m /(N/mm²) ≥	规定残余延伸强度 $R_{r0.2}$/(N/mm²) ≥	断后伸长率 A/% ≥	硬度 HBW ≤
ZTi1	ZTA1	345	275	20	210
ZTi2	ZTA2	440	370	13	235
ZTi3	ZTA3	540	470	12	245
ZTiAl4	ZTA5	590	490	10	270
ZTiAl5Sn2.5	ZTA7	795	725	8	335
ZTiAl6V4	ZTC4	895	825	6	365
ZTiMo32	ZTB32	795	—	2	260
ZTiAl6Sn4.5Nb2Mo1.5	ZTC21	980	850	5	350

3. 铸造钛及钛合金消除应力的退火处理制度（表11－61）

表11－61　铸造钛及钛合金消除应力的退火处理制度（GB/T 6614—1994）

<table>
<tr><th>合金牌号</th><th>温度/℃</th><th>保温时间/min</th><th>冷却方式</th></tr>
<tr><td>ZTi1、ZTi2、ZTi3</td><td>500～600</td><td>30～60</td><td rowspan="4">炉冷</td></tr>
<tr><td>ZTiAl4</td><td>550～650</td><td>30～90</td></tr>
<tr><td>ZTiAl5Sn2.5</td><td>550～650</td><td>30～120</td></tr>
<tr><td>ZTiAl6V4</td><td>550～650</td><td>30～240</td></tr>
</table>

11.2.13　铸造钛及钛合金

1. 铸造钛及钛合金的牌号和化学成分（表11－62）

表11－62　铸造钛及钛合金的牌号和化学成分（GB/T 15073—1994）

<table>
<tr><th colspan="2" rowspan="2">铸造钛及钛合金</th><th colspan="14">化学成分(质量分数,%)</th></tr>
<tr><th colspan="6">主要化学成分</th><th colspan="8">杂质　≤</th></tr>
<tr><th rowspan="2">牌号</th><th rowspan="2">代号</th><th rowspan="2">Ti</th><th rowspan="2">Al</th><th rowspan="2">Sn</th><th rowspan="2">Mo</th><th rowspan="2">V</th><th rowspan="2">Nb</th><th rowspan="2">Fe</th><th rowspan="2">Si</th><th rowspan="2">C</th><th rowspan="2">N</th><th rowspan="2">H</th><th rowspan="2">O</th><th colspan="2">其他元素</th></tr>
<tr><th>单个</th><th>总和</th></tr>
<tr><td>ZTi1</td><td>ZTA1</td><td rowspan="3">基</td><td rowspan="3">—</td><td rowspan="3">—</td><td rowspan="3">—</td><td rowspan="3">—</td><td rowspan="3">—</td><td>0.25</td><td>0.10</td><td rowspan="3">0.10</td><td>0.03</td><td rowspan="3">0.015</td><td>0.25</td><td rowspan="3">0.10</td><td rowspan="3">0.40</td></tr>
<tr><td>ZTi2</td><td>ZTA2</td><td>0.30</td><td rowspan="2">0.15</td><td rowspan="2">0.05</td><td>0.35</td></tr>
<tr><td>ZTi3</td><td>ZTA3</td><td>0.40</td><td>0.40</td></tr>
</table>

续表

铸造钛及钛合金		化学成分(质量分数,%)													
		主要化学成分						杂质 ≤							
牌号	代号	Ti	Al	Sn	Mo	V	Nb	Fe	Si	C	N	H	O	其他元素 单个	其他元素 总和
ZTiAl4	ZTA5	基	3.3~4.7	—	—	—	—	0.30	0.15	0.10	0.04	0.015	0.20	0.10	0.40
ZTiAl5Sn2.5	ZTA7	基	4.0~6.0	2.0~3.0	—	—	—	0.50	0.15	0.10	0.05	0.015	0.20	0.10	0.40
ZTiMo32	ZTB32	基	—	—	30.0~34.0	—	—	0.30	0.15	0.10	0.05	0.015	0.15	0.10	0.40
ZTiAl6V4	ZTC4	基	5.5~6.8	—	—	3.5~4.5	—	0.40	0.15	0.10	0.05	0.015	0.25	0.10	0.40
ZTiAl6Sn4.5Nb2Mo1.5	ZTC21	基	5.5~6.5	4.0~5.0	1.0~2.0	—	1.5~2.0	0.30	0.15	0.10	0.05	0.015	0.20	0.10	0.40

注:1. 杂质其他元素单一含量和总量只有在有异议时才考虑分析。

2. 对杂质含量有特殊要求时,应经供需双方协商后在有关文件中注明。

2. 铸造钛及钛合金化学成分的允许偏差(表11-63)

表11-63 铸造钛及钛合金化学成分的允许偏差(GB/T 15073—1994)

元素	规定化学成分(质量分数,%)	允许偏差(质量分数,%)
Al	3.3~6.8	±0.40
Sn	2.0~3.0	±0.15
Sn	4.0~5.0	±0.25
Mo	1.0~2.0	±0.30
Mo	30.0~34.0	±0.40
V	3.5~4.5	±0.15
Nb	1.5~2.0	±0.15
Fe	>0.20~0.25	+0.05 0
Fe	>0.25~0.40	+0.08 0
Fe	>0.40~0.50	+0.15 0

元素		规定化学成分(质量分数,%)	允许偏差(质量分数,%)
Si		≤0.15	+0.02 0
C		≤0.10	+0.02 0
N		≤0.05	+0.02 0
H		≤0.015	+0.003 0
O		≤0.20	+0.04 0
O		>0.20~0.25	+0.05 0
O		>0.25~0.40	+0.08 0
杂质其他元素	单个	≤0.10	+0.02 0
杂质其他元素	总和	≤0.40	+0.05 0

11.2.14　烟花爆竹用钛粉

1. 烟花爆竹用钛粉的粒度要求（表11-64）

表11-64　烟花爆竹用钛粉的粒度要求（GB/T 20211—2006）

牌号	孔径粒度/mm	指标/%
1	0.900	上筛筛上物（孔径0.900mm）≤5
		下筛筛出物（孔径0.450mm）≤20
2	0.450	上筛筛上物（孔径0.450mm）≤5
		下筛筛出物（孔径0.280mm）≤15
3	0.280	上筛筛上物（孔径0.280mm）≤5
		下筛筛出物（孔径0.180mm）≤10
4	0.180	上筛筛上物（孔径0.180mm）≤5
		下筛筛出物（孔径0.154mm）≤10
5	0.154	上筛筛上物（孔径0.154mm）≤5
		下筛筛出物（孔径0.125mm）≤10
6	0.125	上筛筛上物（孔径0.125mm）≤5
		下筛筛出物（孔径0.090mm）≤5

2. 烟花爆竹用钛粉的理化要求（表11-65）

表11-65　烟花爆竹用钛粉的理化要求（GB/T 20211—2006）

产品类别	级别	钛（质量分数，%）≥	杂质（质量分数，%）≤					
			三酸不溶物	铁	铜	锰	铬	铝
金属钛粉	1	90.0	0.1	1.5	0.08	0.2	0.5	5.0
	2	80.0	0.3	2.5	0.15	0.5	1.0	10.0
	3	70.0	0.5	4.0	0.30	1.0	3.0	15.0
	4	60.0	1.0	6.0	0.50	2.0	5.0	20.0
海绵钛粉	1	95.0	0.1	1.5	0.08	0.2	0.5	2.0
	2	85.0	0.3	2.5	0.12	0.5	0.8	10.0
	3	75.0	0.5	3.0	0.20	0.8	2.0	15.0
氢化钛粉	1	99.5	0.1	0.2	0.05	0.1	0.3	0.4
	2	98.5	0.2	0.5	0.08	0.3	0.5	1.0
	3	95.5	0.3	1.0	0.12	0.5	0.8	3.0

注：三酸不溶物中的三酸指硫酸、盐酸、硝酸，其体积比为4∶3∶1。

11.3 镍及镍合金

11.3.1 镍及镍合金加工产品的化学成分（表 11－66）

表 11－66 镍及镍合金加工产品的化学成分（GB/T 5235—2007）

组别	名称	牌号	化学成分(质量分数,%)																					产品形状
			Ni + Co	Cu	Si	Mn	C	Mg	S	P	Fe	Pb	Bi	As	Sb	Zn	Cd	Sn	W	Ca	Cr	Ti	Al	杂质总和	
纯镍	二号镍	N2	≥ 99.98	≤ 0.001	≤ 0.003	≤ 0.002	≤ 0.005	≤ 0.003	≤ 0.001	≤ 0.001	≤ 0.007	≤ 0.0003	≤ 0.0003	≤ 0.001	≤ 0.0003	≤ 0.002	≤ 0.0003	≤ 0.001	—	—	—	—	—	≤ 0.02	板、带、箔
	四号镍	N4	≥ 99.9	≤ 0.015	≤ 0.03	≤ 0.002	≤ 0.01	≤ 0.01	≤ 0.001	≤ 0.001	≤ 0.04	≤ 0.001	≤ 0.001	≤ 0.001	≤ 0.001	≤ 0.005	≤ 0.001	≤ 0.001	—	—	—	—	—	≤ 0.1	板、带、箔
	五号镍	N5 (NW2201) (N02201)	≥ 99.0	≤ 0.25	≤ 0.30	≤ 0.35	≤ 0.02	—	≤ 0.01	—	≤ 0.40	—	—	—	—	—	—	—	—	—	≤ 0.2	—	—	—	板、带、箔
	六号镍	N6	≥ 99.5	≤ 0.10	≤ 0.10	≤ 0.05	≤ 0.10	≤ 0.10	≤ 0.005	≤ 0.002	≤ 0.10	≤ 0.002	≤ 0.002	≤ 0.002	≤ 0.002	≤ 0.007	≤ 0.002	≤ 0.002	—	—	—	—	—	≤ 0.5	板、带、箔、管、棒、线
	七号镍	N7 (NW2200) (N02200)	≥ 99.0	≤ 0.25	≤ 0.30	≤ 0.35	≤ 0.15	—	≤ 0.01	—	≤ 0.40	—	—	—	—	—	—	—	—	—	≤ 0.2	—	—	—	板、带、箔
	八号镍	N8	≥ 99.0	≤ 0.15	≤ 0.15	≤ 0.20	≤ 0.20	≤ 0.10	≤ 0.015	—	≤ 0.30	—	—	—	—	—	—	—	—	—	—	—	—	≤ 1.0	板、带、棒、线
	九号镍	N9	≥ 98.63	≤ 0.25	≤ 0.35	≤ 0.35	≤ 0.02	≤ 0.10	≤ 0.005	≤ 0.002	≤ 0.4	≤ 0.002	≤ 0.002	≤ 0.002	≤ 0.002	≤ 0.007	≤ 0.002	≤ 0.002	—	—	—	—	—	≤ 0.5	板、带、箔

续表

组别	名称	牌号	化学成分(质量分数,%) Ni + Co	Cu	Si	Mn	C	Mg	S	P	Fe	Pb	Bi	As	Sb	Zn	Cd	Sn	W	Ca	Cr	Ti	Al	杂质总和	产品形状
纯镍	电真空镍	DN	≥99.35	≤0.06	0.02 ~ 0.10	≤0.05	0.02 ~ 0.10	0.02 ~ 0.10	≤0.005	≤0.002	≤0.10	≤0.002	≤0.002	≤0.002	≤0.002	≤0.007	≤0.002	≤0.002	—	—	—	—	—	—	板、带、管、棒、线
阳级镍	一号阳极镍	NY1	≥99.7	≤0.1	≤0.10	—	≤0.02	≤0.10	≤0.005	—	≤0.10	—	—	—	—	—	—	—	—	—	—	—	—	≤0.3	板、棒
	二号阳极镍	NY2	≥99.4	0.01 ~ 0.10	≤0.10	—	0:	0.03 ~ 0.3	0.002 ~ 0.01	—	≤0.10	—	—	—	—	—	—	—	—	—	—	—	—	—	板、棒
	三号阳极镍	NY3	≥99.0	≤0.15	≤0.2	—	≤0.1	≤0.10	≤0.005	—	≤0.25	—	—	—	—	—	—	—	—	—	—	—	—	—	板
镍锰合金	3镍锰合金	NMn3	余量	≤0.50	≤0.30	2.30 ~ 3.30	≤0.30	≤0.10	≤0.03	≤0.010	≤0.65	≤0.002	≤0.002	≤0.030	≤0.002	—	—	—	—	—	—	—	—	≤1.5	线
	4—1镍锰合金	NMn4—1	余量	—	0.75 ~ 1.05	3.75 ~ 4.25	—	—	—	—	—	—	—	—	—	—	—	—	—	—	—	—	—	—	板带
	5镍锰合金	NMn5	余量	≤0.50	≤0.30	4.60 ~ 5.40	≤0.30	≤0.10	≤0.03	≤0.020	≤0.65	≤0.002	≤0.002	≤0.030	≤0.002	—	—	—	—	—	—	—	—	—	线
	1.5—1.5—0.5镍锰合金	NMn1.5—1.5—0.5	余量	—	0.35 ~ 0.75	1.3 ~ 1.7	—	—	—	—	—	—	—	—	—	—	—	—	—	—	1.3 ~ 1.7	—	—	—	板、带
镍铜合金	40—2—1镍铜合金	NCu40—2—1	余量	38.0 ~ 42.0	≤0.15	1.25 ~ 2.25	≤0.30	—	≤0.02	≤0.005	0.2 ~ 1.0	≤0.006	—	—	—	—	—	—	—	—	—	—	—	—	板、带管、棒线
	28—1—1镍铜合金	NCu28—1—1	余量	28 ~ 32	—	1.0 ~ 1.4	—	—	—	—	1.0 ~ 1.4	—	—	—	—	—	—	—	—	—	—	—	—	—	板、带

续表

组别	名称	牌号	化学成分(质量分数,%)																					产品形状
			Ni + Co	Cu	Si	Mn	C	Mg	S	P	Fe	Pb	Bi	As	Sb	Zn	Cd	Sn	W	Ca	Cr	Ti	Al	杂质总和	
镍铜合金	28—2.5—1.5镍铜合金	NCu28—2.5—1.5	余量	27.0~29.0	≤0.1	1.2~1.8	≤0.20	≤0.10	≤0.02	≤0.005	2.0~3.0	≤0.003	≤0.002	≤0.010	≤0.002	—	—	—	—	—	—	—	—	—	板、带管、棒线
镍铜合金	30镍铜合金	NCu30 (NW4400) (N04400)	≥63.0	28.0~34.0	≤0.5	≤2.0	≤0.3	—	≤0.024	≤0.005	≤2.5	—	—	—	—	—	—	—	—	—	—	—	—	—	板、带箔、管
镍铜合金	30—3—0.5镍铜合金	NCu30—3—0.5 (NW5500) (N05500)	≥63.0	27.0~33.0	≤0.5	≤1.5	≤0.1	—	≤0.01	—	≤2.0	—	—	—	—	—	—	—	—	—	—	0.35~0.86	2.3~3.15	—	管、棒、线
镍铜合金	35—1.5—1.5镍铜合金	NCu35—1.5—1.5	余量	34~38	0.1~0.4	1.0~1.5	—	—	—	—	1.0~1.5	—	—	—	—	—	—	—	—	—	—	—	—	—	板、带
电子用镍合金	0.1镍镁合金	NMg0.1	≥99.6	≤0.05	≤0.02	≤0.05	≤0.05	0.07~0.15	≤0.005	≤0.002	≤0.07	≤0.002	≤0.002	≤0.002	≤0.002	≤0.007	≤0.002	≤0.002	—	—	—	—	—	—	板、棒
电子用镍合金	0.19镍硅合金	NSi0.19	≥99.4	≤0.05	0.15~0.25	≤0.05	≤0.10	≤0.05	≤0.005	≤0.002	≤0.07	≤0.002	≤0.002	≤0.002	≤0.002	≤0.007	≤0.002	≤0.002	—	—	—	—	—	—	带、管
电子用镍合金	4—0.15镍钨钙合金	NW4—0.15	余量	≤0.02	≤0.01	≤0.005	≤0.01	≤0.01	≤0.003	≤0.002	≤0.03	≤0.002	≤0.002	≤0.002	≤0.002	≤0.003	≤0.002	≤0.002	3.0~4.0	0.07~0.17	—	—	≤0.01	—	带、线
电子用镍合金	4—0.2—0.2镍钨钙合金	NW4—0.2—0.2	余量	≤0.02	≤0.01	≤0.02	≤0.05	≤0.03	—	—	≤0.03	—	—	—	—	≤0.003	P + Pb + Sn + Bi + Sb + Cd + S≤0.002		3.0~4.0	0.1~0.19	—	—	0.1~0.2	—	带

续表

组别	名称	牌号	化学成分（质量分数,%）																					产品形状
			Ni + Co	Cu	Si	Mn	C	Mg	S	P	Fe	Pb	Bi	As	Sb	Zn	Cd	Sn	W	Ca	Cr	Ti	Al	杂质总和	
电子用镍合金	4—0.1 镍钨锆合金	NW4—0.1	余量	≤0.005	≤0.005	≤0.005	≤0.01	≤0.005	≤0.001	≤0.001	≤0.03	≤0.001	≤0.001	—	≤0.001	≤0.003	≤0.001	≤0.001	3.0～4.0	Zr:0.08～0.14		≤0.005	≤0.005	—	带
电子用镍合金	4—0.07 镍钨镁合金	NW4—0.07	余量	≤0.02	≤0.01	≤0.005	≤0.01	0.05～0.1	≤0.001	≤0.001	≤0.03	≤0.002	≤0.002	≤0.002	≤0.002	≤0.005	≤0.002	≤0.002	3.5～4.5	—	—	—	≤0.001	—	带
热电合金	3 镍硅合金	NSi3	97	—	3	—	—	—	—	—	—	—	—	—	—	—	—	—	—	—	—	—	—	—	线
热电合金	10 镍铬合金	NCr10	90	—	—	—	—	—	—	—	—	—	—	—	—	—	—	—	—	—	10	—	—	—	线
热电合金	20 镍铬合金	NCr20	余量	—	—	—	—	—	—	—	—	—	—	—	—	—	—	—	—	—	18～20	—	—	—	线

注：1. 元素含量为上下限者为合金元素，元素含量为单一数值者除镍加钴为最低限量外，其他元素为最高限量。

2. 杂质总和为表中所列杂质元素实测值的总和。

3. 除 NCu30、NCu30—3—0.5 的 Ni + Co 含量为实测值外，其余牌号的 Ni + Co 含量为 100% 减去表中所列元素的实测值所得。

4. 热电合金的化学成分为名义成分。

11.3.2 镍及镍合金管

1. 镍及镍合金管材的牌号、状态和规格（表 11-67）

表 11-67 镍及镍合金管材的牌号、状态和规格（GB/T 2882—2005）

牌号	状态	规格/mm		
		外径	壁厚	长度
N2、N4、DN	软（M） 硬（Y）	0.35~18	0.05~0.90	100~8000
N6	软（M） 半硬（Y_2） 硬（Y）	0.35~90	0.05~5.00	
NCu28—2.5—1.5	软（M） 硬（Y）	0.35~90	0.05~5.00	
	半硬（Y_2）	0.35~18	0.05~0.90	
NCu40—2—1	软（M） 硬（Y）	0.35~90	0.05~5.00	
	半硬（Y_2）	0.35~18	0.05~0.90	
NSi0.19 NMg0.1	软（M） 半硬（Y_2） 硬（Y）	0.35~18	0.05~0.9	

2. 镍及镍合金管材的室温力学性能（表 11-68）

表 11-68 镍及镍合金管材的室温力学性能（GB/T 2882—2005）

牌号	壁厚/mm	状态	抗拉强度 R_m/(N/mm²)	断后伸长率/% ≥	
				A	A_{50} mm
N2、N4、DN	所有规格	M	390	35	—
		Y	540	—	—
N6	<0.9	M	390	—	35
		Y	540	—	—
	≥0.9	M	370	35	—
		Y_2	450	—	12
		Y	520	6	—
NCu28—2.5—1.5、NCu40—2—1、NSi0.19、NMg0.1	所有规格	M	440	—	20
		Y_2	540	6	—
		Y	585	3	—

3. 镍及镍合金管材的公称尺寸（表11－69）

表11－69　镍及镍合金管材的公称尺寸（GB/T 2882—2005）

外径/mm	壁厚/mm																					长度/mm
	0.05～0.06	>0.06～0.09	>0.09～0.12	>0.12～0.15	>0.15～0.20	>0.20～0.25	>0.25～0.30	>0.30～0.40	>0.40～0.50	>0.50～0.60	>0.60～0.70	>0.70～0.90	>0.90～1.00	>1.00～1.25	>1.25～1.50	>1.50～1.80	>1.80～2.00	>2.00～3.00	>3.00～3.50	>3.50～4.00	>4.00～5.00	
0.35～0.40	○	—	—	—	—	—	—	—	—	—	—	—	—	—	—	—	—	—	—	—	—	≤3000
>0.40～0.50	○	○	—	—	—	—	—	—	—	—	—	—	—	—	—	—	—	—	—	—	—	
>0.50～0.60	○	○	○	—	—	—	—	—	—	—	—	—	—	—	—	—	—	—	—	—	—	
>0.60～0.70	○	○	○	○	—	—	—	—	—	—	—	—	—	—	—	—	—	—	—	—	—	
>0.70～0.80	○	○	○	○	○	—	—	—	—	—	—	—	—	—	—	—	—	—	—	—	—	
>0.80～0.90	○	○	○	○	○	○	○	—	—	—	—	—	—	—	—	—	—	—	—	—	—	
>0.90～1.50	○	○	○	○	○	○	○	○	—	—	—	—	—	—	—	—	—	—	—	—	—	
>1.50～1.75	○	○	○	○	○	○	○	○	○	—	—	—	—	—	—	—	—	—	—	—	—	
>1.75～2.00	—	○	○	○	○	○	○	○	○	—	—	—	—	—	—	—	—	—	—	—	—	
>2.00～2.25	—	○	○	○	○	○	○	○	○	○	—	—	—	—	—	—	—	—	—	—	—	
>2.25～2.50	—	○	○	○	○	○	○	○	○	○	○	—	—	—	—	—	—	—	—	—	—	
>2.50～3.50	—	○	○	○	○	○	○	○	○	○	○	○	—	—	—	—	—	—	—	—	—	
>3.50～4.20	—	—	○	○	○	○	○	○	○	○	○	○	—	—	—	—	—	—	—	—	—	
>4.20～6.00	—	—	—	○	○	○	○	○	○	○	○	○	—	—	—	—	—	—	—	—	—	
>6.00～8.50	—	—	—	○	○	○	○	○	○	○	○	○	○	○	○	—	—	—	—	—	—	
>8.50～10	—	—	—	—	—	○	○	○	○	○	○	○	○	○	○	—	—	—	—	—	—	
>10～12	—	—	—	—	—	—	○	○	○	○	○	○	○	○	○	○	○	○	—	—	—	

续表

外径/mm	壁厚/mm																				长度/mm
	0.05~0.06	>0.06~0.09	>0.09~0.12	>0.12~0.15	>0.15~0.20	>0.20~0.25	>0.25~0.30	>0.30~0.40	>0.40~0.50	>0.50~0.60	>0.60~0.70	>0.70~0.90	>0.90~1.00	>1.00~1.25	>1.25~1.50	>1.50~1.80	>1.80~2.00	>2.00~3.00	>3.00~3.50	>3.50~4.00	>4.00~5.00	
>12~14	—	—	—	—	—	—	—	○	○	○	○	○	○	○	○	○	○	○	—	—	—	≤3000
>14~15	—	—	—	—	—	—	—	○	○	○	○	○	○	○	○	○	○	○	○	—	—	
>15~18	—	—	—	—	—	—	—	—	○	○	○	○	○	○	○	○	○	○	○	—	—	
>18~20	—	—	—	—	—	—	—	—	—	—	—	○	○	○	○	○	○	○	○	○	—	
>20~30	—	—	—	—	—	—	—	—	—	—	—	—	—	○	○	○	○	○	○	○	—	≤5000
>30~35	—	—	—	—	—	—	—	—	—	—	—	—	—	—	○	○	○	○	○	○	—	
>35~40	—	—	—	—	—	—	—	—	—	—	—	—	—	—	—	○	○	○	○	○	○	≤8000
>40~60	—	—	—	—	—	—	—	—	—	—	—	—	—	—	—	—	○	○	○	○	○	
>60~90	—	—	—	—	—	—	—	—	—	—	—	—	—	—	—	—	—	○	○	○	○	

注：“○”表示推荐采用的规格，“—”表示不推荐采用的规格，需要其他规格的产品应由供需双方商定。

11.3.3　镍及镍合金板

1. 镍及镍合金板材的牌号、状态及规格（表 11－70）

表 11－70　镍及镍合金板材的牌号、状态及规格（GB/T 2054—2005）

牌号	制造方法	状态	规格尺寸（厚度×宽度×长度）/mm×mm×mm
N4、N5（NW2201，UNS N02201）、N6、N7（NW2200，UNS N02200）、NSi0.19、NMg0.1、NW4—0.15、NW4—0.1、NW4—0.07、DN、NCu28—2.5—1.5、NCu30（NW4400、UNS N04400）	热轧	热加工态（R） 软态（M）	（4.1～50.0）×（300～3000）×（500～4500）
	冷轧	冷加工（硬）态（Y） 半硬状态（Y_2） 软状态（M）	（0.3～4.0）×（300～1000）×（500～4000）

2. 镍及镍合金板材的化学成分（表 11－71）

表 11－71　N5、N7、NCu30 的化学成分（GB/T 2054—2005）

牌号	化学成分（质量分数，%）							
	Ni＋Co	Mn	Cu	Fe	C	Si	Cr	S
N5	≥99.0	≤0.35	≤0.25	≤0.30	≤0.02	≤0.30	≤0.2	≤0.01
N7	≥99.0	≤0.35	≤0.25	≤0.30	≤0.15	≤0.30	≤0.2	≤0.01
NCu30	≥63.0	≤2.0	28.0～34.0	≤2.5	≤0.30	≤0.5	—	≤0.024

3. 镍及镍合金板材的力学性能（表 11－72）

表 11－72　镍及镍合金板材的力学性能（GB/T 2054—2005）

牌号	交货状态	厚度/mm	室温力学性能 ≥			硬度	
			抗拉强度 R_m /（N/mm²）	规定非比例延伸强度①$R_{p0.2}$ /（N/mm²）	断后伸长率 A_{50mm} 或 $A_{11.3}$ /%	HV	HRB
N4、N5、NW4—0.15、NW4—0.1、NW4—0.07	M	≤1.5②	350	85	35	—	—
		>1.5	350	85	40	—	—
	R③	>4	350	85	30	—	—
	Y	≤2.5	490	—	2	—	—

续表

牌号	交货状态	厚度 /mm	室温力学性能 ≥			硬度	
			抗拉强度 R_m /(N/mm²)	规定非比例延伸强度①$R_{p0.2}$ /(N/mm²)	断后伸长率 A_{50mm} 或 $A_{11.3}$ /%	HV	HRB
N6、N7、DN、NSi0.19、NMg0.1	M	≤1.5②	380	105	35	—	—
		>1.5	380	105	40	—	—
	R	>4	380	130	30	—	—
	Y④	>1.5	620	480	2	188~215	90~95
		≤1.5②	540	—	2	—	—
	$Y_2$④	>1.5	490	290	20	147~170	79~85
NCu28—2.5—1.5	M	—	440	160	25	—	—
	R③	>4	440	—	25	—	—
	$Y_2$④	—	570	—	6.5	157~188	82~90
NCu30	M	—	480	195	30	—	—
	R③	>4	510	275	25	—	—
	$Y_2$④	—	550	300	25	157~188	82~90

①厚度≤0.5mm的板材不提供规定非比例延伸强度。

②厚度<1.0mm用于成形换热器的N4和N6薄板力学性能报实测数据。

③热轧板材可在最终热轧前做一次热处理。

④硬态及半硬态供货的板材性能，以硬度作为验收依据，需方要求时，可提供拉伸性能。提供拉伸性能时，不再进行硬度测试。

⑤仅适用于电真空器件用板。

4. 镍及镍合金热轧板材的尺寸及其允许偏差（表11-73）

表11-73 镍及镍合金热轧板材的尺寸及其允许偏差（GB/T 2054—2005）

（单位：mm）

厚度	宽度		宽度允许偏差	长度允许偏差
	300~1000	>1000~3000		
	厚度允许偏差			
>4.0~6.0	±0.35	±0.40	+5 -10	+5 -15
>6.0~8.0	±0.40	±0.50		
>8.0~10.0	±0.50	±0.60		
>10.0~15.0	±0.60	±0.70		

续表

厚度	宽度 300～1000	宽度 >1000～3000	宽度允许偏差	长度允许偏差
	厚度允许偏差			
>15.0～20.0	±0.70	±0.90	0 -15	0 -20
>20.0～30.0	±0.90	±1.10		
>30.0～40.0	±1.10	±1.30		
>40.0～50.0	±1.20	±1.50		

5. 镍及镍合金冷轧板材的尺寸及其允许偏差（表11-74）

表11-74　镍及镍合金冷轧板材的尺寸及其允许偏差（GB/T 2054—2005）

（单位：mm）

厚度	宽度 300～600	宽度 >600～1000	宽度允许偏差	长度允许偏差
	厚度允许偏差			
0.3～0.5	±0.04	±0.05	+5 -10	+5 -15
>0.5～0.7	±0.05	±0.07		
>0.7～1.0	±0.07	±0.09		
>1.0～1.5	±0.09	±0.11		
>1.5～2.5	±0.11	±0.13		
>2.5～4.0	±0.13	±0.15		

11.3.4　镍及镍合金带材

1. 镍及镍合金带材的牌号、状态及规格（表11-75）

表11-75　镍及镍合金带材的牌号、状态及规格（GB/T 2072—2007）

牌号	状态	规格/mm 厚度	宽度	长度
N4、N5、N6、N7、NMg0.1、DN、NSi0.19、NCu40—2—1、NCu28—2.5—1.5、NW4—0.15、NW4—0.1、NW4—0.07、NCu30	软态(M) 半硬态(Y_2) 硬态(Y)	0.05～0.15	20～250	≥5000
		>0.15～0.55		≥3000
		>0.55～1.2		≥2000

注：厚度为0.55～1.20mm的带材，允许交付不超过批重15%的长度不短于1m的带材。

2. 镍及镍合金带材的室温力学性能（表11-76）

表11-76 镍及镍合金带材的室温力学性能（GB/T 2072—2007）

牌号	产品厚度/mm	状态	抗拉强度 R_m /(N/mm²)	规定非比例延伸强度 $R_{p0.2}$ /(N/mm²)	断后伸长率/%	
					$A_{11.3}$	A_{50mm}
N4、NW4—0.15、NW4—0.1、NW4—0.07	0.25~1.2	软态(M)	≥345	—	≥30	—
		硬态(Y)	≥490	—	≥2	—
N5	0.25~1.2	软态(M)	≥350	≥85	—	≥35
N7	0.25~1.2	软态(M)	≥380	≥105	—	≥35
		硬态(Y)	≥620	≥480	—	≥2
N6、DH、NMg0.1、NSi0.19	0.25~1.2	软态(M)	≥392	—	≥30	—
		硬态(Y)	≥539	—	≥2	—
NCu28—2.5—1.5	0.25~1.2	软态(M)	≥441	—	≥25	—
		半硬态(Y_2)	≥568	—	≥6.5	—
NCu30	0.25~1.2	软态(M)	≥480	≥195	≥25	—
		半硬态(Y_2)	≥550	≥300	≥25	—
		硬态(Y)	≥680	≥620	≥2	—
NCu40—2—1	0.25~1.2	软态(M) 半硬态(Y_2) 硬态(Y)	报实测	—	报实测	—

3. 镍及镍合金带材的尺寸允许偏差（表11-77）

表11-77 镍及镍合金带材的尺寸允许偏差（GB/T 2072—2007）

（单位：mm）

厚度	厚度允许偏差		规定宽度范围的宽度允许偏差	
	普通级	较高级	20~150	>150~250
0.05~0.09	±0.005	±0.003	0 -0.6	0 -1.0
>0.09~0.15	±0.010	±0.007		
>0.15~0.30	±0.015	±0.010		
>0.30~0.45	±0.020	±0.015		
>0.45~0.55	±0.025	±0.020		

续表

厚度	厚度允许偏差		规定宽度范围的宽度允许偏差	
	普通级	较高级	20～150	>150～250
>0.55～0.85	±0.030	±0.025	0 -0.6	0 -1.0
>0.85～0.95	±0.035	±0.030		
>0.95～1.20	±0.040	±0.035	0 -1.0	0 -1.5

注：1. 当需方要求厚度偏差仅为“+”或“-”时，其值为表中数值的2倍。

2. 若合同中未注明时，厚度允许偏差按普通级执行。

11.3.5 镍及镍合金线和拉制线坯

1. 镍及镍合金线和拉制线坯的牌号、状态及规格（表11-78）

表11-78 镍及镍合金线和拉制线坯的牌号、状态及规格（GB/T 21653—2008）

牌号	状态	直径(对边距)/mm
N4、N5、N6、N7、N8	Y(硬) Y_2(半硬) M(软)	0.03～10.0
NCu28—2.5—1.5、NCu40—2—1、NCu30、NMn3、NMn5	Y(硬) M(软)	0.05～10.0
NCu30—3—0.5	CYS (淬火、冷加工、时效)	0.5～7.0
NMg0.1、NSi0.19、NSi3、DN	Y(硬) Y_2(半硬) M软	0.03～10.0

2. 镍及镍合金线的直径及其允许偏差（表11-79）

表11-79 镍及镍合金线的直径及其允许偏差（GB/T 21653—2008）

（单位：mm）

直径	允许偏差	直径	允许偏差
0.03	±0.0025	>1.20～2.00	±0.03
>0.03～0.10	±0.005	>2.00～3.20	±0.04
>0.10～0.40	±0.006	>3.20～4.80	±0.05
>0.40～0.80	±0.013	>4.80～8.00	±0.06
>0.80～1.20	±0.02	>8.00～10.00	±0.07

3. 镍及镍合金线的力学性能（表11-80）

表11-80 镍及镍合金线的力学性能（GB/T 21653—2008）

牌号	状态	直径（对边距）/mm	抗拉强度 R_m/（N/mm²）	断后伸长率 A_{100mm}/% ≥
N6、N8	Y2	0.10~0.50	780~980	—
		>0.50~1.00	685~835	—
		>1.00~10.00	540~685	—
	M	0.03~0.20	≥420	15
		>0.20~0.50	≥390	20
		>0.50~1.00	≥370	20
		>1.00~10.00	≥340	25
N5	M	>0.30~0.45	≥340	20
		>0.45~10.0	≥340	25
N7	Y	>0.03~3.20	≥540	—
		>3.20~10.0	≥460	—
	M	>0.30~0.45	≥380	20
		>0.45~10.0	≥380	25
NCu28—2.5—1.5 NCu30	Y	0.05~3.20	≥770	—
		>3.20~10.0	≥690	—
	M	0.05~0.45	≥480	20
		>0.45~10.0	≥480	25
NCu40—2—1	Y	0.1~10.0	≥635	—
	M	0.1~1.0	≥440	10
		>1.0~5.0	≥440	15
		>5.0~10.00	≥390	25
NMn3①	Y	0.5~6.0	≥685	—
	M		≤640	20
NMn5①	Y	0.5~6.0	≥735	—
	M		≤735	18

续表

牌号	状态	直径（对边距）/mm	抗拉强度 R_m/（N/mm^2）	断后伸长率 A_{100mm}/% ≥
NCu30—3—0.5	CYS②	0.5~7.0	≥900	—
NMg0.1、NSi0.19、NSi3、DN	Y	0.03~0.09	880~1325	—
		>0.09~0.50	830~1080	—
		>0.50~1.00	735~980	—
		>1.00~6.00	640~885	—
		>6.00~10.00	585~835	—
	Y_2	0.10~0.50	780~980	—
		>0.50~1.00	685~835	—
		>1.00~10.00	540~685	—
	M	0.03~0.20	≥420	15
		>0.20~0.50	≥390	20
		>0.50~1.00	≥370	20
		>1.00~10.00	≥340	25

①用于火花塞的镍锰合金线材的抗拉强度应在735~935N/mm^2。

②推荐的固溶处理为最低温度980℃，水淬火。稳定化和沉淀热处理为590~610℃，8~16h，冷却速率为8~15℃/h，炉冷至480℃，空冷。另一种方法是，炉冷至535℃，在535℃保温6h，炉冷至480℃，保温8h，空冷。

11.3.6　电池用泡沫镍

1. 电池用泡沫镍的化学成分（表11-81）

表11-81　电池用泡沫镍的化学成分（GB/T 20251—2006）

Ni+Co（质量分数,%）≥	杂质（质量分数,%）≤					
	C	S	Fe	Cu	Si	P
99.7	0.030	0.008	0.020	0.010	0.005	0.20

2. 电池用泡沫镍的物理性能（表11-82）

表11-82 电池用泡沫镍的物理性能（GB/T 20251—2006）

项目	指标		项目	指标
面密度 ρ/(g/m²)	300~600		孔数 PPI①	60~140
面密度允许偏差/%	$\rho<400g/m^2$	±8	孔数允许偏差 PPI①	±10
	$\rho\geqslant400g/m^2$	±7	孔隙率/%	≥95.0

①指1in长度上的孔数，1in=25.4mm。

3. 电池用泡沫镍的室温力学性能（表11-83）

表11-83 电池用泡沫镍的室温力学性能（GB/T 20251—2006）

项目	抗拉强度 R_m/(N/mm²)		断后伸长率 A/%		柔韧性 不断裂次数/次		
	纵向	横向	纵向	横向	纵向		横向
指标	≥1.25	≥0.90	≥5.0	≥10.0	厚度≤1.6mm	≥7	≥15
					1.6mm<厚度≤1.8mm	≥6	
					1.8mm<厚度≤2.0mm	≥5	
					2.0mm<厚度≤2.5mm	≥4	

注：1. 面密度为500g/m²、厚度为1.6mm的泡沫镍，其抗拉强度值应符合表中的规定。厚度相同的条件下，面密度每降低1g/m²，抗拉强度值相应减少0.003N/mm²。在面密度相同的情况下，抗拉强度与厚度成反比。

2. 厚度在2.5mm以上或面密度在600g/m²以上的泡沫镍，不应采用表中的指标要求，其具体指标要求应由供需双方另行规定。

3. 孔数高于110PPI或面密度为550g/m²或面密度为300g/m²的泡沫镍，不宜采用表中的柔韧性指标值，其具体数值由供需双方另行规定。

4. 表中的指标值是样片的平均结果，其中低于标准值的样片数不得大于2片。

4. 电池用泡沫镍的尺寸及其允许偏差（表11-84）

表11-84 电池用泡沫镍的尺寸及其允许偏差（GB/T 20251—2006）

项目	长度①	长度允许偏差	宽度	宽度允许偏差	厚度②	长度允许偏差	接头数③
指标	<400m	±50mm	≤0.5mm	±0.5mm	≤2.5mm	±0.05mm	每200m长度内不多于4个，两接头间的最短距离不能小于20m
			>0.5mm	±1mm			

①卷式带状泡沫镍应采用该指标。

②厚度大于2.5mm的泡沫镍不宜采用该指标，其具体指标要求应由供需双方另行商定。

③卷式带状泡沫镍应采用该指标。

11.3.7　电解镍粉

1. 电解镍粉的化学成分（表11－85）

表11－85　电解镍粉的化学成分（GB/T 5247－1985）

产品牌号			FND—1	FND—2	FND—3
化学成分（质量分数，%）	Ni+Co≥		99.8	99.5	99.5
	Co≤		0.005	0.1	0.1
	杂质≤	Zn	0.002	0.002	0.002
		Mg	0.002	0.015	0.015
		Pb	0.002	0.002	0.002
		Mn	0.002	0.03	0.03
		Si	0.005	0.01	0.01
		Al	0.005	—	—
		Bi	0.001	—	—
		As	0.001	—	—
		Cd	0.001	—	—
		Sn	0.001	—	—
		Sb	0.001	—	—
		Ca	0.015	0.03	0.03
		Fe	0.006	0.03	0.03
		S	0.003	0.003	0.003
		C	0.080	0.05	0.05
		Cu	0.05	0.03	0.03
		P	0.001	—	—
		氢损	—	0.30	0.35

注：镍粉主品位应为100%与表中所列各种杂质含量总和的差值。

2. 电解镍粉的粒度（表11－86）

表11－86　电解镍粉的粒度（GB/T 5247—1985）

牌号	粒度组成
FND—1	<5μm颗粒的体积分数≤30%，5～15μm颗粒的体积分数≥55%，>15～25μm颗粒的体积分数不限，>25μm颗粒的体积分数≤3%
FND—2	+300目颗粒的质量分数≤3%
FND—3	+250目颗粒的质量分数≤3%

3. 电解镍粉的松装密度（表11-87）

表11-87 电解镍粉的松装密度（GB/T 5247—1985）

牌号	松装密度/（g/cm^3）
FND—1	0.85~1.05
FND—2	1.20~1.40
FND—3	1.40~1.70

11.3.8 羰基镍粉

1. 羰基镍粉的化学成分（表11-88）

表11-88 羰基镍粉的化学成分（GB/T 7160—2008）

牌号	化学成分（质量分数,%）					
	Ni≥	Co	Fe	O	S	C
		≤				
FNTQ—101 FNiTQ—121 FNiTQ—131	99.50	0.005	0.01	0.20	0.001	0.20
FNiTZ—101 FNiTZ—121 FNiTZ—131	99.50	0.005	0.01	0.20	0.001	0.15
FNiTS—100 FNiTS—120	99.95	0.005	0.01	0.015	0.0002	0.015

2. 羰基镍粉的物理性能（表11-89）

表11-89 羰基镍粉的物理性能（GB/T 7160—2008）

牌号	费氏粒度/μm	松装密度/（g/cm^3）	比表面积/（m^2/g）	用途
FNiTQ—101	0.5~2.2	0.3~0.5	0.8~2.0	轻粉，主要用于电池行业
FNiTQ—121	>2.2~2.8	0.5~0.65	0.6~0.8	轻粉，主要用于电池行业
FNiTQ—131	>2.8~3.5	0.75~0.95	0.4~0.6	轻粉，主要用于电池、粉末冶金行业

续表

牌号	费氏粒度/μm	松装密度/(g/cm³)	比表面积/(m²/g)	用途
FNiTZ—101	0.5~2.5	0.8~1.5		重粉，主要用于粉末冶金行业
FNiTZ—121	>2.5~7.0	1.6~2.6		重粉，主要用于粉末冶金行业
FNiTZ—131	>7.0~15.0	3.0~4.0		重粉，主要用于粉末冶金行业
FNiTS—100	1.5~3.0	1.5~2.0	0.4~2.0	高纯镍粉，主要用于电池等行业
FNiTS—120	>3.0~8.0	1.6~3.0		高纯镍粉，主要用于催化剂行业

注：用户对FNiTZ—101、FNiTZ—121、FNiTZ—131、FNiTS—120的比表面积有要求并在合同上注明时，可提供比表面积的实测值。

11.3.9 纳米镍粉

1. 纳米镍粉的化学成分（表11-90）

表11-90 纳米镍粉的化学成分（GB/T 19588—2004）

牌号	化学成分（质量分数,%）		
	O	杂质	Ni
FNiN—20	<9	<0.4	余量
FNiN—50	<5	<0.45	余量
FNiN—80	<4	<0.5	余量

注：牌号中的杂质包括B、Al、Si、Cr、Mn、Fe、Co、Cu、Mo、W、P、C、S等元素，需方有要求时，供方可以提供。

2. 纳米镍粉的物理性能（表11-91）

表11-91 纳米镍粉的物理性能（GB/T 19588—2004）

牌号	中位径范围/nm	比表面积/(m²/g)	松装密度/(g/cm³)
FNiN—20	<30	>20	0.04~0.5
FNiN—50	30~60	>15	0.05~0.7
FNiN—80	>60~100	>8	0.06~0.8

第 12 章　金属复合材料

12.1　复合材料最小抗拉强度的计算方法

复合材料抗拉强度的理论下限值一般用 R_{mj} 表示，其计算方法如下：

$$R_{mj}=\frac{t_1R_{m1}+t_2R_{m2}}{t_1+t_2}$$

式中　R_{m1}——基材抗拉强度下限标准值（N/mm^2）；

R_{m2}——复材抗拉强度下限标准值（N/mm^2）；

t_1——基材厚度（mm）；

t_2——复材厚度（mm）。

12.2　钢铁复合板材

12.2.1　镍－钢复合板

1. 镍－钢复合板的材料（表 12－1）

表 12－1　镍－钢复合板的材料（YB/T 108—1997）

复层材料		基层材料	
典型牌号	标准号	典型牌号	标准号
N6、N8	GB/T 5235	Q235A、Q235B	GB/T 700
		20g、16Mng	GB 713
		20R、16MnR	GB 713
		Q345	GB/T 1591
		20	GB/T 690

2. 镍-钢复合板的力学性能和工艺性能（表12-2）

表12-2 镍-钢复合板的力学性能和工艺性能（YB/T 108—1997）

拉伸试验		剪切试验	弯曲试验（$\alpha=180°$）		结合度试验（$\alpha=180°$）
抗拉强度 R_m/（N/mm^2）	伸长率 A/%	抗剪强度 τ_b/（N/mm^2）	外弯曲	内弯曲	分离率 c/%
$\geqslant R_{mj}$	大于基材和复材标准值中较低的值	≥196	弯曲部位的外侧不得有裂纹		3个结合度试样中的2个试样 c 值不大于50

12.2.2 钛-钢复合板

1. 钛-钢复合板的分类和代号（表12-3）

表12-3 钛-钢复合板的分类和代号（GB/T 8547—2006）

生产种类			代号	用途分类
轧制复合板	轧制复合板	1类	R1	0类：用于过渡接头、法兰等高结合强度，且不允许不结合区存在的复合板 1类：将钛材作为强度设计材料或特殊用途的复合板，如管板等 2类：将钛作为耐蚀设计，而不考虑其强度的复合板，或代替衬里使用
		2类	R2	
	爆炸-轧制复合板	1类	BR1	
		2类	BR2	
爆炸复合板		0类	B0	
		1类	B1	
		2类	B2	

2. 钛-钢复合板的材料（表12-4）

表12-4 钛-钢复合板的材料（GB/T 8547—2006）

复材	基材
GB/T 3621《钛及钛合金板材》中的TA0、TA1、TA2、TA9、TA10	GB/T 700《碳素结构钢》、GB/T 711《优质碳素结构钢热轧厚钢板和宽钢带》、GB 712《船体用结构钢》、GB 713《锅炉用钢板》、GB/T 3274《碳素结构钢和低合金结构钢热轧厚钢板和钢带》、GB 3531《低温压力容器用低合金钢板》、JB 4726《压力容器用碳素钢和低合金钢锻件》、JB 4727《低温压力容器用碳素钢和低合金钢锻件》中的钢材

3. 钛－钢复合板的性能（表 12－5）

表 12－5 钛－钢复合板的性能（GB/T 8547—2006）

拉伸强度		剪切试验		弯曲试验	
抗拉强度 R_m/(N/mm²)	断后伸长率 A/%	抗剪强度 τ_b/(N/mm²)		弯曲角 α/(°)	弯曲直径 D/mm
		0 类复合板	其他类复合板		
$>R_{mj}$	≥基材或复材标准中较低一方的规定值	≥196	≥140	内弯 180°,外弯由复材标准决定	内弯时按基材标准规定,不够 2 倍时取 2 倍;外弯时为复合板厚度的 3 倍

4. 钛－钢复合板的结合率（表 12－6）

表 12－6 钛－钢复合板的结合率（GB/T 8547—2006）

0 类	1 类	2 类
面积结合率为 100%	面积结合率大于 98%；单个不结合区的长度不大于 75mm，其面积不大于 45cm²	面积结合率大于 95%；单个不结合区面积不大于 60cm²

12.2.3 钛－不锈钢复合板

1. 钛－不锈钢复合板的分类、代号及用途（表 12－7）

表 12－7 钛－不锈钢复合板的分类、代号及用途（GB/T 8546—2007）

类别	代号		推荐用途
	爆炸	爆炸－轧制	
0 类	B0	BR0	过渡接头、法兰等
1 类	B1	BR1	管板等
2 类	B2	BR2	筒体板等

2. 钛－不锈钢复合板的材料（表 12－8）

表 12－8 钛－不锈钢复合板的材料（GB/T 8546—2007）

复材	基材
GB/T 3621《钛及钛合金板材》中的 TA1、TA2、TA9、TA10	GB/T 3280《不锈钢冷轧钢板和钢带》、JB 4728《压力容器用不锈钢锻件》、GB/T 4237《不锈钢热轧钢板和钢带》、GB/T 4238《耐热钢钢板和钢带》中的钢材

3. 钛-不锈钢复合板的力学性能和工艺性能（表12-9）

表12-9 钛-不锈钢复合板的力学性能和工艺性能（GB/T 8546—2007）

拉伸性能		剪切性能		分离试验	
抗拉强度 R_m /(N/mm²)	断后伸长率 A/%	抗剪强度 τ_b/(N/mm²)		分离强度 σ_τ/(N/mm²)	
		0类复合板	其他类复合板	0类复合板	其他类复合板
$>R_{mj}$	≥基材或复材标准中较低一方的规定值	≥196	≥140	≥274	—

4. 钛-不锈钢复合板的弯曲性能（表12-10）

表12-10 钛-不锈钢复合板的弯曲性能（GB/T 8546—2007）

弯曲类别	弯曲直径 D/mm	弯曲角度 α/(°)	试验结果
内弯曲性能	按基材标准规定，不够复合板厚度2倍时取2倍	180	在试样弯曲部分的外表面不得有裂纹
外弯曲性能	复合板厚度的3倍	按复材标准规定	在试样弯曲部分的外表面不得有裂纹，复合界面不得有分层

注：1 当复合板总厚度大于25mm，复材厚度大于3mm时，内弯试样从复材一面减薄到25mm。外弯试样从基、复材两面按比例减薄到25mm，但必须保证被检复材厚度不小于3mm。

2. 弯曲试样的侧边可倒成圆角，圆角直径不大于2mm。

12.2.4 不锈钢复合钢板和钢带

1. 不锈钢复合钢板和钢带的级别、代号和用途（表12-11）

表12-11 不锈钢复合钢板和钢带的级别、代号和用途（GB/T 8165—2008）

级别	代号			用途
	爆炸法	轧制法	爆炸轧制法	
Ⅰ级	BⅠ	RⅠ	BRⅠ	适用于不允许有未结合区存在的、加工时要求严格的结构件上
Ⅱ级	BⅡ	RⅡ	BRⅡ	适用于可允许有少量未结合区存在的结构件上
Ⅲ级	BⅢ	RⅢ	BRⅢ	适用于复层材料只作为抗腐蚀层来使用的一般结构件上

2. 不锈钢复合钢板和钢带的复层材料和基层材料（表12-12）

表12-12 不锈钢复合钢板和钢带的复层材料和基层材料（GB/T 8165—2008）

复层材料		基层材料	
标准号	GB/T 3280、GB/T 4237	标准号	GB/T 3274、GB 713、GB 3531、GB/T 710
典型钢号	06Cr13	典型钢号	Q235—A、B、C Q345—A、B、C Q245R、Q345R、15CrMoR 09MnNiDR 08Al
	06Cr13Al		
	022Cr17Ti		
	06Cr19Ni10		
	06Cr18Ni11Ti		
	06Cr17Ni12Mo2		
	022Cr17Ni12Mo2		
	022Cr25Ni7Mo4N		
	02Cr22Ni5Mo3N		
	022Cr19Ni5Mo3Si2N		
	06Cr25Ni20		
	06Cr23Ni13		

3. 复合中厚板的力学性能（表12-13）

表12-13 复合中厚板的力学性能（GB/T 8165—2008）

级别	界面抗剪强度 τ_b/(N/mm²)	上屈服强度 R_{eH}/(N/mm²)	抗拉强度 R_m/(N/mm²)	断后伸长率 A/%	冲击吸收能量 KV_2/J
Ⅰ级 Ⅱ级	≥210	不小于基层对应厚度钢板标准值	不小于基层对应厚度钢板标准下限值，且不大于上限制35N/mm²	不小于基层对应厚度钢板标准值	应符合基层对应厚度钢板的规定
Ⅲ级	≥200				

4. 轧制复合板（带）的力学性能（表12-14）

表12-14 轧制复合板（带）的力学性能（GB/T 8165—2008）

基层钢号	上屈服强度 R_{eH}①/(N/mm²)	抗拉强度 R_m /(N/mm²)	断后伸长度 A/%	
			复层为奥氏体不锈钢	复层为铁素体不锈钢
08Al	≤350	345~490	≥28	≥18

①屈服现象不明显时，采用 $R_{p0.2}$。

12.3 钢铁复合管材

12.3.1 爆炸胀接不锈钢复合钢管

1. 爆炸胀接不锈钢复合钢管基层和复层厚度允许偏差（表12-15）

表12-15 爆炸胀接不锈钢复合钢管基层和复层厚度允许偏差（QB/T 2558—2002）

总壁厚/mm	复层		基层	
	厚度/mm	允许偏差	厚度/mm	允许偏差
6~8	1.0~1.5	±10.0%	4.5~7	+15.0% -12.5%
9~13	≤3	±12.0%	6~10	
14~25	≤5	±12.5%	9~20	

2. 爆炸胀接不锈钢复合钢管总壁厚允许偏差（表12-16）

表12-16 爆炸胀接不锈钢复合钢管总壁厚允许偏差（QB/T 2558—2002）

公称外径/mm	总壁厚/mm	允许偏差
≤200	≤8	+10.0% -15.0%
	>8	+10.0% -12.5%
>200~500	≤8	-12.5%
	>8	-10.0%

3. 爆炸胀接不锈钢复合钢管的力学性能（表12－17）

表12－17 爆炸胀接不锈钢复合钢管的力学性能（QB/T 2558—2002）

序号	钢号	抗拉强度 R_m /(N/mm²)	屈服强度/(N/mm²) 基层钢管壁厚/mm			断后伸长率 A/%
			<22	22～30	>30	
1	10	335	205	195	185	21
2	20	390	245	235	225	18
3	16Mn	490	325	315	305	18
4	09Mn2V	430	295	285	208	19

12.3.2 钢塑复合管

1. 钢塑复合管的分类和代号（表12－18）

表12－18 钢塑复合管的分类和代号（DL/T 935—2005）

种类		代号
钢衬聚乙烯（PE）复合管		S/PE
钢衬聚丙烯（PP）复合管		S/PP
钢衬聚四氟乙烯（PTFE）复合管		S/PTFE
直管		P
法兰盖		C
异径管	同心异径管	R（C）
	偏心异径管	R（E）
弯头	45°弯头	45E
	90°弯头	90E
三通	等径三通	T（S）
	异径三通	T（R）
四通	等径四通	GR（S）
	异径四通	GR（R）

2. 钢塑复合管的工作压力和温度（表12－19）

表12－19 钢塑复合管的工作压力和温度（DL/T 935—2005）

衬塑层材料	介质工作压力/(N/mm^2)	最高工作温度/℃	最低工作温度/℃
PE	≤1.6	65	－35
PP	≤1.6	100	－15
PTFE	≤1.6	240	－200

3. 钢塑复合管在常温下能承受的最低负压值（表12－20）

表12－20 钢塑复合管在常温下能承受的最低负压值（DL/T 935—2005）

衬塑层材料	公称通径/mm	负压/kPa
PP	25～40	－105
	50～80	－100
	100～150	－80
	200～250	－70
	300～400	－55
	450～500	－35
PE	25～40	－100
	50～80	－95
	100～150	－80
	200～250	－70
	300～400	－55
	450～500	－35
PTFE	25～40	－100
	50～80	－95
	100～150	－80
	200～250	－70
	300	－55

4. 钢塑复合管衬塑层与基体间的剪切强度值（表12-21）

表12-21 钢塑复合管衬塑层与基体间的剪切强度值（DL/T 935—2005）

衬塑层材料	公称通径/mm	抗剪强度/(N/mm^2) ≥
PP	25~40	0.8
	50~80	0.7
	100~150	0.6
	200~500	0.4
PE	25~40	0.8
	50~80	0.7
	100~150	0.6
	200~500	0.4
PTFE	25~40	0.7
	50~80	0.6
	100~150	0.5
	200~250	0.3
	300	0.2

5. 钢塑复合管的耐腐蚀性能（表12-22）

表12-22 钢塑复合管的耐腐蚀性能（DL/T 935—2005）

介质	聚乙烯(PE)			聚丙烯(PP)			聚四氟乙烯(PTFE)		
	介质质量分数/%	介质温度/℃	耐蚀性	介质质量分数/%	介质温度/℃	耐蚀性	介质质量分数/%	介质温度/℃	耐蚀性
硝酸	0~30	60	√	<10	100	√		240	√
	30~50	60	○	10~25	65	√			
	>50	60	×	30	60	○			
硫酸	0~50	60	√	<10	100	√		240	√
	50~75	60	○	<30	65	√			
	75~90	60	×	30~60	50	√			
	90	20	×	78~90	20	√			

续表

介质	聚乙烯(PE)			聚丙烯(PP)			聚四氟乙烯(PTFE)		
	介质质量分数/%	介质温度/℃	耐蚀性	介质质量分数/%	介质温度/℃	耐蚀性	介质质量分数/%	介质温度/℃	耐蚀性
盐酸	0~38	60	√	<36	100	√		240	√
	>38	60	○	>36	50	○			
磷酸	<85	60	√	<50	65	√		240	√
	>90	20	○	95	65	○			
	100	20	√	<85	50	√			
	100	60	○	<100	65	√			
醋酸	0~10	60	√	<10	100	√		240	√
	10~30	20	√	<80	50	√			
	30~70	60	○	80	65	○			
氢氧化钠	0~20	90	√	0~70	100	√		240	√
	>20	60	○	100	65	√			
次氯酸钠[w(Cl)≤12.5%]	100	20	√	<6	60	○		240	√
	100	60	○	10~20	20	√		240	√
磷酸三钠	100	60	√	/	/	/	/	/	/
亚硫酸氢钠	100	60	√		100	√		240	√
硫酸铵		60	√		100	√		240	√
硝酸铵		60	√	100	100	√		240	√
硫酸钠		90	√		100	√		240	√
氯化铝		60	√		100	√		240	√
明矾		60	√		100	√		240	√
液氯		20	×		20	×		240	√
氨	干或湿气	60	√		100	√		240	√
	液体	60	○		65	√		240	√
乙醇		60	○		100	○		240	√

续表

介质	聚乙烯(PE)			聚丙烯(PP)			聚四氟乙烯(PTFE)		
	介质质量分数/%	介质温度/℃	耐蚀性	介质质量分数/%	介质温度/℃	耐蚀性	介质质量分数/%	介质温度/℃	耐蚀性
汽油		20	○		20	×		240	√
海水、盐水		60	√		100	√		240	√
肼	/	/	/		20	○		240	√

注：1. 质量分数未列数字者表示质量分数为0～100%。

2. 耐腐蚀性评定：√——耐腐蚀；○——尚耐腐蚀；×——不耐腐蚀。

3. 表中划“/”者表示暂无此数据。

6. 钢塑复合直管尺寸系列（图12－1、表12－23）

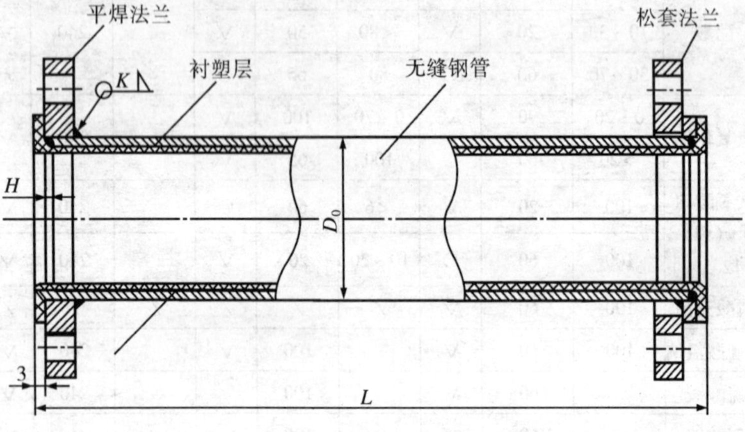

图12－1 钢塑复合直管的结构 （单位：mm）

注：图中H为钢管端面至法兰密封端面距离，$H \geqslant \delta$，D_0为钢管外径；K为焊脚尺寸，$K \geqslant \delta$（δ为钢管壁厚）。

表12－23 钢塑复合直管尺寸系列（DL/T 935—2005）

（单位：mm）

公称通径	外径 D_0	钢管壁厚 δ	衬塑层厚度 δ_1		标准长度 L
			滚衬衬塑	紧衬衬塑	
25	32	2.5	3	3～5	4000
32	38	2.5			

续表

公称通径	外径 D_0	钢管壁厚 δ	衬塑层厚度 δ_1		标准长度 L
			滚衬衬塑	紧衬衬塑	
40	45	2.5	3	3~5	4000
50	57	3.0			
65	76	3.5			
80	89	4.0			6000
100	108	4.0			
125	133	4.0			
150	159	4.5			
200	219	6.0			
250	273	7.0			
300	325	8.0			
350	377	9.0			
400	426	9.0			
450	478	10.0			
500	529	10.0			

7. 钢塑复合管90°和45°弯头尺寸系列（图12-2、表12-24）

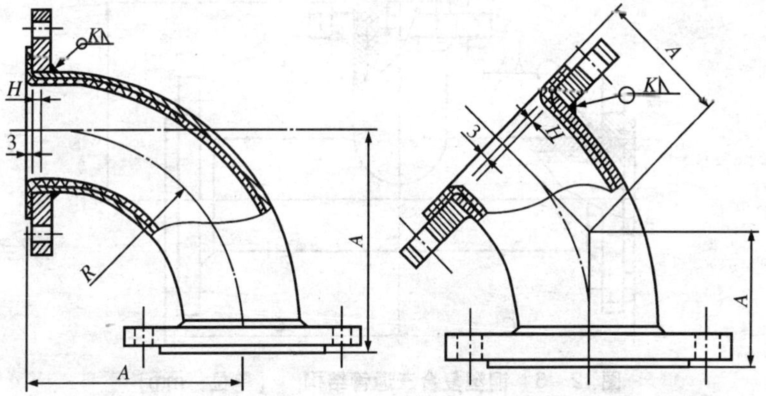

图12-2 钢塑复合管90°和45°弯头结构 （单位：mm）

注：图中 H 为管件端面至法兰密封端面距离，$H \geqslant \delta$，R 为弯头弯曲半径；K 为焊脚尺寸，$K \geqslant \delta$（δ 为钢管壁厚）。

表 12－24　钢塑复合管 90°和 45°弯头尺寸系列（DL/T 935—2005）

（单位：mm）

公称通径	中端距 A		公称通径	中端距 A	
	90°弯头	45°弯头		90°弯头	45°弯头
25	90	45	150	235	125
32	105	50	200	315	135
40	120	55	250	390	165
50	130	60	300	465	200
65	140	65	350	545	235
80	145	75	400	620	265
100	160	110	450	695	295
125	200	120	500	775	330

注：各规格弯头衬塑层厚度均为 3mm。

8. 钢塑复合三通管尺寸系列（图 12－3、表 12－25）

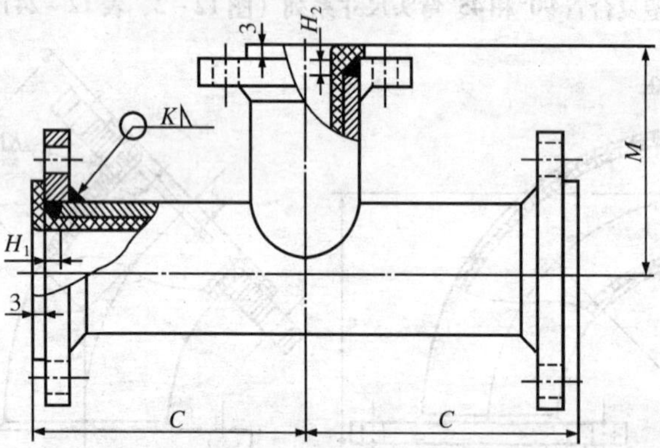

图 12－3　钢塑复合三通管结构　（单位：mm）

注：图中 H_1 为三通主管端面至法兰密封端面距离，$H_1 \geqslant \delta_m$，（δ_m 为三通主管壁厚），H_2 为三通支管断面至法兰密封端面距离，$H_2 \geqslant \delta_s$，（δ_s 为三通支管壁厚）K 为焊脚尺寸，$K \geqslant \delta_s$。

表12－25 钢塑复合三通管尺寸系列（DL/T 935—2005）

（单位：mm）

公称通径①	中心至端面尺寸		公称通径①	中心至端面尺寸	
	C	M		C	M
25×25	90	90	65×40	115	110
32×32	95	95	65×32	115	110
32×25	95	95	65×25	115	110
40×40	100	100	80×80	120	120
40×32	100	95	80×65	120	115
40×25	100	95	80×50	120	115
50×50	110	100	80×40	120	115
50×40	110	100	80×32	120	115
50×32	110	100	250×250	260	260
50×25	110	100	250×200	260	260
65×65	115	115	250×150	260	245
65×50	115	110	250×125	260	240
250×100	260	235	150×125	175	170
300×300	305	305	150×100	175	165
300×250	305	300	150×80	175	155
300×200	305	290	150×65	175	155
300×150	305	280	200×200	215	215
300×125	305	275	200×150	215	210
350×350	345	345	200×125	215	210
350×300	345	340	200×100	215	205
350×250	345	325	400×300	390	375
350×200	345	325	400×250	390	375
250×150	345	310	400×200	390	365
400×400	390	390	400×150	390	345
400×350	390	380	450×450	440	440
100×100	125	120	450×400	440	415
100×80	125	120	450×350	440	415
100×65	125	120	450×300	440	415
100×50	125	120	450×250	440	410
100×40	125	120	450×200	440	395
125×125	150	150	500×500	490	490

续表

公称通径①	中心至端面尺寸		公称通径①	中心至端面尺寸	
	C	M		C	M
125×100	150	145	500×450	490	465
125×80	150	140	500×400	490	465
125×65	150	140	500×350	490	450
125×50	150	140	500×300	490	450
125×40	150	140	500×250	490	450
150×150	175	175	500×200	490	425

注：1. 各规格三通衬塑层厚度均为3mm。

2. 四通尺寸系列参照同规格三通的尺寸系列。

①此列数据为三通主管公称通径×支管公称通径。

9. 钢塑复合异径管尺寸系列（图12－4、表12－26）

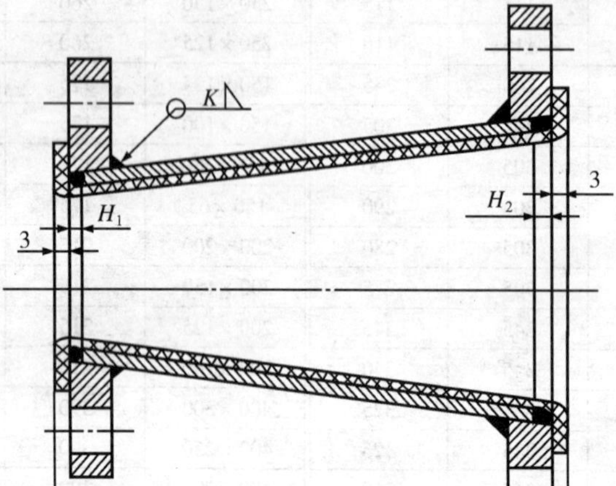

图12－4 钢塑复合异径管结构（单位：mm）

注：H_1 和 H_2 是管件小、大端面至法兰密封端面距离，要求 $H_1 \geqslant \delta_1$（异径管小端壁厚），$H_2 \geqslant t$（大端壁厚）；K 为焊脚尺寸，需求 $K \geqslant \delta$。

表12-26 钢塑复合异径管尺寸系列（DL/T 935—2005）

（单位：mm）

公称通径①	长度 L	公称通径①	长度 L
32×25	100	200×125	170
40×25		200×150	
40×32		250×100	200
50×25		250×125	
50×32		250×150	
50×40		250×200	
65×32	105	300×125	225
65×40		300×150	
65×50		300×200	
80×40		300×250	
80×50		350×150	355
80×65		350×200	
100×40	115	350×250	
100×50		350×300	
100×65		400×200	380
100×80		400×250	
125×40	140	400×300	
125×50		400×350	410
125×65		450×250	
125×80		450×300	
125×100		450×350	
150×65	155	450×400	530
150×80		500×300	
150×100		500×350	
150×125		500×400	
200×100	170	500×450	

注：各规格异径管衬塑层厚度均为3mm。

①此列数据为异径管大端公称通径×小端公称通径。

12.3.3 给水衬塑复合钢管

给水衬塑复合钢管塑层厚度及其允许偏差见表12－27。

表12－27 给水衬塑复合钢管塑层厚度及其允许偏差

（单位：mm）

<table>
<tr><th rowspan="2">公称通径</th><th colspan="2">内衬塑料层</th><th colspan="2">法兰面衬塑层</th><th rowspan="2">覆塑层最小厚度</th></tr>
<tr><th>厚度</th><th>允许偏差</th><th>厚度</th><th>允许偏差</th></tr>
<tr><td>15</td><td rowspan="7">1.5</td><td rowspan="11">+0.2
−0.2</td><td rowspan="7">1.0</td><td rowspan="18">−0.5</td><td>0.5</td></tr>
<tr><td>20</td><td>0.6</td></tr>
<tr><td>25</td><td>0.7</td></tr>
<tr><td>32</td><td>0.8</td></tr>
<tr><td>40</td><td>1.0</td></tr>
<tr><td>50</td><td>1.1</td></tr>
<tr><td>65</td><td>1.1</td></tr>
<tr><td>80</td><td rowspan="3">2.0</td><td rowspan="3">1.5</td><td>1.2</td></tr>
<tr><td>100</td><td>1.3</td></tr>
<tr><td>125</td><td>1.4</td></tr>
<tr><td>150</td><td rowspan="2">2.5</td><td rowspan="2">2.0</td><td>1.5</td></tr>
<tr><td>200</td><td rowspan="7">−0.5</td><td rowspan="2">2.0</td></tr>
<tr><td>250</td><td rowspan="2">3.0</td><td rowspan="2">2.5</td></tr>
<tr><td>300</td><td rowspan="4">2.2</td></tr>
<tr><td>350</td><td rowspan="4">3.5</td><td rowspan="4">3.0</td></tr>
<tr><td>400</td></tr>
<tr><td>450</td></tr>
<tr><td>500</td><td>2.5</td></tr>
</table>

12.3.4 给水涂塑复合钢管

1. 给水涂塑复合钢管的标记

□—□ □—DN □

- □（第1个）— 钢塑复合管代号，SP
- □（第2个）— 涂塑代号，T
- □（第3个）— 内涂层材料代号，聚乙烯为PE、环氧树脂为EP
- □（DN后）— 公称尺寸

2. 给水涂塑复合钢管用聚乙烯粉末的性能（表12－28）

表12－28　给水涂塑复合钢管用聚乙烯粉末的性能（CJ/T 120—2008）

项目	指标	检验方法
密度/(g/cm^3)	>0.91	GB/T 1033
拉伸强度/(N/mm^2)	>9.80	GB/T 1040
断后伸长率/%	>300	GB/T 1040
维卡软化点/℃	>85	GB/T 1633
不挥发物含量(质量分数,%)	>99.5	GB/T 2914
卫生性能	符号GB/T 17219的要求	

3. 给水涂塑复合钢管用环氧树脂粉末的性能（表12－29）

表12－29　给水涂塑复合钢管用环氧树脂粉末的性能（CJ/T 120—2008）

项目	指标	检验方法
密度/(g/cm^3)	1.3～1.5	GB/T 1033
粒度分布/%	筛上150μm,≤3;筛上250μm,≤0.2;	GB/T 6554
不挥发物含量(质量分数,%)	≥99.5	GB/T 6554
水平流动性/mm	22～28	GB/T 6554
胶化时间/s	≤120(200℃)	GB/T 6554
冲击强度/kg·cm	≥50	GB/T 1732
弯曲试验(φ2mm)	通过	GB/T 6742
卫生性能	符号GB/T 17219的要求	

4. 给水涂塑复合钢管的涂层厚度(表12－30)

表12－30　给水涂塑复合钢管的涂层厚度(CJ/T 120—2008)

(单位:mm)

公称通径	内面塑料涂层		外面塑料涂层			
	聚乙烯	环氧树脂	聚乙烯		环氧树脂	
			普通级	加强级	普通级	加强级
15	>0.4	>0.3	>0.5	>0.6	>0.3	>0.35
20						
25						
32						
40						
50						
65						

续表

<table>
<tr><th rowspan="3">公称通径</th><th colspan="2">内面塑料涂层</th><th colspan="4">外面塑料涂层</th></tr>
<tr><th rowspan="2">聚乙烯</th><th rowspan="2">环氧树脂</th><th colspan="2">聚乙烯</th><th colspan="2">环氧树脂</th></tr>
<tr><th>普通级</th><th>加强级</th><th>普通级</th><th>加强级</th></tr>
<tr><td>80</td><td rowspan="4">>0.5</td><td rowspan="7">>0.35</td><td rowspan="4">>0.6</td><td rowspan="4">>1.0</td><td rowspan="7">>0.35</td><td rowspan="7">>0.4</td></tr>
<tr><td>100</td></tr>
<tr><td>125</td></tr>
<tr><td>150</td></tr>
<tr><td>200</td><td rowspan="3">>0.6</td><td rowspan="3">>0.8</td><td rowspan="3">>1.2</td></tr>
<tr><td>250</td></tr>
<tr><td>300</td></tr>
<tr><td>350</td><td rowspan="4">>0.6</td><td rowspan="4">>0.35</td><td rowspan="4">>0.8</td><td rowspan="4">>1.3</td><td rowspan="4">>0.35</td><td rowspan="4">>0.4</td></tr>
<tr><td>400</td></tr>
<tr><td>450</td></tr>
<tr><td>500</td></tr>
<tr><td>550</td><td rowspan="5">>0.8</td><td rowspan="5">>0.4</td><td rowspan="5">>1.0</td><td rowspan="5">>1.5</td><td rowspan="5">>0.4</td><td rowspan="5">>0.45</td></tr>
<tr><td>600</td></tr>
<tr><td>650</td></tr>
<tr><td>700</td></tr>
<tr><td>750</td></tr>
<tr><td>800</td><td rowspan="5">>1.0</td><td rowspan="5">>0.45</td><td rowspan="5">>1.2</td><td rowspan="5">>1.8</td><td rowspan="5">>0.45</td><td rowspan="5">>0.5</td></tr>
<tr><td>850</td></tr>
<tr><td>900</td></tr>
<tr><td>1100</td></tr>
<tr><td>1200</td></tr>
</table>

5. 给水涂塑复合钢管允许堆放层数（表12-31）

表12-31 给水涂塑复合钢管允许堆放层数（CJ/T 120—2008）

公称通径/mm	<200	200~<300	300~<400	400~<500	500~<800	≥800
堆放层数/层	≤10	≤8	≤6	≤5	≤4	≤3

12.3.5 工业用钢骨架聚乙烯塑料复合管

1. 普通管的网格密度及钢丝直径（表12－32）

表12－32 普通管的网格密度及钢丝直径（HG/T 3690—2001）

公称内径/mm		50	65	80	100	125	150	200	250	300	350	400	450	500
网格密度≤		9×9	9×9	9×9	9×9	9×9	9×9	9×9	9×9	9×9	12×12	12×12	12×12	12×12
钢丝直径/mm ≥	经线	2.0	2.0	2.0	2.0	2.0	2.0	2.0	2.5	2.5	3.0	3.0	3.5	3.5
	纬线	2.5	2.5	2.5	2.5	2.5	2.5	2.5	2.5	3.0	3.5	3.5	4.0	4.0

注：薄壁管径、纬线钢丝直径不小于2.0mm。

2. 普通管的规格尺寸及公称压力（表12－33）

表12－33 普通管的规格尺寸及公称压力（HG/T 3690—2001）

公称内径/mm		公称壁厚/mm		公称压力/(N/mm²)
基本尺寸	平均极限偏差	基本尺寸	极限偏差	
50	±0.4	10.6	+1.3 0	4.0
65	±0.4	10.6	+1.3 0	4.0
80	±0.6	11.7	+1.4 0	3.5
100	±0.6	11.7	+1.4 0	3.0
125	±0.6	11.8	+1.4 0	2.5
150	±0.8	12.0	+1.4 0	2.0
200	±1.0	12.5	+1.5 0	1.6
250	±1.2	12.5	+1.8 0	1.25
300	±1.2	12.5	+1.8 0	1.0
350	±1.6	15.0	+2.0 0	1.0
400	±1.6	15.0	+2.3 0	1.0
450	±1.8	16.0	+2.6 0	1.0
500	±2.0	16.0	+2.6 0	1.0

3. 薄壁管的规格尺寸及公称压力（表12-34）

表12-34　薄壁管的规格尺寸及公称压力（HG/T 3690—2001）

公称内径/mm		公称壁厚/mm		公称压力/(N/mm²)
基本尺寸	平均极限偏差	基本尺寸	极限偏差	
50	±0.5	9.0	+1.1 0	2.5
65	±0.5	9.0	+1.1 0	2.5
80	±0.6	9.0	+1.1 0	2.5
100	±0.6	9.0	+1.1 0	1.6
125	±0.8	10.0	+1.2 0	1.6

4. 普通管法兰接头（Ⅰ型）结构（图12-5）

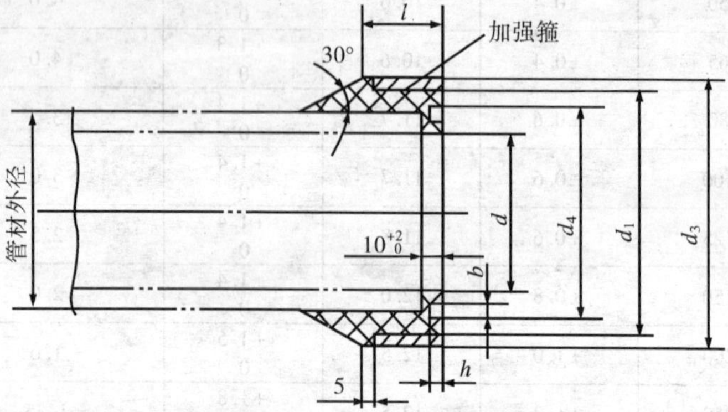

图12-5　普通管法兰接头（Ⅰ型）结构（单位：mm）

5. 普通管法兰接头（Ⅰ型）尺寸（表12-35）

表12-35　普通管法兰接头（Ⅰ型）尺寸（HG/T 3690—2001）

（单位：mm）

公称内径	d	d_1	d_3	d_4	l	h	b
50	50	91	97	79.6	35	4.15±0.10	7.10±0.15
65	65	107	113	90.6	35	4.15±0.10	7.10±0.15

续表

公称内径	d	d_1	d_3	d_4	l	h	b
80	80	122	128	105.6	35	4.15 ±0.10	7.10 ±0.15
100	100	146	152	125.6	35	4.15 ±0.10	7.10 ±0.15
125	125	173	179	155.6	35	4.15 ±0.10	7.10 ±0.15
150	150	199	205	175.6	35	4.15 ±0.10	7.10 ±0.15
200	200	250	256	228.6	35	4.15 ±0.10	7.10 ±0.15
250	250	305	311	286	41	5.45 ±0.10	9.45 ±0.20
300	300	355	361	334 ±1.2	41	5.45 ±0.10	9.45 ±0.20

6. 普通管法兰接头（Ⅱ型）结构（图12-6）

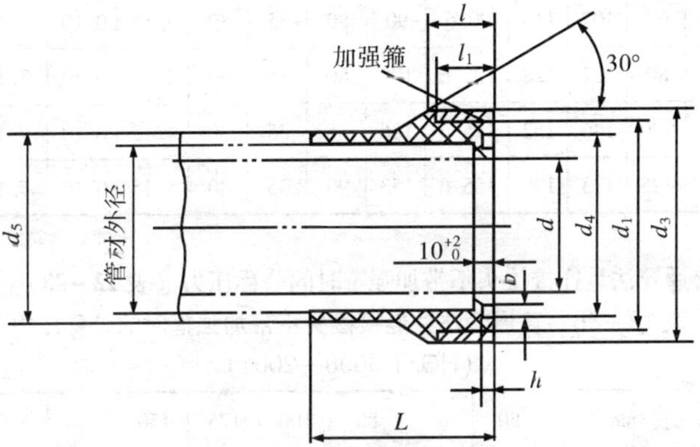

图12-6 普通管法兰接头（Ⅱ型）结构（单位：mm）

7. 普通管法兰接头（Ⅱ型）尺寸（表12-36）

表12-36 普通管法兰接头（Ⅱ型）尺寸（HG/T 3690—2001）

（单位：mm）

公称内径	d	d_1	d_3	d_4	d_5	L	l	l_1	h	b
150	150	202	208	175.6	182	90	35	30	4.15 ±0.10	7.10 ±0.15
200	200	256	262	228.6	233	100	41	36	4.15 ±0.10	7.10 ±0.15
250	250	307	313	286.0	284	110	41	36	5.45 ±0.10	7.10 ±0.15
300	300	357	363	329.0	334	120	45	40	5.45 ±0.10	9.45 ±0.20
350	350	414	422	389.0	390	125	50	45	5.45 ±0.10	9.45 ±0.20

续表

公称内径	d	d_1	d_3	d_4	d_5	L	l	l_1	h	b
400	400	464	472	439.0	440	130	55	50	5.45 ±0.10	9.45 ±0.20
450	450	520	528	489.0	493	135	60	55	5.45 ±0.10	9.45 ±0.20
500	500	572	580	544.0	543	140	65	60	5.45 ±0.10	9.45 ±0.20

8. 薄壁管法兰连接式管材接头规格尺寸（表 12-37）

表 12-37 薄壁管法兰连接式管材接头规格尺寸（HG/T 3690—2001）

（单位：mm）

公称内径	d	d_1	d_3	d_4	d_5	L	l	l_1	h	b
50	50	91	97	79.6	75	80	35	30	4.15 ±0.10	7.10 ±0.15
65	65	107	113	90.6	90	80	35	30	4.15 ±0.10	7.10 ±0.15
80	80	122	128	105.6	105	80	35	30	4.15 ±0.10	7.10 ±0.15
100	100	146	152	125.6	126	85	35	30	4.15 ±0.10	7.10 ±0.15
125	125	173	179	155.6	153	90	35	30	4.15 ±0.10	7.10 ±0.15

9. 普通管法兰连接接头不带加强箍时的公称压力（表 12-38）

表 12-38 普通管法兰连接接头不带加强箍时的公称压力（HG/T 3690—2001）

公称内径/mm	50	65	80	100	125	150	200	250	300
公称压力/(N/mm^2)	2.5	2.0	1.8	1.6	1.35	1.2	0.9	0.8	0.7

10. 薄壁管法兰连接接头不带加强箍时的公称压力（表 12-39）

表 12-39 薄壁管法兰连接接头不带加强箍时的公称压力（HG/T 3690—2001）

公称内径/mm	50	65	80	100	125
公称压力/(N/mm^2)	2.5	2.0	1.8	1.6	1.35

11. 普通管电熔连接式管材管端平口结构（图12－7）

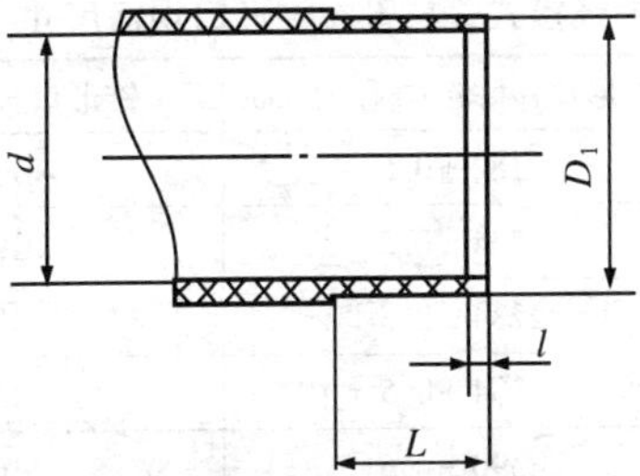

12－7　普通管电熔连接式管材管端平口结构

12. 普通管电熔连接式管材管端平口规格尺寸（表12－40）

表12－40　普通管电熔连接式管材管端平口规格尺寸（HG/T 3690—2001）

（单位：mm）

公称内径 d	电熔区外径 D_1（可二次加工）	电熔区长度 L	封口厚度 l
50	71.00 ±0.20	75 ±5	6～10
65	86.00 ±0.20	75 ±5	
80	103.00 ±0.25	85 ±5	
100	123.00 ±0.25	90 ±5	
125	148.00 ±0.30	100 ±5	
150	173.10 ±0.30	110 ±5	
200	224.40 ±0.40	115 ±5	
250	273.80 ±0.40	130 ±5	
300	324.00 ±0.50	150 ±5	

13. 普通管电熔连接式管材管端锥形口结构（图12－8）

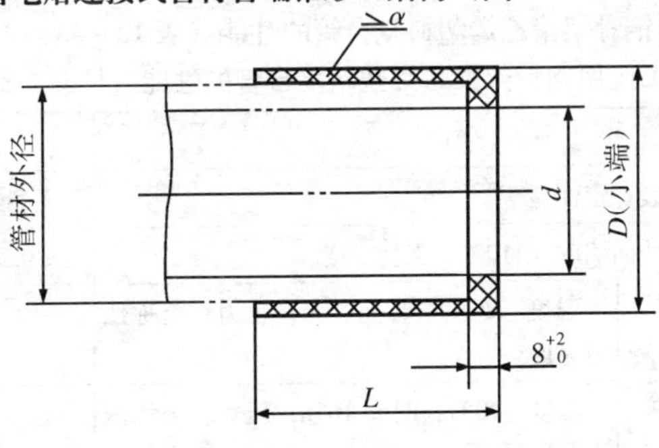

图12－8　普通管电熔连接式管材管端锥形口结构（单位：mm）

14. 普通管电熔连接式管材管端锥形口规格尺寸（表12-41）

表12-41 普通管电熔连接式管材管端锥形口规格尺寸（HG/T 3690—2001）

公称内径 d/mm	锥形口(小端)外径 D/mm	锥形口长度 L/mm	α
150	182 ±0.5	110	30′
200	234 ±0.5	120	30′
250	284 ±0.5	130	30′
300	334 ±0.5	150	30′
350	390 ±0.5	160	1°
400	440 ±0.5	170	1°
450	492 ±0.5	180	1°
500	542 ±0.5	190	1°

15. 薄壁管电熔连接式管材管端锥形口规格尺寸（表12-42）

薄壁管电熔连接式管材管端锥形口结构可参考图12-8。

表12-42 薄壁管电熔连接式管材管端锥形口规格尺寸（HG/T 3690—2001）

公称内径 d/mm	锥形口(小端)外径 D/mm	锥形口长度 L/mm	α
50	$75^{-0.3}_{-1.3}$	100	30′
65	$80^{-0.3}_{-1.3}$	100	30′
80	$104^{-0.3}_{-1.3}$	100	30′
100	$125^{-0.3}_{-1.3}$	100	30′
125	$152^{-0.3}_{-1.3}$	100	30′

16. 工业用钢骨架聚乙烯塑料复合管的性能（表12-43）

表12-43 工业用钢骨架聚乙烯塑料复合管的性能（HG/T 3690—2001）

序号	项目		性能要求
1	受压开裂稳定性		无裂纹现象
2	纵向尺寸回缩率（110℃，保持1h）		≤0.4%
3	短期静液压强度试验	温度：20℃；时间：1h；压力：公称压力×1.5	不破裂、不渗漏
		温度：70℃；时间165h；压力：公称压力×1.5×0.76	

续表

序号	项目		性能要求
4	爆破强度试验	温度：20℃；在60~70s内升压至管材爆破	爆破压力≥公称压力×3
5	耐候性试验（管材积累接受≥3.5kMJ/m² 老化能量后）		仍能满足本表中第3项性能要求，并保持良好的焊接性能

12.3.6 工业用孔网钢骨架聚乙烯复合管

1. 工业用孔网钢骨架聚乙烯复合管用聚乙烯混配料的基本性能（表12-44）

表12-44 工业用孔网钢骨架聚乙烯复合管用聚乙烯混配料的基本性能（HG/T 3706—2003）

项目	性能指标
密度/(kg/m³) ≥	930
熔体流动速度/[g/(10min)]	与聚乙烯产品公称值的偏差不应超过±25%
挥发物含量/(mg/kg) <	350
炭黑含量①/%	2.0~2.6
热稳定性(200℃)/min >	20
耐气体组分(80℃,2N/mm²)/h ≥	30
长期静液压强度(20℃,50年,置信下限97.5%)/(N/mm²) ≥	8.0

①炭黑仅适用于黑色管。

2. 工业用孔网钢骨架聚乙烯复合管的基本参数（表12-45）

表12-45 工业用孔网钢骨架聚乙烯复合管的基本参数（HG/T 3706—2003）

复合管公称外径/mm	公称压力/(N/mm²)	公称壁厚/mm	钢网外径及偏差/mm	钢带壁厚及偏差/mm
50	2.0	4.0	46.5±0.3	0.5±0.05
63	2.0	4.5	59.5±0.3	0.8±0.05
75	2.0	5.0	71.0±0.3	0.9±0.05
90	2.0	5.5	85.1±0.3	1.0±0.05

续表

复合管公称外径/mm	公称压力/(N/mm²)	公称壁厚/mm	钢网外径及偏差/mm	钢带壁厚及偏差/mm
110	2.0	6.0	104.6 ±0.4	1.1 ±0.05
140	1.6	8.0	134.5 ±0.4	1.2 ±0.05
160	1.6	9.0	154.1 ±0.4	1.3 ±0.05
200	1.6	10.0	193.7 ±0.4	1.4 ±0.05
250	1.25	11.0	242.0 ±0.5	2.0 ±0.05
315	1.25	12.0	306 ±0.5	2.5 ±0.05
400	1.25	14.0	390.0 ±0.5	3.0 ±0.05

注：复合管的公称压力是复合管在20℃下输送水允许的最大压力。

3. 工业用孔网钢骨架聚乙烯复合管的尺寸偏差及最小 *N* 值（表 12－46）

表 12－46　工业用孔网钢骨架聚乙烯复合管的尺寸偏差及最小 *N* 值
（HG/T 3706—2003）

规格尺寸 *D*/mm	公称外径及允许偏差/mm	公称壁厚及允许偏差/mm	最小 *N* 值/mm
50	$50^{+0.5}_{0}$	$4.0^{+0.5}_{0}$	1.2
63	$63^{+0.6}_{0}$	$4.5^{+0.6}_{0}$	
75	$75^{+0.7}_{0}$	$5.0^{+0.7}_{0}$	
90	$90^{+0.9}_{0}$	$5.5^{+0.8}_{0}$	
110	$110^{+1.0}_{0}$	$6.0^{+0.9}_{0}$	
140	$140^{+1.1}_{0}$	$8.0^{+1.0}_{0}$	1.5
160	$160^{+1.2}_{0}$	$9.0^{+1.1}_{0}$	
200	$200^{+1.3}_{0}$	$10.0^{+1.2}_{0}$	
250	$250^{+1.4}_{0}$	$11.0^{+1.3}_{0}$	2.0
315	$315^{+1.5}_{0}$	$12.0^{+1.4}_{0}$	
400	$400^{+1.6}_{0}$	$14.0^{+1.5}_{0}$	

注：*N* 值为增强体型外径到复合管外表面的距离。

4. 工业用孔网钢骨架聚乙烯复合管公称压力校正系数（表12－47）

表12－47　工业用孔网钢骨架聚乙烯复合管公称压力校正系数（HG/T 3706—2003）

温度 t/℃	$0<t\leqslant20$	$20<t\leqslant30$	$30<t\leqslant40$	$40<t\leqslant50$	$50<t\leqslant60$	$60<t\leqslant70$
校正系数	1.0	0.95	0.90	0.86	0.81	0.76

5. 工业用孔网钢骨架聚乙烯复合管的弯曲度（表12－48）

表12－48　工业用孔网钢骨架聚乙烯复合管的弯曲度（HG/T 3706—2003）

复合管公称外径/mm	50	63	75	90	110	140	160	200	250	315	400
弯曲率/%　≤	1.5		1.0					0.8			

6. 工业用孔网钢骨架聚乙烯复合管的物理性能（表12－49）

表12－49　工业用孔网钢骨架聚乙烯复合管的物理性能（HG/T 3706—2003）

序号	项目		性能要求
1	受压开裂稳定性		无裂纹现象
2	纵向尺寸回缩率(110℃,保持1h)(%)		<0.3
3	耐压试验	20℃,1h,试验压力＝公称压力×1.5	不破裂、不渗漏
		70℃,165h,试验压力＝公称压力×1.5×0.76	
4	爆破试验	20℃,在60～70s内压力升至管材爆破	不小于公称压力的3倍

12.3.7　结构用不锈钢复合管

1. 结构用不锈钢复合圆形管的尺寸规格（表12－50）

表12－50　结构用不锈钢复合圆形管的尺寸规格（GB/T 18704—2008）

外径/mm	总壁厚/mm																					
	0.8	1.0	1.2	1.4	1.5	1.6	1.8	2.0	2.2	2.5	3.0	3.5	4.0	4.5	5.0	6.0	7.0	8.0	9.0	10	11	12
12.7	○	○	○	○	○	○	○	○														
15.9	○	○	○	○	○	○	○	○														
19.1	○	○	○	○	○	○	○	○														

续表

外径/mm	总壁厚/mm																				
	0.8	1.0	1.2	1.4	1.5	1.6	1.8	2.0	2.2	2.5	3.0	3.5	4.0	4.5	5.0	6.0	7.0	8.0	9.0	10	11	12
22.2	○	○	○	○	○	○	○	○														
25.4	○	○	○	○	○	○	○	○	○	○												
31.8	○	○	○	○	○	○	○	○	○	○												
38.1			○	○	○	○	○	○	○	○												
42.4			○	○	○	○	○	○	○	○												
48.3			○	○	○	○	○	○	○	○												
50.8			○	○	○	○	○	○	○	○												
57.0		○	○	○	○	○	○	○	○	○												
63.5			○	○	○	○	○	○	○	○												
76.3			○	○	○	○	○	○	○	○												
80.0				○	○	○	○	○														
87.0									○	○	○	○										
89.0										○	○	○	○									
102											○	○	○									
108												○	○	○								
112											○	○	○									
114											○	○	○	○								
127												○	○	○								
133												○	○	○								
140												○	○	○	○							
159													○	○	○							
165													○	○	○							
180														○	○	○						
217														○	○	○	○	○	○	○		
219														○	○	○	○	○	○	○	○	
273																○	○	○	○	○	○	○
299																○	○	○	○	○	○	○
326																	○	○	○	○	○	○

注：表中“○”表示有产品。

2. 结构用不锈钢复合方形管及矩形管的尺寸规格（表 12 –51）

表 12 –51 结构用不锈钢复合方形管及矩形管的尺寸规格
(GB/T 18704—2008)

形状	边长(mm)×边长(mm)或长(mm)×宽(mm)	总壁厚/mm																	
		0.8	1.0	1.2	1.4	1.5	1.6	1.8	2.0	2.2	2.5	3.0	3.5	4.0	4.5	5.0	6.0	7.0	8.0
方形管	15×15	○	○	○	○	○	○	○	○										
	20×20	○	○	○	○	○	○	○	○										
	25×25	○	○	○	○	○	○	○	○	○	○								
	30×30		○	○	○	○	○	○	○	○	○								
	40×40		○	○	○	○	○	○	○	○	○								
	50×50			○	○	○	○	○	○	○	○	○							
	60×60				○	○	○	○	○	○	○	○	○						
	70×70											○	○	○					
	80×80											○	○	○					
	85×85											○	○	○					
	90×90											○	○	○					
	100×100											○	○	○					
	110×110											○	○	○					
	125×125												○	○	○	○			
	130×130												○	○	○	○			
	140×140													○	○	○	○		
	170×170															○	○	○	○
矩形管	20×10	○	○	○	○	○	○	○	○										
	25×15	○	○	○	○	○	○	○	○										
	40×20		○	○	○	○	○	○	○	○	○								
	50×30		○	○	○	○	○	○	○	○	○								
	70×30			○	○	○	○	○	○	○	○								
	80×40			○	○	○	○	○	○	○	○	○							
	90×30			○	○	○	○	○	○	○	○	○							
	100×40											○	○	○					
	110×50											○	○	○					

续表

形状	边长(mm)×边长(mm)或长(mm)×宽(mm)	总壁厚/mm																	
		0.8	1.0	1.2	1.4	1.5	1.6	1.8	2.0	2.2	2.5	3.0	3.5	4.0	4.5	5.0	6.0	7.0	8.0
矩形管	120×40											○	○	○					
	120×60												○	○	○				
	130×50												○	○	○				
	130×70												○	○	○				
	140×60												○	○	○				
	140×80												○	○	○				
	150×50												○	○	○				
	150×70												○	○	○	○			
	160×40												○	○	○				
	160×60												○	○	○	○			
	160×90													○	○	○			
	170×50												○	○	○	○			
	170×80													○	○	○			
	180×70													○	○	○			
	180×80													○	○	○			
	180×100													○	○	○	○		
	190×60													○	○	○			
	190×70													○	○	○			
	190×90													○	○	○	○		
	200×60													○	○	○			
	200×80													○	○	○	○		
	200×140														○	○	○	○	○

注：表中“○”表示有产品。

3. 结构用不锈钢复合管的外径允许偏差（表12-52）

表12-52　结构用不锈钢复合管的外径允许偏差（GB/T 18704—2008）

（单位：mm）

表面交货状态	公称外径 D	允许偏差
抛光、磨光状态（SB、SP）	≤25	±0.25
	>25~40	±0.30
	>40~50	±0.35
	>50~60	±0.40
	>60~70	±0.50
	>70~80	±0.60
	>80	±1%D
未抛光、喷砂状态（SNB、SS）	≤25	±0.30
	>25~50	±0.40
	>50	±1.0%D

4. 结构用不锈钢复合管的壁厚允许偏差（表12-53）

表12-53　结构用不锈钢复合管的壁厚允许偏差（GB/T 18704—2008）

（单位：mm）

壁厚 δ	允许偏差（高级）	允许偏差（普通级）
0.8~2.0	±0.10	±0.20
>2.0~3.0	±0.15	±0.30
>3.0	±5%δ	±10%δ

12.3.8　不锈钢塑料复合管

1. 不锈钢塑料复合管的分类（表12-54）

表12-54　不锈钢塑料复合管的分类（CJ/T 184—2003）

代号	用途
L	冷水输送用复合管
R	热水输送用复合管
Q	燃气输送用复合管
T	其他流体输送用复合管

2. 不锈钢塑料复合管的结构（图 12 - 9）

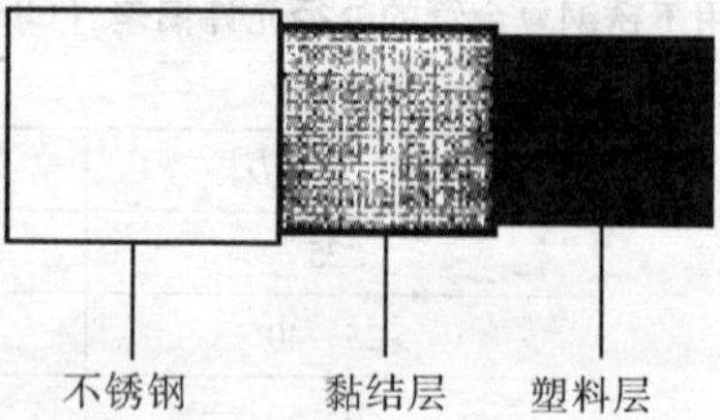

图 12 - 9　不锈钢塑料复合管的结构

3. 不锈钢塑料复合管的标记

SnP·□·□□□

- □□□ 最后一位：标准号
- □□□ 中间一位：用途代号：L、R、Q或T
- □□□ 第一位：公称外径
- SnP 后的 □：内层材料：以材料英文缩写表示，如PE、PE—RT、PP、PE—X、PVC—U、ABS等
- SnP：不锈钢塑料复合管

4. 不锈钢塑料复合管的颜色（表 12 - 55）

表 12 - 55　不锈钢塑料复合管的颜色（CJ/T 184—2003）

用途	颜色	用途	颜色
冷水输送用复合管	白色	燃气输送用复合管	黄色
热水输送用复合管	橙红的	其他流体输送用复合管	红色

5. 不锈钢塑料复合管的外径、壁厚及其允许偏差（表 12 - 56）

表 12 - 56　不锈钢塑料复合管的外径、壁厚及其允许偏差（CJ/T 184—2003）

外径/mm		总壁厚/mm		不锈钢层/mm		圆度 ≤
公称外径 d_n	允许偏差	总壁厚	允许偏差	壁厚	允许偏差	
16	+0.20 -0.10	2.0	+0.30 0	0.30	±0.02	$0.013d_n$
20	+0.20 -0.10	2.0	+0.30 0	0.30	±0.20	
(22)	+0.20 -0.10	2.5	+0.30 0	0.30	±0.02	

续表

外径/mm		总壁厚/mm		不锈钢层/mm		圆度
公称外径 d_n	允许偏差	总壁厚	允许偏差	壁厚	允许偏差	≤
25	+0.20 -0.10	2.5	+0.30 0	0.30	±0.02	
(28)	+0.20 -0.10	3.0	+3.0 0	0.40	±0.02	0.013d_n
32	+0.20 -0.10	3.0	+0.30 0	0.40	±0.02	
40	+0.22 -0.10	3.5	+0.40 0	0.40	±0.02	
50	+0.25 -0.10	4.0	+0.40 0	0.40	±0.02	0.015d_n
63	+0.25 -0.10	5.0	+0.50 0	0.50	±0.02	
75	+0.30 -0.15	6.0	+0.50 0	0.50	±0.02	
90	+0.40 -0.20	7.0	+0.60 0	0.60	±0.02	0.017d_n
110	+0.50 -0.20	8.0	+0.60 0	0.60	±0.02	
125	+0.60 -0.20	9.0	+0.70 0	0.80	±0.02	0.018d_n
160	+0.70 -0.30	10.0	+0.80 0	0.80	±0.02	

注：尽量不采用括号内的规格。

6. 不锈钢塑料复合管的最小拉拔力（表12-57）

表12-57　不锈钢塑料复合管的最小拉拔力（CJ/T 184—2003）

复合管外径/mm	16	20	25	32	40	50
最小拉拔力/N	610	940	1472	1930	3016	4710

12.3.9 内衬不锈钢复合钢管

1. 内衬不锈钢复合钢管的标记

C— S— DN □□

- □□：公称通径（mm）
- S：不锈钢代号
- C：复合钢管代号

2. 内衬不锈钢复合钢管的规格尺寸及其允许偏差（表12-58）

表12-58 内衬不锈钢复合钢管的规格尺寸及其允许偏差（CJ/T 192—2004）

公称通径/mm	复合钢管						内衬不锈钢管最小厚度/mm
	外径		壁厚		长度		
	尺寸/mm	允许偏差	尺寸/mm	允许偏差	尺寸/mm	允许偏差	
6	10.2	±0.5mm	2.0	±12.5%	6000	+20mm -0	0.20
8	13.5		2.5				0.20
10	17.2		2.5				0.20
15	21.3		2.8				0.25
20	26.9		2.8				0.25
25	33.7		3.2				0.25
32	42.4		3.5				0.30
40	48.3		3.5				0.35
50	60.3	±0.1%	3.8				0.35
65	76.1		4.0				0.40
80	88.9		4.0				0.45
100	114.3		4.0				0.50
125	139.7		4.0				0.50
150	168.3		4.5				0.60
200	219.1	±0.75%	5.0				0.70
250	273.0		6.0				0.80
300	323.9		7.0				0.90
350	377.0	±1%	8.0		4000~9000		1.00
400	426.0		8.0				1.20
450	480.0		8.0				1.20
500	530.0		8.0				1.20

12.4　非铁金属复合板、带、箔材

12.4.1　建筑幕墙用铝塑复合板

1. 建筑幕墙用铝塑复合板的外观质量（表12-59）

表12-59　建筑幕墙用铝塑复合板的外观质量（GB/T 17748—2008）

缺陷名称	技术要求	缺陷名称	技术要求
压痕	不允许	疵点	最大尺寸≤3mm 数量不超过3个/m^2
印痕	不允许		
凹凸	不允许	划伤	不允许
正反面塑料外露	不允许	擦伤	不允许
漏涂	不允许	色差	目测不明显， 仲裁时色差$\Delta E\leqslant2$
波纹	不允许		
鼓泡	不允许		

2. 建筑幕墙用铝塑复合板的主要性能（表12-60）

表12-60　建筑幕墙用铝塑复合板的主要性能（GB/T 17748—2008）

项目		技术要求
表面铅笔硬度		≥HB
涂层光泽度偏差		≤10
涂层柔韧性/T		≤2
涂层附着力/级	划格法	0
	划圈法	1
耐冲击性/(kg·cm)		≥50
涂层耐磨耗性/(L/μm)		≥5
涂层耐盐酸性		无变化
涂层耐油性		无变化
涂层耐碱性		无鼓泡、凸起、粉化等异常，色差$\Delta E\leqslant2$
涂层耐硝酸性		无鼓泡、凸起、粉化等异常，色差$\Delta E\leqslant5$
涂层耐溶剂性		不露底

续表

项目			技术要求
涂层耐沾污性/%			≤5
耐人工气候老化	色差 ΔE		≤4.0
	失光等级/级		不次于2
	其他老化性能/级		0
耐盐雾性/级			不次于1
弯曲强度/(N/mm^2)			≥100
弯曲弹性模量/(N/mm^2)			$\geq 2.0\times10^4$
贯穿阻力/kN			≥7.0
抗剪强度/(N/mm^2)			≥22.0
剥离强度/(N/mm)	平均值		≥130
	最小值		≥120
耐温差性	剥离强度下降率/%		≤10
	涂层附着力/级	划格法	0
		划圈法	1
	外观		无变化
热膨胀系数/($℃^{-1}$)			$\leq 4.00\times10^{-5}$
热变形温度/℃			≥95
耐热水性			无异常
燃烧性能/级			不低于C

3. 建筑幕墙用铝塑复合板的尺寸允许偏差（表12-61）

表12-61 建筑幕墙用铝塑复合板的尺寸允许偏差（GB/T 17748—2008）

项目	技术要求
长度/mm	±3
宽度/mm	±2
厚度/mm	±0.2
对角线差/mm	≤5
边直度/(mm/m)	≤1
翘曲度/(mm/m)	≤5

4. 建筑幕墙用铝塑复合板的铝材厚度及涂层厚度（表12－62）

表12－62　建筑幕墙用铝塑复合板的铝材厚度及涂层厚度（GB/T 17748—2008）

项目			技术要求
铝材厚度/mm	平均值		≥0.50
	最小值		≥0.48
涂层厚度①/μm	二涂	平均值	≥25
		最小值	≥23
	三涂	平均值	≥32
		最小值	≥30

①幕墙板涂层多数为底漆加面涂的二涂工艺，底涂厚度一般为5μm，面涂厚度一般不小于18μm，一些特殊涂层的品种还要增加罩面保护层，以提高涂层的耐化学腐蚀能力和阻隔紫外线的能力，即采用底涂加面涂加罩面的三涂工艺。

12.4.2　普通装饰用铝塑复合板

1. 普通装饰用铝塑复合板的外观质量

普通装饰用铝塑复合板的外观质量同表12－59。

2. 普通装饰用铝塑复合板的尺寸允许偏差

普通装饰用铝塑复合板的尺寸允许偏差同表12－61。

3. 普通装饰用铝塑复合板的厚度（表12－63）

表12－63　普通装饰用铝塑复合板的厚度（GB/T 22412 2008）

项目		技术要求
铝材厚度①/mm	平均值	≥公称值
	最小值	≥公称值－0.02
涂层厚度/μm	平均值	≥16
	最小值	≥14

①产品应用中采用开槽折边工艺时，铝材厚度通常不宜小于0.20mm。

4. 普通装饰用铝塑复合板的性能（表 12 - 64）

表 12 - 64 普通装饰用铝塑复合板的性能（GB/T 22412—2008）

<table>
<tr><th colspan="3">项目</th><th>技术要求</th></tr>
<tr><td colspan="3">表面铅笔硬度</td><td>≥HB</td></tr>
<tr><td colspan="3">涂层光泽度偏差</td><td>≤10</td></tr>
<tr><td colspan="3">涂层柔韧性/T</td><td>≤3</td></tr>
<tr><td rowspan="2">涂层附着力①/级</td><td colspan="2">划格法</td><td>0</td></tr>
<tr><td colspan="2">划圈法</td><td>1</td></tr>
<tr><td colspan="3">耐冲击性/(kg · cm)</td><td>≥20</td></tr>
<tr><td colspan="3">涂层耐酸性</td><td>无变化</td></tr>
<tr><td colspan="3">涂层耐油性</td><td>无变化</td></tr>
<tr><td colspan="3">涂层耐碱性</td><td>无变化</td></tr>
<tr><td colspan="3">涂层耐溶剂性</td><td>不露底</td></tr>
<tr><td colspan="3">涂层耐沾污性/%</td><td>≤5</td></tr>
<tr><td rowspan="3">耐人工气候老化</td><td colspan="2">色差 ΔE</td><td>≤2.0</td></tr>
<tr><td colspan="2">失光等级/级</td><td>不次于 2</td></tr>
<tr><td colspan="2">其他老化性能/级</td><td>0</td></tr>
<tr><td colspan="3">耐盐雾性/级</td><td>不次于 1</td></tr>
<tr><td colspan="3">弯曲强度②/(N/mm²)</td><td>≥公称值</td></tr>
<tr><td rowspan="2">剥离强度/(N/mm)</td><td colspan="2">平均值</td><td>≥4.0</td></tr>
<tr><td colspan="2">最小值</td><td>≥3.0</td></tr>
<tr><td rowspan="4">耐温差性</td><td colspan="2">外观</td><td>无变化</td></tr>
<tr><td colspan="2">剥离强度下降率/%</td><td>≤10</td></tr>
<tr><td rowspan="2">涂层附着力①/级</td><td>划格法</td><td>0</td></tr>
<tr><td>划圈法</td><td>1</td></tr>
<tr><td colspan="3">热变形温度/℃</td><td>≥85</td></tr>
<tr><td colspan="3">耐热水性</td><td>无变化</td></tr>
<tr><td colspan="3">燃烧性能③/级</td><td>不低于 C</td></tr>
</table>

①划圈法为仲裁方法，对覆膜装饰面不适用。

②应注明弯曲强度公称值。

③燃烧性能仅针对阻燃型铝塑板。

5. 普通装饰用铝塑复合板检测时试样的尺寸及数量（表12-65）

表12-65 普通装饰用铝塑复合板检测时试样的尺寸及数量（GB/T 22412—2008）

试验项目		试件尺寸/mm		试件数量/块
		纵向	横向	
外观质量		整张板		3
尺寸允许偏差		整张板		3
铝材厚度		100×100		3
涂层厚度		500×500		3
表面铅笔硬度		50×75		3
涂层光泽度偏差		500×500		3
涂层柔韧性		25	200	3
		200	25	3
涂层附着力	划格法	50×75		3
	划圈法	50×75		3
耐冲击性		50×75		3
涂层耐盐酸		100×100		3
涂层耐油性		100×100		3
涂层耐碱性		100×100		3
涂层耐溶剂性		100×430		2
涂层耐沾污性		100×200		3
耐人工气候老化		100×100		3
耐盐雾性		100×100		3
弯曲强度		50	200	12
		200	50	12
剥离强度		25	350	12
		350	25	12
耐温差性		350×350		3
热变形温度		25	120	12
		120	25	12

续表

试验项目	试件尺寸/mm		试件数量/块
	纵向	横向	
耐热水性	200×200		3
燃烧性能	1500×1000		5
	1500×500		5

12.4.3 钎焊用铝合金复合板

1. 钎焊用铝合金复合板的标记

复合板牌号采用字母“Q”加三位数字的形式表示。“Q”为钎焊材料标记，其后的第一位、第三位数字若为“0”，则表示该侧无包覆层，为其他数字时，表示包覆层合金代号。第二位数字为复合板的基体合金代号。复合板基体、包覆层合金牌号对应的合金代号如表12-66所示。复合板牌号表示方法示例如下：

Q 1 1 1

- 第三个“1”：包覆层合金为4343
- 第二个“1”：基体合金为3003
- 第一个“1”：包覆层合金为4343
- Q：钎焊材料标记

表12-66 基体及包覆层合金牌号（YS/T 69—2005）

基体、包覆层合金牌号		合金代号
基体	3003	1
	3003+1%Zn	2
	3003+1.5%Zn	3
包覆层	无包覆层	0
	4343	1
	4343+1%Zn	2
	4045	3
	4045+1%Zn	4
	4004	5
	4A13	6
	4A17	7

2. 钎焊用铝合金复合板牌号、状态、规格及包覆率（表12-67）

表12-67 钎焊用铝合金复合板牌号、状态、规格及包覆率（YS/T 69—2005）

复合板牌号	状态	规格/mm			包覆率/%
		厚度	宽度	长度	
Q111、Q121、Q131、Q212、Q222、Q232、Q313、Q323、Q333、Q414、Q424、Q434、Q515、Q525、Q535、Q616、Q626、Q636、Q717、Q727、Q737	O、H24	0.21~4.00	900~1600	2000~7000	5~18

3. 钎焊用铝合金复合板基体及包覆层的化学成分（表12-68）

表12-68 钎焊用铝合金复合板基体及包覆层的化学成分（YS/T 69—2005）

合金牌号	化学成分（质量分数,%）								
	Si	Fe	Cu	Mn	Mg	Zn	Ti	其他	
								单个	合计
3003+1%Zn	≤0.6	≤0.7	0.05~0.20	1.0~1.5		0.50~1.5	—	≤0.05	≤0.15
3003+1.5%Zn	≤0.6	≤0.7	0.05~0.20	1.0~1.5	—	1.0~2.0	—	≤0.05	≤0.15
4343+1%Zn	6.8~8.2	≤0.8	≤0.25	≤0.10	—	0.50~1.5	—	≤0.05	≤0.15
4045+1%Zn	9.0~11.0	≤0.8	≤0.30	≤0.05	≤0.05	0.50~1.5	0.20	≤0.05	≤0.15

注：各合金的Al含量为余量。

4. 钎焊用铝合金复合板包覆率及其允许偏差（表12-69）

表12-69 钎焊用铝合金复合板包覆率及其允许偏差（YS/T 69—2005）

包覆率/%	包覆率允许偏差/%
5~8	±2
>8~18	±3

5. 钎焊用铝合金复合板厚度允许偏差（表12-70）

表12-70 钎焊用铝合金复合板厚度允许偏差（YS/T 69—2005）

（单位：mm）

厚度	宽度		
	900~1200	>1200~1400	>1400~1600
	厚度允许偏差		
0.21~0.40	±0.03	±0.04	±0.05
>0.40~0.70	+0.05 -0.03	+0.05 -0.03	+0.05 -0.03
>0.70~1.10	±0.08	±0.10	±0.13
>1.10~2.40	±0.10	±0.13	±0.15
>2.40~3.60	±0.13	±0.13	±0.18
>3.60~4.00	±0.20	±0.20	±0.23

注：要求单向偏差（+或-）时，其值为表中数值的2倍。

6. 钎焊用铝合金复合板长度允许偏差（表12-71）

表12-71 钎焊用铝合金复合板长度允许偏差（YS/T 69—2005）

（单位：mm）

厚度	长度	
0.21~4.00	≤3000	>3000
	长度允许偏差	
	±4	±6

注：要求长度允许偏差仅为“+”或“-”时，其值为表中数值的2倍。

7. 钎焊用铝合金复合板对角线允许偏差（表12-72）

表12-72 钎焊用铝合金复合板对角线允许偏差（YS/T 69—2005）

（单位：mm）

板材宽度 *W*	板材长度	
	≤3700	>3700
	对角线允许偏差 ≤	
≥1000	2.0×*W*/300	2.8×*W*/300

注：当宽度（*W*）不是300mm的整倍数时，用其整数倍加1来确定偏差。例如，宽度（*W*）为1220mm，长度为2000mm，则对角线允许差为2.0×5=10mm。

8. 钎焊用铝合金复合板的平整度（表12-73）

表12-73　钎焊用铝合金复合板的平整度（YS/T 69—2005）

（单位：mm）

板材宽度	不平度 ≤	
	宽度方向	长度方向任意2m之内
1000~1200	12	10
>1200~1600	15	

9. 钎焊用铝合金复合板的室温力学性能（表12-74）

表12-74　钎焊用铝合金复合板的室温力学性能（YS/T 69—2005）

复合板牌号	状态	厚度/mm	抗拉强度 R_m/（N/mm^2）	断后伸长率 A_{50mm}/%
				≥
Q121、Q111、Q131	O	0.50~1.30	≤150	18
		>1.30~4.00		20
Q121、Q111、Q131	H24	0.50~1.30	140	3
		>1.30~4.00		5
Q515、Q525、Q535	O	0.50~1.30	≤160	14
		>1.30~4.00		16
	H24	0.50~1.30	140	2
		>1.30~4.00		4
Q616、Q626、Q636	O	0.50~1.30	≤147	18
		>1.30~4.00		20
	H24	0.50~1.30	140	3
		>1.30~4.00		5

10. 钎焊用铝合金复合板基体和包覆层合金固、液相线温度及钎焊温度（表12-75）

表12-75 钎焊用铝合金复合板基体和包覆层合金固、液相线温度及钎焊温度（YS/T 69—2005）

合金牌号		合金代号	固相线温度/℃	液相线温度/℃	钎焊温度/℃
基体	3003	1	643	654	—
	3003+1% Zn	2	641	653	
	3003+1.5% Zn	3	641	653	
包覆层	4343	1	577	615	600~620
	4343+1% Zn	2	576	609	600~620
	4045	3	577	590	590~605
	4045+1% Zn	4	576	588	590~605
	4004	5	559	591	590~605
	4A13	6	577	615	600~620
	4A17	7	577	580	580~600

12.5 非铁金属复合管材

12.5.1 铝管搭接焊式铝塑复合管

1. 铝管搭接焊式铝塑复合管的标记

□□□·□□ □ □—□·□□□□□□□

- 标准代号：GB/T 18997.1
- 用途代号：冷水L、冷热水R、燃气Q、特种流体T
- 铝层焊接特征代号：搭接焊式A
- 聚乙烯密度特征代号：高密度聚乙烯H、中密度聚乙烯M、乙烯与辛烯共聚物R
- 外径尺寸（mm）
- 铝塑管代号：PAP、XPAP

示例：一种内外层为高密度交联聚乙烯塑料，嵌入金属层为搭接焊铝管，外径25mm，作冷热水输送用铝塑管，标记为：XPAP·25HA—R·GB/T 18997.1。

2. 铝管搭接焊式铝塑复合管管环的径向拉力及爆破压力（表12-76）

表12-76　铝管搭接焊式铝塑复合管管环的径向拉力及爆破压力
（GB/T 18997.1—2003）

公称外径/mm	管环径向拉力/N		爆破压力/(N/mm²)
	MDPE	HDPE、PEX	
12	2000	2100	7.0
16	2100	2300	6.0
20	2400	2500	5.0
25	2400	2500	4.0
32	2500	2650	
40	3200	3500	
50	3500	3700	3.8
63	5200	5500	
75	6000	6000	

3. 铝管搭接焊式铝塑复合管管环的最小平均剥离力（表12-77）

表12-77　铝管搭接焊式铝塑复合管管环的最小平均剥离力
（GB/T 18997.1—2003）

公称外径/mm	12	16	20	25	32	40	50	63	75
最小平均剥离力/N	25	25	28	30	35	40	50	60	70

4. 铝管搭接焊式铝塑复合管的耐拉拔性能（表12-78）

表12-78　铝管搭接焊式铝塑复合管的耐拉拔性能（GB/T 18997.1—2003）

公称外径/mm	短期拉拔性能		持久拉拔性能	
	拉拔力/N	试验时间/h	拉拔力/N	试验时间/h
12	1100	1	700	800
16	1500		1000	
20	2400		1400	
25	3100		2100	
32	4300		2800	
40	5800		3900	
50	7900		5300	
63				
75				

5. 铝管搭接焊式铝塑复合管的结构尺寸（表 12－79）

表 12－79 铝管搭接焊式铝塑复合管的结构尺寸（GB/T 18997.1—2003）

（单位：mm）

公称外径	公称外径公差	参考内径	圆度		管壁厚		内层塑料最小壁厚	外层塑料最小壁厚	铝管层最小壁厚
			盘管	直管	最小值	公差			
12	+0.3 0	8.3	≤0.8	≤0.4	1.6	+0.5 0	0.7	0.4	0.18
16		12.1	≤1.0	≤0.5	1.7		0.9		
20		15.7	≤1.2	≤0.6	1.9		1.0		0.23
25		19.9	≤1.5	≤0.8	2.3		1.1		
32		25.7	≤2.0	≤1.0	2.9		1.2		0.28
40		31.6	≤2.4	≤1.2	3.9	+0.6 0	1.7		0.33
50		40.5	≤3.0	≤1.5	4.4	+0.7 0	1.7		0.47
63	+0.4 0	50.5	≤3.8	≤1.9	5.8	+0.9 0	2.1		0.57
75	+0.6 0	59.3	≤4.5	≤2.3	7.3	+1.1 0	2.8		0.67

12.5.2 铝管对接焊式铝塑复合管

1. 铝管对接焊式铝塑复合管的标记

□□□□ □·□□ □ □—□·□□□□□□□

- 标准代号：GB/T 18997.2
- 用途代号：冷水L、冷热水R、燃气Q、特种流体T
- 铝层焊接特征代号：铝管对接焊式D
- 聚乙烯密度特征代号：高密度聚乙烯H、中密度聚乙烯M
- 外径尺寸（mm）
- 铝塑管类型：一、二、三、四型
- 铝塑管代号：XPAP、PAP

示例：一种外层为高密度聚乙烯塑料，内层为高密度交联聚乙烯塑料，嵌入金属层为对接焊铝管的一型管，外径 20mm，作冷热水输送用铝塑管。标记为：XPAP1 · 20HD—R · GB/T 18997.2。

2. 铝管对接焊式铝塑复合管管环的径向拉力及爆破强度（表12－80）

表12－80 铝管对接焊式铝塑复合管管环的径向拉力及爆破强度（GB/T 18997.2—2003）

公称外径 d/mm	管环径向拉力/N		爆破压力/(N/mm^2)
	MDPE	HDPE、PEX	
16	2300	2400	8.00
20	2500	2600	7.00
25	2890	2990	6.00
32	3270	3320	5.50
40	4200	4300	5.00
50	4800	4900	4.50

3. 铝管对接焊式铝塑复合管管环的最小平均剥离力（表12－81）

表12－81 铝管对接焊式铝塑复合管管环的最小平均剥离力（GB/T 18997.2—2003）

公称外径 d_n/mm	16	20	25	32	40	50
最小平均剥离力/N	25	28	30	35	40	50

4. 铝管对接焊式铝塑复合管的耐拉拔性能（表12－82）

表12－82 铝管对接焊式铝塑复合管的耐拉拔性能（GB/T 18997.2—2003）

公称外径 d_n/mm	短期拉拔性能		持久拉拔性能	
	拉拔力/N	试验时间/h	拉拔力/N	试验时间/h
16	1500	1	1000	800
20	2400		1400	
25	3100		2100	
32	4300		2800	
40	5800		3900	
50	7900		5300	

5. 铝管对接焊式铝塑复合管用聚乙烯树脂的性能（表 12-83）

表 12-83 铝管对接焊式铝塑复合管用聚乙烯树脂的性能（GB/T 18997.2—2003）

序号	项目		要求	材料类别
1	密度/(g/cm²)		≥0.926	HDPE、MDPE
			≥0.941	PEX
2	熔体质量流动速率/(g/10min)	190℃、2.16kg	≤0.4(±20%)	HDPE、MDPE
		190℃、21.6kg	≤4	PEX
3	拉伸屈服强度/(N/mm²)		≥15	HDPE、MDPE
			≥21	PEX
4	长期静液压强度(20℃、50 年、预测概率 97.5%)/(N/mm²)		≥6.3	HDPE、MDPE①
			≥8.0	Q 类管材用 PE
5	耐慢性裂纹增长(165h)		不破坏	HDPE、MDPE①
6	热稳定性(200℃)		氧化诱导时间不小于 20min	Q 类管材用 PE
7	耐气体组分(80℃、环应力 2N/mm²)/h		≥30	

①对 PEX 材料可不做要求。

6. 铝管对接焊式铝塑复合管的结构尺寸（表 12-84）

表 12-84 铝管对接焊式铝塑复合管的结构尺寸（GB/T 18997.2—2003）

（单位：mm）

公称外径 d_n	公称外径公差	参考内径 d_1	圆度		管壁厚		内层塑料壁厚		外层塑料最小壁厚	铝管层壁厚	
			盘管	直管	公称值	公差	公称值	公差		公称值	公差
16	$^{+0.3}_{0}$	10.9	≤1.0	≤0.5	2.3	$^{+0.5}_{0}$	1.4	±0.1	0.3	0.28	±0.04
20		14.5	≤1.2	≤0.6	2.5		1.5			0.36	
25 (26)		18.5 (19.5)	≤1.5	≤0.8	3.0		1.7			0.44	
32		25.5	≤2.0	≤1.0			1.6			0.60	
40	$^{+0.4}_{0}$	32.4	≤2.4	≤1.2	3.5	$^{+0.6}_{0}$	1.9		0.4	0.75	
50	$^{+0.5}_{0}$	41.4	≤3.0	≤1.5	4.0		2.0			1.00	

7. 特种流体用铝塑管的耐化学性能（表12-85）

表12-85 特种流体用铝塑管的耐化学性能（GB/T 18997.2—2003）

化学介质（质量分数）	质量变化平均值/（mg/cm^2）	外观要求
10%氯化钠溶液	±0.2	试样内层应无龟裂、变黏等现象
30%硫酸	±0.1	
40%硝酸	±0.3	
40%氢氧化钠溶液	±0.1	
95%（体积分数）乙醇	±1.1	

8. 燃气用铝塑管的耐气体组分性能（表12-86）

表12-86 燃气用铝塑管的耐气体组分性能（GB/T 18997.2—2003）

试验介质	最大平均质量变化率/%	最大平均管环径向拉伸力的变化率/%
矿物油（usp）	+0.5	±12
叔丁基硫醇	+0.5	
防冻剂：甲醇或乙烯甘醇	+1.0	
甲苯	+1.0	

12.5.3 内层熔接型铝塑复合管

1. 内层熔接型铝塑复合管的标记

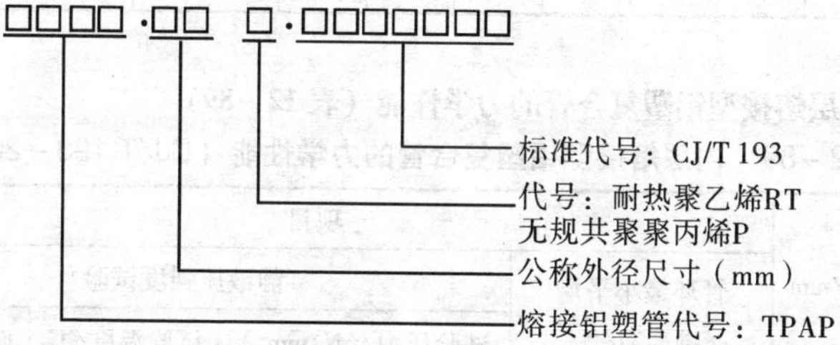

示例：一种内外层为PP—R（无规共聚聚丙烯），嵌入金属层为搭接焊式铝管，公称外径为20mm，作冷热水输送用熔接铝塑管。标记为：TPAP·20P·CJ/T 193。

2. 内层熔接型铝塑复合管的使用条件（表 12－87）

表 12－87 内层熔接型铝塑复合管的使用条件（CJ/T 193—2004）

应用范围		设计温度/℃	设计压力/（N/mm²）
饮用水、冷热水		70	1.0
热水采暖	PP—R	70	
	PE—RT	82	

3. 内层熔接型铝塑复合管的结构尺寸（表 12－88）

表 12－88 内层熔接型铝塑复合管的结构尺寸（CJ/T 193—2004）

（单位：mm）

公称外径	平均外径		参考内径	外径不圆度		管壁厚		内层塑料最小壁厚	外层塑料最小壁厚	铝管层最小壁厚
	最小值	最大值		盘管	直管	最小值	公差			
16	18.6	18.9	11.8	≤1.2	≤0.6	3.10	+0.60	1.8	0.2	0.18
20	22.6	22.9	15.4	≤1.5	≤0.8	3.30		2.0		
25	27.6	27.9	19.7	≤1.8	≤1.0	3.60	+0.70	2.3		
32	35.4	35.7	25.4	≤2.2	≤1.2	4.60	+0.80	2.9		0.23
40	43.4	43.7	31.7	—	≤1.4	5.40	+0.90	3.7		0.25
50	53.4	53.7	39.8		≤1.6	6.30	+1.00	4.6		0.28
63	66.4	66.8	50.2		≤2.0	7.50	+1.20	5.8		
75	78.4	79.0	59.0		≤2.5	9.00	+1.40	7.3		

4. 内层熔接型铝塑复合管的力学性能（表 12－89）

表 12－89 内层熔接型铝塑复合管的力学性能（CJ/T 193—2004）

公称外径/mm	项目			
	管环最小平均剥离力/N	静液压强度试验		
		试验压力/（N/mm²）	试验温度/℃	试验时间/h
16	25	2.72	82	10
20	28			
25	30			
32	35			

续表

公称外径/mm	项目			
	管环最小平均剥离力/N	静液压强度试验		
		试验压力/(N/mm²)	试验温度/℃	试验时间/h
40	40	2.10	82	10
50	50			
63	60			
75	70			

5. 铝塑复合管与管件热熔承插连接尺寸（表12-90）

表12-90 铝塑复合管与管件热熔承插连接尺寸（CJ/T 193—2004）

（单位：mm）

公称外径	管件最小壁厚	熔接铝塑管内层塑料最小外径	最大承插深度	最小承插深度
16	3.3	16.0	13.3	9.8
20	4.1	20.0	14.5	11.0
25	5.1	25.0	16.0	12.5
32	6.5	32.0	18.1	14.6
40	8.1	40.0	20.5	17.0
50	10.1	50.0	23.5	20.0
63	12.7	63.0	27.4	23.9
75	15.1	75.0	31.0	27.5

12.5.4 耐热聚乙烯（PE—RT）塑铝稳态复合管

1. PE—RT塑铝稳态复合管设计压力系列选择（表12-91）

表12-91 PE—RT塑铝稳态复合管设计压力系列选择（CJ/T 238—2006）

设计压力/(N/mm²)	管系列S			
	级别1	级别2	级别4	级别5
0.4	4	4	4	4
0.6	4	4	4	4
0.8	4	4	4	3.2
1.0	3.2	3.2	4	2.5

2. PE—RT 塑铝稳态复合管工作温度系列级别选择（表 12－92）

表 12－92　PE—RT 塑铝稳态复合管工作温度系列级别选择（CJ/T 238—2006）

工作温度/℃	使用年限	S4	S3.2	S2.5	工作温度/℃	使用年限	S4	S3.2	S2.5
		允许工作压力/（N/mm²）					允许工作压力/（N/mm²）		
20	1	1.75	2.19	2.80	60	1	1.16	1.45	1.86
	5	1.71	2.14	2.75		5	1.13	1.41	1.81
	10	1.70	2.13	2.72		10	1.11	1.39	1.78
	25	1.68	2.10	2.69		25	1.09	1.37	1.75
	50	1.66	2.08	2.67		50	1.08	1.35	1.73
40	1	1.46	1.83	2.34	70	1	1.01	1.26	1.62
	5	1.42	1.78	2.28		5	0.98	1.22	1.57
	10	1.41	1.76	2.26		10	0.96	1.21	1.54
	25	1.39	1.74	2.23		25	0.93	1.16	1.49
	50	1.38	1.72	2.20		50	0.81	1.01	1.30

3. PE—RT 塑铝稳态复合管的工作温度及时间级别选择（表 12－93）

表 12－93　PE—RT 塑铝稳态复合管的工作温度及时间级别选择（CJ/T 238—2006）

工作温度		使用年限	S4	S3.2	S2.5	工作温度		使用年限	S4	S3.2	S2.5
			允许工作压力/（N/mm²）						允许工作压力/（N/mm²）		
常年70℃，其中每年有30天在下列温度	75℃	5	0.95	1.19	1.52	常年70℃，其中每年有30天在下列温度	85℃	5	0.81	1.01	1.29
		10	0.94	1.17	1.50			10	0.79	0.99	1.27
		25	0.92	1.15	1.47			25	0.78	0.97	1.24
		45	0.91	1.14	1.45			37.5	0.77	0.96	1.23
	80℃	5	0.88	1.10	1.41		90℃	5	0.73	0.92	1.17
		10	0.87	1.08	1.39			10	0.72	0.90	1.15
		25	0.85	1.06	1.36			25	0.70	0.88	1.13
		42.5	0.84	1.05	1.34			35	0.70	0.87	1.12

续表

工作温度		使用年限	S4	S3.2	S2.5	工作温度		使用年限	S4	S3.2	S2.5
			允许工作压力/（N/mm²）						允许工作压力/（N/mm²）		
常年70℃，其中每年有90天在下列温度	75℃	5	0.93	1.17	1.49	常年70℃，其中每年有60天在下列温度	85℃	5	0.79	0.99	1.27
		10	0.92	1.15	1.47			10	0.78	0.98	1.25
		25	0.90	1.13	1.44			25	0.76	0.95	1.22
		45	0.89	1.11	1.43			35	0.76	0.95	1.21
	80℃	5	0.86	1.07	1.38		90℃	5	0.72	0.90	1.15
		10	0.85	1.06	1.36			10	0.71	0.89	1.13
		25	0.83	1.04	1.33			25	0.69	0.87	1.11
		37.5	0.82	1.03	1.32			30	0.69	0.86	1.10
常年70℃，其中每年有60天在下列温度	75℃	5	0.94	1.17	1.50	常年70℃，其中每年有90天在下列温度	85℃	5	0.79	0.98	1.26
		10	0.93	1.16	1.48			10	0.77	0.97	1.24
		25	0.91	1.14	1.45			25	0.76	0.95	1.21
		45	0.90	1.12	1.44			32.5	0.75	0.94	1.20
	80℃	5	0.87	1.08	1.39		90℃	5	0.71	0.89	1.14
		10	0.85	1.07	1.37			10	0.70	0.88	1.12
		25	0.84	1.05	1.34			25	0.68	0.86	1.10
		40	0.83	1.03	1.33			30	0.68	0.85	1.09

4. PE—RT塑铝稳态复合管的物理力学性能（表12-94）

表12-94 PE—RT塑铝稳态复合管的物理力学性能（CJ/T 238—2006）

项目	试验参数						试样数量	指标
	温度/℃	时间/h		静液压试验压力/（N/mm²）				
				S4	S3.2	S2.5		
纵向回缩率	110	壁厚≤8mm	1	—			3	≤2%
		8mm<壁厚≤16mm	2					
		壁厚>16mm	4					
静液压试验	20	1		2.50	3.12	4.00	3	无破裂无渗漏
	95	165		0.90	1.12	1.44		
	95	1000		0.87	1.09	1.40		

续表

项目	试验参数					试样数量	指标
	温度/℃	时间/h	静液压试验压力/(N/mm^2)				
			S4	S3.2	S2.5		
静液压状态下的热稳定性试验	110	8760	0.47	0.59	0.76	1	无破裂 无渗漏
熔体质量流动速率/[g/(10min)]						3	变化率≤原料的30%

12.5.5　外层熔接型铝塑复合管

1. 外层熔接型铝塑复合管的标记

□□□·□□ □·□·□□□□□□□

- 标准代号：CJ/T 195—2004
- 管材长度（m）
- 用途代号：冷水L、热水R
- 外径尺寸（mm）
- 管材代号：PP—R/AL/PE—RT、PP—R/AL/PP—R、PP—R/AL/PE

示例：一种内外层为无规共聚聚丙烯塑料，嵌入金属层为搭接焊铝管，外径为20mm，长度为4m，作热水输选用铝塑管，标记为PP—R/AL/PP—R，20R·4·CJ/T 195—2004。

2. 外层熔接型铝塑复合管的分类（表12-95）

表12-95　外层熔接型铝塑复合管的分类（CJ/T 195—2004）

类别	用途代号		复合管代号	长期工作温度/℃	允许工作压力/(N/mm^2)
无规共聚聚丙烯/铝合金/耐热聚乙烯①	热水	R	PP—R/AL/PE—RT	82	1.0
无规共聚聚丙烯/铝合金/无规共聚聚丙烯	热水	R	PP—R/AL/PP—R	70	1.0

续表

类别	用途代号		复合管代号	长期工作温度/℃	允许工作压力/（N/mm²）
无规共聚聚丙烯/铝合金/聚乙烯	冷水	L	PP－R/AL/PE	40	1.0

注：在输送易在管内产生相变的流体时，在管道系统中因相变产生的膨胀力不应超过最大允许工作压力或者在管道系统中采取防止相变的措施。

①系指中密度聚乙烯（乙烯与辛烯共聚物）。

3. 外层熔接型铝塑复合管材的尺寸（表12－96）

表12－96　外层熔接型铝塑复合管材的尺寸（CJ/T 195—2004）

（单位：mm）

公称外径 d_n	平均外径		圆度		管壁度		内层塑料最小壁厚	外层塑料最小壁厚	铝管层最小壁厚
	最小值	最大值	盘管	直管	最小值	最大值			
16	16.0	16.3	≤1.0	≤0.5	2.75	3.10	0.80	1.60	0.20
20	20.0	20.3	≤1.2	≤0.6	3.00	3.40	0.90	1.70	0.25
25	25.0	25.3	≤1.5	≤0.8	3.25	3.65	1.00	1.80	0.30
32	32.0	32.3	≤2.0	≤1.0	4.00	4.50	1.10	2.10	0.35
40	40.0	40.4	—	≤1.2	5.00	5.60	1.50	2.60	0.40
50	50.0	50.5	—	≤1.5	5.50	6.10	1.80	3.00	0.50
63	63.0	63.6	—	≤1.9	7.00	7.80	2.40	3.80	0.60
75	75.0	75.7	—	≤2.3	8.50	9.50	2.60	4.80	0.70

4. 外层熔接型铝塑复合管材的物理力学性能（表12－97）

表12－97 外层熔接型铝塑复合管材的物理力学性能（CJ/T 195—2004）

公称外径/mm	管环径向拉力/N	管环最小平均剥离力/N	爆破压力/(N/mm²)	静液压强度			
				试验压力/(N/mm²)	试验温度/℃ A型、B型	试验温度/℃ C型	试验时间/h
16	2300	35	6.0	2.72	82	60	10
20	2500	38	5.0				
25	2500	40	4.0				
32	2650	45					
40	3500	50		2.10			
50	3700	60					
63	5500	70	3.8				
75	6000	80					

12.5.6 无规共聚聚丙烯（PP—R）塑铝稳态复合管

1. 无规共聚聚丙烯（PP—R）塑铝稳态复合管的结构（图12－10）

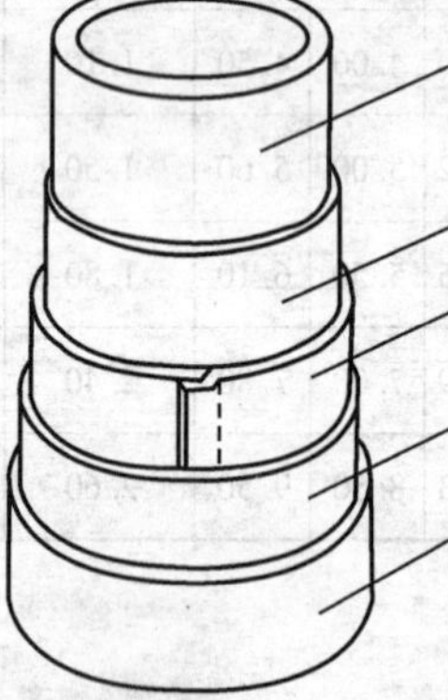

图12－10 无规共聚聚丙烯（PP—R）塑铝稳态复合管的结构

2. PP—R 塑铝稳态复合管的使用条件级别（表12－98）

表12－98 PP—R 塑铝稳态复合管的使用条件级别（CJ/T 210—2005）

设计压力/(N/mm²)	管系列S			
	级别1	级别2	级别4	级别5
0.4	4	4	4	4
0.6	4	4	4	3.2
0.8	4	2.5	4	2.5
1.0	3.2	2.5	3.2	—

3. PP—R 塑铝稳态复合管的设计压力级别选择（表12－99）

表12－99 PP—R 塑铝稳态复合管的设计压力级别选择（CJ/T 210—2005）

应用级别	T_D/℃	在 T_D 下的时间/年	T_{max}/℃	在 T_{max} 下的时间/年	T_{mel}/℃	在 T_{mel} 下的时间/h	典型的应用范围
级别1	60	49	80	1	95	100	供应热水(60℃)
级别2	70	49	80	1	95	100	供应热水(70℃)
级别4	20 40 60	2.5 20 25	70	2.5	100	100	地板采暖和低温散热器采暖
级别5	20 60 80	14 25 10	90	1	100	100	高温散热器采暖

注：T_D 为设计温度，T_{max} 为最高设计温度，T_{mel} 为故障温度。

4. PP—R 塑铝稳态复合管的工作温度级别选择（表12－100）

表12－100 PP—R 塑铝稳态复合管的工作温度级别选择（CJ/T 210—2005）

工作温度/℃	使用年限	S4	S3.2	S2.5	工作温度/℃	使用年限	S4	S3.2	S2.5
		允许工作压力/(N/mm²)					允许工作压力/(N/mm²)		
20	1	2.27	2.86	3.60	40	1	1.64	2.07	2.60
	5	2.14	2.69	3.39		5	1.54	1.93	2.43
	10	2.08	2.62	3.30		10	1.49	1.88	2.36
	25	2.01	2.53	3.18		25	1.43	1.81	2.27
	50	1.96	2.46	3.10		50	1.39	1.76	2.21

续表

工作温度/℃	使用年限	S4	S3.2	S2.5	工作温度/℃	使用年限	S4	S3.2	S2.5
		允许工作压力/(N/mm²)					允许工作压力/(N/mm²)		
60	1	1.17	1.47	1.86	70	1	0.98	1.24	1.56
	5	1.09	1.37	1.73		5	0.91	1.15	1.45
	10	1.05	1.33	1.67		10	0.88	1.11	1.40
	25	1.01	1.28	1.61		25	0.77	0.97	1.22
	50	0.98	1.23	1.55		50	0.65	0.82	1.03

5. PP—R 塑铝稳态复合管的工作温度及时间级别选择(表 12－101)

表 12－101 PP—R 塑铝稳态复合管的工作温度及时间级别选择(CJ/T210—2005)

工作温度		使用年限	S4	S3.2	S2.5	工作温度		使用年限	S4	S3.2	S2.5
			允许工作压力/(N/mm²)						允许工作压力/(N/mm²)		
70℃,其中每年有30天在下列温度	75℃	5	0.89	1.11	1.42	70℃,其中每年有60天在下列温度	85℃	5	0.75	0.94	1.21
		10	0.86	1.07	1.37			10	0.71	0.89	1.15
		25	0.74	0.93	1.19			25	0.57	0.72	0.92
		45	0.64	0.80	1.03			35	0.55	0.69	0.88
	80℃	5	0.84	1.06	1.35		90℃	5	0.69	0.86	1.11
		10	0.82	1.02	1.31			10	0.61	0.76	0.97
		25	0.70	0.87	1.12			25	0.48	0.61	0.78
		42.5	0.61	0.77	0.98			30	0.46	0.58	0.74
	85℃	5	0.78	0.98	1.25	70℃,其中每年有90天在下列温度	75℃	5	0.87	1.09	1.39
		10	0.75	0.94	1.21			10	0.84	1.05	1.35
		25	0.63	0.79	1.02			25	0.70	0.88	1.13
		37.5	0.57	0.72	0.92			45	0.61	0.76	0.98
	90℃	5	0.71	0.89	1.15		80℃	5	0.81	1.01	1.29
		10	0.69	0.86	1.11			10	0.78	0.98	1.25
		25	0.55	0.69	0.89			25	0.62	0.78	1.00
		35	0.51	0.64	0.82			37.5	0.56	0.71	0.91

续表

工作温度		使用年限	S4	S3.2	S2.5	工作温度		使用年限	S4	S3.2	S2.5
			允许工作压力/(N/mm²)						允许工作压力/(N/mm²)		
70℃，其中每年有60天在下列温度	75℃	5	0.88	1.10	1.41	70℃，其中每年有90天在下列温度	85℃	5	0.74	0.93	1.19
		10	0.85	1.06	1.36			10	0.67	0.83	1.07
		25	0.72	0.90	1.16			25	0.53	0.67	0.85
		45	0.62	0.78	1.00			32.5	0.50	0.62	0.80
	80℃	5	0.82	1.03	1.32		90℃	5	0.66	0.82	1.06
		10	0.79	0.99	1.27			10	0.56	0.7	0.89
		25	0.66	0.82	1.05			25	0.44	0.56	0.71
		40	0.58	0.73	0.94			—	—	—	—

6. PP—R塑铝稳态复合管的内外径（表12－102）

表12－102 PP—R塑铝稳态复合管的内外径（CJ/T 210—2005）

（单位：mm）

公称直径	平均外径		参考内径		
	最小值	最大值	S4	S3.2	S2.5
20	21.6	22.1	15.1	14.1	12.8
25	26.8	27.3	19.1	17.6	16.1
32	33.7	34.2	24.4	22.5	20.6
40	42.0	42.6	30.5	28.2	25.9
50	52.0	52.7	38.2	35.5	32.6
63	65.4	66.2	48.1	44.8	41.0
75	77.8	78.7	58.3	54.4	49.8
90	93.3	94.3	70.0	65.4	59.8
110	114.0	115.1	85.8	79.9	73.2

7. PP—R塑铝稳态复合管的壁厚及其允许偏差（表12－103）

表12－103 PP—R塑铝稳态复合管的壁厚及其允许偏差（CJ/T 210—2005）

（单位：mm）

公称直径	铝层最小厚度	S4				S3.2				S2.5			
		管壁厚		内管壁厚		管壁厚		内管壁厚		管壁厚		内管壁厚	
		最小值	最大值	公称值	公差	最小值	最大值	公称值	公差	最小值	最大值	公称值	公差
20	0.15	3.2	3.6	2.3	+0.4 0	3.7	4.1	2.8	+0.4 0	4.3	4.8	3.4	+0.5 0
25	0.15	3.9	4.3	2.8	+0.4 0	4.6	5.1	3.5	+0.5 0	5.3	5.9	4.2	+0.6 0
32	0.20	4.6	5.1	3.6	+0.5 0	5.5	6.1	4.4	+0.6 0	6.4	7.0	5.4	+0.7 0
40	0.20	5.6	6.2	4.5	+0.6 0	6.7	7.4	5.5	+0.7 0	7.8	8.6	6.7	+0.8 0
50	0.20	6.7	7.4	5.6	+0.7 0	8.0	8.8	6.9	+0.8 0	9.4	10.4	8.3	+1.0 0
63	0.25	8.4	9.3	7.1	+0.9 0	10.0	11.0	8.6	+1.0 0	11.8	13.0	10.5	+1.2 0
75	0.30	9.6	11.0	8.4	+1.0 0	11.5	13.0	10.3	+1.2 0	13.8	15.4	12.5	+1.4 0
90	0.35	11.5	12.9	10.1	+1.2 0	13.7	15.2	12.3	+1.4 0	16.4	18.2	15.0	+1.6 0
110	0.35	13.7	15.2	12.3	+1.4 0	16.6	18.3	15.1	+1.7 0	19.8	21.8	18.3	+2.0 0

8. PP—R塑铝稳态复合管的物理力学性能（表12-104）

表12-104 PP—R塑铝稳态复合管的物理力学性能（CJ/T 210—2005）

<table>
<tr><th rowspan="3">项目</th><th colspan="6">试验参数</th><th rowspan="3">试样数量</th><th rowspan="3">指 标</th></tr>
<tr><th rowspan="2">温度/℃</th><th rowspan="2" colspan="2">时间/h</th><th colspan="3">静液压试验压力/(N/mm²)</th></tr>
<tr><th>S4</th><th>S3.2</th><th>S2.5</th></tr>
<tr><td rowspan="3">纵向回缩率</td><td rowspan="3">135±2</td><td>壁厚≤8mm</td><td>1</td><td rowspan="3" colspan="3">—</td><td rowspan="3">3</td><td rowspan="3">≤2%</td></tr>
<tr><td>8mm<壁厚≤16mm</td><td>2</td></tr>
<tr><td>壁厚>16mm</td><td>4</td></tr>
<tr><td rowspan="4">静液压试验</td><td>20</td><td colspan="2">1</td><td>4.00</td><td>5.00</td><td>6.40</td><td rowspan="4">3</td><td rowspan="4">无破裂
无渗漏</td></tr>
<tr><td>95</td><td colspan="2">22</td><td>1.05</td><td>1.31</td><td>1.68</td></tr>
<tr><td>95</td><td colspan="2">165</td><td>0.95</td><td>1.19</td><td>1.52</td></tr>
<tr><td>95</td><td colspan="2">1000</td><td>0.88</td><td>1.09</td><td>1.40</td></tr>
<tr><td>静液压状态下的热稳定性试验</td><td>110</td><td colspan="2">8760</td><td>0.48</td><td>0.59</td><td>0.76</td><td>1</td><td>无破裂
无渗漏</td></tr>
<tr><td colspan="7">熔体质量流动速率/(g/10min)</td><td>3</td><td>变化率≤原料的30%</td></tr>
</table>

9. PP—R塑铝稳态复合管环最小剥离力（表12-105）

表12-105 PP—R塑铝稳态复合管环最小剥离力（CJ/T 210—2005）

公称外径/mm	20	25	32	40	50	63	75	90	110
管环最小平均剥离力/N	28	30	35	40	50	60	70	75	80

附录

附表 A　常用金属材料力学性能符号新旧对照

常用金属材料力学性能符号新旧对照如附表 A－1 所示。

附表 A－1　常用金属材料力学性能符号新旧对照

符号		名称
新标准	旧标准	
—	$\sigma_{0.2}$	条件屈服强度，也称为名义屈服强度
	σ_s	屈服点
R_{eH}	σ_{sU}	上屈服强度
R_{eL}	σ_{sL}	下屈服强度
R_t	σ_t	规定总延伸强度
R_p	σ_p	规定非比例延伸强度、规定塑性延伸强度
R_r	σ_r	规定残余延伸强度
R_m	σ_b	抗拉强度
R_{mc}	σ_{bc}	抗压强度
σ_{bb}	σ_w	抗弯强度
σ_D	—	疲劳极限
σ_N	—	N 次循环后的疲劳强度
S	—	疲劳强度
σ_e	—	弹性极限
σ_c	$\sigma_{p0.2}$	临界应力
σ_p	$\sigma_{p0.1}$	非比例延伸应力
τ_m	—	抗扭强度
τ	-	切应力
τ_b	—	抗剪强度

续表

符号		名称
新标准	旧标准	
A	—	断后伸长率、伸长率、持久断后伸长率
A_g	—	最大力塑性延伸
A_e	δ_s	屈服点延伸率
Z	ψ	断面收缩率、持久断面收缩率
KU_2	A_{KU}	U 形缺口试样在 2mm 摆锤刀刃下的冲击吸收能量（单位：J）
KU_8		U 形缺口试样在 8mm 摆锤刀刃下的冲击吸收能量（单位：J）
KV_2	A_{KV}	V 形缺口试样在 2mm 摆锤刀刃下的冲击吸收能量（单位：J）
KV_8		V 形缺口试样在 8mm 摆锤刀刃下的冲击吸收能量（单位：J）
—	a_K	冲击韧度（单位：J/cm^2）
—	A_k	冲击吸收功（单位：J）
K_{IC}	—	平面应变断裂韧度（单位：$N/mm^{3/2}$）
K	—	应力强度因子（单位：$N/mm^{3/2}$）
K_I	—	张开型应力强度因子（单位：$N/mm^{3/2}$）

附表 B 不锈钢和耐热钢牌号新旧对照

附表 B-1 不锈钢和耐热钢牌号新旧对照

类型	序号	统一数字代号	新牌号	旧牌号
1. 奥氏体型不锈钢和耐热钢	1	S35350	12Cr17Mn6Ni5N	1Cr17Mn6Ni5N
	2	S35950	10Cr17Mn9Ni4N	—
	3	S35450	12Cr18Mn9Ni5N	1Cr18Mn8Ni5N
	4	S35020	20Cr13Mn9Ni4	2Cr13Mn9Ni4
	5	S35550	20Cr15Mn15Ni2N	2Cr15Mn15Ni2N
	6	S35650	53Cr21Mn9Ni4N①	5Cr21Mn9Ni4N①
	7	S35750	26Cr18Mn12Si2N①	3Cr18Mn12Si2N①
	8	S35850	22Cr20Mn10Ni2Si2N①	2Cr20Mn9Ni2Si2N①
	9	S30110	12Cr17Ni7	1Cr17Ni7
	10	S30103	022Cr17Ni7	—
	11	S30153	022Cr17Ni7N	—
	12	S30220	17Cr18Ni9	2Cr18Ni9
	13	S30210	12Cr18Ni9①	1Cr18Ni9①
	14	S30240	12Cr18Ni9Si3①	1Cr18Ni9Si3①
	15	S30317	Y12Cr18Ni9	Y1Cr18Ni9
	16	S30327	Y12Cr18Ni9Se	Y1Cr18Ni9Se
	17	S30408	06Cr19Ni10①	0Cr18Ni9①
	18	S30403	022Cr19Ni10	00Cr19Ni10
	19	S30409	07Cr19Ni10	—
	20	S30450	05Cr19Ni10Si2CeN	—
	21	S30480	06Cr18Ni9Cu2	0Cr18Ni9Cu2

续表

类型	序号	统一数字代号	新牌号	旧牌号
1.奥氏体型不锈钢和耐热钢	22	S30488	06Cr18Ni9Cu3	0Cr18Ni9Cu3
	23	S30458	06Cr19Ni10N	0Cr19Ni9N
	24	S30478	06Cr19Ni9NbN	0Cr19Ni10NbN
	25	S30453	022Cr19Ni10N	00Cr18Ni10N
	26	S30510	10Cr18Ni12	1Cr18Ni12
	27	S30508	06Cr18Ni12	0Cr18Ni12
	28	S30608	06Cr16Ni18	0Cr16Ni18
	29	S30808	06Cr20Ni11	—
	30	S30850	22Cr21Ni12N①	2Cr21Ni12N①
	31	S30920	16Cr23Ni13①	2Cr23Ni13①
	32	S30908	06Cr23Ni13①	0Cr23Ni13①
	33	S31010	14Cr23Ni18	1Cr23Ni18
	34	S31020	20Cr25Ni20①	2Cr25Ni20①
	35	S31008	06Cr25Ni20①	0Cr25Ni20①
	36	S31053	022Cr25Ni22Mo2N	—
	37	S31252	015Cr20Ni18Mo6CuN	—
	38	S31608	06Cr17Ni12Mo2①	0Cr17Ni12Mo2①
	39	S31603	022Cr17Ni12Mo2	00Cr17Ni14Mo2
	40	S31609	07Cr17Ni12Mo2①	1Cr17Ni12Mo2①
	41	S31668	06Cr17Ni12Mo2Ti①	0Cr18Ni12Mo3Ti①
	42	S31678	06Cr17Ni12Mo2Nb	—
	43	S31658	06Cr17Ni12Mo2N	0Cr17Ni12Mo2N
	44	S31653	022Cr17Ni12Mo2N	00Cr17Ni13Mo2N
	45	S31688	06Cr18Ni12Mo2Cu2	0Cr18Ni12Mo2Cu2
	46	S31683	022Cr18Ni14Mo2Cu2	00Cr18Ni14Mo2Cu2
	47	S31693	022Cr18Ni15Mo3N	00Cr18Ni15Mo3N

续表

类型	序号	统一数字代号	新牌号	旧牌号
1. 奥氏体型不锈钢和耐热钢	48	S31782	015Cr21Ni26Mo5Cu2	—
	49	S31708	06Cr19Ni13Mo3	0Cr19Ni13Mo3
	50	S31703	022Cr19Ni13Mo3①	00Cr19Ni13Mo3①
	51	S31793	022Cr18Ni14Mo3	00Cr18Ni14Mo3
	52	S31794	03Cr18Ni16Mo5	0Cr18Ni16Mo5
	53	S31723	022Cr19Ni16Mo5N	—
	54	S31753	022Cr19Ni13Mo4N	—
	55	S32168	06Cr18Ni11Ti①	0Cr18Ni10Ti①
	56	532169	07Cr19Ni11Ti	1Cr18Ni11Ti
	57	S32590	45Cr14Ni14W2Mo①	4Cr14Ni14W2Mo①
	58	S32652	015Cr24Ni22Mo8Mn3CuN	—
	59	S32720	24Cr18Ni8W2①	2Cr18Ni8W2①
	60	S33010	12Cr16Ni35①	1Cr16Ni35①
	61	S34553	022Cr24Ni17Mo5Mn6NbN	—
	62	S34778	06Cr18Ni11Nb①	0Cr18Ni11Nb①
	63	S34779	07Cr18Ni11Nb①	1Cr19Ni11Nb①
	64	S38148	06Cr18Ni13Si4①	0Cr18Ni13Si4①
	65	S38240	16Cr20Ni14Si2①	1Cr20Ni14Si2①
	66	S38340	16Cr25Ni20Si2①	1Cr25Ni20Si2①
2. 奥氏体-铁素体型不锈钢	67	S21860	14Cr18Ni11Si4AlTi	1Cr18Ni11Si4AlTi
	68	S21953	022Cr19Ni5Mo3Si2N	00Cr18Ni5Mo3Si2
	69	S22160	12Cr21Ni5Ti	1Cr21Ni5Ti
	70	S22253	022Cr22Ni5Mo3N	—
	71	S22053	022Cr23Ni5Mo3N	—
	72	S23043	022Cr23Ni4MoCuN	—
	73	S22553	022Cr25Ni6Mo2N	—

续表

类型	序号	统一数字代号	新牌号	旧牌号
2. 奥氏体－铁素体型不锈钢	74	S22583	022Cr25Ni7Mo3WCuN	—
	75	S25554	03Cr25Ni6Mo3Cu2N	—
	76	S25073	022Cr25Ni7Mo4N	—
	77	S27603	022Cr25Ni7Mo4WCuN	—
3. 铁素体型不锈钢和耐热钢	78	S11348	06Cr13Al①	0Cr13Al①
	79	S11168	06Cr11Ti	0Cr11Ti
	80	S11163	022Cr11Ti①	—
	81	S11173	022Cr11NbTi①	—
	82	S11213	022Cr12Ni①	—
	83	S11203	022Cr12①	00Cr12①
	84	S11510	10Cr15	1Cr15
	85	S11710	10Cr17①	1Cr17①
	86	S11717	Y10Cr17	Y1Cr17
	87	S11863	022Cr18Ti	00Cr17
	88	S11790	10Cr17Mo	1Cr17Mo
	89	S11770	10Cr17MoNb	—
	90	S11862	019Cr18MbTi	—
	91	S11873	022Cr18NbTi	—
	92	S11972	019Cr19Mo2NbTi	00Cr18Mo2
	93	S12550	16Cr25N①	2Cr25N①
	94	S12791	008Cr27Mo	00Cr27Mo
	95	S13091	008Cr30Mo2	00Cr30Mo2
4. 马氏体型不锈钢和耐热钢	96	S40310	12Cr12①	1Cr12①
	97	S41008	06Cr13	0Cr13
	98	S41010	12Cr13①	1Cr13①
	99	S41595	04Cr13Ni5Mo	—

续表

类型	序号	统一数字代号	新牌号	旧牌号
4.马氏体型不锈钢和耐热钢	100	S41617	Y12Cr13	Y1Cr13
	101	S42020	20Cr13①	2Cr13①
	102	S42030	30Cr13	3Cr13
	103	S42037	Y30Cr13	Y3Cr13
	104	S42040	40Cr13	4Cr13
	105	S41427	Y25Cr13Ni2	Y2Cr13Ni2
	106	S43110	14Cr17Ni2①	1Cr17Ni2①
	107	S43120	17Cr16Ni2①	—
	108	S44070	68Cr17	7Cr17
	109	S44080	85Cr17	8Cr17
	110	S44096	108Cr17	11Cr17
	111	S44097	Y108Cr17	Y11Cr17
	112	S44090	95Cr13	9Cr18
	113	S45110	12Cr5Mo①	1Cr5Mo①
	114	S45610	12Cr12Mo①	1Cr12Mo①
	115	S45710	13Cr13Mo①	1Cr13Mo①
	116	S45830	32Cr13Mo	3Cr13Mo
	117	S45990	102Cr17Mo	9Cr18Mo
	118	S46990	90Cr18MoV	9Cr18MoV
	119	S46010	14Cr11MoV①	1Cr11MoV①
	120	S46110	158Cr12MoV①	1Cr12MoV①
	121	S46020	21Cr12MoV①	2Cr12MoV①
	122	S46250	18Cr12MoVNbN①	2Cr12MoVNbN①
	123	S47010	15Cr12WMoV①	1Cr12WMoV①
	124	S47220	22Cr12NiWMoV①	2Cr12NiMoWV①
	125	S47310	13Cr11Ni2W2MoV①	1Cr11Ni2W2MoV①
	126	S47410	14Cr12NiWMoVNb①	1Cr12Ni2WMoVNb①
	127	S47250	10Cr12Ni3Mo2VN	—
	128	S47450	18Cr11NiMoNbVN①	2Cr11NiMoNbVN①

续表

类型	序号	统一数字代号	新牌号	旧牌号
4. 马氏体型不锈钢和耐热钢	129	S47710	13Cr14Ni3W2VB①	1Cr14Ni3W2VB①
	130	S48040	42Cr9Si2	4Cr9Si2
	131	S48045	45Cr9Si3	—
	132	S48140	40Cr10Si2Mo①	4Cr10Si2Mo①
	133	S48380	80Cr20Si2Ni①	8Cr20Si2Ni①
5. 沉淀硬化型不锈钢和耐热钢	134	S51380	04Cr13Ni8Mo2Al	—
	135	S51290	022Cr12Ni9Cu2NbTi①	—
	136	S51550	05Cr15Ni5Cu4Nb	—
	137	S51740	05Cr17Ni4Cu4Nb①	0Cr17Ni4Cu4Nb①
	138	S51770	07Cr17Ni7Al①	0Cr17Ni7Mo2Al①
	139	S51570	07Cr15Ni7Mo2Al①	0Cr15Ni7Mo2Al①
	140	S51240	07Cr12Ni4Mn5Mo3Al	0Cr12Ni4Mn5Mo3Al
	141	S51750	09Cr17Ni5Mo3N	—
	142	S51778	06Cr17Ni7AlTi①	—
	143	S51525	06Cr15Ni25Ti2MoAlVB①	0Cr15Ni25Ti2MoAlVB①

①指耐热钢或可作耐热钢使用。

参考文献

[1] 刘胜新．新编钢铁材料手册［M］．北京：机械工业出版社，2010.
[2] 孙玉福．新编有色金属材料手册［M］．北京：机械工业出版社，2010.
[3] 陈永，潘继民．新编五金手册［M］．北京：机械工业出版，2010.
[4] 张金凤．常用金属材料材重速查速算手册［M］．郑州：河南科学技术出版社，2007.
[5] 安继儒．实用金属材料速查速算手册［M］．北京：化学工业出版社，2009.
[6] 刘胜新．实用金属材料手册［M］．北京：机械工业出版社，2011.
[7] 陈永．常用金属材料规格及重量速查手册［M］．北京：机械工业出版社，2011.
[8] 王金荣．五金实用手册［M］．北京：机械工业出版社，2011.
[9] 曾正明．常用材料速查速算手册［M］．2 版．北京：机械工业出版社，2007.